농산물
품질관리사

PREFACE

최근 수많은 수입 농산물들이 국내 농산물로 원산지를 둔갑시켜 들어옴에 따라 농산물 거래질서가 혼란을 겪고 있으며, 피해를 입는 소비자의 사례가 늘고 있다. 이에 따라 정부는 원산지 표시의 신뢰성을 확보함으로써 농산물의 생산자 및 소비자를 보호하고 농산물의 유통질서를 확립하기 위해서 농산물 품질관리사를 양성하게 되었다.

농산물품질관리사는 농산물의 등급을 판정하고, 생산 및 수확 후 품질관리 기술지도와 농산물 유통시설의 운용 및 관리의 업무를 수행한다. 또한 효율적인 유통질서 확립과 농산물 유통 개선을 위한 유통 정보의 홍보를 담당하기도 한다.

농산물품질관리사 자격증을 취득한 자는 농산물과 관련된 공공기관에서의 인사고과 및 승진에 유리하며, 관련 업무로 취업할 경우 국가공인전문가로 높은 연봉이 보장된다. 또한 평생 직업으로의 보장 및 공무원 임용시 가산점을 받는 등의 많은 이점이 있다.

본서는 처음 시험을 준비하는 수험생들은 기초를 쌓고, 마무리를 하는 수험생들은 요점만 정리할 수 있도록 농산물품질관리사 시행 과목인 농수산물 품질관리법령 및 농수산물 유통 및 가격안정에 관한 법률, 농산물의 원산지 표시에 관한 법령, 원예작물학, 수확 후의 품질관리론, 농산물유통론의 핵심이론을 수록하였다. 또한 이론과 함께 최근까지의 기출문제와 이를 바탕으로 한 예상문제를 수록하였으며 각 문제마다 상세한 해설을 통하여 한 권으로 시험을 완벽히 마무리할 수 있도록 하였다.

STRUCTURE

핵심이론정리

체계적인 이론 구성과 상세한 내용으로 수험생의 개념 확립에 도움을 줄 수 있도록 구성되어 있습니다.

POINT

이론에서 다루지 못한 보충학습 및 중요부분을 정리하여 한 눈에 개념을 파악하도록 구성하였습니다.

STRUCTURE

기출예상문제

각 단원의 핵심내용을 묻는 기출예상문제 들로 구성되어 문제 풀이를 통한 실력향 상에 도움이 될 수 있도록 구성되어 있습 니다.

〈농산물품질관리사 제13회〉
2 채소작물의 식물학적 분류에서 같은 과(科)끼리 묶이지 않은 것은?

① 브로콜리, 갓
② 양배추, 상추
③ 감자, 가지
④ 마늘, 아스파라거스

    ❀ ② 양배추는 거자과에 속하며, 상추는 국화과에 속한다.
       ① 거자과 ③ 가지과 ④ 백합과

〈농산물품질관리사 제13회〉
3 화훼작물의 식물학적 분류에서 과(科)가 다른 것은?

① 튤립   ② 히야신스
③ 백합   ④ 수선화

    ❀ ④ 백합목 수선화과에 속한다.
       ①②③ 백합목 백합과

최근기출문제분석

2018년 기출문제를 해설과 함께 수록하 여 최신 출제경향을 파악할 수 있도록 구 성하였습니다.

CHAPTER

2018년 5월 12일 시행

제1과목 농산물 품질관리 관계법령

1 농수산물 품질관리법 제2조(정의)에 관한 내용이다. ( ) 안에 들어갈 내용을 순서대로 옳게 나열한 것은?

> 물류표준화란 농수산물의 운송 · 보관 · 하역 · 포장 등 물류의 각 단계에서 사용되는 기기 ·
> 용기 · 설비 · 정보 등을 ( )하여 ( )과 연계성을 원활히 하는 것을 말한다.

① 규격화, 호환성   ② 표준화, 신속성
③ 다양화, 호환성   ④ 등급화, 다양성

INFORMATION

자격명 : 농산물품질관리사

영문명 : Certified Agricultural Products Quality Manager

관련부처 : 농림축산식품부

시행기관 : 한국산업인력공단

1. 시험정보

농산물 원산지 표시 위반 행위가 매년 급증함에 따라 소비자와 생산자의 피해를 최소화하며 원산지 표시의 신뢰성을 확보함으로써 농산물의 생산자 및 소비자를 보호하고 농산물의 유통질서를 확립하기 위하여 도입됨.

2. 수행직무

- 농산물의 등급판정
- 농산물의 출하시기 조절, 품질관리기술 등에 대한 자문
- 그 밖에 농산물의 품질향상 및 유통효율화에 관하여 필요한 업무로서 농림수산식품부령이 정하는 업무

3. 변천과정

- 2004년 ~ 2007년(1회 ~ 4회) 국립농산물품질관리원 시행
- 2008년 ~ 2018년(5회 ~ 15회) 한국산업인력공단 시행

4. 응시자격

제한 없음(단, 농산물품질관리사의 자격이 취소된 자로 그 취소된 날부터 2년이 경과되지 아니한 자는 시행에 응시할 수 없음)

5. 시험과목 및 배점

구분	시험시간	시험과목	문항수	배점	시험유형
제1차 시험	09:30 ~11:30 (120분)	1. 농수산물 품질관리법, 농수산물유통 및 가격 안정에 관한 법령 2. 원예작물학 3. 농산물유통론 4. 수확 후의 품질관리론	과목당 25문항 (총100문항)	100점 (과목 당)	객관식 (4지선택형)
제2차 시험	09:30 ~10:50 (80분)	1. 농산물품질관리 실무 2. 농산물등급판정 실무	단답형 10문항, 서술형 10문항	100점	필답형 (단답형 및 서술형)

※ 「농수산물품질관리법령」, 「농수산물의 원산지 표시에 관한 법령」의 경우 수산물 분야는 제외

※ 시험과 관련하여 법률·규정 등을 적용하여 정답을 구하여야 하는 문제는 '시험시행일 기준' 법령을 적용하여 그 정답을 구하여야 함

6. 합격기준

- 1차 시험 : 매 과목 100점을 만점으로 매 과목 40점 이상, 전과목 평균 60점 이상 득점한 자
- 2차 시험 : 시험 100점 만점에 60점 이상인 자

7. 결격사유

다음에 해당하는 자는 농산물품질관리사(이)가 될 수 없음

- 농산물품질관리사의 자격이 취소된 자로서 자격 취소일부터 2년이 경과되지 아니한 경우

※ 세부시험 정보와 일정은 한국산업인력공단 홈페이지를 참조하십시오.

(http://www.q-net.or.kr/site/nongsanmul)

CONTENTS

CONTENTS

관계법령

농수산물 품질관리법, 농수산물의 원산지 표시에 관한 법령, 농수산물 유통 및 가격안정에 관한 법령, 시행령, 시행규칙에 대하여 개정된 사항 및 내용을 숙지하도록 한다.

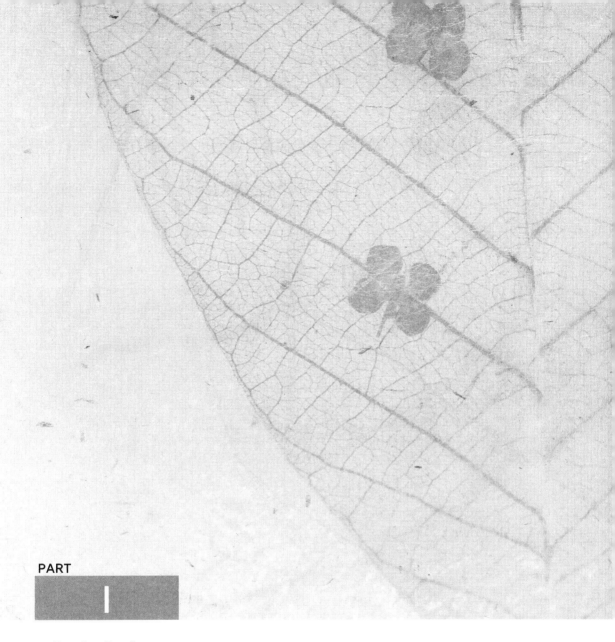

CHAPTER

01

농수산물 품질관리법

제1장 총칙

법 제1조(목적)

이 법은 농수산물의 적절한 품질관리를 통하여 농수산물의 안전성을 확보하고 상품성을 향상하며 공정하고 투명한 거래를 유도함으로써 농어업인의 소득 증대와 소비자 보호에 이바지하는 것을 목적으로 한다.

법 제2조(정의)

① 이 법에서 사용하는 용어의 뜻은 다음과 같다.

1. '농수산물'이란 다음의 농산물과 수산물을 말한다.

구분	내용
농산물	「농업·농촌 및 식품산업 기본법」의 농산물 – 농업활동으로 생산되는 산물을 말한다.
수산물	「수산업·어촌 발전 기본법」에 따른 어업활동으로부터 생산되는 산물 – 「소금산업 진흥법」에 따른 소금은 제외한다.

2. '생산자단체'란 「농업·농촌 및 식품산업 기본법」, 「수산업·어촌 발전 기본법」의 생산자단체와 그 밖에 농림축산식품부령 또는 해양수산부령으로 정하는 단체를 말한다.

> 시행규칙 제2조(생산자단체의 범위)
> 「농수산물 품질관리법」에서 '농림축산식품부령 또는 해양수산부령으로 정하는 단체'란 다음의 단체를 말한다.
> 1. 「농어업경영체 육성 및 지원에 관한 법률」에 따라 설립된 영농조합법인 또는 영어조합법인
> 2. 「농어업경영체 육성 및 지원에 관한 법률」에 따라 설립된 농업회사법인 또는 어업회사법인

3. '물류표준화'란 농수산물의 운송·보관·하역·포장 등 물류의 각 단계에서 사용되는 기기·용기·설비·정보 등을 규격화하여 호환성과 연계성을 원활히 하는 것을 말한다.

4. '농산물우수관리'란 농산물(축산물은 제외)의 안전성을 확보하고 농업환경을 보전하기 위하여 농산물의 생산, 수확 후 관리(농산물의 저장·세척·건조·선별·박피·절단·조제·포장 등을 포함) 및 유통의 각 단계에서 작물이 재배되는 농경지 및 농업용수 등의 농업환경과 농산물에 잔류할 수 있는 농약, 중금속, 잔류성 유기오염물질 또는 유해생물 등의 위해요소를 적절하게 관리하는 것을 말한다.

5. 삭제 〈2012.6.1.〉

6. 삭제 〈2012.6.1.〉

7. '이력추적관리'란 농수산물(축산물은 제외)의 안전성 등에 문제가 발생할 경우 해당 농수산물을 추적하여 원인을 규명하고 필요한 조치를 할 수 있도록 농수산물의 생산단계부터 판매단계까지 각 단계별로 정보를 기록·관리하는 것을 말한다.

8. '지리적표시'란 농수산물 또는 농수산가공품의 명성·품질, 그 밖의 특징이 본질적으로 특정 지역의 지리적 특성에 기인하는 경우 해당 농수산물 또는 농수산가공품이 그 특정 지역에서 생산·제조 및 가공되었음을 나타내는 표시를 말한다.

9. '동음이의어 지리적표시'란 동일한 품목에 대한 지리적표시에 있어서 타인의 지리적표시와 발음은 같지만 해당 지역이 다른 지리적표시를 말한다.

10. '지리적표시권'이란 이 법에 따라 등록된 지리적표시(동음이의어 지리적표시를 포함)를 배타적으로 사용할 수 있는 지식재산권을 말한다.

11. '유전자변형농수산물'이란 인공적으로 유전자를 분리하거나 재조합하여 의도한 특성을 갖도록 한 농수산물을 말한다.

12. '유해물질'이란 농약, 중금속, 항생물질, 잔류성 유기오염물질, 병원성 미생물, 곰팡이 독소, 방사성 물질, 유독성 물질 등 식품에 잔류하거나 오염되어 사람의 건강에 해를 끼칠 수 있는 물질로서 총리령으로 정하는 것을 말한다.

13. '농수산가공품'이란 다음의 것을 말한다.

구분	내용
농산가공품	농산물을 원료 또는 재료로 하여 가공한 제품
수산가공품	수산물을 대통령령으로 정하는 원료 또는 재료의 사용비율 또는 성분함량 등의 기준에 따라 가공한 제품

> 동법 시행령 제2조(수산가공품의 기준)
> 「농수산물 품질관리법」에 따른 수산가공품은 다음의 어느 하나에 해당하는 제품으로 한다.
> 1. 수산물을 원료 또는 재료의 50퍼센트를 넘게 사용하여 가공한 제품
> 2. 1에 해당하는 제품을 원료 또는 재료의 50퍼센트를 넘게 사용하여 2차 이상 가공한 제품
> 3. 수산물과 그 가공품, 농산물(임산물 및 축산물을 포함)과 그 가공품을 함께 원료·재료로 사용한 가공품인 경우에는 수산물 또는 그 가공품의 함량이 농산물 또는 그 가공품의 함량보다 많은 가공품

② 이 법에서 따로 정의되지 아니한 용어는 「농업·농촌 및 식품산업 기본법」과 「수산업·어촌 발전 기본법」에서 정하는 바에 따른다.

법 제3조(농수산물품질관리심의회의 설치)

① 이 법에 따른 농수산물 및 수산가공품의 품질관리 등에 관한 사항을 심의하기 위하여 농림축산식품부장관 또는 해양수산부장관 소속으로 농수산물품질관리심의회를 둔다.

② 심의회는 위원장 및 부위원장 각 1명을 포함한 60명 이내의 위원으로 구성한다.

③ 위원장은 위원 중에서 호선하고 부위원장은 위원장이 위원 중에서 지명하는 사람으로 한다.

④ 위원은 다음의 사람으로 한다.

 1. 교육부, 산업통상자원부, 보건복지부, 환경부, 식품의약품안전처, 농촌진흥청, 산림청, 특허청, 공정거래위원회 소속 공무원 중 소속 기관의 장이 지명한 사람과 농림축산식품부 소속 공무원 중 농림축산식품부장관이 지명한 사람 또는 해양수산부 소속 공무원 중 해양수산부장관이 지명한 사람

 2. 다음의 단체 및 기관의 장이 소속 임원·직원 중에서 지명한 사람

   가. 「농업협동조합법」에 따른 농업협동조합중앙회

   나. 「산림조합법」에 따른 산림조합중앙회

   다. 「수산업협동조합법」에 따른 수산업협동조합중앙회

   라. 「한국농수산식품유통공사법」에 따른 한국농수산식품유통공사

   마. 「식품위생법」에 따른 한국식품산업협회

   바. 「정부출연연구기관 등의 설립·운영 및 육성에 관한 법률」에 따른 한국농촌경제연구원

   사. 「정부출연연구기관 등의 설립·운영 및 육성에 관한 법률」에 따른 한국해양수산개발원

   아. 「과학기술분야 정부출연연구기관 등의 설립·운영 및 육성에 관한 법률」에 따른 한국식품연구원

   자. 「한국보건산업진흥원법」에 따른 한국보건산업진흥원

   차. 「소비자기본법」에 따른 한국소비자원

 3. 시민단체(「비영리민간단체 지원법」에 따른 비영리민간단체)에서 추천한 사람 중에서 농림축산식품부장관 또는 해양수산부장관이 위촉한 사람

 4. 농수산물의 생산·가공·유통 또는 소비 분야에 전문적인 지식이나 경험이 풍부한 사람 중에서 농림축산식품부장관 또는 해양수산부장관이 위촉한 사람

⑤ 위원의 임기는 3년으로 한다.

⑥ 심의회에 농수산물 및 농수산가공품의 지리적표시 등록심의를 위한 지리적표시 등록심의 분과위원회를 둔다.

⑦ 심의회의 업무 중 특정한 분야의 사항을 효율적으로 심의하기 위하여 대통령령으로 정하는 분야별 분과위원회를 둘 수 있다.

⑧ 지리적표시 등록심의 분과위원회 및 분야별 분과위원회에서 심의한 사항은 심의회에서 심의된 것으로 본다.

⑨ 농수산물 품질관리 등의 국제 동향을 조사·연구하게 하기 위하여 심의회에 연구위원을 둘 수 있다.

⑩ ①~⑨에서 규정한 사항외에 심의회 및 분과위원회의 구성과 운영 등에 필요한 사항은 대통령령으로 정한다.

법 제4조(심의회의 직무)

심의회는 다음의 사항을 심의한다.

1. 표준규격 및 물류표준화에 관한 사항
2. 농산물우수관리·수산물품질인증 및 이력추적관리에 관한 사항
3. 지리적표시에 관한 사항
4. 유전자변형농수산물의 표시에 관한 사항
5. 농수산물(축산물은 제외)의 안전성조사 및 그 결과에 대한 조치에 관한 사항
6. 농수산물(축산물은 제외) 및 수산가공품의 검사에 관한 사항
7. 농수산물의 안전 및 품질관리에 관한 정보의 제공에 관하여 총리령, 농림축산식품부령 또는 해양수산부령으로 정하는 사항
8. 수출을 목적으로 하는 수산물의 생산·가공시설 및 해역(海域)의 위생관리기준에 관한 사항
9. 수산물 및 수산가공품의 위해요소중점관리기준에 관한 사항
10. 지정해역의 지정에 관한 사항
11. 다른 법령에서 심의회의 심의사항으로 정하고 있는 사항
12. 그 밖에 농수산물 및 수산가공품의 품질관리 등에 관하여 위원장이 심의에 부치는 사항

제2장 농수산물의 표준규격 및 품질관리

제1절 농수산물의 표준규격

법 제5조(표준규격)

① 농림축산식품부장관 또는 해양수산부장관은 농수산물(축산물은 제외)의 상품성을 높이고 유통 능률을 향상시키며 공정한 거래를 실현하기 위하여 농수산물의 포장규격과 등급규격(표준규격)을 정할 수 있다.

② 표준규격에 맞는 농수산물(표준규격품)을 출하하는 자는 포장 겉면에 표준규격품의 표시를 할 수 있다.

③ 표준규격의 제정기준, 제정절차 및 표시방법 등에 필요한 사항은 농림축산식품부령 또는 해양수산부령으로 정한다.

시행규칙 제5조(표준규격의 제정)

① 법에 따른 농수산물의 표준규격은 포장규격 및 등급규격으로 구분한다.

② 포장규격은 「산업표준화법」에 따른 한국산업표준에 따른다. 다만, 한국산업표준이 제정되어 있지 아니하거나 한국산업표준과 다르게 정할 필요가 있다고 인정되는 경우에는 보관·수송 등 유통 과정의 편리성, 폐기물 처리문제를 고려하여 다음의 항목에 대하여 그 규격을 따로 정할 수 있다.

1. 거래단위
2. 포장치수
3. 포장재료 및 포장재료의 시험방법
4. 포장방법
5. 포장설계
6. 표시사항
7. 그 밖에 품목의 특성에 따라 필요한 사항

③ 등급규격은 품목 또는 품종별로 그 특성에 따라 고르기, 크기, 형태, 색깔, 신선도, 건조도, 결점, 숙도(熟度) 및 선별 상태 등에 따라 정한다.

④ 국립농산물품질관리원장, 국립수산물품질관리원장 또는 산림청장은 표준규격의 제정 또는 개정을 위하여 필요하면 전문연구기관 또는 대학 등에 시험을 의뢰할 수 있다.

⑤ **시행규칙 제6조(표준규격의 고시)** : 국립농산물품질관리원장, 국립수산물품질관리원장 또는 산림청장은 표준규격을 제정, 개정 또는 폐지하는 경우에는 그 사실을 고시하여야 한다.

시행규칙 제7조(표준규격품의 출하 및 표시방법 등)

① 농림축산식품부장관, 해양수산부장관, 특별시장·광역시장·도지사·특별자치도지사는 농수산물을 생산, 출하, 유통 또는 판매하는 자에게 표준규격에 따라 생산, 출하, 유통 또는 판매하도록 권장할 수 있다.

② 법에 따라 표준규격품을 출하하는 자가 표준규격품임을 표시하려면 해당 물품의 포장 겉면에 '표준규격품'이라는 문구와 함께 다음의 사항을 표시하여야 한다.

  1. 품목

  2. 산지

  3. 품종(다만, 품종을 표시하기 어려운 품목은 국립농산물품질관리원장, 국립수산물품질관리원장 또는 산림청장이 정하여 고시하는 바에 따라 품종의 표시를 생략)

  4. 생산 연도(곡류만 해당)

  5. 등급

  6. 무게(실중량). 다만, 품목 특성상 무게를 표시하기 어려운 품목은 국립농산물품질관리원장, 국립수산물품질관리원장 또는 산림청장이 정하여 고시하는 바에 따라 개수(마릿수) 등의 표시를 단일하게 할 수 있다.

  7. 생산자 또는 생산자단체의 명칭 및 전화번호

제2절 농산물우수관리

법 제6조(농산물우수관리의 인증)

① 농림축산식품부장관은 농산물우수관리의 기준(우수관리기준)을 정하여 고시하여야 한다.

② 우수관리기준에 따라 농산물(축산물은 제외)을 생산·관리하는 자 또는 우수관리기준에 따라 생산·관리된 농산물을 포장하여 유통하는 자는 지정된 농산물우수관리인증기관으로부터 농산물우수관리의 인증을 받을 수 있다.

③ 우수관리인증을 받으려는 자는 우수관리인증기관에 우수관리인증의 신청을 하여야 한다. 다만, 다음의 어느 하나에 해당하는 자는 우수관리인증을 신청할 수 없다.

  1. 우수관리인증이 취소된 후 1년이 지나지 아니한 자

  2. 제119조(벌칙) 또는 제120조(벌칙)를 위반하여 벌금 이상의 형이 확정된 후 1년이 지나지 아니한 자

④ 우수관리인증기관은 우수관리인증 신청을 받은 경우 우수관리인증의 기준에 맞는지를 심사하여 그 결과를 알려야 한다.

⑤ 우수관리인증기관은 우수관리인증을 한 경우 우수관리인증을 받은 자가 우수관리기준을 지키는지 조사·점검하여야 하며, 필요한 경우에는 자료제출 요청 등을 할 수 있다.

⑥ 우수관리인증을 받은 자는 우수관리기준에 따라 생산·관리한 우수관리인증농산물의 포장·용기·송장·거래명세표·간판·차량 등에 우수관리인증의 표시를 할 수 있다.

⑦ 우수관리인증의 기준·대상품목·절차 및 표시방법 등 우수관리인증에 필요한 세부사항은 농림축산식품부령으로 정한다.

시행규칙 제8조(농산물우수관리인증의 기준)

① 농산물우수관리의 인증을 받으려는 자는 농산물을 농산물우수관리의 기준에 적합하게 생산·관리하여야 한다.

② 우수관리인증의 세부 기준은 국립농산물품질관리원장이 정하여 고시한다.

시행규칙 제9조(우수관리인증의 대상품목)

우수관리인증의 대상품목은 「농업·농촌 및 식품산업 기본법」의 농업활동으로 생산되는 산물의 농산물(축산물은 제외) 중 식용을 목적으로 생산·관리한 농산물로 한다.

시행규칙 제10조(우수관리인증의 신청)

① 우수관리인증을 받으려는 자는 농산물우수관리인증 (신규·갱신)신청서에 다음의 서류를 첨부하여 우수관리인증기관으로 지정받은 기관의 장에게 제출하여야 한다.

  1. 삭제 〈2013.11.29.〉
  2. 우수관리인증농산물의 위해요소관리계획서
  3. 생산자단체 또는 그 밖의 생산자조직("생산자집단"이라 함)의 사업운영계획서(생산자집단이 신청하는 경우만 해당)

② 우수관리인증농산물의 위해요소관리계획서와 사업운영계획서에 포함되어야 할 사항, 우수관리인증의 신청 방법 및 절차 등에 필요한 세부 사항은 국립농산물품질관리원장이 정하여 고시한다.

시행규칙 제11조(우수관리인증의 심사 등)

① 우수관리인증기관의 장은 우수관리인증 신청을 받은 경우에는 우수관리인증의 기준에 적합한지를 심사하여야 하며, 필요한 경우에는 현지심사를 할 수 있다.

② 우수관리인증기관의 장은 생산자집단이 우수관리인증을 신청한 경우에는 전체 구성원에 대하여 각각 심사를 하여야 한다. 다만, 국립농산물품질관리원장이 정하여 고시하는 바에 따라 표본심사를 할 수 있다.

③ 우수관리인증기관의 장은 현지심사를 하는 경우에는 심사일정을 정하여 그 신청인에게 알려야 한다.

④ 우수관리인증기관의 장은 현지심사를 하는 경우에는 그 소속 심사담당자와 국립농산물품질관리원장, 시·도지사 또는 시장·군수·구청장이 추천하는 공무원 또는 민간전문가로 심사반을 구성하여 우수관리인증의 심사를 할 수 있다.

⑤ 우수관리인증기관의 장은 심사 결과 우수관리인증의 기준에 적합한 경우에는 그 신청인에게 농산물우수관리 인증서를 발급하여야 하며, 우수관리인증을 하기에 적합하지 아니한 경우에는 그 사유를 신청인에게 알려야 한다.

⑥ 인증서를 발급받은 자는 인증서를 분실하거나 인증서가 손상된 경우에는 인증서를 발급한 인증기관에 농산물우수관리 인증서 재발급신청서 및 손상된 인증서(인증서가 손상되어 재발급받으려는 경우만 해당)를 제출하여 재발급받을 수 있다.

⑦ 우수관리인증의 심사 등에 필요한 세부 사항은 국립농산물품질관리원장이 정하여 고시한다.

시행규칙 제12조(우수관리기준 준수 여부의 조사·점검 등)

① 우수관리인증기관은 우수관리인증을 받은 자를 대상으로 우수관리기준을 지키는지 연 1회 이상 정기적으로 조사하여야 하며, 국립농산물품질관리원장이나 소비자단체·유통업체 등의 요청이 있는 경우에는 수시로 점검할 수 있다.

② 우수관리기준 준수 여부의 조사·점검 등에 필요한 세부사항은 국립농산물품질관리원장이 정하여 고시한다.

시행규칙 제13조(우수관리인증의 표시방법 등)

① 우수관리인증의 표시는 별표 1과 같다.

② 우수관리인증농산물을 생산·관리하는 자가 우수관리인증의 표시를 하려는 경우에는 다음의 방법에 따른다.

   1. 포장·용기의 겉면 등에 우수관리인증의 표시를 하는 경우 : 별표 1 제3호가목에 따른 표지 및 같은 호 나목에 따른 표시항목을 인쇄하거나 스티커로 제작하여 부착할 것. 이 경우 제2호 또는 제3호에 따른 표시방법을 함께 사용할 수 있다.

   2. 농산물에 우수관리인증의 표시를 하는 경우 : 표시대상 농산물에 별표 1 제3호가목에 따른 표지가 인쇄된 스티커를 부착하고, 제3호에 따른 표시방법을 함께 사용할 것

   3. 우수관리인증농산물을 포장하지 않은 상태로 출하하거나 포장재에 우수관리인증의 표시를 하지 않고 출하하는 경우 : 송장(送狀)이나 거래명세표에 별표 1 제3호나목에 따른 표시항목을 적을 것

   4. 간판이나 차량에 우수관리인증의 표시를 하는 경우 : 인쇄 등의 방법으로 별표 1 제3호가목에 따른 표지를 표시할 것

③ ②에 따라 우수관리인증의 표시를 한 농산물을 공급받아 소비자에게 직접 판매하는 자는 푯말 또는 표지판으로 우수관리인증의 표시를 할 수 있다. 이 경우 표시 내용은 포장 및 거래명세표 등에 적혀 있는 내용과 같아야 한다.

시행규칙 별표 1(우수관리인증농산물의 표시)

   1. 우수관리인증농산물의 표지도형

2. 제도법
   가. 도형표시
      1) 표지도형의 가로의 길이(사각형의 왼쪽 끝과 오른쪽 끝의 폭 : W)를 기준으로 세로의 길이는 0.95×W의 비율로 한다.
      2) 표지도형의 흰색모양과 바깥 테두리(좌·우 및 상단부만 해당)의 간격은 0.1×W로 한다.
      3) 표지도형의 흰색모양 하단부 좌측 태극의 시작점은 상단부에서 0.55×W 아래가 되는 지점으로 하고, 우측 태극의 끝점은 상단부에서 0.75×W 아래가 되는 지점으로 한다.
   나. 표지도형의 한글 및 영문 글자는 고딕체로 하고, 글자 크기는 표지도형의 크기에 따라 조정한다.
   다. 표지도형의 색상은 녹색을 기본색상으로 하고, 포장재의 색깔 등을 고려하여 파란색 또는 빨간색으로 할 수 있다.
   라. 표지도형 내부의 "GAP" 및 "(우수관리인증)"의 글자 색상은 표지도형 색상과 동일하게 하고, 하단의 "농림축산식품부"와 "MAFRA KOREA"의 글자는 흰색으로 한다.
   마. 배색 비율은 녹색 C80+Y100, 파란색 C100+M70, 빨간색 M100+Y100+K10으로 한다.
   바. 표지도형의 크기는 포장재의 크기에 따라 조정한다.
   사. 표지도형 밑에 인증기관명과 인증번호를 표시한다.
3. 표시사항
   가. 표지

인증기관명(또는 우수관리시설명):   Name of Certifying Body:

인증번호(또는 우수관리시설지정번호):   Certificate Number:

   나. 표시항목 : 산지(시·도, 시·군·구), 품목(품종), 중량·개수, 생산연도, 생산자(생산자집단명) 또는 우수관리시설명
4. 표시방법
   가. 크기 : 포장재의 크기에 따라 표지의 크기를 키우거나 줄일 수 있다.
   나. 위치 : 포장재 주 표시면의 옆면에 표시하되, 포장재 구조상 옆면에 표시하기 어려울 경우에는 표시위치를 변경할 수 있다.
   다. 표지 및 표시사항은 소비자가 쉽게 알아볼 수 있도록 인쇄하거나 스티커로 포장재에서 떨어지지 않도록 부착하여야 한다.
   라. 포장하지 않고 낱개로 판매하는 경우나 소포장 등으로 우수관리인증농산물의 표지와 표시사항을 인쇄하거나 부착하기에 부적합한 경우에는 농산물우수관리의 표지만 표시할 수 있다.
   마. 수출용의 경우에는 해당 국가의 요구에 따라 표시할 수 있다.
   바. 제3호나목의 표시항목 중 표준규격, 지리적표시 등 다른 규정에 따라 표시하고 있는 사항은 그 표시를 생략할 수 있다.

5. 표시내용
    가. 표지 : 표지크기는 포장재에 맞출 수 있으나, 표지형태 및 글자표기는 변형할 수 없다.
    나. 산지 : 농산물을 생산한 지역으로 시·도명이나 시·군·구명 등 원산지에 관한 법령에 따라 적는다.
    다. 품목(품종) : 「종자산업법」 제2조제4호나 이 규칙 제7조제2항제3호에 따라 표시한다.
    라. 중량·개수 : 포장단위의 실중량이나 개수
    마. 삭제 〈2014.9.30.〉
    바. 생산연도(쌀만 해당)
    사. 우수관리시설명(우수관리시설을 거치는 경우만 해당) : 대표자 성명, 주소, 전화번호, 작업장 소재지
    아. 생산자(생산자집단명) : 생산자나 조직명, 주소, 전화번호
    자. 삭제 〈2014.9.30.〉

법 제7조(우수관리인증의 유효기간 등)

① 우수관리인증의 유효기간은 우수관리인증을 받은 날부터 2년으로 한다. 다만, 품목의 특성에 따라 달리 적용할 필요가 있는 경우에는 10년의 범위에서 농림축산식품부령으로 유효기간을 달리 정할 수 있다.

> 시행규칙 제14조(우수관리인증의 유효기간)
> 법 제7조제1항 단서에 따라 유효기간을 달리 적용할 유효기간은 다음의 범위에서 국립농산물품질관리원장이 정하여 고시한다.
> 1. 인삼류 : 5년 이내
> 2. 약용작물류 : 6년 이내

② 우수관리인증을 받은 자가 유효기간이 끝난 후에도 계속하여 우수관리인증을 유지하려는 경우에는 그 유효기간이 끝나기 전에 해당 우수관리인증기관의 심사를 받아 우수관리인증을 갱신하여야 한다.

③ 우수관리인증을 받은 자는 유효기간 내에 해당 품목의 출하가 종료되지 아니할 경우에는 해당 우수관리인증기관의 심사를 받아 우수관리인증의 유효기간을 연장할 수 있다.

④ 우수관리인증의 유효기간이 끝나기 전에 생산계획 등 농림축산식품부령으로 정하는 중요 사항을 변경하려는 자는 미리 우수관리인증의 변경을 신청하여 해당 우수관리인증기관의 승인을 받아야 한다.

⑤ 우수관리인증의 갱신절차 및 유효기간 연장의 절차 등에 필요한 세부적인 사항은 농림축산식품부령으로 정한다.

시행규칙 제15조(우수관리인증의 갱신)

① 우수관리인증을 받은 자가 우수관리인증을 갱신하려는 경우에는 농산물우수관리인증 (신규·갱신)신청서에 우수관리인증 신청 서류 중 변경사항이 있는 서류를 첨부하여 그 유효기간이 끝나기 1개월 전까지 우수관리인증기관에 제출하여야 한다.

② 우수관리인증의 갱신에 필요한 세부적인 절차 및 방법에 대해서는 우수관리인증의 심사규정을 준용한다.

③ 우수관리인증기관은 유효기간이 끝나기 2개월 전까지 신청인에게 갱신절차와 갱신신청 기간을 미리 알려야 한다. 이 경우 통지는 휴대전화 문자메세지, 전자우편, 팩스, 전화 또는 문서 등으로 할 수 있다.

시행규칙 제16조(우수관리인증의 유효기간 연장)

① 우수관리인증을 받은 자가 우수관리인증의 유효기간을 연장하려는 경우에는 농산물우수관리인증 유효기간 연장신청서를 그 유효기간이 끝나기 1개월 전까지 우수관리인증기관에 제출하여야 한다.

② 우수관리인증기관은 농산물우수관리인증 유효기간 연장신청서를 검토하여 유효기간 연장이 필요하다고 판단되는 경우에는 해당 우수관리인증농산물의 출하에 필요한 기간을 정하여 유효기간을 연장하고 농산물우수관리 인증서를 재발급하여야 한다. 이 경우 유효기간 연장기간은 우수관리인증의 유효기간을 초과할 수 없다.

③ 우수관리인증의 유효기간 연장에 대한 심사 절차 및 방법 등에 대해서는 우수관리인증의 심사규정을 준용한다.

시행규칙 제17조(우수관리인증의 변경)

① 우수관리인증을 변경하려는 자는 농산물우수관리인증 변경신청서에 우수관리인증 신청서류 중 변경사항이 있는 서류를 첨부하여 우수관리인증기관에 제출하여야 한다.

② '농림축산식품부령으로 정하는 중요 사항'이란 다음의 사항을 말한다.

　　1. 우수관리인증농산물의 위해요소관리계획 중 생산계획(품목, 재배면적, 생산계획량)
　　2. 우수관리인증을 받은 생산자집단의 대표자(생산자집단의 경우만 해당)
　　3. 우수관리인증을 받은 자의 주소(생산자집단의 경우 대표자의 주소)
　　4. 우수관리인증농산물의 재배필지(생산자집단의 경우 각 구성원이 소유한 재배필지를 포함)

③ 우수관리인증의 변경신청에 대한 심사 절차 및 방법에 대해서는 우수관리인증의 심사규정을 준용한다.

법 제8조(우수관리인증의 취소 등)

① 우수관리인증기관은 우수관리인증을 한 후 조사, 점검, 자료제출 요청 등의 과정에서 다음의 사항이 확인되면 우수관리인증을 취소하거나 3개월 이내의 기간을 정하여 그 우수관리인증의 표시정지를 명하거나 시정명령을 할 수 있다. 다만, 1. 3의 경우에는 우수관리인증을 취소하여야 한다.

　　1. 거짓이나 그 밖의 부정한 방법으로 우수관리인증을 받은 경우
　　2. 우수관리기준을 지키지 아니한 경우
　　3. 전업·폐업 등으로 우수관리인증농산물을 생산하기 어렵다고 판단되는 경우
　　4. 우수관리인증을 받은 자가 정당한 사유 없이 조사·점검 또는 자료제출 요청에 응하지 아니한 경우
　　4의 2. 우수관리인증을 받은 자가 우수관리인증의 표시방법을 위반한 경우
　　5. 우수관리인증의 변경승인을 받지 아니하고 중요 사항을 변경한 경우
　　6. 우수관리인증의 표시정지기간 중에 우수관리인증의 표시를 한 경우

② 우수관리인증기관은 우수관리인증을 취소하거나 그 표시를 정지한 경우 지체 없이 우수관리인증을 받은 자와 농림축산식품부장관에게 그 사실을 알려야 한다.

③ 우수관리인증 취소 등의 기준·절차 및 방법 등에 필요한 세부사항은 농림축산식품부령으로 정한다.

시행규칙 별표 2(우수관리인증의 취소 및 표시정지에 관한 처분기준)

1. 일반기준

　가. 위반행위가 둘 이상인 경우에는 그 중 무거운 처분기준을 적용하며, 둘 이상의 처분기준이 같은 업무정지인 경우에는 무거운 처분기준의 2분의 1까지 가중할 수 있다. 이 경우 각 처분기준을 합산한 기간을 초과할 수 없다.

　나. 위반행위의 횟수에 따른 행정처분의 기준은 최근 1년간 같은 위반행위로 행정처분을 받은 경우에 적용한다. 이 경우 행정처분 기준의 적용은 같은 위반행위에 대하여 최초로 행정처분을 한 날과 다시 같은 위반행위를 적발한 날을 기준으로 한다.

　다. 위반행위의 내용으로 보아 고의성이 없거나 그 밖에 특별한 사유가 있다고 인정되는 경우에는 그 처분을 표시정지의 경우에는 2분의 1 범위에서 경감할 수 있고, 인증취소인 경우에는 3개월의 표시정지 처분으로 경감할 수 있다.

　라. 생산자집단의 구성원의 위반행위에 대해서는 1차적으로 위반행위를 한 구성원에 대하여 처분을 하고, 구성원이 소속된 생산자집단에 대해서도 구성원에 대한 처분기준보다 한 단계 낮은 처분기준을 적용하여 처분하되, 위반행위를 한 구성원이 복수인 경우에는 처분을 받는 구성원의 처분기준 중 가장 무거운 처분기준(각각의 처분기준이 같은 경우에는 그 처분기준)보다 한 단계 낮은 처분기준을 적용하여 처분한다.

2. 개별기준

위반행위	근거 법조문	위반횟수별 처분기준		
		1차 위반	2차 위반	3차 위반
가. 거짓이나 그 밖의 부정한 방법으로 우수관리인증을 받은 경우	법 제8조 제1항제1호	인증취소	–	–
나. 우수관리기준을 지키지 않은 경우	법 제8조 제1항제2호	표시정지 1개월	표시정지 3개월	인증취소
다. 전업(轉業)·폐업 등으로 우수관리 인증농산물을 생산하기 어렵다고 판단되는 경우	법 제8조 제1항제3호	인증취소	–	–
라. 우수관리인증을 받은 자가 정당한 사유 없이 조사·점검 또는 자료 제출 요청에 응하지 않은 경우	법 제8조 제1항제4호	표시정지 1개월	표시정지 3개월	인증취소
마. 우수관리인증을 받은 자가 우수 관리인증의 표시 방법을 위반한 경우	법 제8조 제1항제4호의2	시정명령	표시정지 1개월	표시정지 3개월
바. 우수관리인증의 변경승인을 받지 않고 중요 사항을 변경한 경우	법 제8조 제1항제5호	표시정지 1개월	표시정지 3개월	인증취소
사. 우수관리인증의 표시정지기간 중에 우수관리인증의 표시를 한 경우	법 제8조 제1항제6호	인증취소	–	–

법 제9조(우수관리인증기관의 지정 등)

① 농림축산식품부장관은 우수관리인증에 필요한 인력과 시설 등을 갖춘 자를 우수관리인증기관으로 지정하여 다음의 업무의 전부 또는 일부를 하도록 할 수 있다. 다만, 외국에서 수입되는 농산물에 대한 우수관리인증의 경우에는 농림축산식품부장관이 정한 기준을 갖춘 외국의 기관도 우수관리인증기관으로 지정할 수 있다.

　　1. 우수관리인증
　　2. 농산물우수관리시설(이하 "우수관리시설"이라 한다)의 지정

② 우수관리인증기관으로 지정을 받으려는 자는 농림축산식품부장관에게 인증기관 지정 신청을 하여야 하며, 우수관리인증기관으로 지정받은 후 농림축산식품부령으로 정하는 중요사항이 변경되었을 때에는 변경신고를 하여야 한다. 다만, 우수관리인증기관 지정이 취소된 후 2년이 지나지 아니한 경우에는 신청을 할 수 없다.

③ 우수관리인증기관 지정의 유효기간은 지정을 받은 날부터 5년으로 하고, 계속 우수관리인증 또는 우수관리시설의 지정 업무를 수행하려면 유효기간이 끝나기 전에 그 지정을 갱신하여야 한다.

④ 농림축산식품부장관은 지정이 취소된 우수관리인증기관으로부터 우수관리인증 또는 우수관리시설의 지정을 받은 자에게 다른 우수관리인증기관으로부터 갱신, 유효기간 연장 또는 변경을 할 수 있도록 취소된 사항을 알려야 한다.

⑤ 우수관리인증기관의 지정기준, 지정절차 및 지정방법 등에 필요한 세부사항은 농림축산식품부령으로 정한다.

법 제9조의2(우수관리인증기관의 준수사항)

우수관리인증기관은 다음의 사항을 준수하여야 한다.

　　1. 우수관리인증 또는 우수관리시설의 지정 과정에서 얻은 정보와 자료를 우수관리인증 또는 우수관리시설의 지정 신청인의 서면동의 없이 공개하거나 제공하지 아니할 것. 다만, 이 법 또는 다른 법령에 따라 공개하거나 제공하는 경우는 제외한다.
　　2. 우수관리인증 또는 우수관리시설의 지정의 신청, 심사 및 사후관리에 관한 자료를 농림축산식품부령으로 정하는 바에 따라 보관할 것
　　3. 우수관리인증 또는 우수관리시설의 지정 결과 및 사후관리 결과를 농림축산식품부령으로 정하는 바에 따라 농림축산식품부장관에게 보고할 것

시행규칙 제19조(우수관리인증기관의 지정기준 및 지정절차 등)

① 우수관리인증기관의 지정기준은 별표 3과 같다.

② 외국에서 국내로 수입되는 농산물을 대상으로 우수관리인증을 하기 위하여 외국의 기관이 우수관리인증기관 지정을 신청하는 경우에는 국립농산물품질관리원장이 정하여 고시하는 외국 우수관리인증기관 지정기준 및 지정절차를 적용한다.

③ 우수관리인증기관으로 지정받으려는 자는 농산물우수관리인증기관 (지정·갱신)신청서에 다음의 서류를 첨부하여 국립농산물품질관리원장에게 제출하여야 한다.

　　1. 정관
　　2. 농산물우수관리 인증계획 및 인증업무규정 등을 적은 우수관리인증 사업계획서
　　3. 우수관리인증기관의 지정기준을 갖추었음을 증명할 수 있는 서류

④ 신청서를 받은 국립농산물품질관리원장은 「전자정부법」에 따른 행정정보의 공동이용을 통하여 법인 등 기사항증명서를 확인하여야 한다.

⑤ 국립농산물품질관리원장은 지정신청을 받은 경우에는 그 날부터 3개월 이내에 우수관리인증기관의 지정 기준에 적합한지를 심사하여야 한다.

⑥ 국립농산물품질관리원장은 심사 결과 우수관리인증기관의 지정기준에 적합한 경우에는 그 신청인에게 농산물우수관리인증기관 지정서를 발급하여야 하며, 우수관리인증기관의 지정기준에 적합하지 아니한 경우에는 그 사유를 신청인에게 알려야 한다.

⑦ 국립농산물품질관리원장은 농산물우수관리인증기관 지정서를 발급한 경우에는 다음의 사항을 관보에 고 시하거나 국립농산물품질관리원의 인터넷 홈페이지에 게시하여야 한다.

1. 우수관리인증기관의 명칭 및 대표자
2. 주사무소 및 지사의 소재지·전화번호
3. 우수관리인증기관 지정번호 및 지정일
4. 인증지역
5. 유효기간

⑧ 우수관리인증기관 지정에 필요한 세부 사항은 국립농산물품질관리원장이 정하여 고시한다.

시행규칙 제20조(우수관리인증기관의 지정내용 변경신고)

① 법 제9조제2항 본문에서 '농림축산식품부령으로 정하는 중요사항'이란 다음의 사항을 말한다.

1. 우수관리인증기관의 명칭·대표자·주소 및 전화번호
2. 우수관리인증기관의 업무 등 정관
3. 우수관리인증기관의 조직, 인력, 시설
4. 농산물우수관리 인증계획, 인증업무 처리규정 등을 적은 사업계획서
5. 우수관리시설 지정계획, 지정업무규정 등을 적은 사업계획서(우수관리시설 지정 업무를 수행하는 경 우만 해당한다)

② 우수관리인증기관으로 지정을 받은 자는 우수관리인증기관으로 지정받은 후 ①의 내용이 변경되었을 때 에는 그 사유가 발생한 날부터 1개월 이내에 농산물우수관리인증기관 지정내용 변경신고서에 변경 내용 을 증명하는 서류를 첨부하여 국립농산물품질관리원장에게 제출하여야 한다.

③ 우수관리인증기관 지정내용 변경신고를 받은 국립농산물품질관리원장은 신고 사항을 검토하여 우수관리 인증기관의 지정기준에 적합한 경우에는 농산물우수관리인증기관 지정서를 재발급하여야 한다.

시행규칙 별표 3(우수관리인증기관의 지정기준)

1. 조직 및 인력
   가. 조직
      1) 법인으로서 인증업무를 수행하는 전담조직을 갖추고 인증기관의 운영에 필요한 재원확보 등 재무구조가 건실할 것
      2) 인증업무 외의 업무를 수행하고 있는 경우 그 업무를 수행함으로써 인증업무가 불공정하게 수 행될 우려가 없을 것

나. 인력

　　　　1) 인증심사원은 5명 이상(상근 2명 이상)이어야 한다.

　　　　2) 인증심사원은 다음의 어느 하나에 해당하는 사람으로서 국립농산물품질관리원장이 정한 바에 따라 인증심사원의 역할과 자세, 인증 관련 법령, 인증심사기준, 인증심사 실무 등의 교육을 받은 사람으로서 심사업무를 원활히 수행할 수 있어야 한다.

　　　　　　가)「고등교육법」에 따른 대학에서 학사학위를 취득한 사람 및 이와 같은 수준 이상의 학력이 있는 사람

　　　　　　나)「고등교육법」에 따른 대학 또는 전문대학에서 전문학사학위를 취득한 사람 또는 이와 같은 수준 이상의 학력이 있는 사람으로서 농업 관련 기업체·연구소·기관 및 단체 등에서 농산물의 품질관리업무를 2년 이상 담당한 경력이 있는 사람

　　　　　　다)「국가기술자격법」에 따른 농림분야의 기술사·기사·산업기사 또는 법 제105조에 따른 농산물품질관리사 자격증을 소지한 사람. 다만, 산업기사 자격증을 소지한 사람은 농업 관련 기업체·연구소·기관 및 단체 등에서 농산물의 품질관리업무를 2년 이상 담당한 경력이 있는 사람이어야 한다.

　　　　　　라) 농업 관련 기업체·연구소·기관 및 단체 등에서 농산물의 품질관리업무를 3년 이상 담당한 경력이 있는 사람

　　　　　　마) 우수관리인증기관에서 2년 이상 인증업무와 관련된 업무를 담당한 경력이 있는 사람

　2. 시설

　　가. 토양, 수질, 잔류농약, 중금속, 미생물 등을 분석할 수 있어야 하며, 분석시설은 해당 부·처·청, 공인기관 및 국립농산물품질관리원장이 지정한 분석시설이어야 한다.

　　나. 대학 및 연구소 등 공인분석기관과 업무협약체결을 통해 분석 등의 업무를 수행할 경우에는 가목에 따른 분석실을 갖추지 않을 수 있다.

　3. 인증업무규정

　　인증업무에 관한 규정에는 다음 각 목의 사항이 포함되어야 한다.

　　가. 인증농가 이력관리 방법

　　나. 인증의 절차 및 방법

　　다. 인증의 사후관리

　　라. 인증수수료 및 그 징수방법

　　마. 인증심사원 준수사항 및 인증심사원의 자체관리·감독 요령

　　바. 인증심사원 교육

　　사. 다음의 업무수행을 위한 인증위원회의 구성, 운영에 관한 사항

　　　　1) 인증업무 방침의 수립

　　　　2) 인증 장기 계획 및 발전방향 수립

　　　　3) 인증운영에 관한 주요 사항의 심의

　　아. 그 밖에 국립농산물품질관리원장이 인증업무의 수행에 필요하다고 인정한 사항

법 제10조(우수관리인증기관의 지정 취소 등)

① 농림축산식품부장관은 우수관리인증기관이 다음의 어느 하나에 해당하면 우수관리인증기관의 지정을 취소하거나 6개월 이내의 기간을 정하여 우수관리인증 및 우수관리시설의 지정 업무의 정지를 명할 수 있다. 다만, 1부터 3까지의 규정 중 어느 하나에 해당하면 우수관리인증기관의 지정을 취소하여야 한다.

1. 거짓이나 그 밖의 부정한 방법으로 지정을 받은 경우
2. 업무정지 기간 중에 우수관리인증 또는 우수관리시설의 지정 업무를 한 경우
3. 우수관리인증기관의 해산·부도로 인하여 우수관리인증 또는 우수관리시설의 지정 업무를 할 수 없는 경우
4. 중요 사항에 대한 변경신고를 하지 아니하고 우수관리인증 또는 우수관리시설의 지정 업무를 계속한 경우
5. 우수관리인증 또는 우수관리시설의 지정 업무와 관련하여 우수관리인증기관의 장 등 임원·직원에 대하여 벌금 이상의 형이 확정된 경우
6. 지정기준을 갖추지 아니한 경우
6의2. 준수사항을 지키지 아니한 경우
7. 우수관리인증 또는 우수관리시설 지정의 기준을 잘못 적용하는 등 우수관리인증 또는 우수관리시설의 지정 업무를 잘못한 경우
8. 정당한 사유 없이 1년 이상 우수관리인증 및 우수관리시설의 지정 실적이 없는 경우
9. 농림축산식품부장관의 요구를 정당한 이유 없이 따르지 아니한 경우
10. 그 밖의 사유로 우수관리인증 또는 우수관리시설의 지정 업무를 수행할 수 없는 경우
② 지정 취소 등의 세부 기준은 농림축산식품부령으로 정한다.

법 제11조(농산물우수관리시설의 지정 등)

① 농림축산식품부장관은 농산물의 수확 후 위생·안전 관리를 위하여 우수관리인증기관으로 하여금 다음의 시설 중 인력 및 설비 등이 농림축산식품부령으로 정하는 기준에 맞는 시설을 농산물우수관리시설로 지정하도록 할 수 있다.
1. 「양곡관리법」에 따른 미곡종합처리장
2. 「농수산물 유통 및 가격안정에 관한 법률」에 따른 농수산물산지유통센터
3. 그 밖에 농산물의 수확 후 관리를 하는 시설로서 농림축산식품부장관이 정하여 고시하는 시설
② 우수관리시설로 지정받으려는 자는 관리하려는 농산물의 품목 등을 정하여 우수관리인증기관에 신청하여야 하며, 우수관리시설로 지정받은 후 농림축산식품부령으로 정하는 중요 사항이 변경되었을 때에는 해당 우수관리인증기관에 변경신고를 하여야 한다. 다만, 우수관리시설 지정이 취소된 후 1년이 지나지 아니하면 지정 신청을 할 수 없다.
③ 우수관리인증기관은 우수관리시설의 지정 신청 또는 변경신고를 받은 경우 우수관리시설의 지정 기준에 맞는지를 심사하여 그 결과를 알려야 한다.
④ 우수관리인증기관은 우수관리시설의 지정을 한 경우 우수관리시설의 지정을 받은 자가 우수관리시설의 지정 기준을 지키는지 조사·점검하여야 하며, 필요한 경우에는 자료제출 요청 등을 할 수 있다.
⑤ 우수관리시설을 운영하는 자는 우수관리인증 대상 농산물 또는 우수관리인증농산물을 우수관리기준에 따라 관리하여야 한다.
⑥ 우수관리시설의 지정 유효기간은 5년으로 하되, 우수관리시설 지정의 효력을 유지하기 위하여는 유효기간이 끝나기 전에 그 지정을 갱신하여야 한다.
⑦ 우수관리시설의 지정 기준 및 절차 등에 필요한 세부사항은 농림축산식품부령으로 정한다.

시행규칙 제23조(농산물우수관리시설의 지정기준 및 지정절차 등)

① 우수관리시설의 지정기준은 별표 5와 같다.

② 우수관리시설로 지정받으려는 자는 농산물우수관리시설 지정신청서에 다음의 서류를 첨부하여 우수관리인증기관에 제출하여야 한다.

1. 정관 및 법인 등기사항증명서(법인인 경우만 해당)
2. 우수관리시설 및 인력 현황을 적은 서류
3. 우수관리시설의 운영계획 및 우수관리인증농산물 처리규정 등을 적은 우수관리시설 사업계획서
4. 우수관리시설의 지정기준을 갖추었음을 증명할 수 있는 서류

③ 우수관리인증기관은 지정신청을 받으면 그 날부터 40일 이내에 우수관리시설의 지정기준에 적합한지를 심사하여야 한다.

④ 우수관리인증기관은 심사를 한 결과 우수관리시설 지정기준에 적합한 경우에는 그 신청인에게 농산물우수관리시설 지정서를 발급하여야 하며, 우수관리시설 지정기준에 적합하지 아니한 경우에는 그 사유를 신청인에게 알려야 한다.

⑤ 우수관리인증기관은 농산물우수관리시설 지정서를 발급한 경우에는 다음의 사항을 관보에 고시하거나 농산물우수관리시스템에 게시하여야 한다.

1. 우수관리시설의 명칭 및 대표자
2. 주사무소 및 지사의 소재지·전화번호
3. 수확 후 관리 품목
4. 우수관리시설 지정번호 및 지정일
5. 유효기간

⑥ 외국의 수확 후 관리시설이 우수관리시설 지정을 신청하는 경우에는 국립농산물품질관리원장이 정하여 고시하는 외국 우수관리시설 지정기준 및 지정절차를 적용한다.

⑦ 우수관리시설 지정에 필요한 세부 사항은 국립농산물품질관리원장이 정하여 고시한다.

시행규칙 별표 5(우수관리시설의 지정기준)

1. 조직 및 인력
   가. 조직
      1) 농산물우수관리업무를 수행할 능력을 갖추어야 한다.
      2) 농산물우수관리업무 외의 업무를 수행하고 있는 경우 그 업무를 수행함으로써 농산물우수관리업무가 불공정하게 수행될 우려가 없어야 한다.
   나. 인력
      1) 농산물우수관리업무를 담당하는 사람을 1명 이상 갖출 것
      2) 농산물우수관리업무를 담당하는 사람은 다음의 어느 하나에 해당하는 사람으로서 국립농산물품질관리원장이 정하는 바에 따라 농산물우수관리업무를 수행하는 사람의 역할과 자세, 농산물우수관리 관련 법령, 농산물우수관리시설기준, 농산물우수관리시설 관리실무 등의 교육을 받은 사람이어야 한다.

가) 「고등교육법」에 따른 대학에서 학사학위를 취득한 사람 및 이와 같은 수준 이상의 학력이 있는 사람

나) 「고등교육법」에 전문대학에서 전문학사학위를 취득한 사람 및 이와 같은 수준 이상의 학력이 있는 사람으로서 농업 관련 기업체·연구소·기관 및 단체 등에서 농산물의 품질관리업무를 2년 이상 담당한 경력이 있는 사람

다) 「국가기술자격법」에 따른 농림분야의 기술사·기사·산업기사 또는 농산물품질관리사 자격증을 소지한 사람. 다만, 산업기사 자격증을 소지한 사람은 농업 관련 기업체·연구소·기관 및 단체 등에서 농산물의 품질관리업무를 2년 이상 담당한 경력이 있는 사람이어야 한다.

라) 농업 관련 기업체·연구소·기관 및 단체 등에서 농산물의 품질관리업무를 3년 이상 담당한 경력이 있는 사람

마) 그 밖에 농산물의 품질관리업무에 4년 이상 종사한 것으로 인정된 사람. 다만, 농가나 생산자조직에서 자체 생산한 농산물의 수확 후 관리를 위해 보유한 산지유통시설의 경우는 농산물의 품질관리업무에 2년 이상 종사(영농에 종사한 기간을 포함)한 것으로 인정된 사람이어야 한다.

2. 시설

가. 농산물우수관리시설은 농산물우수관리기준에 따라 관리되어야 한다.

나. 농산물우수관리시설은 아래와 같은 시설기준을 충족할 수 있어야 한다.

1) 미곡종합처리장 및 곡류의 수확 후 관리시설

	시설기준	비고
시설물	가) 곡물의 수확 후 처리시설 및 완제품 보관시설이 설치된 건축물의 위치는 제품이 나쁜 영향을 받지 않도록 축산폐수·화학물질 및 그 밖의 오염물질의 발생시설로부터 격리되어 있어야 한다.	
	나) 시설물 및 시설물이 설치된 부지는 깨끗하게 관리되어야 한다.	
건조 저장 시설	가) 건조 및 저장시설은 잔곡(殘穀)이 발생하지 않거나, 잔곡 청소가 가능한 구조로 설치되어야 한다.	
	나) 저장시설에는 통풍, 냉각 등 곡온(穀溫: 곡식의 온도)을 낮출 수 있는 장치 및 곡온을 측정할 수 있는 온도장치가 설치되어야 하며, 곡온을 점검할 수 있어야 한다.	
	다) 저장시설은 쥐 등이 침입할 수 없는 구조여야 하며, 저장시설 내에는 농약 등 곡물에 나쁜 영향을 미칠 수 있는 물질이 곡물과 같이 보관되지 않아야 한다.	
작업장	가) 원료 곡물을 가공하여 포장하는 작업장은 반입, 건조 및 저장 시설은 물론 부산물실과 분리(벽·층 등으로 별도의 방 또는 공간으로 구별되는 경우를 말한다. 이하 이 표에서 같다)되거나 구획(칸막이·커튼 등으로 구별되는 경우를 말한다. 이하 이 표에서 같다)되어야 한다.	
	나) 쌀 가공실은 현미부, 백미부, 포장부, 완제품 보관부, 포장재 보관부가 각각 격리되거나 칸막이 등으로 구획되어야 한다.	
	다) 바닥은 하중과 충격에 잘 견디는 견고한 재질이어야 하며, 파여 있거나 심하게 갈라진 틈이나 구멍이 없어야 한다.	
	라) 내벽과 천장의 자재는 곡물에 나쁜 영향을 주지 않는 자재가 사용되어야 하며, 먼지나 이물질이 쌓여 있지 않도록 청결하게 관리해야 한다.	
	마) 출입문은 견고하고 밀폐가 가능해야 하고, 완제품 보관부 등의 지게차 출입이 잦은 출입문은 이중문으로 하되, 외문은 견고하고 밀폐가 가능해야 하며 내문은 신속하게 여닫을 수 있고 분진 유입 등을 방지할 수 있는 구조로 설치되어야 한다.	
	바) 창문은 밀폐되어 있어야 하며, 해충 등의 침입을 방지하기 위해 고정식 방충망을 설치해야 한다.	
	사) 집진(集塵)을 위한 외부 공기 도입구가 설치되어야 하며, 외부 공기 도입구에는 먼지나 이물질 등이 유입되지 않도록 필터를 설치하고 깨끗하게 관리해야 한다.	
	아) 채광 및 조명은 작업환경에 적정한 조도를 유지해야 하며, 조명설비는 파손이나 이물질 낙하로 인한 오염을 방지하기 위해 커버나 덮개를 설치해야 한다.	
	자) 작업장에서 발생하는 부산물은 먼지가 최소화되도록 수집되어야 하며, 구획된 목적과 다르게 작업장 내에 부산물, 완제품 및 포장재 등이 방치되거나 적재되어 있지 않도록 관리되어야 한다.	

	차) 작업장을 깨끗하고 위생적으로 관리하기 위한 흡인식 청소시스템이 구비되어야 한다.	
가공설비	가) 이송설비, 이송관, 저장용기 등 가공설비에서 도정된 곡물과 직접 접촉하는 부분은 스테인리스 강(鋼) 등과 같이 매끄럽고 내부식성(耐腐蝕性)이어야 하며, 구멍이나 균열이 없어야 한다.	
	나) 가공설비에는 쥐 등이 내부로 침입하지 못하도록 침입방지설비가 설치되어야 한다.	
	다) 각 단위기계, 이송설비 및 저장용기는 잔곡이 있는지를 쉽게 파악하고 청소할 수 있는 구조여야 하며, 청결하게 관리되어야 한다.	
	라) 곡물에 섞여 있는 이물질 및 다른 곡물의 낟알을 충분하게 제거하기 위한 선별장치가 설치되어야 한다.	
집진설비 및 부산물실	가) 분진 발생으로 인한 교차오염을 방지하기 위해 집진설비 등은 작업장과 분리되어 설치되어야 한다.	
	나) 반입, 건조저장 및 가공설비에서 발생하는 분진 및 분말 등의 제거를 위한 집진설비가 충분하게 갖춰져 있어야 하며, 집진설비는 사용에 지장이 없는 상태로 관리되어야 한다.	
	다) 겉겨실·속겨실 및 그 밖의 부산물실은 내부에서 발생하는 분진이 외부에 유출되지 않는 구조여야 한다.	
수처리설비	가) 곡물의 세척 또는 가공에 사용되는 물은 「먹는물관리법」에 따른 먹는물 수질 기준에 적합해야 한다. 지하수 등을 사용하는 경우 취수원은 화장실, 폐기물처리설비, 동물사육장, 그 밖에 지하수가 오염될 우려가 있는 장소로부터 20미터 이상 떨어진 곳에 있어야 한다.	
	나) 곡물에 사용되는 용수가 지하수일 경우에는 1년에 1회 이상 먹는물 수질 기준에 적합한지 여부를 확인해야 한다.	
	다) 용수저장용기는 밀폐가 되는 덮개 및 잠금장치를 설치하여 오염물질의 유입을 사전에 방지할 수 있는 구조여야 한다.	
위생관리	가) 화장실은 작업장과 분리하여 수세식으로 설치하여 청결하게 관리되어야 하며, 손 세척 및 건조 설비(일회용 티슈를 사용하는 곳은 제외한다)을 갖춰야 한다.	
	나) 작업장 종사자를 위한 위생복장을 갖추어야 하고, 탈의실을 설치해야 한다.	
	다) 청소 설비 및 기구를 보관할 수 있는 전용공간을 마련해야 한다.	
그 밖의 시설	가) 폐기물처리설비는 작업장과 떨어진 곳에 설치되어야 한다.	
	나) 폐수처리시설 설치가 필요할 경우 작업장과 떨어진 곳에 설치되어야 한다.	
관리유지	농산물우수관리시설의 효율적 관리를 위하여 작업공정도, 기계설비 배치도, 점검기준 및 관리일지(작업장, 기계설비, 저장시설, 화장실 등)를 갖추어야 한다.	

2) 농수산물산지유통센터 및 농산물의 수확 후 관리시설

	시설기준	품목군		비고
		비세척	세척	
시설물	가) 농산물의 수확 후 관리시설과 원료 및 완제품의 보관시설 등이 설비된 시설물의 위치는 농산물이 나쁜 영향을 받지 않도록 축산폐수·화학물질 그 밖의 오염물질 발생시설로부터 격리되어 있어야 한다.			
	나) 시설물 및 시설물이 설치된 부지는 깨끗하게 관리되어야 한다.			
작업장	가) 작업장은 농산물의 수확 후 관리를 위한 작업실을 말하며 선별, 세척 및 포장 등의 작업구역은 분리되거나 구획되어야 한다. 다만, 작업공정의 자동화 또는 농산물의 특수성으로 인하여 분리 또는 구획할 필요가 없다고 인정되는 경우에는 분리 또는 구획을 하지 않을 수 있다.			
	나) 바닥은 충격에 잘 견디는 견고한 재질이어야 하며, 파여 있거나 심하게 갈라진 틈이나 구멍이 없어야 한다. 다만, 세척이 필요한 농산물의 경우에는 경사지게 하여 배수가 잘 되도록 해야 한다.			
	다) 배수로는 배수 및 청소가 용이하고 교차오염이 발생되지 않도록 설치하고 폐수가 역류하거나 퇴적물이 쌓이지 않도록 설비해야 하며, 배수구에는 곤충이나 설치류 등의 침입을 방지하기 위한 설비를 갖춰야 한다.	✕		
	라) 내벽은 갈라진 틈이나 구멍이 없어야 한다. 다만, 세척농산물의 세척, 포장 작업장은 내수성(耐水性)으로 설비하고 먼지 등이 쌓이거나 미생물 등의 번식이 우려되는 돌출부위(H빔 등)가 보이지 않도록 시공해야 한다.	✕		
	마) 천장은 농산물에 나쁜 영향을 주지 않는 자재를 사용해야 하며, 먼지나 이물질이 쌓여 있지 않도록 청결하게 관리해야 한다. 다만, 세척농산물의 세척, 포장 작업장의 천장은 먼지 등이 쌓이거나 미생물 등의 번식이 우려되는 돌출부위(H빔·배관 등)가 보이지 않도록 시공해야 한다.			
	바) 출입구 및 창문은 밀폐되어 있어야 하며, 창문은 해충 등의 침입을 방지하기 위한 고정식 방충망을 설치해야 한다.			
	사) 채광 또는 조명은 작업환경에 적정한 조도를 유지해야 하며, 조명설비는 파손이나 이물질 낙하로 인한 오염을 방지하기 위해 커버나 덮개를 설치해야 한다.			
	아) 작업장 안에서 악취·유해가스, 매연·증기 등이 발생할 경우 이를 제거하는 환기설비 등을 갖추고 있어야 한다.			
	자) 작업공정에 분진, 분말 등이 발생할 경우 이를 제거하는 집진설비를 갖추고 있어야 한다.			
	차) 작업장 내 배관은 청결하게 관리되어야 한다.	✕		

수확 후 관리 설비	가) 농산물을 수확 후 관리하는 데 필요한 기계·기구류 등 설비는 농산물의 특성에 따라 갖추어 관리되어야 한다.			
	나) 세척이 필요한 농산물의 취급설비 중 농산물과 직접 접촉하는 부분은 매끄럽고 내부식성이어야 하고, 구멍이나 균열이 없어야 하며, 세척 및 소독 작업이 가능해야 한다.	✕		
	다) 냉각 및 가열처리 설비에는 온도계나 온도를 측정할 수 있는 기구를 설치해야 하며, 적정 온도가 유지되도록 관리해야 한다.	✕		
	라) 수확 후 관리 설비는 정기적으로 점검하여 위생적으로 관리해야 하며, 그 결과를 보관해야 한다.			
수 처 리 설 비	가) 수확 후 농산물의 세척에 사용되는 용수는 「먹는물관리법」에 따른 먹는물 수질기준에 적합해야 한다. 지하수 등을 사용하는 경우 취수원은 화장실·폐기물처리시설·동물사육장, 그 밖에 지하수가 오염될 우려가 있는 장소로부터 20미터 이상 떨어진 곳에 있어야 한다.	✕		
	나) 수확 후 세척에 사용되는 용수가 지하수일 경우에는 1년에 1회 이상 먹는물 수질 기준에 적합한지 여부를 검사해야 한다.	✕		
	다) 용수저장탱크는 밀폐가 되는 덮개 및 잠금장치를 설치하여 오염물질의 유입을 사전에 방지할 수 있는 구조여야 한다.	✕		
저장 (예냉) 시설	가) 저장(예냉)시설은 농산물 수확 후 원물(原物) 및 농산품의 품질관리를 위한 저온시설을 말하며, 작업장과 분리하여 설치해야 한다. 다만, 대상 농산물이 저온저장(예냉)을 할 필요가 없다고 인정되는 경우에는 설치하지 않을 수 있다.			
	나) 벽체 및 천장의 내벽은 내수성을 가진 단열 패널로 마감처리하는 것을 원칙으로 한다.			
	다) 창문이나 출입문은 조류, 설치류와 가축의 접근을 막기 위한 방충망을 설치해야 한다. 다만, 저장시설의 출입문이 작업장 내부에 있는 경우에는 출입문 방충망을 설치하지 않을 수 있다.			
	라) 냉장(냉동, 냉각)이 필요한 농산물은 냉기가 잘 흐르도록 적재가 가능한 팰릿(pallet) 등을 갖추어 적절한 온도관리가 되어야 한다.			
	마) 냉장(냉동, 냉각)실에 설치되어 있는 온도장치의 감온봉(感溫棒)은 가장 온도가 높은 곳이나 온도관리가 적절한 곳에 설치하며, 외부에서 온도를 관찰할 수 있어야 한다.			
수송 · 운반 장비	가) 운송차량은 운송 중인 농산물이 외부로부터 오염되지 않도록 관리되어야 하며, 냉장유통이 필요한 농산물은 냉장탑차를 이용해야 한다.			

	나) 수송 및 운반에 사용되는 용기는 세척하기 쉬워야 하며, 필요한 경우 소독과 건조가 가능해야 한다.	✕		
	다) 수송, 운반, 보관 등 물류기기는 깨끗하고 위생적으로 관리되어야 한다.	✕		
위생 관리	가) 화장실은 작업장과 분리하여 수세식으로 설치해야 하며, 손 세척 및 건조설비(일회용 티슈를 사용하는 곳은 제외한다)를 갖춰야 한다.			
	나) 화장실의 청결상태를 정기적으로 점검하고 청소하여 위생적으로 관리해야 한다.			
	다) 적절한 청소 설비 및 기구를 전용보관 장소에 갖추어 두어야 한다.			
그 밖의 시설	가) 폐기물처리설비가 필요할 경우 폐기물처리설비는 작업장과 떨어진 곳에 설치·운영되어야 한다.			
	나) 폐수처리시설은 작업장과 떨어진 곳에 설치·운영되어야 한다. 다만, 단순세척을 할 경우에는 폐수처리시설을 갖추지 않을 수 있다.	✕		
관리 유지	농산물우수관리시설의 효율적 관리를 위해 작업공정도, 기계설비 배치도, 점검기준 및 관리일지(작업장, 기계설비, 저장시설 및 화장실) 등을 갖춰야 한다.			

3) 삭제 〈2014.9.30.〉

3. 농산물우수관리시설 업무규정

농산물우수관리시설 업무규정에는 다음에 관한 사항이 포함되어야 한다.

가. 수확 후 관리 품목

나. 우수관리인증농산물의 취급 방법

다. 수확 후 관리 시설의 관리 방법

라. 우수관리인증농산물의 품목별 수확 후 관리 절차

마. 농산물우수관리시설 근무자의 준수사항 마련 및 자체관리·감독에 관한 사항

바. 농산물우수관리시설 근무자 교육에 관한 사항

사. 그 밖에 국립농산물품질관리원장이 농산물우수관리시설의 업무수행에 필요하다고 인정하여 고시하는 사항

시행규칙 제24조(우수관리시설의 지정내용 변경신고)

① 법 제11조제2항 본문에서 '농림축산식품부령으로 정하는 중요 사항'이란 다음의 사항을 말한다.

1. 우수관리시설의 명칭, 대표자 및 정관

2. 수확 후 관리 대상 품목

3. 수확 후 관리 설비

4. 우수관리시설의 운영계획 및 우수농산물 처리규정 등 사업계획서

② 우수관리시설로 지정을 받은 자는 우수관리시설로 지정받은 후 ①의 내용이 변경된 경우에는 변경 사유가 발생한 날부터 1개월 이내에 농산물우수관리시설 지정내용 변경신고서에 변경된 내용을 증명하는 서류를 첨부하여 우수관리인증기관에 제출하여야 한다.

시행규칙 제24조의2(우수관리시설의 지정기준 준수 여부의 조사·점검 등)

① 우수관리인증기관은 우수관리시설의 지정을 받은 자를 대상으로 우수관리시설 지정기준을 지키는지 여부를 매년 1회 이상 정기적으로 조사·점검하여야 한다.

② 우수관리인증기관은 국립농산물품질관리원장 또는 소비자단체 등의 요청이 있는 경우에는 수시로 조사·점검을 할 수 있다.

③ 규정한 사항 외에 우수관리시설 지정기준 준수 여부의 조사·점검 등에 필요한 세부사항은 국립농산물품질관리원장이 정하여 고시한다.

법 제12조(우수관리시설의 지정 취소 등)

① 우수관리인증기관은 우수관리시설이 다음의 어느 하나에 해당하면 그 지정을 취소하거나 6개월 이내의 기간을 정하여 우수관리인증 대상 농산물에 대한 농산물우수관리 업무의 정지를 명하거나 시정명령을 할 수 있다. 다만, 1부터 3까지의 규정 중 어느 하나에 해당하면 지정을 취소하여야 한다.
1. 거짓이나 그 밖의 부정한 방법으로 지정을 받은 경우
2. 업무정지 기간 중에 농산물우수관리 업무를 한 경우
3. 우수관리시설을 운영하는 자가 해산·부도로 인하여 농산물우수관리 업무를 할 수 없는 경우
4. 지정기준을 갖추지 못하게 된 경우
5. 중요 사항에 대한 변경신고를 하지 아니하고 우수관리인증 대상 농산물을 취급(세척 등 단순가공·포장·저장·거래·판매를 포함한다)한 경우
6. 농산물우수관리 업무와 관련하여 시설의 대표자 등 임원·직원에 대하여 벌금 이상의 형이 확정된 경우
7. 우수관리시설의 지정을 받은 자가 정당한 사유 없이 조사·점검 또는 자료제출 요청에 응하지 아니한 경우
8. 우수관리인증 대상 농산물 또는 우수관리인증농산물을 우수관리기준에 따라 관리하지 아니한 경우
9. 그 밖의 사유로 농산물우수관리 업무를 수행할 수 없는 경우

② 지정 취소 및 업무정지의 기준·절차 등 세부적인 사항은 농림축산식품부령으로 정한다.

법 제12조의2(농산물우수관리 관련 교육·홍보 등)

농림축산식품부장관은 농산물우수관리를 활성화하기 위하여 소비자, 우수관리인증을 받았거나 받으려는 자, 우수관리인증기관 등에게 교육·홍보, 컨설팅 지원 등의 사업을 수행할 수 있다.

법 제13조(농산물우수관리 관련 보고 및 점검 등)

① 농림축산식품부장관은 농산물우수관리를 위하여 필요하다고 인정하면 우수관리인증기관, 우수관리시설을 운영하는 자 또는 우수관리인증을 받은 자로 하여금 그 업무에 관한 사항을 보고(「정보통신망 이용촉진 및 정보보호 등에 관한 법률」에 따른 정보통신망을 이용하여 보고하는 경우를 포함)하게 하거나 자료를 제출(「정보통신망 이용촉진 및 정보보호 등에 관한 법률」에 따른 정보통신망을 이용하여 제출하는 경우를 포함)하게 할 수 있으며, 관계 공무원에게 사무소 등을 출입하여 시설·장비 등을 점검하고 관계 장부나 서류를 조사하게 할 수 있다.

② 보고·자료제출·점검 또는 조사를 할 때 우수관리인증기관, 우수관리시설을 운영하는 자 및 우수관리인증을 받은 자는 정당한 사유 없이 이를 거부·방해하거나 기피하여서는 아니 된다.

③ 점검이나 조사를 할 때에는 미리 점검이나 조사의 일시, 목적, 대상 등을 점검 또는 조사 대상자에게 알려야 한다. 다만, 긴급한 경우나 미리 알리면 그 목적을 달성할 수 없다고 인정되는 경우에는 알리지 아니할 수 있다.

④ 점검이나 조사를 하는 관계 공무원은 그 권한을 표시하는 증표를 지니고 이를 관계인에게 보여주어야 하며, 성명·출입시간·출입목적 등이 표시된 문서를 관계인에게 내주어야 한다.

법 제13조의2(우수관리시설 점검·조사 등의 결과에 따른 조치 등)

① 농림축산식품부장관은 점검·조사 등의 결과 우수관리시설이 어느 하나에 해당하면 해당 우수관리인증기관에 농림축산식품부령으로 정하는 바에 따라 우수관리시설의 지정을 취소하거나 우수관리인증 대상 농산물에 대한 농산물우수관리 업무의 정지 또는 시정을 명하도록 요구하여야 한다.

② 우수관리인증기관은 요구가 있는 경우 지체 없이 이에 따라야 하며, 처분 후 그 내용을 농림축산식품부장관에게 보고하여야 한다.

③ 우수관리인증기관의 지정이 취소된 후 새로운 우수관리인증기관이 지정되지 아니하거나 해당 우수관리인증기관이 업무정지 중인 경우에는 농림축산식품부장관이 우수관리시설의 지정을 취소하거나 6개월 이내의 기간을 정하여 우수관리인증 대상 농산물에 대한 농산물우수관리 업무의 정지를 명하거나 시정명령을 할 수 있다.

제3절 수산물 등에 대한 품질인증(수산물 관련 내용으로 삭제함)

제4절 삭제〈2012.6.1.〉

제5절 이력추적관리

법 제24조(이력추적관리)

① 다음의 어느 하나에 해당하는 자 중 이력추적관리를 하려는 자는 농림축산식품부장관에게 등록하여야 한다.
  1. 농산물(축산물은 제외)을 생산하는 자
  2. 농산물을 유통 또는 판매하는 자(표시·포장을 변경하지 아니한 유통·판매자는 제외)

② ①에도 불구하고 대통령령으로 정하는 농산물을 생산하거나 유통 또는 판매하는 자는 농림축산식품부장관에게 이력추적관리의 등록을 하여야 한다.

③ 이력추적관리의 등록을 한 자는 농림축산식품부령으로 정하는 등록사항이 변경된 경우 변경 사유가 발생한 날부터 1개월 이내에 농림축산식품부장관에게 신고하여야 한다.

④ 이력추적관리의 등록을 한 자는 해당 농산물에 농림축산식품부령으로 정하는 바에 따라 이력추적관리의 표시를 할 수 있으며, 이력추적관리의 등록을 한 자는 해당 농산물에 이력추적관리의 표시를 하여야 한다.

⑤ 등록된 농산물 및 농산물(이력추적관리농산물)을 생산하거나 유통 또는 판매하는 자는 이력추적관리에 필요한 입고·출고 및 관리 내용을 기록하여 보관하는 등 농림축산식품부장관이 정하여 고시하는 이력추적관리기준을 지켜야 한다. 다만, 이력추적관리농산물을 유통 또는 판매하는 자 중 행상·노점상 등 대통령령으로 정하는 자는 예외로 한다.

> **시행령 제10조**(이력추적관리기준 준수 의무 면제자)
> 법 제24조제5항 단서에서 '행상·노점상 등 대통령령으로 정하는 자'란 「부가가치세법 시행령」에 해당하는 노점이나 행상을 하는 사람과 우편 등을 통하여 유통업체를 이용하지 아니하고 소비자에게 직접 판매하는 생산자를 말한다.

⑥ 농림축산식품부장관은 이력추적관리의 등록을 한 자에 대하여 이력추적관리에 필요한 비용의 전부 또는 일부를 지원할 수 있다.

⑦ 이력추적관리의 대상품목, 등록절차, 등록사항, 그 밖에 등록에 필요한 세부적인 사항은 농림축산식품부령으로 정한다.

시행규칙 제46조(이력추적관리의 대상품목 및 등록사항)

① 이력추적관리 등록 대상품목은 농업·농촌 및 식품산업 기본법의 농업활동으로 생산되는 산물로서의 농산물(축산물은 제외) 중 식용을 목적으로 생산하는 농산물로 한다.

② 이력추적관리의 등록사항은 다음과 같다.
  1. 생산자(단순가공을 하는 자를 포함)
     가. 생산자의 성명, 주소 및 전화번호
     나. 이력추적관리 대상품목명
     다. 재배면적
     라. 생산계획량
     마. 재배지의 주소
  2. 유통자
     가. 유통자의 성명, 주소 및 전화번호
     나. 삭제 〈2016.4.6.〉
     다. 유통업체명, 수확 후 관리시설명 및 그 각각의 주소
  3. 판매자
     가. 판매자의 성명, 주소 및 전화번호
     나. 판매업체명 및 그 주소

시행규칙 제47조(이력추적관리의 등록절차 등)

① 이력추적관리 등록을 하려는 자는 농산물이력추적관리 등록(신규·갱신)신청서에 다음의 서류를 첨부하여 국립농산물품질관리원장에게 제출하여야 한다.
  1. 이력추적관리농산물의 관리계획서
  2. 이상이 있는 농산물에 대한 회수 조치 등 사후관리계획서

② 국립농산물품질관리원장은 제출된 서류에 보완이 필요하다고 판단되면 등록을 신청한 자에게 서류의 보완을 요구할 수 있다.

③ 등록기관의 장은 이력추적관리의 등록신청을 받은 경우에는 이력추적관리기준에 적합한지를 심사하여야 한다.

④ 등록기관의 장은 신청인이 생산자집단인 경우에는 전체 구성원에 대하여 각각 심사를 하여야 한다. 다만, 등록기관의 장이 정하여 고시하는 바에 따라 표본심사를 할 수 있다.

⑤ 등록기관의 장은 등록신청을 받으면 심사일정을 정하여 그 신청인에게 알려야 한다.

⑥ 등록기관의 장은 그 소속 심사담당자와 시·도지사 또는 시장·군수·구청장이 추천하는 공무원이나 민간전문가로 심사반을 구성하여 이력추적관리의 등록 여부를 심사할 수 있다.

⑦ 등록기관의 장은 심사 결과 적합한 경우에는 이력추적관리 등록을 하고, 그 신청인에게 농산물이력추적관리 등록증을 발급하여야 한다.

⑧ 등록기관의 장은 심사 결과 적합하지 아니한 경우에는 그 사유를 구체적으로 밝혀 지체 없이 신청인에게 알려 주어야 한다.

⑨ 이력추적관리 등록자는 이력추적관리 등록증을 분실한 경우 등록기관에 농산물이력추적관리 등록증 재발급 신청서를 제출하여 재발급을 받을 수 있다.

⑩ 이력추적관리의 등록에 필요한 세부적인 절차 및 사후관리 등은 국립농산물품질관리원장이 정하여 고시한다.

시행규칙 제48조(이력추적관리의 등록사항 변경신고)

① 이력추적관리 등록의 변경신고를 하려는 자는 농산물이력추적관리 등록사항 변경신고서에 이력추적관리 등록증 원본과 이력추적관리농산물 관리계획서의 변경된 부분을 첨부하여 등록기관의 장에게 제출하여야 한다.

② 이력추적관리 등록사항 변경신고를 받은 등록기관의 장은 변경된 등록사항을 반영하여 이력추적관리 등록증을 재발급하여야 한다.

③ 이력추적관리 등록사항 변경신고에 대한 절차 등에 필요한 세부적인 사항은 등록기관의 장이 정하여 고시한다.

시행규칙 제49조(이력추적관리농수산물의 표시 등)

① 이력추적관리의 표시는 별표 12와 같다.

② 이력추적관리 표시를 하려는 경우에는 다음의 방법에 따른다.

1. 포장·용기의 겉면 등에 이력추적관리의 표시를 할 때에는 별표 12 제2호나목에 따른 표시사항을 인쇄하거나 표시사항이 인쇄된 스티커를 부착하여야 한다.
2. 농산물에 이력추적관리의 표시를 할 때에는 표시대상 농산물에 이력추적관리 등록 표지가 인쇄된 스티커를 부착하여야 한다.
3. 송장이나 거래명세표에 이력추적관리 등록의 표시를 할 때에는 별표 12 제2호에 따른 표시항목을 적어 이력추적관리 등록을 받았음을 표시하여야 한다.

4. 간판이나 차량에 이력추적관리의 표시를 할 때에는 인쇄 등의 방법으로 별표 12 제1호가목에 따른 표지를 표시하여야 한다.

③ 이력추적관리의 표시가 되어 있는 농산물을 공급받아 소비자에게 직접 판매하는 자는 푯말 또는 표지판 으로 이력추적관리의 표시를 할 수 있다. 이 경우 표시 내용은 포장 및 거래명세표 등에 적혀 있는 내 용과 같아야 한다.

④ 표시방법 등 이력추적관리의 표시와 관련하여 필요한 사항은 등록기관의 장이 정하여 고시한다.

시행규칙 별표 12(이력추적관리 농산물의 표시)

1. 이력추적관리 농산물이 표지와 제도법
   가. 표지

   나. 제도법
   1) 도형표시
   2) 글자는 고딕체로 한다.
   3) 표지도형의 색상 및 크기는 포장재의 색상 및 크기에 따라 조정할 수 있다.
   4) 삭제 〈2016. 12. 30.〉

2. 표시사항
   가. 표지

   나. 표시항목
   1) 산지 : 농산물을 생산한 지역으로 시·군·구 단위까지 적음
   2) 품목(품종) : 「종자산업법」이나 이 규칙에 따라 표시
   3) 중량·개수 : 포장단위의 실중량이나 개수
   4) 삭제 〈2014.9.30.〉
   5) 생산연도 : 쌀만 해당한다.
   6) 생산자 : 생산자 성명이나 생산자단체·조직명, 주소, 전화번호(유통자의 경우 유통자 성명, 업 체명, 주소, 전화번호)

7) 이력추적관리번호: 이력추적이 가능하도록 붙여진 이력추적관리번호
3. 표시방법
  가. 표지와 표시항목의 크기는 포장재의 크기에 따라 표지의 크기를 키우거나 줄일 수 있으나 표지 형태 및 글자표기는 변형할 수 없다.
  나. 표지와 표시항목의 표시는 소비자가 쉽게 알아볼 수 있도록 포장재 옆면에 표지와 표시사항을 함께 표시하되, 옆면에 표시하기 어려울 경우에는 표시위치를 변경할 수 있다.
  다. 표지와 표시항목은 인쇄하거나 스티커로 포장재에서 떨어지지 않도록 부착하여야 한다. 다만 포장하지 아니하고 낱개로 판매하는 경우나 소포장의 경우에는 표지만을 표시할 수 있다.
  라. 수출용의 경우에는 해당 국가의 요구에 따라 표시할 수 있다.
  마. 표시항목 중 표준규격, 지리적표시 등 다른 규정에 따라 표시하고 있는 사항은 그 표시를 생략할 수 있다.

법 제25조(이력추적관리 등록의 유효기간 등)

① 이력추적관리 등록의 유효기간은 등록한 날부터 3년으로 한다. 다만, 품목의 특성상 달리 적용할 필요가 있는 경우에는 10년의 범위에서 농림축산식품부령으로 유효기간을 달리 정할 수 있다.

> 시행규칙 제50조(이력추적관리 등록의 유효기간 등)
> 법 제25조제1항 단서에 따라 유효기간을 달리 적용할 유효기간은 다음의 구분에 따른 범위 내에서 등록기관의 장이 정하여 고시한다.
> 1. 인삼류 : 5년 이내
> 2. 약용작물류 : 6년 이내

② 다음의 어느 하나에 해당하는 자는 이력추적관리 등록의 유효기간이 끝나기 전에 이력추적관리의 등록을 갱신하여야 한다.
  1. 이력추적관리의 등록을 한 자로서 그 유효기간이 끝난 후에도 계속하여 해당 농산물에 대하여 이력추적관리를 하려는 자
  2. 이력추적관리의 등록을 한 자로서 그 유효기간이 끝난 후에도 계속하여 해당 농산물을 생산하거나 유통 또는 판매하려는 자
③ 이력추적관리의 등록을 한 자가 유효기간 내에 해당 품목의 출하를 종료하지 못할 경우에는 농림축산식품부장관의 심사를 받아 이력추적관리 등록의 유효기간을 연장할 수 있다.
④ 이력추적관리 등록의 갱신 및 유효기간 연장의 절차 등에 필요한 세부적인 사항은 농림축산식품부령으로 정한다.

시행규칙 제51조(이력추적관리 등록의 갱신)

① 이력추적관리 등록을 받은 자가 이력추적관리의 등록절차에 따라 이력추적관리 등록을 갱신하려는 경우에는 이력추적관리 등록(신규 · 갱신)신청서와 이력추적관리의 등록절차에 따른 서류 중 변경사항이 있는 서류를 해당 등록의 유효기간이 끝나기 1개월 전까지 등록기관의 장에게 제출하여야 한다.
② 이력추적관리 등록의 갱신신청, 심사 절차 및 방법에 대해서는 이력추적관리의 등록절차의 규정을 준용한다.

③ 등록기관의 장은 유효기간이 끝나기 2개월 전까지 신청인에게 갱신절차와 갱신신청 기간을 미리 알려야 한다. 이 경우 통지는 휴대전화 문자메세지, 전자우편, 팩스, 전화 또는 문서 등으로 할 수 있다.

시행규칙 제52조(이력추적관리등록의 유효기간 연장)

① 이력추적관리 등록을 받은 자가 이력추적관리등록의 유효기간을 연장하려는 경우에는 해당 등록의 유효기간이 끝나기 1개월 전까지 농산물이력추적관리 등록 유효기간 연장신청서를 등록기관의 장에게 제출하여야 한다.

② 등록기관의 장은 이력추적관리 등록의 유효기간 연장신청을 받은 경우에는 해당 이력추적관리농산물의 출하에 필요한 기간을 정하여 유효기간을 연장하고 이력추적관리 등록증을 재발급하여야 한다. 이 경우 연장기간은 해당 품목의 이력추적관리 등록의 유효기간을 초과할 수 없다.

③ 이력추적관리 등록의 유효기간 연장에 필요한 심사 절차 및 방법 등에 대해서는 이력추적관리의 등록절차 등 규정을 준용한다.

법 제26조(이력추적관리 자료의 제출 등)

① 농림축산식품부장관은 이력추적관리농산물을 생산하거나 유통 또는 판매하는 자에게 농산물의 생산, 입고·출고와 그 밖에 이력추적관리에 필요한 자료제출을 요구할 수 있다.

② 이력추적관리농산물을 생산하거나 유통 또는 판매하는 자는 자료제출을 요구받은 경우에는 정당한 사유가 없으면 이에 따라야 한다.

③ 자료제출의 범위, 방법, 절차 등에 필요한 사항은 농림축산식품부령으로 정한다.

시행규칙 제53조(이력추적관리 자료제출의 범위, 방법, 절차 등)

① 자료제출의 범위는 이력추적관리의 등록사항과 관련된 자료와 생산·입고·출고 정보 등 농산물이력추적에 필요한 사항으로 한다.

② 이력추적관리농산물을 생산·유통 또는 판매하는 자는 자료를 서류로 제출하거나 등록기관의 장이 고시하는 이력추적관리 정보시스템을 통하여 제출할 수 있다.

법 제27조(이력추적관리 등록의 취소 등)

① 농림축산식품부장관은 이력추적관리 규정에 따라 등록한 자가 다음의 어느 하나에 해당하면 그 등록을 취소하거나 6개월 이내의 기간을 정하여 이력추적관리 표시정지를 명하거나 시정명령을 할 수 있다. 다만, 1, 2 또는 7에 해당하면 등록을 취소하여야 한다.
  1. 거짓이나 그 밖의 부정한 방법으로 등록을 받은 경우
  2. 이력추적관리 표시정지 명령을 위반하여 계속 표시한 경우
  3. 이력추적관리 규정에 따른 이력추적관리 등록변경신고를 하지 아니한 경우
  4. 이력추적관리 규정에 따른 표시방법을 위반한 경우
  5. 이력추적관리기준을 지키지 아니한 경우
  6. 이력추적관리 자료의 제출 규정을 위반하여 정당한 사유 없이 자료제출 요구를 거부한 경우
  7. 전업·폐업 등으로 이력추적관리농산물을 생산, 유통 또는 판매하기 어렵다고 판단되는 경우

② 등록취소, 표시정지 및 시정명령의 기준, 절차 등 세부적인 사항은 농림축산식품부령으로 정한다.

시행규칙 별표 14(이력추적관리의 등록취소 및 표시금지의 기준)

1. 일반기준

    가. 위반행위가 둘 이상인 경우

        1) 각각의 처분기준이 시정명령 또는 등록취소인 경우에는 하나의 위반행위로 간주한다. 다만, 각각의 처분기준이 표시정지인 경우에는 각각의 처분기준을 합산하여 처분할 수 있다.

        2) 각각의 처분기준이 다른 경우에는 그 중 무거운 처분기준을 적용한다. 다만, 각각의 처분기준이 표시정지인 경우에는 무거운 처분기준의 2분의 1까지 가중할 수 있으며, 이 경우 각 처분기준을 합산한 기간을 초과할 수 없다.

    나. 위반행위의 횟수에 따른 행정처분의 기준은 최근 1년간 같은 위반행위로 행정처분을 받은 경우에 적용한다. 이 경우 행정처분 기준의 적용은 같은 위반행위에 대하여 최초로 행정처분을 한 날과 다시 같은 위반행위를 적발한 날을 기준으로 한다.

    다. 생산자집단 또는 가공업자단체의 구성원의 위반행위에 대해서는 1차적으로 위반행위를 한 구성원에 대하여 행정처분을 하되, 그 구성원이 소속된 조직 또는 단체에 대해서는 그 구성원의 위반 정도를 고려하여 처분을 경감하거나 그 구성원에 대한 처분기준보다 한 단계 낮은 처분기준을 적용한다.

    라. 위반행위의 내용으로 보아 고의성이 없거나 그 밖에 특별한 사유가 있다고 인정되는 경우에는 그 처분을 표시정지의 경우에는 2분의 1 범위에서 경감할 수 있고, 등록취소인 경우에는 6개월 이상의 표시정지 처분으로 경감할 수 있다.

2. 개별기준

위반행위	근거 법조문	위반횟수별 처분기준		
		1차 위반	2차 위반	3차 위반 이상
가. 거짓이나 그 밖의 부정한 방법으로 등록을 받은 경우	법 제27조 제1항제1호	등록취소	–	–
나. 이력추적관리 표시 정지명령을 위반하여 계속 표시한 경우	법 제27조 제1항제2호	등록취소	–	–
다. 이력추적관리 등록변경신고를 하지 않은 경우	법 제27조 제1항제3호	시정명령	표시정지 1개월	표시정지 3개월
라. 표시방법을 위반한 경우	법 제27조 제1항제4호	표시정지 1개월	표시정지 3개월	등록취소
마. 이력추적관리기준을 지키지 않은 경우	법 제27조 제1항제5호	표시정지 1개월	표시정지 3개월	표시정지 6개월
바. 정당한 사유 없이 자료제출 요구를 거부한 경우	법 제27조 제1항제6호	표시정지 1개월	표시정지 3개월	표시정지 6개월
사. 전업·폐업 등으로 이력추적관리 농산물을 생산, 유통 또는 판매하기 어렵다고 판단되는 경우	법 제27조 제1항제7호	등록취소		

제6절 사후관리 등

법 제28조(지위의 승계 등)

① 다음의 어느 하나에 해당하는 사유로 발생한 권리ㆍ의무를 가진 자가 사망하거나 그 권리ㆍ의무를 양도하는 경우 또는 법인이 합병한 경우에는 상속인, 양수인 또는 합병 후 존속하는 법인이나 합병으로 설립되는 법인이 그 지위를 승계할 수 있다.

1. 우수관리인증기관의 지정
2. 우수관리시설의 지정
3. 품질인증기관의 지정

② 지위를 승계하려는 자는 승계의 사유가 발생한 날부터 1개월 이내에 농림축산식품부령 또는 해양수산부령으로 정하는 바에 따라 각각 지정을 받은 기관에 신고하여야 한다.

시행규칙 제55조(승계의 신고)

① 우수관리인증기관의 지정, 우수관리시설의 지정 또는 품질인증기관의 지정을 받은 자의 지위를 승계하려는 자는 승계신고서에 다음의 서류를 첨부하여 국립농산물품질관리원장(우수관리인증기관의 지정만 해당) 또는 국립수산물품질관리원장(품질인증기관의 지정만 해당)에게 제출하여야 한다.

1. 농산물우수관리인증기관 지정서, 농산물우수관리시설 지정서 또는 품질인증기관 지정서
2. 우수관리인증기관, 우수관리시설 또는 품질인증기관의 지정을 받은 자의 지위를 승계하였음을 증명하는 자료

② 국립농산물품질관리원장, 우수관리인증기관 또는 국립수산물품질관리원장은 승계신고서를 수리한 경우에는 제출한 자료를 확인한 후 농산물우수관리인증기관 지정서, 농산물우수관리시설 지정서 또는 품질인증기관 지정서를 발급하여야 한다.

③ 국립농산물품질관리원장 또는 국립수산물품질관리원장은 농산물우수관리인증기관 지정서, 농산물우수관리시설 지정서 또는 품질인증기관 지정서를 발급한 경우에는 제19조제7항(국립농산물품질관리원장은 농산물우수관리인증기관 지정서를 발급한 경우에는 우수관리인증기관의 명칭 및 대표자, 주사무소 및 지사의 소재지ㆍ전화번호, 우수관리인증기관 지정번호 및 지정일, 인증지역, 유효기간을 관보에 고시하거나 국립농산물품질관리원의 인터넷 홈페이지에 게시하여야 한다.), 제23조제6항(국립농산물품질관리원장은 농산물우수관리시설 지정서를 발급한 경우에는 우수관리시설의 명칭 및 대표자, 주사무소 및 지사의 소재지ㆍ전화번호, 수확 후 관리 품목, 우수관리시설 지정번호 및 지정일, 유효기간을 관보에 고시하거나 국립농산물품질관리원의 인터넷 홈페이지에 게시하여야 한다.) 또는 제37조제4항(국립수산물품질관리원장은 품질인증기관 지정서를 발급하는 경우에는 품질인증기관이 수행하는 업무의 범위를 정하여 통지하여야 하며, 그 내용을 관보에 고시하여야 한다.)의 사항을 관보에 고시하거나 해당 기관의 인터넷 홈페이지에 게시하여야 한다.

법 제29조(거짓표시 등의 금지)

① 누구든지 다음의 표시ㆍ광고 행위를 하여서는 아니 된다.

1. 표준규격품, 우수관리인증농산물, 품질인증품, 이력추적관리농산물(이하 '우수표시품')이 아닌 농수산물(우수관리인증농산물이 아닌 농산물의 경우에는 승인을 받지 아니한 농산물을 포함) 또는 농수산가공품에 우수표시품의 표시를 하거나 이와 비슷한 표시를 하는 행위

2. 우수표시품이 아닌 농수산물(우수관리인증농산물이 아닌 농산물의 경우에는 승인을 받지 아니한 농산물을 포함) 또는 농수산가공품을 우수표시품으로 광고하거나 우수표시품으로 잘못 인식할 수 있도록 광고하는 행위

② 누구든지 다음의 행위를 하여서는 아니 된다.

    1. 표준규격품의 표시를 한 농수산물에 표준규격품이 아닌 농수산물 또는 농수산가공품을 혼합하여 판매하거나 혼합하여 판매할 목적으로 보관하거나 진열하는 행위

    2. 우수관리인증의 표시를 한 농산물에 우수관리인증농산물이 아닌 농산물(승인을 받지 아니한 농산물을 포함) 또는 농산가공품을 혼합하여 판매하거나 혼합하여 판매할 목적으로 보관하거나 진열하는 행위

    3. 품질인증품의 표시를 한 수산물에 품질인증품이 아닌 수산물 또는 수산가공품을 혼합하여 판매하거나 혼합하여 판매할 목적으로 보관 또는 진열하는 행위

    4. 삭제 〈2012.6.1.〉

    5. 이력추적관리의 표시를 한 농산물에 이력추적관리의 등록을 하지 아니한 농산물 또는 농산가공품을 혼합하여 판매하거나 혼합하여 판매할 목적으로 보관하거나 진열하는 행위

법 제30조(우수표시품의 사후관리)

① 농림축산식품부장관 또는 해양수산부장관은 우수표시품의 품질수준 유지와 소비자 보호를 위하여 필요한 경우에는 관계 공무원에게 다음의 조사 등을 하게 할 수 있다.

    1. 우수표시품의 해당 표시에 대한 규격·품질 또는 인증·등록 기준에의 적합성 등의 조사

    2. 해당 표시를 한 자의 관계 장부 또는 서류의 열람

    3. 우수표시품의 시료 수거

② 조사·열람 또는 시료 수거에 관하여는 농산물우수관리 관련 보고 및 점검규정을 준용한다.

③ 조사·열람 또는 시료 수거를 하는 관계 공무원에 관하여는 농산물우수관리 관련 보고 및 점검규정을 준용한다.

법 제31조(우수표시품에 대한 시정조치)

① 농림축산식품부장관 또는 해양수산부장관은 표준규격품 품질인증품 또는 이력추적관리농산물이 다음의 어느 하나에 해당하면 대통령령으로 정하는 바에 따라 그 시정을 명하거나 해당 품목의 판매금지 또는 표시정지의 조치를 할 수 있다.

    1. 표시된 규격 또는 해당 인증·등록 기준에 미치지 못하는 경우

    2. 전업·폐업 등으로 해당 품목을 생산하기 어렵다고 판단되는 경우

    3. 해당 표시방법을 위반한 경우

② 농림축산식품부장관은 조사 등의 결과 우수관리인증농산물이 표시된 규격 또는 해당 인증·등록 기준에 미치지 못하는 경우에 해당하면 대통령령으로 정하는 바에 따라 해당 품목의 판매금지 조치를 할 수 있고, 제8조제1항 각 호(거짓이나 그 밖의 부정한 방법으로 우수관리인증을 받은 경우, 우수관리기준을 지키지 아니한 경우, 전업(轉業)·폐업 등으로 우수관리인증농산물을 생산하기 어렵다고 판단되는 경우, 우수관리인증을 받은 자가 정당한 사유 없이 조사·점검 또는 자료제출 요청에 응하지 아니한 경우, 우수관리인증을 받은 자가 우수관리인증의 표시방법을 위반한 경우, 우수관리인증의 변경승인을 받지 아니하고 중요 사항을 변경한 경우, 우수관리인증의 표시정지기간 중에 우수관리인증의 표시를 한 경우)의 어느 하나에 해당하면 해당 우수관리인증기관에 우수관리인증의 취소 규정에 따라 다음의 어느 하나에 해당하는 처분을 하도록 요구하여야 한다.

1. 우수관리인증의 취소
　　2. 우수관리인증의 표시정지
　　3. 시정명령

③ 우수관리인증기관은 ②에 따른 요구가 있는 경우 이에 따라야 하고, 처분 후 지체 없이 농림축산식품부장관에게 보고하여야 한다.

④ ②의 경우 우수관리인증기관의 지정이 취소된 후 새로운 우수관리인증기관이 지정되지 아니하거나 해당 우수관리인증기관이 업무정지 중인 경우에는 농림축산식품부장관이 ② 각 호의 어느 하나에 해당하는 처분을 할 수 있다.

제3장 지리적표시

제1절 등록

법 제32조(지리적표시의 등록)

① 농림축산식품부장관 또는 해양수산부장관은 지리적 특성을 가진 농수산물 또는 농수산가공품의 품질 향상과 지역특화산업 육성 및 소비자 보호를 위하여 지리적표시의 등록 제도를 실시한다.

② 지리적표시의 등록은 특정지역에서 지리적 특성을 가진 농수산물 또는 농수산가공품을 생산하거나 제조·가공하는 자로 구성된 법인만 신청할 수 있다. 다만, 지리적 특성을 가진 농수산물 또는 농수산가공품의 생산자 또는 가공업자가 1인인 경우에는 법인이 아니라도 등록신청을 할 수 있다.

③ ②에 해당하는 자로서 ①에 따른 지리적표시의 등록을 받으려는 자는 농림축산식품부령 또는 해양수산부령으로 정하는 등록 신청서류 및 그 부속서류를 농림축산식품부령 또는 해양수산부령으로 정하는 바에 따라 농림축산식품부장관 또는 해양수산부장관에게 제출하여야 한다. 등록한 사항 중 농림축산식품부령 또는 해양수산부령으로 정하는 중요 사항을 변경하려는 때에도 같다.

④ 농림축산식품부장관 또는 해양수산부장관은 ③에 따라 등록 신청을 받으면 지리적표시 등록심의 분과위원회의 심의를 거쳐 등록거절 사유가 없는 경우 지리적표시 등록 신청 공고결정을 하여야 한다. 이 경우 농림축산식품부장관 또는 해양수산부장관은 신청된 지리적표시가 「상표법」에 따른 타인의 상표(지리적 표시 단체표장을 포함)에 저촉되는지에 대하여 미리 특허청장의 의견을 들어야 한다.

⑤ 농림축산식품부장관 또는 해양수산부장관은 공고결정을 할 때에는 그 결정 내용을 관보와 인터넷 홈페이지에 공고하고, 공고일부터 2개월간 지리적표시 등록 신청서류 및 그 부속서류를 일반인이 열람할 수 있도록 하여야 한다.

⑥ 누구든지 ⑤에 따른 공고일부터 2개월 이내에 이의 사유를 적은 서류와 증거를 첨부하여 농림축산식품부장관 또는 해양수산부장관에게 이의신청을 할 수 있다.

⑦ 농림축산식품부장관 또는 해양수산부장관은 다음의 경우에는 지리적표시의 등록을 결정하여 신청자에게 알려야 한다.

　　1. 이의신청을 받았을 때에는 지리적표시 등록심의 분과위원회의 심의를 거쳐 등록을 거절할 정당한 사유가 없다고 판단되는 경우
　　2. ⑥에 따른 기간에 이의신청이 없는 경우

⑧ 농림축산식품부장관 또는 해양수산부장관이 지리적표시의 등록을 한 때에는 지리적표시권자에게 지리적 표시등록증을 교부하여야 한다.

⑨ 농림축산식품부장관 또는 해양수산부장관은 등록 신청된 지리적표시가 다음의 어느 하나에 해당하면 등록의 거절을 결정하여 신청자에게 알려야 한다.

1. ③에 따라 먼저 등록 신청되었거나, ⑦에 따라 등록된 타인의 지리적표시와 같거나 비슷한 경우
2. 「상표법」에 따라 먼저 출원되었거나 등록된 타인의 상표와 같거나 비슷한 경우
3. 국내에서 널리 알려진 타인의 상표 또는 지리적표시와 같거나 비슷한 경우
4. 일반명칭[농수산물 또는 농수산가공품의 명칭이 기원적(起原的)으로 생산지나 판매장소와 관련이 있지만 오래 사용되어 보통명사화된 명칭을 말한다]에 해당되는 경우
5. 지리적표시 또는 동음이의어 지리적표시의 정의에 맞지 아니하는 경우
6. 지리적표시의 등록을 신청한 자가 그 지리적표시를 사용할 수 있는 농수산물 또는 농수산가공품을 생산·제조 또는 가공하는 것을 업(業)으로 하는 자에 대하여 단체의 가입을 금지하거나 가입조건을 어렵게 정하여 실질적으로 허용하지 아니한 경우

> **시행령 제15조**(지리적표시의 등록거절 사유의 세부기준)
> 지리적표시 등록거절 사유의 세부기준은 다음과 같다.
> 1. 해당 품목이 농수산물인 경우에는 지리적표시 대상지역에서만 생산된 것이 아닌 경우
> 1의2. 해당 품목이 농수산가공품인 경우에는 지리적표시 대상지역에서만 생산된 농수산물을 주원료로 하여 해당 지리적표시 대상지역에서 가공된 것이 아닌 경우
> 2. 해당 품목의 우수성이 국내 및 국외에서 모두 널리 알려지지 아니한 경우
> 3. 해당 품목이 지리적표시 대상지역에서 생산된 역사가 깊지 않은 경우
> 4. 해당 품목의 명성·품질 또는 그 밖의 특성이 본질적으로 특정지역의 생산환경적 요인과 인적 요인 모두에 기인하지 아니한 경우
> 5. 그 밖에 농림축산식품부장관 또는 해양수산부장관이 지리적표시 등록에 필요하다고 인정하여 고시하는 기준에 적합하지 않은 경우

⑩ 지리적표시 등록 대상품목, 대상지역, 신청자격, 심의·공고의 절차, 이의신청 절차 및 등록거절 사유의 세부기준 등에 필요한 사항은 대통령령으로 정한다.

시행령 제12조(지리적표시의 대상지역)

지리적표시의 등록을 위한 지리적표시 대상지역은 자연환경적 및 인적 요인을 고려하여 다음의 어느 하나에 따라 구획하여야 한다. 다만, 「인삼산업법」에 따른 인삼류의 경우에는 전국을 단위로 하나의 대상지역으로 한다.

1. 해당 품목의 특성에 영향을 주는 지리적 특성이 동일한 행정구역, 산, 강 등에 따를 것
2. 해당 품목의 특성에 영향을 주는 지리적 특성, 서식지 및 어획·채취의 환경이 동일한 연안해역(「연안관리법」에 따른 연안해역을 말한다.)에 따를 것. 이 경우 연안해역은 위도와 경도로 구분하여야 한다.

시행령 제13조(지리적표시의 등록법인 구성원의 가입·탈퇴)

법인은 지리적표시의 등록 대상품목의 생산자 또는 가공업자의 가입이나 탈퇴를 정당한 사유 없이 거부하여서는 아니 된다.

시행령 제14조(지리적표시의 심의 · 공고 · 열람 및 이의신청 절차)

① 농림축산식품부장관 또는 해양수산부장관은 지리적표시의 등록 또는 중요 사항의 변경등록 신청을 받으면 그 신청을 받은 날부터 30일 이내에 지리적표시 분과위원회에 심의를 요청하여야 한다.

② 지리적표시 분과위원장은 ①에 따른 요청을 받은 경우 농림축산식품부령 또는 해양수산부령으로 정하는 바에 따라 심의를 위한 현지 확인반을 구성하여 현지 확인을 하도록 하여야 한다. 다만, 중요 사항의 변경등록 신청을 받아 ①에 따른 요청을 받은 경우에는 지리적표시 분과위원회의 심의 결과 현지 확인이 필요하지 아니하다고 인정하면 이를 생략할 수 있다.

③ 농림축산식품부장관 또는 해양수산부장관은 지리적표시 분과위원회에서 지리적표시의 등록 또는 중요 사항의 변경등록을 하기에 부적합한 것으로 의결되면 지체 없이 그 사유를 구체적으로 밝혀 신청인에게 알려야 한다. 다만, 부적합한 사항이 30일 이내에 보완될 수 있다고 인정되면 일정 기간을 정하여 신청인에게 보완하도록 할 수 있다.

④ 공고결정에는 다음의 사항을 포함하여야 한다.
   1. 신청인의 성명 · 주소 및 전화번호
   2. 지리적표시 등록 대상품목 및 등록 명칭
   3. 지리적표시 대상지역의 범위
   4. 품질, 그 밖의 특징과 지리적 요인의 관계
   5. 신청인의 자체 품질기준 및 품질관리계획서
   6. 지리적표시 등록 신청서류 및 그 부속서류의 열람 장소

⑤ 농림축산식품부장관 또는 해양수산부장관은 이의신청에 대하여 지리적표시 분과위원회의 심의를 거쳐 그 결과를 이의신청인에게 알려야 한다.

⑥ 규정한 사항 외에 지리적표시의 심의 · 공고 · 열람 및 이의신청 등에 필요한 사항은 농림축산식품부령 또는 해양수산부령으로 정한다.

시행규칙 제58조(지리적표시의 등록공고 등)

① 국립농산물품질관리원장, 국립수산물품질관리원장 또는 산림청장은 지리적표시의 등록을 결정한 경우에는 다음의 사항을 공고하여야 한다.
   1. 등록일 및 등록번호
   2. 지리적표시 등록자의 성명, 주소(법인의 경우에는 그 명칭 및 영업소의 소재지) 및 전화번호
   3. 지리적표시 등록 대상품목 및 등록명칭
   4. 지리적표시 대상지역의 범위
   5. 품질의 특성과 지리적 요인의 관계
   6. 등록자의 자체품질기준 및 품질관리계획서

② 국립농산물품질관리원장, 국립수산물품질관리원장 또는 산림청장은 지리적표시를 등록한 경우에는 지리적표시 등록증을 발급하여야 한다.

③ 국립농산물품질관리원장, 국립수산물품질관리원장 또는 산림청장은 지리적표시의 등록을 취소하였을 때에는 다음의 사항을 공고하여야 한다.
   1. 취소일 및 등록번호
   2. 지리적표시 등록 대상품목 및 등록명칭

3. 지리적표시 등록자의 성명, 주소(법인의 경우에는 그 명칭 및 영업소의 소재지) 및 전화번호

4. 취소사유

④ 지리적표시의 등록 및 등록취소의 공고에 관한 세부 사항은 농림축산식품부장관 또는 해양수산부장관이 정하여 고시한다.

법 제33조(지리적표시 원부)

① 농림축산식품부장관 또는 해양수산부장관은 지리적표시 원부에 지리적표시권의 설정·이전·변경·소멸·회복에 대한 사항을 등록·보관한다.

② 지리적표시 원부는 그 전부 또는 일부를 전자적으로 생산·관리할 수 있다.

③ 지리적표시 원부의 등록·보관 및 생산·관리에 필요한 세부사항은 농림축산식품부령 또는 해양수산부령으로 정한다.

법 제34조(지리적표시권)

① 지리적표시 등록을 받은 자(이하 '지리적표시권자')는 등록한 품목에 대하여 지리적표시권을 갖는다.

② 지리적표시권은 다음의 어느 하나에 해당하면 이해당사자 상호간에 대하여는 그 효력이 미치지 아니한다.

1. 동음이의어 지리적표시. 다만, 해당 지리적표시가 특정지역의 상품을 표시하는 것이라고 수요자들이 뚜렷하게 인식하고 있어 해당 상품의 원산지와 다른 지역을 원산지인 것으로 혼동하게 하는 경우는 제외한다.

2. 지리적표시 등록신청서 제출 전에 「상표법」에 따라 등록된 상표 또는 출원심사 중인 상표

3. 지리적표시 등록신청서 제출 전에 「종자산업법」 및 「식물신품종 보호법」에 따라 등록된 품종 명칭 또는 출원심사 중인 품종 명칭

4. 지리적표시 등록을 받은 농수산물 또는 농수산가공품(이하 '지리적표시품')과 동일한 품목에 사용하는 지리적 명칭으로서 등록 대상지역에서 생산되는 농수산물 또는 농수산가공품에 사용하는 지리적 명칭

③ 지리적표시권자는 지리적표시품에 농림축산식품부령 또는 해양수산부령으로 정하는 바에 따라 지리적표시를 할 수 있다. 다만, 지리적표시품 중 「인삼산업법」에 따른 인삼류의 경우에는 농림축산식품부령으로 정하는 표시방법 외에 인삼류와 그 용기·포장 등에 '고려인삼', '고려수삼', '고려홍삼', '고려태극삼' 또는 '고려백삼' 등 '고려'가 들어가는 용어를 사용하여 지리적표시를 할 수 있다.

> 시행규칙 제60조(지리적표시품의 표시방법)
> 지리적표시권자가 그 표시를 하려면 지리적표시품의 포장·용기의 겉면 등에 등록 명칭을 표시하여야 하며, 지리적표시품의 표시를 하여야 한다. 다만, 포장하지 아니하고 판매하거나 낱개로 판매하는 경우에는 대상품목에 스티커를 부착하거나 표지판 또는 푯말로 표시할 수 있다.

법 제35조(지리적표시권의 이전 및 승계)

지리적표시권은 타인에게 이전하거나 승계할 수 없다. 다만, 다음의 어느 하나에 해당하면 농림축산식품부장관 또는 해양수산부장관의 사전 승인을 받아 이전하거나 승계할 수 있다.

1. 법인 자격으로 등록한 지리적표시권자가 법인명을 개정하거나 합병하는 경우

2. 개인 자격으로 등록한 지리적표시권자가 사망한 경우

법 제36조(권리침해의 금지 청구권 등)

① 지리적표시권자는 자신의 권리를 침해한 자 또는 침해할 우려가 있는 자에게 그 침해의 금지 또는 예방을 청구할 수 있다.

② 다음의 어느 하나에 해당하는 행위는 지리적표시권을 침해하는 것으로 본다.

　1. 지리적표시권이 없는 자가 등록된 지리적표시와 같거나 비슷한 표시(동음이의어 지리적표시의 경우에는 해당 지리적표시가 특정 지역의 상품을 표시하는 것이라고 수요자들이 뚜렷하게 인식하고 있어 해당 상품의 원산지와 다른 지역을 원산지인 것으로 수요자로 하여금 혼동하게 하는 지리적표시만 해당)를 등록품목과 같거나 비슷한 품목의 제품·포장·용기·선전물 또는 관련 서류에 사용하는 행위

　2. 등록된 지리적표시를 위조하거나 모조하는 행위

　3. 등록된 지리적표시를 위조하거나 모조할 목적으로 교부·판매·소지하는 행위

　4. 그 밖에 지리적표시의 명성을 침해하면서 등록된 지리적표시품과 같거나 비슷한 품목에 직접 또는 간접적인 방법으로 상업적으로 이용하는 행위

법 제37조(손해배상청구권 등)

① 지리적표시권자는 고의 또는 과실로 자신의 지리적표시에 관한 권리를 침해한 자에게 손해배상을 청구할 수 있다. 이 경우 지리적표시권자의 지리적표시권을 침해한 자에 대하여는 그 침해행위에 대하여 그 지리적표시가 이미 등록된 사실을 알았던 것으로 추정한다.

② ①에 따른 손해액의 추정 등에 관하여는 「상표법」을 준용한다.

법 제38조(거짓표시 등의 금지)

① 누구든지 지리적표시품이 아닌 농수산물 또는 농수산가공품의 포장·용기·선전물 및 관련 서류에 지리적표시나 이와 비슷한 표시를 하여서는 아니 된다.

② 누구든지 지리적표시품에 지리적표시품이 아닌 농수산물 또는 농수산가공품을 혼합하여 판매하거나 혼합하여 판매할 목적으로 보관 또는 진열하여서는 아니 된다.

법 제39조(지리적표시품의 사후관리)

① 농림축산식품부장관 또는 해양수산부장관은 지리적표시품의 품질수준 유지와 소비자 보호를 위하여 관계 공무원에게 다음의 사항을 지시할 수 있다.

　1. 지리적표시품의 등록기준에의 적합성 조사

　2. 지리적표시품의 소유자·점유자 또는 관리인 등의 관계 장부 또는 서류의 열람

　3. 지리적표시품의 시료를 수거하여 조사하거나 전문시험기관 등에 시험 의뢰

② 조사·열람 또는 수거에 관하여는 농산물우수관리 관련 보고 및 점검규정을 준용한다.

③ 조사·열람 또는 수거를 하는 관계 공무원에 관하여는 농산물우수관리 관련 보고 및 점검규정을 준용한다.

④ 농림축산식품부장관 또는 해양수산부장관은 지리적표시의 등록 제도의 활성화를 위하여 다음의 사업을 할 수 있다.

　1. 지리적표시의 등록 제도의 홍보 및 지리적표시품의 판로지원에 관한 사항

　2. 지리적표시의 등록 제도의 운영에 필요한 교육·훈련에 관한 사항

　3. 지리적표시 관련 실태조사에 관한 사항

법 제40조(지리적표시품의 표시 시정 등)

농림축산식품부장관 또는 해양수산부장관은 지리적표시품이 다음의 어느 하나에 해당하면 대통령령으로 정하는 바에 따라 시정을 명하거나 판매의 금지, 표시의 정지 또는 등록의 취소를 할 수 있다.

1. 등록기준에 미치지 못하게 된 경우
2. 지리적표시권 규정에 따른 표시방법을 위반한 경우
3. 해당 지리적표시품 생산량의 급감 등 지리적표시품 생산계획의 이행이 곤란하다고 인정되는 경우

시행령 별표 1(시정명령 등의 처분기준)

1. 일반기준

   가. 위반행위가 둘 이상인 경우

   1) 각각의 처분기준이 시정명령, 인증취소 또는 등록취소인 경우에는 하나의 위반행위로 간주한다. 다만 각각의 처분기준이 표시정지인 경우에는 각각의 처분기준을 합산하여 처분할 수 있다.

   2) 각각의 처분기준이 다른 경우에는 그 중 무거운 처분기준을 적용한다. 다만, 각각의 처분기준이 표시정지인 경우에는 무거운 처분기준의 2분의 1까지 가중할 수 있으며, 이 경우 각 처분기준을 합산한 기간을 초과할 수 없다.

   나. 위반행위의 횟수에 따른 행정처분의 기준은 최근 1년간 같은 위반행위로 행정처분을 받는 경우에 적용한다. 이 경우 행정처분 기준의 적용은 같은 위반행위에 대하여 최초로 행정처분을 한 날과 다시 같은 위반행위로 적발한 날을 기준으로 한다.

   다. 생산자단체의 구성원의 위반행위에 대해서는 1차적으로 위반행위를 한 구성원에 대하여 행정처분을 하되, 그 구성원이 소속된 조직 또는 단체에 대해서는 그 구성원의 위반의 정도를 고려하여 처분을 경감하거나 그 구성원에 대한 처분기준보다 한 단계 낮은 처분기준을 적용한다.

   라. 위반행위의 내용으로 보아 고의성이 없거나 특별한 사유가 있다고 인정되는 경우에는 그 처분을 표시정지의 경우에는 2분의 1의 범위에서 경감할 수 있고, 인증취소ㆍ등록취소인 경우에는 6개월 이상의 표시정지 처분으로 경감할 수 있다.

2. 개별기준

   가. 표준규격품

위반행위	근거 법조문	행정처분 기준		
		1차 위반	2차 위반	3차 위반
1) 표준규격품 의무표시사항이 누락된 경우	법 제31조 제1항제3호	시정명령	표시정지 1개월	표시정지 3개월
2) 표준규격이 아닌 포장재에 표준규격품의 표시를 한 경우	법 제31조 제1항제1호	시정명령	표시정지 1개월	표시정지 3개월
3) 표준규격품의 생산이 곤란한 사유가 발생한 경우	법 제31조 제1항제2호	표시정지 6개월		
4) 내용물과 다르게 거짓표시나 과장된 표시를 한 경우	법 제31조 제1항제3호	표시정지 1개월	표시정지 3개월	표시정지 6개월

나. 우수관리인증농산물

행정처분대상	근거 법조문	행정처분 기준		
		1차 위반	2차 위반	3차 위반
우수관리기준에 미치지 못한 경우	법 제31조 제2항	표시정지 1개월	표시정지 3개월	표시정지 6개월

다. 삭제〈2017.5.29〉

라. 품질인증품

위반행위	근거 법조문	행정처분 기준		
		1차 위반	2차 위반	3차 위반
1) 의무표시사항이 누락된 경우	법 제31조 제1항제3호	시정명령	표시정지 1월	표시정지 3월
2) 품질인증을 받지 아니한 제품을 품질인증품으로 표시한 경우	법 제31조 제1항제3호	인증취소		
3) 품질인증기준에 위반한 경우	법 제31조 제1항제1호	표시정지 3월	표시정지 6월	
4) 품질인증품의 생산이 곤란하다고 인정되는 사유가 발생한 경우	법 제31조 제1항제2호	인증취소		
5) 내용물과 다르게 거짓표시 또는 과장된 표시를 한 경우	법 제31조 제1항제3호	표시정지 1월	표시정지 3월	인증취소

마. 지리적표시품

위반행위	근거 법조문	행정처분 기준		
		1차 위반	2차 위반	3차 위반
1) 지리적표시품 생산계획의 이행이 곤란하다고 인정되는 경우	법 제40조 제3호	등록 취소		
2) 등록된 지리적표시품이 아닌 제품에 지리적표시를 한 경우	법 제40조 제1호	등록 취소		
3) 지리적표시품이 등록기준에 미치지 못하게 된 경우	법 제40조 제1호	표시정지 3개월	등록 취소	
4) 의무표시사항이 누락된 경우	법 제40조 제2호	시정명령	표시정지 1개월	표시정지 3개월
5) 내용물과 다르게 거짓표시나 과장된 표시를 한 경우	법 제40조 제2호	표시정지 1개월	표시정지 3개월	등록 취소

법 제41조(「특허법」의 준용)

① 지리적표시에 관하여는 「특허법」 제3조부터 제5조까지, 제6조[제1호(특허출원의 포기는 제외한다), 제5호, 제7호 및 제8호에 한정한다)], 제7조, 제7조의2, 제8조, 제9조, 제10조(제3항은 제외한다), 제11조(제1항제1호부터 제3호까지, 제5호 및 제6호는 제외한다), 제12조부터 제15조까지, 제16조(제1항 단서는 제외한다), 제17조부터 제26조까지, 제28조(제2항 단서는 제외한다), 제28조의2부터 제28조의5까지 및 제46조를 준용한다.

② ①의 경우 「특허법」 제6조제7호 및 제15조제1항 중 "제132조의17"은 "「농수산물 품질관리법」 제45조"로 보고, 「특허법」 제17조제1호 중 "제132조의17"은 "「농수산물 품질관리법」 제45조"로, 같은 조 제2호 중 "제180조제1항"은 "「농수산물 품질관리법」 제55조에 따라 준용되는 「특허법」 제180조제1항"으로 보며, 「특허법」 제46조제3호 중 "제82조"는 "「농수산물 품질관리법」 제113조제8호 및 제9호"로 본다.

③ ①의 경우 "특허"는 "지리적표시"로, "출원"은 "등록신청"으로, "특허권"은 "지리적표시권"으로, "특허청"·"특허청장" 및 "심사관"은 "농림축산식품부장관 또는 해양수산부장관"으로, "특허심판원"은 "지리적표시심판위원회"로, "심판장"은 "지리적표시심판위원회 위원장"으로, "심판관"은 "심판위원"으로, "산업통상자원부령"은 "농림축산식품부령 또는 해양수산부령"으로 본다.

제2절 지리적표시의 심판

법 제42조(지리적표시심판위원회)

① 농림축산식품부장관 또는 해양수산부장관은 다음의 사항을 심판하기 위하여 농림축산식품부장관 또는 해양수산부장관 소속으로 지리적표시심판위원회를 둔다.

1. 지리적표시에 관한 심판 및 재심
2. 지리적표시 등록거절 또는 등록 취소에 대한 심판 및 재심
3. 그 밖에 지리적표시에 관한 사항 중 대통령령으로 정하는 사항

② 심판위원회는 위원장 1명을 포함한 10명 이내의 심판위원으로 구성한다.

③ 심판위원회의 위원장은 심판위원 중에서 농림축산식품부장관 또는 해양수산부장관이 정한다.

④ 심판위원은 관계 공무원과 지식재산권 분야나 지리적표시 분야의 학식과 경험이 풍부한 사람 중에서 농림축산식품부장관 또는 해양수산부장관이 위촉한다.

⑤ 심판위원의 임기는 3년으로 하며, 한 차례만 연임할 수 있다.

⑥ 심판위원회의 구성·운영에 관한 사항과 그 밖에 필요한 사항은 대통령령으로 정한다.

시행령 제17조(지리적표시심판위원회의 구성)

① 지리적표시심판위원회의 위원은 다음의 어느 하나에 해당하는 사람 중에서 농림축산식품부장관 또는 해양수산부장관이 임명 또는 위촉하는 사람으로 한다.

1. 농림축산식품부, 해양수산부 및 산림청 소속 공무원 중 3급·4급의 일반직 국가공무원이나 고위공무원단에 속하는 일반직공무원인 사람

2. 특허청 소속 공무원 중 3급·4급의 일반직 국가공무원이나 고위공무원단에 속하는 일반직공무원 중 특허청에서 2년 이상 심사관으로 종사한 사람

3. 변호사나 변리사 자격이 있는 사람

4. 지식재산권 분야나 지리적표시 분야의 학식과 경험이 풍부한 사람

② 심판위원회의 사무를 처리하기 위하여 심판위원회에 간사 2명과 서기 2명을 둔다.

③ 간사와 서기는 농림축산식품부장관이 그 소속 공무원 중에서 각각 1명을, 해양수산부장관이 그 소속 공무원 중에서 각각 1명을 임명한다.

법 제43조(지리적표시의 무효심판)

① 지리적표시에 관한 이해관계인 또는 지리적표시 등록심의 분과위원회는 지리적표시가 다음의 어느 하나에 해당하면 무효심판을 청구할 수 있다.

1. 등록거절 사유에 해당함에도 불구하고 등록된 경우

2. 지리적표시 등록이 된 후에 그 지리적표시가 원산지 국가에서 보호가 중단되거나 사용되지 아니하게 된 경우

② 심판은 청구의 이익이 있으면 언제든지 청구할 수 있다.

③ ① 1에 따라 지리적표시를 무효로 한다는 심결이 확정되면 그 지리적표시권은 처음부터 없었던 것으로 보고, ① 2에 따라 지리적표시를 무효로 한다는 심결이 확정되면 그 지리적표시권은 그 지리적표시가 ① 2에 해당하게 된 때부터 없었던 것으로 본다.

④ 심판위원회의 위원장은 ①의 심판이 청구되면 그 취지를 해당 지리적표시권자에게 알려야 한다.

법 제44조(지리적표시의 취소심판)

① 지리적표시가 다음의 어느 하나에 해당하면 그 지리적표시의 취소심판을 청구할 수 있다.

1. 지리적표시 등록을 한 후 지리적표시의 등록을 한 자가 그 지리적표시를 사용할 수 있는 농수산물 또는 농수산가공품을 생산 또는 제조·가공하는 것을 업으로 하는 자에 대하여 단체의 가입을 금지하거나 어려운 가입조건을 규정하는 등 단체의 가입을 실질적으로 허용하지 아니한 경우 또는 그 지리적표시를 사용할 수 없는 자에 대하여 등록 단체의 가입을 허용한 경우

2. 지리적표시 등록 단체 또는 그 소속 단체원이 지리적표시를 잘못 사용함으로써 수요자로 하여금 상품의 품질에 대하여 오인하게 하거나 지리적 출처에 대하여 혼동하게 한 경우

② 취소심판은 취소 사유에 해당하는 사실이 없어진 날부터 3년이 지난 후에는 청구할 수 없다.

③ 취소심판을 청구한 경우에는 청구 후 그 심판청구 사유에 해당하는 사실이 없어진 경우에도 취소 사유에 영향을 미치지 아니한다.

④ 취소심판은 누구든지 청구할 수 있다.

⑤ 지리적표시 등록을 취소한다는 심결이 확정된 때에는 그 지리적표시권은 그때부터 소멸된다.

⑥ 심판의 청구에 관하여는 지리적표시의 무효심판 규정을 준용한다.

법 제45조(등록거절 등에 대한 심판)

지리적표시 등록의 거절을 통보받은 자 또는 등록이 취소된 자는 이의가 있으면 등록거절 또는 등록취소를 통보받은 날부터 30일 이내에 심판을 청구할 수 있다.

법 제46조(심판청구 방식)

① 지리적표시의 무효심판·취소심판 또는 지리적표시 등록의 취소에 대한 심판을 청구하려는 자는 다음의 사항을 적은 심판청구서에 신청자료를 첨부하여 심판위원회의 위원장에게 제출하여야 한다.

  1. 당사자의 성명과 주소(법인인 경우에는 그 명칭, 대표자의 성명 및 영업소 소재지)

  2. 대리인이 있는 경우에는 그 대리인의 성명 및 주소나 영업소 소재지(대리인이 법인인 경우에는 그 명칭, 대표자의 성명 및 영업소 소재지)

  3. 지리적표시 명칭

  4. 지리적표시 등록일 및 등록번호

  5. 등록취소 결정일(등록의 취소에 대한 심판청구만 해당)

  6. 청구의 취지 및 그 이유

② 지리적표시 등록거절에 대한 심판을 청구하려는 자는 다음의 사항을 적은 심판청구서에 신청 자료를 첨부하여 심판위원회의 위원장에게 제출하여야 한다.

  1. 당사자의 성명과 주소(법인인 경우에는 그 명칭, 대표자의 성명 및 영업소 소재지)

  2. 대리인이 있는 경우에는 그 대리인의 성명 및 주소나 영업소 소재지(대리인이 법인인 경우에는 그 명칭, 대표자의 성명 및 영업소 소재지)

  3. 등록신청 날짜

  4. 등록거절 결정일

  5. 청구의 취지 및 그 이유

③ 제출된 심판청구서를 보정하는 경우에는 그 요지를 변경할 수 없다. 다만, 청구의 이유는 변경할 수 있다.

④ 심판위원회의 위원장은 청구된 심판에 지리적표시 이의신청에 관한 사항이 포함되어 있으면 그 취지를 지리적표시의 이의신청자에게 알려야 한다.

법 제47조(심판의 방법 등)

① 심판위원회의 위원장은 심판이 청구되면 심판하게 한다.

② 심판위원은 직무상 독립하여 심판한다.

법 제48조(심판위원의 지정 등)

① 심판위원회의 위원장은 심판의 청구 건별로 합의체를 구성할 심판위원을 지정하여 심판하게 한다.

② 심판위원회의 위원장은 심판위원 중 심판의 공정성을 해칠 우려가 있는 사람이 있으면 다른 심판위원에게 심판하게 할 수 있다.

③ 심판위원회의 위원장은 지정된 심판위원 중에서 1명을 심판장으로 지정하여야 한다.

④ 지정된 심판장은 심판위원회의 위원장으로부터 지정받은 심판사건에 관한 사무를 총괄한다.

법 제49조(심판의 합의체)

① 심판은 3명의 심판위원으로 구성되는 합의체가 한다.

② 합의체의 합의는 과반수의 찬성으로 결정한다.

③ 심판의 합의는 공개하지 아니한다.

제3절 재심 및 소송

법 제51조(재심의 청구)

① 심판의 당사자는 심판위원회에서 확정된 심결에 대하여 이의가 있으면 재심을 청구할 수 있다.

② 재심청구에 관하여는 「민사소송법」 제451조 및 제453조제1항을 준용한다.

법 제52조(사해심결에 대한 불복청구)

① 심판의 당사자가 공모하여 제3자의 권리 또는 이익을 침해할 목적으로 심결을 하게 한 경우에 그 제3자는 그 확정된 심결에 대하여 재심을 청구할 수 있다.

② 재심청구의 경우에는 심판의 당사자를 공동피청구인으로 한다.

법 제53조(재심에 의하여 회복된 지리적표시권의 효력제한)

다음의 어느 하나에 해당하는 경우 지리적표시권의 효력은 해당 심결이 확정된 후 재심청구의 등록 전에 선의로 한 행위에는 미치지 아니한다.

1. 지리적표시권이 무효로 된 후 재심에 의하여 그 효력이 회복된 경우
2. 등록거절에 대한 심판청구가 받아들여지지 아니한다는 심결이 있었던 지리적표시 등록에 대하여 재심에 의하여 지리적표시권의 설정등록이 있는 경우

법 제54조(심결 등에 대한 소송)

① 심결에 대한 소송은 특허법원의 전속관할로 한다.

② 소송은 당사자, 참가인 또는 해당 심판이나 재심에 참가신청을 하였으나 그 신청이 거부된 자만 제기할 수 있다.

③ 소송은 심결 또는 결정의 등본을 송달받은 날부터 60일 이내에 제기하여야 한다.

④ ③의 기간은 불변기간으로 한다.

⑤ 심판을 청구할 수 있는 사항에 관한 소송은 심결에 대한 것이 아니면 제기할 수 없다.

⑥ 특허법원의 판결에 대하여는 대법원에 상고할 수 있다.

제4장 유전자변형농수산물의 표시

법 제56조(유전자변형농수산물의 표시)

① 유전자변형농수산물을 생산하여 출하하는 자, 판매하는 자, 또는 판매할 목적으로 보관·진열하는 자는 대통령령으로 정하는 바에 따라 해당 농수산물에 유전자변형농수산물임을 표시하여야 한다.

② 유전자변형농수산물의 표시대상품목, 표시기준 및 표시방법 등에 필요한 사항은 대통령령으로 정한다.

시행령 제19조(유전자변형농수산물의 표시대상품목)

유전자변형농수산물의 표시대상품목은 「식품위생법」 제18조(유전자변형식품 등의 안전성 심사규정)에 따른 안전성 평가 결과 식품의약품안전처장이 식용으로 적합하다고 인정하여 고시한 품목(해당 품목을 싹틔워 기른 농산물을 포함)으로 한다.

시행령 제20조(유전자변형농수산물의 표시기준 등)

① 유전자변형농수산물에는 해당 농수산물이 유전자변형농수산물임을 표시하거나, 유전자변형농수산물이 포함되어 있음을 표시하거나, 유전자변형농수산물이 포함되어 있을 가능성이 있음을 표시하여야 한다.

② 유전자변형농수산물의 표시는 해당 농수산물의 포장 · 용기의 표면 또는 판매장소 등에 하여야 한다.

③ 유전자변형농수산물의 표시기준 및 표시방법에 관한 세부사항은 식품의약품안전처장이 정하여 고시한다.

④ 식품의약품안전처장은 유전자변형농수산물인지를 판정하기 위하여 필요한 경우 시료의 검정기관을 지정하여 고시하여야 한다.

법 제57조(거짓표시 등의 금지)

유전자변형농수산물의 표시를 하여야 하는 자는 다음의 행위를 하여서는 아니 된다.

1. 유전자변형농수산물의 표시를 거짓으로 하거나 이를 혼동하게 할 우려가 있는 표시를 하는 행위
2. 유전자변형농수산물의 표시를 혼동하게 할 목적으로 그 표시를 손상 · 변경하는 행위
3. 유전자변형농수산물의 표시를 한 농수산물에 다른 농수산물을 혼합하여 판매하거나 혼합하여 판매할 목적으로 보관 또는 진열하는 행위

법 제58조(유전자변형농수산물 표시의 조사)

① 식품의약품안전처장은 유전자변형농수산물의 표시 여부, 표시사항 및 표시방법 등의 적정성과 그 위반 여부를 확인하기 위하여 대통령령으로 정하는 바에 따라 관계 공무원에게 유전자변형표시 대상 농수산물을 수거하거나 조사하게 하여야 한다. 다만, 농수산물의 유통량이 현저하게 증가하는 시기 등 필요할 때에는 수시로 수거하거나 조사하게 할 수 있다.

② 수거 또는 조사에 관하여는 농수산물우수관리 관련 보고 및 점검규정을 준용한다.

③ 수거 또는 조사를 하는 관계 공무원에 관하여는 농수산물우수관리 관련 보고 및 점검규정을 준용한다.

시행령 제21조(유전자변형농수산물의 표시 등의 조사)

① 유전자변형표시 대상 농수산물의 수거 · 조사는 업종 · 규모 · 거래품목 및 거래형태 등을 고려하여 식품의약품안전처장이 정하는 기준에 해당하는 영업소에 대하여 매년 1회 실시한다.

② 수거 · 조사의 방법 등에 관하여 필요한 사항은 총리령으로 정한다.

법 제59조(유전자변형농수산물의 표시 위반에 대한 처분)

① 식품의약품안전처장은 유전자변형농수산물의 표시 규정 또는 거짓표시 등의 금지 규정을 위반한 자에 대하여 다음의 어느 하나에 해당하는 처분을 할 수 있다.

    1. 유전자변형농수산물 표시의 이행·변경·삭제 등 시정명령

    2. 유전자변형 표시를 위반한 농수산물의 판매 등 거래행위의 금지

② 식품의약품안전처장은 거짓표시 등의 금지 규정을 위반한 자에게 ①에 따른 처분을 한 경우에는 처분을 받은 자에게 해당 처분을 받았다는 사실을 공표할 것을 명할 수 있다.

③ 식품의약품안전처장은 유전자변형농수산물 표시의무자가 거짓표시 등의 금지 규정을 위반하여 ①에 따른 처분이 확정된 경우 처분내용, 해당 영업소와 농수산물의 명칭 등 처분과 관련된 사항을 대통령령으로 정하는 바에 따라 인터넷 홈페이지에 공표하여야 한다.

④ ①에 따른 처분과 ②에 따른 공표명령 및 ③에 따른 인터넷 홈페이지 공표의 기준·방법 등에 필요한 사항은 대통령령으로 정한다.

시행령 제22조(공표명령의 기준·방법 등)

① 공표명령의 대상자는 처분을 받은 자 중 다음의 어느 하나의 경우에 해당하는 자로 한다.

    1. 표시위반물량이 농산물의 경우에는 100톤 이상, 수산물의 경우에는 10톤 이상인 경우

    2. 표시위반물량의 판매가격 환산금액이 농산물의 경우에는 10억 원 이상, 수산물인 경우에는 5억 원 이상인 경우

    3. 적발일을 기준으로 최근 1년 동안 처분을 받은 횟수가 2회 이상인 경우

② 공표명령을 받은 자는 지체 없이 다음의 사항이 포함된 공표문을 「신문 등의 진흥에 관한 법률」에 따라 등록한 전국을 보급지역으로 하는 1개 이상의 일반일간신문에 게재하여야 한다.

    1. '「농수산물 품질관리법」 위반사실의 공표'라는 내용의 표제

    2. 영업의 종류

    3. 영업소의 명칭 및 주소

    4. 농수산물의 명칭

    5. 위반내용

    6. 처분권자, 처분일 및 처분내용

③ 식품의약품안전처장은 지체 없이 다음의 사항을 식품의약품안전처의 인터넷 홈페이지에 게시하여야 한다.

    1. '「농수산물 품질관리법」 위반사실의 공표'라는 내용의 표제

    2. 영업의 종류

    3. 영업소의 명칭 및 주소

    4. 농수산물의 명칭

    5. 위반내용

    6. 처분권자, 처분일 및 처분내용

④ 식품의약품안전처장은 공표명령에 따라 공표를 명하려는 경우에는 위반행위의 내용 및 정도, 위반기간 및 횟수, 위반행위로 인하여 발생한 피해의 범위 및 결과 등을 고려하여야 한다. 이 경우 공표명령을 내리기 전에 해당 대상자에게 소명자료를 제출하거나 의견을 진술할 수 있는 기회를 주어야 한다.

⑤ 식품의약품안전처장은 인터넷 홈페이지 공표를 하기 전에 해당 대상자에게 소명자료를 제출하거나 의견을 진술할 수 있는 기회를 주어야 한다.

제5장 농수산물의 안전성조사 등

법 제60조(안전관리계획)

① 식품의약품안전처장은 농수산물(축산물은 제외)의 품질 향상과 안전한 농수산물의 생산·공급을 위한 안전관리계획을 매년 수립·시행하여야 한다.

② 시·도지사 및 시장·군수·구청장은 관할 지역에서 생산·유통되는 농수산물의 안전성을 확보하기 위한 세부추진계획을 수립·시행하여야 한다.

③ 안전관리계획 및 세부추진계획에는 안전성조사, 위험평가 및 잔류조사, 농어업인에 대한 교육, 그 밖에 총리령으로 정하는 사항을 포함하여야 한다.

④ 삭제 〈2013.3.23.〉

⑤ 식품의약품안전처장은 시·도지사 및 시장·군수·구청장에게 세부추진계획 및 그 시행 결과를 보고하게 할 수 있다.

법 제61조(안전성조사)

① 식품의약품안전처장이나 시·도지사는 농수산물의 안전관리를 위하여 농수산물 또는 농수산물의 생산에 이용·사용하는 농지·어장·용수·자재 등에 대하여 다음의 안전성조사를 하여야 한다.
  1. 농산물
     가. 생산단계 : 총리령으로 정하는 안전기준에의 적합 여부
     나. 유통·판매 단계 : 「식품위생법」 등 관계 법령에 따른 유해물질의 잔류허용기준 등의 초과 여부
  2. 수산물
     가. 생산단계 : 총리령으로 정하는 안전기준에의 적합 여부
     나. 저장단계 및 출하되어 거래되기 이전 단계 : 「식품위생법」 등 관계 법령에 따른 잔류허용기준 등의 초과 여부

② 식품의약품안전처장은 농산물 및 수산물의 생산단계 안전기준을 정할 때에는 관계 중앙행정기관의 장과 협의하여야 한다.

③ 안전성조사의 대상품목 선정, 대상지역 및 절차 등에 필요한 세부적인 사항은 총리령으로 정한다.

법 제62조(시료 수거 등)

① 식품의약품안전처장이나 시·도지사는 안전성조사, 위험평가 또는 잔류조사를 위하여 필요하면 관계 공무원에게 다음의 시료 수거 및 조사 등을 하게 할 수 있다. 이 경우 무상으로 시료 수거를 하게 할 수 있다.

1. 농수산물과 농수산물의 생산에 이용·사용되는 토양·용수·자재 등의 시료 수거 및 조사
2. 해당 농수산물을 생산, 저장, 운반 또는 판매(농산물만 해당한다)하는 자의 관계 장부나 서류의 열람

② 시료 수거, 조사 또는 열람에 관하여는 농산물우수관리 관련 보고 및 점검규정을 준용한다.

③ 시료 수거, 조사 또는 열람을 하는 관계 공무원에 관하여는 농산물우수관리 관련 보고 및 점검규정을 준용한다.

법 제63조(안전성조사 결과에 따른 조치)

① 식품의약품안전처장이나 시·도지사는 생산과정에 있는 농수산물 또는 농수산물의 생산을 위하여 이용·사용하는 농지·어장·용수·자재 등에 대하여 안전성조사를 한 결과 생산단계 안전기준을 위반한 경우에는 해당 농수산물을 생산한 자 또는 소유한 자에게 다음의 조치를 하게 할 수 있다.
1. 해당 농수산물의 폐기, 용도 전환, 출하 연기 등의 처리
2. 해당 농수산물의 생산에 이용·사용한 농지·어장·용수·자재 등의 개량 또는 이용·사용의 금지
3. 그 밖에 총리령으로 정하는 조치

② 식품의약품안전처장이나 시·도지사는 유통 또는 판매 중인 농산물 및 저장 중이거나 출하되어 거래되기 전의 수산물에 대하여 안전성조사를 한 결과 「식품위생법」 등에 따른 유해물질의 잔류허용기준 등을 위반한 사실이 확인될 경우 해당 행정기관에 그 사실을 알려 적절한 조치를 할 수 있도록 하여야 한다.

법 제64조(안전성검사기관의 지정)

① 식품의약품안전처장은 안전성조사 업무의 일부와 시험분석 업무를 전문적·효율적으로 수행하기 위하여 안전성검사기관을 지정하고 안전성조사와 시험분석 업무를 대행하게 할 수 있다.

② 안전성검사기관으로 지정받으려는 자는 안전성조사와 시험분석에 필요한 시설과 인력을 갖추어 식품의약품안전처장에게 신청하여야 한다. 다만, 안전성검사기관 지정이 취소된 후 2년이 지나지 아니하면 안전성검사기관 지정을 신청할 수 없다.

③ 안전성검사기관의 지정 기준 및 절차와 업무 범위 등에 필요한 사항은 총리령으로 정한다.

법 제65조(안전성검사기관의 지정 취소 등)

① 식품의약품안전처장은 안전성검사기관이 다음의 어느 하나에 해당하면 지정을 취소하거나 6개월 이내의 기간을 정하여 업무의 정지를 명할 수 있다. 다만, 1 또는 2에 해당하면 지정을 취소하여야 한다.
1. 거짓이나 그 밖의 부정한 방법으로 지정을 받은 경우
2. 업무의 정지명령을 위반하여 계속 안전성조사 및 시험분석 업무를 한 경우
3. 검사성적서를 거짓으로 내준 경우
4. 그 밖에 총리령으로 정하는 안전성검사에 관한 규정을 위반한 경우

② 지정 취소 등의 세부 기준은 총리령으로 정한다.

법 제66조(농수산물안전에 관한 교육 등)

① 식품의약품안전처장이나 시·도지사는 안전한 농수산물의 생산과 건전한 소비활동을 위하여 필요한 사항을 생산자, 유통종사자, 소비자 및 관계 공무원 등에게 교육·홍보하여야 한다.

② 식품의약품안전처장은 생산자·유통종사자·소비자에 대한 교육·홍보를 단체·기관 및 시민단체(안전한 농수산물의 생산과 건전한 소비활동과 관련된 시민단체로 한정)에 위탁할 수 있다. 이 경우 교육·홍보에 필요한 경비를 예산의 범위에서 지원할 수 있다.

법 제67조(분석방법 등 기술의 연구개발 및 보급)

식품의약품안전처장이나 시·도지사는 농수산물의 안전관리를 향상시키고 국내외에서 농수산물에 함유된 것으로 알려진 유해물질의 신속한 안전성조사를 위하여 안전성 분석방법 등 기술의 연구개발과 보급에 관한 시책을 마련하여야 한다.

법 제68조(농산물의 위험평가 등)

① 식품의약품안전처장은 농산물의 효율적인 안전관리를 위하여 다음의 식품안전 관련 기관에 농산물 또는 농산물의 생산에 이용·사용하는 농지·용수·자재 등에 잔류하는 유해물질에 의한 위험을 평가하여 줄 것을 요청할 수 있다.

   1. 농촌진흥청
   2. 산림청
   3. 삭제 〈2013.3.23.〉
   4. 「과학기술분야 정부출연연구기관 등의 설립·운영 및 육성에 관한 법률」에 따른 한국식품연구원
   5. 「한국보건산업진흥원법」에 따른 한국보건산업진흥원
   6. 대학의 연구기관
   7. 그 밖에 식품의약품안전처장이 필요하다고 인정하는 연구기관

② 식품의약품안전처장은 위험평가의 요청 사실과 평가 결과를 공표하여야 한다.

③ 식품의약품안전처장은 농산물의 과학적인 안전관리를 위하여 농산물에 잔류하는 유해물질의 실태를 조사(이하 '잔류조사') 할 수 있다.

④ 위험평가의 요청과 결과의 공표에 관한 사항은 대통령령으로 정하고, 잔류조사의 방법 및 절차 등 잔류조사에 관한 세부사항은 총리령으로 정한다.

> **시행령 제23조(농산물 등의 위험평가의 요청과 그 결과의 공표)**
> ① 식품의약품안전처장은 위험평가의 요청 사실과 평가 결과를 농수산물안전정보시스템 및 식품의약품안전처의 인터넷 홈페이지에 게시하는 방법으로 공표하여야 한다.
> ② 위험평가의 요청 대상, 요청 방법 및 공표에 관하여 필요한 세부사항은 총리령으로 정한다.

제6장 지정해역의 지정 및 생산·가공시설의 등록·관리 (수산물 관련 내용으로 삭제)

제7장 농수산물 등의 검사 및 검정

제1절 농산물의 검사

법 제79조(농산물의 검사)

① 정부가 수매하거나 수출 또는 수입하는 농산물 등 대통령령으로 정하는 농산물(축산물은 제외)은 공정한 유통질서를 확립하고 소비자를 보호하기 위하여 농림축산식품부장관이 정하는 기준에 맞는지 등에 관하여 농림축산식품부장관의 검사를 받아야 한다. 다만, 누에씨 및 누에고치의 경우에는 시·도지사의 검사를 받아야 한다.

② 검사를 받은 농산물의 포장·용기나 내용물을 바꾸려면 다시 농림축산식품부장관의 검사를 받아야 한다.

③ 농산물 검사의 항목·기준·방법 및 신청절차 등에 필요한 사항은 농림축산식품부령으로 정한다.

시행령 제30조(농산물의 검사대상 등)

① 검사대상 농산물은 다음과 같다.

1. 정부가 수매하거나 생산자단체, 「공공기관의 운영에 관한 법률」에 따른 공공기관 또는 농업 관련 법인 등이 정부를 대행하여 수매하는 농산물
2. 정부가 수출 또는 수입하거나 생산자단체등이 정부를 대행하여 수출 또는 수입하는 농산물
3. 정부가 수매 또는 수입하여 가공한 농산물
4. 농산물의 포장·용기나 내용물을 바꿔 다시 농림축산식품부장관의 검사를 받는 농산물
5. 그 밖에 농림축산식품부장관이 검사가 필요하다고 인정하여 고시하는 농산물

② 검사대상 농산물의 종류별 품목은 별표 3과 같다.

시행령 별표 3(검사대상 농산물의 종류별 품목)

1. 정부가 수매하거나 생산자단체등이 정부를 대행하여 수매하는 농산물
   가. 곡류 : 벼·겉보리·쌀보리·콩
   나. 특용작물류 : 참깨·땅콩
   다. 과실류 : 사과·배·단감·감귤
   라. 채소류 : 마늘·고추·양파
   마. 잠사류 : 누에씨·누에고치

2. 정부가 수출·수입하거나 생산자단체등이 정부를 대행하여 수출·수입하는 농산물
   가. 곡류
   　　1) 조곡(粗穀) : 콩·팥·녹두
   　　2) 정곡(精穀) : 현미·쌀
   나. 특용작물류 : 참깨·땅콩
   다. 채소류 : 마늘·고추·양파
3. 정부가 수매 또는 수입하여 가공한 농산물
   곡류 : 현미·쌀·보리쌀

법 제80조(농산물검사기관의 지정 등)

① 농림축산식품부장관은 농산물의 생산자단체나 「공공기관의 운영에 관한 법률」에 따른 공공기관 또는 농업 관련 법인 등을 농산물검사기관으로 지정하여 검사를 대행하게 할 수 있다.

② 농산물검사기관으로 지정받으려는 자는 검사에 필요한 시설과 인력을 갖추어 농림축산식품부장관에게 신청하여야 한다.

③ 농산물검사기관의 지정기준, 지정절차 및 검사 업무의 범위 등에 필요한 사항은 농림축산식품부령으로 정한다.

시행규칙 별표 19(농산물검사기관의 지정기준)

1. 조직 및 인력
   가. 검사의 통일성을 유지하고 업무수행을 원활하게 하기 위하여 검사관리 부서를 두어야 한다.
   나. 검사대상 종류별 검사인력의 최소 확보기준은 다음과 같으며, 검사계획량을 일정 기간에 처리할 수 있도록 검사인력을 확보하여야 한다.

구분	종류		검사인력 최소 확보기준
국산농산물 (수출용 농산물을 포함)	곡류	조곡 포장물	검사 장소 5개소 당 1명
		조곡 산물	검사 장소 1개소 당 1명
		정곡	검사 장소 2개소 당 1명
	서류, 특용작물류, 과실류, 채소류		검사 장소 5개소 당 1명
수입농산물	공통		항구지 1개소 당 3명

2. 시설
   검사견본의 계측 및 분석, 감정기술 수련, 검사용 기자재관리, 검사표준품 안전관리 등을 위하여 검사 현장을 관할하는 사무소별로 10m² 이상의 검정실이 설치되어야 한다.
3. 장비
   검사에 필요한 기본 검사장비와 종류별 검사장비 중 검사대행 품목에 해당하는 장비를 갖추어야 한다. 다만, 동일한 규격의 장비는 종류 또는 품목에 관계없이 공용할 수 있다.

가. 기본 검사장비

종류	장비명	최소 비치기준(대·개)	
		사무소당	검사관당
공통	• 저울 – 첫달림 0.01g 이하, 끝달림 300g 이상(산물은 제외) – 첫달림 0.1g 이하, 끝달림 600g 이상 – 첫달림 5g 이하, 끝달림 10kg 이상(산물은 제외) • 시료균분기(과실·채소류는 제외) • 용적 중 측정기(산물은 제외) • Micro Meter(곡류는 제외) • 해당 품목 검사증인(산물은 제외) • 휴대용 수분측정기	1 1 1 1 1 1	1조 1

나. 종류별 검사장비

구분	종류	종목	장비명	최소 비치기준(대·개)	
				사무소당	검사관당
국산농산물 (수출용 농산물을 포함한다)	곡류 검사	조곡 (포장 물)	• 동력제현기 • 기준분동 • 감정접시(원형) • 해당 품목 검사체 – 줄체 1.6mm(벼 해당) – 세로눈판체 2.0mm, 2.2mm, 2.4mm, 2.5mm (보리 해당) – 표준그물체 1.4mm, 1.7mm(정곡 해당) – 둥근눈체 4.00mm, 6.30mm, 7.10mm(콩 해당) • 색대(조곡용 ∅16mm, 정곡용 ∅13mm) • 인습기	1 1 50 각 1조 각 1조 각 1조 각 1조	 각 2개 1
		조곡 (산물)	• 자동계량기(중량, 수분 동시 측정용) • 시료건조기(건조함수 30칸 이상) • 단립식 또는 적외선 수분 측정기. 다만, 1회 수분측정 용량이 5g 이상이고 최고 30% 범위의 수분함량 측정이 가능한 고주파 수분측정기로 대체 가능 • 동력제현기 • 감정접시(원형) • 줄체 1.6mm(벼 해당) • 세로눈판체 2.0mm, 2.2mm, 2.4mm, 2.5mm(보리, 밀 해당) • 표준그물체(1.4mm, 1.7mm) • 색대(조곡용 ∅16mm, 정곡용 ∅13mm) • 인습기 • 판수동 저울(첫달림 50g 이하, 끝달림 100kg 이상)	1 1 1 1 50 각 1조 각 1조 각 1조 1	 각 1개 1

	정곡	• 도정도 감정기구(5칸 이상)	1	
		• 표준그물체(1.4mm, 1.7mm)	각 1조	각 2개
		• 색대(조곡용 ∅16mm, 정곡용 ∅13mm)		
		• 인습기		1
		• 감정접시(원형)	50	
	특용작물·서류검사	• 항온건조기(105℃)	1	
		• 시료분쇄기(믹서기)	1	
		• 그물체(0.84mm)	1	
		• 검사봉		1
		• 색대(∅13mm)		2
	과실·채소류검사	• 항온건조기(105℃)	1	
		• pH 미터	1	
		• 당도계		1
		• 지름판		1
수입농산물	곡류검사	• 정미·정맥기	1	
		• 발아시험기	1	
		• 미립투시기	1	
		• 입체현미경	1	
		• 단립식 또는 적외선 수분 측정기. 다만, 1회 수분측정 용량이 5g 이상이고 최고 30% 범위의 수분함량 측정이 가능한 고주파 수분측정기로 대체 가능	1	
		• 이중관색대	1	
		• 곡류검사용 표준체 일체	1	
		• 색대(∅13mm)		2
	특용작물·서류검사	• 입체현미경	1	
		• 그물체(0.84mm)	1	
		• 단립식 또는 적외선 수분 측정기. 다만, 1회 수분측정 용량이 5g 이상이고 최고 30% 범위의 수분함량 측정이 가능한 고주파 수분측정기로 대체 가능	1	
		• 유분 및 산가분석기	1	
		• 색대		2

4. 검사업무 규정

검사업무 규정에는 다음의 사항이 포함되어야 한다.

가. 검사업무의 절차 및 방법

나. 검사업무의 사후관리 방법

다. 검사의 수수료 및 그 징수방법

라. 검사관의 준수사항 및 자체관리·감독 요령

마. 그 밖에 국립농산물품질관리원장이 검사업무를 하는 데 필요하다고 인정하여 정하는 사항

시행규칙 제98조(농산물검사기관의 지정절차 등)

① 농산물검사기관으로 지정받으려는 자는 농산물 지정검사기관 지정신청서에 다음의 서류를 첨부하여 국립농산물품질관리원장에게 제출하여야 한다.

   1. 정관(법인인 경우만 해당)

   2. 검사업무의 범위 등을 적은 사업계획서

   3. 농산물검사기관의 지정기준을 갖추었음을 증명할 수 있는 서류

② 신청서를 받은 국립농산물품질관리원장은 「전자정부법」에 따른 행정정보의 공동이용을 통하여 법인 등기사항증명서(법인인 경우만 해당)를 확인하여야 한다.

③ 국립농산물품질관리원장은 농산물검사기관의 지정신청을 받으면 농산물검사기관의 지정기준에 적합한지를 심사하고, 심사 결과 적합하다고 인정되는 경우에는 농산물 지정검사기관으로 지정하고 지정 사실 및 농산물 지정검사기관이 수행하는 업무의 범위를 고시하여야 한다.

시행규칙 제99조(농산물 지정검사기관의 지도·감독)

① 국립농산물품질관리원장은 농산물 지정검사기관이 공정한 검사업무를 수행할 수 있도록 지도·감독할 수 있다.

② 국립농산물품질관리원장은 지도·감독을 위하여 필요하다고 인정되는 경우에는 농산물 지정검사기관에 대하여 정기적으로 농산물검사 업무의 수행 상황 등에 관한 자료의 제출을 요구하거나 장부 또는 서류 등을 확인할 수 있다.

법 제81조(농산물검사기관의 지정 취소 등)

① 농림축산식품부장관은 농산물검사기관이 다음의 어느 하나에 해당하면 그 지정을 취소하거나 6개월 이내의 기간을 정하여 검사 업무의 전부 또는 일부의 정지를 명할 수 있다. 다만, 1 또는 2에 해당하면 그 지정을 취소하여야 한다.

   1. 거짓이나 그 밖의 부정한 방법으로 지정을 받은 경우

   2. 업무정지 기간 중에 검사 업무를 한 경우

   3. 농산물 검사기관 지정기준에 맞지 아니하게 된 경우

   4. 검사를 거짓으로 하거나 성실하게 하지 아니한 경우

   5. 정당한 사유 없이 지정된 검사를 하지 아니한 경우

② 지정 취소 등의 세부 기준은 그 위반행위의 유형 및 위반 정도 등을 고려하여 농림축산식품부령으로 정한다.

시행규칙 별표 20(농산물 지정검사기관의 지정 취소 및 사업정지에 관한 처분기준)

   1. 일반기준

      가. 위반행위가 둘 이상인 경우에는 그 중 무거운 처분기준을 적용하며, 둘 이상의 처분기준이 동일한 업무정지인 경우에는 무거운 처분기준의 2분의 1까지 가중할 수 있다. 이 경우 각 처분기준을 합산한 기간을 초과할 수 없다.

      나. 위반행위의 횟수에 따른 행정처분의 기준은 최근 2년간 같은 위반행위로 행정처분을 받은 경우에 적용한다. 이 경우 행정처분 기준의 적용은 같은 위반행위에 대하여 최초로 행정처분을 한 날을 기준으로 한다.

다. 위반사항의 내용으로 보아 그 위반의 정도가 경미하거나 그 밖에 특별한 사유가 있다고 인정되는 경우 그 처분이 업무정지일 때에는 2분의 1 범위에서 경감할 수 있고, 지정 취소일 때에는 6개월의 업무정지 처분으로 경감할 수 있다.

2. 개별기준

위반행위	근거 법조문	위반횟수별 처분기준		
		1회	2회	3회
가. 거짓이나 그 밖의 부정한 방법으로 지정을 받은 경우	법 제81조 제1항제1호	지정 취소		
나. 업무정지 기간 중에 검사 업무를 한 경우	법 제81조 제1항제2호	지정 취소		
다. 지정기준에 맞지 않게 된 경우				
1) 시설·장비·인력이나 조직 중 어느 하나가 지정기준에 맞지 않는 경우	법 제81조 제1항제3호	업무정지 1개월	업무정지 3개월	업무정지 6개월 또는 지정 취소
2) 시설·장비·인력이나 조직 중 둘 이상이 지정기준에 맞지 않는 경우		업무정지 6개월 또는 지정 취소	지정 취소	
라. 검사를 거짓으로 한 경우	법 제81조 제1항제4호	업무정지 3개월	업무정지 6개월 또는 지정 취소	지정 취소
마. 검사를 성실하게 하지 않은 경우				
1) 검사품의 재조제가 필요한 경우	법 제81조 제1항제4호	경고	업무정지 3개월	업무정지 6개월 또는 지정 취소
2) 검사품의 재조제가 필요하지 않은 경우		경고	업무정지 1개월	업무정지 3개월 또는 지정 취소
바. 정당한 사유 없이 지정된 검사를 하지 않은 경우	법 제81조 제1항제5호	경고	업무정지 1개월	업무정지 3개월 또는 지정 취소

법 제82조(농산물검사관의 자격 등)

① 검사나 재검사(이의신청에 따른 재검사를 포함) 업무를 담당하는 사람(이하 '농산물검사관')은 다음의 어느 하나에 해당하는 사람으로서 국립농산물품질관리원장(누에씨 및 누에고치 농산물검사관의 경우에는 시·도지사)이 실시하는 전형시험에 합격한 사람으로 한다. 다만, 대통령령으로 정하는 농산물 검사 관련 자격 또는 학위를 갖고 있는 사람에 대하여는 대통령령으로 정하는 바에 따라 전형시험의 전부 또는 일부를 면제할 수 있다.

1. 농산물 검사 관련 업무에 6개월 이상 종사한 공무원
2. 농산물 검사 관련 업무에 1년 이상 종사한 사람

② 농산물검사관의 자격은 곡류, 특작·서류, 과실·채소류, 잠사류 등의 구분에 따라 부여한다.

③ 농산물검사관의 자격이 취소된 사람은 자격이 취소된 날부터 1년이 지나지 아니하면 전형시험에 응시하거나 농산물검사관의 자격을 취득할 수 없다.

④ 국립농산물품질관리원장은 농산물검사관의 검사기술과 자질을 향상시키기 위하여 교육을 실시할 수 있다.

⑤ 국립농산물품질관리원장은 전형시험의 출제 및 채점 등을 위하여 시험위원을 임명·위촉할 수 있다. 이 경우 시험위원에게는 예산의 범위에서 수당을 지급할 수 있다.

⑥ 농산물검사관의 전형시험의 구분·방법, 합격자의 결정, 농산물검사관의 교육 등에 필요한 세부사항은 농림축산식품부령으로 정한다.

시행규칙 제101조(농산물검사관 전형시험의 구분 및 방법)

① 농산물검사관의 전형시험은 필기시험과 실기시험으로 구분하여 실시한다.

② 필기시험은 농산물의 검사에 관한 법규, 검사기준, 검사방법 등에 대하여 진위형과 선택형으로 출제하여 실시하고, 실기시험은 자격 구분별로 해당 품목의 등급 및 품위 등에 대하여 실시한다.

③ 필기시험에 합격한 사람에 대해서는 다음 회의 시험에서만 필기시험을 면제한다.

④ 전형시험의 응시절차 등에 관하여 필요한 세부 사항은 국립농산물품질관리원장 또는 시·도지사가 정하여 고시한다.

농산물 검사관 자격시험 및 관리 요령 [행정규칙]

제1조(목적)

이 요령은 농수산물품질관리법에 의한 농산물 검사관 자격시험 방법 및 관리 등에 관한 필요한 사항을 규정함을 목적으로 한다.

제2조(시험 대상자 및 절차)

① 국립농산물품질관리원 지원장은 농산물 검사관 자격시험일 전까지 농산물 검사 관련 업무에 6개월 이상 종사한 공무원이 자격시험에 응시하도록 하여야 하며, 지원장과 지정 받은 농산물 검사기관의 장(지정검사기관의 장)은 검사관을 증원 또는 충원하고자 할 때에는 자격시험 추천자 명부 서식에 따라 추천자 명부를 작성하여 국립농산물품질관리원장(이하 "농관원장"이라 한다)에게 보고(통보) 하여야 한다.

② 농관원장은 농산물 검사관 자격시험을 실시하고자 할 때는 시험대상자의 검사관 자격요건 구비 여부를 검토하여 시험 대상자 명부를 작성하고 시험실시 90일전까지 시험일시, 장소 등 시험에 관하여 필요한 사항을 검사기관의 장에게 통보하여야 한다.

③ 검사기관의 장은 시험대상자 선정에 잘못이 있거나 변동이 있을 때에는 지체 없이 그 사유와 해당자의 명단을 첨부하여 그 상황을 농관원장에게 보고(통보)하고 농관원장은 변동된 사항을 다시 검토하여 대상자를 결정한다.

제3조(시험 출제방법)

① 농관원장은 해당 과목별로 2인 이상의 출제위원(검사 업무에 3년 이상 근무한 본원 6급 이상 직원을 원칙으로 함)을 지명하고, 농관원장의 지명을 받은 출제위원은 자격 구분별 출제과목 및 시험(감정)시간 기준출제 문제 수의 2배수에 해당하는 필기 및 실기시험문제안을 작성(단, 수분 항목은 품목별 검사규격 기준에도 불구하고 다단계로 작성)하여 시험 주관과장에게 제출한다.

② 시험 주관과장은 출제위원이 제출한 문제 중에서 자격 구분별 출제과목 및 시험(감정)시간 기준출제 문제 수를 선택하여 출제문항으로 확정한다.

제4조(시험관리)

농관원장은 다음에 따라 시험을 관리한다.

1. 시험 장소는 농관원장이 지정하는 장소로 한다.
2. 출제문제의 수 및 시험(감정)시간은 자격 구분별 출제과목 및 시험(감정)시간 기준에 의한다.
3. 필기시험 문제는 시험실시 2일전에 담당주무 책임 하에 인쇄하여 시험 주관과장에게 외부 기억장치와 동시 인계한다.
4. 필기시험 문제, 답안지 및 실기시험 시료는 시험직전까지 시험 주관과장 책임 하에 보관한다.
5. 시험 주관과장은 시험장소 당 2인 이상을 시험감독관으로 지명하여 시험을 감독하게 하여야 한다.

제5조(채점)

농관원장이 지명한 채점요원이 채점기준에 따라 채점하고 시험 주관과장은 채점결과를 확인한다.

제6조(자격부여 및 번호지정 등)

① 농관원장은 자격시험에 합격한 자에게 검사관자격 및 번호를 부여하고 농관원과 지정검사기관으로 검사관번호를 구분·지정하여 일괄 통보한다.

② ①에 따라 농관원은 4단위 숫자인 0001번부터, 지정검사기관은 5단위 숫자인 00001번부터 각각의 일련번호로 검사관번호를 부여하며, 지정된 번호는 당해 검사기관에 검사관으로 재직되는 동안 변경하지 아니한다.

③ ②에 따라 농관원으로부터 4단위 숫자인 검사관 번호를 부여받은 검사관이 지정검사기관으로 소속이 변경 되면 검사관번호는 자동 취소되고, 농관원장은 지정검사기관의 번호순에 따라 해당 검사관번호를 재지정 하여야 한다.

④ 검사기관별로 취소된 번호는 재 지정하지 아니하고 결번으로 한다.

제7조(자격관리)

① 각급 검사기관의 장은 농산물검사관 자격관리 대장의 서식에 의한 대장을 비치하고 소속검사관의 자격부여 및 검사관번호 지정(또는 취소)상황을 기록 보존하여야 한다. 다만, 업무처리통합시스템으로 검사관 관리가 가능한 경우 별도의 대장 작성을 생략할 수 있다.

② 소속 검사관의 전출·입 또는 퇴직, 복직 등으로 신분상의 변동이 발생한 경우에는 농산물검사관 신분변동상황 보고(통보)의 서식에 따라 지체없이 농관원장에게 계통 보고하여야 한다(지정받은 검사기관의 장은 국립농산물품질관리원 사무소장 또는 지원장에게 통보)

③ 농관원장은 법 제82조에 의하여 자격을 부여받은 자가 전입 등으로 이전(以前) 기관에 재임용 또는 복귀한 때에는 해당 검사관의 기존 검사관번호를 지정하여 당해 검사기관의 장에게 통보하여야 한다.

제8조(검사관증 발급)

① 농관원장은 농산물검사관증(이하 "검사관증"이라 한다)을 발급할 때에는 검사관증 발급대장 서식에 의한 검사관증발급대장(이하 "대장"이라 한다) 또는 농산물검사관 시스템에 등록한 후 발급하여야 한다.

② 검사관증과 대장에 첨부하는 사진은 동일한 것으로서 발급일전 6개월 이내에 찍은 것이어야 한다.

③ 검사관의 전입·복직 등으로 검사관증을 발급 받고자 하거나 검사관증의 분실·훼손 등으로 인하여 재발급 받고자 하는 검사관은 그 사유가 발생한 날부터 5일 이내에 농산물검사관증 (재)발급신청 서식에 의한 검사관증 발급신청서를 소속 검사기관의 장을 거쳐 농관원장에게 제출하여야 한다.

제9조(검사관증 반납 등)

① 각급 검사기관의 장은 다음에 해당하는 사유가 있는 때에는 검사관증을 회수하여 농관원장에게 반납하여야 한다.

1. 소속 검사관이 퇴직하거나, 타 기관으로 전출하게 된 때
2. 병역법에 의한 병역복무를 위하여 징집 또는 소집되어 휴직을 하게 된 때
3. 기타 법률의 규정에 의한 의무를 이행하기 위하여 휴직을 하게 된 때
4. 법 제83조 및 같은 법 시행규칙 제106조에 따른 자격취소 및 정지를 받게 된 때

② 농관원장은 제1항의 규정에 의하여 검사관증을 회수한 때에는 검사관증 발급대장 서식의 대장에 그 사실을 기재하여야 한다.

법 제83조(농산물검사관의 자격취소 등)

① 국립농산물품질관리원장은 농산물검사관에게 다음의 어느 하나에 해당하는 사유가 발생하면 그 자격을 취소하거나 6개월 이내의 기간을 정하여 자격의 정지를 명할 수 있다.

1. 거짓이나 그 밖의 부정한 방법으로 검사나 재검사를 한 경우
2. 이 법 또는 이 법에 따른 명령을 위반하여 현저히 부적격한 검사 또는 재검사를 하여 정부나 농산물검사기관의 공신력을 크게 떨어뜨린 경우

② 자격 취소 및 정지에 필요한 세부사항은 농림축산식품부령으로 정한다.

시행규칙 별표 21(농산물검사관의 자격 취소 및 정지에 대한 세부 기준)

1. 일반기준

　가. 위반행위가 둘 이상인 경우에는 그 중 무거운 처분기준을 적용하며, 둘 이상의 처분기준이 동일한 자격정지인 경우에는 무거운 처분기준의 2분의 1까지 가중할 수 있다. 이 경우 각 처분기준을 합산한 기간을 초과할 수 없다.

　나. 위반행위의 횟수에 따른 행정처분의 기준은 최근 2년간 같은 위반행위로 행정처분을 받은 경우에 적용한다. 이 경우 행정처분 기준의 적용은 같은 위반행위에 대하여 최초로 행정처분을 한 날을 기준으로 한다.

　다. 위반사항의 내용으로 보아 그 위반의 정도가 경미하거나 그 밖에 특별한 사유가 있다고 인정되는 경우 그 처분이 자격정지일 때에는 2분의 1 범위에서 경감할 수 있고, 자격취소일 때에는 6개월의 자격정지 처분으로 경감할 수 있다.

2. 개별기준

위반행위	근거 법조문	위반횟수별 처분기준		
		1회	2회	3회
가. 거짓이나 그 밖의 부정한 방법으로 검사나 재검사를 한 경우	법 제83조 제1항제1호			
1) 검사나 재검사를 거짓으로 한 경우		자격취소	–	–
2) 거짓 또는 부정한 방법으로 자격을 취득하여 검사나 재검사를 한 경우		자격취소	–	–
3) 다른 사람에게 그 명의를 사용하게 하거나 다른 사람에게 그 자격증을 대여하여 검사나 재검사를 한 경우		자격취소	–	–
4) 자격정지 중에 검사나 재검사를 한 경우		자격취소	–	–
5) 고의적인 위격검사를 한 경우		자격취소	–	–
6) 1등급 착오 20% 이상, 2등급 착오 5% 이상에 해당되는 위격검사를 한 경우		6개월 정지	자격취소	
7) 1등급 착오 10% 이상 20% 미만, 2등급 착오 3% 이상 5% 미만에 해당되는 위격검사를 한 경우		3개월 정지	6개월 정지	자격취소
나. 법 또는 법에 따른 명령을 위반하여 현저히 부적격한 검사 또는 재검사를 하여 정부나 농산물검사기관의 공신력을 크게 떨어뜨린 경우	법 제83조 제1항제2호	자격취소	–	–

법 제84조(검사증명서의 발급 등)

농산물검사관이 검사를 하였을 때에는 농림축산식품부령으로 정하는 바에 따라 해당 농산물의 포장·용기 등이나 꼬리표에 검사날짜, 등급 등의 검사 결과를 표시하거나 검사를 받은 자에게 검사증명서를 발급하여 야 한다.

법 제85조(재검사 등)

① 농산물의 검사 결과에 대하여 이의가 있는 자는 검사현장에서 검사를 실시한 농산물검사관에게 재검사 를 요구할 수 있다. 이 경우 농산물검사관은 즉시 재검사를 하고 그 결과를 알려 주어야 한다.

② 재검사의 결과에 이의가 있는 자는 재검사일부터 7일 이내에 농산물검사관이 소속된 농산물검사기관의 장에게 이의신청을 할 수 있으며, 이의신청을 받은 기관의 장은 그 신청을 받은 날부터 5일 이내에 다 시 검사하여 그 결과를 이의신청자에게 알려야 한다.

③ 재검사 결과가 검사 결과와 다른 경우에는 검사결과의 표시를 교체하거나 검사증명서를 새로 발급하여 야 한다.

법 제86조(검사판정의 실효)

검사를 받은 농산물이 다음의 어느 하나에 해당하면 검사판정의 효력이 상실된다.

　　1. 농림축산식품부령으로 정하는 검사 유효기간이 지난 경우
　　2. 검사 결과의 표시가 없어지거나 명확하지 아니하게 된 경우

시행규직 별표 23(농산불검사의 유효기간)

종류	품목	검사시행시기	유효기간(일)
곡류	벼·콩	5.1. ~ 9.30.	90
		10.1. ~ 4.30.	120
	겉보리·쌀보리·팥·녹두·현미·보리쌀	5.1. ~ 9.30.	60
		10.1. ~ 4.30.	90
	쌀	5.1. ~ 9.30.	40
		10.1. ~ 4.30.	60
특용작물류	참깨·땅콩	1.1. ~ 12.31.	90
과실류	사과·배	5.1. ~ 9.30.	15
		10.1. ~ 4.30.	30
	단감	1.1. ~ 12.31.	20
	감귤	1.1. ~ 12.31.	30
채소류	고추·마늘·양파	1.1. ~ 12.31.	30
잠사류(蠶絲類)	누에씨	1.1. ~ 12.31.	365
	누에고치	1.1. ~ 12.31.	7
기타	농림축산식품부장관이 검사대상 농산물로 정하여 고시하는 품목의 검사유효기간은 농림축산식품부장관이 정하여 고시한다.		

법 제87조(검사판정의 취소)

농림축산식품부장관은 검사나 재검사를 받은 농산물이 다음의 어느 하나에 해당하면 검사판정을 취소할 수 있다. 다만, 1에 해당하면 검사판정을 취소하여야 한다.

    1. 거짓이나 그 밖의 부정한 방법으로 검사를 받은 사실이 확인된 경우

    2. 검사 또는 재검사 결과의 표시 또는 검사증명서를 위조하거나 변조한 사실이 확인된 경우

    3. 검사 또는 재검사를 받은 농산물의 포장이나 내용물을 바꾼 사실이 확인된 경우

제2절 수산물 및 수산가공품의 검사 (수산물 관련 범위로 삭제함)

제3절 검정

법 제98조(검정)

① 농림축산식품부장관 또는 해양수산부장관은 농수산물 및 농산가공품의 거래 및 수출·수입을 원활히 하기 위하여 다음의 검정을 실시할 수 있다. 다만, 「종자산업법」에 따른 종자에 대한 검정은 제외한다.

    1. 농산물 및 농산가공품의 품위·성분 및 유해물질 등

    2. 수산물의 품질·규격·성분·잔류물질 등

    3. 농수산물의 생산에 이용·사용하는 농지·어장·용수·자재 등의 품위·성분 및 유해물질 등

② 농림축산식품부장관 또는 해양수산부장관은 검정신청을 받은 때에는 검정 인력이나 검정 장비의 부족 등 검정을 실시하기 곤란한 사유가 없으면 검정을 실시하고 신청인에게 그 결과를 통보하여야 한다.

③ 검정의 항목·신청절차 및 방법 등 필요한 사항은 농림축산식품부령 또는 해양수산부령으로 정한다.

시행규칙 제125조(검정절차 등)

① 검정을 신청하려는 자는 국립농산물품질관리원장, 국립수산물품질관리원장 또는 지정받은 검정기관(이하 '지정검정기관')의 장에게 검정신청서에 검정용 시료를 첨부하여 검정을 신청하여야 한다.

② 국립농산물품질관리원장, 국립수산물품질관리원장 또는 지정검정기관의 장은 시료를 접수한 날부터 7일 이내에 검정을 하여야 한다. 다만, 7일 이내에 분석을 할 수 없다고 판단되는 경우에는 신청인과 협의하여 검정기간을 따로 정할 수 있다.

③ 국립농산물품질관리원장, 국립수산물품질관리원장 또는 검정기관의 장은 원활한 검정업무의 수행을 위하여 필요하다고 판단되는 경우에는 신청인에게 최소한의 범위에서 시설, 장비 및 인력 등의 제공을 요청할 수 있다.

시행규칙 별표 30(검정항목)

1. 농산물 및 농산가공품

구분	검정항목
가. 품위	정립, 피해립, 이종종자, 용적중, 이물, 싸라기, 입도, 이종곡립, 분상질립, 착색립, 사미, 세맥, 다른 종피색, 과균 비율, 색깔 비율, 결점과율, (조)회분, 사분 등
나. 발아율	발아율, 발아세(맥주보리만 해당한다) 등
다. 도정률	• 미곡의 제현율, 현백률, 도정률 등 • 맥류의 정백률 등
라. 일반성분	수분, 산가, 산도, 단백질, 지방, 조섬유, 당도 등
마. 무기성분	칼슘, 인, 식염, 나트륨, 칼륨, 질산염 등
바. 유해 중금속	카드뮴, 납 등
사. 잔류농약	클로로피리포스, 엔도설판, DDT, 프로시미돈, 다이아지논, 카벤다짐 등
아. 곰팡이 독소	아플라톡신 B_1, B_2, G_1, G_2 등
자. 항생물질	항생제, 합성항균제, 호르몬제
차. 방사능	세슘, 요오드

2. 농지, 용수, 자재

구분	검정항목
농지(토양)	• 카드뮴 · 구리 · 납 • 비소 • 수은 • 6가크롬 · 아연 · 니켈
용수 (하천수 · 호소수)	• 크롬 · 아연 · 구리 · 카드뮴 · 납 · 망간 · 니켈 · 철 • 비소 • 셀레늄(원자흡광광도법) • 6가크롬 • 수은
용수 (먹는물 · 먹는샘물)	• 구리 · 카드뮴 · 납 · 아연 · 알루미늄 · 망간 · 철 • 셀레늄 • 비소 • 수은 • 6가크롬
농자재(비료)	• 질소, 인산, 칼륨 등 • 카드뮴, 비소, 납, 수은 등

3. 수산물

구분	검정항목
일반성분 등	수분, 회분, 지방, 조섬유, 단백질, 염분, 산가, 전분, 토사, 휘발성 염기질소, 엑스분, 열탕불용해잔사물, 젤리강도(한천), 수소이온농도(pH), 당도, 히스타민, 트리메틸아민, 아미노질소, 전질소, 비타민 A, 이산화황(SO_2), 붕산, 일산화탄소
식품첨가물	인공감미료
중금속	수은, 카드뮴, 구리, 납, 아연 등
방사능	방사능
세균	대장균군, 생균수, 분변계대장균, 장염비브리오, 살모넬라, 리스테리아, 황색포도상구균
항생물질	옥시테트라사이클린, 옥소린산
독소	복어독소, 패류독소
바이러스	노로바이러스

법 제98조의2(검정결과에 따른 조치)

① 농림축산식품부장관 또는 해양수산부장관은 검정을 실시한 결과 유해물질이 검출되어 인체에 해를 끼칠 수 있다고 인정되는 농수산물 및 농산가공품에 대하여 생산자 또는 소유자에게 폐기하거나 판매금지 등을 하도록 하여야 한다.

② 농림축산식품부장관 또는 해양수산부장관은 생산자 또는 소유자가 명령을 이행하지 아니하거나 농수산물 및 농산가공품의 위생에 위해가 발생한 경우 농림축산식품부령 또는 해양수산부령으로 정하는 바에 따라 검정결과를 공개하여야 한다.

시행규칙 제128조의2(검정결과에 따른 조치)

① 국립농산물품질관리원장 또는 국립수산물품질관리원장은 검정을 실시한 결과 유해물질이 검출되어 인체에 해를 끼칠 수 있다고 인정되는 경우에는 해당 농수산물·농산가공품의 생산자·소유자에게 다음의 조치를 하도록 그 처리방법 및 처리기한을 정하여 알려 주어야 한다. 이 경우 조치 대상은 검정신청서에 기재된 재배지 면적 또는 물량에 해당하는 농수산물·농산가공품에 한정한다.

1. 해당 유해물질이 시간이 지남에 따라 분해·소실되어 일정 기간이 지난 후에 식용으로 사용하는 데 문제가 없다고 판단되는 경우 : 해당 유해물질이 「식품위생법」의 식품 또는 식품첨가물에 관한 기준 및 규격에 따른 잔류허용기준 이하로 감소하는 기간 동안 출하 연기 또는 판매금지

2. 해당 유해물질의 분해·소실기간이 길어 국내에서 식용으로 사용할 수 없으나, 사료·공업용 원료 및 수출용 등 식용 외의 다른 용도로 사용할 수 있다고 판단되는 경우 : 국내 식용으로의 판매금지

3. 1 또는 2에 따른 방법으로 처리할 수 없는 경우 : 일정한 기한을 정하여 폐기

② 해당 생산자등은 조치를 이행한 후 그 결과를 국립농산물품질관리원장 또는 국립수산물품질관리원장에게 통보하여야 한다.

③ 지정검정기관의 장은 검정을 실시한 농수산물·농산가공품 중에서 유해물질이 검출되어 인체에 해를 끼칠 수 있다고 인정되는 것이 있는 경우에는 다음의 서류를 첨부하여 그 사실을 지체 없이 국립농산물품질관리원장 또는 국립수산물품질관리원장에게 통보하여야 한다. 이 경우 그 통보 사실을 해당 생산자등에게도 동시에 알려야 한다.

1. 검정신청서 사본 및 검정증명서 사본
2. 조치방법 등에 관한 지정검정기관의 의견

시행규칙 제128조의3(검정결과의 공개)

국립농산물품질관리원장 또는 국립수산물품질관리원장은 검정결과를 공개하여야 하는 사유가 발생한 경우에는 지체 없이 다음의 사항을 국립농산물품질관리원 또는 국립수산물품질관리원의 홈페이지(게시판 등 이용자가 쉽게 검색하여 볼 수 있는 곳)에 12개월간 공개하여야 한다.

1. '폐기 또는 판매금지 등의 명령을 이행하지 아니한 농수산물 또는 농산가공품의 검정결과' 또는 '위생에 위해가 발생한 농수산물 또는 농산가공품의 검정결과'라는 내용의 표제
2. 검정결과
3. 공개이유
4. 공개기간

법 제99조(검정기관의 지정 등)

① 농림축산식품부장관 또는 해양수산부장관은 검정에 필요한 인력과 시설을 갖춘 검정기관을 지정하여 검정을 대행하게 할 수 있다.

② 검정기관으로 지정을 받으려는 자는 검정에 필요한 인력과 시설을 갖추어 농림축산식품부장관 또는 해양수산부장관에게 신청하여야 한다. 검정기관으로 지정받은 후 농림축산식품부령 또는 해양수산부령으로 정하는 중요 사항이 변경되었을 때에는 농림축산식품부령 또는 해양수산부령으로 정하는 바에 따라 변경신고를 하여야 한다.

③ 검정기관의 지정 취소 등 규정에 따라 검정기관 지정이 취소된 후 1년이 지나지 아니하면 검정기관 지정을 신청할 수 없다.

④ 검정기관의 지정기준 및 절차와 업무 범위 등에 필요한 사항은 농림축산식품부령 또는 해양수산부령으로 정한다.

시행규칙 별표 31(검정기관의 지정기준 및 평가기준)

1. 농산물 검정기관의 지정기준
   가. 품위·일반성분 검정(품위, 발아율, 도정률, 일반성분)
      1) 검정실의 면적
      전처리실, 일반실험실, 조사·분석실 등 분석실 면적의 합계가 70㎡ 이상이어야 한다.
      2) 검정인력의 자격 및 인원 수
         가) 검정인력의 자격 : 다음의 어느 하나를 충족하여야 한다.
            (1) 「고등교육법」에 따른 전문대학에서 농학계열(농학, 원예학 등), 식품과학계열(식품공학, 식품가공학 등) 등의 관련 학과를 졸업한 사람 또는 이와 같은 수준 이상의 자격이 있는 사람

(2) 농산물품질관리사, 종자기사, 농산물검사관, 생물공학기사 등의 농학, 식품과학과 관련이 있는 자격을 소지한 사람 또는 이와 같은 수준 이상의 자격을 갖춘 사람

(3) (1) 또는 (2) 외의 사람은 농산물검사ㆍ검정 분야에서 2년 이상 해당 분야에 종사한 경험이 있는 사람

나) 검정인력 수 : 가)목의 자격기준에 적합한 사람 2명 이상. 이 중 품위검정 1명은 국립농산물품질관리원에서 시행한 농산물검사관 자격(곡류, 특작ㆍ서류, 과실ㆍ채소류)을 갖추거나 농산물의 품위 검사ㆍ검정과 관련된 기관에서 3년 이상 해당 분야 시험ㆍ검사ㆍ검정 업무 경력이 있어야 하며, 일반성분 검정 1명은 4년제 대학 졸업자의 경우 2년 이상, 전문대학 졸업자 또는 가)(2)의 자격을 갖춘 사람의 경우 3년 이상 연구ㆍ검사ㆍ검정과 관련된 기관에서 해당 분야 시험ㆍ검사ㆍ검정업무 경력이 있어야 한다.

3) 시설 및 장비기준

가) 검정시설은 전처리실, 일반실험실, 조사ㆍ분석실 등의 실험실이 구분되어 오염을 방지할 수 있어야 한다.

나) 장비는 품위ㆍ일반성분 검정에 필요한 최소한의 장비를 아래와 같이 갖추어야 한다.

용도	장비명
공통	• 저울(첫달림 0.01g 이하 끝달림 300g 이상, 첫달림 0.1g 이하 끝달림 600g 이상, 첫달림 5g 이하 끝달림 10kg 이상) • 시료균분기, 감정접시 등
품위	• 줄체(1.6㎜), 세로눈판체(2.0㎜, 2.2㎜, 2.4㎜, 2.5㎜), 표준그물체(1.4㎜, 1.7㎜), 둥근눈체(4.00㎜, 6.30㎜, 7.10㎜), 그물체(0.84㎜) • 항온건조기(105℃) 또는 적외선수분측정기 • 감정대, 용적중 측정기, Micro Meter, 지름판 • 시료분쇄기, 도정도 감정기구 • 동력제현기, 정미기, 쌀 품위분석기 • 회화로, 사분측정병 등
발아율	발아시험기
도정수율	동력제현기, 정미기, 정맥기 등
일반성분	• 유분 및 산가분석기, 단백질분석기(캘달식 분석기) • 항온건조기(105℃) 또는 적외선수분측정기 • 당도계, pH미터, 산도측정기 • 회화로, 화학천칭(첫달림 0.0001g 이하 끝달림 210g 이상) 등
기타	• 냉동고 • 그 밖에 품위ㆍ일반성분 검정에 필요한 기본 장비

나. 무기성분ㆍ유해물질 검정(농산물 및 농산가공품의 무기성분ㆍ유해중금속ㆍ잔류농약ㆍ곰팡이독소ㆍ항생물질과 농지 및 용수, 자재의 품위성분ㆍ유해물질)

1) 검정실의 면적 : 전처리실, 일반실험실, 기기분석실 등 검정실 면적의 합계가 250㎡ 이상이어야 한다.

2) 검정인력의 자격 및 인원

가) 검정인력의 자격 : 다음의 어느 하나를 충족하여야 한다.

(1) 「고등교육법」에 따른 전문대학에서 분석과 관련이 있는 학과를 이수하여 졸업한 사람 또는 이와 같은 수준 이상의 자격이 있는 사람

    (2) 식품기술사, 식품기사, 식품산업기사, 농화학기술사, 농화학기사, 위생사, 위생시험사, 농림토양평가관리기사 또는 분석과 관련된 이와 같은 수준 이상의 자격을 갖춘 사람

    (3) (1) 또는 (2) 외의 사람으로써 해당 안전성검사 분야에서 2년 이상 종사한 경험이 있는 사람

  나) 검정인력의 수 : 가)목의 자격기준에 적합한 사람 4명 이상. 이 중 이화학 분야 1명과 미생물 분야 1명은 대학 졸업자의 경우 2년 이상, 전문대학 졸업자 또는 가)(2)의 자격을 갖춘 사람의 경우 4년 이상 연구·검사·검정과 관련된 기관에서 해당 분야 시험·검사 업무 경력이 있어야 한다.

3) 시설 및 장비기준

  가) 검정시설은 전처리실, 일반실험실, 기기분석실 등이 구분되어 오염을 방지할 수 있어야 한다.

  나) 검정업무 대상별로 아래와 같이 최소한의 아래 장비를 갖추어야 한다. 다만, (1), ㈜의 장비에 대해서는 해당 장비를 보유하고 있는 기관과 이용계약을 체결한 경우에는 해당 설비를 갖추지 아니할 수 있다.

    (1) 농산물

      ㈎ 잔류농약
- 화학천칭(최소측정단위가 0.0001g 이하인 것)
- 상명천칭(최소측정단위가 0.1g 이하인 것)
- 냉장고(영하 20℃ 이하의 냉동고 포함)
- 균질기(Homogenizer) 또는 믹서기
- 농축기(회전감압농축기 및 질소미세농축기)
- 가스크로마토그래프(GC)
- 가스크로마토그래프 질량분석기(GC/MS)
- 액체크로마토그래프(HPLC)
- 액체크로마토그래프 질량분석기(HPLC/MS)
- 그 밖에 잔류농약 분석에 필요한 기본 장비

      ㈏ 중금속
- 화학천칭(최소측정단위가 0.0001g 이하인 것)
- 상명천칭(최소측정단위가 0.1g 이하인 것)
- 냉장고(영하 20℃ 이하의 냉동고 포함)
- 회화로
- 극초단파 분해기(Microwave) 또는 가열판(Hot plate)
- 원자흡광광도계(AAS)나 유도결합플라즈마 분광광도계(ICP) 또는 ICP/MS
- 그 밖에 중금속 분석에 필요한 기본 장비

      ㈐ 곰팡이독소
- 액체크로마토그래프(HPLC) 또는 액체크로마토그래프 질량분석기(HPLC/MS/MS)

      ㈑ 항생물질
- 액체크로마토그래프(HPLC) 또는 액체크로마토그래프 질량분석기(HPLC/MS/MS)

      ㈒ 방사능
- 감마핵종분석기

      ㈓ 그 밖에 유해물질 : 국립농산물품질관리원이 따로 정하여 고시하는 분석기구의 기준

(2) 농지
- 화학천칭(최소측정단위가 0.0001g 이하인 것)
- 상명천칭(최소측정단위가 0.1g 이하인 것)
- 냉장고(영하 20℃ 이하의 냉동고 포함)
- 원자흡광광도계(AAS)나 유도결합플라즈마 분광광도계(ICP) 또는 ICP/MS
- 가스크로마토그래프(GC)
- 액체크로마토그래프(HPLC)
- 그 밖에 농지 분석에 필요한 기본 장비

(3) 용수
- 화학천칭(최소측정단위가 0.0001g 이하인 것)
- 상명천칭(최소측정단위가 0.1g 이하인 것)
- 냉장고
- 가스크로마토그래프(GC)
- 액체크로마토그래프(HPLC)
- 무균작업대
- 고압멸균기
- 균질기 또는 스토마커
- 배양기
- 원자흡광광도계(AAS)나 유도결합플라즈마 분광광도계(ICP) 또는 ICP/MS
- 광학현미경(배율 1천배 이상)
- 이온크로마토그래프
- 그 밖에 수질 분석에 필요한 기본 장비

(4) 자재
- 화학천칭(최소측정단위가 0.0001g 이하인 것)
- 상명천칭(최소측정단위가 0.1g 이하인 것)
- 냉장고(영하 20℃ 이하의 냉동고 포함)
- 원자흡광광도계(AAS)나 유도결합플라즈마 분광광도계(ICP) 또는 ICP/MS
- 가스크로마토그래프(GC)
- 액체크로마토그래프(HPLC)
- 그 밖에 자재 분석에 필요한 기본 장비

2. 수산물 검정기관의 지정기준

가. 조직 및 인력

　　1) 검사의 통일성을 유지하고 업무수행을 원활하게 하기 위하여 검사관리 부서를 두어야 한다.

　　2) 검사대상 종류별로 3명 이상의 검사인력을 확보하여야 한다.

나. 시설

　　검사관이 근무할 수 있는 적정한 넓이의 사무실과 검사대상품의 분석, 기술훈련, 검사용 장비관리 등을 위하여 검사 현장을 관할하는 사무소별로 10제곱미터 이상의 분석실이 설치되어야 한다.

다. 장비

　　검사에 필요한 기본 검사장비와 종류별 검사장비를 갖추어야 하며, 장비확보에 대한 세부 기준은 국립수산물품질관리원장이 정하여 고시한다.

3. 검정기관의 평가기준 및 방법

가. 검정능력 평가 항목별 배점기준

구분	평가항목	배점	평가 점수
일반사항	검정실 면적, 검정인력 등이 검정기관의 지정기준을 충족하는가?	10	
	검정장비를 갖추고 있으며, 검정장비가 정상적으로 가동되고 적절하게 설치되어 있는가?	5	
	시약 및 장비 관리지침을 갖추고 이에 따른 관리가 이루어지고 있는가?(검정장비의 검정·교정 등)	5	
	검정실 안전수칙을 만들어 운용하고 있으며, 유기용매 등 폐액(廢液)은 특성에 맞게 분리 처리되고 있는가?	5	
	검정기록 및 검정결과물의 정리 및 보관은 적절하게 하고 있는가?	5	
검정과정	품위계측 및 분석방법 등을 공인된 방법으로 하고 있는가?	10	
	표준계측·분석지침서(SOP, Standard Operating Procedures)를 갖추고 이에 따라 검정하고 있는가?	10	
	시료는 균질하고 대표성 있게 균분·수거하고 있는가?	5	
	시료의 전처리(유기용매의 추출 등)가 직질하게 이루어지고 있는가?	5	
	오염을 방지하기 위한 작업이 이루어지고 있는가?	5	
검정에 대한 이론적 지식 등	품위계측 및 분석과정에 대한 이해도 및 숙련도	10	
	시료의 전처리(유기용매의 추출 등)에 대한 이해도 및 숙련도	5	
	기기운용 및 분석결과에 대한 이해도 및 숙련도	5	
	분야별 용어의 개념 및 검정 결과에 대한 이해도	5	
검정능력	시료에 대한 검정능력 평가 결과	10	
합계		100	

〈작성요령〉
• 평가점수는 아래와 같이 5단계로 구분하여 점수를 매긴다.
 – 우수 : 100%, 양호 : 80%, 보통 : 60%, 미흡 : 40%, 불량 : 20%

나. 평가방법

1) 검정능력평가는 배점기준 표에 의하여 평가점수를 부여한다.

2) 검정능력평가 결과 다음과 같이 평가한다.

　가) 평점평균 80점 이상 : 적합. 다만, 평점평균이 80점 이상인 경우라도 시료에 대한 검정능력 평가가 60% 이하이거나, 검정능력 외의 항목별 배점기준 중 평가항목 1개 이상이 배점기준의 40% 이하 점수로 평가된 경우에는 부적합으로 처리

　나) 평점평균 80점 미만 : 부적합

4. 검정업무에 관한 규정

검정업무에 관한 규정에는 다음 사항이 포함되어야 한다.

　　가. 검정의 절차 및 방법

　　나. 검정수수료 및 그 징수 방법

　　다. 검정 담당자의 준수사항 및 검정 담당자 자체 관리 · 감독 요령

　　라. 검정인력 자체 교육방법

　　마. 그 밖에 국립농산물품질관리원장 또는 국립수산물품질관리원장이 검정업무의 수행에 필요하다고 인정하여 정하는 사항

법 제100조(검정기관의 지정 취소 등)

① 농림축산식품부장관 또는 해양수산부장관은 검정기관이 다음의 어느 하나에 해당하면 지정을 취소하거나 6개월 이내의 기간을 정하여 해당 검정 업무의 정지를 명할 수 있다. 다만, 1 또는 2에 해당하면 지정을 취소하여야 한다.

1. 거짓이나 그 밖의 부정한 방법으로 지정을 받은 경우
2. 업무정지 기간 중에 검정 업무를 한 경우
3. 검정 결과를 거짓으로 내준 경우
4. 변경신고를 하지 아니하고 검정 업무를 계속한 경우
5. 지정기준에 맞지 아니하게 된 경우
6. 그 밖에 농림축산식품부령 또는 해양수산부령으로 정하는 검정에 관한 규정을 위반한 경우

② 지정 취소 및 정지에 관한 세부 기준은 농림축산식품부령 또는 해양수산부령으로 정한다.

제4절 금지행위 및 확인 · 조사 · 점검 등

법 제101조(부정행위의 금지 등)

누구든지 검사, 재검사 및 검정과 관련하여 다음의 행위를 하여서는 아니 된다.

1. 거짓이나 그 밖의 부정한 방법으로 검사 · 재검사 또는 검정을 받는 행위
2. 검사를 받아야 하는 농수산물 및 수산가공품에 대하여 검사를 받지 아니하는 행위
3. 검사 및 검정 결과의 표시, 검사증명서 및 검정증명서를 위조하거나 변조하는 행위
4. 검사를 받지 아니하고 포장 · 용기나 내용물을 바꾸어 해당 농수산물이나 수산가공품을 판매 · 수출하거나 판매 · 수출을 목적으로 보관 또는 진열하는 행위
5. 검정 결과에 대하여 거짓광고나 과대광고를 하는 행위

법 제102조(확인 · 조사 · 점검 등)

① 농림축산식품부장관 또는 해양수산부장관은 정부가 수매하거나 수입한 농수산물 및 수산가공품 등 대통령령으로 정하는 농수산물 및 수산가공품의 보관창고, 가공시설, 항공기, 선박, 그 밖에 필요한 장소에 관계 공무원을 출입하게 하여 확인 · 조사 · 점검 등에 필요한 최소한의 시료를 무상으로 수거하거나 관련 장부 또는 서류를 열람하게 할 수 있다.

② 시료 수거 또는 열람에 관하여는 농산물우수관리 관련 보고 및 점검규정을 준용한다.

③ 출입 등을 하는 관계 공무원에 관하여는 농산물우수관리 관련 보고 및 점검규정을 준용한다.

시행령 제35조(확인 · 조사 · 점검 대상 등)

법 제102조제1항에서 '정부가 수매하거나 수입한 농수산물 및 수산가공품 등 대통령령으로 정하는 농수산물 및 수산가공품'이란 다음과 같다.

    1. 정부가 수매하거나 수입한 농수산물 및 수산가공품

    2. 생산자단체등이 정부를 대행하여 수매하거나 수입한 농수산물 및 수산가공품

    3. 정부가 수매 또는 수입하여 가공한 농수산물 및 수산가공품

제8장 보칙

법 제103조(정보제공 등)

① 농림축산식품부장관, 해양수산부장관 또는 식품의약품안전처장은 농수산물의 안전성조사 등 농수산물의 안전과 품질에 관련된 정보 중 국민이 알아야 할 필요가 있다고 인정되는 정보는 「공공기관의 정보공개에 관한 법률」에서 허용하는 범위에서 국민에게 제공하여야 한다.

② 농림축산식품부장관, 해양수산부장관 또는 식품의약품안전처장은 국민에게 정보를 제공하려는 경우 농수산물의 안전과 품질에 관련된 정보의 수집 및 관리를 위한 농수산물안전정보시스템을 구축 · 운영하여야 한다.

③ 농수산물안전정보시스템의 구축과 운영 및 정보제공 등에 필요한 사항은 총리령, 농림축산식품부령 또는 해양수산부령으로 정한다.

시행규칙 제132조(농수산물안전정보시스템의 운영)

① 농림축산식품부장관 또는 해양수산부장관은 농수산물안전정보시스템을 효율적으로 운영하기 위하여 농수산물의 품질에 관한 정보를 생성하는 기관에 대하여 농림축산식품부장관 또는 해양수산부장관이 정하여 고시하는 농수산물안전정보시스템의 운영기관에 해당 정보를 제공하게 요청할 수 있다.

② 정보를 생성하는 기관에 대한 정보제공 요청 범위 및 제공절차 등은 농림축산식품부장관 또는 해양수산부장관이 정하여 고시한다.

③ 운영기관은 다음의 업무를 수행한다.

    1. 농수산물안전정보시스템의 유지 · 관리 업무

    2. 농수산물 품질 관련 정보의 수집, 분류, 배포 등 정보관리 업무

    3. 삭제 〈2013.3.24.〉

    4. 삭제 〈2013.3.24.〉

    5. 데이터표준, 연계표준 및 정보시스템 개발표준 등 표준관리 업무

    6. 고객관리 업무

    7. 농수산물안전정보시스템의 홍보

8. 사용자 교육
9. 그 밖에 농수산물안전정보시스템의 운영에 필요한 업무

법 제104조(농수산물 명예감시원)

① 농림축산식품부장관 또는 해양수산부장관이나 시·도지사는 농수산물의 공정한 유통질서를 확립하기 위하여 소비자단체 또는 생산자단체의 회원·직원 등을 농수산물 명예감시원으로 위촉하여 농수산물의 유통질서에 대한 감시·지도·계몽을 하게 할 수 있다.

② 농림축산식품부장관 또는 해양수산부장관이나 시·도지사는 농수산물 명예감시원에게 예산의 범위에서 감시활동에 필요한 경비를 지급할 수 있다.

③ 농수산물 명예감시원의 자격, 위촉방법, 임무 등에 필요한 사항은 농림축산식품부령 또는 해양수산부령으로 정한다.

시행규칙 제133조(농수산물 명예감시원의 자격 및 위촉방법 등)

① 국립농산물품질관리원장, 국립수산물품질관리원장, 산림청장 또는 시·도지사는 다음의 어느 하나에 해당하는 사람 중에서 농수산물 명예감시원을 위촉한다.

1. 생산자단체, 소비자단체 등의 회원이나 직원 중에서 해당 단체의 장이 추천하는 사람
2. 농수산물의 유통에 관심이 있고 명예감시원의 임무를 성실히 수행할 수 있는 사람

② 명예감시원의 임무는 다음과 같다.

1. 농수산물의 표준규격화, 농산물우수관리, 품질인증, 친환경수산물인증, 농수산물 이력추적관리, 지리적표시, 원산지표시에 관한 지도·홍보 및 위반사항의 감시·신고
2. 그 밖에 농수산물의 유통질서 확립과 관련하여 국립농산물품질관리원장, 국립수산물품질관리원장, 산림청장 또는 시·도지사가 부여하는 임무

③ 명예감시원의 운영에 관한 세부 사항은 국립농산물품질관리원장, 국립수산물품질관리원장, 산림청장 또는 시·도지사가 정하여 고시한다.

법 제106조(농산물품질관리사 또는 수산물품질관리사의 직무)

① 농산물품질관리사는 다음의 직무를 수행한다.

1. 농산물의 등급 판정
2. 농산물의 생산 및 수확 후 품질관리기술 지도
3. 농산물의 출하 시기 조절, 품질관리기술에 관한 조언
4. 그 밖에 농산물의 품질 향상과 유통 효율화에 필요한 업무로서 농림축산식품부령으로 정하는 업무

② 수산물품질관리사는 다음 각 호의 직무를 수행한다.

1. 수산물의 등급 판정
2. 수산물의 생산 및 수확 후 품질관리기술 지도
3. 수산물의 출하 시기 조절, 품질관리기술에 관한 조언
4. 그 밖에 수산물의 품질 향상과 유통 효율화에 필요한 업무로서 해양수산부령으로 정하는 업무

법 제107조(농산물품질관리사 또는 수산물품질관리사의 시험·자격부여 등)

① 농산물품질관리사 또는 수산물품질관리사가 되려는 사람은 농림축산식품부장관 또는 해양수산부장관이 실시하는 농산물품질관리사 또는 수산물품질관리사 자격시험에 합격하여야 한다.

> **시행령 제36조(농산물품질관리사 자격시험의 실시계획 등)**
> ① 농산물품질관리사 자격시험은 매년 1회 실시한다. 다만, 농림축산식품부장관이 농산물품질관리사의 수급상 필요하다고 인정하는 경우에는 2년마다 실시할 수 있다.
> ② 농림축산식품부장관은 농산물품질관리사 자격시험의 시행일 6개월 전까지 농산물품질관리사 자격시험의 실시계획을 세워야 한다.

② 농산물품질관리사 또는 수산물품질관리사의 자격이 취소된 날부터 2년이 지나지 아니한 사람은 농산물품질관리사 또는 수산물품질관리사 자격시험에 응시하지 못한다.

③ 농산물품질관리사 또는 수산물품질관리사 자격시험의 실시계획, 응시자격, 시험과목, 시험방법, 합격기준 및 자격증 발급 등에 필요한 사항은 대통령령으로 정한다.

법 제107조의2(농산물품질관리사 또는 수산물품질관리사의 교육)

① 농림축산식품부령 또는 해양수산부령으로 정하는 농산물품질관리사 또는 수산물품질관리사는 업무 능력 및 자질의 향상을 위하여 필요한 교육을 받아야 한다.

② 제1항에 따른 교육의 방법 및 실시기관 등에 필요한 사항은 농림축산식품부령 또는 해양수산부령으로 정한다.

시행령 제37조(농산물품질관리사 자격시험의 공고 등)

① 농림축산식품부장관은 농산물품질관리사 자격시험을 실시할 때에는 응시자격, 시험과목, 시험방법, 합격기준, 시험일시 및 시험장소 등 필요한 사항을 시험일 90일 전까지 「신문 등의 진흥에 관한 법률」에 따라 보급지역을 전국으로 등록한 2개 이상의 일반일간신문에 공고하여야 한다.

② 농산물품질관리사 자격시험에 응시하려는 사람은 농림축산식품부령으로 정하는 응시원서를 농림축산식품부장관에게 제출하여야 하고, 응시원서를 제출하는 사람은 농림축산식품부령으로 정하는 바에 따라 수수료를 내야 한다.

③ 농림축산식품부장관은 ②에 따라 받은 수수료를 다음의 구분에 따라 반환하여야 한다.

  1. 수수료를 과오납한 경우 : 과오납한 금액 전부
  2. 시험일 20일 전까지 접수를 취소하는 경우 : 납부한 수수료 전부
  3. 시험관리기관의 귀책사유로 시험에 응시하지 못하는 경우 : 납부한 수수료 전부
  4. 시험일 10일 전까지 접수를 취소하는 경우 : 납부한 수수료의 100분의 60

시행령 제38조(농산물품질관리사 자격시험의 응시자격 등)

① 농산물품질관리사 자격시험의 응시자격은 학력, 성별, 나이 등에 제한을 두지 아니한다.

② 농산물품질관리사 자격시험은 제1차시험과 제2차시험으로 구분하여 실시한다.

③ 제1차시험은 다음의 과목에 대하여 선택형 필기시험을 실시하며, 각 과목 100점을 만점으로 하여 각 과목 40점 이상의 점수를 획득한 사람 중 평균점수가 60점 이상인 사람을 합격자로 한다.
   1. 농수산물 품질관리 법령, 농수산물 유통 및 가격안정에 관한 법령, 농수산물의 원산지 표시에 관한 법령
   2. 원예작물학
   3. 농산물유통론
   4. 수확 후 품질관리론
④ 제2차시험은 제1차시험에 합격한 사람(제1차시험이 면제된 사람을 포함)을 대상으로 다음의 과목으로 서술형과 단답형을 혼합한 필기시험을 실시하고, 100점을 만점으로 하여 60점 이상인 사람을 합격자로 한다.
   1. 농산물 품질관리 실무
   2. 농산물 등급판정 실무
⑤ 제2차시험에 합격하지 못한 사람에 대해서는 다음 회에 실시하는 시험에 한정하여 제1차시험을 면제한다.

시행령 제39조(농산물품질관리사 자격시험 합격자의 공고 등)

농림축산식품부장관은 농산물품질관리사 자격시험의 최종 합격자 명단을 제2차시험 시행 후 40일 이내에 「정보통신망 이용촉진 및 정보보호 등에 관한 법률」 제2조에 따른 정보통신망에 공고하여야 한다.

시행령 제40조(농산물품질관리사 자격증 발급 등)

① 농림축산식품부장관은 농산물품질관리사 자격시험에 합격한 사람에게는 농림축산식품부령으로 정하는 농산물품질관리사 자격증을 발급하여야 한다.
② 농림축산식품부장관은 자격증을 발급하는 경우에는 일련번호를 부여하고, 농림축산식품부령으로 정하는 농산물품질관리사 자격증 발급대장에 그 발급사실을 기록하여야 한다.
③ 농산물품질관리사는 발급받은 자격증을 잃어버리거나 자격증이 헐어 못 쓰게 된 경우 농림축산식품부령으로 정하는 농산물품질관리사 자격증 재발급 신청서를 농림축산식품부장관에게 제출하여 자격증을 재발급받을 수 있다.
④ 농산물품질관리사 자격증의 재발급에 관하여는 ②를 준용한다.

시행규칙 제134조(농산물품질관리사의 업무)

법 제106조제1항제4호에서 '농림축산식품부령으로 정하는 업무'란 다음의 업무를 말한다.
   1. 농산물의 생산 및 수확 후의 품질관리기술 지도
   2. 농산물의 선별·저장 및 포장 시설 등의 운용·관리
   3. 농산물의 선별·포장 및 브랜드 개발 등 상품성 향상 지도
   4. 포장농산물의 표시사항 준수에 관한 지도
   5. 농산물의 규격출하 지도

시행규칙 제136조의5(농산물품질관리사 또는 수산물품질관리사의 교육 방법 및 실시기관 등)

① 실시기관은 다음의 어느 하나에 해당하는 기관으로서 수산물품질관리사의 교육 실시기관은 해양수산부장관이, 농산물품질관리사의 교육 실시기관은 국립농산물품질관리원장이 각각 지정하는 기관으로 한다.

1. 「한국농수산식품유통공사법」에 따른 한국농수산식품유통공사
2. 「한국해양수산연수원법」에 따른 한국해양수산연수원
3. 농림축산식품부 또는 해양수산부 소속 교육기관
4. 「민법」에 따라 설립된 비영리법인으로서 농산물 또는 수산물의 품질 또는 유통 관리를 목적으로 하는 법인

② 교육 실시기관이 실시하는 농산물품질관리사 또는 수산물품질관리사 교육에는 다음의 내용을 포함하여야 한다.

1. 농산물 또는 수산물의 품질 관리와 유통 관련 법령 및 제도
2. 농산물 또는 수산물의 등급 판정과 생산 및 수확 후 품질관리기술
3. 그 밖에 농산물 또는 수산물의 품질 관리 및 유통과 관련된 교육

③ 교육 실시기관은 필요한 경우 ②에 따른 교육을 정보통신매체를 이용한 원격교육으로 실시할 수 있다.

④ 교육 실시기관은 교육을 이수한 사람에게 이수증명서를 발급하여야 하며, 교육을 실시한 다음 해 1월 15일까지 농산물품질관리사 교육 실시 결과는 국립농산물품질관리원장에게, 수산물품질관리사 교육 실시 결과는 해양수산부장관에게 각각 보고하여야 한다.

⑤ 교육에 필요한 경비(교재비, 강사 수당 등을 포함)는 교육을 받는 사람이 부담한다.

⑥ 제1항부터 제5항까지에서 규정한 사항 외에 교육 실시기관의 지정, 교육시간, 이수증명서의 발급, 교육 실시 결과의 보고 등 교육에 필요한 사항은 해양수산부장관 또는 국립농산물품질관리원장이 각각 정하여 고시한다.

법 제110조(자금 지원)

정부는 농수산물의 품질 향상 또는 농수산물의 표준규격화 및 물류표준화의 촉진 등을 위하여 다음의 어느 하나에 해당하는 자에게 예산의 범위에서 포장자재, 시설 및 자동화장비 등의 매입 및 농산물품질관리사 또는 수산물품질관리사 운용 등에 필요한 자금을 지원할 수 있다.

1. 농어업인
2. 생산자단체
3. 우수관리인증을 받은 자, 우수관리인증기관, 농산물 수확 후 위생·안전 관리를 위한 시설의 사업자 또는 우수관리인증 교육을 실시하는 기관·단체
4. 이력추적관리 또는 지리적표시의 등록을 한 자
5. 농산물품질관리사 또는 수산물품질관리사를 고용하는 등 농수산물의 품질 향상을 위하여 노력하는 산지·소비지 유통시설의 사업자
6. 안전성검사기관 또는 위험평가 수행기관
7. 농수산물 검사 및 검정 기관
8. 그 밖에 농림축산식품부령 또는 해양수산부령으로 정하는 농수산물 유통 관련 사업자 또는 단체

시행령 제43조(업무의 위탁)

① 농림축산식품부장관, 해양수산부장관 및 식품의약품안전처장은 농수산물안전정보시스템의 운영에 관한 업무를 농림축산식품부장관, 해양수산부장관 및 식품의약품안전처장이 정하여 고시하는 농산물정보 관련 업무를 수행하는 비영리법인에 위탁한다.

② 농림축산식품부장관은 농산물품질관리사 자격시험의 관리에 관한 업무를 「한국산업인력공단법」에 따른 한국산업인력공단에 위탁한다.

③ 해양수산부장관은 수산물품질관리사 자격시험의 시행 및 관리에 관한 업무를 「한국산업인력공단법」에 따른 한국산업인력공단 또는 「한국해양수산연수원법」에 따른 한국해양수산연수원에 위탁할 수 있다.

④ 해양수산부장관은 수산물품질관리사 자격시험의 시행 및 관리에 관한 업무를 위탁한 때에는 수탁기관 및 위탁업무의 내용을 고시하여야 한다.

법 제111조(우선구매)

① 농림축산식품부장관 또는 해양수산부장관은 농수산물 및 수산가공품의 유통을 원활히 하고 품질 향상을 촉진하기 위하여 필요하면 우수표시품, 지리적표시품 등을 「농수산물 유통 및 가격안정에 관한 법률」에 따른 농수산물도매시장이나 농수산물공판장에서 우선적으로 상장(上場)하거나 거래하게 할 수 있다.

② 국가·지방자치단체나 공공기관은 농수산물 또는 농수산가공품을 구매할 때에는 우수표시품, 지리적표시품 등을 우선적으로 구매할 수 있다.

법 제113조(수수료)

다음의 어느 하나에 해당하는 자는 총리령, 농림축산식품부령 또는 해양수산부령으로 정하는 바에 따라 수수료를 내야 한다. 다만, 정부가 수매하거나 수출 또는 수입하는 농수산물 등에 대하여는 총리령, 농림축산식품부령 또는 해양수산부령으로 정하는 바에 따라 수수료를 감면할 수 있다.

1. 우수관리인증을 신청하거나 우수관리인증의 갱신심사, 유효기간연장을 위한 심사 또는 우수관리인증의 변경을 신청하는 자
2. 우수관리인증기관의 지정을 신청하거나 갱신하려는 자
3. 우수관리시설의 지정을 신청하거나 갱신을 신청하는 자
4. 품질인증을 신청하거나 품질인증의 유효기간 연장신청을 하는 자
5. 품질인증기관의 지정을 신청하는 자
6. 삭제 〈2012.6.1.〉
7. 「특허법」에 따른 기간연장신청 또는 수계신청을 하는 자
8. 지리적표시의 무효심판, 지리적표시의 취소심판, 지리적표시의 등록 거절·취소에 대한 심판 또는 재심을 청구하는 자
9. 보정을 하거나 「특허법」에 따른 제척·기피신청, 참가신청, 비용액결정의 청구, 집행력 있는 정본의 청구를 하는 자. 이 경우 「특허법」에 따른 재심에서의 신청·청구 등을 포함한다.
10. 안전성검사기관의 지정을 신청하는 자
11. 생산·가공시설등의 등록을 신청하는 자
12. 농산물의 검사 또는 재검사를 신청하는 자
13. 농산물검사기관의 지정을 신청하는 자
14. 수산물 또는 수산가공품의 검사나 재검사를 신청하는 자
15. 수산물검사기관의 지정을 신청하는 자
16. 검정을 신청하는 자
17. 검정기관의 지정을 신청하는 자

법 제114조(청문 등)

① 농림축산식품부장관, 해양수산부장관 또는 식품의약품안전처장은 다음의 어느 하나에 해당하는 처분을 하려면 청문을 하여야 한다.

1. 우수관리인증기관의 지정 취소
2. 우수관리시설의 지정 취소
3. 품질인증의 취소
4. 품질인증기관의 지정 취소 또는 품질인증 업무의 정지
5. 삭제 〈2012.6.1.〉
6. 이력추적관리 등록의 취소
7. 표준규격품 또는 품질인증품의 판매금지나 표시정지, 우수관리인증농산물의 판매금지 또는 우수관리인증의 취소나 표시정지
8. 지리적표시품에 대한 판매의 금지, 표시의 정지 또는 등록의 취소
9. 안전성검사기관의 지정 취소
10. 생산·가공시설등이나 생산·가공업자등에 대한 생산·가공·출하·운반의 시정·제한·중지 명령, 생산·가공시설등의 개선·보수 명령 또는 등록의 취소
11. 농산물검사기관의 지정 취소
12. 검사판정의 취소
13. 수산물검사기관의 지정 취소 또는 검사업무의 정지
14. 검사판정의 취소
15. 검정기관의 지정 취소
16. 농산물품질관리사 또는 수산물품질관리사 자격의 취소

② 국립농산물품질관리원장은 농산물검사관 자격의 취소를 하려면 청문을 하여야 한다.

③ 국가검역·검사기관의 장은 수산물검사관 자격의 취소를 하려면 청문을 하여야 한다.

④ 우수관리인증기관은 우수관리인증을 취소하려면 우수관리인증을 받은 자에게 의견 제출의 기회를 주어야 한다.

⑤ 우수관리인증기관은 우수관리시설의 지정을 취소하려면 우수관리시설의 지정을 받은 자에게 의견 제출의 기회를 주어야 한다.

⑥ 품질인증기관은 품질인증의 취소를 하려면 품질인증을 받은 자에게 의견 제출의 기회를 주어야 한다.

⑦ ④부터 ⑥까지에 따른 의견 제출에 관하여는 「행정절차법」 제22조제4항부터 제6항까지 및 제27조를 준용한다. 이 경우 "행정청" 및 "관할행정청"은 각각 "우수관리인증기관" 또는 "품질인증기관"으로 본다.

법 제116조(벌칙 적용 시의 공무원 의제)

다음의 어느 하나에 해당하는 사람은 「형법」 제129조부터 제132조까지의 규정에 따른 벌칙을 적용할 때에는 공무원으로 본다.

1. 심의회의 위원 중 공무원이 아닌 위원
2. 우수관리인증 또는 우수관리시설의 지정 업무에 종사하는 우수관리인증기관의 임원·직원
3. 품질인증 업무에 종사하는 품질인증기관의 임원·직원
4. 심판위원 중 공무원이 아닌 심판위원

5. 안전성조사와 시험분석 업무에 종사하는 안전성검사기관의 임원·직원
6. 농산물 검사, 재검사 및 이의신청 업무에 종사하는 농산물검사기관의 임원·직원
7. 검사 및 재검사 업무에 종사하는 수산물검사기관의 임원·직원
8. 검정 업무에 종사하는 검정기관의 임원·직원
9. 위탁받은 업무에 종사하는 생산자단체 등의 임원·직원

제9장 벌칙

법 제117조(벌칙)

다음의 어느 하나에 해당하는 자는 7년 이하의 징역 또는 1억 원 이하의 벌금에 처한다. 이 경우 징역과 벌금은 병과할 수 있다.

1. 유전자변형농수산물의 표시를 거짓으로 하거나 이를 혼동하게 할 우려가 있는 표시를 한 유전자변형농수산물 표시의무자
2. 유전자변형농수산물의 표시를 혼동하게 할 목적으로 그 표시를 손상·변경한 유전자변형농수산물 표시의무자
3. 유전자변형농수산물의 표시를 한 농수산물에 다른 농수산물을 혼합하여 판매하거나 혼합하여 판매할 목적으로 보관 또는 진열한 유전자변형농수산물 표시의무자

법 제118조(벌칙)

「해양환경관리법」에 따른 오염물질을 배출하는 행위 및 「수산업법」에 따른 어류 등 양식어업을 하기 위하여 설치한 양식어장의 시설에서 오염물질을 배출하는 행위를 위반하여 「해양환경관리법」에 따른 기름을 배출한 자는 5년 이하의 징역 또는 5천만 원 이하의 벌금에 처한다.

법 제119조(벌칙)

다음의 어느 하나에 해당하는 자는 3년 이하의 징역 또는 3천만 원 이하의 벌금에 처한다.

1. 우수표시품이 아닌 농수산물(우수관리인증농산물이 아닌 농산물의 경우에는 승인을 받지 아니한 농산물을 포함한다) 또는 농수산가공품에 우수표시품의 표시를 하거나 이와 비슷한 표시를 한 자
1의2. 우수표시품이 아닌 농수산물(우수관리인증농산물이 아닌 농산물의 경우에는 승인을 받지 아니한 농산물을 포함한다) 또는 농수산가공품을 우수표시품으로 광고하거나 우수표시품으로 잘못 인식할 수 있도록 광고한 자
2. 거짓표시 등의 금지규정을 위반하여 다음의 어느 하나에 해당하는 행위를 한 자
　가. 표준규격품의 표시를 한 농수산물에 표준규격품이 아닌 농수산물 또는 농수산가공품을 혼합하여 판매하거나 혼합하여 판매할 목적으로 보관하거나 진열하는 행위
　나. 우수관리인증의 표시를 한 농산물에 우수관리인증농산물이 아닌 농산물(승인을 받지 아니한 농산물을 포함한다) 또는 농산가공품을 혼합하여 판매하거나 혼합하여 판매할 목적으로 보관하거나 진열하는 행위
　다. 품질인증품의 표시를 한 수산물에 품질인증품이 아닌 수산물 또는 수산가공품을 혼합하여 판매하거나 혼합하여 판매할 목적으로 보관 또는 진열하는 행위
　라. 삭제 〈2012.6.1.〉

마. 이력추적관리의 표시를 한 농산물에 이력추적관리의 등록을 하지 아니한 농산물 또는 농산가공
　　　　품을 혼합하여 판매하거나 혼합하여 판매할 목적으로 보관하거나 진열하는 행위
　3. 지리적표시품이 아닌 농수산물 또는 농수산가공품의 포장·용기·선전물 및 관련 서류에 지리적표시
　　　나 이와 비슷한 표시를 한 자
　4. 지리적표시품에 지리적표시품이 아닌 농수산물 또는 농수산가공품을 혼합하여 판매하거나 혼합하여
　　　판매할 목적으로 보관 또는 진열한 자
　5. 「해양환경관리법」 폐기물, 유해액체물질 또는 포장유해물질을 배출한 자
　6. 거짓이나 그 밖의 부정한 방법으로 농산물의 검사, 농산물의 재검사, 수산물 및 수산가공품의 검사,
　　　수산물 및 수산가공품의 재검사 및 검정을 받은 자
　7. 검사를 받아야 하는 수산물 및 수산가공품에 대하여 검사를 받지 아니한 자
　8. 검사 및 검정 결과의 표시, 검사증명서 및 검정증명서를 위조하거나 변조한 자
　9. 검정 결과에 대하여 거짓광고나 과대광고를 한 자

법 제120조(벌칙)

다음의 어느 하나에 해당하는 자는 1년 이하의 징역 또는 1천만 원 이하의 벌금에 처한다.

　1. 이력추적관리의 등록을 하지 아니한 자
　2. 시정명령(표시방법에 대한 시정명령은 제외한다), 판매금지 또는 표시정지 처분에 따르지 아니한 자
　3. 시정명령(표시방법에 대한 시정명령은 제외한다)이나 판매금지 조치에 따르지 아니한 자
　4. 처분을 이행하지 아니한 자
　5. 공표명령을 이행하지 아니한 자
　6. 안전성조사 결과에 따른 조치를 이행하지 아니한 자
　7. 동물용 의약품을 사용하는 행위를 제한하거나 금지하는 조치에 따르지 아니한 자
　8. 지정해역에서 수산물의 생산제한 조치에 따르지 아니한 자
　9. 생산·가공·출하 및 운반의 시정·제한·중지 명령을 위반하거나 생산·가공시설 등의 개선·보수
　　　명령을 이행하지 아니한 자
　9의2. 검정결과에 따른 조치를 이행하지 아니한 자
　10. 검사를 받아야 하는 농산물에 대하여 검사를 받지 아니한 자
　11. 검사를 받지 아니하고 해당 농수산물이나 수산가공품을 판매·수출하거나 판매·수출을 목적으로 보
　　　관 또는 진열한 자
　12. 다른 사람에게 농산물품질관리사 또는 수산물품질관리사의 명의를 사용하게 하거나 그 자격증을 빌
　　　려준 자

법 제121조(과실범)

과실로「해양환경관리법」에 따른 기름을 배출한 죄를 범한 자는 3년 이하의 징역 또는 3천만 원 이하의 벌금에 처한다.

법 제122조(양벌규정)

법인의 대표자나 법인 또는 개인의 대리인, 사용인, 그 밖의 종업원이 그 법인 또는 개인의 업무에 관하여 위반행위를 하면 그 행위자를 벌하는 외에 그 법인 또는 개인에게도 해당 조문의 벌금형을 과(科)한다. 다만, 법인 또는 개인이 그 위반행위를 방지하기 위하여 해당 업무에 관하여 상당한 주의와 감독을 게을리 하지 아니한 경우에는 그러하지 아니다.

법 제123조(과태료)

① 다음의 어느 하나에 해당하는 자에게는 1천만 원 이하의 과태료를 부과한다.

   1. 수거 · 조사 · 열람 등을 거부 · 방해 또는 기피한 자
   2. 이력추적 관리의 등록한 자로서 변경신고를 하지 아니한 자
   3. 이력추적 관리의 등록한 자로서 이력추적관리의 표시를 하지 아니한 자
   4. 이력추적 관리의 등록한 자로서 이력추적관리기준을 지키지 아니한 자
   5. 우수표시품에 대한 시정조치 또는 지리적 표시품의 표시 시정에 따른 표시방법에 대한 시정명령에 따르지 아니한 자
   6. 유전자변형농수산물의 표시를 하지 아니한 자
   7. 유전자변형농수산물의 표시방법을 위반한 자

② 다음의 어느 하나에 해당하는 자에게는 100만 원 이하의 과태료를 부과한다.

   1. 양식시설에서 가축을 사육한 자
   2. 위생관리에 관한 사항의 보고를 하지 아니하거나 거짓으로 보고한 생산 · 가공업자등

③ 과태료는 대통령령으로 정하는 바에 따라 농림축산식품부장관, 해양수산부장관, 식품의약품안전처장 또는 시 · 도지사가 부과 · 징수한다.

기출예상문제

CHECK | 기출예상문제에서는 그동안 출제되었던 문제들을 수록하여 자신의 실력을 점검할 수 있도록 하였다. 또한 기출문제뿐만 아니라 예상문제도 함께 수록하여 앞으로의 시험에 철저히 대비할 수 있도록 하였다.

〈농산물품질관리사 제13회〉

1 농수산물 품질관리법의 목적(제1조)에 관한 내용으로 옳지 않은 것은?

① 농산물의 적절한 품질관리
② 농산물의 안전성 확보
③ 농산물의 적정한 가격 유지
④ 농업인의 소득 증대와 소비자 보호

☀ 농수산물 품질관리법의 목적 … 이 법은 농수산물의 적절한 품질관리를 통하여 농수산물의 안전성을 확보하고 상품성을 향상하며 공정하고 투명한 거래를 유도함으로써 농어업인의 소득 증대와 소비자 보호에 이바지하는 것을 목적으로 한다.

〈농산물품질관리사 제13회〉

2 농수산물 품질관리법 제2조 정의에 관한 내용이다. (   ) 안에 들어갈 것으로 옳은 것은?

> 유해물질이란 농약, 중금속, 항생물질, 잔류성 유기오염물질, 병원성 미생물, 곰팡이 독소, 방사성물질, 유독성 물질 등 식품에 잔류하거나 오염되어 사람의 건강에 해를 끼칠 수 있는 물질로서 (   )으로 정하는 것을 말한다.

① 대통령령
② 총리령
③ 농림축산식품부령
④ 환경부령

☀ 유해물질이란 농약, 중금속, 항생물질, 잔류성 유기오염물질, 병원성 미생물, 곰팡이 독소, 방사성물질, 유독성 물질 등 식품에 잔류하거나 오염되어 사람의 건강에 해를 끼칠 수 있는 물질로서 <u>총리령</u>으로 정하는 것을 말한다〈농수산물 품질관리법 제2조 제1항 제12호〉.

〈농산물품질관리사 제13회〉

3 농수산물 품질관리법령상 농산물검사의 유효기간이 다른 것은? (단, 검사시행일은 10월 15일이다.)

① 마늘   ② 사과

③ 양파   ④ 단감

🔆 농산물검사의 유효기간〈시행규칙 별표 23〉

종류	품목	검사시행시기	유효기간(일)
곡류	벼·콩	5.1.~9.30.	90
		10.1.~4.30.	120
	겉보리·쌀보리·팥·녹두·현미·보리쌀	5.1.~9.30.	60
		10.1.~4.30.	90
	쌀	5.1.~9.30.	40
		10.1.~4.30.	60
특용작물류	참깨·땅콩	1.1.~12.31.	90
과실류	사과·배	5.1.~9.30.	15
		10.1.~4.30.	30
	단감	1.1.~12.31.	20
	감귤	1.1.~12.31.	30
채소류	고추·마늘·양파	1.1.~12.31.	30
잠사류 (蠶絲類)	누에씨	1.1.~12.31.	365
	누에고치	1.1.~12.31.	7
기타	농림축산식품부장관이 검사대상 농산물로 정하여 고시하는 품목의 검사유효기간은 농림축산식품부장관이 정하여 고시한다.		

>> ANSWER

1.③ 2.② 3.④

4 농수산물 품질관리법상 농산물품질관리사의 직무가 아닌 것은?

① 농산물의 검사
② 농산물의 출하 시기 조절에 관한 조언
③ 농산물의 품질관리기술에 관한 조언
④ 농산물의 생산 및 수확 후 품질관리기술 지도

> 💡 농산물품질관리사의 업무〈법 제106조 제1항〉
> ㉠ 농산물의 등급 판정
> ㉡ 농산물의 생산 및 수확 후 품질관리기술 지도
> ㉢ 농산물의 출하 시기 조절, 품질관리기술에 관한 조언
> ㉣ 그 밖에 농산물의 품질 향상과 유통 효율화에 필요한 업무로서 농림축산식품부령으로 정하는 업무

5 농수산물 품질관리법령상 농산물우수관리에 관한 내용으로 옳은 것은?

① 농림축산식품부장관은 외국에서 수입되는 농산물에 대한 우수관리인증의 경우 외국의 기관이 농림축산식품부장관이 정한 기준을 갖추어도 우수관리인증기관으로 지정할 수 없다.
② 쌀의 우수관리인증의 유효기간은 우수관리인증을 받은 날부터 1년으로 한다.
③ 농산물우수관리시설의 지정 유효기간은 3년으로 하되, 우수관리시설 지정의 효력을 유지하기 위하여는 유효기간이 끝나기 전에 그 지정을 갱신하여야 한다.
④ 우수관리인증을 받은 자는 우수관리기준에 따라 생산·관리한 농산물의 포장·용기·송장·거래명세표·간판·차량 등에 우수관리인증의 표시를 할 수 있다.

> 💡 ① 농림축산식품부장관은 우수관리인증에 필요한 인력과 시설 등을 갖춘 자를 우수관리인증기관으로 지정하여 우수관리인증을 하도록 할 수 있다. 다만, 외국에서 수입되는 농산물에 대한 우수관리인증의 경우에는 농림축산식품부장관이 정한 기준을 갖춘 외국의 기관도 우수관리인증기관으로 지정할 수 있다.〈법 제9조 제1항〉
> ② 우수관리인증의 유효기간은 우수관리인증을 받은 날부터 2년으로 한다. 다만, 품목의 특성에 따라 달리 적용할 필요가 있는 경우에는 10년의 범위에서 농림축산식품부령으로 유효기간을 달리 정할 수 있다.〈법 제7조 제1항〉
> ③ 우수관리시설의 지정 유효기간을 5년으로 하되, 우수관리시설 지정의 효력을 유지하기 위하여는 유효기간이 끝나기 전에 그 지정을 갱신하여야 한다〈법 제11조 제6항〉.

6 농수산물 품질관리법령상 우수관리인증 농가가 1차 위반 시 우수관리인증이 취소되는 위반행위로 묶인 것은?

> ㉠ 우수관리기준을 지키지 않은 경우
> ㉡ 거짓이나 그 밖의 부정한 방법으로 우수관리인증을 받은 경우
> ㉢ 우수관리인증의 표시정지기간 중에 우수관리인증의 표시를 한 경우
> ㉣ 우수관리인증을 받은 자가 정당한 사유 없이 조사·점검에 응하지 않은 경우

① ㉠, ㉡

② ㉠, ㉣

③ ㉡, ㉢

④ ㉢, ㉣

💡 우수관리인증기관의 지정 취소 등〈농수산물 품질관리법 제10조 제1항〉… 농림축산식품부장관은 우수관리인증기관이 다음 각 호의 어느 하나에 해당하면 우수관리인증기관의 지정을 취소하거나 6개월 이내의 기간을 정하여 우수관리인증 업무의 정지를 명할 수 있다. 다만, ㉠부터 ㉢까지의 규정 중 어느 하나에 해당하면 우수관리인증기관의 지정을 취소하여야 한다.
㉠ 거짓이나 그 밖의 부정한 방법으로 지정을 받은 경우
㉡ 업무정지 기간 중에 우수관리인증 또는 우수관리시설의 지정 업무를 한 경우
㉢ 우수관리인증기관의 해산·부도로 인하여 우수관리인증 우수관리시설의 지정 업무를 할 수 없는 경우
㉣ 중요사항에 대한 변경신고를 하지 아니하고 우수관리인증 우수관리시설의 지정 업무를 계속한 경우
㉤ 우수관리인증 우수관리시설의 지정 업무와 관련하여 우수관리인증기관의 장 등 임원·직원에 대하여 벌금 이상의 형이 확정된 경우
㉥ 지정기준을 갖추지 아니한 경우
㉦ 준수사항을 지키지 아니한 경우
㉧ 우수관리인증 우수관리시설의 지정의 기준을 잘못 적용하는 등 우수관리인증 업무를 잘못한 경우
㉨ 정당한 사유 없이 1년 이상 우수관리인증 우수관리시설의 지정 실적이 없는 경우
㉩ 농림축산식품부장관의 요구를 정당한 이유 없이 따르지 아니한 경우
㉪ 그 밖의 사유로 우수관리인증 우수관리시설의 지정 업무를 수행할 수 없는 경우

7 농수산물 품질관리법상 안전성검사기관의 지정과 취소 등에 관한 내용으로 옳지 않은 것은?

① 안전성검사기관으로 지정받으려는 자는 농림축산식품부장관에게 신청하여야 한다.
② 안전성검사기관 지정이 취소된 후 2년이 지나지 아니하면 안전성검사기관 지정을 신청할 수 없다.
③ 거짓이나 그 밖의 부정한 방법으로 지정을 받은 경우에는 지정을 취소하여야 한다.
④ 안전성검사기관의 지정 기준 및 절차와 업무 범위 등 필요한 사항은 총리령으로 정한다.

> ① 안전성검사기관으로 지정받으려는 자는 안전성조사와 시험분석에 필요한 시설과 인력을 갖추어 식품의약품안전처장에게 신청하여야 한다. 〈법 제64조 제2항〉.

8 농수산물 품질관리법령상 단감을 출하할 때 해당 물품의 포장 겉면에 '표준규격품'이라는 문구와 함께 표시해야 하는 사항으로 묶인 것은?

㉠ 등급	㉡ 당도
㉢ 산지	㉣ 무게(실중량)
㉤ 포장치수	

① ㉠, ㉡, ㉣　　　　　　　　② ㉠, ㉢, ㉣
③ ㉡, ㉣, ㉤　　　　　　　　④ ㉡, ㉢, ㉤

> 표준규격품을 출하하는 자가 표준규격품임을 표시하려면 해당 물품의 포장 겉면에 "표준규격품"이라는 문구와 함께 다음의 사항을 표시하여야 한다. 〈시행규칙 제72조 제2항〉
> ㉠ 품목
> ㉡ 산지
> ㉢ 품종. 다만, 품종을 표시하기 어려운 품목은 국립농산물품질관리원장, 국립수산물품질관리원장 또는 산림청장이 정하여 고시하는 바에 따라 품종의 표시를 생략할 수 있다.
> ㉣ 생산 연도(곡류만 해당한다)
> ㉤ 등급
> ㉥ 무게(실중량). 다만, 품목 특성상 무게를 표시하기 어려운 품목은 국립농산물품질관리원장, 국립수산물품질관리원장 또는 산림청장이 정하여 고시하는 바에 따라 개수(마릿수) 등의 표시를 단일하게 할 수 있다.
> ㉦ 생산자 또는 생산자단체의 명칭 및 전화번호

〈농산물품질관리사 제13회〉

9 농수산물 품질관리법령상 농산물의 생산자가 이력추적관리등록을 할 때 등록사항이 아닌 것은?

① 생산자의 성명, 주소 및 전화번호

② 생산계획량

③ 수확 후 관리시설명 및 그 주소

④ 이력추적관리 대상품목명

> 💡 이력추적관리 등록사항〈시행규칙 제46조 제2항〉
> ㉠ 생산자(단순가공을 하는 자를 포함한다)
>   • 생산자의 성명, 주소 및 전화번호
>   • 이력추적관리 대상품목명
>   • 재배면적
>   • 생산계획량
>   • 재배지의 주소
> ㉡ 유통자
>   • 유통자의 성명, 주소 및 전화번호
>   • 유통업체명, 수확 후 관리시설명 및 그 각각의 주소
> ㉢ 판매자
>   • 판매자의 성명, 주소 및 전화번호
>   • 판매업체명 및 그 주소

〈농산물품질관리사 제13회〉

10 농수산물 품질관리법령상 (   ) 안에 들어갈 것으로 옳은 것은?

> 인삼류의 농산물이력추적관리 등록의 유효기간은 (   )이내의 범위에서 등록기관의 장이 정하여 고시한다.

① 5년   ② 6년

③ 8년   ④ 10년

> 💡 이력추적관리 등록의 유효기간 … 유효기간을 달리 적용할 유효기간은 다음의 구분에 따라 범위 내에서 등록기관의 장이 정하여 고시한다〈시행규칙 제50조〉
> ㉠ 인삼류 : 5년 이내
> ㉡ 약용작물류 : 6년 이내

>> ANSWER

7.① 8.② 9.③ 10.①

11 농수산물 품질관리법상 지리적표시의 등록 절차를 순서대로 올바르게 나열한 것은?

> ㉠ 등록 신청　　　　　　　　　㉡ 이의신청
> ㉢ 등록 신청 공고결정　　　　　㉣ 등록증 교부

① ㉠→㉡→㉢→㉣
② ㉠→㉢→㉡→㉣
③ ㉢→㉠→㉡→㉣
④ ㉢→㉡→㉠→㉣

🔆 지리적표시 등록 절차…등록 신청→등록 신청 공고결정→이의신청→등록증 교부

12 농수산물 품질관리법상 농산물품질관리사 자격증을 다른 사람에게 빌려준 자에 대한 벌칙 기준으로 옳은 것은?

① 1년 이하의 징역 또는 5백만원 이하의 벌금
② 1년 이하의 징역 또는 1천만원 이하의 벌금
③ 2년 이하의 징역 또는 2천만원 이하의 벌금
④ 3년 이하의 징역 또는 3천만원 이하의 벌금

🔆 다른 사람에게 농산물품질관리사 또는 수산물품질관리사의 명의를 사용하게 하거나 그 자격증을 빌려준 자는 1년 이하의 징역 또는 1천만 원 이하의 벌금에 처한다.

13 농수산물 품질관리법령상 지리적표시품 표지의 제도법에 관한 설명이다. (　　) 안에 들어갈 내용으로 옳은 것은?

> 표지도형의 한글 및 영문 글자는 (㉠)로 하고, 표지도형의 색상은 (㉡)을 기본색상으로 한다.

① ㉠ : 명조체 ㉡ : 녹색　　　　　② ㉠ : 명조체 ㉡ : 빨간색
③ ㉠ : 고딕체 ㉡ : 녹색　　　　　④ ㉠ : 고딕체 ㉡ : 빨간색

💡 지리적표시품의 표시 제도법(시행규칙 별표 15)

　　㉠ 도형표시
- 표지도형의 가로의 길이(사각형의 왼쪽 끝과 오른쪽 끝의 폭 : W)를 기준으로 세로의 길이는 0.95×W의 비율로 한다.
- 표지도형의 흰색모양과 바깥 테두리(좌·우 및 상단부만 해당한다)의 간격은 0.1×W로 한다.
- 표지도형의 흰색모양 하단부 좌측 태극의 시작점은 상단부에서 0.55×W 아래가 되는 지점으로 하고, 우측 태극의 끝점은 상단부에서 0.75×W 아래가 되는 지점으로 한다.

　　㉡ 표지도형의 한글 및 영문 글자는 <u>고딕체</u>로 하고, 글자 크기는 표지도형의 크기에 따라 조정한다.

　　㉢ 표지도형의 색상은 <u>녹색</u>을 기본색상으로 하고, 포장재의 색깔 등을 고려하여 파란색 또는 빨간색으로 할 수 있다.

　　㉣ 표지도형 내부의 "지리적표시", "(PGI)" 및 "PGI"의 글자 색상은 표지도형 색상과 동일하게 하고, 하단의 "농림축산식품부"와 "MAFRA KOREA" 또는 "해양수산부"와 "MOF KOREA"의 글자는 흰색으로 한다.

　　㉤ 배색 비율은 녹색 C80+Y100, 파란색 C100+M70, 빨간색 M100+Y100+K10으로 한다.

〈농산물품질관리사 제10회〉

14 농수산물 품질관리법상 용어의 정의에 관한 설명으로 옳지 않은 것은?

① "물류표준화"란 농수산물의 운송 등 물류의 각 단계에서 사용되는 기기 등을 규격화하여 호환성과 연계성을 원활히 하는 것을 말한다.

② "지리적표시"란 농수산물 또는 농수산가공품의 명성·품질, 그 밖의 특징이 본질적으로 특정지역의 지리적 특성에 기인하는 경우 해당 농수산물 또는 농수산가공품이 그 특정지역에서 생산·제조 및 가공되었음을 나타내는 표시를 말한다.

③ "농수산물"이란 농산물·축산물 및 수산물과 그 가공품을 말한다.

④ "이력추적관리"란 농수산물(축산물 제외)의 안전성 등에 문제가 발생할 경우 해당 농수산물을 추적하여 원인을 규명하고 필요한 조치를 할 수 있도록 농수산물의 생산단계부터 판매단계까지 각 단계별로 정보를 기록·관리하는 것을 말한다.

💡 ③ 농수산물은 「농업·농촌 및 식품산업 기본법」의 농산물, 「수산업·어촌 발전 기본법」에 따른 어업활동으로부터 생산되는 산물(「소금산업 진흥법」에 따른 소금 제외)을 말한다.
　① 물류표준화란 농수산물의 운송·보관·하역·포장 등 물류의 각 단계에서 사용되는 기기·용기·설비·정보 등을 규격화하여 호환성과 연계성을 원활히 하는 것을 말한다(법 제2조 제1항 제3호).
　② 지리적표시란 농수산물 또는 농수산가공품의 명성·품질, 그 밖의 특징이 본질적으로 특정 지역의 지리적 특성에 기인하는 경우 해당 농수산물 또는 농수산가공품이 그 특정 지역에서 생산·제조 및 가공되었음을 나타내는 표시를 말한다(법 제2조 제1항 제8호).
　④ 이력추적관리란 농수산물(축산물은 제외)의 안전성 등에 문제가 발생할 경우 해당 농수산물을 추적하여 원인을 규명하고 필요한 조치를 할 수 있도록 농수산물의 생산단계부터 판매단계까지 각 단계별로 정보를 기록·관리하는 것을 말한다(법 제2조 제1항 제7호).

>> ANSWER

11.② 12.② 13.③ 14.③

15 농수산물 품질관리법령상 이력추적관리에 대한 정의이다. ( )안에 들어갈 내용을 순서대로 옳게 나열한 것은?

> 축산물을 제외한 농수산물의 안전성 등에 문제가 발생할 경우 해당 농수산물을 ( )하여 ( )을 ( )하고 필요한 조치를 할 수 있도록 농수산물의 생산단계부터 판매단계까지 각 단계별로 정보를 기록·관리하는 것을 말한다.

① 추적, 문제점, 분석
② 추적, 원인, 규명
③ 관리, 원인, 추적
④ 관리, 이력, 추적

💡 ② 이력추적관리란 농수산물의 안전성 등에 문제가 발생할 경우 해당 농수산물을 추적하여 원인을 규명하고 필요한 조치를 할 수 있도록 농수산물의 생산단계부터 판매단계까지 각 단계별로 정보를 기록·관리하는 것을 말한다(법 제2조 제1항 제7호).

16 농수산물품질관리법상의 생산자단체가 아닌 것은?

① 「농업·농촌 및 식품산업 기본법」, 「수산업·어촌 발전 기본법」의 생산자단체
② 「농어업경영체 육성 및 지원에 관한 법률」에 따라 설립된 영어조합법인
③ 「농어업경영체 육성 및 지원에 관한 법률」에 따라 설립된 어업회사법인
④ 「농수산물의 원산지 표시에 관한 법률」에 따라 설립된 어업회사법인

💡 ④ 생산자단체란 「농업·농촌 및 식품산업 기본법」, 「수산업·어촌 발전 기본법」의 생산자단체와 그밖에 농림축산식품부령 또는 해양수산부령으로 정하는 단체를 말한다(동법 제2조 제1항 제2호).

> **시행규칙 제2조(생산자단체의 범위)**
> 「농수산물 품질관리법」 제2조 제1항 제2호에서 '농림축산식품부령 또는 해양수산부령으로 정하는 단체'란 다음의 단체를 말한다.
> 1. 「농어업경영체 육성 및 지원에 관한 법률」에 따라 설립된 영농조합법인 또는 영어조합법인
> 2. 「농어업경영체 육성 및 지원에 관한 법률」에 따라 설립된 농업회사법인 또는 어업회사법인

17 농수산물품질관리심의회에 대한 설명으로 틀린 것은?

① 농수산물품질관리심의회는 수산물품질관리원장 소속하에 있다.
② 심의회는 위원장 및 부위원장 각 1명을 포함한 60명 이내의 위원으로 구성한다.
③ 해양수산부 소속 공무원 중 해양수산부장관이 지명한 사람은 위원의 자격이 있다.
④ 위원의 임기는 3년으로 한다.

① 농수산물 및 수산가공품의 품질관리 등에 관한 사항을 심의하기 위하여 농림축산식품부장관 또는 해양수산부장관 소속으로 농수산물품질관리심의회를 둔다(동법 제3조 제1항).
② 동법 제3조 제2항
③ 동법 제3조 제4항 제1호
④ 동법 제3조 제5항

법 제3조(농수산물품질관리심의회의 설치)
① 이 법에 따른 농수산물 및 수산가공품의 품질관리 등에 관한 사항을 심의하기 위하여 농림축산식품부장관 또는 해양수산부장관 소속으로 농수산물품질관리심의회를 둔다.
② 심의회는 위원장 및 부위원장 각 1명을 포함한 60명 이내의 위원으로 구성한다.
③ 위원장은 위원 중에서 호선하고 부위원장은 위원장이 위원 중에서 지명하는 사람으로 한다.
④ 위원은 다음의 사람으로 한다.
  1. 교육부, 산업통상자원부, 보건복지부, 환경부, 식품의약품안전처, 농촌진흥청, 산림청, 특허청, 공정거래위원회 소속 공무원 중 소속 기관의 장이 지명한 사람과 농림축산식품부 소속 공무원 중 농림축산식품부장관이 지명한 사람 또는 해양수산부 소속 공무원 중 해양수산부장관이 지명한 사람
  2. 다음의 단체 및 기관의 장이 소속 임원·직원 중에서 지명한 사람
    가. 「농업협동조합법」에 따른 농업협동조합중앙회
    나. 「산림조합법」에 따른 산림조합중앙회
    다. 「수산업협동조합법」에 따른 수산업협동조합중앙회
    라. 「한국농수산식품유통공사법」에 따른 한국농수산식품유통공사
    마. 「식품위생법」에 따른 한국식품산업협회
    바. 「정부출연연구기관 등의 설립·운영 및 육성에 관한 법률」에 따른 한국농촌경제연구원
    사. 「정부출연연구기관 등의 설립·운영 및 육성에 관한 법률」에 따른 한국해양수산개발원
    아. 「과학기술분야 정부출연연구기관 등의 설립·운영 및 육성에 관한 법률」에 따른 한국식품연구원
    자. 「한국보건산업진흥원법」에 따른 한국보건산업진흥원
    차. 「소비자기본법」에 따른 한국소비자원
  3. 시민단체(「비영리민간단체 지원법」에 따른 비영리민간단체)에서 추천한 사람 중에서 농림축산식품부장관 또는 해양수산부장관이 위촉한 사람
  4. 농수산물의 생산·가공·유통 또는 소비 분야에 전문적인 지식이나 경험이 풍부한 사람 중에서 농림축산식품부장관 또는 해양수산부장관이 위촉한 사람
⑤ 위원의 임기는 3년으로 한다.
⑥ 심의회에 농수산물 및 농수산가공품의 지리적표시 등록심의를 위한 지리적표시 등록심의 분과위원회를 둔다.
⑦ 심의회의 업무 중 특정한 분야의 사항을 효율적으로 심의하기 위하여 대통령령으로 정하는 분야별 분과위원회를 둘 수 있다.
⑧ 지리적표시 등록심의 분과위원회 및 분야별 분과위원회에서 심의한 사항은 심의회에서 심의된 것으로 본다.
⑨ 농수산물 품질관리 등의 국제 동향을 조사·연구하게 하기 위하여 심의회에 연구위원을 둘 수 있다.
⑩ 규정한 사항 외에 심의회 및 분과위원회의 구성과 운영 등에 필요한 사항을 대통령령으로 정한다.

» ANSWER

15.② 16.④ 17.①

18 농수산물품질관리심의회의 소관 사항이 아닌 것은?

① 수산물품질인증 및 이력추적관리에 관한 사항

② 유전자변형농수산물의 표시에 관한 사항

③ 축산물의 가공·포장·보존·유통의 기준 및 성분의 규격에 관한 사항

④ 지리적표시에 관한 사항

💡 ③ 축산물의 가공·포장·보존·유통의 기준 및 성분의 규격에 관한 사항은 축산물위생심의위원회의 소관사항이다(축산물 위생관리법 제3조의2).

농수산물품질관리법 제4조(심의회의 직무)
심의회는 다음의 사항을 심의한다.
1. 표준규격 및 물류표준화에 관한 사항
2. 농산물우수관리·수산물품질인증 및 이력추적관리에 관한 사항
3. 지리적표시에 관한 사항
4. 유전자변형농수산물의 표시에 관한 사항
5. 농수산물(축산물은 제외)의 안전성조사 및 그 결과에 대한 조치에 관한 사항
6. 농수산물(축산물은 제외) 및 수산가공품의 검사에 관한 사항
7. 농수산물의 안전 및 품질관리에 관한 정보의 제공에 관하여 총리령, 농림축산식품부령 또는 해양수산부령으로 정하는 사항
8. 수출을 목적으로 하는 수산물의 생산·가공시설 및 해역의 위생관리기준에 관한 사항
9. 수산물 및 수산가공품의 위해요소중점관리기준에 관한 사항
10. 지정해역의 지정에 관한 사항
11. 다른 법령에서 심의회의 심의사항으로 정하고 있는 사항
12. 그 밖에 농수산물 및 수산가공품의 품질관리 등에 관하여 위원장이 심의에 부치는 사항

---

19 다음 ( ) 안에 들어갈 알맞은 것은?

농림축산식품부장관 또는 해양수산부장관은 농수산물의 상품성을 높이고 유통 능률을 향상시키며 공정한 거래를 실현하기 위하여 농수산물의 ( )과 ( )을 정할 수 있다.

	㉠	㉡		㉠	㉡
①	포장규격	등급규격	②	등급규격	표준규격
③	포장방법	포장단위	④	포장규격	상품규격

💡 ① 농림축산식품부장관 또는 해양수산부장관은 농수산물(축산물은 제외)의 상품성을 높이고 유통 능률을 향상시키며 공정한 거래를 실현하기 위하여 농수산물의 '포장규격'과 '등급규격(표준규격)'을 정할 수 있다(동법 제5조).

20 표준규격에 대한 설명 중 틀린 것은?

① 농수산물의 표준규격은 포장규격 및 등급규격으로 구분한다.

② 표준규격에 맞는 농수산물을 출하하는 자는 포장 겉면에 표준규격품의 표시를 할 수 있다.

③ 국립수산물품질관리원장은 표준규격의 제정 또는 개정을 위하여 필요하면 전문연구기관 또는 대학 등에 시험을 의뢰할 수 있다.

④ 포장규격은 품목 또는 품종별로 그 특성에 따라 고르기, 크기, 형태, 색깔, 신선도, 건조도, 결점, 숙도(熟度) 및 선별 상태 등에 따라 정한다.

✦ ④ 농수산물의 표준규격은 포장규격 및 등급규격으로 구분하며, 포장규격은 「산업표준화법」 제12조에 따른 한국산업표준에 따라 거래단위, 포장치수, 포장재료 및 포장재료의 시험방법, 포장방법, 포장설계, 표시사항, 그 밖에 품목의 특성에 따라 필요한 사항을 정한다(시행규칙 제5조). 품목 또는 품종별로 그 특성에 따라 고르기, 크기, 형태, 색깔, 신선도, 건조도, 결점, 숙도 및 선별 상태 등에 따라 정하도록 하고 있는 것은 등급규격이다(시행규칙 제5조 제3항).

① 규칙 제5조 제1항
② 법 제5조 제2항
③ 규칙 제5조 제4항

시행규칙 제5조(표준규격의 제정)

① 농수산물의 표준규격은 포장규격 및 등급규격으로 구분한다.

② 포장규격은 「산업표준화법」에 따른 한국산업표준에 따른다. 다만, 한국산업표준이 제정되어 있지 아니하거나 한국산업표준과 다르게 정할 필요가 있다고 인정되는 경우에는 보관·수송 등 유통 과정의 편리성, 폐기물 처리문제를 고려하여 다음의 항목에 대하여 그 규격을 따로 정할 수 있다.

　1. 거래단위
　2. 포장치수
　3. 포장재료 및 포장재료의 시험방법
　4. 포장방법
　5. 포장설계
　6. 표시사항
　7. 그 밖에 품목의 특성에 따라 필요한 사항

③ 등급규격은 품목 또는 품종별로 그 특성에 따라 고르기, 크기, 형태, 색깔, 신선도, 건조도, 결점, 숙도 및 선별 상태 등에 따라 정한다.

④ 국립농산물품질관리원장, 국립수산물품질관리원장 또는 산림청장은 표준규격의 제정 또는 개정을 위하여 필요하면 전문연구기관 또는 대학 등에 시험을 의뢰할 수 있다.

※ 국립농산물품질관리원장, 국립수산물품질관리원장 또는 산림청장은 표준규격을 제정, 개정 또는 폐지하는 경우에는 그 사실을 고시하여야 한다.

>> ANSWER

18.③ 19.① 20.④

21 농수산물 품질관리법령상 농산물 표준규격에서 등급규격을 정할 때 고려해야 하는 사항이 아닌 것은?

① 색깔
② 안전성
③ 크기
④ 신선도

💡 ② 등급규격은 품목 또는 품종별로 그 특성에 따라 고르기, 크기, 형태, 색깔, 신선도, 건조도, 결점, 숙도 및 선별 상태 등에 따라 정한다(시행규칙 제5조 제3항).

〈농산물품질관리사 제10회〉

22 농수산물 품질관리법령상 표준규격품을 출하하는 자가 표준규격품임을 표시할 때 해당 물품의 포장 겉면에 "표준규격품"이라는 문구와 함께 표시해야 하는 사항이 아닌 것은?

① 품목
② 포장치수
③ 산지
④ 등급

💡 ② 포장치수는 해당하지 않는다(시행규칙 제7조).

23 표준규격품을 출하하는 자가 표준규격품임을 표시하기 위해 해당 물품의 포장 겉면에 '표준규격품'이라는 문구와 함께 새겨야 할 내용으로 모두 고른 것은?

㉠ 품목	㉡ 산지
㉢ 품종	㉣ 등급
㉤ 생산 연도	㉥ 무게
㉦ 생산자단체의 명칭	

① ㉠, ㉢, ㉣, ㉤
② ㉡, ㉢, ㉣, ㉤
③ ㉡, ㉣, ㉤, ㉥, ㉦
④ ㉠, ㉡, ㉢, ㉣, ㉤, ㉥, ㉦

💡 ④ 모두 해당한다(시행규칙 제7조 제2항). 다만 품종의 경우 품종을 표시하기 어려운 품목은 국립수산물품질관리원장이 정하여 고시하는 바에 따라 품종의 표시를 생략할 수 있으며, 생산 연도는 곡류만 해당한다. 또한 무게의 경우 품목 특성상 무게를 표시하기 어려운 품목은 국립수산물품질관리원장이 정하여 고시하는 바에 따라 개수(마릿수) 등의 표시를 단일하게 할 수 있다(시행규칙 제7조).

시행규칙 제7조(표준규격품의 출하 및 표시방법 등)
① 농림축산식품부장관, 해양수산부장관, 특별시장·광역시장·도지사·특별자치도지사는 농수산물을 생산, 출하, 유통 또는 판매하는 자에게 표준규격에 따라 생산, 출하, 유통 또는 판매하도록 권장할 수 있다.
② 표준규격품을 출하하는 자가 표준규격품임을 표시하려면 해당 물품의 포장 겉면에 '표준규격품'이라는 문구와 함께 다음의 사항을 표시하여야 한다.
　　1. 품목
　　2. 산지
　　3. 품종(다만, 품종을 표시하기 어려운 품목은 국립농산물품질관리원장, 국립수산물품질관리원장 또는 산림청장이 정하여 고시하는 바에 따라 품종의 표시를 생략)
　　4. 생산 연도(곡류만 해당)
　　5. 등급
　　6. 무게(실중량). 다만, 품목 특성상 무게를 표시하기 어려운 품목은 국립농산물품질관리원장, 국립수산물품질관리원장 또는 산림청장이 정하여 고시하는 바에 따라 개수(마릿수) 등의 표시를 단일하게 할 수 있다.
　　7. 생산자 또는 생산자단체의 명칭 및 전화번호

〈농산물품질관리사 제10회〉

24 농수산물 품질관리법령상 국립농산물품질관리원장이 농산물우수관리인증기관 지정서를 발급한 경우 관보에 고시해야 하는 사항이 아닌 것은?

① 우수관리시설의 지정번호
② 유효기간
③ 인증지역
④ 우수관리인증기관의 명칭 및 대표자

🔎 ① '농산물우수관리'란 농산물의 안전성을 확보하고 농업환경을 보전하기 위하여 농산물의 생산, 수확 후 관리(농산물의 저장·세척·건조·선별·절단·조제·포장 등을 포함) 및 유통의 각 단계에서 작물이 재배되는 농경지 및 농업 용수 등의 농업환경과 농산물에 잔류할 수 있는 농약, 중금속, 잔류성 유기오염물질 또는 유해 생물 등의 위해 요소를 적절하게 관리하는 것을 말한다.

시행규칙 제19조(우수관리인증기관의 지정기준 및 지정절차 등)
⑦ 국립농산물품질관리원장은 농산물우수관리인증기관 지정서를 발급한 경우에는 다음의 사항을 관보에 고시하거나 국립농산물품질관리원의 인터넷 홈페이지에 게시하여야 한다.
　　1. 우수관리인증기관의 명칭 및 대표자
　　2. 주사무소 및 지사의 소재지·전화번호
　　3. 우수관리인증기관 지정번호 및 지정일
　　4. 인증지역
　　5. 유효기간

25 농수산물 품질관리법령상 농산물우수관리인증기관 지정의 유효기간은 지정을 받은 날부터 몇 년인가?

① 2년   ② 3년

③ 4년   ④ 5년

> 💡 ④ 우수관리인증기관 지정의 유효기간은 지정을 받은 날부터 5년으로 하고, 계속 우수관리인증 또는 우수관리시설의 지정 업무를 수행하려면 유효기간이 끝나기 전에 그 지정을 갱신하여야 한다(법 제9조 제3항).

26 농수산물 품질관리법령상 농산물우수관리인증의 유효기간 연장신청은 인증의 유효기간이 끝나기 몇 개월 전까지 누구에게 제출하여야 하는가?

① 2개월, 국립농산물품질관리원장

② 2개월, 우수관리인증기관의 장

③ 1개월, 국립농산물품질관리원장

④ 1개월, 우수관리인증기관의 장

> 💡 ④ 우수관리인증을 받은 자가 우수관리인증의 유효기간을 연장하려는 경우에는 농산물우수관리인증 유효기간 연장신청서를 그 유효기간이 끝나기 1개월 전까지 우수관리인증기관의 장에게 제출하여야 한다(시행규칙 제16조 제1항).

27 농수산물 품질관리법상 우수관리인증의 유효기간에 관한 내용이다. ( ) 안에 들어갈 내용으로 옳은 것은?

> 우수관리인증의 유효기간은 우수관리인증을 받은 날부터 (㉠)으로 한다. 다만, 품목의 특성에 따라 달리 적용할 필요가 있는 경우에는 (㉡)의 범위에서 농림축산식품부령으로 유효기간을 달리 정할 수 있다.

	㉠	㉡
①	2년	10년
③	4년	10년

② 3년   15년

④ 4년   15년

> 💡 우수관리인증의 유효기간은 우수관리인증을 받은 날부터 2년으로 한다. 다만, 품목의 특성에 따라 달리 적용할 필요가 있는 경우에는 10년의 범위에서 농림축산식품부령으로 유효기간을 달리 정할 수 있다(법 제7조 제1항).

28 다음 중 농림축산식품부장관에게 등록하여야 하는 이력추적관리를 하려는 자에 해당되지 않는 것은?

① 농산물을 생산하는 자
② 축산물을 생산하는 자
③ 농산물을 유통하는 자
④ 농산물을 판매하는 자

💡 ② 축산물은 농수산물품질관리법령상 이력추적관리의 대상이 아니다(법 제24조).

> 법 제24조(이력추적관리)
> ① 다음의 어느 하나에 해당하는 자 중 이력추적관리를 하려는 자는 농림축산식품부장관에게 등록하여야 한다.
> 1. 농산물(축산물은 제외)을 생산하는 자
> 2. 농산물을 유통 또는 판매하는 자(표시 · 포장을 변경하지 아니한 유통 · 판매자는 제외)
> ② ①에도 불구하고 대통령령으로 정하는 농산물을 생산하거나 유통 또는 판매하는 자는 농림축산식품부장관에게 이력추적관리의 등록을 하여야 한다.

29 다음 중 이력추적관리 대상에 해당하는 것은?

① 비식용으로 하는 농산물
② 식용을 목적으로 하는 축산물
③ 퇴비용으로 사용하는 농산물
④ 식용을 목적으로 하는 농산물

💡 ④ 이력추적관리란 농수산물(축산물은 제외)의 안전성 등에 문제가 발생할 경우 해당 농수산물을 추적하여 원인을 규명하고 필요한 조치를 할 수 있도록 농수산물의 생산단계부터 판매단계까지 각 단계별로 정보를 기록 · 관리하는 것을 말한다. 이력추적관리 등록 대상품목은 농산물(축산물은 제외) 중 식용을 목적으로 생산하는 농산물로 한다(시행규칙 제46조 제1항).

》 ANSWER

25.④ 26.④ 27.① 28.② 29.④

30 이력추적관리의 등록사항 가운데 판매자가 해야 하는 사항으로 짝지어진 것은?

ㄱ 생산자의 성명　　　　　　　　ㄴ 이력추적관리 대상 품목명
ㄷ 수확 후 관리시설명　　　　　　ㄹ 판매자 전화번호
ㅁ 판매업체명

---

① ㄱ, ㄴ

③ ㄱ, ㄹ, ㅁ

② ㄴ, ㄹ

④ ㄹ, ㅁ

💡 ④ ㄹ, ㅁ이 판매자의 등록사항이다(시행규칙 제46조 제2항).

구분	내용
생산자 (단순가공을 하는 자를 포함)	• 생산자의 성명, 주소 및 전화번호 • 이력추적관리 대상품목명 • 재배면적 • 생산계획량 • 재배지의 주소
유통자	• 유통자의 성명, 주소 및 전화번호 • 유통업체명, 수확 후 관리시설명 및 그 각각의 주소
판매자	• 판매자의 성명, 주소 및 전화번호 • 판매업체명 및 그 주소

이력추적관리의 등록사항(시행규칙 제46조 제2항)

31 등록된 이력추적관리농산물을 생산하거나 유통 또는 판매하는 자는 이력추적관리에 필요한 입고·출고 및 관리 내용을 기록하여 보관하는 등 농림축산식품부장관이 정하여 고시하는 이력추적관리기준을 지켜야 한다. 다만, 이력추적관리농산물을 유통 또는 판매하는 자 중 '행상·노점상 등 대통령령으로 정하는 자'는 예외로 하는데 여기에 해당하는 자는?

① 간이 과세업자 등록을 하고 소비자에게 간접적으로 판매하는 판매자
② 우편 등을 통하여 유통업체를 이용하지 아니하고 소비자에게 직접 판매하는 생산자
③ 우편이나 전화를 이용하여 유통업체 거쳐 소비자에게 판매하는 판매자
④ 재래시장에서 유통업체를 이용하여 소비자에게 유통하는 유통업자

💡 ② '행상·노점상 등 대통령령으로 정하는 자'란 「부가가치세법 시행령」에 해당하는 노점이나 행상을 하는 사람과 우편 등을 통하여 유통업체를 이용하지 아니하고 소비자에게 직접 판매하는 생산자를 말한다(시행령 제10조).

32 농수산물 품질관리법령상 농산물이력추적관리 등록기관의 장은 등록의 유효기간이 끝나기 몇 개월 전까지 신청인에게 갱신절차와 갱신신청 기간을 미리 알려야 하는가?

① 2개월   ② 3개월

③ 6개월   ④ 12개월

  ① 등록기관의 장은 유효기간이 끝나기 2개월 전까지 신청인에게 갱신 절차와 갱신신청 기간을 미리 알려야 한다. 이 경우 통지는 휴대전화 문자메시지, 전자우편, 팩스, 전화 또는 문서 등으로 할 수 있다.(시행규칙 제51조 제3항).

33 이력추적관리농수산물의 표시에 관한 사항 중 잘못된 것은?

① 농산물에 이력추적관리의 표시를 할 때에는 표시대상 농산물에 이력추적관리 등록 표지가 인쇄된 스티커를 부착하여야 한다.

② 포장 · 용기의 겉면 등에 이력추적관리의 표시를 할 때에는 표시사항을 인쇄하거나 표시사항이 인쇄된 스티커를 부착하여야 한다.

③ 송장이나 거래명세표에 이력추적관리 등록의 표시를 할 때에는 표시 내용을 적어 이력추적관리 등록을 받았음을 표시하지 않아도 된다.

④ 이력추적관리의 표시가 되어 있는 농산물을 공급받아 소비자에게 직접 판매하는 자는 푯말 또는 표지판으로 이력추적관리의 표시를 할 수 있다.

  ③ 송장이나 거래명세표에 이력추적관리 등록의 표시를 할 때에는 이력추적관리 농산물의 표시의 표시사항에 따른 표시 내용을 적어 이력추적관리 등록을 받았음을 표시하여야 한다(시행규칙 제49조 제2항 제3호).

시행규칙 제49조(이력추적관리농수산물의 표시 등)

① 이력추적관리의 표시는 별표 12와 같다.

② 이력추적관리 표시를 하려는 경우에는 다음의 방법에 따른다.

  1. 포장 · 용기의 겉면 등에 이력추적관리의 표시를 할 때에는 이력추적관리 농산물의 표시 중 표시사항의 표시항목에 따른 표시사항을 인쇄하거나 표시사항이 인쇄된 스티커를 부착 하여야 한다.

  2. 농산물에 이력추적관리의 표시를 할 때에는 표시대상 농산물에 이력추적관리 등록 표지가 인쇄된 스티커를 부착하여야 한다.

  3. 송장이나 거래명세표에 이력추적관리 등록의 표시를 할 때에는 이력추적관리 농산물의 표 시의 표시사항에 따른 표시 내용을 적어 이력추적관리 등록을 받았음을 표시하여야 한다.

  4. 간판이나 차량에 이력추적관리의 표시를 할 때에는 인쇄 등의 방법으로 이력추적관리 농 산물의 표시 중 표지사항에 따른 표지도표를 표시하여야 한다.

③ 이력추적관리의 표시가 되어 있는 농산물을 공급받아 소비자에게 직접 판매하는 자는 푯말 또는 표지판으로 이력추적관리의 표시를 할 수 있다. 이 경우 표시 내용은 포장 및 거래명세 표 등에 적혀 있는 내용과 같아야 한다.

④ 표시방법 등 이력추적관리의 표시와 관련하여 필요한 사항은 등록기관의 장이 정하여 고시한다.

》ANSWER

30.④   31.②   32.①   33.③

34 이력추적관리 등록의 유효기간은 등록한 날로부터 몇 년인가?

① 1년 　　　　　　　　　　　② 2년

③ 3년 　　　　　　　　　　　④ 5년

💡 ③ 이력추적관리 등록의 유효기간은 등록한 날부터 3년으로 한다(법 제25조 제1항).

> **법 제25조**(이력추적관리 등록의 유효기간 등)
> ① 이력추적관리 등록의 유효기간은 등록한 날부터 3년으로 한다. 다만, 품목의 특성상 달리 적용할 필요가 있는 경우에는 10년의 범위에서 농림축산식품부령으로 유효기간을 달리 정할 수 있다.
> ② 다음의 어느 하나에 해당하는 자는 이력추적관리 등록의 유효기간이 끝나기 전에 이력추적관리의 등록을 갱신하여야 한다.
> 　　1. 이력추적관리의 등록을 한 자로서 그 유효기간이 끝난 후에도 계속하여 해당 농산물에 대하여 이력추적관리를 하려는 자
> 　　2. 이력추적관리의 등록을 한 자로서 그 유효기간이 끝난 후에도 계속하여 해당 농산물을 생산하거나 유통 또는 판매하려는 자
> ③ 이력추적관리의 등록을 한 자가 유효기간 내에 해당 품목의 출하를 종료하지 못할 경우에는 농림축산식품부장관의 심사를 받아 이력추적관리 등록의 유효기간을 연장할 수 있다.
> ④ 이력추적관리 등록의 갱신 및 유효기간 연장의 절차 등에 필요한 세부적인 사항은 농림축산식품부령으로 정한다.

35 다음 중 이력추적관리 자료의 제출을 요구할 수 있는 자는?

① 농림축산식품부장관 　　　　　② 식품안전처장

③ 보건복지부장관 　　　　　　　④ 환경부장관

💡 ① 농림축산식품부장관은 이력추적관리농산물을 생산하거나 유통 또는 판매하는 자에게 농산물의 생산, 입고·출고와 그 밖에 이력추적관리에 필요한 자료제출을 요구할 수 있다(법 제26조 제1항).

> **법 제26조**(이력추적관리 자료의 제출 등)
> ① 농림축산식품부장관은 이력추적관리농산물을 생산하거나 유통 또는 판매하는 자에게 농산물의 생산, 입고·출고와 그 밖에 이력추적관리에 필요한 자료제출을 요구할 수 있다.
> ② 이력추적관리농산물을 생산하거나 유통 또는 판매하는 자는 자료제출을 요구받은 경우에는 정당한 사유가 없으면 이에 따라야 한다.
> ③ 자료제출의 범위, 방법, 절차 등에 필요한 사항은 농림축산식품부령으로 정한다.

36 다음 중 이력추적관리 등록의 취소 사유 중 반드시 등록을 취소하여야 하는 것은?

㉠ 정당한 사유 없이 자료제출 요구를 거부한 경우

㉡ 이력추적관리 표시정지 명령을 위반하여 계속 표시한 경우

㉢ 이력추적관리 등록변경신고를 하지 아니한 경우

㉣ 거짓이나 그 밖의 부정한 방법으로 등록을 받은 경우

㉤ 이력추적관리기준을 지키지 아니한 경우

---

① ㉠, ㉡
③ ㉢, ㉤

② ㉡, ㉣
④ ㉡, ㉢, ㉤

✎ ② ㉡, ㉣이 반드시 취소하여야 하는 사유이다(법 제27조 제1항).

법 제27조(이력추적관리 등록의 취소 등)
① 농림축산식품부장관은 등록한 자가 다음의 어느 하나에 해당하면 그 등록을 취소하거나 6개월 이내의 기간을 정하여 이력추적관리 표시의 금지를 명할 수 있다. 다만, 1, 2 또는 7에 해당하면 등록을 취소하여야 한다.
  1. 거짓이나 그 밖의 부정한 방법으로 등록을 받은 경우
  2. 이력추적관리 표시정지 명령을 위반하여 계속 표시한 경우
  3. 이력추적관리 등록변경신고를 하지 아니한 경우
  4. 표시방법을 위반한 경우
  5. 이력추적관리기준을 지키지 아니한 경우
  6. 정당한 사유 없이 자료제출 요구를 거부한 경우
  7. 전업·폐업 등으로 이력추적관리농산물을 생산, 유통 또는 판매하기 어렵다고 판단되는 경우

---

37 지리적표시 제도를 시행하는 목적이 아닌 것은?

① 농산물 품질향상

② 지역특화산업 육성

③ 소비자 보호

④ 농민층 농촌 이탈 방지

✎ ④ 농림축산식품부장관 또는 해양수산부장관은 지리적 특성을 가진 농수산물 또는 농수산가공품의 품질 향상과 지역특화산업 육성 및 소비자 보호를 위하여 지리적표시의 등록 제도를 실시한다(법 제32조 제1항).

>> ANSWER

34.③ 35.① 36.② 37.④

38 지리적표시의 등록을 신청할 수 없는 자는?

① 농수산물을 가공하는 자로 구성된 법인
② 농수산가공품을 생산하는 자로 구성된 법인
③ 농수산가공품을 가공하는 자로 구성된 법인
④ 지리적 특성을 갖추지 않은 생산자 1인

> 💡 ④ 지리적표시의 등록은 특정지역에서 지리적 특성을 가진 농수산물 또는 농수산가공품을 생산하거나 제조·가공하는 자로 구성된 법인만 신청할 수 있다. 다만, 지리적 특성을 가진 농수산물 또는 농수산가공품의 생산자 또는 가공업자가 1인인 경우에는 법인이 아니라도 등록신청을 할 수 있다(법 제32조 제2항).

39 지리적표시에 관한 설명으로 옳지 않은 것은?

① 농림축산식품부장관은 등록 신청을 받으면 지리적표시 등록심의 분과위원회의 심의를 거쳐 등록거절 사유가 없는 경우 지리적표시 등록 신청 공고결정을 하여야 한다.
② 농림축산식품부장관은 공고결정을 할 때에는 그 결정 내용을 관보와 인터넷 홈페이지에 공고한다.
③ 공고일부터 2개월간 지리적표시 등록 신청서류 및 그 부속서류를 관계자만이 열람할 수 있도록 하여야 한다.
④ 농림축산식품부장관은 등록 신청된 지리적표시가 등록된 타인의 지리적표시와 같거나 비슷한 경우 등록의 거절을 결정하여 신청자에게 알려야 한다.

> 💡 ③ 농림축산식품부장관 또는 해양수산부장관은 공고결정을 할 때에는 그 결정 내용을 관보와 인터넷 홈페이지에 공고하고, 공고일부터 2개월간 지리적표시 등록 신청서류 및 그 부속서류를 일반인이 열람할 수 있도록 하여야 한다(법 제32조 제5항).
> ① 법 제32조 제4항
> ② 법 제32조 제5항
> ④ 법 제32조 제9항

40 농수산물 품질관리법령상 지리적표시의 등록 제도에 관한 설명으로 옳은 것은?

① 지리적표시의 등록을 받으려면 이력추적관리 등록을 하여야 한다.

② 지리적 특성을 가진 농산물의 품질 향상과 지역특화산업 육성 및 소비자 보호를 위하여 실시한다.

③ 지리적표시의 등록은 등록 대상지역의 생산자와 유통자가 신청할 수 있다.

④ 지리적표시의 등록법인은 지리적표시의 등록 대상품목 생산자의 가입을 임의로 제한할 수 있다.

    ① 이력추적관리 등록이 선행 요건은 아니다.

    ③ 지리적표시의 등록은 특정지역에서 지리적 특성을 가진 농수산물 또는 농수산가공품을 생산하거나 제조·가공하는 자로 구성된 법인만 신청할 수 있다. 다만, 지리적 특성을 가진 농수산물 또는 농수산가공품의 생산자 또는 가공업자가 1인인 경우에는 법인이 아니라도 등록신청을 할 수 있다(법 제32조 제2항).

    ④ 법인은 지리적표시의 등록 대상품목의 생산자 또는 가공업자의 가입이나 탈퇴를 정당한 사유 없이 거부하여서는 아니 된다(시행령 제13조).

41 지리적표시의 등록을 취소하였을 경우 국립농산물품질관리원장이 공고해야 하는 사항이 아닌 것은?

① 등록번호   ② 취소일

③ 취소사유   ④ 취소권자

    ④는 해당되지 않는다.

> **시행규칙 제58조**(지리적표시의 등록공고 등)
> ③ 국립농산물품질관리원장, 국립수산물품질관리원장 또는 산림청장은 지리적표시의 등록을 취소하였을 때에는 다음의 사항을 공고하여야 한다.
> 1. 취소일 및 등록번호
> 2. 지리적표시 등록 대상품목 및 등록명칭
> 3. 지리적표시 등록자의 성명, 주소(법인의 경우에는 그 명칭 및 영업소의 소재지) 및 전화번호
> 4. 취소사유

42 농수산물 품질관리법령상 다음 (   ) 안에 들어갈 내용으로 옳은 것은?

> 농림축산식품부장관은 지리적표시의 등록 또는 중요 사항의 변경등록 신청을 받으면 그 신청을 받은 날부터 (   ) 이내에 지리적표시 분과위원회에 심의를 요청하여야 한다.

① 30일   ② 45일
③ 60일   ④ 90일

💡 ① 농림축산식품부장관은 지리적표시의 등록 또는 중요 사항의 변경등록 신청을 받으면 그 신청을 받은 날부터 30일 이내에 지리적표시 분과위원회에 심의를 요청하여야 한다(시행령 제14조 제1항).

43 농수산물 품질관리법령상 지리적표시의 등록거절 사유의 세부기준으로 옳지 않은 것은?

① 해당 품목의 우수성이 국내나 국외에서 널리 알려지지 않은 경우
② 해당 품목의 명성·품질 또는 그 밖의 특성이 본질적으로 특정지역의 생산환경적 요인이나 인적 요인에 기인하지 않는 경우
③ 지리적 특성을 가진 농산물 생산자가 1인이어서 그 생산자 1인이 등록 신청한 경우
④ 해당 품목이 지리적표시 대상지역에서 생산된 역사가 깊지 않은 경우

💡 ③은 해당하지 않는다.

> **시행령 제15조**(지리적표시의 등록거절 사유의 세부기준)
> 1. 해당 품목이 농수산물인 경우에는 지리적표시 대상지역에서만 생산된 것이 아닌 경우
> 1의2. 해당 품목이 농수산가공품인 경우에는 지리적표시 대상지역에서만 생산된 농수산물을 주원료로 하여 해당 지리적표시 대상지역에서 가공된 것이 아닌 경우
> 2. 해당 품목의 우수성이 국내나 국외에서 널리 알려지지 아니한 경우
> 3. 해당 품목이 지리적표시 대상지역에서 생산된 역사가 깊지 않은 경우
> 4. 해당 품목의 명성·품질 또는 그 밖의 특성이 본질적으로 특정지역의 생산환경적 요인과 인적 요인 모두에 기인하지 않는 경우
> 5. 그 밖에 농림축산식품부장관 또는 해양수산부장관이 지리적표시 등록에 필요하다고 인정하여 고시하는 기준에 적합하지 않은 경우

44 지리적표시 등록거절 사유에 해당되지 않는 것은?

① 등록된 타인의 지리적표시와 같거나 비슷한 경우
② 지리적표시 또는 동음이의어 지리적표시의 정의에 맞지 아니하는 경우
③ 국외에서 널리 알려진 타인의 상표
④ 「상표법」에 따라 먼저 출원된 경우

🔆 ③ 국내에서 널리 알려진 타인의 상표 또는 지리적표시와 같거나 비슷한 경우가 등록 거절 사유에 해당한다(법 제32조 제9항 제3호).

> **법 제32조**(지리적표시의 등록)
> ⑨ 농림축산식품부장관 또는 해양수산부장관은 등록 신청된 지리적표시가 다음의 어느 하나에 해당하면 등록의 거절을 결정하여 신청자에게 알려야 한다.
> 1. 먼저 등록 신청되었거나, 등록된 타인의 지리적표시와 같거나 비슷한 경우
> 2. 「상표법」에 따라 먼저 출원되었거나 등록된 타인의 상표와 같거나 비슷한 경우
> 3. 국내에서 널리 알려진 타인의 상표 또는 지리적표시와 같거나 비슷한 경우
> 4. 일반명칭(농수산물 또는 농수산가공품의 명칭이 기원적으로 생산지나 판매장소와 관련이 있지만 오래 사용되어 보통명사화된 명칭)에 해당되는 경우
> 5. 지리적표시 또는 동음이의어 지리적표시의 정의에 맞지 아니하는 경우
> 6. 지리적표시의 등록을 신청한 자가 그 지리적표시를 사용할 수 있는 농수산물 또는 농수산가공품을 생산·제조 또는 가공하는 것을 업으로 하는 자에 대하여 단체의 가입을 금지하거나 가입조건을 어렵게 정하여 실질적으로 허용하지 아니한 경우

45 다음 중 지리적표시품의 시정을 명하거나 판매의 금지, 표시의 정지 또는 등록의 취소를 할 수 있는 사항이 아닌 것은?

① 표시방법을 위반한 경우
② 등록기준에 미치지 못하게 된 경우
③ 해당 지리적표시품 생산량의 급감 등 지리적표시품 생산계획의 이행이 곤란하다고 인정되는 경우
④ 지리적표시품의 판매를 종료한 경우

🔆 ④는 해당되지 않는다.

> **법 제40조**(지리적표시품의 표시 시정 등)
> 농림축산식품부장관 또는 해양수산부장관은 지리적표시품이 다음의 어느 하나에 해당하면 대통령령으로 정하는 바에 따라 시정을 명하거나 판매의 금지, 표시의 정지 또는 등록의 취소를 할 수 있다.
> 1. 등록기준에 미치지 못하게 된 경우
> 2. 표시방법을 위반한 경우
> 3. 해당 지리적표시품 생산량의 급감 등 지리적표시품 생산계획의 이행이 곤란하다고 인정되는 경우

>> **ANSWER**
42.① 43.③ 44.③ 45.④

46 지리적표시권을 갖는 이해당사자 상호간에 효력이 다른 것은?

① 지리적표시 등록신청서 제출 전에 「상표법」에 따라 등록된 상표 또는 출원심사 중인 상표
② 지리적표시 등록신청서 제출 전에 「종자산업법」 및 「식물신품종 보호법」에 따라 등록된 품종 명칭
③ 지리적표시 등록신청서 제출 후에 「종자산업법」에 따라 등록된 품종 재배지역
④ 동음이의어 지리적표시

💡 ③ 지리적표시 등록신청서 제출 전에 「종자산업법」 및 「식물신품종 보호법」에 따라 등록된 품종 명칭 또는 출원심사 중인 품종 명칭에 해당하면 각각 이해당사자 상호간에 대하여는 그 효력이 미치지 아니한다(법 제34조 제1항 제3호).

> **법 제34조(지리적표시권)**
> ① 지리적표시 등록을 받은 자(지리적표시권자)는 등록한 품목에 대하여 지리적표시권을 갖는다.
> ② 지리적표시권은 다음의 어느 하나에 해당하면 각각 이해당사자 상호간에 대하여는 그 효력이 미치지 아니한다.
> 　1. 동음이의어 지리적표시. 다만, 해당 지리적표시가 특정지역의 상품을 표시하는 것이라고 수요자들이 뚜렷하게 인식하고 있어 해당 상품의 원산지와 다른 지역을 원산지인 것으로 혼동하게 하는 경우는 제외한다.
> 　2. 지리적표시 등록신청서 제출 전에 「상표법」에 따라 등록된 상표 또는 출원심사 중인 상표
> 　3. 지리적표시 등록신청서 제출 전에 「종자산업법」 및 「식물신품종 보호법」에 따라 등록된 품종 명칭 또는 출원심사 중인 품종 명칭
> 　4. 지리적표시 등록을 받은 농수산물 또는 농수산가공품(지리적표시품)과 동일한 품목에 사용하는 지리적 명칭으로서 등록 대상지역에서 생산되는 농수산물 또는 농수산가공품에 사용하는 지리적 명칭

47 다음 중 지리적 표시권을 침해한 것으로 보기 어려운 것은?

① 등록된 지리적표시를 위조하는 행위
② 등록된 지리적표시를 모조하는 행위
③ 지리적표시권이 있는 자가 제품의 포장·용기에 사용하는 행위
④ 지리적표시의 명성을 침해하면서 등록된 지리적표시품과 같거나 비슷한 품목에 직접 또는 간접적인 방법으로 상업적으로 이용하는 행위

💡 ③은 해당되지 않는다(법 제36조 제2항).

> **법 제36조(권리침해의 금지 청구권 등)**
> ① 지리적표시권자는 자신의 권리를 침해한 자 또는 침해할 우려가 있는 자에게 그 침해의 금지 또는 예방을 청구할 수 있다.
> ② 다음의 어느 하나에 해당하는 행위는 지리적표시권을 침해하는 것으로 본다.
> 　1. 지리적표시권이 없는 자가 등록된 지리적표시와 같거나 비슷한 표시(동음이의어 지리적표시의 경우에는 해당 지리적표시가 특정 지역의 상품을 표시하는 것이라고 수요자들이 뚜렷하게 인식하고 있어 해당 상품의 원산지와 다른 지역을 원산지인 것으로 수요자로 하여금 혼동하게 하는 지리적표시만 해당)를 등록품목과 같거나 비슷한 품목의 제품·포장·용기·선전물 또는 관련 서류에 사용하는 행위
> 　2. 등록된 지리적표시를 위조하거나 모조하는 행위
> 　3. 등록된 지리적표시를 위조하거나 모조할 목적으로 교부·판매·소지하는 행위
> 　4. 그 밖에 지리적표시의 명성을 침해하면서 등록된 지리적표시품과 같거나 비슷한 품목에 직접 또는 간접적인 방법으로 상업적으로 이용하는 행위

48 지리적표시의 심판에 대한 내용 중 틀린 것은?

① 지리적표시심판위원회는 농림축산식품부장관 소속이다.
② 심판위원회는 위원장 1명을 포함한 10명 이내의 심판위원으로 구성한다.
③ 심판위원의 임기는 3년으로 하며, 연임할 수 없다.
④ 지리적표시를 무효로 한다는 심결이 확정되면 그 지리적표시권은 처음부터 없었던 것으로 본다.

　　💡 ③ 심판위원의 임기는 3년으로 하며, 한 차례만 연임할 수 있다(법 제42조 제5항).

49 지리적표시 등록의 거절을 통보받은 자 또는 등록이 취소된 자는 이의가 있으면 등록거절 또는 는 등록취소를 통보받은 날부터 언제까지 심판을 청구할 수 있는가?

① 10일 이내　　　　　　　　　　② 20일 이내
③ 30일 이내　　　　　　　　　　④ 50일 이내

　　💡 ③ 지리적표시 등록의 거절을 통보받은 자 또는 등록이 취소된 자는 이의가 있으면 등록거절 또는 등록취소를 통보받은 날부터 30일 이내에 심판을 청구할 수 있다(법 제45조).

50 다음 중 유전자변형농수산물임을 표시하지 않아도 되는 자는?

① 유전자변형농수산물을 생산하여 출하하는 자
② 유전자변형농수산물을 생산하여 판매하는 자
③ 유전자변형농수산물을 소비하는 자
④ 유전자변형농수산물을 판매할 목적으로 보관하는 자

　　💡 ③ 유전자변형농수산물을 생산하여 출하하는 자, 판매하는 자, 또는 판매할 목적으로 보관·진열하는 자는 대통령령으로 정하는 바에 따라 해당 농수산물에 유전자변형농수산물임을 표시하여야 한다 (법 제56조 제1항).

51 유전자변형표시 대상 농수산물의 수거 · 조사의 기간은?

① 매년 1회   ② 2년 마다
③ 3년 마다   ④ 5년 마다

☀ ① 유전자변형표시 대상 농수산물의 수거 · 조사는 업종 · 규모 · 거래품목 및 거래형태 등을 고려하여 식품의약품안전처장이 정하는 기준에 해당하는 영업소에 대하여 매년 1회 실시한다(시행령 제21조 제1항).

52 유전자변형농수산물의 표시를 하여야 하는 자의 금지된 행위에 해당하는 것은?

> ㉠ 유전자변형농수산물의 표시를 혼동하게 할 목적으로 그 표시를 손상시킨 행위
> ㉡ 유전자변형농수산물의 표시를 거짓으로 하는 행위
> ㉢ 유전자변형농수산물의 표시를 한 농수산물에 다른 농수산물을 혼합하여 판매한 행위
> ㉣ 유전자변형농수산물을 혼합하여 판매할 목적으로 보관한 행위

① ㉠, ㉡   ② ㉠, ㉡, ㉢
③ ㉠, ㉡, ㉢, ㉣   ④ 없음

☀ ③ 모두 금지되는 행위이다(법 제57조).

> 법 제57조(거짓표시 등의 금지)
> 유전자변형농수산물의 표시를 하여야 하는 자는 다음의 행위를 하여서는 아니 된다.
> 1. 유전자변형농수산물의 표시를 거짓으로 하거나 이를 혼동하게 할 우려가 있는 표시를 하는 행위
> 2. 유전자변형농수산물의 표시를 혼동하게 할 목적으로 그 표시를 손상 · 변경하는 행위
> 3. 유전자변형농수산물의 표시를 한 농수산물에 다른 농수산물을 혼합하여 판매하거나 혼합하여 판매할 목적으로 보관 또는 진열하는 행위

53 식품의약품안전처장은 유전자변형농수산물의 표시나 거짓표시 등의 금지를 위반한 자에 대한 처분을 내릴 수 있는데 여기에 해당되는 처분이 아닌 것은?

① 유전자변형농수산물 표시의 변경
② 유전자변형농수산물 표시의 이행
③ 유전자변형 표시를 위반한 농수산물의 판매 등 거래행위의 금지
④ 시설위생관리기준에 적합한지를 조사

🔅 ④는 해당되지 않는다(법 제59조 제1항).

> **법 제59조(유전자변형농수산물의 표시 위반에 대한 처분)**
> ① 식품의약품안전처장은 유전자변형농수산물의 표시(법 제56조) 또는 거짓표시 등의 금지(제57조)를 위반한 자에 대하여 다음의 어느 하나에 해당하는 처분을 할 수 있다.
> 1. 유전자변형농수산물 표시의 이행·변경·삭제 등 시정명령
> 2. 유전자변형 표시를 위반한 농수산물의 판매 등 거래행위의 금지

54 유전자변형농수산물의 표시기준 및 표시방법에 관한 세부사항에 대한 고시를 할 수 있는 자는?

① 농림축산식품부장관
② 식품의약품안전처장
③ 보건복지부장관
④ 해양수산부장관

🔅 ② 유전자변형농수산물의 표시기준 및 표시방법에 관한 세부사항은 식품의약품안전처장이 정하여 고시한다(시행령 제20조 제3항).

55 식품의약품안전처장은 유전자변형농수산물 표시의무자가 유전자변형농수산물의 거짓표시 등의 금지(법 제57조)를 위반하여 처분이 확정된 경우 처분내용, 해당 영업소와 농수산물의 명칭 등 처분과 관련된 사항을 인터넷 홈페이지에 공표하여야 한다. 이에 따른 공표명령의 대상자가 아닌 것은?

① 표시위반물량이 농산물의 경우에는 30톤을 넘지 않는 경우
② 표시위반물량의 판매가격 환산금액이 수산물인 경우 5억 이상
③ 표시위반물량의 판매가격 환산금액이 농산물의 경우 10억 이상
④ 적발일을 기준으로 최근 1년 동안 처분을 받은 횟수가 2회 이상인 경우

🔅 ① 표시위반물량이 농산물의 경우에는 100톤 이상일 경우 공표명령 대상자이다(시행령 제22조 제1항 제1호).

> **시행령 제22조(공표명령의 기준·방법 등)**
> ① 공표명령의 대상자는 같은 조 제1항에 따라 처분을 받은 자 중 다음의 어느 하나의 경우에 해당하는 자로 한다.
> 1. 표시위반물량이 농산물의 경우에는 100톤 이상, 수산물의 경우에는 10톤 이상인 경우
> 2. 표시위반물량의 판매가격 환산금액이 농산물의 경우에는 10억 원 이상, 수산물인 경우에는 5억 원 이상인 경우
> 3. 적발일을 기준으로 최근 1년 동안 처분을 받은 횟수가 2회 이상인 경우

>> ANSWER

51.① 52.③ 53.④ 54.② 55.①

56 유전자변형농수산물 표시 위반에 따른 공표명령을 받은 자가 일반일간신문에 게재해야 할 사항에 해당되는 내용을 모두 고른 것은?

> ㉠ 「농수산물 품질관리법」 위반사실의 공표라는 내용의 표제
> ㉡ 영업의 종류
> ㉢ 처분일
> ㉣ 영업소의 명칭
> ㉤ 위반내용
> ㉥ 후속조치

① ㉠, ㉡, ㉣
② ㉢, ㉤, ㉥
③ ㉠, ㉡, ㉢, ㉣, ㉤
④ ㉠, ㉡, ㉢, ㉣, ㉤, ㉥

💡 ③ ㉥을 제외하고 나머지는 모두 공표명령에 해당한다(시행령 제22조 제2항).

> 시행령 제22조(공표명령의 기준·방법 등)
> ② 공표명령을 받은 자는 지체 없이 다음의 사항이 포함된 공표문을 「신문 등의 진흥에 관한 법률」에 따라 등록한 전국을 보급지역으로 하는 1개 이상의 일반일간신문에 게재하여야 한다.
> 1. '「농수산물 품질관리법」 위반사실의 공표'라는 내용의 표제
> 2. 영업의 종류
> 3. 영업소의 명칭 및 수소
> 4. 농수산물의 명칭
> 5. 위반내용
> 6. 처분권자, 처분일 및 처분내용

57 농수산물의 품질 향상과 안전한 농수산물의 생산·공급을 위한 안전관리계획을 매년 수립·시행하는 자는?

① 농림축산식품부장관
② 식품의약품안전처장
③ 보건복지부장관
④ 해양수산부장관

💡 ② 식품의약품안전처장은 농수산물의 품질 향상과 안전한 농수산물의 생산·공급을 위한 안전관리계획을 매년 수립·시행하여야 한다(법 제60조 제1항).

58 다음 중 안전관리계획에 대한 내용으로 틀린 것은?

① 식품의약품안전처장은 축산물을 포함해 농수산물의 품질 향상과 안전한 농수산물의 생산·공급을 위한 안전관리계획을 매년 수립한다.

② 시·도지사 및 시장·군수·구청장은 관할 지역에서 생산·유통되는 농수산물의 안전성을 확보하기 위한 세부추진계획을 수립·시행하여야 한다.

③ 안전관리계획 및 세부추진계획에는 안전성조사, 위험평가 및 잔류조사, 농어업인에 대한 교육 등을 포함한다.

④ 식품의약품안전처장은 시·도지사 및 시장·군수·구청장에게 세부추진계획 및 그 시행 결과를 보고하게 할 수 있다.

💡 ① 식품의약품안전처장은 농수산물(축산물은 제외)의 품질 향상과 안전한 농수산물의 생산·공급을 위한 안전관리계획을 매년 수립·시행하여야 한다(법 제60조 제1항).

> **법 제60조(안전관리계획)**
> ① 식품의약품안전처장은 농수산물(축산물은 제외)의 품질 향상과 안전한 농수산물의 생산·공급을 위한 안전관리계획을 매년 수립·시행하여야 한다.
> ② 시·도지사 및 시장·군수·구청장은 관할 지역에서 생산·유통되는 농수산물의 안전성을 확보하기 위한 세부추진계획을 수립·시행하여야 한다.
> ③ 안전관리계획 및 세부추진계획에는 안전성조사, 위험평가 및 잔류조사, 농어업인에 대한 교육, 그 밖에 총리령으로 정하는 사항을 포함하여야 한다.
> ④ 식품의약품안전처장은 시·도지사 및 시장·군수·구청장에게 제2항에 따른 세부추진계획 및 그 시행 결과를 보고하게 할 수 있다.

59 안전관리계획에 따라 안전성조사, 위험평가 또는 잔류조사를 위하여 관계 공무원에게 시료 수거 및 조사를 명령할 수 있는 자는?

① 농수산물품질관리위원회
② 지방의회위원
③ 구청장
④ 시·도지사

💡 ④ 식품의약품안전처장이나 시·도지사는 안전성조사, 위험평가 또는 잔류조사를 위하여 필요하면 관계 공무원에게 시료 수거 및 조사 등을 하게 할 수 있다(법 제62조 제1항).

> **법 제62조(시료 수거 등)**
> ① 식품의약품안전처장이나 시·도지사는 안전성조사, 위험평가 또는 잔류조사를 위하여 필요하면 관계 공무원에게 다음의 시료 수거 및 조사 등을 하게 할 수 있다. 이 경우 무상으로 시료 수거를 하게 할 수 있다.
> 1. 농수산물과 농수산물의 생산에 이용·사용되는 토양·용수·자재 등의 시료 수거 및 조사
> 2. 해당 농수산물을 생산, 저장, 운반 또는 판매(농산물만 해당)하는 자의 관계 장부나 서류의 열람

>> ANSWER

56.③ 57.② 58.① 59.④

60 2011년 1월 A 안전성검사기관이 업무의 정지명령을 위반하여 계속 안전성조사 및 시험분석 업무를 하여 지정 취소의 처분을 받았다. 그렇다면 어느 정도 기간이 경과해야 다시 A는 안전성검사기관으로 지정받을 수 있는가?

① 6개월

② 1년

③ 2년

④ 5년

💡 ③ 안전성검사기관으로 지정받으려는 자는 안전성조사와 시험분석에 필요한 시설과 인력을 갖추어 식품의약품안전처장에게 신청하여야 한다. 다만, 안전성검사기관 지정이 취소된 후 2년이 지나지 아니하면 안전성검사기관 지정을 신청할 수 없다(법 제64조 제2항).

> 법 제64조(안전성검사기관의 지정)
> ① 식품의약품안전처장은 안전성조사 업무의 일부와 시험분석 업무를 전문적·효율적으로 수행하기 위하여 안전성검사기관을 지정하고 안전성조사와 시험분석 업무를 대행하게 할 수 있다.
> ② 안전성검사기관으로 지정받으려는 자는 안전성조사와 시험분석에 필요한 시설과 인력을 갖추어 식품의약품안전처장에게 신청하여야 한다. 다만, 안전성검사기관 지정이 취소된 후 2년이 지나지 아니하면 안전성검사기관 지정을 신청할 수 없다.
> ③ 안전성검사기관의 지정 기준 및 절차와 업무 범위 등에 필요한 사항은 총리령으로 정한다.

〈농산물품질관리사 제10회〉

61 농수산물 품질관리법상 농산물 검사·검정과 관련하여 금지되는 행위가 아닌 것은?

① 거짓으로 검사를 받는 행위

② 검사를 받아야 하는 농수산물에 대하여 검사를 받지 아니하는 행위

③ 검사 받은 농산물에 대한 검사결과를 표시하는 행위

④ 검정 결과에 대하여 과대광고를 하는 행위

💡 ③은 해당하지 않는다(법 제101조).

> 법 제101조(부정행위의 금지 등)
> 누구든지 검사, 재검사 및 검정과 관련하여 다음의 행위를 하여서는 아니 된다.
> 1. 거짓이나 그 밖의 부정한 방법으로 검사·재검사 또는 검정을 받는 행위
> 2. 검사를 받아야 하는 농수산물 및 수산가공품에 대하여 검사를 받지 아니하는 행위
> 3. 검사 및 검정 결과의 표시, 검사증명서 및 검정증명서를 위조하거나 변조하는 행위
> 4. 검사를 받지 아니하고 포장·용기나 내용물을 바꾸어 해당 농수산물이나 수산가공품을 판매·수출하거나 판매·수출을 목적으로 보관 또는 진열하는 행위
> 5. 검정 결과에 대하여 거짓광고나 과대광고를 하는 행위

<농산물품질관리사 제10회>

62 농수산물 품질관리법령상 농산물검사기관의 지정기준에 관한 설명으로 옳은 것은?

① 국산농산물 곡류 중 조곡의 포장물인 경우 검사 장소 6개소 당 검사인력 최소 3명을 확보하여야 한다.

② 검사에 필요한 기본 검사장비와 종류별 검사장비 중 검사대행 품목에 해당하는 장비를 갖추어야 한다.

③ 검사견본의 계측 및 분석 등을 위하여 검사 현장을 관할하는 사무소별로 5㎡ 이상의 검정실이 설치되어야 한다.

④ 수입농산물의 경우 항구지 1개소 당 검사인력 최소 2명을 확보하여야 한다.

🔆 ② 검사에 필요한 기본 검사장비와 종류별 검사장비 중 검사대행 품목에 해당하는 장비를 갖추어야 한다. 다만, 동일한 규격의 장비는 종류 또는 품목에 관계없이 공용할 수 있다.
   ① 국산농산물 곡류 중 조곡의 포장물인 경우 검사인력 최소 확보기준은 검사 장소 5개소 당 1명이어야 한다.
   ③ 검사견본의 계측 및 분석, 감정기술 수련, 검사용 기자재관리, 검사표준품 안전관리 등을 위하여 검사 현장을 관할하는 사무소별로 10㎡ 이상의 검정실이 설치되어야 한다.
   ④ 수입농산물의 경우 항구지 1개소 당 3명이 검사인력의 최소 확보기준이 된다.

시행규칙 별표 19(농산물검사기관의 지정기준)
1. 조직 및 인력
   가. 검사의 통일성을 유지하고 업무수행을 원활하게 하기 위하여 검사관리 부서를 두어야 한다.
   나. 검사대상 종류별 검사인력의 최소 확보기준은 다음과 같으며, 검사계획량을 일정 기간에 처리할 수 있도록 검사인력을 확보하여야 한다.

구분	종류			검사인력 최소 확보기준
국산농산물 (수출용 농산물을 포함)	곡류	조곡	포장물	검사 장소 5개소 당 1명
			산물	검사 장소 1개소 당 1명
		정곡		검사 장소 2개소 당 1명
	서류, 특용작물류, 과실류, 채소류			검사 장소 5개소 당 1명
수입농산물	공통			항구지 1개소 당 3명

63 농수산물 품질관리법령상 농산물검정기관 · 농산물검사기관 · 농산물우수관리인증기관 및 농산물우수관리시설로 지정받기 위한 인력보유기준에 농산물품질관리사 자격증 소지자가 포함되지 않은 곳은?

① 농산물검정기관(품위 · 일반성분 검정업무 수행)
② 농산물검사기관(농산물 검사업무 수행)
③ 농산물우수관리인증기관(인증심사업무 수행)
④ 농산물우수관리시설(농산물우수관리업무 수행)

🔅 ② 농산물검사기관의 기준 인력에는 농산물품질관리사를 두어야 한다는 규정이 없다(시행규칙 별표 19).

64 농림축산식품부장관, 해양수산부장관 또는 식품의약품안전처장이 국민에게 농수산물의 안전과 품질에 관련된 정보의 수집 및 관리를 위해 구축한 정보시스템을 가리키는 용어는?

① 농수산물안전정보시스템　　　② 농산물품질관리시스템
③ 수산물유통시스템　　　　　　④ 농수산물유통거래시스템

🔅 ① 농림축산식품부장관, 해양수산부장관 또는 식품의약품안전처장은 국민에게 정보를 제공하려는 경우 농수산물의 안전과 품질에 관련된 정보의 수집 및 관리를 위한 정보시스템(농수산물안전정보시스템)을 구축 · 운영하여야 한다(법 제103조 제2항).

65 농수산물 품질관리법령상 농수산물 명예감시원의 임무가 아닌 것은?

① 농수산물의 표준규격화에 관한 지도
② 원산지 표시에 관한 지도
③ 유기가공식품 인증에 관한 지도
④ 농수산물 이력추적관리에 관한 지도

🔅 ③은 해당되지 않는다(시행규칙 제133조 제2항).

> 시행규칙 제133조(농수산물 명예감시원의 자격 및 위촉방법 등)
> ① 국립농산물품질관리원장, 국립수산물품질관리원장, 산림청장 또는 시 · 도지사는 다음의 어느 하나에 해당하는 사람 중에서 농수산물 명예감시원을 위촉한다.
> 　1. 생산자단체, 소비자단체 등의 회원이나 직원 중에서 해당 단체의 장이 추천하는 사람
> 　2. 농수산물의 유통에 관심이 있고 명예감시원의 임무를 성실히 수행할 수 있는 사람
> ② 명예감시원의 임무는 다음과 같다.
> 　1. 농수산물의 표준규격화, 농산물우수관리, 품질인증, 친환경수산물인증, 농수산물 이력추적관리, 지리적표시, 원산지표시에 관한 지도 · 홍보 및 위반사항의 감시 · 신고
> 　2. 그 밖에 농수산물의 유통질서 확립과 관련하여 국립농산물품질관리원장, 국립수산물품질관리원장, 산림청장 또는 시 · 도지사가 부여하는 임무
> ③ 명예감시원의 운영에 관한 세부 사항은 국립농산물품질관리원장, 국립수산물품질관리원장, 산림청장 또는 시 · 도지사가 정하여 고시한다.

66 다음 중 농산물품질관리사의 직무에 해당하지 않는 것은?

① 농산물의 등급 판정
② 농산물의 생산 및 수확 후 품질관리기술 지도
③ 수산물의 품질 향상과 유통 효율화에 필요한 업무
④ 농산물의 출하 시기 조절

🔅 ③은 수산물품질관리사의 직무에 해당한다.

> 법 제106조(농산물품질관리사의 직무)
> ① 농산물품질관리사는 다음의 직무를 수행한다.
>   1. 농산물의 등급 판정
>   2. 농산물의 생산 및 수확 후 품질관리기술 지도
>   3. 농산물의 출하 시기 조절, 품질관리기술에 관한 조언
>   4. 그 밖에 농산물의 품질 향상과 유통 효율화에 필요한 업무로서 농림축산식품부령으로 정하는 다음의 업무
>   1) 농산물의 생산 및 수확 후의 품질관리기술 지도
>   2) 농산물의 선별·저장 및 포장 시설 등의 운용·관리
>   3) 농산물의 선별·포장 및 브랜드 개발 등 상품성 향상 지도
>   4) 포장농산물의 표시사항 준수에 관한 지도
>   5) 농산물의 규격출하 지도

〈농산물품질관리사 제10회〉

67 농수산물 품질관리법령상 농산물품질관리사에 관한 설명으로 옳지 않은 것은?

① 업무에는 포장농산물의 표시사항 준수에 관한 지도가 있다.
② 농산물품질관리사 자격시험에 합격한 사람에게는 농림축산식품부령으로 정하는 농산물품질관리사 자격증을 발급하여야 한다.
③ 농산물의 품질 향상과 유통의 효율화를 촉진하여 생산자와 소비자 모두에게 이익이 될 수 있도록 신의와 성실로써 그 직무를 수행하여야 한다.
④ 자격이 취소된 날부터 3년이 지나지 아니한 사람은 농산물품질관리사 자격시험에 응시하지 못한다.

🔅 ④ 농산물품질관리사의 자격이 취소된 날부터 2년이 지나지 아니한 사람은 농산물품질관리사 자격시험에 응시하지 못한다(법 제107조 제2항).

>> ANSWER
63.② 64.① 65.③ 66.③ 67.④

68 농수산물 품질관리법령상 농산물품질관리사 자격시험에 관한 설명으로 옳은 것은?

① 농산물품질관리사 자격이 취소된 날부터 1년이 된 자는 농산물품질관리사 자격시험에 응시할 수 있다.

② 국립농산물품질관리원장은 수급상 필요하다고 인정하는 경우에는 3년마다 농산물품질관리사자격시험을 실시할 수 있다.

③ 농산물품질관리사 자격시험의 실시계획, 응시자격, 시험과목, 시험방법, 합격기준 및 자격증 발급 등에 필요한 사항은 대통령령으로 정한다.

④ 한국산업인력공단 이사장은 농산물품질관리사 자격시험의 시행일 1년 전까지 농산물품질관리사자격시험의 실시계획을 세워야 한다.

> ③ 법 제107조 제3항
> ① 농산물품질관리사의 자격이 취소된 날부터 2년이 지나지 아니한 사람은 농산물품질관리사 자격시험에 응시하지 못한다(법 제107조 제2항).
> ② 농산물품질관리사 자격시험은 매년 1회 실시한다. 다만, 농림축산식품부장관이 농산물품질관리사의 수급상 필요하다고 인정하는 경우에는 2년마다 실시할 수 있다(시행령 제36조 제1항).
> ④ 농림축산식품부장관은 농산물품질관리사 자격시험의 시행일 6개월 전까지 농산물품질관리사 자격시험의 실시계획을 세워야 한다(시행령 제36조 제2항).

69 농수산물 품질관리법령상 농산물품질관리사의 교육에 관한 설명으로 옳지 않은 것은?

① 교육 실시기관은 국립농산물품질관리원장이 지정한다.

② 교육 실시기관은 필요한 경우 교육을 정보통신매체를 이용한 원격교육으로 실시할 수 있다.

③ 교육 실시기관은 교육을 이수한 사람에게 이수증명서를 발급하여야 한다.

④ 교육에 필요한 경비(교재비, 강사 수당 등 포함)는 교육 실시기관이 부담한다.

> ④ 교육에 필요한 경비(교재비, 강사 수당 등을 포함)는 교육을 받는 사람이 부담한다(시행규칙 제136조의5 제5항).

70 다음 중 7년 이하의 징역 또는 1억 원 이하의 벌금에 해당하는 것은?

① 유전자변형수산물의 표시를 거짓으로 하거나 이를 혼동하게 할 우려가 있는 표시를 한 유전자변형수산물 표시의무자
② 「해양환경관리법」에 따른 기름을 배출한 자
③ 우수표시품이 아닌 농수산물 또는 농수산가공품에 우수표시품의 표시를 하거나 이와 비슷한 표시를 한 자
④ 검사 및 검정 결과의 표시, 검사증명서 및 검정증명서를 위조하거나 변조한 자

> ① 유전자변형수산물의 표시를 거짓으로 하거나 이를 혼동하게 할 우려가 있는 표시를 한 유전자변형수산물 표시의무자는 7년 이하의 징역 또는 1억 원 이하의 벌금에 처한다(법 제117조).
> ② 「해양환경관리법」에 따른 기름을 배출한 자는 5년 이하의 징역 또는 5천만 원 이하의 벌금에 처한다(법 제118조).
> ③ 3년 이하의 징역 또는 3천만 원 이하의 벌금(법 제119조 제1호)
> ④ 3년 이하의 징역 또는 3천만 원 이하의 벌금(법 제119조 제8호)

> **제117조(벌칙)**
> 다음의 어느 하나에 해당하는 자는 7년 이하의 징역 또는 1억 원 이하의 벌금에 처한다. 이 경우 징역과 벌금은 병과(倂科)할 수 있다.
> 1. 유전자변형수산물의 표시를 거짓으로 하거나 이를 혼동하게 할 우려가 있는 표시를 한 유전자변형수산물 표시의무자
> 2. 유전자변형수산물의 표시를 혼동하게 할 목적으로 그 표시를 손상·변경한 유전자변수산물 표시의무자
> 3. 유전자변형수산물의 표시를 한 수산물에 다른 수산물을 혼합하여 판매하거나 혼합하여 판매할 목적으로 보관 또는 진열한 유전자변형수산물 표시의무자

〈농산물품질관리사 제11회〉

71 농수산물 품질관리법령상 위반행위에 대한 벌칙기준이 다른 자는?

① 농산물 표준규격품이 표시된 규격에 미치지 못하여 표시정지처분을 내렸으나 처분에 따르지 아니한 자
② 다른 사람에게 농산물품질관리사 자격증을 빌려준 자
③ 농수산물 품질관리법에 의해 검사를 받아야 하는 대상 농산물에 대하여 검사를 받지 아니한 자
④ 농산물의 검정 결과에 대하여 거짓광고나 과대광고를 한 자

> ④는 3년 이하의 징역 또는 3천만 원 이하의 벌금이다(법 제119조 제9호).
> ①②③은 모두 1년 이하의 징역 또는 1천만 원 이하의 벌금에 처해진다(법 제120조).

>> ANSWER

68.③ 69.④ 70.① 71.④

72 농수산물 품질관리법령상 과태료 부과기준에 관한 설명으로 옳은 것은?

① 위반행위의 횟수에 따른 과태료의 가중된 부과기준은 최근 2년간 같은 위반행위로 처분 받은 경우에 적용한다.

② 위반행위가 둘 이상인 경우로서 그에 해당하는 각각의 처분기준이 다른 경우에는 그 중 무거운 처분기준에 따른다.

③ 부과권자는 위반 행위가 경미한 과실로 인정될 경우 과태료 금액을 3분의 1의 범위에서 경감한다.

④ 이력추적관리 등록을 한 생산자가 우편 판매를 하면서 이력추적관리기준을 지키지 않으면 50만원의 과태료를 부과한다.

☀ ① 위반행위의 횟수에 따른 과태료의 가중된 부과기준은 최근 1년간 같은 유형의 위반행위로 행정처분을 받은 경우에 적용한다.

③ 부과권자는 위반행위가 고의나 중대한 과실이 아닌 사소한 부주의나 오류로 인한 것으로 인정되는 경우에 과태료 금액을 2분의 1의 범위에서 감경할 수 있다.

④ 이력추적관리 등록을 한 생산자가 우편 판매를 하면서 이력추적관리기준을 지키지 않을 경우 처음 부과되는 과태료는 100만원이며, 2차 위반의 경우 200만원, 3차 위반은 300만원이다.

시행령 별표4(과태료의 부과기준)

1. 일반기준

　가. 위반행위의 횟수에 따른 과태료의 가중된 부과기준(유전자변형농수산물의 표시를 하지 않은 경우 및 유전자변형농수산물의 표시방법을 위반한 경우는 제외)은 최근 1년간 같은 위반행위로 과태료 부과처분을 받은 경우에 적용한다. 이 경우 기간의 계산은 위반 행위에 대하여 과태료 부과처분을 받은 날과 그 처분 후 다시 같은 위반행위를 하여 적발된 날을 기준으로 한다.

　나. 가목에 따라 가중된 부과처분을 하는 경우 가중처분의 적용 차수는 그 위반행위 전 부과처분 차수(가목에 따른 기간 내에 과태료 부과 처분이 둘 이상 있었던 경우에는 높은 차수를 말한다)의 다음 차수로 한다.

　다. 위반행위가 둘 이상인 경우로서 그에 해당하는 각각의 처분기준이 다른 경우에는 그 중 무거운 처분기준에 따른다.

　라. 부과권자는 다음의 어느 하나에 해당하는 경우에 제2호에 따른 과태료 금액을 2분의 1의 범위에서 감경할 수 있다. 다만, 과태료를 체납하고 있는 위반행위자의 경우에는 그러하지 아니하다.

　　1) 위반행위자가 「질서위반행위규제법 시행령」의 과태료 감경대상(「국민기초생활 보장법」에 따른 수급자, 「한부모가족 지원법」에 따른 보호대상자, 「장애인복지법」에 따른 장애인, 「국가유공자 등 예우 및 지원에 관한 법률」에 따른 1급부터 3급까지의 상이등급 판정을 받은 사람, 미성년자)의 어느 하나에 해당하는 경우

　　2) 위반행위자가 자연재해 · 화재 등으로 재산에 현저한 손실이 발생했거나 사업여건의 악화로 중대한 위기에 처하는 등의 사정이 있는 경우

　　3) 위반행위가 고의나 중대한 과실이 아닌 사소한 부주의나 오류로 인한 것으로 인정되는 경우

　　4) 그 밖에 위반행위의 정도, 위반행위의 동기와 그 결과 등을 고려하여 감경할 필요가 있다고 인정되는 경우

〈농산물품질관리사 제10회〉

73 농수산물 품질관리법상 지리적표시품 표시방법 위반으로 시정명령을 받고도 그 처분에 따르지 아니한 자에 대한 벌칙기준은?

① 1년 이하의 징역 또는 2천만 원 이하의 벌금
② 2천만 원 이하의 과태료
③ 3년 이하의 징역 또는 3천만 원 이하의 벌금
④ 1천만 원 이하의 과태료

④ 지리적표시품의 표시 시정 등에 따른 표시방법에 대한 시정명령에 따르지 아니한 자는 1천만 원 이하의 과태료를 부과받게 된다(법 제123조 제1항 제5호).

법 제123조(과태료)
① 다음의 어느 하나에 해당하는 자에게는 1천만 원 이하의 과태료를 부과한다.
1. 농산물우수관리 관련 보고 및 점검규정, 품질인증 관련 보고 및 점검규정, 우수표시품의 사후관리규정, 지리적표시품의 사후관리규정, 유전자변형농수산물 표시의 조사규정, 시료 수거 등 규정, 조사·점검 규정 및 확인·조사·점검 등 규정에 따른 수거·조사·열람 등을 거부·방해 또는 기피한 자
2. 이력추적관리 규정에 따라 등록한 자로서 변경사유 발생 시 변경신고를 하지 아니한 자
3. 이력추적관리 규정에 따라 등록한 자로서 이력추적관리의 표시를 하지 아니한 자
4. 이력추적관리 규정에 따라 등록한 자로서 이력추적관리기준을 지키지 아니한 자
5. 우수표시품의 표시방법을 위반하여 시정조치를 한 경우 또는 지리적표시품의 표시방법을 위반하여 표시 시정을 한 경우에 따른 표시방법에 대한 시정명령에 따르지 아니한 자
6. 유전자변형농수산물의 표시를 하지 아니한 자
7. 유전자변형농수산물의 표시방법을 위반한 자

≫ ANSWER

72.② 73.④

농수산물 유통 및 가격안정에 관한 법령

제1장 총칙

법 제1조(목적)

이 법은 농수산물의 유통을 원활하게 하고 적정한 가격을 유지하게 함으로써 생산자와 소비자의 이익을 보호하고 국민생활의 안정에 이바지함을 목적으로 한다.

법 세2조(정의)

이 법에서 사용하는 용어의 뜻은 다음과 같다.

1. '농수산물'이란 농산물·축산물·수산물 및 임산물 중 농림축산식품부령 또는 해양수산부령으로 정하는 것을 말한다.

> **시행규칙 제2조(임산물)**
> 「농수산물 유통 및 가격안정에 관한 법률」에 따른 임산물은 다음의 것으로 한다.
> 1. 목과류 : 밤·잣·대추·호두·은행 및 도토리
> 2. 버섯류 : 표고·송이·목이 및 팽이
> 3. 한약재용 임산물

2. '농수산물도매시장'이란 특별시·광역시·특별자치시·특별자치도 또는 시가 양곡류·청과류·화훼류·조수육류·어류·조개류·갑각류·해조류 및 임산물 등 대통령령으로 정하는 품목의 전부 또는 일부를 도매하게 하기 위하여 관할구역에 개설하는 시장을 말한다.

> **시행령 제2조(농수산물도매시장의 거래품목)**
> 「농수산물 유통 및 가격안정에 관한 법률」에 따라 농수산물도매시장(이하 '도매시장')에서 거래하는 품목은 다음과 같다.
> 1. 양곡부류 : 미곡·맥류·두류·조·좁쌀·수수·수수쌀·옥수수·메밀·참깨 및 땅콩

2. 청과부류 : 과실류 · 채소류 · 산나물류 · 목과류 · 버섯류 · 서류 · 인삼류 중 수삼 및 유지 작물류와 두류 및 잡곡 중 신선한 것

3. 축산부류 : 조수육류 및 난류

4. 수산부류 : 생선어류 · 건어류 · 염건어류 · 염장어류 · 조개류 · 갑각류 해조류 및 젓갈류

5. 화훼부류 : 절화 · 절지 · 절엽 및 분화

6. 약용작물부류 : 한약재용 약용작물(야생물이나 그 밖에 재배에 의하지 아니한 것을 포함한다). 다만, 「약사법」 제2조제5호에 따른 한약은 같은 법에 따라 의약품판매업의 허가를 받은 것으로 한정한다.

7. 그 밖에 농어업인이 생산한 농수산물과 이를 단순가공한 물품으로서 개설자가 지정하는 품목

3. '중앙도매시장'이란 특별시 · 광역시 · 특별자치시 또는 특별자치도가 개설한 농수산물도매시장 중 해당 관할구역 및 그 인접지역에서 도매의 중심이 되는 농수산물도매시장으로서 농림축산식품부령 또는 해양수산부령으로 정하는 것을 말한다.

시행규칙 제3조(중앙도매시장)

법 제2조제3호에서 '농수산물도매시장으로서 농림축산식품부령 또는 해양수산부령으로 정하는 것'이란 다음의 농수산물도매시장을 말한다.

1. 서울특별시 가락동 농수산물도매시장
2. 서울특별시 노량진 수산물도매시장
3. 부산광역시 엄궁동 농수산물도매시장
4. 부산광역시 국제 수산물도매시장
5. 대구광역시 북부 농수산물도매시장
6. 인천광역시 구월동 농수산물도매시장
7. 인천광역시 삼산 농수산물도매시장
8. 광주광역시 각화동 농수산물도매시장
9. 대전광역시 오정 농수산물도매시장
10. 대전광역시 노은 농산물도매시장
11. 울산광역시 농수산물도매시장

4. '지방도매시장'이란 중앙도매시장 외의 농수산물도매시장을 말한다.

5. '농수산물공판장'이란 지역농업협동조합, 지역축산업협동조합, 품목별 · 업종별 협동조합, 조합공동사업법인, 품목조합연합회, 산림조합 및 수산업협동조합과 그 중앙회(농협경제지주회사를 포함), 그 밖에 대통령령으로 정하는 생산자 관련 단체와 공익상 필요하다고 인정되는 법인으로서 대통령령으로 정하는 법인(공익법인)이 농수산물을 도매하기 위하여 특별시장 · 광역시장 · 특별자치시장 · 도지사 또는 특별자치도지사의 승인을 받아 개설 · 운영하는 사업장을 말한다.

시행령 제3조(농수산물공판장의 개설자)

① 법 제2조제5호에서 '대통령령으로 정하는 생산자 관련 단체'란 다음의 단체를 말한다.
1. 「농어업경영체 육성 및 지원에 관한 법률」에 따른 영농조합법인 및 영어조합법인과 농업회사법인 및 어업회사법인
2. 「농업협동조합법」에 따른 농협경제지주회사의 자회사
② 법 제2조제5호에서 '대통령령으로 정하는 법인'이란 「한국농수산식품유통공사법」에 따른 한국농수산식품유통공사를 말한다.

6. '민영농수산물도매시장'이란 국가, 지방자치단체 및 농수산물공판장을 개설할 수 있는 자 외의 자(민간인 등)가 농수산물을 도매하기 위하여 시·도지사의 허가를 받아 특별시·광역시·특별자치시·특별자치도 또는 시 지역에 개설하는 시장을 말한다.

7. '도매시장법인'이란 농수산물도매시장의 개설자로부터 지정을 받고 농수산물을 위탁받아 상장하여 도매하거나 이를 매수하여 도매하는 법인(도매시장법인의 지정을 받은 것으로 보는 공공출자법인 포함)을 말한다.

8. '시장도매인'이란 농수산물도매시장 또는 민영농수산물도매시장의 개설자로부터 지정을 받고 농수산물을 매수 또는 위탁받아 도매하거나 매매를 중개하는 영업을 하는 법인을 말한다.

9. '중도매인'이란 농수산물도매시장·농수산물공판장 또는 민영농수산물도매시장의 개설자의 허가 또는 지정을 받아 다음의 영업을 하는 자를 말한다.

   가. 농수산물도매시장·농수산물공판장 또는 민영농수산물도매시장에 상장된 농수산물을 매수하여 도매하거나 매매를 중개하는 영업

   나. 농수산물도매시장·농수산물공판장 또는 민영농수산물도매시장의 개설자로부터 허가를 받은 비상장(非上場) 농수산물을 매수 또는 위탁받아 도매하거나 매매를 중개하는 영업

10. '매매참가인'이란 농수산물도매시장·농수산물공판장 또는 민영농수산물도매시장의 개설자에게 신고를 하고, 농수산물도매시장·농수산물공판장 또는 민영농수산물도매시장에 상장된 농수산물을 직접 매수하는 자로서 중도매인이 아닌 가공업자·소매업자·수출업자 및 소비자단체 등 농수산물의 수요자를 말한다.

11. '산지유통인'(産地流通人)이란 농수산물도매시장·농수산물공판장 또는 민영농수산물도매시장의 개설자에게 등록하고, 농수산물을 수집하여 농수산물도매시장·농수산물공판장 또는 민영농수산물도매시장에 출하(出荷)하는 영업을 하는 자(법인을 포함)를 말한다.

12. '농수산물종합유통센터'란 국가 또는 지방자치단체가 설치하거나 국가 또는 지방자치단체의 지원을 받아 설치된 것으로서 농수산물의 출하 경로를 다원화하고 물류비용을 절감하기 위하여 농수산물의 수집·포장·가공·보관·수송·판매 및 그 정보처리 등 농수산물의 물류활동에 필요한 시설과 이와 관련된 업무시설을 갖춘 사업장을 말한다.

13. '경매사'(競賣士)란 도매시장법인의 임명을 받거나 농수산물공판장·민영농수산물도매시장 개설자의 임명을 받아, 상장된 농수산물의 가격 평가 및 경락자 결정 등의 업무를 수행하는 자를 말한다.

14. '농수산물 전자거래'란 농수산물의 유통단계를 단축하고 유통비용을 절감하기 위하여 「전자문서 및 전자거래 기본법」에 따른 전자거래의 방식으로 농수산물을 거래하는 것을 말한다.

법 제3조(다른 법률의 적용 배제)

이 법에 따른 농수산물도매시장(이하 '도매시장'), 농수산물공판장(이하 '공판장'), 민영농수산물도매시장(이하 '민영도매시장') 및 농수산물종합유통센터(이하 '종합유통센터')에 대하여는 「유통산업발전법」의 규정을 적용하지 아니한다.

제2장 농수산물의 생산조정 및 출하조절

법 제4조(주산지의 지정 및 해제 등)

① 시·도지사는 농수산물의 경쟁력 제고 또는 수급(需給)을 조절하기 위하여 생산 및 출하를 촉진 또는 조절할 필요가 있다고 인정할 때에는 주요 농수산물의 생산지역이나 생산수면(이하 "주산지")을 지정하고 그 주산지에서 주요 농수산물을 생산하는 자에 대하여 생산자금의 융자 및 기술지도 등 필요한 지원을 할 수 있다.

② ①에 따른 주요 농수산물은 국내 농수산물의 생산에서 차지하는 비중이 크거나 생산·출하의 조절이 필요한 것으로서 농림축산식품부장관 또는 해양수산부장관이 지정하는 품목으로 한다.

③ 주산지는 다음의 요건을 갖춘 지역 또는 수면(水面) 중에서 구역을 정하여 지정한다.

1. 주요 농수산물의 재배면적 또는 양식면적이 농림축산식품부장관 또는 해양수산부장관이 고시하는 면적 이상일 것
2. 주요 농수산물의 출하량이 농림축산식품부장관 또는 해양수산부장관이 고시하는 수량 이상일 것

④ 시·도지사는 지정된 주산지가 지정요건에 적합하지 아니하게 되었을 때에는 그 지정을 변경하거나 해제할 수 있다.

⑤ 주산지의 지정, 주요 농수산물 품목의 지정 및 주산지의 변경·해제에 필요한 사항은 대통령령으로 정한다.

법 제4조의2(주산지협의체의 구성 등)

① 지정된 주산지의 시·도지사는 주산지의 지정목적 달성 및 주요 농수산물 경영체 육성을 위하여 생산자 등으로 구성된 주산지협의체(이하 "협의체")를 설치할 수 있다.

② 협의체는 주산지 간 정보 교환 및 농수산물 수급조절 과정에의 참여 등을 위하여 공동으로 품목별 중앙주산지협의회(이하 "중앙협의회")를 구성·운영할 수 있다.

③ 협의체의 설치 및 중앙협의회의 구성·운영 등에 관하여 필요한 사항은 대통령령으로 정한다.

④ 국가 또는 지방자치단체는 협의체 및 중앙협의회의 원활한 운영을 위하여 필요한 경비의 일부를 지원할 수 있다.

> 시행령 제4조(주산지의 지정·변경 및 해제)
> ① 주요 농수산물의 생산지역이나 생산수면(주산지)의 지정은 읍·면·동 또는 시·군·구 단위로 한다.
> ② 특별시장·광역시장·특별자치시장·도지사 또는 특별자치도지사는 제1항에 따라 주산지를 지정하였을 때에는 이를 고시하고 농림축산식품부장관 또는 해양수산부장관에게 통지하여야 한다.
> ③ 주산지 지정의 변경 또는 해제에 관하여는 ① 및 ②를 준용한다.

법 제5조(농림업관측)

① 농림축산식품부장관은 농산물의 수급안정을 위하여 가격의 등락 폭이 큰 주요 농산물에 대하여 매년 기상정보, 생산면적, 작황, 재고물량, 소비동향, 해외시장 정보 등을 조사하여 이를 분석하는 농림업관측을 실시하고 그 결과를 공표하여야 한다.

② 농림업관측에도 불구하고 농림축산식품부장관은 주요 곡물의 수급안정을 위하여 농림축산식품부장관이 정하는 주요 곡물에 대한 상시 관측체계의 구축과 국제 곡물수급모형의 개발을 통하여 매년 주요 곡물 생산 및 수출 국가들의 작황 및 수급 상황 등을 조사·분석하는 국제곡물관측을 별도로 실시하고 그 결과를 공표하여야 한다.

③ 농림축산식품부장관은 효율적인 농림업관측 또는 국제곡물관측을 위하여 필요하다고 인정하는 경우에는 품목을 지정하여 지역농업협동조합, 지역축산업협동조합, 품목별·업종별협동조합, 산림조합, 그 밖에 농림축산식품부령으로 정하는 자로 하여금 농림업관측 또는 국제곡물관측을 실시하게 할 수 있다.

④ 농림축산식품부장관은 농림업관측업무 또는 국제곡물관측업무를 효율적으로 실시하기 위하여 농림업 관련 연구기관 또는 단체를 농림업관측 전담기관(국제곡물관측업무를 포함)으로 지정하고, 그 운영에 필요한 경비를 충당하기 위하여 예산의 범위에서 출연금(出捐金) 또는 보조금을 지급할 수 있다.

⑤ 농림업관측 전담기관의 지정 및 운영에 필요한 사항은 농림축산식품부령으로 정한다.

법 제5조의2(농수산물 유통 관련 통계작성 등)

① 농림축산식품부장관 또는 해양수산부장관은 농수산물의 수급안정을 위하여 가격의 등락 폭이 큰 주요 농수산물의 유통에 관한 통계를 작성·관리하고 공표하되, 필요한 경우 통계청장과 협의할 수 있다.

② 농림축산식품부장관 또는 해양수산부장관은 통계 작성을 위하여 필요한 경우 관계 중앙행정기관의 장 또는 지방자치단체의 장 등에게 자료의 제공을 요청할 수 있다. 이 경우 자료제공을 요청받은 관계 중앙행정기관의 장 또는 지방자치단체의 장 등은 특별한 사유가 없으면 자료를 제공하여야 한다.

③ 규정한 사항 외에 농수산물의 유통에 관한 통계 작성·관리 및 공표 등에 필요한 사항은 대통령령으로 정한다.

법 제5조의3(종합정보시스템의 구축·운영)

① 농림축산식품부장관 및 해양수산부장관은 농수산물의 원활한 수급과 적정한 가격 유지를 위하여 농수산물유통 종합정보시스템을 구축하여 운영할 수 있다.

② 농림축산식품부장관 및 해양수산부장관은 농수산물유통 종합정보시스템의 구축·운영을 대통령령으로 정하는 전문기관에 위탁할 수 있다.

③ 규정한 사항 외에 농수산물유통 종합정보시스템의 구축·운영 등에 필요한 사항은 대통령령으로 정한다.

법 제6조(계약생산)

① 농림축산식품부장관은 주요 농산물의 원활한 수급과 적정한 가격 유지를 위하여 지역농업협동조합, 지역축산업협동조합, 품목별·업종별협동조합, 조합공동사업법인, 품목조합연합회, 산림조합과 그 중앙회(농협경제지주회사 포함)나 그 밖에 대통령령으로 정하는 생산자 관련 단체 또는 농산물 수요자와 생산자 간에 계약생산 또는 계약출하를 하도록 장려할 수 있다.

② 농림축산식품부장관은 생산계약 또는 출하계약을 체결하는 생산자단체 또는 농산물 수요자에 대하여 제54조에 따른 농산물가격안정기금으로 계약금의 대출 등 필요한 지원을 할 수 있다.

시행령 제7조(계약생산의 생산자 관련 단체)

법 제6조제1항에서 '대통령령으로 정하는 생산자 관련 단체'란 다음의 자를 말한다.

1. 농수산물을 공동으로 생산하거나 농산물을 생산하여 이를 공동으로 판매·가공·홍보 또는 수출하기 위하여 지역농업협동조합, 지역축산업협동조합, 품목별·업종별협동조합, 조합공동사업법인, 품목조합연합회, 산림조합과 그 중앙회(농협경제지주회사를 포함) 중 둘 이상이 모여 결성한 조직으로서 농림축산식품부장관이 정하여 고시하는 요건을 갖춘 단체

2. 시행령 제3조제1항에 해당하는 자:「농어업경영체 육성 및 지원에 관한 법률」에 따른 영농조합법인 및 영어조합법인과 농업회사법인 및 어업회사법인,「농업협동조합법」에 따른 농협경제지주회사의 자회사

3. 농산물을 공동으로 생산하거나 농산물을 생산하여 이를 공동으로 판매·가공·홍보 또는 수출하기 위하여 농업인 5인 이상이 모여 결성한 법인격이 있는 조직으로서 농림축산식품부장관이 정하여 고시하는 요건을 갖춘 단체

4. 2 또는 3의 단체 중 둘 이상이 모여 결성한 조직으로서 농림축산식품부장관이 정하여 고시하는 요건을 갖춘 단체

법 제8조(가격 예시)

① 농림축산식품부장관 또는 해양수산부장관은 농림축산식품부령 또는 해양수산부령으로 정하는 주요 농수산물의 수급조절과 가격안정을 위하여 필요하다고 인정할 때에는 해당 농산물의 파종기 또는 수산물의 종묘입식(種苗入植) 시기 이전에 생산자를 보호하기 위한 하한가격(이하 '예시가격')을 예시할 수 있다.

> 시행규칙 제9조(가격예시 대상 품목)
> 법 제8조제1항에 따른 주요 농산물은 계약생산 또는 계약출하를 하는 농산물로서 농림축산식품부장관이 지정하는 품목으로 한다.

② 농림축산식품부장관 또는 해양수산부장관은 예시가격을 결정할 때에는 해당 농산물의 농림업관측, 주요 곡물의 국제곡물관측 또는 수산물의 수산업관측 결과, 예상 경영비, 지역별 예상 생산량 및 예상 수급상황 등을 고려하여야 한다.

③ 농림축산식품부장관 또는 해양수산부장관은 예시가격을 결정할 때에는 미리 기획재정부장관과 협의하여야 한다.

④ 농림축산식품부장관 또는 해양수산부장관은 가격을 예시한 경우에는 예시가격을 지지(支持)하기 위하여 다음의 사항 등을 연계하여 적절한 시책을 추진하여야 한다.

  1. 농림업관측·국제곡물관측 또는 수산업관측의 지속적 실시
  2. 계약생산 또는 계약출하의 장려
  3. 수매 및 처분
  4. 유통협약 및 유통조절명령
  5. 비축사업

법 제9조(과잉생산 시의 생산자 보호)

① 농림축산식품부장관은 채소류 등 저장성이 없는 농산물의 가격안정을 위하여 필요하다고 인정할 때에는 그 생산자 또는 생산자단체로부터 농산물가격안정기금으로 해당 농산물을 수매할 수 있다. 다만, 가격안정을 위하여 특히 필요하다고 인정할 때에는 도매시장 또는 공판장에서 해당 농산물을 수매할 수 있다.

② 수매한 농산물은 판매 또는 수출하거나 사회복지단체에 기증하거나 그 밖에 필요한 처분을 할 수 있다.

③ 농림축산식품부장관은 수매 및 처분에 관한 업무를 농업협동조합중앙회·산림조합중앙회 또는 「한국농수산식품유통공사법」에 따른 한국농수산식품유통공사에 위탁할 수 있다.

④ 규정에 따른 수매·처분 등에 필요한 사항은 대통령령으로 정한다.

시행령 제10조(과잉생산된 농산물의 수매 및 처분)

① 농림축산식품부장관은 저장성이 없는 농산물을 수매할 때에 다음의 어느 하나의 경우에는 수확 이전에 생산자 또는 생산자단체로부터 이를 수매할 수 있으며, 수매한 농산물에 대해서는 해당 농산물의 생산지에서 폐기하는 등 필요한 처분을 할 수 있다.

  1. 생산조정 또는 출하조절에도 불구하고 과잉생산이 우려되는 경우
  2. 생산자보호를 위하여 필요하다고 인정되는 경우

② 저장성이 없는 농산물을 수매하는 경우에는 생산계약 또는 출하계약을 체결한 생산자가 생산한 농산물과 출하를 약정한 생산자가 생산한 농산물을 우선적으로 수매하여야 한다.

③ 저장성이 없는 농산물의 수매·처분의 위탁 및 비용처리에 관하여는 비축사업 등의 위탁, 비축사업 등의 자금의 집행·관리, 비축사업 등의 비용처리의 규정을 준용한다.

법 제9조의2(몰수농산물 등의 이관)

① 농림축산식품부장관은 국내 농산물 시장의 수급안정 및 거래질서 확립을 위하여 「관세법」 및 「검찰청법」에 따라 몰수되거나 국고에 귀속된 농산물(이하 '몰수농산물 등')을 이관 받을 수 있다.

② 농림축산식품부장관은 이관받은 몰수농산물 등을 매각·공매·기부 또는 소각하거나 그 밖의 방법으로 처분할 수 있다.

③ 몰수농산물 등의 처분으로 발생하는 비용 또는 매각·공매 대금은 농산물가격안정기금으로 지출 또는 납입하여야 한다.

④ 농림축산식품부장관은 몰수농산물 등의 처분업무를 농업협동조합중앙회 또는 한국농수산식품유통공사 중에서 지정하여 대행하게 할 수 있다.

⑤ 몰수농산물 등의 처분절차 등에 관하여 필요한 사항은 농림축산식품부령으로 정한다.

시행규칙 제9조의2(몰수농산물 등의 인수)

① 농림축산식품부장관은 몰수농산물 등을 이관받으려는 경우에는 처분대행기관의 장에게 이를 인수하도록 통보하여야 한다.

② 인수통보를 받은 처분대행기관장은 이관받은 품목의 품명·규격·수량·성질 및 상태 등을 정확히 파악한 후 인수하고, 그 결과를 농림축산식품부장관에게 지체 없이 보고하여야 한다.

시행규칙 제9조의3(몰수농산물 등의 처분)

① 농림축산식품부장관은 이관받은 몰수농산물 등이 다음의 어느 하나에 해당하는 경우 처분대행기관장에게 이를 소각·매몰의 방법으로 처분하도록 할 수 있다.
  1. 국내 시장의 수급조절 또는 가격안정에 필요한 경우
  2. 부패·변질의 우려가 있거나 상품 가치를 상실한 경우

② 농림축산식품부장관은 ①의 경우를 제외하고 이관받은 몰수농산물 등을 처분대행기관장에게 매각·공매·기부의 방법으로 처분하도록 할 수 있다.

③ 처분대행기관장은 매각·공매의 방법으로 처분한 경우 인수·보관 및 처분에 든 비용과 대행수수료를 제외한 매각·공매 대금을 농산물가격안정기금에 납입하여야 한다.

법 제10조(유통협약 및 유통조절명령)

① 주요 농수산물의 생산자, 산지유통인, 저장업자, 도매업자·소매업자 및 소비자 등(생산자 등)의 대표는 해당 농수산물의 자율적인 수급조절과 품질향상을 위하여 생산조정 또는 출하조절을 위한 유통협약을 체결할 수 있다.

② 농림축산식품부장관 또는 해양수산부장관은 부패하거나 변질되기 쉬운 농수산물로서 농림축산식품부령 또는 해양수산부령으로 정하는 농수산물에 대하여 현저한 수급 불안정을 해소하기 위하여 특히 필요하다고 인정되고 농림축산식품부령 또는 해양수산부령으로 정하는 생산자등 또는 생산자단체가 요청할 때에는 공정거래위원회와 협의를 거쳐 일정 기간 동안 일정 지역의 해당 농수산물의 생산자등에게 생산조정 또는 출하조절을 하도록 하는 유통조절명령(이하 '유통명령')을 할 수 있다.

③ 유통명령에는 유통명령을 하는 이유, 대상 품목, 대상자, 유통조절방법 등 대통령령으로 정하는 사항이 포함되어야 한다.

④ 생산자등 또는 생산자단체가 유통명령을 요청하려는 경우에는 ③에 따른 내용이 포함된 요청서를 작성하여 이해관계인·유통전문가의 의견수렴 절차를 거치고 해당 농수산물의 생산자등의 대표나 해당 생산자단체의 재적회원 3분의 2 이상의 찬성을 받아야 한다.

⑤ 유통명령을 하기 위한 기준과 구체적 절차, 유통명령을 요청할 수 있는 생산자등의 조직과 구성 및 운영방법 등에 관하여 필요한 사항은 농림축산식품부령 또는 해양수산부령으로 정한다.

시행령 제11조(유통조절명령)

유통조절명령에는 다음의 사항이 포함되어야 한다.
1. 유통조절명령의 이유(수급·가격·소득의 분석 자료를 포함)
2. 대상 품목
3. 기간
4. 지역
5. 대상자
6. 생산조정 또는 출하조절의 방안
7. 명령이행 확인의 방법 및 명령 위반자에 대한 제재조치
8. 사후관리와 그 밖에 농림축산식품부장관 또는 해양수산부장관이 유통조절에 관하여 필요하다고 인정하는 사항

시행규칙 제10조(유통명령의 대상 품목)

유통조절명령을 내릴 수 있는 농수산물은 다음의 농수산물 중 농림축산식품부장관 또는 해양수산부장관이 지정하는 품목으로 한다.
1. 유통협약을 체결한 농수산물
2. 생산이 전문화되고 생산지역의 집중도가 높은 농수산물

시행규칙 제11조(유통명령의 요청자 등)

① '농림축산식품부령 또는 해양수산부령으로 정하는 생산자등 또는 생산자단체'란 다음의 생산자등 또는 생산자단체로서 농수산물의 수급조절 및 품질향상 능력 등 농림축산식품부장관 또는 해양수산부장관이 정하는 요건을 갖춘 자를 말한다.
1. 유통명령 대상 품목인 농수산물의 수급조절과 품질향상을 위하여 유통조절추진위원회를 구성·운영하는 생산자등
2. 유통명령 대상 품목인 농수산물을 주로 생산하는 생산자단체

② 요청자가 유통명령을 요청하는 경우에는 유통명령 요청서를 해당 지역에서 발행되는 일간지에 공고하거나 이해관계자 대표 등에게 발송하여 10일 이상 의견조회를 하여야 한다.

시행규칙 제11조의2(유통명령의 발령기준 등)

유통명령을 발하기 위한 기준은 다음의 사항을 감안하여 농림축산식품부장관 또는 해양수산부장관이 정하여 고시한다.

1. 품목별 특성
2. 관측 결과 등을 반영하여 산정한 예상 가격과 예상 공급량

시행규칙 제12조(유통조절추진위원회의 조직 등)

① 유통명령을 요청하려는 생산자등은 유통명령 대상 품목의 생산자, 산지유통인, 저장업자, 도매업자·소매업자 및 소비자 등의 대표가 참여하여 유통명령의 요청 및 유통조절 추진에 관한 사항을 협의하는 유통조절추진위원회를 구성하여야 하며, 유통명령의 원활한 시행을 위하여 필요한 경우에는 해당 농수산물의 주요 생산지에 유통조절추진위원회의 지역조직을 둘 수 있다.

② 유통조절추진위원회의 구성 및 운영방법 등에 관한 세부적인 사항은 농림축산식품부장관 또는 해양수산부장관이 정한다.

③ 농림축산식품부장관 또는 해양수산부장관은 유통조절추진위원회의 생산·출하조절 등 수급안정을 위한 활동을 지원할 수 있다.

법 제11조(유통명령의 집행)

① 농림축산식품부장관 또는 해양수산부장관은 유통명령이 이행될 수 있도록 유통명령의 내용에 관한 홍보, 유통명령 위반자에 대한 제재 등 필요한 조치를 하여야 한다.

② 농림축산식품부장관 또는 해양수산부장관은 필요하다고 인정하는 경우에는 지방자치단체의 장, 해당 농수산물의 생산자등의 조직 또는 생산자단체로 하여금 유통명령 집행업무의 일부를 수행하게 할 수 있다.

법 제12조(유통명령 이행자에 대한 지원 등)

① 농림축산식품부장관 또는 해양수산부장관은 유통협약 또는 유통명령을 이행한 생산자등이 그 유통협약이나 유통명령을 이행함에 따라 발생하는 손실에 대하여는 농산물가격안정기금 또는 수산발전기금으로 그 손실을 보전(補塡)하게 할 수 있다.

② 농림축산식품부장관 또는 해양수산부장관은 유통명령 집행업무의 일부를 수행하는 생산자등의 조직이나 생산자단체에 필요한 지원을 할 수 있다.

③ 유통명령 이행으로 인한 손실 보전 및 유통명령 집행업무의 지원에 필요한 사항은 대통령령으로 정한다.

법 제13조(비축사업 등)

① 농림축산식품부장관은 농산물(쌀과 보리는 제외)의 수급조절과 가격안정을 위하여 필요하다고 인정할 때에는 농산물가격안정기금으로 농산물을 비축하거나 농산물의 출하를 약정하는 생산자에게 그 대금의 일부를 미리 지급하여 출하를 조절할 수 있다.

② 비축용 농산물은 생산자 및 생산자단체로부터 수매하여야 한다. 다만, 가격안정을 위하여 특히 필요하다고 인정할 때에는 도매시장 또는 공판장에서 수매하거나 수입할 수 있다.

③ 농림축산식품부장관은 비축용 농산물을 수입하는 경우 국제가격의 급격한 변동에 대비하여야 할 필요가 있다고 인정할 때에는 선물거래(先物去來)를 할 수 있다.

④ 농림축산식품부장관은 사업을 농림협중앙회 또는 한국농수산식품유통공사에 위탁할 수 있다.

⑤ 비축용 농산물의 수매·수입·관리 및 판매 등에 필요한 사항은 대통령령으로 정한다.

시행령 제37조의2(고유식별정보의 처리)

① 농림축산식품부장관은 농산물 비축사업에 관한 사무를 수행하기 위하여 불가피한 경우 「개인정보 보호법 시행령」에 따른 주민등록번호 또는 외국인등록번호가 포함된 자료를 처리할 수 있다.

② 농림축산식품부장관 또는 해양수산부장관(농림축산식품부장관 또는 해양수산부장관의 업무를 위탁받은 자를 포함)은 시험의 관리(경매사 자격증 발급을 포함)에 관한 업무를 수행하기 위하여 불가피한 경우 「개인정보 보호법 시행령」에 따른 주민등록번호 또는 외국인등록번호가 포함된 자료를 처리할 수 있다.

③ 도매시장 개설자(도매시장 개설자의 권한을 위탁받은 자를 포함), 공판장의 개설자 또는 민영도매시장의 개설자는 다음의 사무를 수행하기 위하여 불가피한 경우 「개인정보 보호법 시행령」에 따른 주민등록번호가 포함된 자료를 처리할 수 있다.

1. 도매시장법인의 지정에 관한 사무
2. 도매시장법인의 인수·합병 승인에 관한 사무
3. 중도매업의 허가에 관한 사무
4. 법인인 중도매인의 인수·합병 승인에 관한 사무
5. 매매참가인의 신고에 관한 사무
6. 산지유통인 등록에 관한 사무
7. 출하자 신고에 관한 사무
8. 시장도매인의 지정에 관한 사무
9. 시장도매인의 인수·합병 승인에 관한 사무

시행령 제12조(비축사업 등의 위탁)

① 농림축산식품부장관은 다음의 농산물의 비축사업 또는 출하조절사업(이하 '비축사업 등')을 농업협동조합중앙회·농협경제지주회사·산림조합중앙회 또는 한국농수산식품유통공사에 위탁하여 실시한다.

1. 비축용 농산물의 수매·수입·포장·수송·보관 및 판매
2. 비축용 농산물을 확보하기 위한 재배·양식·선매 계약의 체결
3. 농산물의 출하약정 및 선급금의 지급
4. 1부터 3까지의 규정에 따른 사업의 정산

② 농림축산식품부장관은 농산물의 비축사업등을 위탁할 때에는 다음의 사항을 정하여 위탁하여야 한다.
1. 대상농산물의 품목 및 수량
2. 대상농산물의 품질·규격 및 가격
2의2. 대상농산물의 안정성 확인방법
3. 대상농산물의 판매방법·수매 또는 수입시기 등 사업실시에 필요한 사항

시행령 제13조(비축사업 등의 자금의 집행·관리)

① 농림축산식품부장관은 농산물의 비축사업 등을 위탁하였을 때에는 그 사업에 필요한 자금의 개산액을 농산물가격안정기금에서 해당 사업의 위탁을 받은 자(이하 '비축사업실시기관')에게 지급하여야 한다.

② 비축사업실시기관은 비축사업 등을 위한 자금을 지급받았을 때에는 해당 기관의 회계와 구분하여 별도의 계정을 설치하고 비축사업 등의 실시에 따른 수입과 지출을 구분하여 회계처리하여야 한다.

③ 비축사업실시기관의 장은 사업이 끝났을 때에는 지체 없이 해당 사업에 대한 정산을 하고, 그 결과를 농림축산식품부장관에게 보고하여야 한다.

시행령 제14조(비축사업 등의 비용처리)

① 비축사업 등 자금을 사용함에 있어서 그 경비를 산정하기 어려운 수매·판매 등에 관한 사업관리비와 비축사업 등을 위탁한 경우 비축사업실시기관에 지급하는 비축사업 등 자금의 관리비는 농림축산식품부장관이 정하는 기준에 따라 산정되는 금액으로 한다.

② 비축사업 등의 실시과정에서 발생한 농산물의 감모(減耗)에 대해서는 농림축산식품부장관이 정하는 한도에서 비용으로 처리한다.

③ 화재·도난·침수 등의 사고로 인하여 비축한 농산물이 멸실·훼손·부패 또는 변질된 경우의 피해에 대해서는 비축사업실시기관이 변상한다. 다만, 그 사고가 불가항력으로 인한 것인 경우에는 기금에서 손비(損費)로 처리한다.

법 제14조(과잉생산 시의 생산자 보호 등 사업의 손실처리)

농림축산식품부장관은 수매와 비축사업의 시행에 따라 생기는 감모(減耗), 가격 하락, 판매·수출·기증과 그 밖의 처분으로 인한 원가 손실 및 수송·포장·방제(防除) 등 사업실시에 필요한 관리비를 대통령령으로 정하는 바에 따라 그 사업의 비용으로 처리한다.

법 제15조(농산물의 수입 추천 등)

① 「세계무역기구 설립을 위한 마라케쉬협정」에 따른 대한민국 양허표(讓許表)상의 시장접근물량에 적용되는 양허세율(讓許稅率)로 수입하는 농산물 중 다른 법률에서 달리 정하지 아니한 농산물을 수입하려는 자는 농림축산식품부장관의 추천을 받아야 한다.

② 농림축산식품부장관은 농산물의 수입에 대한 추천업무를 농림축산식품부장관이 지정하는 비영리법인으로 하여금 대행하게 할 수 있다. 이 경우 품목별 추천물량 및 추천기준과 그 밖에 필요한 사항은 농림축산식품부장관이 정한다.

③ 농산물을 수입하려는 자는 사용용도와 그 밖에 농림축산식품부령으로 정하는 사항을 적어 수입 추천신청을 하여야 한다.

시행규칙 제13조(농산물의 수입 추천 등)
① 법 제15조제3항에서 '농림축산식품부령으로 정하는 사항'이란 다음의 사항을 말한다.
   1. 「관세법 시행령」에 따른 관세·통계통합품목분류표상의 품목번호
   2. 품명
   3. 수량
   4. 총금액
② 농림축산식품부장관이 비축용 농산물로 수입하거나 생산자단체를 지정하여 수입·판매하게 할 수 있는 품목은 다음과 같다.
   1. 비축용 농산물로 수입·판매하게 할 수 있는 품목 : 고추·마늘·양파·생강·참깨
   2. 생산자단체를 지정하여 수입·판매하게 할 수 있는 품목 : 오렌지·감귤류

---

④ 농림축산식품부장관은 필요하다고 인정할 때에는 추천 대상 농산물 중 농림축산식품부령으로 정하는 품목의 농산물을 비축용 농산물로 수입하거나 생산자단체를 지정하여 수입하여 판매하게 할 수 있다.

법 제16조(수입이익금의 징수 등)

① 농림축산식품부장관은 추천을 받아 농산물을 수입하는 자 중 농림축산식품부령으로 정하는 품목의 농산물을 수입하는 자에 대하여 농림축산식품부령으로 정하는 바에 따라 국내가격과 수입가격 간의 차액의 범위에서 수입이익금을 부과·징수할 수 있다.
② 수입이익금은 농림축산식품부령으로 정하는 바에 따라 농산물가격안정기금에 납입하여야 한다.
③ 수입이익금을 정하여진 기한까지 내지 아니하면 국세 체납처분의 예에 따라 징수할 수 있다.

시행규칙 제14조(수입이익금의 징수 등)

① 농림축산식품부장관이 수입이익금을 부과·징수할 수 있는 품목 및 금액산정방법은 다음과 같다.
   1. 고추·마늘·양파·생강·참깨 : 해당 품목의 판매수입금에서 농림축산식품부장관이 정하여 고시하는 비용산정 기준 및 방법에 따라 산정된 물품대금, 운송료, 보험료, 그 밖에 수입에 드는 비목(費目)의 비용과 각종 공과금, 보관료, 운송료, 판매수수료 등 국내 판매에 드는 비목의 비용을 뺀 금액 또는 해당 품목의 수입자로 결정된 자가 수입자 결정 시 납입 의사를 표시한 금액
   2. 참기름·오렌지·감귤류 : 해당 품목의 수입자로 결정된 자가 수입자 결정시 납입 의사를 표시한 금액
② 수입이익금을 납부하여야 하는 자는 수입이익금을 농림축산식품부장관이 고지하는 기한까지 농산물가격안정기금에 납입하여야 한다. 이 경우 수입이익금이 1천만 원 이하인 경우에는 신용카드, 직불카드 등으로 납입할 수 있다.

제3장 농수산물도매시장

법 제17조(도매시장의 개설 등)

① 도매시장은 대통령령으로 정하는 바에 따라 부류별로 또는 둘 이상의 부류를 종합하여 중앙도매시장의 경우에는 특별시·광역시·특별자치시 또는 특별자치도가 개설하고, 지방도매시장의 경우에는 특별시·광역시·특별자치시·특별자치도 또는 시가 개설한다. 다만, 시가 지방도매시장을 개설하려면 도지사의 허가를 받아야 한다.

> **시행령 제15조(도매시장의 개설)**
> 도매시장은 양곡부류·청과부류·축산부류·수산부류·화훼부류 및 약용작물부류별로 개설하거나 둘 이상의 부류를 종합하여 개설한다.
>
> **시행령 제16조(도매시장의 명칭)**
> 도매시장의 명칭에는 그 도매시장을 개설한 지방자치단체의 명칭이 포함되어야 한다.

② 삭제 〈2012.2.22.〉

③ 시가 지방도매시장의 개설허가를 받으려면 농림축산식품부령 또는 해양수산부령으로 정하는 바에 따라 지방도매시장 개설허가 신청서에 업무규정과 운영관리계획서를 첨부하여 도지사에게 제출하여야 한다.

④ 특별시·광역시·특별자치시 또는 특별자치도가 도매시장을 개설하려면 미리 업무규정과 운영관리계획서를 작성하여야 하며, 중앙도매시장의 업무규정은 농림축산식품부장관 또는 해양수산부장관의 승인을 받아야 한다.

⑤ 중앙도매시장의 개설자가 업무규정을 변경하는 때에는 농림축산식품부장관 또는 해양수산부장관의 승인을 받아야 하며, 지방도매시장의 개설자(시가 개설자인 경우만 해당한다)가 업무규정을 변경하는 때에는 도지사의 승인을 받아야 한다.

⑥ 시가 지방도매시장을 폐쇄하려면 그 3개월 전에 도지사의 허가를 받아야 한다. 다만, 특별시·광역시·특별자치시 및 특별자치도가 도매시장을 폐쇄하는 경우에는 그 3개월 전에 이를 공고하여야 한다.

⑦ 업무규정으로 정하여야 할 사항과 운영관리계획서의 작성 및 제출에 필요한 사항은 농림축산식품부령 또는 해양수산부령으로 정한다.

시행규칙 제15조(도매시장의 장소 이전 등)

① 시가 지방도매시장의 장소를 이전하려는 경우에는 장소 이전 허가신청서에 업무규정과 운영관리계획서를 첨부하여 도지사에게 제출하여야 한다.

② 특별시·광역시·특별자치시 또는 특별자치도가 농수산물도매시장을 개설한 경우에는 도매시장의 업무규정 및 운영관리계획서를 농림축산식품부장관 또는 해양수산부장관에게 제출하여야 한다. 해당 도매시장의 업무규정을 변경한 경우에도 또한 같다.

시행규칙 제16조(업무규정)

① 법 제17조제7항에 따라 도매시장의 업무규정에 정할 사항은 다음과 같다.

1. 도매시장의 명칭 · 장소 및 면적
2. 거래품목
3. 도매시장의 휴업일 및 영업시간
4. 「지방공기업법」에 따른 지방공사, 공공출자법인 또는 한국농수산식품유통공사를 시장관리자로 지정하여 도매시장의 관리업무를 하게 하는 경우에는 그 관리업무에 관한 사항
5. 지정하려는 도매시장법인의 적정 수, 임원의 자격, 자본금, 거래규모, 순자산액 비율, 거래대금의 지급보증을 위한 보증금 등 그 지정조건에 관한 사항
6. 도매시장법인이 다른 도매시장법인을 인수 · 합병하려는 경우 도매시장법인의 임원의 자격, 자본금, 사업계획서, 거래대금의 지급보증을 위한 보증금 등 그 승인요건에 관한 사항
7. 중도매업의 허가에 관한 사항, 중도매인의 적정 수, 최저거래금액, 거래대금의 지급보증을 위한 보증금, 시설사용계약 등 그 허가조건에 관한 사항
8. 법인인 중도매인이 다른 법인인 중도매인을 인수 · 합병하려는 경우 거래규모, 거래보증금 등 그 승인요건에 관한 사항
9. 산지유통인의 등록에 관한 사항
10. 출하자 신고 및 출하 예약에 관한 사항
11. 도매시장법인의 매수거래 및 상장되지 아니한 농수산물의 중도매인 거래허가에 관한 사항
12. 도매시장법인 또는 시장도매인의 매매방법에 관한 사항
13. 도매시장법인 및 시장도매인의 거래의 특례에 관한 사항
14. 법도매시장법인의 겸영(兼營)에 관한 사항
15. 도매시장법인 또는 시장도매인 공시에 관한 사항
16. 지정하려는 시장도매인의 적정 수, 임원의 자격, 자본금, 거래규모, 순자산액 비율, 거래대금의 지급보증을 위한 보증금, 최저거래금액 등 그 지정조건에 관한 사항
17. 시장도매인이 다른 시장도매인을 인수 · 합병하려는 경우 시장도매인의 임원의 자격, 자본금, 사업계획서, 거래대금의 지급보증을 위한 보증금 등 그 승인요건에 관한 사항
18. 최소출하량의 기준에 관한 사항
19. 농수산물의 안전성 검사에 관한 사항
20. 표준하역비를 부담하는 규격출하품과 표준하역비에 관한 사항
21. 도매시장법인 또는 시장도매인의 대금결제방법과 대금 지급의 지체에 따른 지체상금의 지급 등 대금결제에 관한 사항
22. 개설자, 도매시장법인, 시장도매인 또는 중도매인이 징수하는 도매시장 사용료, 부수시설 사용료, 위탁수수료, 중개수수료 및 정산수수료
23. 지방도매시장의 운영 등의 특례에 관한 사항
24. 시설물의 사용기준 및 조치에 관한 사항
25. 도매시장법인, 시장도매인, 도매시장공판장, 중도매인의 시설사용면적 조정 · 차등지원 등에 관한 사항
26. 도매시장거래분쟁조정위원회의 구성 · 운영 및 분쟁 심의대상 등에 관한 세부 사항
27. 최소경매사의 수에 관한 사항
28. 도매시장법인의 매매방법에 관한 사항
29. 대량입하품 등의 우대조치에 관한 사항
30. 전자식경매 · 입찰의 예외에 관한 사항

31. 정산창구의 운영방법 및 관리에 관한 사항
32. 표준송품장의 양식 및 관리에 관한 사항
33. 판매원표의 관리에 관한 사항
34. 표준정산서의 양식 및 관리에 관한 사항
35. 시장관리운영위원회의 운영 등에 관한 사항
36. 매매참가인의 신고에 관한 사항
37. 그 밖에 도매시장 개설자가 도매시장의 효율적인 관리·운영을 위하여 필요하다고 인정하는 사항

② 도매시장의 업무규정에는 도매시장공판장의 운영 등에 관한 사항을 정할 수 있다.

법 제18조(개설구역)

① 도매시장의 개설구역은 도매시장이 개설되는 특별시·광역시·특별자치시·특별자치도 또는 시의 관할 구역으로 한다.

② 농림축산식품부장관 또는 해양수산부장관은 해당 지역에서의 농수산물의 원활한 유통을 위하여 필요하다고 인정할 때에는 도매시장의 개설구역에 인접한 일정 구역을 그 도매시장의 개설구역으로 편입하게 할 수 있다. 다만, 시가 개설하는 지방도매시장의 개설구역에 인접한 구역으로서 그 지방도매시장이 속한 도의 일정 구역에 대하여는 해당 도지사가 그 지방도매시장의 개설구역으로 편입하게 할 수 있다.

법 제19조(허가기준 등)

① 도지사는 허가신청의 내용이 다음의 요건을 갖춘 경우에는 이를 허가한다.
1. 도매시장을 개설하려는 장소가 농수산물 거래의 중심지로서 적절한 위치에 있을 것
2. 기준에 적합한 시설을 갖추고 있을 것
3. 운영관리계획서의 내용이 충실하고 그 실현이 확실하다고 인정되는 것일 것

② 도지사는 요구되는 시설이 갖추어지지 아니한 경우에는 일정한 기간 내에 해당 시설을 갖출 것을 조건으로 개설허가를 할 수 있다.

③ 특별시·광역시·특별자치시 또는 특별자치도가 도매시장을 개설하려면 ①의 요건을 모두 갖추어 개설하여야 한다.

법 제20조(도매시장 개설자의 의무)

① 도매시장 개설자는 거래 관계자의 편익과 소비자 보호를 위하여 다음의 사항을 이행하여야 한다.
1. 도매시장 시설의 정비·개선과 합리적인 관리
2. 경쟁 촉진과 공정한 거래질서의 확립 및 환경 개선
3. 상품성 향상을 위한 규격화, 포장 개선 및 선도(鮮度) 유지의 촉진

② 도매시장 개설자는 ①의 사항을 효과적으로 이행하기 위하여 이에 대한 투자계획 및 거래제도 개선방안 등을 포함한 대책을 수립·시행하여야 한다.

법 제21조(도매시장의 관리)

① 도매시장 개설자는 소속 공무원으로 구성된 도매시장 관리사무소를 두거나 「지방공기업법」에 따른 지방공사(이하 '관리공사'), 공공출자법인 또는 한국농수산식품유통공사 중에서 시장관리자를 지정할 수 있다.

② 도매시장 개설자는 관리사무소 또는 시장관리자로 하여금 시설물관리, 거래질서 유지, 유통 종사자에 대한 지도·감독 등에 관한 업무 범위를 정하여 해당 도매시장 또는 그 개설구역에 있는 도매시장의 관리업무를 수행하게 할 수 있다.

시행규칙 제18조(도매시장 관리사무소 등의 업무)

도매시장 개설자가 도매시장 관리사무소 또는 시장관리자로 하여금 하게 할 수 있는 도매시장의 관리업무는 다음과 같다.

1. 도매시장 시설물의 관리 및 운영
2. 도매시장의 거래질서 유지
3. 도매시장의 도매시장법인, 시장도매인, 중도매인 그 밖의 유통업무종사자에 대한 지도·감독
4. 도매시장법인 또는 시장도매인이 납부하거나 제공한 보증금 또는 담보물의 관리
5. 도매시장의 정산창구에 대한 관리·감독
6. 도매시장사용료·부수시설사용료의 징수
7. 그 밖에 도매시장 개설자가 도매시장의 관리를 효율적으로 수행하기 위하여 업무규정으로 정하는 사항의 시행

법 제22조(도매시장의 운영 등)

도매시장 개설자는 도매시장에 그 시설규모·거래액 등을 고려하여 적정 수의 도매시장법인·시장도매인 또는 중도매인을 두어 이를 운영하게 하여야 한다. 다만, 중앙도매시장의 개설자는 농림축산식품부령 또는 해양수산부령으로 정하는 부류에 대하여는 도매시장법인을 두어야 한다.

시행규칙 제18조의2(도매시장법인을 두어야 하는 부류)

① 법 제22조 단서에서 '농림축산식품부령 또는 해양수산부령으로 정하는 부류'란 청과부류와 수산부류를 말한다.

② 농림축산식품부장관 또는 해양수산부장관은 ①에 따른 부류가 적절한지를 2017년 8월 23일까지 검토하여 해당 부류의 폐지, 개정 또는 유지 등의 조치를 하여야 한다.

③ 농림축산식품부장관 또는 해양수산부장관은 ②에 따른 검토를 위하여 도매시장 거래실태와 현실 여건 변화 등을 매년 분석하여야 한다.

법 제23조(도매시장법인의 지정)

① 도매시장법인은 도매시장 개설자가 부류별로 지정하되, 중앙도매시장에 두는 도매시장법인의 경우에는 농림축산식품부장관 또는 해양수산부장관과 협의하여 지정한다. 이 경우 5년 이상 10년 이하의 범위에서 지정 유효기간을 설정할 수 있다.

② 도매시장법인의 주주 및 임직원은 해당 도매시장법인의 업무와 경합되는 도매업 또는 중도매업(仲都賣業)을 하여서는 아니 된다. 다만, 도매시장법인이 다른 도매시장법인의 주식 또는 지분을 과반수 이상 양수(이하 "인수")하고 양수법인의 주주 또는 임직원이 양도법인의 주주 또는 임직원의 지위를 겸하게 된 경우에는 그러하지 아니하다.

③ 도매시장법인이 될 수 있는 자는 다음의 요건을 갖춘 법인이어야 한다.

1. 해당 부류의 도매업무를 효과적으로 수행할 수 있는 지식과 도매시장 또는 공판장 업무에 2년 이상 종사한 경험이 있는 업무집행 담당 임원이 2명 이상 있을 것

2. 임원 중 이 법을 위반하여 금고 이상의 실형을 선고받고 그 형의 집행이 끝나거나(집행이 끝난 것으로 보는 경우를 포함) 집행이 면제된 후 2년이 지나지 아니한 사람이 없을 것

3. 임원 중 파산선고를 받고 복권되지 아니한 사람이나 피성년후견인 또는 피한정후견인이 없을 것

4. 임원 중 도매시장법인의 지정취소처분의 원인이 되는 사항에 관련된 사람이 없을 것

5. 거래규모, 순자산액 비율 및 거래보증금 등 도매시장 개설자가 업무규정으로 정하는 일정 요건을 갖출 것

④ 도매시장법인이 지정된 후 ③ 1의 요건을 갖추지 아니하게 되었을 때에는 3개월 이내에 해당 요건을 갖추어야 한다.

⑤ 도매시장법인은 해당 임원이 ③ 2부터 4까지의 어느 하나에 해당하는 요건을 갖추지 아니하게 되었을 때에는 그 임원을 지체 없이 해임하여야 한다.

⑥ 도매시장법인의 지정절차와 그 밖에 지정에 필요한 사항은 대통령령으로 정한다.

시행령 제17조(도매시장법인의 지정절차 등)

① 도매시장법인의 지정을 받으려는 자는 도매시장법인 지정신청서에 다음의 서류를 첨부하여 도매시장 개설자에게 제출하여야 한다. 이 경우 도매시장법인 지정신청서를 받은 도매시장 개설자는 「전자정부법」에 따른 행정정보의 공동이용을 통하여 신청인의 법인 등기사항증명서를 확인하여야 한다.

1. 정관

2. 주주 명부

3. 임원의 이력서

4. 해당 법인의 직전 회계연도의 재무제표와 그 부속서류(신설 법인의 경우에는 설립일을 기준으로 작성한 대차대조표)

5. 사업시작 예정일부터 5년간의 사업계획서(산지활동계획, 경매사확보계획, 농수산물판매계획, 자금운용계획, 조직 및 인력운용계획 등을 포함한다)

6. 거래규모, 순자산액 비율 및 거래보증금 등 도매시장 개설자가 업무규정으로 정한 요건을 갖추고 있음을 증명하는 서류

② 도매시장 개설자는 신청을 받았을 때에는 업무규정으로 정한 도매시장법인의 적정수의 범위에서 이를 지정하여야 한다.

법 제23조의2(도매시장법인의 인수 · 합병)

① 도매시장법인이 다른 도매시장법인을 인수하거나 합병하는 경우에는 해당 도매시장 개설자의 승인을 받아야 한다.

② 도매시장 개설자는 다음의 어느 하나에 해당하는 경우를 제외하고는 인수 또는 합병을 승인하여야 한다.

    1. 인수 또는 합병의 당사자인 도매시장법인이 요건을 갖추지 못한 경우

    2. 그 밖에 이 법 또는 다른 법령에 따른 제한에 위반되는 경우

③ 합병을 승인하는 경우 합병을 하는 도매시장법인은 합병이 되는 도매시장법인의 지위를 승계한다.

④ 도매시장법인의 인수 · 합병승인절차 등에 관하여 필요한 사항은 농림축산식품부령 또는 해양수산부령으로 정한다.

시행규칙 제18조의3(도매시장법인의 인수 · 합병의 승인 등)

① 도매시장법인이 도매시장 개설자의 인수 · 합병의 승인을 받으려는 경우에는 도매시장법인 인수 · 합병 승인신청서에 다음의 서류를 첨부하여 인수 · 합병 등기신청을 하기 전에 해당 도매시장 개설자에게 제출하여야 한다.

    1. 「상법」에 따른 주주총회의 승인을 받은 인수 · 합병계약서 사본

    2. 인수 · 합병 전후의 주주 명부

    3. 인수 · 합병 후 도매시장법인 임원의 이력서

    4. 인수 · 합병을 하는 도매시장법인 및 인수 · 합병이 되는 도매시장법인의 인수 · 합병 직전연도의 재무제표 및 그 부속서류

    5. 인수 · 합병이 되는 도매시장법인의 잔여 지정기간 동안의 사업계획서

    6. 인수 · 합병 후 거래규모, 순자산액 비율 및 출하대금의 지급보증을 위한 거래보증금 확보를 증명하는 서류

② 도매시장 개설자는 도매시장법인이 도매시장법인의 지정 요건을 갖춘 경우에만 인수 · 합병을 승인할 수 있다.

③ 도매시장 개설자는 도매시장법인이 제출한 신청서에 흠이 있는 경우 그 신청서의 보완을 요청할 수 있다.

④ 도매시장 개설자는 ②의 요건을 갖추고 있는지를 확인하고 신청서를 접수한 날부터 30일 이내에 그 승인 여부를 결정하여 지체 없이 신청인에게 문서로 통보하여야 한다. 이 경우 승인하지 아니하는 경우에는 그 사유를 분명히 밝혀야 한다.

법 제24조(공공출자법인)

① 도매시장 개설자는 도매시장을 효율적으로 관리 · 운영하기 위하여 필요하다고 인정하는 경우에는 도매시장법인을 갈음하여 그 업무를 수행하게 할 공공출자법인을 설립할 수 있다.

② 공공출자법인에 대한 출자는 다음의 어느 하나에 해당하는 자로 한정한다. 이 경우 1부터 3까지에 해당하는 자에 의한 출자액의 합계가 총출자액의 100분의 50을 초과하여야 한다.

    1. 지방자치단체

    2. 관리공사

3. 농림수협 등

4. 해당 도매시장 또는 그 도매시장으로 이전되는 시장에서 농수산물을 거래하는 상인과 그 상인단체

5. 도매시장법인

6. 그 밖에 도매시장 개설자가 도매시장의 관리·운영을 위하여 특히 필요하다고 인정하는 자

③ 공공출자법인에 관하여 이 법에서 규정한 사항을 제외하고는 「상법」의 주식회사에 관한 규정을 적용한다.

④ 공공출자법인은 「상법」에 따른 설립등기를 한 날에 도매시장법인의 지정을 받은 것으로 본다.

법 제25조(중도매업의 허가)

① 중도매인의 업무를 하려는 자는 부류별로 해당 도매시장 개설자의 허가를 받아야 한다.

② 도매시장 개설자는 다음의 어느 하나에 해당하는 경우를 제외하고는 허가 및 갱신허가를 하여야 한다.

1. 중도매업의 허가를 받을 수 없는 자의 조건 어느 하나에 해당하는 경우

2. 그 밖에 이 법 또는 다른 법령에 따른 제한에 위반되는 경우

③ 다음의 어느 하나에 해당하는 자는 중도매업의 허가를 받을 수 없다.

1. 파산선고를 받고 복권되지 아니한 사람이나 피성년후견인

2. 이 법을 위반하여 금고 이상의 실형을 선고받고 그 형의 집행이 끝나거나(집행이 끝난 것으로 보는 경우를 포함한다) 면제되지 아니한 사람

3. 중도매업의 허가가 취소(파산선고를 받고 복권되지 아니한 사람이나 피성년후견인에 해당하여 취소된 경우는 제외)된 날부터 2년이 지나지 아니한 자

4. 도매시장법인의 주주 및 임직원으로서 해당 도매시장법인의 업무와 경합되는 중도매업을 하려는 자

5. 임원 중에 1부터 4까지의 어느 하나에 해당하는 사람이 있는 법인

6. 최저거래금액 및 거래대금의 지급보증을 위한 보증금 등 도매시장 개설자가 업무규정으로 정한 허가 조건을 갖추지 못한 자

④ 법인인 중도매인은 임원이 허가 결격사유에 해당하게 되었을 때에는 그 임원을 지체 없이 해임하여야 한다.

⑤ 중도매인은 다음의 행위를 하여서는 아니 된다.

1. 다른 중도매인 또는 매매참가인의 거래 참가를 방해하는 행위를 하거나 집단적으로 농수산물의 경매 또는 입찰에 불참하는 행위

2. 다른 사람에게 자기의 성명이나 상호를 사용하여 중도매업을 하게 하거나 그 허가증을 빌려 주는 행위

⑥ 도매시장 개설자는 ①에 따라 중도매업의 허가를 하는 경우 5년 이상 10년 이하의 범위에서 허가 유효 기간을 설정할 수 있다. 다만, 법인이 아닌 중도매인은 3년 이상 10년 이하의 범위에서 허가 유효기간 을 설정할 수 있다.

⑦ 허가 유효기간이 만료된 후 계속하여 중도매업을 하려는 자는 농림축산식품부령 또는 해양수산부령으로 정하는 바에 따라 갱신허가를 받아야 한다.

시행규칙 제19조(중도매업의 허가절차)

① 중도매업의 허가를 받으려는 자는 도매시장의 개설자가 정하는 허가신청서에 다음의 서류를 첨부하여 도매시장의 개설자에게 제출하여야 한다. 이 경우 중도매업의 허가를 받으려는 자가 법인인 경우에는 도매시장의 개설자가 「전자정부법」에 따른 행정정보의 공동이용을 통하여 법인등기부등본을 확인하여야 한다.

  1. 개인의 경우
    가. 이력서
    나. 은행의 잔고증명서
  2. 법인의 경우
    가. 삭제 〈2017.2.13〉
    나. 주주명부
    다. 삭제 〈2008.10.15〉
    라. 해당 법인의 직전 회계연도의 재무제표 및 그 부속서류(신설법인의 경우 설립일 기준으로 작성한 대차대조표)

② 중도매업의 갱신허가를 받으려는 자는 허가의 유효기간이 만료되기 30일 전까지 도매시장의 개설자가 정하는 갱신허가신청서에 다음의 서류를 첨부하여 도매시장의 개설자에게 제출하여야 한다.

  1. 허가증 원본
  2. 개인의 경우 : 은행의 잔고증명서
  3. 법인의 경우
    가. 주주명부(변경사항이 있는 경우에만 해당)
    나. 해당 법인의 직전 회계연도의 재무제표 및 그 부속서류

③ 도매시장의 개설자는 갱신허가를 한 경우에는 유효기간이 만료되는 허가증을 회수한 후 새로운 허가증을 발급하여야 한다.

법 제25조의2(법인인 중도매인의 인수 · 합병)

법인인 중도매인의 인수 · 합병에 대하여는 도매시장법인의 인수 · 합병 규정을 준용한다. 이 경우 '도매시장법인'은 '법인인 중도매인'으로 본다.

> **시행규칙 제19조의2(법인인 중도매인의 인수 · 합병)**
> 법인인 중도매인의 인수 · 합병에 관하여는 도매시장법인의 인수 · 합병의 승인 등 규정을 준용한다. 이 경우 '도매시장법인'은 '법인인 중도매인'으로 본다.

법 제25조의3(매매참가인의 신고)

매매참가인의 업무를 하려는 자는 농림축산식품부령 또는 해양수산부령으로 정하는 바에 따라 도매시장 · 공판장 또는 민영도매시장의 개설자에게 매매참가인으로 신고하여야 한다.

시행규칙 제19조의3(매매참가인의 신고)

매매참가인의 업무를 하려는 자는 매매참가인 신고서에 다음의 서류를 첨부하여 도매시장·공판장 또는 민영도매시장 개설자에게 제출하여야 한다.

1. 개인의 경우
    가. 신분증 사본 또는 사업자등록증 1부
    나. 증명사진(2.5cm×3.5cm) 2매
2. 법인의 경우 : 법인 등기사항증명서 1부

법 제26조(중도매인의 업무 범위 등의 특례)

허가를 받은 중도매인은 도매시장에 설치된 도매시장공판장에서도 그 업무를 할 수 있다.

법 제27조(경매사의 임면)

① 도매시장법인은 도매시장에서의 공정하고 신속한 거래를 위하여 농림축산식품부령 또는 해양수산부령으로 정하는 바에 따라 일정 수 이상의 경매사를 두어야 한다.

② 경매사는 경매사 자격시험에 합격한 사람으로서 다음의 어느 하나에 해당하지 아니한 사람 중에서 임명하여야 한다.

   1. 피성년후견인 또는 피한정후견인
   2. 이 법 또는 「형법」 제129조부터 제132조까지의 죄 중 어느 하나에 해당하는 죄를 범하여 금고 이상의 실형을 선고받고 그 형의 집행이 끝나거나(집행이 끝난 것으로 보는 경우를 포함) 집행이 면제된 후 2년이 지나지 아니한 사람
   3. 이 법 또는 「형법」 제129조부터 제132조까지의 죄 중 어느 하나에 해당하는 죄를 범하여 금고 이상의 형의 집행유예를 선고받거나 선고유예를 받고 그 유예기간 중에 있는 사람
   4. 해당 도매시장의 시장도매인, 중도매인, 산지유통인 또는 그 임직원
   5. 면직된 후 2년이 지나지 아니한 사람
   6. 업무 정지기간 중에 있는 사람

③ 도매시장법인은 경매사가 ② 1부터 4까지의 어느 하나에 해당하는 경우에는 그 경매사를 면직하여야 한다.

④ 도매시장법인이 경매사를 임면(任免)하였을 때에는 농림축산식품부령 또는 해양수산부령으로 정하는 바에 따라 그 내용을 도매시장 개설자에게 신고하여야 하며, 도매시장 개설자는 농림축산식품부장관 또는 해양수산부장관이 지정하여 고시한 인터넷 홈페이지에 그 내용을 게시하여야 한다.

시행규칙 제20조(경매사의 임면)

① 도매시장법인이 확보하여야 하는 경매사의 수는 2명 이상으로 하되, 도매시장법인별 연간 거래물량 등을 고려하여 업무규정으로 그 수를 정한다.
② 도매시장법인이 경매사를 임면(任免)한 경우에는 경매사 임면 신고서에 따라 임면한 날부터 15일 이내에 도매시장 개설자에게 신고하여야 한다.

법 제27조의2(경매사 자격시험)

① 경매사 자격시험은 농림축산식품부장관 또는 해양수산부장관이 실시하되, 필기시험과 실기시험으로 구분하여 실시한다.

② 농림축산식품부장관 또는 해양수산부장관은 경매사 자격시험에서 부정행위를 한 사람에 대하여 해당 시험의 정지·무효 또는 합격 취소 처분을 한다. 이 경우 처분을 받은 사람에 대해서는 처분이 있은 날부터 3년간 경매사 자격시험의 응시자격을 정지한다.

③ 농림축산식품부장관 또는 해양수산부장관은 처분(시험의 정지 제외)을 하려는 때에는 미리 그 처분 내용과 사유를 당사자에게 통지하여 소명할 기회를 주어야 한다.

④ 농림축산식품부장관 또는 해양수산부장관은 경매사 자격시험의 관리(시험의 정지 포함)에 관한 업무를 대통령령으로 정하는 바에 따라 시험관리 능력이 있다고 인정하는 관계 전문기관에 위탁할 수 있다.

⑤ 경매사 자격시험의 응시자격, 시험과목, 시험의 일부 면제, 시험방법, 자격증 발급, 시험 응시 수수료, 자격증 발급 수수료, 그 밖에 시험에 관하여 필요한 사항은 대통령령으로 정한다.

> **시행령 제17조의2(경매사 자격시험의 관리)**
> ① 농림축산식품부장관 또는 해양수산부장관은 경매사 자격시험의 관리(경매사 자격증 발급은 제외)에 관한 업무를 「한국산업인력공단법」에 따른 한국산업인력공단에 위탁한다.
> ② 한국산업인력공단이 시험을 실시하려는 경우에는 시험의 일시·장소 및 방법 등 시험 실시에 관한 계획을 수립하여 농림축산식품부장관 또는 해양수산부장관의 승인을 받아야 한다.
> ③ 한국산업인력공단은 시험의 실시에 필요한 실비를 농림축산식품부령 또는 해양수산부령으로 정하는 바에 따라 징수할 수 있다.

시행령 제17조의3(시험과목 및 시험의 일부 면제 등)

① 시험은 제1차 선택형 필기시험과 제2차 실기시험으로 구분하여 부류별로 시행한다. 이 경우 제2차 시험은 제1차 시험에 합격한 사람 또는 제1차 시험을 면제받은 사람을 대상으로 시행한다.

② 제1차 시험은 법과 그 하위법령, 농수산물 유통론, 상품성 평가로 하며, 제2차 시험은 모의경매 진행으로 한다.

③ 제1차 시험에 합격한 사람이 다음 회의 시험에 응시하는 경우 제1차 시험을 면제하며, 제2차 시험에 합격한 사람이 다른 부류의 시험에 응시하는 경우에는 다음 회의 시험에 한정하여 제1차 시험의 농수산물, 유통론을 면제한다.

④ 청과부류·수산부류의 시험은 매년 실시하고, 그 밖의 부류의 시험은 2년마다 실시한다. 다만, 농림축산식품부장관 또는 해양수산부장관은 신속한 인력 충원이 필요하다고 인정하는 경우에는 시험의 실시 연도를 변경할 수 있다.

⑤ 시험의 합격자 결정은 제1차 시험에서는 과목당 100점을 만점으로 하여 각 과목의 점수가 40점 이상이고 전 과목 평균점수가 60점 이상인 사람으로 하며, 제2차 시험에서는 100점을 만점으로 하여 70점 이상인 사람으로 한다.

시행령 제17조의4(시험부정행위자에 대한 조치)

삭제〈2017.5.8.〉

시행령 제17조의5(경매사 자격증의 발급 등)

① 농림축산식품부장관 또는 해양수산부장관은 경매사 자격증의 발급에 관한 업무를 한국농수산식품유통공사에 위탁한다.

② 한국농수산식품유통공사의 장은 시험에 합격한 사람에 대하여 경매사 자격증을 발급하고 경매사 자격등록부에 이를 적어야 한다.

③ 한국농수산식품유통공사의 장은 경매사 자격증의 발급에 필요한 실비를 농림축산식품부령 또는 해양수산부령으로 정하는 바에 따라 징수할 수 있다.

법 제29조(산지유통인의 등록)

① 농수산물을 수집하여 도매시장에 출하하려는 자는 농림축산식품부령 또는 해양수산부령으로 정하는 바에 따라 부류별로 도매시장 개설자에게 등록하여야 한다. 다만, 다음의 어느 하나에 해당하는 경우에는 그러하지 아니하다.
  1. 생산자단체가 구성원의 생산물을 출하하는 경우
  2. 도매시장법인이 수탁판매의 원칙에 따라 매수한 농수산물을 상장하는 경우
  3. 중도매인이 수탁판매의 원칙에 따라 비상장 농수산물을 매매하는 경우
  4. 시장도매인이 영업에 따라 매매하는 경우
  5. 그 밖에 농림축산식품부령 또는 해양수산부령으로 정하는 경우

② 도매시장법인, 중도매인 및 이들의 주주 또는 임직원은 해당 도매시장에서 산지유통인의 업무를 하여서는 아니 된다.

③ 도매시장 개설자는 이 법 또는 다른 법령에 따른 제한에 위반되는 경우를 제외하고는 등록을 하여주어야 한다.

④ 산지유통인은 등록된 도매시장에서 농수산물의 출하업무 외의 판매·매수 또는 중개업무를 하여서는 아니 된다.

⑤ 도매시장 개설자는 등록을 하여야 하는 자가 등록을 하지 아니하고 산지유통인의 업무를 하는 경우에는 도매시장에의 출입을 금지·제한하거나 그 밖에 필요한 조치를 할 수 있다.

⑥ 국가나 지방자치단체는 산지유통인의 공정한 거래를 촉진하기 위하여 필요한 지원을 할 수 있다.

시행규칙 제24조(산지유통인의 등록)

① 산지유통인으로 등록하려는 자는 도매시장의 개설자가 정한 등록신청서를 도매시장 개설자에게 제출하여야 한다.

② 도매시장 개설자는 산지유통인의 등록을 하였을 때에는 등록대장에 이를 적고 신청인에게 등록증을 발급하여야 한다.

③ 등록증을 발급받은 산지유통인은 등록한 사항에 변경이 있는 때에는 도매시장 개설자가 정하는 변경등록신청서를 도매시장 개설자에게 제출하여야 한다.

시행규칙 제25조(산지유통인 등록의 예외)

법 제29조제1항제5호에서 '농림축산식품부령 또는 해양수산부령으로 정하는 경우'란 다음의 경우를 말한다.

　1. 종합유통센터·수출업자 등이 남은 농수산물을 도매시장에 상장하는 경우

　2. 도매시장법인이 다른 도매시장법인 또는 시장도매인으로부터 매수하여 판매하는 경우

　3. 시장도매인이 도매시장법인으로부터 매수하여 판매하는 경우

법 제30조(출하자 신고)

① 도매시장에 농수산물을 출하하려는 생산자 및 생산자단체 등은 농수산물의 거래질서 확립과 수급안정을 위하여 농림축산식품부령 또는 해양수산부령으로 정하는 바에 따라 해당 도매시장의 개설자에게 신고하여야 한다.

② 도매시장 개설자, 도매시장법인 또는 시장도매인은 신고한 출하자가 출하 예약을 하고 농수산물을 출하하는 경우에는 위탁수수료의 인하 및 경매의 우선 실시 등 우대조치를 할 수 있다.

시행규칙 제25조의3(산지유통인 등록 및 출하자 신고의 관리)

농림축산식품부장관 또는 해양수산부장관은 산지유통인 등록 및 출하자 신고에 관한 업무를 관리하기 위하여 정보통신망을 운영할 수 있다.

법 제31조(수탁판매의 원칙)

① 도매시장에서 도매시장법인이 하는 도매는 출하자로부터 위탁을 받아 하여야 한다. 다만, 농림축산식품부령 또는 해양수산부령으로 정하는 특별한 사유가 있는 경우에는 매수하여 도매할 수 있다.

② 중도매인은 도매시장법인이 상장한 농수산물 외의 농수산물은 거래할 수 없다. 다만, 농림축산식품부령 또는 해양수산부령으로 정하는 도매시장법인이 상장하기에 적합하지 아니한 농수산물과 그 밖에 이에 준하는 농수산물로서 그 품목과 기간을 정하여 도매시장 개설자로부터 허가를 받은 농수산물의 경우에는 그러하지 아니하다.

> **시행규칙 제27조(상장되지 아니한 농수산물의 거래허가)**
>
> 중도매인이 도매시장의 개설자의 허가를 받아 도매시장법인이 상장하지 아니한 농수산물을 거래할 수 있는 품목은 다음과 같다. 이 경우 도매시장개설자는 시장관리운영위원회의 심의를 거쳐 허가하여야 한다.
>
> 1. 농수산물도매시장의 거래품목의 부류를 기준으로 연간 반입물량 누적비율이 하위 3퍼센트 미만에 해당하는 소량 품목
> 2. 품목의 특성으로 인하여 해당 품목을 취급하는 중도매인이 소수인 품목
> 3. 그 밖에 상장거래에 의하여 중도매인이 해당 농수산물을 매입하는 것이 현저히 곤란하다고 도매시장 개설자가 인정하는 품목

③ 중도매인의 거래에 관하여는 도매시장법인의 영업제한, 수탁의 거부금지, 매매농수산물의 인수, 하역업무, 출하자에 대한 대금결제, 수수료 등의 징수제한, 명령 규정을 준용한다.

④ 중도매인이 해당하는 물품을 농수산물 전자거래소에서 거래하는 경우에는 그 물품을 도매시장으로 반입하지 아니할 수 있다.

⑤ 중도매인은 도매시장법인이 상장한 농수산물을 농림축산식품부령 또는 해양수산부령으로 정하는 연간 거래액의 범위에서 해당 도매시장의 다른 중도매인과 거래하는 경우를 제외하고는 다른 중도매인과 농수산물을 거래할 수 없다.

> 시행규칙 제27조의2(중도매인 간 거래 규모의 상한 등)
> ① 중도매인이 해당 도매시장의 다른 중도매인과 거래하는 경우에는 중도매인이 다른 중도매인으로부터 구매한 연간 총 거래액이나 다른 중도매인에게 판매한 연간 총 거래액이 해당 중도매인의 전년도 연간 구매한 총 거래액이나 판매한 총 거래액 각각(중도매인 간 거래액은 포함하지 아니한다)의 20퍼센트 미만이어야 한다.
> ② 다른 중도매인과 거래한 중도매인은 다른 중도매인으로부터 구매한 농수산물의 품목, 수량, 구매가격 및 판매자에 관한 자료를 업무규정에서 정하는 바에 따라 매년 도매시장 개설자에게 통보하여야 하며, 필요한 경우 다른 중도매인에게 판매한 농수산물의 품목, 수량, 판매가격 및 구매자에 관한 자료를 업무규정에서 정하는 바에 따라 매년 도매시장 개설자에게 통보할 수 있다.

⑥ 중도매인 간 거래액은 최저거래금액 산정 시 포함하지 아니한다.

⑦ 다른 중도매인과 농수산물을 거래한 중도매인은 농림축산식품부령 또는 해양수산부령으로 정하는 바에 따라 그 거래 내역을 도매시장 개설자에게 통보하여야 한다.

시행규칙 제26조(수탁판매의 예외)

① 도매시장법인이 농수산물을 매수하여 도매할 수 있는 경우는 다음과 같다.
   1. 농림축산식품부장관 또는 해양수산부장관의 수매에 응하기 위하여 필요한 경우
   2. 다른 도매시장법인 또는 시장도매인으로부터 매수하여 도매하는 경우
   3. 해당 도매시장에서 주로 취급하지 아니하는 농수산물의 품목을 갖추기 위하여 대상 품목과 기간을 정하여 도매시장 개설자의 승인을 받아 다른 도매시장으로부터 이를 매수하는 경우
   4. 물품의 특성상 외형을 변형하는 등 가공하여 도매하여야 하는 경우로서 도매시장 개설자가 업무규정으로 정하는 경우
   5. 도매시장법인이 겸영사업에 필요한 농수산물을 매수하는 경우
   6. 수탁판매의 방법으로는 적정한 거래물량의 확보가 어려운 경우로서 농림축산식품부장관 또는 해양수산부장관이 고시하는 범위에서 중도매인 또는 매매참가인의 요청으로 그 중도매인 또는 매매참가인에게 정가·수의매매로 도매하기 위하여 필요한 물량을 매수하는 경우

② 도매시장법인은 농수산물을 매수하여 도매한 경우에는 업무규정에서 정하는 바에 따라 다음의 사항을 도매시장 개설자에게 지체 없이 알려야 한다.
   1. 매수하여 도매한 물품의 품목·수량·원산지·매수가격·판매가격 및 출하자
   2. 매수하여 도매한 사유

법 제32조(매매방법)

도매시장법인은 도매시장에서 농수산물을 경매·입찰·정가매매 또는 수의매매(隨意賣買)의 방법으로 매매하여야 한다. 다만, 출하자가 매매방법을 지정하여 요청하는 경우 등 농림축산식품부령 또는 해양수산부령으로 매매방법을 정한 경우에는 그에 따라 매매할 수 있다.

시행규칙 제28조(매매방법)

① 법 제32조 단서에서 '농림축산식품부령 또는 해양수산부령으로 매매방법을 정한 경우'란 다음과 같다.

  1. 경매 또는 입찰

    가. 출하자가 경매 또는 입찰로 매매방법을 지정하여 요청한 경우(2 나목부터 자목까지의 규정에 해당하는 경우는 제외)

    나. 시장관리운영위원회의 심의를 거쳐 매매방법을 경매 또는 입찰로 정한 경우

    다. 해당 농수산물의 입하량이 일시적으로 현저하게 증가하여 정상적인 거래가 어려운 경우 등 정가매매 또는 수의매매의 방법에 의하는 것이 극히 곤란한 경우

  2. 정가매매 또는 수의매매

    가. 출하자가 정가매매·수의매매로 매매방법을 지정하여 요청한 경우(1 나목 및 다목에 해당하는 경우는 제외)

    나. 시장관리운영위원회의 심의를 거쳐 매매방법을 정가매매 또는 수의매매로 정한 경우

    다. 전자거래 방식으로 매매하는 경우

    라. 다른 도매시장법인 또는 공판장(경매사가 경매를 실시하는 농수산물집하장을 포함)에서 이미 가격이 결정되어 바로 입하된 물품을 매매하는 경우로서 당해 물품을 반출한 도매시장법인 또는 공판장의 개설자가 가격·반출지·반출물량 및 반출차량 등을 확인한 경우

    마. 해양수산부장관이 거래방법·물품의 반출 및 확인절차 등을 정한 산지의 거래시설에서 미리 가격이 결정되어 입하된 수산물을 매매하는 경우

    바. 경매 또는 입찰이 종료된 후 입하된 경우

    사. 경매 또는 입찰을 실시하였으나 매매되지 아니한 경우

    아. 도매시장 개설자의 허가를 받아 중도매인 또는 매매참가인외의 자에게 판매하는 경우

    자. 천재·지변 그 밖의 불가피한 사유로 인하여 경매 또는 입찰의 방법에 의하는 것이 극히 곤란한 경우

② 정가매매 또는 수의매매 거래의 절차 등에 관하여 필요한 사항은 도매시장 개설자가 업무규정으로 정한다.

법 제33조(경매 또는 입찰의 방법)

① 도매시장법인은 도매시장에 상장한 농수산물을 수탁된 순위에 따라 경매 또는 입찰의 방법으로 판매하는 경우에는 최고가격 제시자에게 판매하여야 한다. 다만, 출하자가 서면으로 거래 성립 최저가격을 제시한 경우에는 그 가격 미만으로 판매하여서는 아니 된다.

② 도매시장 개설자는 효율적인 유통을 위하여 필요한 경우에는 농림축산식품부령 또는 해양수산부령으로 정하는 바에 따라 대량 입하품, 표준규격품, 예약 출하품 등을 우선적으로 판매하게 할 수 있다.

③ 경매 또는 입찰의 방법은 전자식(電子式)을 원칙으로 하되 필요한 경우 농림축산식품부령 또는 해양수산부령으로 정하는 바에 따라 거수수지식(擧手手指式), 기록식, 서면입찰식 등의 방법으로 할 수 있다. 이 경우 공개경매를 실현하기 위하여 필요한 경우 농림축산식품부장관, 해양수산부장관 또는 도매시장 개설자는 품목별·도매시장별로 경매방식을 제한할 수 있다.

시행규칙 제30조(대량 입하품 등의 우대)

도매시장 개설자는 다음의 품목에 대하여 도매시장법인 또는 시장도매인으로 하여금 우선적으로 판매하게 할 수 있다.

1. 대량 입하품
2. 도매시장 개설자가 선정하는 우수출하주의 출하품
3. 예약 출하품
4. 「농수산물 품질관리법」에 따른 표준규격품 및 우수관리인증농산물
5. 그 밖에 도매시장 개설자가 도매시장의 효율적인 운영을 위하여 특히 필요하다고 업무규정으로 정하는 품목

시행규칙 제31조(전자식 경매·입찰의 예외)

거수수지식·기록식·서면입찰식 등의 방법으로 경매 또는 입찰을 할 수 있는 경우는 다음과 같다.

1. 농수산물의 수급조절과 가격안정을 위하여 수매·비축 또는 수입한 농수산물을 판매하는 경우
2. 그 밖에 품목별·지역별 특성을 고려하여 도매시장 개설자가 필요하다고 인정하는 경우

법 제34조(거래의 특례)

도매시장 개설자는 입하량이 현저히 많아 정상적인 거래가 어려운 경우 등 농림축산식품부령 또는 해양수산부령으로 정하는 특별한 사유가 있는 경우에는 그 사유가 발생한 날에 한정하여 도매시장법인의 경우에는 중도매인·매매참가인 외의 자에게, 시장도매인의 경우에는 도매시장법인·중도매인에게 판매할 수 있도록 할 수 있다.

시행규칙 제33조(거래의 특례)

① 도매시장법인이 중도매인·매매참가인 외의 자에게, 시장도매인이 도매시장법인·중도매인에게 농수산물을 판매할 수 있는 경우는 다음과 같다.

1. 도매시장법인의 경우
   가. 해당 도매시장의 중도매인 또는 매매참가인에게 판매한 후 남는 농수산물이 있는 경우
   나. 도매시장 개설자가 도매시장에 입하된 물품의 원활한 분산을 위하여 특히 필요하다고 인정하는 경우
   다. 도매시장법인이 겸영사업으로 수출을 하는 경우
2. 시장도매인의 경우 : 도매시장 개설자가 도매시장에 입하된 물품의 원활한 분산을 위하여 특히 필요하다고 인정하는 경우

② 도매시장법인·시장도매인은 농수산물을 판매한 경우에는 다음의 사항을 적은 보고서를 지체 없이 도매시장 개설자에게 제출하여야 한다.

1. 판매한 물품의 품목·수량·금액·출하자 및 매수인
2. 판매한 사유

법 제35조(도매시장법인의 영업제한)

① 도매시장법인은 도매시장 외의 장소에서 농수산물의 판매업무를 하지 못한다.

② 도매시장법인은 다음의 어느 하나에 해당하는 경우에는 해당 거래물품을 도매시장으로 반입하지 아니할 수 있다.

1. 도매시장 개설자의 사전승인을 받아 「전자문서 및 전자거래 기본법」에 따른 전자거래 방식으로 하는 경우
2. 농림축산식품부령 또는 해양수산부령으로 정하는 일정 기준 이상의 시설에 보관·저장 중인 거래 대상 농수산물의 견본을 도매시장에 반입하여 거래하는 것에 대하여 도매시장 개설자가 승인한 경우

> **시행규칙 제33조의2(견본거래 대상 물품의 보관·저장시설의 기준)**
>
> 법 제35조제2항제2호에서 '농림축산식품부령 또는 해양수산부령으로 정하는 일정 기준 이상의 시설'이란 다음의 시설을 말한다.
> 1. 165제곱미터 이상의 농산물 저온저장시설
> 2. 냉장 능력이 1천톤 이상이고 「농수산물 품질관리법」에 따라 수산물가공업(냉동·냉장업)을 등록한 시설

③ 전자거래 및 견본거래 방식 등에 관하여 필요한 사항은 농림축산식품부령 또는 해양수산부령으로 정한다.

> **시행규칙 제33조의3(전자거래방식에 의한 거래)**
>
> ① 도매시장법인이 「전자문서 및 전자거래 기본법」에 따른 전자거래방식으로 전자거래를 하려면 전자거래시스템을 구축하여 도매시장 개설자의 승인을 받아야 한다.
> ② 전자거래시스템의 구성 및 운영방식 등에 필요한 세부사항은 농림축산식품부장관 또는 해양수산부장관이 정한다.
>
> **시행규칙 제33조의4(견본거래방식에 의한 거래)**
>
> ① 도매시장법인이 견본거래를 하려면 견본 거래 대상 물품의 보관·저장 시설에 보관·저장 중인 농수산물을 대표할 수 있는 견본품을 경매장에 진열하고 거래하여야 한다.
> ② 견본품의 수량, 견본거래의 승인 절차 및 거래시간 등은 도매시장의 개설자가 업무규정으로 정한다.

④ 도매시장법인은 농수산물 판매업무 외의 사업을 겸영(兼營)하지 못한다. 다만, 농수산물의 선별·포장·가공·제빙(製氷)·보관·후숙(後熟)·저장·수출입 등의 사업은 농림축산식품부령 또는 해양수산부령으로 정하는 바에 따라 겸영할 수 있다.

시행규칙 제34조(도매시장법인의 겸영)

① 농수산물의 선별·포장·가공·제빙(製氷)·보관·후숙(後熟)·저장·수출입·배송(도매시장
법인이나 해당 도매시장 중도매인의 농수산물 판매를 위한 배송으로 한정) 등의 사업(이하
'겸영사업')을 겸영하려는 도매시장법인은 다음의 요건을 충족하여야 한다. 이 경우 1부터
3까지의 기준은 직전 회계연도의 대차대조표를 통하여 산정한다.

    1. 부채비율(부채/자기자본×100)이 300퍼센트 이하일 것

    2. 유동부채비율(유동부채/부채총액×100)이 100퍼센트 이하일 것

    3. 유동비율(유동자산/유동부채×100)이 100퍼센트 이상일 것

    4. 당기순손실이 2개 회계연도 이상 계속하여 발생하지 아니할 것

② 도매시장법인은 겸영사업을 하려는 경우에는 그 겸영사업 개시 전에 겸영사업의 내용 및
계획을 해당 도매시장 개설자에게 알려야 한다. 이 경우 도매시장법인이 해당 도매시장 외
의 장소에서 겸영사업을 하려는 경우에는 겸영하려는 사업장 소재지의 시장(도매시장 개설
자와 다른 경우에만 해당)·군수 또는 자치구의 구청장에게도 이를 알려야 한다.

③ 도매시장법인은 겸영사업을 하는 경우 전년도 겸영사업 실적을 매년 3월 31일까지 해당
도매시장 개설자에게 제출하여야 한다.

⑤ 도매시장 개설자는 산지(産地) 출하자와의 업무 경합 또는 과도한 겸영사업으로 인하여 도매시장법인의
도매업무가 약화될 우려가 있는 경우에는 대통령령으로 정하는 바에 따라 겸영사업을 1년 이내의 범위
에서 제한할 수 있다.

시행령 제17조의6(도매시장법인의 겸영사업의 제한)

① 도매시장 개설자는 도매시장법인이 겸영사업(兼營事業)으로 수탁·매수한 농수산물을 매매방법, 경매 및
입찰의 방법, 농수산물직판장의 운영단체, 분쟁조정위원회의 구성 등의 규정을 위반하여 판매함으로써
산지 출하자와의 업무 경합 또는 과도한 겸영사업으로 인한 도매시장법인의 도매업무 약화가 우려되는
경우에는 시장관리운영위원회의 심의를 거쳐 겸영사업을 다음과 같이 제한할 수 있다.

    1. 제1차 위반 : 보완명령

    2. 제2차 위반 : 1개월 금지

    3. 제3차 위반 : 6개월 금지

    4. 제4차 위반 : 1년 금지

② 겸영사업을 제한하는 경우 위반행위의 차수(次數)에 따른 처분기준은 최근 3년간 같은 위반행위로 처분
을 받은 경우에 적용한다.

법 제35조의2(도매시장법인 등의 공시)

① 도매시장법인 또는 시장도매인은 출하자와 소비자의 권익보호를 위하여 거래물량, 가격정보 및 재무상
황 등을 공시(公示)하여야 한다.

② 공시내용, 공시방법 및 공시절차 등에 관하여 필요한 사항은 농림축산식품부령 또는 해양수산부령으로
정한다.

시행규칙 제34조의2(도매시장법인 등의 공시)

① 도매시장법인 또는 시장도매인이 공시하여야 할 내용은 다음과 같다.

    1. 거래일자별·품목별 반입량 및 가격정보

    2. 주주 및 임원의 현황과 그 변동사항

    3. 겸영사업을 하는 경우 그 사업내용

    4. 직전 회계연도의 재무제표

② 공시는 해당 도매시장의 게시판이나 정보통신망에 하여야 한다.

법 제36조(시장도매인의 지정)

① 시장도매인은 도매시장 개설자가 부류별로 지정한다. 이 경우 5년 이상 10년 이하의 범위에서 지정 유효기간을 설정할 수 있다.

② 시장도매인이 될 수 있는 자는 다음의 요건을 갖춘 법인이어야 한다.

    1. 임원 중 이 법을 위반하여 금고 이상의 실형을 선고받고 그 형의 집행이 끝나거나(집행이 끝난 것으로 보는 경우를 포함) 집행이 면제된 후 2년이 지나지 아니한 사람이 없을 것

    2. 임원 중 해당 도매시장에서 시장도매인의 업무와 경합되는 도매업 또는 중도매업을 하는 사람이 없을 것

    3. 임원 중 파산선고를 받고 복권되지 아니한 사람이나 피성년후견인 또는 피한정후견인이 없을 것

    4. 임원 중 시장도매인의 지정취소처분의 원인이 되는 사항에 관련된 사람이 없을 것

    5. 거래규모, 순자산액 비율 및 거래보증금 등 도매시장 개설자가 업무규정으로 정하는 일정 요건을 갖출 것

③ 시장도매인은 해당 임원이 ② 1부터 4까지의 어느 하나에 해당하는 요건을 갖추지 아니하게 되었을 때에는 그 임원을 지체 없이 해임하여야 한다.

④ 시장도매인의 지정절차와 그 밖에 지정에 필요한 사항은 대통령령으로 정한다.

시행령 제18조(시장도매인의 지정절차 등)

① 시장도매인 지정을 받으려는 자는 시장도매인 지정신청서(전자문서로 된 신청서를 포함)에 다음의 서류(전자문서를 포함)를 첨부하여 도매시장 개설자에게 제출하여야 한다. 이 경우 시장도매인의 지정절차에 관하여는 제17조제1항 각 호 외의 부분 후단을 준용한다.

    1. 정관

    2. 주주 명부

    3. 임원의 이력서

    4. 해당 법인의 직전 회계연도의 재무제표와 그 부속서류(신설 법인의 경우에는 설립일을 기준으로 작성한 대차대조표)

    5. 사업시작 예정일부터 5년간의 사업계획서(산지활동계획, 농수산물판매계획, 자금운용계획, 조직 및 인력운용계획 등을 포함)

    6. 거래규모, 순자산액 비율 및 거래보증금 등 도매시장 개설자가 업무규정으로 정한 요건을 갖추고 있음을 증명하는 서류

② 도매시장 개설자는 신청을 받았을 때에는 업무규정으로 정한 시장도매인의 적정수의 범위에서 이를 지정하여야 한다.

법 제36조의2(시장도매인의 인수 · 합병)

시장도매인의 인수 · 합병에 대하여는 도매시장법인의 인수 · 합병 규정을 준용한다. 이 경우 '도매시장법인'은 '시장도매인'으로 본다.

법 제37조(시장도매인의 영업)

① 시장도매인은 도매시장에서 농수산물을 매수 또는 위탁받아 도매하거나 매매를 중개할 수 있다. 다만, 도매시장 개설자는 거래질서의 유지를 위하여 필요하다고 인정하는 경우 등 농림축산식품부령 또는 해양수산부령으로 정하는 경우에는 품목과 기간을 정하여 시장도매인이 농수산물을 위탁받아 도매하는 것을 제한 또는 금지할 수 있다.

② 시장도매인은 해당 도매시장의 도매시장법인 · 중도매인에게 농수산물을 판매하지 못한다.

시행규칙 제35조(시장도매인의 영업)

① 도매시장에서 시장도매인이 매수 · 위탁 또는 중개할 때에는 출하자와 협의하여 송품장에 적은 거래방법에 따라서 하여야 한다.

② 도매시장 개설자는 거래질서 유지를 위하여 필요한 경우에는 업무규정으로 정하는 바에 따라 시장도매인이 거래한 명세를 도매시장 개설자가 설치한 거래신고소에 제출하게 할 수 있다.

③ 도매시장 개설자가 시장도매인이 농수산물을 위탁받아 도매하는 것을 제한하거나 금지할 수 있는 경우는 다음과 같다.

  1. 대금결제 능력을 상실하여 출하자에게 피해를 입힐 우려가 있는 경우
  2. 표준정산서에 거래량 · 거래방법을 거짓으로 적는 등 불공정행위를 한 경우
  3. 그 밖에 도매시장 개설자가 도매시장의 거래질서 유지를 위하여 필요하다고 인정하는 경우

④ 도매시장 개설자는 시장도매인의 거래를 제한하거나 금지하려는 경우에는 그 대상자, 거래제한, 거래금지의 사유, 해당 농수산물의 품목 및 기간을 정하여 공고하여야 한다.

법 제38조(수탁의 거부금지 등)

도매시장법인 또는 시장도매인은 그 업무를 수행할 때에 다음의 어느 하나에 해당하는 경우를 제외하고는 입하된 농수산물의 수탁을 거부 · 기피하거나 위탁받은 농수산물의 판매를 거부 · 기피하거나, 거래 관계인에게 부당한 차별대우를 하여서는 아니 된다.

  1. 유통명령을 위반하여 출하하는 경우
  2. 출하자 신고를 하지 아니하고 출하하는 경우
  3. 안전성 검사 결과 그 기준에 미달되는 경우
  4. 도매시장 개설자가 업무규정으로 정하는 최소출하량의 기준에 미달되는 경우
  5. 그 밖에 환경 개선 및 규격출하 촉진 등을 위하여 대통령령으로 정하는 경우

법 제38조의2(출하 농수산물의 안전성 검사)

① 도매시장 개설자는 해당 도매시장에 반입되는 농수산물에 대하여 「농수산물 품질관리법」에 따른 유해물질의 잔류허용기준 등의 초과 여부에 관한 안전성 검사를 하여야 한다. 이 경우 도매시장 개설자 중 시는 해당 도매시장의 개설을 허가한 도지사 소속의 검사기관에 안전성 검사를 의뢰할 수 있다.

② 도매시장 개설자는 안전성 검사 결과 그 기준에 못 미치는 농수산물을 출하하는 자에 대하여 1년 이내의 범위에서 해당 도매시장에 출하하는 것을 제한할 수 있다. 이 경우 다른 도매시장 개설자로부터 안전성 검사 결과 출하 제한을 받은 자에 대하여도 또한 같다.

③ 안전성 검사의 실시 기준 및 방법과 출하제한의 기준 및 절차 등에 관하여 필요한 사항은 농림축산식품부령 또는 해양수산부령으로 정한다.

시행규칙 제35조의2(안전성 검사의 실시 기준 및 방법 등)

① 안전성 검사의 실시 기준 및 방법은 별표 1과 같다.

② 도매시장 개설자는 안전성 검사 결과 기준미달로 판정되면 기준미달품 출하자(다른 도매시장 개설자로부터 안전성 검사 결과 출하제한을 받은 자를 포함)에 대하여 다음에 따라 도매시장에 출하하는 것을 제한할 수 있다.

1. 최근 1년 이내에 1회 적발 시 : 1개월
2. 최근 1년 이내에 2회 적발 시 : 3개월
3. 최근 1년 이내에 3회 적발 시 : 6개월

③ 출하제한을 하는 경우에 도매시장 개설자는 안전성 검사 결과 기준 미달품 발생사항과 출하제한 기간 등을 해당 출하자와 다른 도매시장 개설자에게 서면 또는 전자적 방법 등으로 알려야 한다.

시행규칙 별표 1(출하농수산물 안전성 검사 실시 기준 및 방법)

1. 안전성 검사 실시기준

   가. 안전성 검사계획 수립

   도매시장 개설자는 검사체계, 검사시기와 주기, 검사품목, 수거시료 및 기준미달품의 관리방법 등을 포함한 안전성 검사계획을 수립하여 시행한다.

   나. 안정성 검사 실시를 위한 농수산물 종류별 시료 수거량

   1) 곡류·두류 및 그 밖의 자연산물 : 1kg 이상 2kg 이하
   2) 채소류 및 과실류 자연산물 : 2kg 이상 5kg 이하

3) 묶음단위 농산물의 한 묶음 중량이 수거량 이하인 경우 한 묶음씩 수거하고, 한 묶음이 수거량 이상인 시료는 묶음의 일부를 시료수거 단위로 할 수 있다. 다만, 묶음단위의 일부를 수거하면 상품성이 떨어져 거래가 곤란한 경우에는 묶음단위 전체를 수거할 수 있다.

4) 수산물의 종류별 시료 수거량

종류별	수거량
초대형어류(2kg 이상/마리)	1마리 또는 2kg 내외
대형어류(1kg 이상~2kg 미만/마리)	2마리 또는 2kg 내외
중형어류(500g 이상~1kg 미만/마리)	3마리 또는 2kg 내외
준중형어류(200g 이상~500g 미만/마리)	5마리 또는 2kg 내외
소형어류(200g 미만/마리)	10마리 또는 2kg 내외
패류	1kg 이상 2kg 이하
그 밖의 수산물	1kg 이상 2kg 이하

※ 시료 수거량은 마리 수를 기준으로 함을 원칙으로 한다. 다만, 마리 수로 시료를 수거하기가 곤란한 경우에는 2kg 범위에서 분할 수거할 수 있다.
※ 패류는 껍질이 붙어 있는 상태에서 육량을 고려하여 1kg부터 2kg까지의 범위에서 수거한다.

다. 안정성 검사 실시를 위한 시료수거 시기

시료수거는 도매시장에서 경매 전에 실시하는 것을 원칙으로 하되, 필요할 경우 소매상으로 거래되기 전 단계에서 실시할 수 있다.

라. 안전성 검사 실시를 위한 시료 수거 방법

1) 출하일자·출하자·품목이 같은 물량을 하나의 모집단으로 한다.
2) 조사대상 모집단의 대표성이 확보될 수 있도록 포장단위당 무게, 적재상태 등을 고려하여 수거지점(대상)을 무작위로 선정한다.
3) 시료수거 대상 농수산물의 품질이 균일하지 않을 때에는 외관 및 냄새, 그 밖의 상황을 판단하여 이상이 있는 것 또는 의심스러운 것을 우선 수거할 수 있다.
4) 시료 수거 시에는 반드시 출하자의 인적사항을 정확히 파악하여야 한다.

2. 안전성 검사 방법

농수산물의 안전성 검사는 「식품위생법」 제14조에 따른 식품 등의 공전의 검사방법에 따라 실시한다.

법 제39조(매매 농수산물의 인수 등)

① 도매시장법인 또는 시장도매인으로부터 농수산물을 매수한 자는 매매가 성립한 즉시 그 농수산물을 인수하여야 한다.

② 도매시장법인 또는 시장도매인은 매수인이 정당한 사유 없이 매수한 농수산물의 인수를 거부하거나 게을리하였을 때에는 그 매수인의 부담으로 해당 농수산물을 일정 기간 보관하거나, 그 이행을 최고(催告)하지 아니하고 그 매매를 해제하여 다시 매매할 수 있다.

③ ②의 경우 차손금(差損金)이 생겼을 때에는 당초의 매수인이 부담한다.

법 제40조(하역업무)

① 도매시장 개설자는 도매시장에서 하는 하역업무의 효율화를 위하여 하역체제의 개선 및 하역의 기계화 촉진에 노력하여야 하며, 하역비의 절감으로 출하자의 이익을 보호하기 위하여 필요한 시책을 수립·시행하여야 한다.

② 도매시장 개설자가 업무규정으로 정하는 규격출하품에 대한 표준하역비(도매시장 안에서 규격출하품을 판매하기 위하여 필수적으로 드는 하역비)는 도매시장법인 또는 시장도매인이 부담한다.

③ 농림축산식품부장관 또는 해양수산부장관은 하역체제의 개선 및 하역의 기계화와 규격출하의 촉진을 위하여 도매시장 개설자에게 필요한 조치를 명할 수 있다.

④ 도매시장법인 또는 시장도매인은 도매시장에서 하는 하역업무에 대하여 하역 전문업체 등과 용역계약을 체결할 수 있다.

법 제41조(출하자에 대한 대금결제)

① 도매시장법인 또는 시장도매인은 매수하거나 위탁받은 농수산물이 매매되었을 때에는 그 대금의 전부를 출하자에게 즉시 결제하여야 한다. 다만, 대금의 지급방법에 관하여 도매시장법인 또는 시장도매인과 출하자 사이에 특약이 있는 경우에는 그 특약에 따른다.

② 대금결제는 도매시장법인 또는 시장도매인이 표준송품장(標準送品狀)과 판매원표(販賣元標)를 확인하여 작성한 표준정산서를 출하자에게 발급하여, 출하자가 이를 별도의 정산 창구에 제시하고 대금을 수령하도록 하는 방법으로 하여야 한다. 다만, 도매시장 개설자가 농림축산식품부령 또는 해양수산부령으로 정하는 바에 따라 인정하는 도매시장법인의 경우에는 출하자에게 대금을 직접 결제할 수 있다.

③ 표준송품장, 판매원표, 표준정산서, 대금결제의 방법 및 절차 등에 관하여 필요한 사항은 농림축산식품부령 또는 해양수산부령으로 정한다.

시행규칙 제36조(대금결제의 절차 등)

① 별도의 정산 창구(대금정산조직을 포함)를 통하여 출하대금결제를 하는 경우에는 다음의 절차에 따른다.
  1. 출하자는 송품장을 작성하여 도매시장법인 또는 시장도매인에게 제출
  2. 도매시장법인 또는 시장도매인은 출하자에게서 받은 송품장의 사본을 도매시장 개설자가 설치한 거래신고소에 제출
  3. 도매시장법인 또는 시장도매인은 표준정산서를 출하자와 정산 창구에 발급하고, 정산 창구에 대금결제를 의뢰
  4. 정산 창구에서는 출하자에게 대금을 결제하고, 표준정산서 사본을 거래신고소에 제출

② 출하대금결제와 판매대금결제를 위한 정산창구의 운영방법 및 관리에 관한 사항은 도매시장 개설자가 업무규정으로 정한다.

시행규칙 제37조(도매시장법인의 직접 대금결제)

도매시장 개설자가 업무규정으로 정하는 출하대금결제용 보증금을 납부하고 운전자금을 확보한 도매시장법인은 출하자에게 출하대금을 직접 결제할 수 있다.

시행규칙 제37조의2(표준송품장의 사용)

① 도매시장에 농수산물을 출하하려는 자는 표준송품장을 작성하여 도매시장법인·시장도매인 또는 공판장 개설자에게 제출하여야 한다.

② 도매시장·공판장 및 민영도매시장 개설자나 도매시장법인 및 시장도매인은 출하자가 제1항에 따른 표준송품장을 이용하기 쉽도록 이를 보급하고, 작성요령을 배포하는 등 편의를 제공하여야 한다.

③ 표준송품장을 받은 자는 업무규정으로 정하는 바에 따라 보관·관리하여야 한다.

법 제41조의2(대금정산조직 설립의 지원)

도매시장 개설자는 도매시장법인·시장도매인·중도매인 등이 공동으로 다음의 대금의 정산을 위한 조합, 회사 등(이하 '대금정산조직')을 설립하는 경우 그에 대한 지원을 할 수 있다.

1. 출하대금
2. 도매시장법인과 중도매인 또는 매매참가인 간의 농수산물 거래에 따른 판매대금

법 제42조(수수료 등의 징수제한)

① 도매시장 개설자, 도매시장법인, 시장도매인, 중도매인 또는 대금정산조직은 해당 업무와 관련하여 징수 대상자에게 다음의 금액 외에는 어떠한 명목으로도 금전을 징수하여서는 아니 된다.

1. 도매시장 개설자가 도매시장법인 또는 시장도매인으로부터 도매시장의 유지·관리에 필요한 최소한의 비용으로 징수하는 도매시장의 사용료
2. 도매시장 개설자가 도매시장의 시설 중 농림축산식품부령 또는 해양수산부령으로 정하는 시설에 대하여 사용자로부터 징수하는 시설 사용료
3. 도매시장법인이나 시장도매인이 농수산물의 판매를 위탁한 출하자로부터 징수하는 거래액의 일정 비율 또는 일정액에 해당하는 위탁수수료
4. 시장도매인 또는 중도매인이 농수산물의 매매를 중개한 경우에 이를 매매한 자로부터 징수하는 거래액의 일정 비율에 해당하는 중개수수료
5. 거래대금을 정산하는 경우에 도매시장법인·시장도매인·중도매인·매매참가인 등이 대금정산조직에 납부하는 정산수수료

② 사용료 및 수수료의 요율은 농림축산식품부령 또는 해양수산부령으로 정한다.

③ 삭제

시행규칙 제39조(사용료 및 수수료 등)

① 도매시장 개설자가 징수하는 도매시장 사용료는 다음의 기준에 따라 도매시장 개설자가 이를 정한다. 다만, 도매시장의 시설 중 도매시장 개설자의 소유가 아닌 시설에 대한 사용료는 징수하지 아니한다.

1. 도매시장 개설자가 징수할 사용료 총액이 해당 도매시장 거래금액의 1천분의 5(서울특별시 소재 중앙 도매시장의 경우에는 1천분의 5.5)를 초과하지 아니할 것. 다만, 다음의 방식으로 거래한 경우 그 거래한 물량에 대해서는 해당 거래금액의 1천분의 3을 초과하지 아니하여야 한다.
   가. 중도매인이 도매시장법인이 상장한 농수산물 외의 농수산물 중 그 품목과 기간을 정하여 도매시장 개설자로부터 허가를 받은 농수산물을 도매시장에 반입하지 않고 농수산물 전자거래소에서 거래한 경우
   나. 삭제 〈2017.6.9〉
   다. 정가·수의매매를 전자거래방식으로 한 경우와 거래 대상 농수산물의 견본을 도매시장에 반입하여 거래한 경우
2. 도매시장법인·시장도매인이 납부할 사용료는 해당 도매시장법인·시장도매인의 거래금액 또는 매장 면적을 기준으로 하여 징수할 것

② 도매시장 개설자가 시설사용료를 징수할 수 있는 시설은 다음의 시설로 하며, 연간 시설 사용료는 해당 시설의 재산가액의 1천분의 50(중도매인 점포·사무실의 경우에는 재산가액의 1천분의 10)을 초과하지 아니하는 범위에서 도매시장 개설자가 정한다. 다만, 도매시장의 시설 중 도매시장 개설자의 소유가 아닌 시설에 대한 사용료는 징수하지 아니한다.

1. 필수시설 중 저온창고
2. 부수시설 중 농산물 품질관리실, 축산물위생검사 사무실 및 도체(屠體) 등급판정 사무실을 제외한 시설

③ 저온창고의 사용료를 계산할 때 다음의 농산물에 대한 것은 산입하지 아니한다.

1. 도매시장에서 매매되기 전에 저온창고에 보관된 출하자 농산물
2. 정가매매 또는 수의매매로 거래된 농산물

④ 위탁수수료의 최고한도는 다음과 같다. 이 경우 도매시장의 개설자는 그 한도에서 업무규정으로 위탁수수료를 정할 수 있다.

1. 양곡부류 : 거래금액의 1천분의 20
2. 청과부류 : 거래금액의 1천분의 70
3. 수산부류 : 거래금액의 1천분의 60
4. 축산부류 : 거래금액의 1천분의 20(도매시장 또는 공판장 안에 도축장이 설치된 경우 「축산물위생관리법」에 따라 징수할 수 있는 도살·해체수수료는 이에 포함되지 아니한다)
5. 화훼부류 : 거래금액의 1천분의 70
6. 약용작물부류 : 거래금액의 1천분의 50

⑤ 일정액의 위탁수수료는 도매시장법인이 정하되, 그 금액은 ④에 따른 최고한도를 초과할 수 없다.

⑥ 중도매인이 징수하는 중개수수료의 최고한도는 거래금액의 1천분의 40으로 하며, 도매시장 개설자는 그 한도에서 업무규정으로 중개수수료를 정할 수 있다.

⑦ 시장도매인이 출하자와 매수인으로부터 각각 징수하는 중개수수료는 해당 부류 위탁수수료 최고한도의 2분의 1을 초과하지 못한다. 이 경우 도매시장 개설자는 그 한도에서 업무규정으로 중개수수료를 정할 수 있다.

⑧ 정산수수료의 최고한도는 다음의 구분에 따르며, 도매시장 개설자는 그 한도에서 업무규정으로 정산수수료를 정할 수 있다.

1. 정률(定率)의 경우 : 거래건별 거래금액의 1천분의 4
2. 정액의 경우 : 1개월에 70만원

법 제42조의2(지방도매시장의 운영 등에 관한 특례)

① 지방도매시장의 개설자는 해당 도매시장의 규모 및 거래물량 등에 비추어 필요하다고 인정하는 경우 제농림축산식품부령 또는 해양수산부령으로 정하는 사유와 다른 내용의 특례를 업무규정으로 정할 수 있다.

법 제42조의3(과밀부담금의 면제)

도매시장의 시설현대화 사업으로 건축하는 건축물에 대해서는 「수도권정비계획법」에도 불구하고 그 과밀부담금을 부과하지 아니한다.

제4장 농수산물공판장 및 민영농수산물도매시장 등

법 제43조(공판장의 개설)

① 생산자단체와 공익법인이 공판장을 개설하려면 기준에 적합한 시설을 갖추고 시·도지사의 승인을 받아야 한다. 다만, 농업협동조합중앙회가 개설한 공판장은 농협경제지주회사 및 그 자회사가 개설한 것으로 본다.

② ①의 경우에는 허가기준 등 규정을 준용한다.

시행령 제19조(농수산물공판장의 개설승인신청)

농수산물공판장을 개설하려는 자는 해당 공판장의 소재지를 관할하는 시장·군수·자치구의 구청장 또는 「제주특별자치도 설치 및 국제자유도시 조성을 위한 특별법」에 따른 행정시장의 의견을 첨부하여 시·도지사에게 공판장 개설승인신청을 하여야 한다.

법 제44조(공판장의 거래 관계자)

① 공판장에는 중도매인, 매매참가인, 산지유통인 및 경매사를 둘 수 있다.

② 공판장의 중도매인은 공판장의 개설자가 지정한다. 이 경우 중도매인의 지정 등에 관하여는 중도매업의 허가 규정을 준용한다.

③ 농수산물을 수집하여 공판장에 출하하려는 자는 공판장의 개설자에게 산지유통인으로 등록하여야 한다. 이 경우 산지유통인의 등록 등에 관하여는 산지유통인의 등록 규정을 준용한다.

④ 공판장의 경매사는 공판장의 개설자가 임면한다. 이 경우 경매사의 자격기준 및 업무 등에 관하여는 경매사의 임면 및 경매사의 업무 규정을 준용한다.

법 제45조(공판장의 운영 등)

공판장의 운영 및 거래방법 등에 관하여는 수탁판매의 원칙, 매매방법, 경매 또는 입찰의 방법, 거래의 특례, 수탁의 거부금지 등, 매매 농수산물의 인수 등, 하역업무, 출하자에 대한 대금결제 및 수수료 등의 징수제한 규정을 준용한다. 다만, 공판장의 규모·거래물량 등에 비추어 이를 준용하는 것이 적합하지 아니한 공판장의 경우에는 개설자가 합리적이라고 인정되는 범위에서 업무규정으로 정하는 바에 따라 운영 및 거래방법 등을 달리 정할 수 있다.

법 제46조(도매시장공판장의 운영 등에 관한 특례)

① 도매시장공판장의 운영 및 거래방법 등에 관하여는 출하자 신고, 수탁판매의 원칙, 매매방법, 경매 또는 입찰의 방법, 거래의 특례, 도매시장법인의 영업제한, 도매시장법인 등의 공시, 수탁의 거부금지 등, 매매 농수산물의 인수 등, 하역업무, 출하자에 대한 대금결제, 대금정산조직 설립의 지원 및 수수료 등의 징수제한 규정을 준용한다.

② 도매시장공판장의 중도매인에 관하여는 중도매업의 허가, 수탁판매의 원칙, 수수료 등의 징수제한 및 교육훈련 등 규정을 준용한다.

③ 도매시장공판장의 산지유통인에 관하여는 산지유통인의 등록 규정을 준용한다.

④ 도매시장공판장의 경매사에 관하여는 경매사의 임면 및 경매사의 업무 등 규정을 준용한다.

⑤ 도매시장공판장은 농림수협 등의 유통자회사(流通子會社)로 하여금 운영하게 할 수 있다.

법 제47조(민영도매시장의 개설)

① 민간인 등이 특별시·광역시·특별자치시·특별자치도 또는 시 지역에 민영도매시장을 개설하려면 시·도지사의 허가를 받아야 한다.

② 민간인 등이 민영도매시장의 개설허가를 받으려면 농림축산식품부령 또는 해양수산부령으로 정하는 바에 따라 민영도매시장 개설허가 신청서에 업무규정과 운영관리계획서를 첨부하여 시·도지사에게 제출하여야 한다.

③ 업무규정 및 운영관리계획서에 관하여는 도매시장의 개설 규정을 준용한다.

④ 시·도지사는 다음의 어느 하나에 해당하는 경우를 제외하고는 허가하여야 한다.

   1. 민영도매시장을 개설하려는 장소가 교통체증을 유발할 수 있는 위치에 있는 경우
   2. 민영도매시장의 시설이 기준에 적합하지 아니한 경우
   3. 운영관리계획서의 내용이 실현 가능하지 아니한 경우
   4. 그 밖에 이 법 또는 다른 법령에 따른 제한에 위반되는 경우

⑤ 시·도지사는 민영도매시장 개설허가의 신청을 받은 경우 신청서를 받은 날부터 30일 이내(이하 "허가 처리기간")에 허가 여부 또는 허가처리 지연 사유를 신청인에게 통보하여야 한다. 이 경우 허가 처리기간에 허가 여부 또는 허가처리 지연 사유를 통보하지 아니하면 허가 처리기간의 마지막 날의 다음 날에 허가를 한 것으로 본다.

⑥ 시·도지사는 허가처리 지연 사유를 통보하는 경우에는 허가 처리기간을 10일 범위에서 한 번만 연장할 수 있다.

시행규칙 제41조(민영도매시장의 개설허가 절차)

민영도매시장을 개설하려는 자는 시·도지사가 정하는 개설허가신청서에 다음의 서류를 첨부하여 시·도지사에게 제출하여야 한다.

   1. 민영도매시장의 업무규정
   2. 운영관리계획서
   3. 해당 민영도매시장의 소재지를 관할하는 시장 또는 자치구의 구청장의 의견서

법 제48조(민영도매시장의 운영 등)

① 민영도매시장의 개설자는 중도매인, 매매참가인, 산지유통인 및 경매사를 두어 직접 운영하거나 시장도매인을 두어 이를 운영하게 할 수 있다.

② 민영도매시장의 중도매인은 민영도매시장의 개설자가 지정한다. 이 경우 중도매인의 지정 등에 관하여는 중도매업의 허가 규정을 준용한다.

③ 농수산물을 수집하여 민영도매시장에 출하하려는 자는 민영도매시장의 개설자에게 산지유통인으로 등록하여야 한다. 이 경우 산지유통인의 등록 등에 관하여는 산지유통인의 등록 규정을 준용한다.

④ 민영도매시장의 경매사는 민영도매시장의 개설자가 임면한다. 이 경우 경매사의 자격기준 및 업무 등에 관하여는 경매사의 임면 및 경매사의 업무 규정을 준용한다.

⑤ 민영도매시장의 시장도매인은 민영도매시장의 개설자가 지정한다. 이 경우 시장도매인의 지정 및 영업 등에 관하여는 시장도매인의 지정, 시장도매인의 영업, 수탁의 거부금지, 매매 농수산물의 인수, 출하자에 대한 대금결제, 수수료의 징수제한 규정을 준용한다.

⑥ 민영도매시장의 개설자가 중도매인, 매매참가인, 산지유통인 및 경매사를 두어 직접 운영하는 경우 그 운영 및 거래방법 등에 관하여는 수탁판매의 원칙, 매매방법, 경매 또는 입찰의 방법, 거래의 특례, 수탁의 거부금지, 매매 농수산물의 인수, 하역업무, 출하자에 대한 대금결제, 수수료의 징수제한 규정을 준용한다. 다만, 민영도매시장의 규모·거래물량 등에 비추어 해당 규정을 준용하는 것이 적합하지 아니한 민영도매시장의 경우에는 그 개설자가 합리적이라고 인정되는 범위에서 업무규정으로 정하는 바에 따라 그 운영 및 거래방법 등을 달리 정할 수 있다.

법 제49조(산지판매제도의 확립)

① 농림수협등 또는 공익법인은 생산지에서 출하되는 주요 품목의 농수산물에 대하여 산지경매제를 실시하거나 계통출하(系統出荷)를 확대하는 등 생산자 보호를 위한 판매대책 및 선별·포장·저장 시설의 확충 등 산지 유통대책을 수립·시행하여야 한다.

② 농림수협등 또는 공익법인은 경매 또는 입찰의 방법으로 창고경매, 포전경매(圃田競賣) 또는 선상경매(船上競賣) 등을 할 수 있다.

시행규칙 제42조(창고경매 및 포전경매)

지역농업협동조합, 지역축산업협동조합, 품목별·업종별협동조합, 조합공동사업법인, 품목조합연합회, 농협경제지주회사, 산림조합 및 수산업협동조합과 그 중앙회 또는 한국농수산식품유통공사가 창고경매나 포전경매를 하려는 경우에는 생산농가로부터 위임을 받아 창고 또는 포전상태로 상장하되, 품목의 작황·품질·생산량 및 시중가격 등을 고려하여 미리 예정가격을 정할 수 있다.

법 제50조(농수산물집하장의 설치·운영)

① 생산자단체 또는 공익법인은 농수산물을 대량 소비지에 직접 출하할 수 있는 유통체제를 확립하기 위하여 필요한 경우에는 농수산물집하장을 설치·운영할 수 있다.

② 국가와 지방자치단체는 농수산물집하장의 효과적인 운영과 생산자의 출하편의를 도모할 수 있도록 그 입지 선정과 도로망의 개설에 협조하여야 한다.

③ 생산자단체 또는 공익법인은 운영하고 있는 농수산물집하장 중 공판장의 시설기준을 갖춘 집하장을 시·도지사의 승인을 받아 공판장으로 운영할 수 있다.

시행령 제20조(농수산물집하장의 설치·운영)

① 지역농업협동조합, 지역축산업협동조합, 품목별·업종별협동조합, 조합공동사업법인, 품목조합연합회, 산림조합 및 수산업협동조합과 그 중앙회(농협경제지주회사를 포함)나 생산자 관련 단체 또는 공익법인이 농수산물집하장을 설치·운영하려는 경우에는 농수산물의 출하 및 판매를 위하여 필요한 적정 시설을 갖추어야 한다.

② 농업협동조합중앙회·산림조합중앙회·수산업협동조합중앙회의 장 및 농협경제지주회사의 대표이사는 농수산물집하장의 설치와 운영에 필요한 기준을 정하여야 한다.

법 제51조(농수산물산지유통센터의 설치·운영 등)

① 국가나 지방자치단체는 농수산물의 선별·포장·규격출하·가공·판매 등을 촉진하기 위하여 농수산물산지유통센터를 설치하여 운영하거나 이를 설치하려는 자에게 부지 확보 또는 시설물 설치 등에 필요한 지원을 할 수 있다.

② 국가나 지방자치단체는 농수산물산지유통센터의 운영을 생산자단체 또는 전문유통업체에 위탁할 수 있다.

③ 농수산물산지유통센터의 운영 등에 필요한 사항은 농림축산식품부령 또는 해양수산부령으로 정한다.

시행규칙 제42조의2(농수산물산지유통센터의 운영)

농수산물산지유통센터의 운영을 위탁한 자는 시설물 및 장비의 유지·관리 등에 소요되는 비용에 충당하기 위하여 농수산물산지유통센터의 운영을 위탁받은 자와 협의하여 매출액의 1천분의 5를 초과하지 아니하는 범위에서 시설물 및 장비의 이용료를 징수할 수 있다.

법 제52조(농수산물 유통시설의 편의제공)

국가나 지방자치단체는 그가 설치한 농수산물 유통시설에 대하여 생산자단체, 농업협동조합중앙회, 산림조합중앙회, 수산업협동조합중앙회 또는 공익법인으로부터 이용 요청을 받으면 해당 시설의 이용, 면적 배정 등에서 우선적으로 편의를 제공하여야 한다.

법 제53조(포전매매의 계약)

① 농림축산식품부장관이 정하는 채소류 등 저장성이 없는 농산물의 포전매매(생산자가 수확하기 이전의 경작상태에서 면적단위 또는 수량단위로 매매하는 것)의 계약은 서면에 의한 방식으로 하여야 한다.

② 농산물의 포전매매의 계약은 특약이 없으면 매수인이 그 농산물을 계약서에 적힌 반출 약정일부터 10일 이내에 반출하지 아니한 경우에는 그 기간이 지난 날에 계약이 해제된 것으로 본다. 다만, 매수인이 반출 약정일이 지나기 전에 반출 지연 사유와 반출 예정일을 서면으로 통지한 경우에는 그러하지 아니하다.

③ 농림축산식품부장관은 포전매매의 계약에 필요한 표준계약서를 정하여 보급하고 그 사용을 권장할 수 있으며, 계약당사자는 표준계약서에 준하여 계약하여야 한다.

④ 농림축산식품부장관과 지방자치단체의 장은 생산자 및 소비자의 보호나 농산물의 가격 및 수급의 안정을 위하여 특히 필요하다고 인정할 때에는 대상 품목, 대상 지역 및 신고기간 등을 정하여 계약 당사자에게 포전매매 계약의 내용을 신고하도록 할 수 있다.

제5장 농산물가격안정기금

법 제54조(기금의 설치)

정부는 농산물(축산물 및 임산물을 포함)의 원활한 수급과 가격안정을 도모하고 유통구조의 개선을 촉진하기 위한 재원을 확보하기 위하여 농산물가격안정기금을 설치한다.

시행령 제21조(기금계정의 설치)

농림축산식품부장관은 농산물가격안정기금의 수입과 지출을 명확히 하기 위하여 한국은행에 기금계정을 설치하여야 한다.

법 제55조(기금의 조성)

① 기금은 다음의 재원으로 조성한다.

1. 정부의 출연금
2. 기금 운용에 따른 수익금
3. 몰수농산물의 처분으로 발생하는 비용 및 매각 · 공매대금, 수입이익금 및 다른 법률의 규정에 따라 납입되는 금액
4. 다른 기금으로부터의 출연금

② 농림축산식품부장관은 기금의 운영에 필요하다고 인정할 때에는 기금의 부담으로 한국은행 또는 다른 기금으로부터 자금을 차입(借入)할 수 있다.

법 제56조(기금의 운용 · 관리)

① 기금은 국가회계원칙에 따라 농림축산식품부장관이 운용 · 관리한다.

② 삭제 〈2004.12.31.〉

③ 기금의 운용 · 관리에 관한 농림축산식품부장관의 업무는 대통령령으로 정하는 바에 따라 그 일부를 국립종자원장과 한국농수산식품유통공사의 장에게 위임 또는 위탁할 수 있다.

④ 기금의 운용 · 관리에 관하여 이 법에서 규정한 사항 외에 필요한 사항은 대통령령으로 정한다.

시행령 제22조(기금의 운용 · 관리사무의 위임 · 위탁)

① 삭제 〈2001.3.31.〉

② 농림축산식품부장관은 기금의 운용 · 관리에 관한 업무 중 다음의 업무를 한국농수산식품유통공사의 장에게 위탁한다.

1. 종자사업과 관련한 업무를 제외한 기금의 수입 · 지출
2. 종자사업과 관련한 업무를 제외한 기금재산의 취득 · 운영 · 처분 등
3. 기금의 여유자금의 운용
4. 그 밖에 기금의 운용 · 관리에 관한 사항으로서 농림축산식품부장관이 정하는 업무

법 제57조(기금의 용도)

① 기금은 다음의 사업을 위하여 필요한 경우에 융자 또는 대출할 수 있다.

  1. 농산물의 가격조절과 생산 · 출하의 장려 또는 조절
  2. 농산물의 수출 촉진
  3. 농산물의 보관 · 관리 및 가공
  4. 도매시장, 공판장, 민영도매시장 및 경매식 집하장(농수산물집하장 중 제경매 또는 입찰의 방법으로 농수산물을 판매하는 집하장)의 출하촉진 · 거래대금정산 · 운영 및 시설설치
  5. 농산물의 상품성 향상
  6. 그 밖에 농림축산식품부장관이 농산물의 유통구조 개선, 가격안정 및 종자산업의 진흥을 위하여 필요하다고 인정하는 사업

② 기금은 다음의 사업을 위하여 지출한다.

  1. 「농수산자조금의 조성 및 운용에 관한 법률」에 따른 사업 지원
  2. 과잉 생산 시의 생산자 보호, 몰수농산물 등의 이관, 비축사업 및 「종자산업법」에 따른 사업 및 그 사업의 관리
  3. 기금이 관리하는 유통시설의 설치 · 취득 및 운영
  4. 도매시장 시설현대화 사업 지원
  5. 그 밖에 대통령령으로 정하는 농산물의 유통구조 개선 및 가격안정과 종자산업의 진흥을 위하여 필요한 사업

③ 기금의 융자를 받을 수 있는 자는 농업협동조합중앙회(농협경제지주회사 및 그 자회사 포함), 산림조합중앙회 및 한국농수산식품유통공사로 하고, 대출을 받을 수 있는 자는 농림축산식품부장관이 사업을 효율적으로 시행할 수 있다고 인정하는 자로 한다.

④ 기금의 대출에 관한 농림축산식품부장관의 업무는 기금의 융자를 받을 수 있는 자에게 위탁할 수 있다

⑤ 기금을 융자받거나 대출받은 자는 융자 또는 대출을 할 때에 지정한 목적 외의 목적에 그 융자금 또는 대출금을 사용할 수 없다.

시행령 제23조(기금의 지출 대상사업)

기금에서 지출할 수 있는 사업은 다음과 같다.

  1. 농산물의 가공 · 포장 및 저장기술의 개발, 브랜드 육성, 저온유통, 유통정보화 및 물류 표준화의 촉진
  2. 농산물의 유통구조 개선 및 가격안정사업과 관련된 조사 · 연구 · 홍보 · 지도 · 교육훈련 및 해외시장 개척
  3. 종자산업의 진흥과 관련된 우수 종자의 품종육성 · 개발, 우수 유전자원의 수집 및 조사 · 연구
  4. 식량작물과 축산물을 제외한 농산물의 유통구조 개선을 위한 생산자의 공동이용시설에 대한 지원
  5. 농산물 가격안정을 위한 안전성 강화와 관련된 조사 · 연구 · 홍보 · 지도 · 교육훈련 및 검사 · 분석시설 지원

법 제58조(기금의 회계기관)

① 농림축산식품부장관은 기금의 수입과 지출에 관한 사무를 수행하게 하기 위하여 소속 공무원 중에서 기금수입징수관·기금재무관·기금지출관 및 기금출납공무원을 임명한다.

② 농림축산식품부장관은 기금의 운용·관리에 관한 업무의 일부를 위임 또는 위탁한 경우, 위임 또는 위탁받은 기관의 소속 공무원 또는 임직원 중에서 위임 또는 위탁받은 업무를 수행하기 위한 기금수입징수관 또는 기금수입담당임원, 기금재무관 또는 기금지출원인행위담당임원, 기금지출관 또는 기금지출원 및 기금출납공무원 또는 기금출납원을 임명하여야 한다. 이 경우 기금수입담당임원은 기금수입징수관의 직무를, 기금지출원인행위담당임원은 기금재무관의 직무를, 기금지출원은 기금지출관의 직무를, 기금출납원은 기금출납공무원의 직무를 수행한다.

③ 농림축산식품부장관은 기금수입징수관·기금재무관·기금지출관 및 기금출납공무원, 기금수입담당임원·기금지출원인행위담당임원·기금지출원 및 기금출납원을 임명하였을 때에는 감사원, 기획재정부장관 및 한국은행총재에게 그 사실을 통지하여야 한다.

법 제59조(기금의 손비처리)

농림축산식품부장관은 다음의 어느 하나에 해당하는 비용이 생기면 이를 기금에서 손비(損費)로 처리하여야 한다.

    1. 과잉생산 시의 생산자 보호, 비축사업 및 「종자산업법」에 따른 사업을 실시한 결과 생긴 결손금

    2. 차입금의 이자 및 기금의 운용에 필요한 경비

법 제60조(기금의 운용계획)

① 농림축산식품부장관은 회계연도마다 「국가재정법」에 따라 기금운용계획을 수립하여야 한다.

② 제1항의 기금운용계획에는 다음의 사항이 포함되어야 한다.

    1. 기금의 수입·지출에 관한 사항

    2. 융자 또는 대출의 목적, 대상자, 금리 및 기간에 관한 사항

    3. 그 밖에 기금의 운용에 필요한 사항

③ 융자기간은 1년 이내로 하여야 한다. 다만, 시설자금의 융자 등 자금의 사용 목적상 1년 이내로 하는 것이 적당하지 아니하다고 인정되는 경우에는 그러하지 아니하다.

법 제60조의2(여유자금의 운용)

농림축산식품부장관은 기금의 여유자금을 다음의 방법으로 운용할 수 있다.

    1. 「은행법」에 따른 은행에 예치

    2. 국채·공채, 그 밖에 「자본시장과 금융투자업에 관한 법률」에 따른 증권의 매입

법 제61조(결산보고)

농림축산식품부장관은 회계연도마다 기금의 결산보고서를 작성하여 다음 연도 2월 말일까지 기획재정부장관에게 제출하여야 한다.

제6장 농수산물 유통기구의 정비 등

법 제62조(정비 기본방침 등)
농림축산식품부장관 또는 해양수산부장관은 농수산물의 원활한 수급과 유통질서를 확립하기 위하여 필요한 경우에는 다음의 사항을 포함한 농수산물 유통기구 정비기본방침을 수립하여 고시할 수 있다.

1. 시설기준에 미달하거나 거래물량에 비하여 시설이 부족하다고 인정되는 도매시장·공판장 및 민영도매시장의 시설 정비에 관한 사항
2. 도매시장·공판장 및 민영도매시장 시설의 바꿈 및 이전에 관한 사항
3. 중도매인 및 경매사의 가격조작 방지에 관한 사항
4. 생산자와 소비자 보호를 위한 유통기구의 봉사(奉仕) 경쟁체제의 확립과 유통 경로의 단축에 관한 사항
5. 운영 실적이 부진하거나 휴업 중인 도매시장의 정비 및 도매시장법인이나 시장도매인의 교체에 관한 사항
6. 소매상의 시설 개선에 관한 사항

법 제63조(지역별 정비계획)
① 시·도지사는 기본방침이 고시되었을 때에는 그 기본방침에 따라 지역별 정비계획을 수립하고 농림축산식품부장관 또는 해양수산부장관의 승인을 받아 그 계획을 시행하여야 한다.
② 농림축산식품부장관 또는 해양수산부장관은 지역별 정비계획의 내용이 기본방침에 부합되지 아니하거나 사정의 변경 등으로 실효성이 없다고 인정하는 경우에는 그 일부를 수정 또는 보완하여 승인할 수 있다.

법 제64조(유사 도매시장의 정비)
① 시·도지사는 농수산물의 공정거래질서 확립을 위하여 필요한 경우에는 농수산물도매시장과 유사(類似)한 형태의 시장을 정비하기 위하여 유사 도매시장구역을 지정하고, 농림축산식품부령 또는 해양수산부령으로 정하는 바에 따라 그 구역의 농수산물도매업자의 거래방법 개선, 시설 개선, 이전대책 등에 관한 정비계획을 수립·시행할 수 있다.
② 특별시·광역시·특별자치시·특별자치도 또는 시는 정비계획에 따라 유사 도매시장구역에 도매시장을 개설하고, 그 구역의 농수산물도매업자를 도매시장법인 또는 시장도매인으로 지정하여 운영하게 할 수 있다.
③ 농림축산식품부장관 또는 해양수산부장관은 시·도지사로 하여금 정비계획의 내용을 수정 또는 보완하게 할 수 있으며, 정비계획의 추진에 필요한 지원을 할 수 있다.

시행규칙 제43조(유사 도매시장의 정비)
① 시·도지사는 다음의 지역에 있는 유사 도매시장의 정비계획을 수립하여야 한다.
1. 특별시·광역시
2. 국고 지원으로 도매시장을 건설하는 지역
3. 그 밖에 시·도지사가 농수산물의 공공거래질서 확립을 위하여 특히 필요하다고 인정하는 지역
② 유사 도매시장의 정비계획에 포함되어야 할 사항은 다음과 같다.
1. 유사 도매시장구역으로 지정하려는 구체적인 지역의 범위
2. 1의 지역에 있는 농수산물도매업자의 거래방법의 개선방안

3. 유사 도매시장의 시설 개선 및 이전대책
4. 3에 따른 대책을 시행하는 경우의 대상자 선발기준

법 제65조(시장의 개설 · 정비 명령)

① 농림축산식품부장관 또는 해양수산부장관은 기본방침을 효과적으로 수행하기 위하여 필요하다고 인정할 때에는 도매시장 · 공판장 및 민영도매시장의 개설자에 대하여 대통령령으로 정하는 바에 따라 도매시장 · 공판장 및 민영도매시장의 통합 · 이전 또는 폐쇄를 명할 수 있다.

② 농림축산식품부장관 또는 해양수산부장관은 농수산물을 원활하게 수급하기 위하여 특정한 지역에 도매시장이나 공판장을 개설하거나 제한할 필요가 있다고 인정할 때에는 그 지역을 관할하는 특별시 · 광역시 · 특별자치시 · 특별자치도 또는 시나 농림수협등 또는 공익법인에 대하여 도매시장이나 공판장을 개설하거나 제한하도록 권고할 수 있다.

③ 정부는 명령으로 인하여 발생한 도매시장 · 공판장 및 민영도매시장의 개설자 또는 도매시장법인의 손실에 관하여는 대통령령으로 정하는 바에 따라 정당한 보상을 하여야 한다.

시행령 제33조(시장의 정비명령)

① 농림축산식품부장관 또는 해양수산부장관이 도매시장 · 공판장 및 민영도매시장의 통합 · 이전 또는 폐쇄를 명령하려는 경우에는 그에 필요한 적정한 기간을 두어야 하며, 다음의 사항을 비교 · 검토하여 조건이 불리한 시장을 통합 · 이전 또는 폐쇄하도록 하여야 한다.
1. 최근 2년간의 거래 실적과 거래 추세
2. 입지조건
3. 시설현황
4. 통합 · 이전 또는 폐쇄로 인하여 당사자가 입게 될 손실의 정도

② 농림축산식품부장관 또는 해양수산부장관은 도매시장 · 공판장 및 민영도매시장의 통합 · 이전 또는 폐쇄를 명령하려는 경우에는 미리 관계인에게 ①의 사항에 대하여 소명을 하거나 의견을 진술할 수 있는 기회를 주어야 한다.

③ 농림축산식품부장관 또는 해양수산부장관은 명령으로 인하여 발생한 손실에 대한 보상을 하려는 경우에는 미리 관계인과 협의를 하여야 한다.

법 제66조(도매시장법인의 대행)

① 도매시장 개설자는 도매시장법인이 판매업무를 할 수 없게 되었다고 인정되는 경우에는 기간을 정하여 그 업무를 대행하거나 관리공사 또는 다른 도매시장법인으로 하여금 대행하게 할 수 있다.

② 제도매시장법인의 업무를 대행하는 자에 대한 업무처리기준과 그 밖에 대행에 관하여 필요한 사항은 도매시장 개설자가 정한다.

법 제67조(유통시설의 개선 등)

① 농림축산식품부장관 또는 해양수산부장관은 농수산물의 원활한 유통을 위하여 도매시장 · 공판장 및 민영도매시장의 개설자나 도매시장법인에 대하여 농수산물의 판매 · 수송 · 보관 · 저장 시설의 개선 및 정비를 명할 수 있다.

② 도매시장·공판장 및 민영도매시장이 보유하여야 하는 시설의 기준은 부류별로 그 지역의 인구 및 거래 물량 등을 고려하여 농림축산식품부령 또는 해양수산부령으로 정한다.

시행규칙 제44조(시설기준)

① 부류별 도매시장·공판장·민영도매시장이 보유하여야 하는 시설의 최소기준은 별표 2와 같다.

② 시·도지사는 축산부류의 도매시장 및 공판장 개설자에 대하여 ①에 따른 시설 외에 「축산물위생관리법」에 따른 도축장 또는 도계장 시설을 갖추게 할 수 있다.

농수산물도매시장·공판장 및 민영도매시장의 시설기준(시행규칙 별표 2)

부류별 / 시설	양곡	청과			수산			축산			화훼	약용작물
도시인구별(단위:명)	–	30만 미만	30만 이상~100만 미만	100만 이상	30만 미만	30만 이상 100만 미만	100만 이상	30만 미만	30만 이상 100만 미만	100만 이상	–	–
	m²	m²	m²	m²	m²	m²	m²	m²	m²	m²	m²	m²
대지	1,650	3,300	8,250	16,500	1,650	3,300	6,600	1,320	2,640	5,280	1,650	1,650
건물	660	1,320	3,300	6,600	660	1,320	2,640	530	1,060	2,110	660	660
필수시설 경매장(유개[有蓋])	500	990	2,480	4,950	500	990	1,980	170	330	660	500	500
주차장	500	330	830	1,650	170	330	660	170	330	660	330	330
저온창고(농수산물도매시장만 해당한다)		300	500	1,000								
냉장실					17 (20톤)	30 (40톤)	50 (60톤)	70 (80톤)	130 (160톤)	200 (240톤)		
저빙실					17 (20톤)	30 (40톤)	50 (60톤)					
쓰레기처리장	30	30	70	100	30	70	100	70	130	200	30	30
위생시설(수세식화장실)	30	30	70	100	30	70	100	30	70	100	30	30
사무실	30	30	50	70	30	50	70	30	70	100	30	30
하주대기실·출하상담실	30	30	50	70	30	50	70	30	70	100	30	30

부류별	양곡	청과	수산	축산	화훼	약용작물
부수 시설	상온창고, 중도매인 점포, 중도매인 사무실	저온창고(공판장 및 민영도매시장만 해당한다), 상온창고, 가공처리장, 재발효 및 추열실, 중도매인 점포, 중도매인 사무실, 소각시설, 농산물 품질관리실, 대금정산조직 사무실, 수출 지원실	상온창고, 가공처리장, 제빙시설, 염장조, 염장실, 중도매인 점포, 중도매인 사무실, 소각시설, 용융기, 대금정산조직 사무실, 수출지원실	식육운반차량, 중도매인 사무실, 축산물 위생검사시설 및 사무실, 도체 등급판정시설 및 사무실, 부산물처리시설, 농산물 품질관리실, 부분육 가공처리시설, 대금정산조직 사무실	저온창고, 상온창고, 중도매인 점포, 중도매인 사무실	상온창고, 중도매인 점포, 중도매인 사무실
기타 시설	가. 회의실, 경비실, 기계실등 나. 금융기관의 점포 다. 기타 이용자의 편의를 위하여 필요한 시설					

비고
1. ( ) 내는 처리능력을 말한다.
2. 필수시설 중 "사무실"은 해당 도매시장·공판장 또는 민영도매시장에서 영업하는 도매시장법인·시장도매인·공판장의 사무실을 말한다.
3. 도매시장법인을 두지 않는 도매시장의 경우 경매장을 설치하지 않을 수 있으며, 이 경우 부수시설 중 "중도매인 점포"·"중도매인 사무실"을 적용하지 않고, 필수시설에 "시장도매인 점포"를 추가한다. 도매시장법인과 시장도매인을 함께 두는 도매시장의 경우 필수시설에 "시장도매인 점포"를 추가하되, 도매시장법인의 영업장소(중도매인의 영업장소등 관련 시설을 포함)와 시장도매인의 영업장소는 업무규정으로 정하는 바에 따라 분리하여 운영할 수 있도록 하여야 한다.
4. 부수시설 또는 그 밖의 시설은 도매시장·공판장 또는 민영도매시장의 여건에 따라 보유하지 않을 수 있다.
5. 충분한 주차장·차량진입도로 및 상하차대와 상·하수도시설을 갖추어야 한다.
6. 인구는 개설허가 또는 승인신청 당시 인구를 기준으로 한다. 다만, 특별시 및 광역시의 공판장·민영도매시장의 경우에는 그 시설이 설치되는 자치구의 인구를 기준으로 한다.
7. 청과부류를 취급하는 공판장·민영도매시장에 대해서는 청과부류 시설기준의 50퍼센트를 낮추어 적용할 수 있으며, 민영도매시장·공판장이 청과부류와 기타부류를 겸영하는 경우에는 청과부류의 시설기준만을 적용한다.
8. 수산부류 중 활어류·패류·해조류·건어류·염건어류·염장어류·건해조류 및 젓갈류만을 취급하는 경우에는 냉장실 및 저빙실을 보유하지 아니할 수 있으며, 이 경우의 시설기준은 기준시설의 50퍼센트를 감하여 적용할 수 있다.
9. 축산부류 중에서 조류 및 난류만을 취급하는 도매시장·공판장·민영도매시장에 대해서는 축산부류시설기준의 50퍼센트를 낮추어 적용할 수 있다.
10. 산지에 설치되는 공판장의 경우 위 시설기준에서 50퍼센트를 낮추어 적용할 수 있다. 다만, 산지에 설치되는 수산물공판장은 위 시설기준에서 80퍼센트를 낮추어 적용할 수 있고, 주차장·사무실·하주대기실·출하상담실을 필수시설에서 제외할 수 있다.

법 제68조(농수산물 소매유통의 개선)

① 농림축산식품부장관, 해양수산부장관 또는 지방자치단체의 장은 생산자와 소비자를 보호하고 상거래질서를 확립하기 위한 농수산물 소매단계의 합리적 유통 개선에 대한 시책을 수립·시행할 수 있다.

② 농림축산식품부장관 또는 해양수산부장관은 시책을 달성하기 위하여 농수산물의 중도매업·소매업, 생산자와 소비자의 직거래사업, 생산자단체 및 대통령령으로 정하는 단체가 운영하는 농수산물직판장, 소매시설의 현대화 등을 농림축산식품부령 또는 해양수산부령으로 정하는 바에 따라 지원·육성한다.

③ 농림축산식품부장관, 해양수산부장관 또는 지방자치단체의 장은 농수산물소매업자 등이 농수산물의 유통 개선과 공동이익의 증진 등을 위하여 협동조합을 설립하는 경우에는 도매시장 또는 공판장의 이용편의 등을 지원할 수 있다.

시행령 제34조(농수산물직판장의 운영단체)

법 제68조제2항에서 '대통령령으로 정하는 단체'란 소비자단체 및 지방자치단체의 장이 직거래사업의 활성화를 위하여 필요하다고 인정하여 지정하는 단체를 말한다.

시행규칙 제45조(농수산물 소매유통의 지원)

농림축산식품부장관 또는 해양수산부장관이 지원할 수 있는 사업은 다음과 같다.
  1. 농수산물의 생산자 또는 생산자단체와 소비자 또는 소비자단체 간의 직거래사업
  2. 농수산물소매시설의 현대화 및 운영에 관한 사업
  3. 농수산물직판장의 설치 및 운영에 관한 사업
  4. 그 밖에 농수산물직거래 및 소매유통의 활성화를 위하여 농림축산식품부장관 또는 해양수산부장관이 인정하는 사업

법 제69조(종합유통센터의 설치)

① 국가나 지방자치단체는 종합유통센터를 설치하여 생산자단체 또는 전문유통업체에 그 운영을 위탁할 수 있다.

② 국가나 지방자치단체는 종합유통센터를 설치하려는 자에게 부지 확보 또는 시설물 설치 등에 필요한 지원을 할 수 있다.

③ 농림축산식품부장관, 해양수산부장관 또는 지방자치단체의 장은 종합유통센터가 효율적으로 그 기능을 수행할 수 있도록 종합유통센터를 운영하는 자 또는 이를 이용하는 자에게 그 운영방법 및 출하 농어가에 대한 서비스의 개선 또는 이용방법의 준수 등 필요한 권고를 할 수 있다.

④ 농림축산식품부장관, 해양수산부장관 또는 지방자치단체의 장은 종합유통센터를 운영하는 자 및 지원을 받아 종합유통센터를 운영하는 자가 권고를 이행하지 아니하는 경우에는 일정한 기간을 정하여 운영방법 및 출하 농어가에 대한 서비스의 개선 등 필요한 조치를 할 것을 명할 수 있다.

⑤ 종합유통센터의 설치, 시설 및 운영에 관하여 필요한 사항은 농림축산식품부령 또는 해양수산부령으로 정한다.

시행규칙 제47조(종합유통센터의 운영)

① 국가 또는 지방자치단체가 종합유통센터를 설치하여 운영을 위탁할 수 있는 생산자단체 또는 전문유통 업체는 다음의 자로 한다.

1. 농림수협 등(유통자회사를 포함)
2. 종합유통센터의 운영에 필요한 자금과 경영능력을 갖춘 자로서 농림축산식품부장관, 해양수산부장관 또는 지방자치단체의 장이 농수산물의 효율적인 유통을 위하여 특히 필요하다고 인정하는 자
3. 종합유통센터를 운영하기 위하여 국가 또는 지방자치단체와 1 및 2의 자가 출자하여 설립한 법인

② 국가 또는 지방자치단체(이하 '위탁자')가 종합유통센터를 설치하여 운영을 위탁하려는 때에는 농수산물 의 수집능력·분산능력, 투자계획, 경영계획 및 농수산물 유통에 대한 경험 등을 기준으로 하여 공개적 인 방법으로 운영주체를 선정하여야 한다. 이 경우 위탁자는 5년 이상의 기간을 두어 위탁기간을 설정 할 수 있다.

③ 위탁자는 종합유통센터의 시설물 및 장비의 유지·관리 등에 드는 비용에 충당하기 위하여 운영주체와 협의하여 운영주체로부터 종합유통센터의 시설물 및 장비의 이용료를 징수할 수 있다. 이 경우 이용료 총액은 해당 종합유통센터 매출액의 1천분의 5를 초과할 수 없으며, 위탁자는 이용료 외에는 어떠한 명 목으로도 금전을 징수해서는 아니 된다.

시행규칙 제46조(종합유통센터의 설치 등)

① 국가 또는 지방자치단체의 지원을 받아 종합유통센터를 설치하려는 자는 지원을 받으려는 농림축산식품 부장관, 해양수산부장관 또는 지방자치단체의 장에게 다음의 사항이 포함된 종합유통센터 건설사업계획 서를 제출하여야 한다.

1. 신청지역의 농수산물 유통시설 현황, 종합유통센터의 건설 필요성 및 기대효과
2. 운영자 선정계획, 세부적인 운영방법과 물량처리계획이 포함된 운영계획서 및 운영수지분석
3. 부지·시설 및 물류장비의 확보와 운영에 필요한 자금 조달계획
4. 그 밖에 농림축산식품부장관, 해양수산부장관 또는 지방자치단체의 장이 종합유통센터 건설의 타당 성 검토를 위하여 필요하다고 판단하여 정하는 사항

② 농림축산식품부장관, 해양수산부장관 또는 지방자치단체의 장은 사업계획서를 제출받았을 때에는 사업 계획의 타당성을 고려하여 지원 대상자를 선정하고, 부지 구입, 시설물 설치, 장비 확보 및 운영을 위하 여 필요한 자금을 보조 또는 융자하거나 부지 알선 등의 행정적인 지원을 할 수 있다.

③ 국가 또는 지방자치단체가 설치하는 종합유통센터 및 지원을 받으려는 자가 설치하는 종합유통센터가 갖추어야 하는 시설기준은 별표 3과 같다.

④ 지원을 하려는 지방자치단체의 장은 제출받은 종합유통센터 건설사업계획서와 해당 계획의 타당성 등에 대한 검토의견서를 농림축산식품부장관 및 해양수산부장관에게 제출하되, 시장·군수 또는 구청장의 경 우에는 시·도지사의 검토의견서를 첨부하여야 하며, 농림축산식품부장관 및 해양수산부장관은 이에 대 하여 의견을 제시할 수 있다.

농수산물종합유통센터의 시설기준(시행규칙 별표 3)

구분	기준
부지	20,000m^2 이상
건물	10,000m^2 이상
시설	1. 필수시설 　가. 농수산물 처리를 위한 집하 · 배송시설 　나. 포장 · 가공시설 　다. 저온저장고 　라. 사무실 · 전산실 　마. 농산물품질관리실 　바. 거래처주재원실 및 출하주대기실 　사. 오수 · 폐수시설 　아. 주차시설 2. 편의시설 　가. 직판장 　나. 수출지원실 　다. 휴게실 　라. 식당 　마. 금융회사 등의 점포 　바. 그 밖에 이용자의 편의를 위하여 필요한 시설

비고
1. 편의시설은 지역 여건에 따라 보유하지 않을 수 있다.
2. 부지 및 건물 면적은 취급 물량과 소비 여건을 고려하여 기준면적에서 50퍼센트까지 낮추어 적용할 수 있다.

법 제70조(유통자회사의 설립)

① 농림수협등은 농수산물 유통의 효율화를 도모하기 위하여 필요한 경우에는 종합유통센터 · 도매시장공판장을 운영하거나 그 밖의 유통사업을 수행하는 별도의 법인(이하 '유통자회사')을 설립 · 운영할 수 있다.

> **시행규칙 제48조(유통자회사의 사업범위)**
> 법 제70조제1항에 따라 유통자회사가 수행하는 '그 밖의 유통사업'의 범위는 다음과 같다.
> 1. 농림수협등이 설치한 농수산물직판장 등 소비지유통사업
> 2. 농수산물의 상품화 촉진을 위한 규격화 및 포장 개선사업
> 3. 그 밖에 농수산물의 운송 · 저장사업 등 농수산물 유통의 효율화를 위한 사업

② 유통자회사는 「상법」상의 회사이어야 한다.

③ 국가나 지방자치단체는 유통자회사의 원활한 운영을 위하여 필요한 지원을 할 수 있다.

법 제70조의2(농수산물 전자거래의 촉진 등)

① 농림축산식품부장관 또는 해양수산부장관은 농수산물 전자거래를 촉진하기 위하여 한국농수산식품유통공사 및 농수산물 거래와 관련된 업무경험 및 전문성을 갖춘 기관으로서 대통령령으로 정하는 기관에 다음의 업무를 수행하게 할 수 있다.

    1. 농수산물 전자거래소(농수산물 전자거래장치와 그에 수반되는 물류센터 등의 부대시설을 포함)의 설치 및 운영·관리

    2. 농수산물 전자거래 참여 판매자 및 구매자의 등록·심사 및 관리

    3. 농수산물 전자거래 분쟁조정위원회에 대한 운영 지원

    4. 대금결제 지원을 위한 정산소(精算所)의 운영·관리

    5. 농수산물 전자거래에 관한 유통정보 서비스 제공

    6. 그 밖에 농수산물 전자거래에 필요한 업무

② 농림축산식품부장관 또는 해양수산부장관은 농수산물 전자거래를 활성화하기 위하여 예산의 범위에서 필요한 지원을 할 수 있다.

③ 규정한 사항 외에 거래품목, 거래수수료 및 결제방법 등 농수산물 전자거래에 필요한 사항은 농림축산식품부령 또는 해양수산부령으로 정한다.

시행규칙 제49조(농수산물전자거래의 거래품목 및 거래수수료 등)

① 거래품목은 농산물, 축산물, 수산물 및 임산물 중 농림축산식품부 또는 해양수산부령으로 정하는 농수산물로 한다.

② 거래수수료는 농수산물 전자거래소를 이용하는 판매자와 구매자로부터 다음의 구분에 따라 징수하는 금전으로 한다.

    1. 판매자의 경우 : 사용료 및 판매수수료

    2. 구매자의 경우 : 사용료

③ 거래수수료는 거래액의 1천분의 30을 초과할 수 없다.

④ 농수산물 전자거래소를 통하여 거래계약이 체결된 경우에는 한국농수산식품유통공사가 구매자를 대신하여 그 거래대금을 판매자에게 직접 결제할 수 있다. 이 경우 한국농수산식품유통공사는 구매자로부터 보증금, 담보 등 필요한 채권확보수단을 미리 마련하여야 한다.

⑤ 규정한 사항 외에 농수산물전자거래에 관하여 필요한 사항은 한국농수산식품유통공사의 장이 농림축산식품부장관 또는 해양수산부장관의 승인을 받아 정한다.

법 제70조의3(농수산물 전자거래 분쟁조정위원회의 설치)

① 농수산물 전자거래에 관한 분쟁을 조정하기 위하여 한국농수산식품유통공사와 같은 항 각 호 외의 부분에 따른 기관에 농수산물 전자거래 분쟁조정위원회를 둔다.

② 분쟁조정위원회는 위원장 1명을 포함하여 9명 이내의 위원으로 구성하고, 위원은 농림축산식품부장관 또는 해양수산부장관이 임명하거나 위촉하며, 위원장은 위원 중에서 호선(互選)한다.

③ 사항 외에 위원의 자격 및 임기, 위원의 제척(除斥)·기피·회피 등 분쟁조정위원회의 구성·운영에 필요한 사항은 대통령령으로 정한다.

시행령 제35조(분쟁조정위원회의 구성 등)

① 농수산물 전자거래분쟁조정위원회의 위원은 다음의 어느 하나에 해당하는 사람으로 한다.

    1. 판사·검사 또는 변호사의 자격이 있는 사람

    2. 「고등교육법」에 따른 학교에서 법률학을 가르치는 부교수급 이상의 직에 있거나 있었던 사람

    3. 「농업·농촌 및 식품산업 기본법」에 따른 농업 또는 식품산업, 「수산업·어촌 발전 기본법」에 따른 수산업 분야의 법인, 단체 또는 기관 등에서 10년 이상의 근무경력이 있는 사람

    4. 「비영리민간단체 지원법」에 따른 비영리민간단체에서 추천한 사람

    5. 그 밖에 농수산물의 유통과 전자거래, 분쟁조정 등에 관하여 학식과 경험이 풍부하다고 인정되는 사람

② 분쟁조정위원회 위원의 임기는 2년으로 하며, 한 차례만 연임할 수 있다.

시행령 제35조의2(위원의 제척·기피·회피)

① 분쟁조정위원회의 위원이 다음의 어느 하나에 해당하는 경우에는 해당 분쟁조정사건의 조정에서 제척된다.

    1. 위원 또는 그 배우자가 해당 사건의 당사자가 되거나 해당 사건에 관하여 공동권리자 또는 의무자의 관계에 있는 경우

    2. 위원이 해당 사건의 당사자와 친족관계에 있거나 있었던 경우

    3. 위원이 해당 사건에 관하여 증언이나 감정을 한 경우

    4. 위원이 해당 사건에 관하여 당사자의 대리인으로서 관여하거나 관여하였던 경우

② 분쟁 당사자는 위원에게 공정한 조정을 기대하기 어려운 사정이 있는 경우에는 분쟁조정위원회에 기피신청을 할 수 있다. 이 경우 위원장은 기피신청이 타당하다고 인정하는 때에는 기피의 결정을 한다.

③ 위원은 제척 사유에 해당하는 경우에는 스스로 해당 사건의 조정을 회피(回避)하여야 하고, 전단에 따른 기피 사유에 해당하는 경우에는 위원장의 허가를 받아 해당 사건의 조정을 회피할 수 있다.

시행령 제35조의3(위원의 해임 등)

농림축산식품부장관 또는 해양수산부장관은 위원이 다음의 어느 하나에 해당하는 경우에는 해당 위원을 해임 또는 해촉(解囑)할 수 있다.

    1. 자격정지 이상의 형을 선고받은 경우

    2. 심신장애로 직무를 수행할 수 없게 된 경우

    3. 직무와 관련된 비위사실이 있는 경우

    4. 직무태만, 품위손상이나 그 밖의 사유로 위원으로 적합하지 아니하다고 인정되는 경우

    5. 제35조의2제1항의 어느 하나에 해당하는데도 불구하고 회피하지 아니한 경우

    6. 위원 스스로 직무를 수행하기 어렵다는 의사를 밝히는 경우

시행령 제35조의4(위원장의 직무)

① 분쟁조정위원회의 위원장은 분쟁조정위원회를 대표하며, 그 업무를 총괄한다.

② 분쟁조정위원회의 위원장이 부득이한 사유로 직무를 수행할 수 없는 때에는 위원장이 미리 지명한 위원이 그 직무를 대행한다.

시행령 제35조의5(분쟁조정위원회의 운영 등)

① 분쟁조정위원회의 위원장은 분쟁조정위원회의 회의를 소집하고, 그 의장이 된다.

② 분쟁조정위원회의 회의는 재적위원 과반수의 출석으로 개의하고, 출석위원 과반수의 찬성으로 의결한다.

③ 분쟁조정위원회의 업무를 효율적으로 수행하기 위하여 필요한 경우에는 소위원회를 둘 수 있다.

④ 분쟁조정위원회 또는 소위원회에 출석한 위원에 대해서는 예산의 범위에서 수당과 여비를 지급할 수 있다. 다만, 공무원인 위원이 소관업무와 직접적으로 관련하여 출석하는 경우에는 그러하지 아니하다.

시행령 제35조의6(분쟁의 조정 등)

① 농수산물전자거래와 관련한 분쟁의 조정을 받으려는 자는 분쟁조정위원회에 분쟁의 조정을 신청할 수 있다.

② 분쟁조정위원회는 제1항에 따라 분쟁조정 신청을 받은 날부터 20일 이내에 조정안을 작성하여 분쟁 당사자에게 이를 권고하여야 한다. 다만, 부득이한 사정으로 그 기한을 연장하려는 경우에는 그 사유와 기한을 명시하고 분쟁 당사자에게 통보하여야 한다.

③ 분쟁조정위원회는 권고를 하기 전에 분쟁 당사자 간의 합의를 권고할 수 있다.

④ 분쟁 당사자가 제2항에 따른 조정안에 동의하면 분쟁조정위원회는 조정서를 작성하여야 하며, 분쟁 당사자로 하여금 이에 기명·날인하도록 한다.

⑤ 이 영에서 규정한 사항 외에 분쟁조정위원회 및 소위원회의 구성·운영, 그 밖에 분쟁조정에 관한 세부 절차 등에 관하여 필요한 사항은 분쟁조정위원회의 의결을 거쳐 위원장이 정한다.

법 제71조 삭제

법 제72조(유통 정보화의 촉진)

① 농림축산식품부장관 또는 해양수산부장관은 유통 정보의 원활한 수집·처리 및 전파를 통하여 농수산물의 유통효율 향상에 이바지할 수 있도록 농수산물 유통 정보화와 관련한 사업을 지원하여야 한다.

② 농림축산식품부장관 또는 해양수산부장관은 정보화사업을 추진하기 위하여 정보기반의 정비, 정보화를 위한 교육 및 홍보사업을 직접 수행하거나 이에 필요한 지원을 할 수 있다.

법 제73조(재정 지원)

정부는 농수산물 유통구조 개선과 유통기구의 육성을 위하여 도매시장·공판장 및 민영도매시장의 개설자에 대하여 예산의 범위에서 융자하거나 보조금을 지급할 수 있다.

법 제74조(거래질서의 유지)

① 누구든지 도매시장에서의 정상적인 거래와 도매시장 개설자가 정하여 고시하는 시설물의 사용기준을 위반하거나 적절한 위생·환경의 유지를 저해하여서는 아니 된다. 이 경우 도매시장 개설자는 도매시장에서의 거래질서가 유지되도록 필요한 조치를 하여야 한다.

② 농림축산식품부장관, 해양수산부장관, 도지사 또는 도매시장 개설자는 대통령령으로 정하는 바에 따라 소속 공무원으로 하여금 이 법을 위반하는 자를 단속하게 할 수 있다.

③ 단속을 하는 공무원은 그 권한을 표시하는 증표를 관계인에게 보여주어야 한다.

시행령 제36조(위법행위의 단속)

농림축산식품부장관 또는 해양수산부장관은 위법행위에 대한 단속을 효과적으로 하기 위하여 필요한 경우 이에 대한 단속 지침을 정할 수 있다.

법 제75조(교육훈련 등)

① 농림축산식품부장관 또는 해양수산부장관은 농수산물의 유통 개선을 촉진하기 위하여 경매사, 중도매인 등 농림축산식품부령 또는 해양수산부령으로 정하는 유통 종사자에 대하여 교육훈련을 실시할 수 있다.

② 농림축산식품부장관 또는 해양수산부장관은 교육훈련을 농림축산식품부령 또는 해양수산부령으로 정하는 기관에 위탁하여 실시할 수 있다.

시행규칙 제50조(교육훈련 등)

① 교육훈련의 대상자는 다음과 같다.
  1. 도매시장법인, 공공출자법인, 공판장(도매시장공판장을 포함) 및 시장도매인의 임직원
  2. 경매사
  3. 중도매인(법인을 포함)
  4. 산지유통인
  5. 종합유통센터를 운영하는 자의 임직원
  6. 농수산물의 출하조직을 구성·운영하고 있는 농어업인
  7. 농수산물의 저장·가공업에 종사하는 자
  8. 그 밖에 농림축산식품부장관 또는 해양수산부장관이 필요하다고 인정하는 자

② 농림축산식품부장관 또는 해양수산부장관은 유통종사자에 대한 교육훈련을 한국농수산식품유통공사에 위탁하여 실시한다. 이 경우 도매시장법인 또는 시장도매인의 임원이나 경매사로 신규 임용 또는 임명 되었거나 중도매업의 허가를 받은 자(법인의 경우에는 임원을 말한다)는 그 임용·임명 또는 허가 후 1 년(2016년 7월 1일부터 2018년 7월 1일까지 임용·임명 또는 허가를 받은 자는 1년 6개월) 이내에 교육 훈련을 받아야 한다.

③ 교육훈련의 위탁을 받은 한국농수산식품유통공사의 장은 매년도의 교육훈련계획을 수립하여 농림축산식 품부장관 또는 해양수산부장관에게 보고하여야 한다.

법 제76조(실태조사 등)

농림축산식품부장관 또는 해양수산부장관은 도매시장을 효율적으로 운영·관리하기 위하여 필요하다고 인 정할 때에는 농림축산식품부령 또는 해양수산부령으로 정하는 법인 등으로 하여금 도매시장에 대한 실태조 사를 하게 하거나 운영·관리의 지도를 하게 할 수 있다.

> **시행규칙 제51조**(실태조사 등)
> 농림축산식품부장관 또는 해양수산부장관이 도매시장에 대한 실태조사를 하게 하거나 운영·관리의 지도를 하게 할 수 있는 법인은 한국농수산식품유통공사 및 한국농촌경제연구원으로 한다.

법 제77조(평가의 실시)

① 농림축산식품부장관 또는 해양수산부장관은 도매시장 개설자의 의견을 수렴하여 도매시장의 거래제도 및 물류체계 개선 등 운영·관리와 도매시장법인·도매시장공판장·시장도매인의 거래 실적, 재무 건전성 등 경영관리에 관한 평가를 실시하여야 한다. 이 경우 도매시장 개설자는 평가에 필요한 자료를 농림축산식품부장관 또는 해양수산부장관에게 제출하여야 한다.

② 도매시장 개설자는 중도매인의 거래 실적, 재무 건전성 등 경영관리에 관한 평가를 실시할 수 있다.

③ 도매시장 개설자는 평가 결과와 시설규모, 거래액 등을 고려하여 도매시장법인, 시장도매인, 중도매인에 대하여 시설 사용면적의 조정, 차등 지원 등의 조치를 할 수 있다.

④ 농림축산식품부장관 또는 해양수산부장관은 평가 결과에 따라 도매시장 개설자에게 다음의 명령이나 권고를 할 수 있다.

　1. 부진한 사항에 대한 시정 명령

　2. 부진한 도매시장의 관리를 관리공사 또는 한국농수산식품유통공사에 위탁 권고

　3. 도매시장법인, 시장도매인 또는 도매시장공판장에 대한 시설 사용면적의 조정, 차등 지원 등의 조치 명령

⑤ 평가 및 자료 제출에 관한 사항은 농림축산식품부령 또는 해양수산부령으로 정한다.

시행규칙 제52조(도매시장 등의 평가)

① 도매시장 평가는 다음의 절차 및 방법에 따른다.

　1. 농림축산식품부장관 또는 해양수산부장관은 다음 연도의 평가대상·평가기준 및 평가방법 등을 정하여 매년 12월 31일까지 도매시장 개설자와 도매시장법인·도매시장공판장·시장도매인에게 통보

　2. 도매시장법인등은 재무제표 및 평가기준에 따라 작성한 실적보고서를 다음 연도 3월 15일까지 도매시장 개설자에게 제출

　3. 도매시장 개설자는 다음의 자료를 다음 연도 3월 31일까지 농림축산식품부장관 또는 해양수산부장관에게 제출

　　가. 도매시장개설자가 평가기준에 따라 작성한 도매시장 운영·관리 보고서

　　나. 도매시장법인 등이 제출한 재무제표 및 실적보고서

　4. 농림축산식품부장관 또는 해양수산부장관은 평가기준 및 평가방법에 따라 평가를 실시하고, 그 결과를 공표

② 도매시장 개설자가 중도매인에 대한 평가를 하는 경우에는 운영규정에 따라 평가기준, 평가방법 등을 평가대상 연도가 도래하기 전까지 미리 통보한 후 중도매인으로부터 제출받은 자료로 연간 운영실적을 평가하고 그 결과를 공표할 수 있다.

③ 그 밖에 도매시장 평가 실시 및 그 평가 결과에 따른 조치에 관한 세부 사항은 농림축산식품부장관 또는 해양수산부장관이 정한다.

법 제78조(시장관리운영위원회의 설치)

① 도매시장의 효율적인 운영·관리를 위하여 도매시장 개설자 소속으로 시장관리운영위원회(이하 '위원회')를 둔다.

② 삭제 〈2008.12.26.〉

③ 위원회는 다음의 사항을 심의한다.

1. 도매시장의 거래제도 및 거래방법의 선택에 관한 사항
2. 수수료, 시장 사용료, 하역비 등 각종 비용의 결정에 관한 사항
3. 도매시장 출하품의 안전성 향상 및 규격화의 촉진에 관한 사항
4. 도매시장의 거래질서 확립에 관한 사항
5. 정가매매·수의매매 등 거래 농수산물의 매매방법 운용기준에 관한 사항
6. 최소출하량 기준의 결정에 관한 사항
7. 그 밖에 도매시장 개설자가 특히 필요하다고 인정하는 사항

④ 위원회의 구성·운영 등에 필요한 사항은 농림축산식품부령 또는 해양수산부령으로 정한다.

시행규칙 제54조(시장관리운영위원회의 구성 등)

① 시장관리운영위원회는 위원장 1명을 포함한 20명 이내의 위원으로 구성한다.

② 시장관리운영위원회의 구성·운영 등에 필요한 사항은 도매시장 개설자가 업무규정으로 정한다.

법 제78조의2(도매시장거래 분쟁조정위원회의 설치 등)

① 도매시장 내 농수산물의 거래 당사자 간의 분쟁에 관한 사항을 조정하기 위하여 도매시장 개설자 소속으로 도매시장거래 분쟁조정위원회를 둔다.

② 조정위원회는 당사자의 한쪽 또는 양쪽의 신청에 의하여 다음의 분쟁을 심의·조정한다.

1. 낙찰자 결정에 관한 분쟁
2. 낙찰가격에 관한 분쟁
3. 거래대금의 지급에 관한 분쟁
4. 그 밖에 도매시장 개설자가 특히 필요하다고 인정하는 분쟁

③ 조정위원회의 구성·운영에 필요한 사항은 대통령령으로 정한다.

시행령 제36조의2(도매시장거래 분쟁조정위원회의 구성 등)

① 도매시장거래 분쟁조정위원회는 위원장 1명을 포함하여 9명 이내의 위원으로 구성한다.

② 조정위원회의 위원장은 위원 중에서 도매시장 개설자가 지정하는 사람으로 한다.

③ 조정위원회의 위원은 다음의 어느 하나에 해당하는 사람 중에서 도매시장 개설자가 임명하거나 위촉한다. 이 경우 1 및 2에 해당하는 사람이 1명 이상 포함되어야 한다.

1. 출하자를 대표하는 사람
2. 변호사의 자격이 있는 사람
3. 도매시장 업무에 관한 학식과 경험이 풍부한 사람
4. 소비자단체에서 3년 이상 근무한 경력이 있는 사람

④ 조정위원회의 위원의 임기는 2년으로 한다.

⑤ 조정위원회에 출석한 위원에게는 예산의 범위에서 수당과 여비를 지급할 수 있다. 다만, 공무원인 위원이 소관 업무와 직접적으로 관련하여 조정위원회의 회의에 출석하는 경우에는 그러하지 아니하다.

⑥ 조정위원회의 구성·운영 등에 관한 세부 사항은 도매시장 개설자가 업무규정으로 정한다.

시행령 제36조의3(도매시장 거래 분쟁조정)

① 도매시장 거래 당사자 간에 발생한 분쟁에 대하여 당사자는 조정위원회에 분쟁조정을 신청할 수 있다.

② 조정위원회의 효율적인 운영을 위하여 분쟁조정을 신청받은 조정위원회의 위원장은 조정위원회를 개최하기 전에 사전 조정을 실시하여 분쟁 당사자 간 합의를 권고할 수 있다.

③ 분쟁조정을 신청받은 조정위원회는 신청을 받은 날부터 30일 이내에 분쟁 사항을 심의·조정하여야 한다. 이 경우 조정위원회는 필요하다고 인정하는 경우 분쟁 당사자의 의견을 들을 수 있다

제7장 보칙

법 제79조(보고)

① 농림축산식품부장관, 해양수산부장관 또는 시·도지사는 도매시장·공판장 및 민영도매시장의 개설자로 하여금 그 재산 및 업무집행 상황을 보고하게 할 수 있으며, 농수산물의 가격 및 수급 안정을 위하여 특히 필요하다고 인정할 때에는 도매시장법인으로 하여금 그 재산 및 업무집행 상황을 보고하게 할 수 있다.

② 도매시장·공판장 및 민영도매시장의 개설자는 도매시장법인·시장도매인으로 하여금 기장사항(記帳事項), 거래명세 등을 보고하게 할 수 있으며, 농수산물의 가격 및 수급 안정을 위하여 특히 필요하다고 인정할 때에는 중도매인 또는 산지유통인으로 하여금 업무집행 상황을 보고하게 할 수 있다.

법 제80조(검사)

① 농림축산식품부장관, 해양수산부장관, 도지사 또는 도매시장 개설자는 농림축산식품부령 또는 해양수산부령으로 정하는 바에 따라 소속 공무원으로 하여금 도매시장·공판장·민영도매시장 및 도매시장법인의 업무와 이에 관련된 장부 및 재산상태를 검사하게 할 수 있다.

② 도매시장 개설자는 필요하다고 인정하는 경우에는 시장관리자의 소속 직원으로 하여금 도매시장법인 및 시장도매인이 갖추어 두고 있는 장부를 검사하게 할 수 있다.

③ 검사를 하는 공무원과 검사를 하는 직원에 관하여는 거래질서의 유지 규정을 준용한다.

시행규칙 제55조(검사의 통지)

① 농림축산식품부장관, 해양수산부장관, 도지사 또는 도매시장 개설자가 도매시장·공판장·민영도매시장 및 도매시장법인의 업무와 이에 관련된 장부 및 재산상태를 검사하려는 때에는 미리 검사의 목적·범위 및 기간과 검사공무원의 소속·직위 및 성명을 통지하여야 한다.

② 도매시장 개설자가 도매시장법인 또는 시장도매인의 장부를 검사하려는 때에는 미리 검사의 목적·범위 및 기간과 검사직원의 소속·직위 및 성명을 통지하여야 한다.

법 제81조(명령)

① 농림축산식품부장관, 해양수산부장관 또는 시·도지사는 도매시장·공판장 및 민영도매시장의 적정한 운영을 위하여 필요하다고 인정할 때에는 도매시장·공판장 및 민영도매시장의 개설자에 대하여 업무규정의 변경, 업무처리의 개선, 그 밖에 필요한 조치를 명할 수 있다.

② 농림축산식품부장관, 해양수산부장관 또는 도매시장 개설자는 도매시장법인 및 시장도매인에 대하여 업무처리의 개선 및 시장질서 유지를 위하여 필요한 조치를 명할 수 있다.

③ 농림축산식품부장관은 기금에서 융자 또는 대출받은 자에 대하여 감독상 필요한 조치를 명할 수 있다.

법 제82조(허가 취소 등)

① 시·도지사는 지방도매시장 개설자(시가 개설자인 경우만 해당)나 민영도매시장 개설자가 다음의 어느 하나에 해당하는 경우에는 개설허가를 취소하거나 해당 시설을 폐쇄하거나 그 밖에 필요한 조치를 할 수 있다.

1. 허가나 승인 없이 지방도매시장 또는 민영도매시장을 개설하였거나 업무규정을 변경한 경우
2. 제출된 업무규정 및 운영관리계획서와 다르게 지방도매시장 또는 민영도매시장을 운영한 경우
3. 명령을 위반한 경우

② 농림축산식품부장관, 해양수산부장관, 시·도지사 또는 도매시장 개설자는 도매시장법인, 시장도매인 또는 도매시장공판장의 개설자(이하 '도매시장법인등')가 다음의 어느 하나에 해당하면 6개월 이내의 기간을 정하여 해당 업무의 정지를 명하거나 그 지정 또는 승인을 취소할 수 있다.

1. 지정조건 또는 승인조건을 위반하였을 때
2. 「축산법」을 위반하여 등급판정을 받지 아니한 축산물을 상장하였을 때
3. 경합되는 도매업 또는 중도매업을 하였을 때
4. 도매시장법인의 지정 규정을 위반하여 지정요건을 갖추지 못하거나 해당 임원을 해임하지 아니하였을 때
5. 일정 수 이상의 경매사를 두지 아니하거나 경매사가 아닌 사람으로 하여금 경매를 하도록 하였을 때
6. 면직에 해당하는 경매사를 면직하지 아니하였을 때
7. 도매시장 법인, 중도매인 및 이들의 주주 또는 임직원이 산지유통인의 업무를 하였을 때
8. 수탁판매의 원칙 규정을 위반하여 매수하여 도매를 하였을 때
9. 삭제 〈2014.3.24.〉
10. 경매 또는 입찰의 방법 규정을 위반하여 경매 또는 입찰을 하였을 때
11. 지정된 자 외의 자에게 판매하였을 때
12. 도매시장 외의 장소에서 판매를 하거나 농수산물 판매업무 외의 사업을 겸영하였을 때
13. 공시하지 아니하거나 거짓된 사실을 공시하였을 때
14. 시장도매인의 지정 규정을 시장도매인의 영업 규정을 위반하여 지정요건을 갖추지 못하거나 해당 임원을 해임하지 아니하였을 때
15. 제한 또는 금지된 행위를 하였을 때
16. 시장도매인의 영업 규정을 위반하여 해당 도매시장의 도매시장법인·중도매인에게 판매를 하였을 때
17. 수탁 또는 판매를 거부·기피하거나 부당한 차별대우를 하였을 때
18. 표준하역비의 부담을 이행하지 아니하였을 때
19. 대금의 전부를 즉시 결제하지 아니하였을 때

20. 대금결제 방법을 위반하였을 때

21. 수수료 등을 징수하였을 때

22. 시설물의 사용기준을 위반하거나 개설자가 조치하는 사항을 이행하지 아니하였을 때

23. 정당한 사유 없이 검사에 응하지 아니하거나 이를 방해하였을 때

24. 도매시장 개설자의 조치명령을 이행하지 아니하였을 때

25. 농림축산식품부장관, 해양수산부장관 또는 도매시장 개설자의 명령을 위반하였을 때

③ 평가 결과 운영 실적이 농림축산식품부령 또는 해양수산부령으로 정하는 기준 이하로 부진하여 출하자 보호에 심각한 지장을 초래할 우려가 있는 경우 도매시장 개설자는 도매시장법인 또는 시장도매인의 지정을 취소할 수 있으며, 시·도지사는 도매시장공판장의 승인을 취소할 수 있다.

> **시행규칙 제52조의2**(도매시장법인의 지정취소 등)
> ① 도매시장 개설자는 도매시장법인 또는 시장도매인이 다음의 어느 하나에 해당하는 경우에는 도매시장법인 또는 시장도매인의 지정을 취소할 수 있다.
>   1. 평가 결과 해당 지정기간에 3회 이상 또는 2회 연속 부진평가를 받은 경우
>   2. 평가 결과 해당 지정기간에 3회 이상 재무건전성 평가점수가 도매시장법인 또는 시장도매인의 평균점수의 3분의 2 이하인 경우
> ② 시·도지사는 도매시장공판장이 평가 결과 최근 5년간 3회 이상 또는 2회 연속 부진평가를 받은 경우 도매시장공판장의 승인을 취소할 수 있다.

④ 농림축산식품부장관·해양수산부장관 또는 도매시장 개설자는 경매사가 다음의 어느 하나에 해당하는 경우에는 도매시장법인 또는 도매시장공판장의 개설자로 하여금 해당 경매사에 대하여 6개월 이내의 업무정지 또는 면직을 명하게 할 수 있다.

1. 상장한 농수산물에 대한 경매 우선순위를 고의 또는 중대한 과실로 잘못 결정한 경우

2. 상장한 농수산물에 대한 가격평가를 고의 또는 중대한 과실로 잘못한 경우

3. 상장한 농수산물에 대한 경락자를 고의 또는 중대한 과실로 잘못 결정한 경우

⑤ 도매시장 개설자는 중도매인(중도매업의 허가 규정 및 도매시장공판장의 운영 등에 관한 특례 규정에 따른 중도매인만 해당) 또는 산지유통인이 다음의 어느 하나에 해당하면 6개월 이내의 기간을 정하여 해당 업무의 정지를 명하거나 중도매업의 허가 또는 산지유통인의 등록을 취소할 수 있다.

1. 허가조건을 갖추지 못하거나 해당 임원을 해임하지 아니하였을 때

2. 다른 중도매인 또는 매매참가인의 거래 참가를 방해하거나 정당한 사유 없이 집단적으로 경매 또는 입찰에 불참하였을 때

2의2. 다른 사람에게 자기의 성명이나 상호를 사용하여 중도매업을 하게 하거나 그 허가증을 빌려 주었을 때

3. 해당 도매시장에서 산지유통인의 업무를 하였을 때

4. 산지유통인이 등록된 도매시장에서 판매·매수 또는 중개 업무를 하였을 때

5. 허가 없이 상장된 농수산물 외의 농수산물을 거래하였을 때

6. 중도매인이 도매시장 외의 장소에서 농수산물을 판매하는 등의 행위를 하였을 때

6의2. 다른 중도매인과 농수산물을 거래하였을 때

7. 수수료 등을 징수하였을 때

8. 시설물의 사용기준을 위반하거나 개설자가 조치하는 사항을 이행하지 아니하였을 때

9. 검사에 정당한 사유 없이 응하지 아니하거나 이를 방해하였을 때

⑥ 규정에 따른 위반행위별 처분기준은 농림축산식품부령 또는 해양수산부령으로 정한다.

⑦ 도매시장 개설자가 중도매업의 허가를 취소한 경우에는 농림축산식품부장관 또는 해양수산부장관이 지정하여 고시한 인터넷 홈페이지에 그 내용을 게시하여야 한다.

시행규칙 별표 4(위반행위별 처분기준)

1. 일반기준

　가. 위반행위가 둘 이상인 경우에는 그중 무거운 처분기준을 적용하며, 둘 이상의 처분기준이 모두 업무정지인 경우에는 그중 무거운 처분기준의 2분의 1까지 가중할 수 있다. 이 경우 각 처분기준을 합산한 기간을 초과할 수 없다.

　나. 위반행위의 차수에 따른 처분의 기준은 행정처분을 한 날과 그 처분후 1년 이내에 다시 같은 위반행위를 적발한 날로 하며, 3차 위반 시의 처분기준에 따른 처분 후에도 같은 위반사항이 발생한 경우에는 허가 취소 규정에 따른 범위에서 가중처분을 할 수 있다.

　다. 행정처분의 순서는 주의, 경고, 업무정지 6개월 이내, 지정(허가, 승인, 등록) 취소의 순으로 하며, 업무정지의 기간은 6개월 이내에서 위반 정도에 따라 10일, 15일, 1개월, 3개월 또는 6개월로 하여 처분한다.

　라. 이 기준에 명시되지 않은 위반행위에 대해서는 이 기준 중 가장 유사한 사례에 준하여 처분한다.

　마. 처분권자는 위반행위의 동기·내용·횟수 및 위반 정도 등 다음의 가중 사유 또는 감경 사유에 해당 하는 경우 그 처분기준의 2분의 1 범위에서 가중하거나 감경할 수 있다.

　　1) 가중 사유

　　　가) 위반행위가 고의나 중대한 과실에 의한 경우

　　　나) 위반의 내용·정도가 중대하여 출하자, 소비자 등에게 미치는 피해가 크다고 인정되는 경우

　　2) 감경 사유

　　　가) 사소한 부주의나 오류로 인한 것으로 인정되는 경우

　　　나) 위반의 내용·정도가 경미하여 출하자, 소비자 등에게 미치는 피해가 적다고 인정되는 경우

　　　다) 도매시장법인, 시장도매인의 중앙평가 결과 우수 이상, 중도매인 개설자 평가 결과 우수 이상인 경우(최근 5년간 2회 이상)

　　　라) 위반 행위자가 처음 해당 위반행위를 한 경우로서 5년 이상 도매시장법인, 시장도매인, 중도매인 업무를 모범적으로 해 온 사실이 인정되는 경우

　　　마) 위반행위자가 해당 위반행위로 인하여 검사로부터 기소유예 처분을 받거나 법원으로부터 선고유예 판결을 받은 경우

법 제83조(과징금)

① 농림축산식품부장관, 해양수산부장관, 시·도지사 또는 도매시장 개설자는 도매시장법인등이 6개월 이내에 업무정지 및 승인취소에 해당하거나 중도매인이 6개월 이내의 업무정지 및 허가·등록취소에 해당하여 업무정지를 명하려는 경우, 그 업무의 정지가 해당 업무의 이용자 등에게 심한 불편을 주거나 공익을 해칠 우려가 있을 때에는 업무의 정지를 갈음하여 도매시장법인등에는 1억 원 이하, 중도매인에게는 1천만 원 이하의 과징금을 부과할 수 있다.

② 과징금을 부과하는 경우에는 다음의 사항을 고려하여야 한다.

1. 위반행위의 내용 및 정도

2. 위반행위의 기간 및 횟수

3. 위반행위로 취득한 이익의 규모

③ 과징금의 부과기준은 대통령령으로 정한다.

④ 농림축산식품부장관, 해양수산부장관, 시·도지사 또는 도매시장 개설자는 과징금을 내야 할 자가 납부기한까지 내지 아니하면 납부기한이 지난 후 15일 이내에, 10일 이상 15일 이내의 납부기한을 정하여 독촉장을 발부하여야 한다.

⑤ 농림축산식품부장관, 해양수산부장관, 시·도지사 또는 도매시장 개설자는 독촉을 받은 자가 그 납부기한까지 과징금을 내지 아니하면 과징금 부과처분을 취소하고 업무정지처분을 하거나 국세 체납처분의 예 또는 「지방세외수입금의 징수 등에 관한 법률」에 따라 과징금을 징수한다.

시행령 별표 1(과징금의 부과기준)

1. 일반기준

　가. 업무정지 1개월은 30일로 한다.

　나. 위반행위의 종류에 따른 과징금의 금액은 업무정지 기간에 과징금 부과기준에 따라 산정한 1일당 과징금 금액을 곱한 금액으로 한다.

　다. 업무정지를 갈음한 과징금 부과의 기준이 되는 거래금액은 처분 대상자의 전년도 연간 거래액을 기준으로 한다. 다만, 신규사업, 휴업 등으로 1년간의 거래금액을 산출할 수 없을 경우에는 처분일 기준 최근 분기별, 월별 또는 일별 거래금액을 기준으로 산출한다.

　라. 도매시장의 개설자는 1일당 과징금 금액을 30퍼센트의 범위에서 가감하는 사항을 업무규정으로 정하여 시행할 수 있다.

　마. 부과하는 과징금은 과징금의 상한을 초과할 수 없다.

2. 과징금 부과기준

　가. 도매시장법인(도매시장공판장의 개설자를 포함)

연간 거래액	1일당 과징금 금액
100억 원 미만	40,000원
100억 원 이상 200억 원 미만	80,000원
200억 원 이상 300억 원 미만	130,000원
300억 원 이상 400억 원 미만	190,000원
400억 원 이상 500억 원 미만	240,000원
500억 원 이상 600억 원 미만	300,000원
600억 원 이상 700억 원 미만	350,000원
700억 원 이상 800억 원 미만	410,000원
800억 원 이상 900억 원 미만	460,000원
900억 원 이상 1천억 원 미만	520,000원
1천억 원 이상 1천500억 원 미만	680,000원
1천500억 원 이상	900,000원

나. 시장도매인

연간 거래액	1일당 과징금 금액
5억 원 미만	4,000원
5억 원 이상 10억 원 미만	6,000원
10억 원 이상 30억 원 미만	13,000원
30억 원 이상 50억 원 미만	41,000원
50억 원 이상 70억 원 미만	68,000원
70억 원 이상 90억 원 미만	95,000원
90억 원 이상 110억 원 미만	123,000원
110억 원 이상 130억 원 미만	150,000원
130억 원 이상 150억 원 미만	178,000원
150억 원 이상 200억 원 미만	205,000원
200억 원 이상 250억 원 미만	270,000원
250억 원 이상	680,000원

다. 중도매인

연간 거래액	1일당 과징금 금액
5억 원 미만	4,000원
5억 원 이상 10억 원 미만	6,000원
10억 원 이상 30억 원 미만	13,000원
30억 원 이상 50억 원 미만	41,000원
50억 원 이상 70억 원 미만	68,000원
70억 원 이상 90억 원 미만	95,000원
90억 원 이상 110억 원 미만	123,000원
110억 원 이상	150,000원

법 제84조(청문)

농림축산식품부장관, 해양수산부장관, 시·도지사 또는 도매시장 개설자는 다음의 어느 하나에 해당하는 처분을 하려면 청문을 하여야 한다.

   1. 도매시장법인등의 지정취소 또는 승인취소
   2. 중도매업의 허가취소 또는 산지유통인의 등록취소

법 제85조(권한의 위임 등)

① 이 법에 따른 농림축산식품부장관 또는 해양수산부장관의 권한은 대통령령으로 정하는 바에 따라 그 일부를 산림청장, 시·도지사 또는 소속 기관의 장에게 위임할 수 있다.

② 다음에 따른 도매시장 개설자의 권한은 대통령령으로 정하는 바에 따라 시장관리자에게 위탁할 수 있다.
   1. 산지유통인의 등록과 도매시장에의 출입의 금지·제한 또는 그 밖에 필요한 조치
   2. 도매시장법인·시장도매인·중도매인 또는 산지유통인에 대한 보고명령

시행령 제37조(권한의 위임·위탁)

① 농림축산식품부장관 또는 해양수산부장관은 특별시·광역시·특별자치시·특별자치도 외의 지역에 개설하는 지방도매시장·공판장 및 민영도매시장에 대한 통합·이전·폐쇄 명령 및 개설·제한 권고의 권한을 도지사에게 위임한다.

② 도매시장 개설자는 「지방공기업법」에 따른 지방공사, 공공출자법인 또는 한국농수산식품유통공사를 시장관리자로 지정한 경우에는 다음의 권한을 그 기관의 장에게 위탁한다.
   1. 산지유통인의 등록과 도매시장에의 출입의 금지·제한, 그 밖에 필요한 조치
   2. 도매시장법인·시장도매인·중도매인 또는 산지유통인의 업무집행 상황 보고명령

제8장 벌칙

법 제86조(벌칙)

다음의 어느 하나에 해당하는 자는 2년 이하의 징역 또는 2천만 원 이하의 벌금에 처한다.
   1. 수입 추천신청을 할 때에 정한 용도 외의 용도로 수입농산물을 사용한 자
   1의2. 도매시장의 개설구역이나 공판장 또는 민영도매시장이 개설된 특별시·광역시·특별자치시·특별자치도 또는 시의 관할구역에서 허가를 받지 아니하고 농수산물의 도매를 목적으로 지방도매시장 또는 민영도매시장을 개설한 자
   2. 지정을 받지 아니하거나 지정 유효기간이 지난 후 도매시장법인의 업무를 한 자
   3. 허가 또는 갱신허가를 받지 아니하고 중도매인의 업무를 한 자
   4. 등록을 하지 아니하고 산지유통인의 업무를 한 자
   5. 도매시장 외의 장소에서 농수산물의 판매업무를 하거나 농수산물 판매업무 외의 사업을 겸영한 자
   6. 지정을 받지 아니하거나 지정 유효기간이 지난 후 도매시장 안에서 시장도매인의 업무를 한 자
   7. 승인을 받지 아니하고 공판장을 개설한 자
   8. 업무정지처분을 받고도 그 업(業)을 계속한 자

법 제87조(벌칙)

삭제〈2017.3.21.〉

법 제88조(벌칙)

다음의 어느 하나에 해당하는 자는 1년 이하의 징역 또는 1천만 원 이하의 벌금에 처한다.

1. 삭제 〈2012.2.22.〉
2. 도매시장법인의 인수·합병 규정을 위반하여 인수·합병을 한 자
3. 다른 중도매인 또는 매매참가인의 거래 참가를 방해하거나 정당한 사유 없이 집단적으로 경매 또는 입찰에 불참한 자
3의2. 다른 사람에게 자기의 성명이나 상호를 사용하여 중도매업을 하게 하거나 그 허가증을 빌려 준 자
4. 경매사 임면 결격사유 및 면직처분 규정을 위반하여 경매사를 임면한 자
5. 산지유통인의 업무 금지 규정을 위반하여 산지유통인의 업무를 한 자
6. 산지유통인의 출하업무 외의 판매·매수 또는 중개 업무를 한 자
7. 수탁판매의 원칙 규정을 위반하여 매수하거나 거짓으로 위탁받은 자 또는 상장된 농수산물 외의 농수산물을 거래한 자
7의2. 수탁판매의 원칙 규정을 위반하여 다른 중도매인과 농수산물을 거래한 자
8. 제한 또는 금지를 위반하여 농수산물을 위탁받아 거래한 자
9. 시장도매인의 영업 규정을 위반하여 해당 도매시장의 도매시장법인 또는 중도매인에게 농수산물을 판매한 자
10. 수수료 징수제한 규정을 위반하여 수수료 등 비용을 징수한 자
11. 종합유통센터를 운영하는 자가 권고조치를 이행하지 않아 필요조치를 명하였으나 그 조치명령을 위반한 자

법 제89조(양벌규정)

법인의 대표자나 법인 또는 개인의 대리인, 사용인, 그 밖의 종업원이 그 법인 또는 개인의 업무에 관하여 위반행위를 하면 그 행위자를 벌하는 외에 그 법인 또는 개인에게도 해당 조문의 벌금형을 과(科)한다. 다만, 법인 또는 개인이 그 위반행위를 방지하기 위하여 해당 업무에 관하여 상당한 주의와 감독을 게을리하지 아니한 경우에는 그러하지 아니하다.

법 제90조(과태료)

① 다음의 어느 하나에 해당하는 자에게는 1천만 원 이하의 과태료를 부과한다.

1. 유통명령을 위반한 자
2. 표준계약서와 다른 계약서를 사용하면서 표준계약서로 거짓 표시하거나 농림축산식품부 또는 그 표식을 사용한 매수인

② 다음의 어느 하나에 해당하는 자에게는 500만 원 이하의 과태료를 부과한다.

1. 포전매매의 계약을 서면에 의한 방식으로 하지 아니한 매수인
2. 단속을 기피한 자
3. 보고를 하지 아니하거나 거짓된 보고를 한 자

③ 다음의 어느 하나에 해당하는 자에게는 100만 원 이하의 과태료를 부과한다.

1. 경매사 임면 신고를 하지 아니한 자
2. 도매시장 또는 도매시장공판장의 출입제한 등의 조치를 거부하거나 방해한 자
3. 출하 제한을 위반하여 출하(타인명의로 출하하는 경우를 포함한다)한 자

3의2. 포전매매의 계약을 서면에 의한 방식으로 하지 아니한 매도인

4. 도매시장에서의 정상적인 거래와 시설물의 사용기준을 위반하거나 적절한 위생·환경의 유지를 저해한 자(도매시장법인, 시장도매인, 도매시장공판장의 개설자 및 중도매인은 제외한다)
5. 보고(공판장 및 민영도매시장의 개설자에 대한 보고는 제외한다)를 하지 아니하거나 거짓된 보고를 한 자
6. 농림축산식품부장관의 필요한 조치 명령을 위반한 자

④ 과태료는 대통령령으로 정하는 바에 따라 농림축산식품부장관, 해양수산부장관, 시·도지사 또는 시장이 부과·징수한다.

과태료 부과기준(시행령 별표 2)

1. 일반기준

가. 위반행위의 횟수에 따른 과태료의 가중된 부과기준은 최근 2년간 같은 위반행위로 과태료 부과처분을 받은 경우에 적용한다. 이 경우 기간의 계산은 위반행위에 대하여 과태료 부과처분을 받은 날과 그 처분 후 다시 같은 위반행위를 하여 적발된 날을 기준으로 한다.

나. 가목에 따라 가중된 부과처분을 하는 경우 가중처분의 적용 차수는 그 위반행위 전 부과처분 차수(가목에 따른 기간 내에 과태료 부과처분이 둘 이상 있었던 경우에는 높은 차수를 말한다)의 다음 차수로 한다.

다. 부과권자는 다음 어느 하나에 해당하는 경우에는 제2호의 개별기준에 따른 과태료 금액의 2분의 1 범위에서 그 금액을 줄일 수 있다.

1) 위반행위가 사소한 부주의나 오류로 인정되는 경우
2) 위반사항을 시정하거나 해소하기 위한 노력이 인정되는 경우

2. 개별기준   (단위 : 만 원)

위반행위	근거 법조문	위반횟수별 과태료 금액		
		1회	2회	3회 이상
가. 법 제10조제2항에 따른 유통명령을 위반한 경우	법 제90조제1항제1호	250	500	1,000
나. 법 제27조제4항을 위반하여 경매사 임면(任免) 신고를 하지 않은 경우	법 제90조제3항제1호	12	25	50
다. 법 제29조제5항(법 제46조제3항에 따라 준용되는 경우를 포함한다)에 따른 도매시장 또는 도매시장 공판장의 출입제한 등의 조치를 거부하거나 방해한 경우	법 제90조제3항제2호	25	50	100
라. 법 제38조의2제2항에 따른 출하 제한을 위반하여 출하(타인명의로 출하하는 경우를 포함한다)한 경우	법 제90조제3항제3호	25	50	100
마. 매수인이 법 제53조제1항을 위반하여 포전매매의 계약을 서면에 의한 방식으로 하지 않은 경우	법 제90조제2항제1호	125	250	500
바. 매도인이 법 제53조제1항을 위반하여 포전매매의 계약을 서면에 의한 방식으로 하지 않은 경우	법 제90조제3항제3호의2	25	50	100
사. 매수인이 법 제53조제3항의 표준계약서와 다른 계약서를 사용하면서 표준계약서로 거짓 표시하거나 농림수산식품부 또는 그 표식을 사용한 경우	법 제90조제1항제2호	1,000		
아. 법 제74조제1항 전단을 위반하여 도매시장에서의 정상적인 거래와 시설물의 사용기준을 위반하거나 적절한 위생·환경의 유지를 저해한 경우(도매시장법인, 시장도매인, 도매시장공판장의 개설자 및 중도매인은 제외한다)	법 제90조제3항제4호	25	50	100
자. 법 제74조제2항에 따른 단속을 기피한 경우	법 제90조제2항제2호	125	250	500
차. 법 제79조제1항에 따른 보고를 하지 않거나 거짓 보고를 한 경우	법 제90조제2항제3호	125	250	500
카. 법 제79조제2항에 따른 보고(공판장 및 민영도매시장의 개설자에 대한 보고는 제외한다)를 하지 않거나 거짓 보고를 한 경우	법 제90조제3항제5호	25	50	100
타. 법 제81조제3항에 따른 명령을 위반한 경우	법 제90조제3항제6호	25	50	100

기출예상문제

CHECK | 기출예상문제에서는 그동안 출제되었던 문제들을 수록하여 자신의 실력을 점검할 수 있도록 하였다. 또한 기출문제뿐만 아니라 예상문제도 함께 수록하여 앞으로의 시험에 철저히 대비할 수 있도록 하였다.

〈농산물품질관리사 제13회〉

1 농수산물 유통 및 가격안정에 관한 법령상 위탁수수료의 최고한도가 거래금액의 1천분의 50인 부류는?

① 청과부류　　　　　　　　　　② 화훼부류
③ 양곡부류　　　　　　　　　　④ 약용작물부류

🔆 위탁수수료의 최고한도〈시행규칙 제39조 제4항〉
　　㉠ 양곡부류 : 거래금액의 1천분의 20
　　㉡ 청과부류 : 거래금액의 1천분의 70
　　㉢ 수산부류 : 거래금액의 1천분의 60
　　㉣ 축산부류 : 거래금액의 1천분의 20(도매시장 또는 공판장 안에 도축장이 설치된 경우 「축산물위생관리법」에 따라 징수할 수 있는 도살·해체수수료는 이에 포함되지 아니한다)
　　㉤ 화훼부류 : 거래금액의 1천분의 70
　　㉥ 약용작물부류 : 거래금액의 1천분의 50

〈농산물품질관리사 제13회〉

2 농수산물 유통 및 가격안정에 관한 법령상 주산지의 지정 및 해제 등에 관한 설명으로 옳지 않은 것은?

① 주산지의 지정은 읍·면·동 또는 시·군·구 단위로 한다.
② 농림축산식품부장관이 주산지를 지정할 경우 시·도지사에게 이를 통지하여야 한다.
③ 시·도지사는 지정된 주산지가 지정요건에 적합하지 아니하게 되었을 때에는 그 지정을 변경하거나 해제할 수 있다.
④ 시·도지사는 지정된 주산지에서 주요 농산물을 생산하는 자에 대하여 생산자금의 융자 및 기술지도 등 필요한 지원을 할 수 있다.

🔆 ② 특별시장·광역시장·특별자치시장·도지사 또는 특별자치도지사는 주산지를 지정하였을 때에는 이를 고시하고 농림축산식품부장관 또는 해양수산부장관에게 통지하여야 한다.〈시행령 제4조 제2항〉

>> ANSWER

1.④　2.②

3 농수산물 유통 및 가격안정에 관한 법령상 유통조절명령에 포함되어야 하는 사항이 아닌 것은?

① 지역
② 생산조정 또는 출하조절의 방안
③ 소비억제의 의무화
④ 대상 품목

💡 유통조절명령에 포함되어야 하는 사항〈시행령 제11조〉
　　㉠ 유통조절명령의 이유〈수급 · 가격 · 소득의 분석 자료 호함〉
　　㉡ 대상 품목
　　㉢ 기간
　　㉣ 지역
　　㉤ 대상자
　　㉥ 생산조정 또는 출하조절의 방안
　　㉦ 명령이행 확인의 방법 및 명령 위반자에 대한 제재조치
　　㉧ 사후관리와 그 밖에 농림축산식품부장관 또는 해양수산부장관이 유통조절에 관하여 필요하다고 인정하는 사항

4 농수산물 유통 및 가격안정에 관한 법률상 (　　) 안에 들어갈 내용으로 옳은 것은?

> 경기도 성남시가 농산물 거래를 위해 지방도매시장을 개설하려면 (㉠)의 허가를 받아야 하고,
> 개설 후 지방도매시장의 개설자가 업무규정을 변경하는 때에는 (㉡)의 승인을 받아야 한다.

① ㉠ : 농림축산식품부장관　　　　㉡ : 경기도지사
② ㉠ : 경기도지사　　　　　　　　㉡ : 성남시장
③ ㉠ : 경기도지사　　　　　　　　㉡ : 경기도지사
④ ㉠ : 농림축산식품부장관　　　　㉡ : 성남시장

💡 도매시장의 개설 등〈농수산물 유통 및 가격안정에 관한 법률 제17조 제1항. 제5항〉 … 도매시장은 대통령령으로 정하는 바에 따라 부류별로 또는 둘 이상의 부류를 종합하여 중앙도매시장의 경우에는 특별시 · 광역시 · 특별자치시 또는 특별자치도가 개설하고, 지방도매시장의 경우에는 특별시 · 광역시 · 특별자치시 · 특별자치도 또는 시가 개설한다. 다만, 시가 지방도매시장을 개설하려면 도지사의 허가를 받아야 한다. 중앙도매시장의 개설자가 업무규정을 변경하는 때에는 농림축산식품부장관 또는 해양수산부장관의 승인을 받아야 하며, 지방도매시장의 개설자(시가 개설자인 경우만 해당한다)가 업무규정을 변경하는 때에는 도지사의 승인을 받아야 한다.

5 농수산물 유통 및 가격안정에 관한 법령상 도매시장법인이 농산물을 매수하여 도매할 수 있는 경우에 해당하지 않는 것은?

① 수탁판매의 방법으로는 적정한 거래물량의 확보가 어려운 경우로서 농림축산식품부장관이 고시하는 범위에서 시장도매인의 요청으로 그 시장도매인에게 정가·수의매매로 도매하기 위하여 필요한 물량을 매수하는 경우

② 거래의 특례에 따라 다른 도매시장법인 또는 시장도매인으로부터 매수하여 도매하는 경우

③ 물품의 특성상 외형을 변형하는 등 가공하여 도매하여야 하는 경우로서 도매시장 개설자가 업무규정으로 정하는 경우

④ 해당 도매시장에서 주로 취급하지 아니하는 농산물의 품목을 갖추기 위하여 대상 품목과 기간을 정하여 도매시장 개설자의 승인을 받아 다른 도매시장으로부터 이를 매수하는 경우

🔅 수탁판매의 예외〈시행규칙 제26조 제1항〉
  ㉠ 농림축산식품부장관 또는 해양수산부장관의 수매에 응하기 위하여 필요한 경우
  ㉡ 거래의 특례에 따라 다른 도매시장법인 또는 시장도매인으로부터 매수하여 도매하는 경우
  ㉢ 해당 도매시장에서 주로 취급하지 아니하는 농수산물의 품목을 갖추기 위하여 대상 품목과 기간을 정하여 도매시장 개설자의 승인을 받아 다른 도매시장으로부터 이를 매수하는 경우
  ㉣ 물품의 특성상 외형을 변형하는 등 가공하여 도매하여야 하는 경우로서 도매시장 개설자가 업무규정으로 정하는 경우
  ㉤ 도매시장법인이 겸영사업에 필요한 농수산물을 매수하는 경우
  ㉥ 수탁판매의 방법으로는 적정한 거래물량의 확보가 어려운 경우로서 농림축산식품부장관 또는 해양수산부장관이 고시하는 범위에서 <u>중도매인 또는 매매참가인의 요청으로</u> 그 중도매인 또는 매매참가인에게 정가·수의매매로 도매하기 위하여 필요한 물량을 매수하는 경우

6 농수산물 유통 및 가격안정에 관한 법률상 농산물공판장에 관한 설명으로 옳지 않은 것은?

① 생산자단체와 공익법인은 법률에 따른 기준에 적합한 시설을 갖추고 시·도지사의 승인을 받아 공판장을 개설할 수 있다.

② 공판장에는 시장도매인, 중도매인, 매매참가인, 산지유통인 및 경매사를 두어야 한다.

③ 농산물을 수집하여 공판장에 출하하려는 자는 공판장의 개설자에게 산지유통인으로 등록하여야 한다.

④ 공판장의 경매사는 공판장의 개설자가 임면한다.

🔅 ② 공판장에는 중도매인, 매매참가인, 산지유통인 및 경매사를 둘 수 있다.

>> ANSWER

3.③ 4.③ 5.① 6.②

7 농수산물 유통 및 가격안정에 관한 법률상 도매시장거래 분쟁조정위원회의 심의·조정 사항이 아닌 것은?

① 낙찰자 결정에 관한 분쟁
② 낙찰가격에 관한 분쟁
③ 거래대금의 지급에 관한 분쟁
④ 위탁수수료의 결정에 관한 사항

> 🔆 조정위원회는 당사자의 한쪽 또는 양쪽의 신청에 의하여 다음의 분쟁을 심의·조정한다.〈법 제78조의2 제2항〉
> ㉠ 낙찰자 결정에 관한 분쟁
> ㉡ 낙찰가격에 관한 분쟁
> ㉢ 거래대금의 지급에 관한 분쟁
> ㉣ 그 밖에 도매시장 개설자가 특히 필요하다고 인정하는 분쟁

8 농수산물 유통 및 가격안정에 관한 법령상 농산물가격안정기금을 융자 또는 대출할 수 있는 사업은?

① 농산물의 가격조절과 생산·출하의 장려 또는 조절
② 기금이 관리하는 유통시설의 설치·취득 및 운영
③ 농산물의 가공·포장 및 저장기술의 개발
④ 농산물의 유통구조 개선 및 가격안정사업과 관련된 조사

> 🔆 기금의 다음의 사업을 위하여 필요한 경우에 융자 또는 대출할 수 있다〈법 제57조 제1항〉.
> ㉠ 농산물의 가격조절과 생산·출하의 장려 또는 조절
> ㉡ 농산물의 수출 촉진
> ㉢ 농산물의 보관·관리 및 가공
> ㉣ 도매시장, 공판장, 민영도매시장 및 경매식 집하장(농수산물집하장 중 경매 또는 입찰의 방법으로 농수산물을 판매하는 집하장을 말한다)의 출하촉진·거래대금정산·운영 및 시설설치
> ㉤ 농산물의 상품성 향상
> ㉥ 그 밖에 농림축산식품부장관이 농산물의 유통구조 개선, 가격안정 및 종자산업의 진흥을 위하여 필요하다고 인정하는 사업

9 농수산물 유통 및 가격안정에 관한 법률상 1년 이하의 징역 또는 1천만원 이하의 벌금 기준에 해당하는 행위를 한 자는?

① 허가를 받지 아니하고 중도매인의 업무를 한 자
② 등록을 하지 아니하고 산지유통인의 업무를 한 자
③ 수입 추천신청을 할 때에 정한 용도 외의 용도로 수입농산물을 사용한 자
④ 매매참가인의 거래 참가를 방해한 자

🔆 ④ 다른 중도매인 또는 매매참가인의 거래 참가를 방해하거나 정당한 사유 없이 집단적으로 경매 또는 입찰에 불참한 자는 1년 이하의 징역 또는 1천만 원 이하의 벌금에 처한다〈법 제88조 제3호〉.

※ 다음의 어느 하나에 해당하는 자는 2년 이하의 징역 또는 2천만 원 이하의 벌금에 처한다〈법 제86조〉.
　㉠ 수입 추천신청을 할 때에 정한 용도 외의 용도로 수입농산물을 사용한 자
　㉡ 도매시장의 개설구역이나 공판장 또는 민영도매시장이 개설된 특별시·광역시·특별자치시·특별자치도 또는 시의 관할구역에서 허가를 받지 아니하고 농수산물의 도매를 목적으로 지방도매시장 또는 민영도매시장을 개설한 자
　㉢ 지정을 받지 아니하거나 지정 유효기간이 지난 후 도매시장법인의 업무를 한 자
　㉣ 허가 또는 갱신허가를 받지 아니하고 중도매인의 업무를 한 자
　㉤ 등록을 하지 아니하고 산지유통인의 업무를 한 자
　㉥ 도매시장 외의 장소에서 농수산물의 판매업무를 하거나 농수산물 판매업무 외의 사업을 겸영한 자
　㉦ 지정을 받지 아니하거나 지정 유효기간이 지난 후 도매시장 안에서 시장도매인의 업무를 한 자
　㉧ 승인을 받지 아니하고 공판장을 개설한 자
　㉨ 업무정지처분을 받고도 그 업(業)을 계속한 자

10 다음 중 (　) 안에 들어가야 하는 것은?

> (　)이란 특별시·광역시·특별자치시·특별자치도 또는 시가 양곡류·청과류·화훼류·조수육류·어류·조개류·갑각류·해조류 및 임산물 등 대통령령으로 정하는 품목의 전부 또는 일부를 도매하게 하기 위하여 관할구역에 개설하는 시장을 말한다.

① 농수산물공판장　　　　　　② 농수산물도매시장
③ 농수산물종합유통센터　　　④ 한국농수산물유통공사

🔆 ② 농수산물도매시장이란 특별시·광역시·특별자치시·특별자치도 또는 시가 양곡류·청과류·화훼류·조수육류(鳥獸肉類)·어류·조개류·갑각류·해조류 및 임산물 등 대통령령으로 정하는 품목의 전부 또는 일부를 도매하게 하기 위하여 관할구역에 개설하는 시장을 말한다(법 제2조 제2호).

≫ ANSWER
7.④　8.①　9.④　10.②

11 지역농업협동조합, 지역축산업협동조합, 품목별·업종별협동조합, 조합공동사업법인, 품목조합연합회, 산림조합 및 수산업협동조합과 그 중앙회 등이 농수산물을 도매하기 위하여 특별시장·광역시장·특별자치시장·도지사 또는 특별자치도지사의 승인을 받아 개설·운영하는 사업장을 무엇이라 하는가?

① 농수산물공판장　　　　　　　　② 도매시장법인
③ 중도매인　　　　　　　　　　　　④ 매매참가인

　💡 ① 농수산물 공판장에 대한 질문이다(법 제2조 제5호).

12 농수산물도매시장 중 중앙도매시장이 아닌 곳은?

① 서울특별시 가락동 농수산물도매시장
② 부산광역시 엄궁동 농산물도매시장
③ 대구광역시 북부 농수산물도매시장
④ 강릉시 주문진종합시장

　💡 ④ 중앙도매시장이란 특별시·광역시·특별자치시 또는 특별자치도가 개설한 농수산물도매시장 중 해당 관할구역 및 그 인접지역에서 도매의 중심이 되는 농수산물도매시장으로서 농림축산식품부령 또는 해양수산부령으로 정하는 것을 말한다.

> **시행규칙 제3조(중앙도매시장)**
> 1. 서울특별시 가락동 농수산물도매시장
> 2. 서울특별시 노량진 수산물도매시장
> 3. 부산광역시 엄궁동 농산물도매시장
> 4. 부산광역시 국제 수산물도매시장
> 5. 대구광역시 북부 농수산물도매시장
> 6. 인천광역시 구월동 농수산물도매시장
> 7. 인천광역시 삼산 농산물도매시장
> 8. 광주광역시 각화동 농수산물도매시장
> 9. 대전광역시 오정 농수산물도매시장
> 10. 대전광역시 노은 농산물도매시장
> 11. 울산광역시 농수산물도매시장

〈농산물품질관리사 제10회〉

13 농수산물 유통 및 가격안정에 관한 법령상 농수산물공판장을 개설·운영할 수 없는 자는?

① 도매시장관리공사
② 농어업경영체 육성 및 지원에 관한 법률에 따른 농업회사법인
③ 농업협동조합법에 따른 농협경제지주회사의 자회사
④ 지역농업협동조합

> ① 농수산물공판장은 지역농업협동조합, 지역축산업협동조합, 품목별·업종별협동조합, 조합공동사업법인, 품목조합연합회, 산림조합 및 수산업협동조합과 그 중앙회(농협경제지주회사를 포함), 그 밖에 대통령령으로 정하는 생산자 관련 단체와 공익상 필요하다고 인정되는 법인으로서 대통령령으로 정하는 법인(한국농수산식품유통공사)이 농수산물을 도매하기 위하여 특별시장·광역시장·특별자치시장·도지사 또는 특별자치도지사(이하 시·도지사)의 승인을 받아 개설·운영하는 사업장을 말한다(법 제2조 제5호).

> 시행령 제3조(농수산물공판장의 개설자)
> ① 법 제2조제5호에서 '대통령령으로 정하는 생산자 관련 단체'란 다음의 단체를 말한다.
>   1. 「농어업경영체 육성 및 지원에 관한 법률」에 따른 영농조합법인 및 영어조합법인과 농업회사법인 및 어업회사법인
>   2. 「농업협동조합법」에 따른 농협경제지주회사의 자회사
> ② 법 제2조제5호에서 '대통령령으로 정하는 법인'이란 「한국농수산식품유통공사법」에 따른 한국농수산식품유통공사를 말한다.

14 다음 중 농수산물공판장을 개설할 수 있는 자가 아닌 것은?

① 품목조합연합회
② 「농어업경영체 육성 및 지원에 관한 법률」에 따른 영농조합법인
③ 지역축산업협동조합
④ 시·도지사

> ④ 시도지사는 승인권자이다(법 제2조 제5호).

15 다음의 활동을 하는 자는?

> • 농수산물도매시장·농수산물공판장 또는 민영농수산물도매시장에 상장된 농수산물을 매수하
> 여 도매하거나 매매를 중개하는 영업
> • 농수산물도매시장·농수산물공판장 또는 민영농수산물도매시장의 개설자로부터 허가를 받은
> 비상장 농수산물을 매수 또는 위탁받아 도매하거나 매매를 중개하는 영업

① 시장도매인
② 도매시장법인
③ 중도매인
④ 산지유통인

💡 ③ 보기는 중도매인의 역할이다. 중도매인은 농수산물도매시장·농수산물공판장 또는 민영농수산물
　도매시장의 개설자의 허가 또는 지정을 받아 위와 같은 활동을 하는 자들이다(법 제2조 제9호).
① 시장도매인은 농수산물도매시장 또는 민영농수산물도매시장의 개설자로부터 지정을 받고 농수산
　물을 매수 또는 위탁받아 도매하거나 매매를 중개하는 영업을 하는 법인을 말한다.
② 도매시장법인은 농수산물도매시장의 개설자로부터 지정을 받고 농수산물을 위탁받아 상장하여
　도매하거나 이를 매수하여 도매하는 법인을 말한다.
④ 산지유통인은 농수산물도매시장·농수산물공판장 또는 민영농수산물도매시장의 개설자에게 등록
　하고, 농수산물을 수집하여 농수산물도매시장·농수산물공판장 또는 민영농수산물도매시장에 출
　하하는 영업을 하는 자를 말한다.

16 다음 중 잘못 언급한 것은?

① 주산지는 주요 농수산물의 재배면적 또는 양식면적이 농림축산식품부장관 또는 해양수산
부장관이 고시하는 면적 이상이어야 한다.

② 시·도지사는 농수산물의 수급을 조절하기 위하여 생산 및 출하를 촉진 또는 조절할 필요
가 있다고 인정할 때에는 주요 농수산물의 생산지역을 지정하고 그 주산지에서 주요 농
수산물을 생산하는 자에 대하여 생산자금의 융자 및 기술지도 등 필요한 지원을 할 수
있다.

③ 시·도지사는 지정된 주산지가 지정요건에 적합하지 아니하게 되었을 때에는 그 지정을
변경하거나 해제할 수 있다.

④ 농수산물유통법에 따른 농수산물공판장, 민영농수산물도매시장에 대하여는 「유통산업발전
법」의 적용을 받는다.

💡 ④ 이 법에 따른 농수산물도매시장, 농수산물공판장, 민영농수산물도매시장 및 농수산물종합유통센
　터에 대하여는 「유통산업발전법」의 규정을 적용하지 아니한다(법 제3조).

17 농수산물의 주산지의 지정 단위 기준은?

① 읍·면·동
② 광역시 이상
③ 특별시 이상
④ 도 이상

> 💡 ① 농수산물의 생산지역이나 생산수면(주산지)의 지정은 읍·면·동 또는 시·군·구 단위로 한다 (시행령 제4조 제1항).

〈농산물품질관리사 제10회〉

18 농수산물 유통 및 가격안정에 관한 법령상 주산지 등에 관한 설명으로 옳은 것은?

① 경기도지사가 주산지를 지정하였을 때에는 이를 고시하고 농림축산식품부장관에게 승인을 받아야 한다.
② 주산지의 지정요건은 주요 농산물의 판매금액이 농림축산식품부장관이 고시하는 금액 이상이어야 한다.
③ 경기도지사는 주산지 지정에 필요한 주요 농산물의 품목을 지정하였을 때에는 이를 고시하여야 한다.
④ 경기도지사는 지정된 주산지가 지정요건에 적합하지 아니하게 되었을 때에는 그 지정을 변경하거나 해제 할 수 있다.

> 💡 ① 특별시장·광역시장·특별자치시장·도지사 또는 특별자치도지사는 주산지를 지정하였을 때에는 이를 고시하고 농림축산식품부장관에게 통지하여야 한다(시행령 제4조 제2항).
> ② 주요 농산물의 판매금액이 농림축산식품부장관이 고시하는 금액 이상은 주산지 지정 요건에 해당되지 않는다(법 제4조 제3항).

> 법 제4조(주산지)
> ③ 주산지는 다음의 요건을 갖춘 지역 또는 수면 중에서 구역을 정하여 지정한다.
> 1. 주요 농수산물의 재배면적 또는 양식면적이 농림축산식품부장관 또는 해양수산부장관이 고시하는 면적 이상일 것
> 2. 주요 농수산물의 출하량이 농림축산식품부장관 또는 해양수산부장관이 고시하는 수량 이상일 것

>> ANSWER
15.③ 16.④ 17.① 18.④

19 농산물의 수급안정을 위하여 가격의 등락 폭이 큰 주요 농산물에 대하여 매년 기상정보, 생산면적, 작황, 재고물량, 소비동향, 해외시장 정보 등을 조사하여 이를 분석하는 농림업관측을 실시하고 그 결과를 공표를 할 수 있는 자는?

① 농산물유통공사   ② 농림축산식품부장관

③ 통계청장   ④ 국무총리

💡 ② 농림축산식품부장관은 농산물의 수급안정을 위하여 가격의 등락 폭이 큰 주요 농산물에 대하여 매년 기상정보, 생산면적, 작황, 재고물량, 소비동향, 해외시장 정보 등을 조사하여 이를 분석하는 농림업관측을 실시하고 그 결과를 공표하여야 한다(법 제5조 제1항).

〈농산물품질관리사 제10회〉

20 농수산물 유통 및 가격안정에 관한 법률 제5조 농림업관측에 관한 내용이다. ( ) 안에 들어갈 내용으로 옳은 것은?

> 농림축산식품부장관은 농산물의 수급안정을 위하여 가격의 등락 폭이 큰 주요 농산물에 대하여 매년 (㉠), 생산면적, 작황, 재고물량, (㉡), 해외시장 정보 등을 조사하여 이를 분석하는 농림업관측을 실시하고 그 결과를 공표하여야 한다.

      ㉠   ㉡

① 가격정보   출하분석   ② 파종면적   유통마진

③ 기상정보   소비동향   ④ 가격정보   소비동향

💡 ③ 농림축산식품부장관은 농수산물의 수급안정을 위하여 가격의 등락 폭이 큰 주요 농산물에 대하여 매년 기상정보, 생산면적, 작황, 재고물량, 소비동향, 해외시장 정보 등을 조사하여 이를 분석하는 농림업관측을 실시하고 그 결과를 공표하여야 한다(법 제5조 제1항).

21 농림축산식품부장관은 효율적인 농림업관측 또는 국제곡물관측을 위하여 필요하다고 인정하는 경우 실시자를 지정하여 농림업관측 또는 국제곡물관측을 실시하게 할 수 있는데 실시자에 해당되지 않는 곳은?

① 농업협동조합중앙회   ② 한국농수산식품유통공사

③ 산림조합   ④ 해양환경관리공단

💡 ④는 해당하지 않는다. 농림축산식품부장관은 효율적인 농림업관측 또는 국제곡물관측을 위하여 필요하다고 인정하는 경우에는 품목을 지정하여 지역농업협동조합, 지역축산업협동조합, 품목별·업종별협동조합, 산림조합, 그 밖에 농림축산식품부령으로 정하는 자로 하여금 농림업관측 또는 국제곡물관측을 실시하게 할 수 있다(법 제5조 제3항 및 시행규칙 제4조).

시행규칙 제4조(농림업관측 실시자)
법 제5조제3항에서 '농림축산식품부령으로 정하는 자'란 다음의 자를 말한다.
1. 농업협동조합중앙회(농협경제지주회사 포함) 및 산림조합중앙회
2. 삭제 〈2016.4.6.〉
3. 「한국농수산식품유통공사법」에 따른 한국농수산식품유통공사
4. 그 밖의 생산자조직 등으로서 농림축산식품부장관이 인정하는 자

〈농산물품질관리사 제10회〉

22 농수산물 유통 및 가격안정에 관한 법령상 가격예시에 관한 설명으로 옳은 것은?

① 농림축산식품부장관이 예시가격을 결정할 때에는 해당 농산물의 농림업관측, 주요 곡물의 국제곡물관측 또는 수산업관측 결과, 예상 경영비, 지역별 예상 생산량 및 예상 수급상황 등을 고려하여야 한다.

② 농림축산식품부장관은 주요 농산물의 수급조절과 가격안정을 위하여 해당 농산물의 수확기 이전에 하한가격을 예시하여야 한다.

③ 농림축산식품부장관은 예시가격을 결정하고 기획재정부장관에게 보고하여야 한다.

④ 농림축산식품부장관이 가격을 예시한 후 예시가격을 지지하기 위해 해당 농산물을 몰수하여야 한다.

💡 ① 법 제8조 제2항
② 농림축산식품부장관은 농림축산식품부령으로 정하는 주요 농수산물의 수급조절과 가격안정을 위하여 필요하다고 인정할 때에는 해당 농산물의 파종기 이전에 생산자를 보호하기 위한 하한가격(예시가격)을 예시할 수 있다(법 제8조 제1항).
③ 농림축산식품부장관은 예시가격을 결정할 때에는 미리 기획재정부장관과 협의하여야 한다(법 제8조 제3항).
④ 농림축산식품부장관은 가격을 예시한 경우에는 예시가격을 지지하기 위하여 농림업관측·국제곡물관측 또는 수산업관측의 지속적 실시, 계약생산 또는 계약출하의 장려, 수매 및 처분, 유통협약 및 유통조절명령, 비축사업 등을 연계하여 적절한 시책을 추진하여야 한다(법 제8조 제4항).

>> ANSWER
19.② 20.③ 21.④ 22.①

23 농산물의 생산조정 및 출하조절에 관한 사항으로 적절하지 못한 것은?

① 농림축산식품부장관은 주요 농산물의 원활한 수급과 적정한 가격 유지를 위하여 대통령령으로 정하는 생산자 관련 단체 또는 농산물 수요자와 생산자 간에 계약생산 또는 계약출하를 하도록 장려할 수 있다.

② 생산계약 또는 출하계약을 체결하는 생산자단체 또는 농산물 수요자에 대하여 농산물가격안정기금으로 계약금의 대출 등 필요한 지원을 할 수 있다.

③ 농산물 가격안정을 위해 농산물의 파종기 이전에 하한가격을 예시할 수 없다.

④ 농림축산식품부장관은 저장성이 없는 농산물의 가격안정을 위하여 필요하다고 인정할 때에는 그 생산자 또는 생산자단체로부터 농산물가격안정기금으로 해당 농산물을 수매할 수 있다.

💡 ③ 농림축산식품부장관 또는 해양수산부장관은 농림축산식품부령 또는 해양수산부령으로 정하는 주요 농수산물의 수급조절과 가격안정을 위하여 필요하다고 인정할 때에는 해당 농산물의 파종기 또는 수산물의 종묘입식 시기 이전에 생산자를 보호하기 위한 하한가격(이하 '예시가격')을 예시할 수 있다(법 제8조 제1항).

법 제8조(가격 예시)
① 농림축산식품부장관 또는 해양수산부장관은 농림축산식품부령 또는 해양수산부령으로 정하는 주요 농수산물의 수급조절과 가격안정을 위하여 필요하다고 인정할 때에는 해당 농산물의 파종기 또는 수산물의 종묘입식(種苗入植) 시기 이전에 생산자를 보호하기 위한 하한가격(이하 '예시가격')을 예시할 수 있다.
② 농림축산식품부장관 또는 해양수산부장관은 제1항에 따라 예시가격을 결정할 때에는 해당 농산물의 농림업관측, 주요 곡물의 국제곡물관측 또는 수산물의 수산업관측 결과, 예상 경영비, 지역별 예상 생산량 및 예상 수급상황 등을 고려하여야 한다.
③ 농림축산식품부장관 또는 해양수산부장관은 제1항에 따라 예시가격을 결정할 때에는 미리 기획재정부장관과 협의하여야 한다.
④ 농림축산식품부장관 또는 해양수산부장관은 제1항에 따라 가격을 예시한 경우에는 예시가격을 지지하기 위하여 농림업관측·국제곡물관측 또는 수산업관측의 지속적 실시, 계약생산 또는 계약출하의 장려, 수매 및 처분, 유통협약 및 유통조절명령, 비축사업 등을 연계하여 적절한 시책을 추진하여야 한다.

---

24 과잉생산 시의 생산자를 보호하기 위한 정부의 정책이라 보기 어려운 것은?

① 저장성이 없는 농산물을 수매하여 공급의 안정을 갖도록 만든다.

② 수매한 농산물은 판매 또는 수출하거나 사회복지단체에 기증을 한다.

③ 저장성이 없는 농산물을 수매하는 경우에는 생산계약 또는 출하계약을 체결한 생산자가 생산한 농산물과 출하를 약정한 생산자가 생산한 농산물을 우선적으로 수매하여야 한다.

④ 출하조절에도 불구하고 과잉생산이 우려되는 경우 해당 농산물의 생산지에서 폐기할 수 없다.

💡 ④ 출하조절에도 불구하고 과잉생산이 우려되는 경우 수매한 농산물에 대해서는 해당 농산물의 생산지에서 폐기하는 등 필요한 처분을 할 수 있다(시행령 제10조 제1항).

> **시행령 제10조(과잉생산 된 농산물의 수매 및 처분)**
> ① 농림축산식품부장관은 법 제9조에 따라 저장성이 없는 농산물을 수매할 때에 다음의 어느 하나의 경우에는 수확 이전에 생산자 또는 생산자단체로부터 이를 수매할 수 있으며, 수매한 농산물에 대해서는 해당 농산물의 생산지에서 폐기하는 등 필요한 처분을 할 수 있다.
>   1. 생산조정 또는 출하조절에도 불구하고 과잉생산이 우려되는 경우
>   2. 생산자보호를 위하여 필요하다고 인정되는 경우
> ② 저장성이 없는 농산물을 수매하는 경우에는 생산계약 또는 출하계약을 체결한 생산자가 생산한 농산물과 출하를 약정한 생산자가 생산한 농산물을 우선적으로 수매하여야 한다.

25 이관 받은 몰수농산물을 소각 또는 매몰의 방법으로 처분할 수 있는 경우가 아닌 것은?

① 국내 시장의 수급조절이 필요한 경우

② 세계 시장의 가격안정에 필요한 경우

③ 부패 · 변질의 우려가 있는 경우

④ 상품 가치를 상실한 경우

💡 ②는 해당되지 않는다(시행규칙 제9조의3 제1항).

> **시행규칙 제9조의3(몰수농산물등의 처분)**
> ① 농림축산식품부장관은 이관받은 몰수농산물등이 다음의 어느 하나에 해당하는 경우 처분대행기관장에게 이를 소각 · 매몰의 방법으로 처분하도록 할 수 있다.
>   1. 국내 시장의 수급조절 또는 가격안정에 필요한 경우
>   2. 부패 · 변질의 우려가 있거나 상품 가치를 상실한 경우
> ② 농림축산식품부장관은 제1항의 경우를 제외하고 이관받은 몰수농산물등을 처분대행기관장에게 매각 · 공매 · 기부의 방법으로 처분하도록 할 수 있다.
> ③ 처분대행기관장은 제2항에 따른 매각 · 공매의 방법으로 처분한 경우 인수 · 보관 및 처분에 든 비용과 대행수수료를 제외한 매각 · 공매 대금을 농산물가격안정기금에 납입하여야 한다.

26 국내 농산물 시장의 수급안정 및 거래질서 확립을 위하여 「관세법」 및 「검찰청법」에 따라 몰수되거나 국고에 귀속된 농산물의 이관에 대한 설명으로 틀린 것은?

① 농림축산식품부장관은 이관받은 몰수농산물을 매각하여 처분할 수 있다.

② 몰수농산물 등의 처분으로 발생하는 비용 또는 매각 대금은 농산물가격안정기금으로 지출할 수 없다.

③ 농림축산식품부장관은 몰수농산물 등의 처분업무를 농업협동조합중앙회에 대행시킬 수 있다.

④ 농림축산식품부장관은 몰수농산물 등을 이관받으려는 경우에는 처분대행기관의 장에게 이를 인수하도록 통보하여야 한다.

💡 ② 몰수농산물 등의 처분으로 발생하는 비용 또는 매각·공매 대금은 농산물가격안정기금으로 지출 또는 납입하여야 한다(법 제9조의2 제3항).

법 제9조의2(몰수농산물 등의 이관)
① 농림축산식품부장관은 국내 농산물 시장의 수급안정 및 거래질서 확립을 위하여 「관세법」 및 「검찰청법」에 따라 몰수되거나 국고에 귀속된 농산물(이하 '몰수농산물 등')을 이관받을 수 있다.
② 농림축산식품부장관은 이관 받은 몰수농산물 등을 매각·공매·기부 또는 소각하거나 그 밖의 방법으로 처분할 수 있다.
③ 몰수농산물 등의 처분으로 발생하는 비용 또는 매각·공매 대금은 농산물가격 안정기금으로 지출 또는 납입하여야 한다.
④ 농림축산식품부장관은 몰수농산물 등의 처분업무를 농업협동조합중앙회 또는 한국농수산식품유통공사 중에서 지정하여 대행하게 할 수 있다.
⑤ 몰수농산물 등의 처분절차 등에 관하여 필요한 사항은 농림축산식품부령으로 정한다.

---

27 다음 중 ㉠과 ㉡이 가리키는 것은?

㉠ 주요 농수산물의 생산자, 산지유통인, 저장업자, 도매업자·소매업자 및 소비자 등의 대표가 해당 농수산물의 자율적인 수급조절과 품질향상을 위하여 생산조정 또는 출하조절을 위한 협약을 체결하는 협약

㉡ 해양수산부장관이 부패하거나 변질되기 쉬운 수산물로서 해양수산부령으로 정하는 농수산물에 대하여 현저한 수급 불안정을 해소하기 위하여 특히 필요하다고 인정되고 생산자가 요청할 때에는 공정거래위원회와 협의를 거쳐 일정 기간 동안 일정 지역의 해당 농수산물의 생산자등에게 생산조정 또는 출하조절을 하도록 하는 명령

	㉠	㉡
①	유통협약	유통명령
②	유통명령	유통협약
③	유통체결	유통조절
④	유통 MOU	유통협약

💡 ① 유통협약이란 주요 농수산물의 생산자, 산지유통인, 저장업자, 도매업자·소매업자 및 소비자 등의 대표가 해당 농수산물의 자율적인 수급조절과 품질향상을 위하여 생산조정 또는 출하조절을 위한 협약을 말한다(법 제10조 제1항).

> **법 제10조(유통협약 및 유통조절명령)**
> ① 주요 농수산물의 생산자, 산지유통인, 저장업자, 도매업자·소매업자 및 소비자 등(이하 '생산자등')의 대표는 해당 농수산물의 자율적인 수급조절과 품질향상을 위하여 생산조정 또는 출하조절을 위한 협약(이하 '유통협약')을 체결할 수 있다.
> ② 농림축산식품부장관 또는 해양수산부장관은 부패하거나 변질되기 쉬운 농수산물로서 농림축산식품부령 또는 해양수산부령으로 정하는 농수산물에 대하여 현저한 수급 불안정을 해소하기 위하여 특히 필요하다고 인정되고 농림축산식품부령 또는 해양수산부령으로 정하는 생산자등 또는 생산자단체가 요청할 때에는 공정거래위원회와 협의를 거쳐 일정 기간 동안 일정 지역의 해당 농수산물의 생산자등에게 생산조정 또는 출하조절을 하도록 하는 유통조절명령(이하 '유통명령')을 할 수 있다.
> ③ 유통명령에는 유통명령을 하는 이유, 대상 품목, 대상자, 유통조절방법 등 대통령령으로 정하는 사항이 포함되어야 한다.
> ④ 생산자등 또는 생산자단체가 유통명령을 요청하려는 경우에는 제3항에 따른 내용이 포함된 요청서를 작성하여 이해관계인·유통전문가의 의견수렴 절차를 거치고 해당 농수산물의 생산자등의 대표나 해당 생산자단체의 재적회원 3분의 2 이상의 찬성을 받아야 한다.
> ⑤ 유통명령을 하기 위한 기준과 구체적 절차, 유통명령을 요청할 수 있는 생산자등의 조직과 구성 및 운영방법 등에 관하여 필요한 사항은 농림축산식품부령 또는 해양수산부령으로 정한다.

28 다음 중 유통조절명령에 포함되지 않는 것은?

① 대상자
② 생산의 전문화
③ 대상 품목
④ 유통조절명령의 이유

💡 ②는 해당되지 않는다(시행령 제11조).

> **시행령 제11조(유통조절명령)**
> 유통조절명령에는 다음의 사항이 포함되어야 한다.
> 1. 유통조절명령의 이유(수급·가격·소득의 분석 자료를 포함)
> 2. 대상 품목
> 3. 기간
> 4. 지역
> 5. 대상자
> 6. 생산조정 또는 출하조절의 방안
> 7. 명령이행 확인의 방법 및 명령 위반자에 대한 제재조치
> 8. 사후관리와 그 밖에 농림축산식품부장관 또는 해양수산부장관이 유통조절에 관하여 필요하다고 인정하는 사항

>> ANSWER

26.② 27.① 28.②

29 유통명령을 발하기 위한 기준에 해당되지 않는 것은?

① 품목별 특성
② 관측 결과 등을 반영하여 산정한 예상 가격
③ 관측 결과 등을 반영하여 산정한 예상 공급량
④ 관측 인원

💡 ④ 관측 인원은 고려 사항이 아니다(시행규칙 제11조의2).

> **시행규칙 제11조의2(유통명령의 발령기준 등)**
> 유통명령을 발하기 위한 기준은 다음의 사항을 감안하여 농림축산식품부장관 또는 해양수산부장 관이 정하여 고시한다.
> 1. 품목별 특성
> 2. 관측 결과 등을 반영하여 산정한 예상 가격과 예상 공급량

30 농산물의 수급조절과 가격안정을 위하여 필요하다고 인정할 경우 농산물을 비축하는 사업에 관한 내용 중 틀린 것은?

① 농림축산식품부장관은 농산물가격안정기금으로 농산물을 비축하거나 농산물의 출하를 약 정하는 생산자에게 그 대금의 일부를 미리 지급하여 출하를 조절할 수 있다.
② 비축용 농산물을 수입하는 경우 국제가격의 급격한 변동에 대비하여야 할 필요가 있다고 인정할 때에는 선물거래(先物去來)를 할 수 있다.
③ 농림축산식품부장관은 농산물의 비축사업 또는 출하조절사업을 농업협동조합중앙회에 위 탁할 수 있다.
④ 비축용 농산물은 반드시 도매시장에서만 수매하여야 한다.

💡 ④ 비축용 농산물은 생산자 및 생산자단체로부터 수매하여야 한다. 다만, 가격안정을 위하여 특히 필요하다고 인정할 때에는 도매시장 또는 공판장에서 수매하거나 수입할 수 있다(법 제13조 제2항).

〈농산물품질관리사 제10회〉

31 농수산물 유통 및 가격안정에 관한 법령상 농수산물도매시장 개설 등에 관한 설명으로 옳지 않은 것은?

① 도매시장의 명칭에는 그 도매시장을 개설한 지방자치단체의 명칭이 포함되어야 한다.
② 인천광역시가 도매시장을 폐쇄하는 경우에는 그 3개월 전에 이를 공고하여야 한다.
③ 평택시가 지방도매시장을 개설하려면 경기도지사의 허가를 받아야 한다.
④ 광주광역시가 중앙도매시장을 개설하려면 농림축산식품부장관의 허가를 받아야 한다.

💡 ④ 중앙도매시장이란 특별시·광역시·특별자치시 또는 특별자치도가 개설한 농수산물도매시장 중 해당 관할구역 및 그 인접지역에서 도매의 중심이 되는 농수산물도매시장으로서 농림축산식품부령 또는 해양수산부령으로 정하는 것을 말한다. 중앙도매시장의 경우에는 특별시·광역시·특별자치시 또는 특별자치도가 개설하고, 지방도매시장의 경우에는 특별시·광역시·특별자치시·특별자치도 또는 시가 개설한다(법 제17조 제1항).

① 시행령 제16조

② 시가 지방도매시장을 폐쇄하려면 그 3개월 전에 도지사의 허가를 받아야 한다. 다만, 특별시·광역시·특별자치시 및 특별자치도가 도매시장을 폐쇄하는 경우에는 그 3개월 전에 이를 공고하여야 하므로 인천광역시가 도매시장을 폐쇄하는 경우에는 그 3개월 전에 이를 공고하여야 한다(법 제17조 제6항).

③ 시가 지방도매시장을 개설하려면 도지사의 허가를 받아야 한다(법 제17조 제1항 단서).

32 도매시장의 개설에 관한 내용 중 적절하지 못한 것은?

① 도매시장은 부류별로 또는 둘 이상의 부류를 종합하여 중앙도매시장의 경우에는 특별시·광역시·특별자치시 또는 특별자치도가 개설한다.

② 도매시장은 양곡부류·청과부류·축산부류·수산부류·화훼부류 및 약용작물부류별로 개설하거나 둘 이상의 부류를 종합하여 개설한다.

③ 시가 지방도매시장을 폐쇄하려면 그 3개월 전에 도지사의 허가를 받아야 한다.

④ 도매시장의 명칭에는 그 도매시장을 개설한 지방자치단체의 명칭이 포함되어선 안 된다.

💡 ④ 도매시장의 명칭에는 그 도매시장을 개설한 지방자치단체의 명칭이 포함되어야 한다(시행령 제16조).

① 법 제17조 제1항

② 시행령 제15조

③ 법 제17조 제6항

법 제17조(도매시장의 개설 등)

① 도매시장은 대통령령으로 정하는 바에 따라 부류별로 또는 둘 이상의 부류를 종합하여 중앙도매시장의 경우에는 특별시·광역시·특별자치시 또는 특별자치도가 개설하고, 지방도매시장의 경우에는 특별시·광역시·특별자치시·특별자치도 또는 시가 개설한다. 다만, 시가 지방도매시장을 개설하려면 도지사의 허가를 받아야 한다.

② 삭제 〈2012.2.22.〉

③ 시가 지방도매시장의 개설허가를 받으려면 농림축산식품부령 또는 해양수산부령으로 정하는 바에 따라 지방도매시장 개설허가 신청서에 업무규정과 운영관리계획서를 첨부하여 도지사에게 제출하여야 한다.

④ 특별시·광역시·특별자치시 또는 특별자치도가 도매시장을 개설하려면 미리 업무규정과 운영관리계획서를 작성하여야 하며, 중앙도매시장의 업무규정은 농림축산식품부장관 또는 해양수산부장관의 승인을 받아야 한다.

⑤ 중앙도매시장의 개설자가 업무규정을 변경하는 때에는 농림축산식품부장관 또는 해양수산부장관의 승인을 받아야 하며, 지방도매시장의 개설자(시가 개설자인 경우만 해당한다)가 업무규정을 변경하는 때에는 도지사의 승인을 받아야 한다.

⑥ 시가 지방도매시장을 폐쇄하려면 그 3개월 전에 도지사의 허가를 받아야 한다. 다만, 특별시·광역시·특별자치시 및 특별자치도가 도매시장을 폐쇄하는 경우에는 그 3개월 전에 이를 공고하여야 한다.

⑦ 업무규정으로 정하여야 할 사항과 운영관리계획서의 작성 및 제출에 필요한 사항은 농림축산식품부령 또는 해양수산부령으로 정한다.

>> ANSWER

29.④ 30.④ 31.④ 32.④

33 도매시장 개설자의 의무가 아닌 것은?

> ㉠ 포전매매 활성화
> ㉡ 도매시장 시설의 정비
> ㉢ 경쟁 촉진과 공정한 거래질서의 확립
> ㉣ 상품성 향상을 위한 규격화

① ㉠

② ㉠, ㉡

③ ㉠, ㉡, ㉢

④ ㉠, ㉡, ㉢, ㉣

💡 ① ㉠은 해당되지 않는다(법 제20조 제1항).

> **법 제20조(도매시장 개설자의 의무)**
> ① 도매시장 개설자는 거래 관계자의 편익과 소비자 보호를 위하여 다음의 사항을 이행하여야 한다.
>   1. 도매시장 시설의 정비·개선과 합리적인 관리
>   2. 경쟁 촉진과 공정한 거래질서의 확립 및 환경 개선
>   3. 상품성 향상을 위한 규격화, 포장 개선 및 선도(鮮度) 유지의 촉진
> ② 도매시장 개설자는 제1항 각 호의 사항을 효과적으로 이행하기 위하여 이에 대한 투자계획 및 거래제도 개선방안 등을 포함한 대책을 수립·시행하여야 한다.

34 지방도매시장의 허가 기준이 아닌 것은?

① 개설하려는 장소가 농수산물 거래의 중심지로서 적절한 위치에 있을 것
② 민영도매시장이 보유하여야 하는 시설의 기준에 따른 적합한 시설을 갖추고 있을 것
③ 운영관리계획서의 내용이 충실할 것
④ 운영관리계획서의 내용이 실현 가능성이 낮을 것

💡 ④ 운영관리계획서의 내용이 충실하고 그 실현이 확실하다고 인정되어야 한다(법 제19조 제1항 제3호).

> **법 제19조(허가기준 등)**
> ① 도지사는 지방도매시장의 개설허가(법 제17조제3항)에 따른 허가신청의 내용이 다음의 요건을 갖춘 경우에는 이를 허가한다.
>   1. 도매시장을 개설하려는 장소가 농수산물 거래의 중심지로서 적절한 위치에 있을 것
>   2. 도매시장·공판장 및 민영도매시장이 보유하여야 하는 시설의 기준(제67조제2항)에 따른 적합한 시설을 갖추고 있을 것
>   3. 운영관리계획서의 내용이 충실하고 그 실현이 확실하다고 인정되는 것일 것
> ② 도지사는 요구되는 시설이 갖추어지지 아니한 경우에는 일정한 기간 내에 해당 시설을 갖출 것을 조건으로 개설허가를 할 수 있다.
> ③ 특별시·광역시·특별자치시 또는 특별자치도가 도매시장을 개설하려면 ①의 요건을 모두 갖추어 개설하여야 한다.

35 다음 중 도매시장의 개설구역이 아닌 곳은?

① 특별시
② 특별자치도
③ 읍·면·동
④ 광역시

　③ 도매시장의 개설구역은 도매시장이 개설되는 특별시·광역시·특별자치시·특별자치도 또는 시의 관할구역으로 한다(법 제18조 제1항).

법 제18조(개설구역)
① 도매시장의 개설구역은 도매시장이 개설되는 특별시·광역시·특별자치시·특별자치도 또는 시의 관할구역으로 한다.
② 농림축산식품부장관 또는 해양수산부장관은 해당 지역에서의 농수산물의 원활한 유통을 위하여 필요하다고 인정할 때에는 도매시장의 개설구역에 인접한 일정 구역을 그 도매시장의 개설구역으로 편입하게 할 수 있다. 다만, 시가 개설하는 지방도매시장의 개설구역에 인접한 구역으로서 그 지방도매시장이 속한 도의 일정 구역에 대하여는 해당 도지사가 그 지방도매시장의 개설구역으로 편입하게 할 수 있다.

36 도매시장 개설자가 도매시장 관리사무소 또는 시장관리자로 하여금 하게 할 수 있는 도매시장의 관리업무가 아닌 것은?

① 도매시장 시설물의 관리 및 운영
② 도매시장 개설자 감독
③ 도매시장의 도매시장법인에 대한 지도
④ 도매시장의 정산창구에 대한 관리

　②는 해당되지 않는다(시행규칙 제18조).

시행규칙 제18조(도매시장 관리사무소 등의 업무)
도매시장 개설자가 도매시장 관리사무소 또는 시장관리자로 하여금 하게 할 수 있는 도매시장의 관리업무는 다음과 같다.
1. 도매시장 시설물의 관리 및 운영
2. 도매시장의 거래질서 유지
3. 도매시장의 도매시장법인, 시장도매인, 중도매인 그 밖의 유통업무종사자에 대한 지도·감독
4. 도매시장법인 또는 시장도매인이 납부하거나 제공한 보증금 또는 담보물의 관리
5. 도매시장의 정산창구에 대한 관리·감독
6. 도매시장사용료·부수시설사용료의 징수
7. 그 밖에 도매시장 개설자가 도매시장의 관리를 효율적으로 수행하기 위하여 업무규정으로 정하는 사항의 시행

>> ANSWER

33.① 34.④ 35.③ 36.②

37 도매시장 개설자가 부류별로 지정한 도매시장법인의 지정 유효기간은?

① 1년 이상

② 3년 이상 5년 이하

③ 5년 이상 10년 이하

④ 10년 이상

💡 ③ 도매시장법인은 도매시장 개설자가 부류별로 지정하되, 중앙도매시장에 두는 도매시장법인의 경우에는 농림축산식품부장관 또는 해양수산부장관과 협의하여 지정한다. 이 경우 5년 이상 10년 이하의 범위에서 지정 유효기간을 설정할 수 있다(법 제23조 제1항).

38 도매시장을 효율적으로 관리·운영하고자 설립된 공공출자법인에 대한 내용으로 적절하지 못한 내용은?

① 도매시장 개설자가 설립할 수 있다.

② 관리공사 및 지방자치단체는 공공출자법인이 될 수 있다.

③ 해당 도매시장 또는 그 도매시장으로 이전되는 시장에서 농수산물을 거래하는 상인과 그 상인단체가 공공출자법인에 대한 출자를 할 경우 출자액의 합계가 총출자액의 100분의 50을 초과하여야 한다.

④ 공공출자법인은 「상법」에 따른 설립등기를 한 날에 도매시장법인의 지정을 받은 것으로 본다.

💡 ③ 지방자치단체, 관리공사, 농림수협 등이 공공출자법인에 대한 출자를 할 경우 출자액의 합계가 총출자액의 100분의 50을 초과하여야 한다(법 제24조 제2항).

법 제24조(공공출자법인)
① 도매시장 개설자는 도매시장을 효율적으로 관리·운영하기 위하여 필요하다고 인정하는 경우에는 도매시장법인을 갈음하여 그 업무를 수행하게 할 공공출자법인을 설립할 수 있다.
② 공공출자법인에 대한 출자는 다음의 어느 하나에 해당하는 자로 한정한다. 이 경우 1부터 3까지에 해당하는 자에 의한 출자액의 합계가 총출자액의 100분의 50을 초과하여야 한다.
  1. 지방자치단체
  2. 관리공사
  3. 농림수협 등
  4. 해당 도매시장 또는 그 도매시장으로 이전되는 시장에서 농수산물을 거래하는 상인과 그 상인단체
  5. 도매시장법인
  6. 그 밖에 도매시장 개설자가 도매시장의 관리·운영을 위하여 특히 필요하다고 인정하는 자
③ 공공출자법인에 관하여 이 법에서 규정한 사항을 제외하고는 「상법」의 주식회사에 관한 규정을 적용한다.
④ 공공출자법인은 「상법」에 따른 설립등기를 한 날에 도매시장법인의 지정을 받은 것으로 본다.

---

39 중도매인이 될 수 있는 경우는?

① 금고 이상의 실형을 선고받고 그 형의 집행이 끝나지 아니한 사람
② 최저거래금액 및 거래대금의 지급보증을 위한 보증금 등 도매시장 개설자가 업무규정으로 정한 허가조건을 갖추지 못한 자
③ 파산선고를 받고 복권된 사람
④ 도매시장법인의 주주 및 임직원으로서 해당 도매시장법인의 업무와 경합되는 중도매업을 하려는 자

💡 ③ 파산선고를 받고 복권되지 아니한 사람이 중도매인 될 수 없다(법 제25조 제3항 제1호).

법 제25조(중도매업의 허가)
① 중도매인의 업무를 하려는 자는 부류별로 해당 도매시장 개설자의 허가를 받아야 한다.
② 도매시장 개설자는 다음의 어느 하나에 해당하는 경우를 제외하고는 허가 및 갱신허가를 하여야 한다.
 1. ③의 어느 하나에 해당하는 경우
 2. 그 밖에 이 법 또는 다른 법령에 따른 제한에 위반되는 경우
③ 다음의 어느 하나에 해당하는 자는 중도매업의 허가를 받을 수 없다.
 1. 파산선고를 받고 복권되지 아니한 사람이나 피성년후견인
 2. 금고 이상의 실형을 선고받고 그 형의 집행이 끝나거나(집행이 끝난 것으로 보는 경우를 포함) 면제되지 아니한 사람
 3. 중도매업의 허가가 취소된 날부터 2년이 지나지 아니한 자
 4. 도매시장법인의 주주 및 임직원으로서 해당 도매시장법인의 업무와 경합되는 중도매업을 하려는 자
 5. 임원 중에 1부터 4까지의 어느 하나에 해당하는 사람이 있는 법인
 6. 최저거래금액 및 거래대금의 지급보증을 위한 보증금 등 도매시장 개설자가 업무규정으로 정한 허가조건을 갖추지 못한 자

---

40 중도매인에 관한 내용 중 틀린 것은?

① 중도매인의 업무를 하려는 자는 부류별로 해당 도매시장 개설자의 허가를 받아야 한다.
② 중도매업의 허가가 취소된 날부터 2년이 지난 자는 중도매업의 허가를 받을 수 있다.
③ 도매시장 개설자는 중도매업의 허가를 하는 경우 5년 이상 10년 이하의 범위에서 허가 유효기간을 설정할 수 있다.
④ 중도매인은 도매시장에 설치된 도매시장공판장에서 그 업무를 할 수 없다.

💡 ④ 허가를 받은 중도매인은 도매시장에 설치된 도매시장공판장에서도 그 업무를 할 수 있다(법 제26조).

41 도매시장법인이 확보하여야 하는 경매사의 수는?

① 1명 이상   ② 2명 이상

③ 5명 이상   ④ 9명 이상

💡 ② 도매시장법인이 확보하여야 하는 경매사의 수는 2명 이상으로 하되, 도매시장법인별 연간 거래물량 등을 고려하여 업무규정으로 그 수를 정한다(시행규칙 제20조 제1항).

42 경매사의 업무가 아닌 것은?

① 도매시장법인이 상장한 농수산물에 대한 경락자의 결정
② 도매시장법인이 상장한 농수산물에 대한 경매 우선순위의 결정
③ 공판장의 운영
④ 도매시장법인이 상장한 농수산물에 대한 가격평가

💡 ③은 해당되지 않는다.

> 법 제28조(경매사의 업무 등)
> ① 경매사는 다음의 업무를 수행한다.
>   1. 도매시장법인이 상장한 농수산물에 대한 경매 우선순위의 결정
>   2. 도매시장법인이 상장한 농수산물에 대한 가격평가
>   3. 도매시장법인이 상장한 농수산물에 대한 경락자의 결정

43 산지유통인이 할 수 있는 업무인 것은?

① 농수산물의 판매   ② 농수산물의 매수
③ 농수산물의 출하업무   ④ 농수산물의 중개

💡 ③ 산지유통인은 등록된 도매시장에서 농수산물의 출하업무 외의 판매 · 매수 또는 중개업무를 하여서는 아니 된다(법 제29조 제4항).

44 다음 중 도매시장의 매매방식 및 절차에 대한 내용으로 잘못된 것은?

① 도매시장에서 도매시장법인이 하는 도매는 출하자로부터 위탁을 받아 하여야 한다.
② 중도매인은 도매시장법인이 상장한 농수산물 외의 농수산물은 거래할 수 없다.
③ 도매시장법인은 도매시장에서 농수산물을 포전매매의 방법으로 매매하여야 한다.
④ 출하자가 매매방법을 지정하여 요청하는 경우에는 그에 따라 매매할 수 있다.

💡 ③ 도매시장법인은 도매시장에서 농수산물을 경매 · 입찰 · 정가매매 또는 수의매매의 방법으로 매매하여야 한다(법 제32조).

45 도매시장에 상장한 농수산물의 경매 또는 입찰의 방법으로 틀린 것은?

① 도매시장에 상장한 농수산물을 수탁된 순위에 따라 경매 또는 입찰의 방법으로 판매하는 경우에는 최고가격 제시자에게 판매하여야 한다.

② 출하자가 서면으로 거래 성립 최저가격을 제시한 경우에는 그 가격 미만으로 판매하여서는 아니 된다.

③ 도매시장 개설자는 효율적인 유통을 위하여 필요한 경우에는 대량 입하품, 표준규격품, 예약 출하품 등을 우선적으로 판매하게 할 수 있다.

④ 경매 또는 입찰의 방법은 거수수지식을 원칙으로 하되 필요한 경우 전자식의 방법으로 할 수 있다.

💡 ④ 경매 또는 입찰의 방법은 전자식(電子式)을 원칙으로 하되 필요한 경우 농림축산식품부령 또는 해양수산부령으로 정하는 바에 따라 거수수지식(擧手手指式), 기록식, 서면입찰식 등의 방법으로 할 수 있다(법 제33조 제3항).

> 법 제33조(경매 또는 입찰의 방법)
> ① 도매시장법인은 도매시장에 상장한 농수산물을 수탁된 순위에 따라 경매 또는 입찰의 방법으로 판매하는 경우에는 최고가격 제시자에게 판매하여야 한다. 다만, 출하자가 서면으로 거래 성립 최저가격을 제시한 경우에는 그 가격 미만으로 판매하여서는 아니 된다.
> ② 도매시장 개설자는 효율적인 유통을 위하여 필요한 경우에는 농림축산식품부령 또는 해양수산부령으로 정하는 바에 따라 대량 입하품, 표준규격품, 예약 출하품 등을 우선적으로 판매하게 할 수 있다.
> ③ 경매 또는 입찰의 방법은 전자식(電子式)을 원칙으로 하되 필요한 경우 농림축산식품부령 또는 해양수산부령으로 정하는 바에 따라 거수수지식(擧手手指式), 기록식, 서면입찰식 등의 방법으로 할 수 있다. 이 경우 공개경매를 실현하기 위하여 필요한 경우 농림축산식품부장관, 해양수산부장관 또는 도매시장 개설자는 품목별·도매시장별로 경매방식을 제한할 수 있다.

46 다음 중 도매시장에서 전자식 경매·입찰의 예외 사유로 보기 어려운 것은?

① 농수산물의 수급조절과 가격안정을 위하여 수매한 농수산물을 판매하는 경우

② 농수산물의 수급조절과 가격안정을 위하여 수입한 농수산물을 판매하는 경우

③ 지역별 특성을 고려하여 도매시장 개설자가 필요하다고 인정하는 경우

④ 해당 도매시장의 중도매인 또는 매매참가인에게 판매한 후 남는 농수산물이 있는 경우

💡 ④는 해당되지 않는다(시행규칙 제31조).

> 시행규칙 제31조(전자식 경매·입찰의 예외)
> 거수수지식·기록식·서면입찰식 등의 방법으로 경매 또는 입찰을 할 수 있는 경우는 다음과 같다.
> 1. 농수산물의 수급조절과 가격안정을 위하여 수매·비축 또는 수입한 농수산물을 판매하는 경우
> 2. 그 밖에 품목별·지역별 특성을 고려하여 도매시장 개설자가 필요하다고 인정하는 경우

47 다음 중 도매시장 개설자가 도매시장법인의 경우에는 중도매인 · 매매참가인 외의 자에게 판매를 허용할 수 있는 사유가 아닌 것은?

① 입하량이 현저히 많아 정상적인 거래가 어려운 경우

② 해당 도매시장의 중도매인 또는 매매참가인에게 판매한 후 남는 농수산물이 있는 경우

③ 도매시장 개설자가 도매시장에 입하된 물품의 원활한 분산을 위하여 특히 필요하다고 인정하는 경우

④ 농수산물을 대표할 수 있는 견본품을 경매장에 진열해야 하는 경우

💡 ④ 도매시장 개설자는 입하량이 현저히 많아 정상적인 거래가 어려운 경우 등 농림축산식품부령 또는 해양수산부령으로 정하는 특별한 사유가 있는 경우(시행규칙 제33조)에는 그 사유가 발생한 날에 한정하여 도매시장법인의 경우에는 중도매인 · 매매참가인 외의 자에게, 시장도매인의 경우에는 도매시장법인 · 중도매인에게 판매할 수 있다(법 제34조).

> **시행규칙 제33조(거래의 특례)**
> ① 도매시장법인이 중도매인 · 매매참가인 외의 자에게, 시장도매인이 도매시장법인 · 중도매인에게 농수산물을 판매할 수 있는 경우는 다음과 같다.
>   1. 도매시장법인의 경우
>   가. 해당 도매시장의 중도매인 또는 매매참가인에게 판매한 후 남는 농수산물이 있는 경우
>   나. 도매시장 개설자가 도매시장에 입하된 물품의 원활한 분산을 위하여 특히 필요하다고 인정하는 경우
>   다. 도매시장법인이 겸영사업으로 수출을 하는 경우
>   2. 시장도매인의 경우 : 도매시장 개설자가 도매시장에 입하된 물품의 원활한 분산을 위하여 특히 필요하다고 인정하는 경우

48 농수산물의 선별 · 포장과 가공 등의 겸영사업을 하려는 도매시장법인이 갖추어야 할 요건으로 틀린 것은?

① 부채비율 $\left(\dfrac{부채}{자기자본}\right) \times 100$이 300% 이하일 것

② 유동부채비율 $\left(\dfrac{유동부채}{부채총액}\right) \times 100$이 100% 이하일 것

③ 당기순손실이 1개 회계연도 이상 계속하여 발생하지 아니할 것

④ 유동비율 $\left(\dfrac{유동자산}{유동부채}\right) \times 100$이 100% 이상일 것

🔆 ③ 당기순손실이 2개 회계연도 이상 계속하여 발생하지 아니할 것이 요건이다(시행규칙 제34조 제1항 제4호).

> **시행규칙 제34조(도매시장법인의 겸영)**
> ① 법 제35조제4항 단서에 따른 농수산물의 선별 · 포장 · 가공 · 제빙(製氷) · 보관 · 후숙(後熟) · 저장 · 수출입 · 배송 등의 겸영사업을 겸영하려는 도매시장법인은 다음의 요건을 충족하여야 한다. 이 경우 제1호부터 제3호까지의 기준은 직전 회계연도의 대차대조표를 통하여 산정한다.
> 1. 부채비율$\left(\dfrac{\text{부채}}{\text{자기자본}} \times 100\right)$이 300% 이하일 것
> 2. 유동부채비율$\left(\dfrac{\text{유동부채}}{\text{부채총액}} \times 100\right)$이 100% 이하일 것
> 3. 유동비율$\left(\dfrac{\text{유동자산}}{\text{유동부채}} \times 100\right)$이 100% 이상일 것
> 4. 당기순손실이 2개 회계연도 이상 계속하여 발생하지 아니할 것
> ② 도매시장법인은 겸영사업을 하려는 경우에는 그 겸영사업 개시 전에 겸영사업의 내용 및 계획을 해당 도매시장 개설자에게 알려야 한다. 이 경우 도매시장법인이 해당 도매시장 외의 장소에서 겸영사업을 하려는 경우에는 겸영하려는 사업장 소재지의 시장 · 군수 또는 자치구의 구청장에게도 이를 알려야 한다.
> ③ 도매시장법인은 겸영사업을 하는 경우 전년도 겸영사업 실적을 매년 3월 31일까지 해당 도매시장 개설자에게 제출하여야 한다.

49 도매시장법인이 겸영사업으로 수탁 · 매수한 농수산물을 매매방법 및 경매 · 입찰방법 등 규정을 위반하여 판매함으로써 산지 출하자와의 업무 경합 또는 과도한 겸영사업으로 인한 도매시장법인의 도매업무 약화가 우려되는 경우 내릴 수 있는 조치 가운데 겸영사업의 6개월 금지는 몇 차 위반 시인가?

① 1차   ② 2차
③ 3차   ④ 4차

🔆 ③ 3차 위반 시 6개월 동안 겸영사업이 금지된다(시행령 시행령 제17조의6 제1항 제3호).

> **시행령 제17조의6(도매시장법인의 겸영사업의 제한)**
> ① 도매시장 개설자는 도매시장법인이 겸영사업으로 수탁 · 매수한 농수산물을 매매방법 및 경매 · 입찰방법 등 규정을 위반하여 판매함으로써 산지 출하자와의 업무 경합 또는 과도한 겸영사업으로 인한 도매시장법인의 도매업무 약화가 우려되는 경우에는 시장관리운영위원회의 심의를 거쳐 겸영사업을 다음과 같이 제한할 수 있다.
> 1. 제1차 위반 : 보완명령
> 2. 제2차 위반 : 1개월 금지
> 3. 제3차 위반 : 6개월 금지
> 4. 제4차 위반 : 1년 금지

50 도매시장법인 또는 시장도매인은 출하자와 소비자의 권익보호를 위하여 거래물량, 가격정보 및 재무상황 등을 공시(公示)하여야 하는데 공시 사유에 해당하지 않는 것은?

① 현재 회계연도의 재무제표
② 품목별 반입량
③ 겸영사업을 하는 경우 그 사업내용
④ 주주 및 임원의 현황과 그 변동사항

      🔆 ① 직전 회계연도의 재무제표이다(시행규칙 제34조의2 제1항 제4호).

> **시행규칙 제34조의2**(도매시장법인 등의 공시)
> ① 도매시장법인 또는 시장도매인이 공시하여야 할 내용은 다음과 같다.
>   1. 거래일자별·품목별 반입량 및 가격정보
>   2. 주주 및 임원의 현황과 그 변동사항
>   3. 겸영사업을 하는 경우 그 사업내용
>   4. 직전 회계연도의 재무제표

51 다음 중 도매시장법인이 농수산물의 수탁을 거부·기피하거나 위탁받은 농수산물의 판매를 거부·기피할 수 없는 경우는?

① 유통명령을 충족하여 출하하는 경우
② 출하자 신고를 하지 아니하고 출하하는 경우
③ 안전성 검사 결과 그 기준에 미달되는 경우
④ 도매시장 개설자가 업무규정으로 정하는 최소출하량의 기준에 미달되는 경우

      🔆 ① 유통명령을 위반하여 출하하는 경우 입하된 농수산물의 수탁을 거부·기피할 수 있다(법 제38조).

> **법 제38조**(수탁의 거부금지 등)
> 도매시장법인 또는 시장도매인은 그 업무를 수행할 때에 다음의 어느 하나에 해당하는 경우를 제외하고는 입하된 농수산물의 수탁을 거부·기피하거나 위탁받은 농수산물의 판매를 거부·기 피하거나, 거래 관계인에게 부당한 차별대우를 하여서는 아니 된다.
> 1. 유통명령을 위반하여 출하하는 경우
> 2. 출하자 신고를 하지 아니하고 출하하는 경우
> 3. 안전성 검사 결과 그 기준에 미달되는 경우
> 4. 도매시장 개설자가 업무규정으로 정하는 최소출하량의 기준에 미달되는 경우
> 5. 농림축산식품부장관, 해양수산부장관 또는 도매시장 개설자가 정하여 고시한 품목을 「농수산물 품질관리법」에 따른 표준규격에 따라 출하하지 아니한 경우

52 농수산물 유통 및 가격안정에 관한 법령상 농림축산식품부장관이 유통명령의 발령기준을 정할 때 감안하여야 할 사항이 아닌 것은?

① 품목별 특성
② 농림업 관측 결과 등을 반영하여 산정한 예상 가격
③ 표준가격
④ 농림업 관측 결과 등을 반영하여 산정한 예상 공급량

③ 표준가격은 고려 대상이 아니다(시행규칙 제11조의2).

> **시행규칙 제11조의2(유통명령의 발령기준 등)**
> 유통명령을 발하기 위한 기준은 다음의 사항을 감안하여 농림축산식품부장관이 정하여 고시한다.
> 1. 품목별 특성
> 2. 관측 결과 등을 반영하여 산정한 예상 가격과 예상 공급량

53 도매시장 개설자는 해당 도매시장에 반입되는 농수산물에 대하여 「농수산물 품질관리법」에 따른 유해물질의 잔류허용기준 등의 초과 여부에 관한 안전성 검사를 하여야 한다. 도매시장 개설자는 안전성 검사 결과 기준미달로 판정될 경우 제한 조치를 할 수 있는데 최근 1년 이내에 2회 적발 시 얼마나 도매시장에 출하하는 것을 제한할 수 있는가?

① 2개월   ② 3개월
③ 5개월   ④ 8개월

② 안전성 검사 결과 기준미달로 판정되면 최근 1년 이내에 2회 적발 시에는 3개월 동안 도매시장에 출하하는 것을 제한할 수 있다(시행규칙 제35조의2 제2항).

> **시행규칙 제35조의2(안전성 검사의 실시 기준 및 방법 등)**
> ② 도매시장 개설자는 안전성 검사 결과 기준미달로 판정되면 기준미달품 출하자에 대하여 다음에 따라 도매시장에 출하하는 것을 제한할 수 있다.
> 1. 최근 1년 이내에 1회 적발 시 : 1개월
> 2. 최근 1년 이내에 2회 적발 시 : 3개월
> 3. 최근 1년 이내에 3회 적발 시 : 6개월

>> ANSWER

50.① 51.① 52.③ 53.②

54 농수산물 유통 및 가격안정에 관한 법령상 도매시장법인의 직접 대금결제에 관한 내용이다. ( ) 안에 들어갈 내용으로 옳은 것은?

> 도매시장 개설자가 (㉠)으로/로 정하는 출하대금결제용 보증금을 납부하고 (㉡)을 확보한 도매시장법인은 출하자에게 출하대금을 직접 결제할 수 있다.

	㉠	㉡
①	운영조례	판매대금
②	운전자금	판매대금
③	업무규정	운전자금
④	출하약정	운전자금

💡 ③ 도매시장 개설자가 '업무규정'으로 정하는 출하대금결제용 보증금을 납부하고 '운전자금'을 확보한 도매시장법인은 출하자에게 출하대금을 직접 결제할 수 있다(시행규칙 제37조).

55 도매시장 개설자, 도매시장법인, 시장도매인, 중도매인 또는 대금정산조직이 받는 수수료의 종류가 아닌 것은?

① 도매시장의 유지 · 관리에 필요한 최소한의 비용으로 징수하는 도매시장의 사용료
② 시설에 대하여 사용자로부터 징수하는 시설 사용료
③ 시장도매인 또는 중도매인이 농수산물의 매매를 중개한 경우에 이를 매매한 자로부터 징수하는 거래액의 일정 비율에 해당하는 중개수수료
④ 검사 · 인정 · 확인 · 승인 · 검정 등에 따른 부대수수료

💡 ④는 해당되지 않는다(법 제42조).

> **법 제42조**(수수료 등의 징수제한)
> ① 도매시장 개설자, 도매시장법인, 시장도매인, 중도매인 또는 대금정산조직은 해당 업무와 관련하여 징수 대상자에게 다음의 금액 외에는 어떠한 명목으로도 금전을 징수하여서는 아니 된다.
> 1. 도매시장 개설자가 도매시장법인 또는 시장도매인으로부터 도매시장의 유지 · 관리에 필요한 최소한의 비용으로 징수하는 도매시장의 사용료
> 2. 도매시장 개설자가 도매시장의 시설 중 농림축산식품부령 또는 해양수산부령으로 정하는 시설에 대하여 사용자로부터 징수하는 시설 사용료
> 3. 도매시장법인이나 시장도매인이 농수산물의 판매를 위탁한 출하자로부터 징수하는 거래액의 일정 비율 또는 일정액에 해당하는 위탁수수료
> 4. 시장도매인 또는 중도매인이 농수산물의 매매를 중개한 경우에 이를 매매한 자로부터 징수하는 거래액의 일정 비율에 해당하는 중개수수료
> 5. 거래대금을 정산하는 경우에 도매시장법인 · 시장도매인 · 중도매인 · 매매참가인 등이 대금정산조직에 납부하는 정산수수료

56 농수산물 유통 및 가격안정에 관한 법률 시행규칙 제42조 창고경매 및 포전경매에 관한 내용이다. (   ) 안에 들어갈 내용으로 옳은 것은?

> 지역농업협동조합이 창고경매나 포전경매를 하려는 경우에는 생산농가로부터 위임을 받아 창고 또는 포전상태로 상장하되, 품목의 작황·품질·생산량·(㉠) 등을 고려하여 미리 (㉡)을 정할 수 있다.

	㉠	㉡
①	시중가격	예정가격
②	생산단체	경매가격
③	경락가격	경매가격
④	생산단체	예정가격

💡 ① 지역농업협동조합, 지역축산업협동조합, 품목별·업종별협동조합, 조합공동사업법인, 품목조합연합회, 농협경제지주회사, 산림조합 및 수산업협동조합과 그 중앙회 또는 한국농수산식품유통공사가 창고경매나 포전경매를 하려는 경우에는 생산농가로부터 위임을 받아 창고 또는 포전상태로 상장하되, 품목의 작황·품질·생산량 및 '시중가격' 등을 고려하여 미리 '예정가격'을 정할 수 있다(시행규칙 제42조).

57 농수산물 유통 및 가격안정에 관한 법령상 위탁수수료의 최고한도가 거래금액의 1천분의 20인 부류는?

① 청과
② 양곡
③ 화훼
④ 약용작물

💡 ② 양곡부류가 거래금액의 1천분의 20이다(시행규칙 제39조 제4항).

> 시행규칙 제39조(사용료 및 수수료 등)
> ④ 위탁수수료의 최고한도는 다음과 같다. 이 경우 도매시장의 개설자는 그 한도에서 업무규정으로 위탁수수료를 정할 수 있다.
> 1. 양곡부류 : 거래금액의 1천분의 20
> 2. 청과부류 : 거래금액의 1천분의 70
> 3. 수산부류 : 거래금액의 1천분의 60
> 4. 축산부류 : 거래금액의 1천분의 20(도매시장 또는 공판장 안에 도축장이 설치된 경우 「축산물위생관리법」에 따라 징수할 수 있는 도살·해체수수료는 이에 포함되지 아니한다)
> 5. 화훼부류 : 거래금액의 1천분의 70
> 6. 약용작물부류 : 거래금액의 1천분의 50

>> ANSWER

54.③ 55.④ 56.① 57.②

58 수산물 유통 및 가격안정에 관한 법령상 농수산물도매시장의 다음 거래품목 중 양곡부류를 모두 고른 것은?

㉠ 옥수수	㉡ 참깨
㉢ 감자	㉣ 땅콩
㉤ 잣	

① ㉠, ㉡, ㉣
② ㉠, ㉢, ㉤
③ ㉡, ㉣, ㉤
④ ㉢, ㉣, ㉤

💡 ① 옥수수, 참깨 및 땅콩은 양곡부류에 해당한다(시행령 제2조).

> 시행령 제2조(농수산물도매시장의 거래품목)
> 「농수산물 유통 및 가격안정에 관한 법률」에 따라 농수산물도매시장에서 거래하는 품목은 다음과 같다.
> 1. 양곡부류 : 미곡·맥류·두류·조·좁쌀·수수·수수쌀·옥수수·메밀·참깨 및 땅콩
> 2. 청과부류 : 과실류·채소류·산나물류·목과류·버섯류·서류·인삼류 중 수삼 및 유지작물류와 두류 및 잡곡 중 신선한 것
> 3. 축산부류 : 조수육류 및 난류
> 4. 수산부류 : 생선어류·건어류·염건어류·염장어류·조개류·갑각류 해조류 및 젓갈류
> 5. 화훼부류 : 절화·절지·절엽 및 분화
> 6. 약용작물부류 : 한약재용 약용작물(야생물이나 그 밖에 재배에 의하지 아니한 것을 포함한다). 다만, 「약사법」에 따른 한약은 같은 법에 따라 의약품판매업의 허가를 받은 것으로 한정한다.
> 7. 그 밖에 농어업인이 생산한 농수산물과 이를 단순가공한 물품으로서 개설자가 지정하는 품목

59 공판장에 대한 설명으로 적절하지 못한 것은?

① 공판장에는 중도매인, 매매참가인, 산지유통인 및 경매사를 둘 수 있다.
② 공판장의 중도매인은 공판장의 개설자가 지정한다.
③ 농수산물을 수집하여 공판장에 출하하려는 자는 공판장의 개설자에게 산지유통인으로 등록하여야 한다.
④ 공판장의 경매사는 도지사가 임면한다.

💡 ④ 공판장의 경매사는 공판장의 개설자가 임면한다(법 제44조 제4항).

> 공판장
> 지역농업협동조합, 지역축산업협동조합, 품목별·업종별협동조합, 조합공동사업법인, 품목조합연합회, 산림조합 및 수산업협동조합과 그 중앙회, 그 밖에 생산자관련 단체와 공익상 필요하다고 인정되는 공익법인이 농수산물을 도매하기 위하여 「농수산물유통 및 가격안정에 관한 법률」에 의하여 특별시장·광역시장·특별자치시장·도지사 또는 특별자치도지사의 승인을 받아 개설·운영하는 사업장을 말한다.

60 시 지역에 위치한 민영도매시장 개설의 허가권자는?

① 구청장

② 시 · 도지사

③ 해양수산부장관

④ 국무총리

> ② 민간인등이 특별시 · 광역시 · 특별자치시 · 특별자치도 또는 시 지역에 민영도매시장을 개설하려면 시 · 도지사의 허가를 받아야 한다(법 제47조 제1항).

61 다음 중 민영도매시장을 개설할 수 있는 경우는?

① 민영도매시장을 개설하려는 곳이 교통체증을 유발할 수 있는 위치에 있다.

② 민영도매시장의 시설이 유통시설의 개선 등에 따른 기준에 적합하지 않다.

③ 운영관리계획서의 내용이 부실하지만 실현가능한 경우이다.

④ 다른 법령에서 민영도매시장 허가를 할 수 없는 경우이다.

> ③ 운영관리계획서의 내용이 실현 가능하지 아니한 경우 시 · 도지사는 허가를 하지 않을 수 있다(법 제47조 제4항 제3호).

법 제47조(민영도매시장의 개설)
① 민간인등이 특별시 · 광역시 · 특별자치시 · 특별자치도 또는 시 지역에 민영도매시장을 개설하려면 시 · 도지사의 허가를 받아야 한다.
② 민간인등이 민영도매시장의 개설허가를 받으려면 농림축산식품부령 또는 해양수산부령으로 정하는 바에 따라 민영도매시장 개설허가 신청서에 업무규정과 운영관리계획서를 첨부하여 시 · 도지사에게 제출하여야 한다.
③ 업무규정 및 운영관리계획서에 관하여는 도매시장의 개설 규정을 준용한다.
④ 시 · 도지사는 다음의 어느 하나에 해당하는 경우를 제외하고는 허가하여야 한다.
　1. 민영도매시장을 개설하려는 장소가 교통체증을 유발할 수 있는 위치에 있는 경우
　2. 민영도매시장의 시설이 유통시설의 개선 등에 따른 기준에 적합하지 아니한 경우
　3. 운영관리계획서의 내용이 실현 가능하지 아니한 경우
　4. 그 밖에 이 법 또는 다른 법령에 따른 제한에 위반되는 경우

---

62 민영도매시장의 운영 등에 대한 사항으로 틀린 것은?

① 민영도매시장의 개설자는 중도매인을 두어 직접 운영하거나 시장도매인을 두어 이를 운영하게 할 수 있다.
② 민영도매시장의 시장도매인은 민영도매시장의 개설자가 지정한다.
③ 민영도매시장의 중도매인은 민영도매시장의 개설자가 지정한다.
④ 농수산물을 수집하여 민영도매시장에 출하하려는 자는 민영도매시장의 개설자에게 산지유통인으로 등록하지 않아도 된다.

💡 ④ 농수산물을 수집하여 민영도매시장에 출하하려는 자는 민영도매시장의 개설자에게 산지유통인으로 등록하여야 한다(법 제48조 제3항).

> **법 제48조(민영도매시장의 운영 등)**
> ① 민영도매시장의 개설자는 중도매인, 매매참가인, 산지유통인 및 경매사를 두어 직접 운영하거나 시장도매인을 두어 이를 운영하게 할 수 있다.
> ② 민영도매시장의 중도매인은 민영도매시장의 개설자가 지정한다.
> ③ 농수산물을 수집하여 민영도매시장에 출하하려는 자는 민영도매시장의 개설자에게 산지유통인으로 등록하여야 한다.
> ④ 민영도매시장의 경매사는 민영도매시장의 개설자가 임면한다.
> ⑤ 민영도매시장의 시장도매인은 민영도매시장의 개설자가 지정한다.
> ⑥ 민영도매시장의 개설자가 중도매인, 매매참가인, 산지유통인 및 경매사를 두어 직접 운영하는 경우 그 운영 및 거래방법 등에 관하여는 제31조부터 제34조까지, 제38조, 제39조부터 제41조까지 및 제42조를 준용한다. 다만, 민영도매시장의 규모·거래물량 등에 비추어 해당 규정을 준용하는 것이 적합하지 아니한 민영도매시장의 경우에는 그 개설자가 합리적이라고 인정되는 범위에서 업무규정으로 정하는 바에 따라 그 운영 및 거래방법 등을 달리 정할 수 있다.

63 농수산물을 대량 소비지에 직접 출하하기 위한 농수산물집하장의 설치를 할 수 있는 자는?

① 생산자단체
② 시장
③ 도지사
④ 지방자치단체

💡 ① 생산자단체 또는 공익법인은 농수산물을 대량 소비지에 직접 출하할 수 있는 유통체제를 확립하기 위하여 필요한 경우에는 농수산물집하장을 설치·운영할 수 있다(법 제50조 제1항).

> **법 제50조(농수산물집하장의 설치·운영)**
> ① 생산자단체 또는 공익법인은 농수산물을 대량 소비지에 직접 출하할 수 있는 유통체제를 확립하기 위하여 필요한 경우에는 농수산물집하장을 설치·운영할 수 있다.
> ② 국가와 지방자치단체는 농수산물집하장의 효과적인 운영과 생산자의 출하편의를 도모할 수 있도록 그 입지 선정과 도로망의 개설에 협조하여야 한다.
> ③ 생산자단체 또는 공익법인은 운영하고 있는 농수산물집하장 중 유통시설의 개선 등(법 제67조제2항)에 따른 공판장의 시설기준을 갖춘 집하장을 시·도지사의 승인을 받아 공판장으로 운영할 수 있다.

64 생산지에서 출하되는 주요 품목의 농수산물에 대하여 산지경매제를 실시하거나 계통출하를 확대하는 등 생산자 보호를 위한 판매대책 및 선별·포장·저장 시설의 확충 등 산지 유통대책을 계획해야 하는 자는?

① 경매사
② 시장
③ 도지사
④ 공익법인

💡 ④ 농림수협 또는 공익법인은 생산지에서 출하되는 주요 품목의 농수산물에 대하여 산지경매제를 실시하거나 계통출하(系統出荷)를 확대하는 등 생산자 보호를 위한 판매대책 및 선별·포장·저장 시설의 확충 등 산지 유통대책을 수립·시행하여야 한다(법 제49조 제1항).

65 다음 중 농수산물의 원활한 수급과 유통질서를 확립하기 위하여 농림축산식품부장관 또는 해양수산부장관이 고시한 농수산물 유통기구 정비기본방침의 사항이 아닌 것은?

① 유통시설의 개선 등에 따른 시설기준에 미달하는 도매시장의 시설 정비에 관한 사항
② 민영도매시장 시설의 바꿈 및 이전에 관한 사항
③ 소매상의 시설 개선에 관한 사항
④ 대형 마트와 재래시장의 균형 발전에 관한 사항

💡 ④는 해당되는 사항이 아니다(법 제62조).

법 제62조(정비 기본방침 등)
농림축산식품부장관 또는 해양수산부장관은 농수산물의 원활한 수급과 유통질서를 확립하기 위하여 필요한 경우에는 다음의 사항을 포함한 농수산물 유통기구 정비기본방침을 수립하여 고시할 수 있다.
1. 유통시설의 개선 등(법 제67조제2항)에 따른 시설기준에 미달하거나 거래물량에 비하여 시설이 부족하다고 인정되는 도매시장·공판장 및 민영도매시장의 시설 정비에 관한 사항
2. 도매시장·공판장 및 민영도매시장 시설의 바꿈 및 이전에 관한 사항
3. 중도매인 및 경매사의 가격조작 방지에 관한 사항
4. 생산자와 소비자 보호를 위한 유통기구의 봉사(奉仕) 경쟁체제의 확립과 유통 경로의 단축에 관한 사항
5. 운영 실적이 부진하거나 휴업 중인 도매시장의 정비 및 도매시장법인이나 시장도매인의 교체에 관한 사항
6. 소매상의 시설 개선에 관한 사항

>> ANSWER

62.④ 63.① 64.④ 65.④

66 생산자가 수확하기 이전의 경작상태에서 면적단위 또는 수량단위로 매매하는 것을 무엇이라 하는가?

① 창고매매   ② 선상매매

③ 포전매매   ④ 산지수확

💡 ③ 포전매매에 대한 질문이다. 농림축산식품부장관이 정하는 채소류 등 저장성이 없는 농산물의 포전매매(생산자가 수확하기 이전의 경작상태에서 면적단위 또는 수량단위로 매매하는 것)의 계약은 서면에 의한 방식으로 하여야 한다(법 제53조 제1항).

67 유사 도매시장구역을 지정할 수 있는 자는?

① 시 · 도지사   ② 공정거래위원장

③ 해양수산부장관   ④ 국무총리

💡 ① 시 · 도지사는 농수산물의 공정거래질서 확립을 위하여 필요한 경우에는 농수산물도매시장과 유사한 형태의 시장을 정비하기 위하여 유사 도매시장구역을 지정할 수 있다(법 제64조 제1항).

법 제64조(유사 도매시장의 정비)
① 시 · 도지사는 농수산물의 공정거래질서 확립을 위하여 필요한 경우에는 농수산물도매시장과 유사(類似)한 형태의 시장을 정비하기 위하여 유사 도매시장구역을 지정하고, 농림축산식품부령 또는 해양수산부령으로 정하는 바에 따라 그 구역의 농수산물도매업자의 거래방법 개선, 시설 개선, 이전대책 등에 관한 정비계획을 수립 · 시행할 수 있다.
② 특별시 · 광역시 · 특별자치시 · 특별자치도 또는 시는 제1항에 따른 정비계획에 따라 유사 도매시장구역에 도매시장을 개설하고, 그 구역의 농수산물도매업자를 도매시장법인 또는 시장도매인으로 지정하여 운영하게 할 수 있다.
③ 농림축산식품부장관 또는 해양수산부장관은 시 · 도지사로 하여금 제1항에 따른 정비계획의 내용을 수정 또는 보완하게 할 수 있으며, 정비계획의 추진에 필요한 지원을 할 수 있다.

---

68 농림축산식품부장관이 도매시장 · 공판장 및 민영도매시장의 통합 · 이전 또는 폐쇄를 명령하려는 경우 고려해야 하는 사항이라 보기 어려운 것은?

① 시설현황
② 최근 6개월간의 거래 실적과 거래 추세
③ 입지조건
④ 통합 · 이전 또는 폐쇄로 인하여 당사자가 입게 될 손실의 정도

☀️ ② 최근 2년간의 거래 실적과 거래 추세를 비교·검토하여 조건이 불리한 시장을 통합·이전 또는 폐쇄하도록 하여야 한다(시행령 제33조 제1항).

시행령 제33조(시장의 정비명령)
① 농림축산식품부장관 또는 해양수산부장관이 도매시장·공판장 및 민영도매시장의 통합·이전 또는 폐쇄를 명령하려는 경우에는 그에 필요한 적정한 기간을 두어야 하며, 다음의 사항을 비교·검토하여 조건이 불리한 시장을 통합·이전 또는 폐쇄하도록 하여야 한다.
  1. 최근 2년간의 거래 실적과 거래 추세
  2. 입지조건
  3. 시설현황
  4. 통합·이전 또는 폐쇄로 인하여 당사자가 입게 될 손실의 정도
② 농림축산식품부장관 또는 해양수산부장관은 도매시장·공판장 및 민영도매시장의 통합·이전 또는 폐쇄를 명령하려는 경우에는 미리 관계인에게 제1항의 사항에 대하여 소명을 하거나 의견을 진술할 수 있는 기회를 주어야 한다.
③ 농림축산식품부장관 또는 해양수산부장관은 명령으로 인하여 발생한 손실에 대한 보상을 하려는 경우에는 미리 관계인과 협의를 하여야 한다.

---

69 유사 도매시장의 정비계획에 포함되어야 할 사항이 아닌 것은?

① 유사 도매시장의 시설 개선 및 이전대책
② 대책을 시행하는 경우의 예산안 책정
③ 유사 도매시장구역으로 지정하려는 구체적인 지역의 범위
④ 유사 도매시장구역으로 지정하려는 구체적인 지역에 있는 농수산물도매업자 거래방법의 개선방안

☀️ ②는 해당되지 않는다(시행규칙 제43조 제2항).

시행규칙 제43조(유사 도매시장의 정비)
① 법 제64조에 따라 시·도지사는 다음의 지역에 있는 유사 도매시장의 정비계획을 수립하여야 한다.
  1. 특별시·광역시
  2. 국고 지원으로 도매시장을 건설하는 지역
  3. 그 밖에 시·도지사가 농수산물의 공공거래질서 확립을 위하여 특히 필요하다고 인정하는 지역
② 유사 도매시장의 정비계획에 포함되어야 할 사항은 다음과 같다.
  1. 유사 도매시장구역으로 지정하려는 구체적인 지역의 범위
  2. 1의 지역에 있는 농수산물도매업자의 거래방법의 개선방안
  3. 유사 도매시장의 시설 개선 및 이전대책
  4. 유사 도매시장의 시설 개선 및 이전대책을 시행하는 경우의 대상자 선발기준

>> ANSWER

66.③ 67.① 68.② 69.②

〈농산물품질관리사 제1회〉

70 농수산물 유통 및 가격안정에 관한 법령상 농산물가격안정기금의 재원이 아닌 것은?

① 기금 운용에 따른 수익금

② 과태료 납부금

③ 관세법 및 검찰청법에 따라 몰수되거나 국고에 귀속된 농산물의 매각 · 공매 대금

④ 정부의 출연금

💡 ② 농산물가격안정기금의 재원에는 과태료 납부금은 해당되지 않는다(법 제55조).

> **법 제55조**(기금의 조성)
> ① 기금은 다음의 재원으로 조성한다.
>   1. 정부의 출연금
>   2. 기금 운용에 따른 수익금
>   3. 「관세법」 및 「검찰청법」에 따라 몰수되거나 국고에 귀속된 농산물의 처분으로 발생하는 비용 또는 매각 · 공매대금, 수입이익금 및 다른 법률의 규정에 따라 납입되는 금액
>   4. 다른 기금으로부터의 출연금
> ② 농림축산식품부장관은 기금의 운영에 필요하다고 인정할 때에는 기금의 부담으로 한국은행 또는 다른 기금으로부터 자금을 차입할 수 있다.

71 도매시장법인이 지정조건 또는 승인조건을 위반한 경우나 일정 수 이상의 경매사를 두지 아니하거나 경매사가 아닌 사람으로 하여금 경매를 하도록 하였을 경우 과징금을 부과할 수 있다. 그 금액은?

① 1천만 원 　　　　　　　　　② 3천만 원

③ 5천만 원 　　　　　　　　　④ 1억 원

💡 ④ 농림축산식품부장관, 해양수산부장관, 시 · 도지사 또는 도매시장 개설자는 도매시장법인 등이 6개월 이내의 기간을 정하여 해당 업무의 정지를 명하거나 그 지정 또는 승인을 취소할 수 있는 사항에 해당하거나 중도매인이 6개월 이내의 기간을 정하여 해당 업무의 정지를 명하거나 중도매업의 허가 또는 산지유통인의 등록을 취소해야 하는 사항에 해당하여 업무정지를 명하려는 경우, 그 업무의 정지가 해당 업무의 이용자 등에게 심한 불편을 주거나 공익을 해칠 우려가 있을 때에는 업무의 정지를 갈음하여 도매시장법인 등에는 1억 원 이하, 중도매인에게는 1천만 원 이하의 과징금을 부과할 수 있다(법 제83조 제1항).

72 허가를 받지 아니하고 중도매인의 업무를 한 자의 처벌은?

① 1년 이하의 징역 또는 1천만 원 이하의 벌금
② 2년 이하의 징역 또는 2천만 원 이하의 벌금
③ 3년 이하의 징역 또는 3천만 원 이하의 벌금
④ 5년 이하의 징역 또는 5천만 원 이하의 벌금

💡 ② 2년 이하의 징역 또는 2천만 원 이하의 벌금에 처한다(법 제86조 제3호).

법 제86조(벌칙)
다음의 어느 하나에 해당하는 자는 2년 이하의 징역 또는 2천만 원 이하의 벌금에 처한다.
1. 수입 추천신청을 할 때에 정한 용도 외의 용도로 수입농산물을 사용한 자
1의2. 도매시장의 개설구역이나 공판장 또는 민영도매시장이 개설된 특별시·광역시·특별자치
    시·특별자치도 또는 시의 관할구역에서 허가를 받지 아니하고 농수산물의 도매를 목적으
    로 지방도매시장 또는 민영도매시장을 개설한 자
2. 지정을 받지 아니하거나 지정 유효기간이 지난 후 도매시장법인의 업무를 한 자
3. 허가 또는 갱신허가를 받지 아니하고 중도매인의 업무를 한 자
4. 등록을 하지 아니하고 산지유통인의 업무를 한 자
5. 도매시장 외의 장소에서 농수산물의 판매업무를 하거나 농수산물 판매업무 외의 사업을 겸영
    한 자
6. 지정을 받지 아니하거나 지정 유효기간이 지난 후 도매시장 안에서 시장도매인의 업무를 한 자
7. 승인을 받지 아니하고 공판장을 개설한 자
8. 업무정지처분을 받고도 그 업(業)을 계속한 자

---

73 다른 중도매인 또는 매매참가인의 거래 참가를 방해하거나 정당한 사유 없이 집단적으로 경매 또는 입찰에 불참한 자에 대한 처벌은?

① 1년 이하의 징역 또는 1천만 원 이하의 벌금
② 2년 이하의 징역 또는 2천만 원 이하의 벌금
③ 3년 이하의 징역 또는 3천만 원 이하의 벌금
④ 5년 이하의 징역 또는 5천만 원 이하의 벌금

💡 ① 다른 중도매인 또는 매매참가인의 거래 참가를 방해하거나 정당한 사유 없이 집단적으로 경매 또는 입찰에 불참한 자에 대한 처벌은 1년 이하의 징역 또는 1천만 원 이하의 벌금에 처한다(법 제 88조 제3호).

CHAPTER

03

농수산물의 원산지 표시에 관한 법령

제1장 총칙

법 제1조(목적)

이 법은 농산물·수산물이나 그 가공품 등에 대하여 적정하고 합리적인 원산지 표시를 하도록 하여 소비자의 알권리를 보장하고, 공정한 거래를 유도함으로써 생산자와 소비자를 보호하는 것을 목적으로 한다.

법 제2조(정의)

이 법에서 사용하는 용어의 뜻은 다음과 같다.

1. '농산물'이란 「어업·농촌 식품산업 기본법」에 따른 농산물을 말한다.
2. '수산물'이란 「수산업·어촌 발전 기본법」에 따른 어업활동으로부터 생산되는 산물을 말한다.
3. '농수산물'이란 농산물과 수산물을 말한다.
4. '원산지'란 농산물이나 수산물이 생산·채취·포획된 국가·지역이나 해역을 말한다.
5. '식품접객업'이란 「식품위생법」에 따른 식품접객업을 말한다.
6. '집단급식소'란 「식품위생법」에 따른 집단급식소를 말한다.
7. '통신판매'란 「전자상거래 등에서의 소비자보호에 관한 법률」에 따른 통신판매(전자상거래로 판매되는 경우를 포함) 중 대통령령으로 정하는 판매를 말한다.

> 시행령 제2조(통신판매의 범위)
>
> 「농수산물의 원산지 표시에 관한 법률」 제2조제7호에서 '대통령령으로 정하는 판매'란 우편, 전기통신, 그 밖에 농림축산식품부와 해양수산부의 공동부령으로 정하는 것(광고물·광고시설물·방송·신문 또는 잡지)을 이용한 판매를 말한다.

8. 이 법에서 사용하는 용어의 뜻은 이 법에 특별한 규정이 있는 것을 제외하고는 「농수산물 품질관리법」, 「식품위생법」, 「대외무역법」이나 「축산물 위생관리법」에서 정하는 바에 따른다.

법 제3조(다른 법률과의 관계)

이 법은 농수산물 또는 그 가공품의 원산지 표시에 대하여 다른 법률에 우선하여 적용한다.

법 제4조(농수산물의 원산지 표시의 심의)

이 법에 따른 농산물·수산물 및 그 가공품 또는 조리하여 판매하는 쌀·김치류 및 축산물(「축산물 위생관리법」에 따른 축산물) 및 수산물 등의 원산지 표시 등에 관한 사항은 「농수산물 품질관리법」에 따른 농수산물품질관리심의회에서 심의한다.

제2장 원산지 표시 등

법 제5조(원산지 표시)

① 대통령령으로 정하는 농수산물 또는 그 가공품을 수입하는 자, 생산·가공하여 출하하거나 판매(통신판매를 포함)하는 자 또는 판매할 목적으로 보관·진열하는 자는 다음에 대하여 원산지를 표시하여야 한다.

 1. 농수산물
 2. 농수산물 가공품(국내에서 가공한 가공품은 제외)
 3. 농수산물 가공품(국내에서 가공한 가공품에 한정)의 원료

② 다음의 어느 하나에 해당하는 때에는 ①에 따라 원산지를 표시한 것으로 본다.

 1. 「농수산물 품질관리법」 또는 「소금산업 진흥법」에 따른 표준규격품의 표시를 한 경우
 2. 「농수산물 품질관리법」에 따른 우수관리인증의 표시, 품질인증품의 표시 또는 「소금산업 진흥법」에 따른 우수천일염인증의 표시를 한 경우
 2의2. 「소금산업 진흥법」에 따른 천일염생산방식인증의 표시를 한 경우
 3. 「소금산업 진흥법」에 따른 친환경천일염인증의 표시를 한 경우
 4. 「농수산물 품질관리법」에 따른 이력추적관리의 표시를 한 경우
 5. 「농수산물 품질관리법」 또는 「소금산업 진흥법」에 따른 지리적표시를 한 경우
 5의2. 「식품산업진흥법」에 따른 원산지인증의 표시를 한 경우
 5의3. 「대외무역법」에 따라 수출입 농수산물이나 수출입 농수산물 가공품의 원산지를 표시한 경우
 6. 다른 법률에 따라 농수산물의 원산지 또는 농수산물 가공품의 원료의 원산지를 표시한 경우

③ 식품접객업 및 집단급식소 중 대통령령으로 정하는 영업소나 집단급식소를 설치·운영하는 자는 대통령령으로 정하는 농수산물이나 그 가공품을 조리하여 판매·제공하는 경우(조리하여 판매 또는 제공할 목적으로 보관·진열하는 경우를 포함)에 그 농수산물이나 그 가공품의 원료에 대하여 원산지(쇠고기는 식육의 종류를 포함)를 표시하여야 한다. 다만, 「식품산업진흥법」에 따른 원산지인증의 표시를 한 경우에는 원산지를 표시한 것으로 보며, 쇠고기의 경우에는 식육의 종류를 별도로 표시하여야 한다.

> **시행령 제1조(원산지 표시를 하여야 할 자)**
> 법 제5조제3항에서 "대통령령으로 정하는 영업소나 집단급식소를 설치·운영하는 자"란 「식품위생법 시행령」의 휴게음식점영업, 일반음식점영업 또는 위탁급식영업을 하는 영업소나 집단급식소를 설치·운영하는 자를 말한다.

④ 표시대상, 표시를 하여야 할 자, 표시기준은 대통령령으로 정하고, 표시방법과 그 밖에 필요한 사항은 농림축산식품부와 해양수산부의 공동 부령으로 정한다.

시행령 제3조(원산지의 표시대상)

① 법 제5조제1항 각 호 외의 부분에서 '대통령령으로 정하는 농수산물 또는 그 가공품'이란 다음의 농수산물 또는 그 가공품을 말한다.

    1. 유통질서의 확립과 소비자의 올바른 선택을 위하여 필요하다고 인정하여 농림축산식품부장관과 해양수산부장관이 공동으로 고시한 농수산물 또는 그 가공품

    2. 「대외무역법」에 따라 산업통상자원부장관이 공고한 수입 농수산물 또는 그 가공품

② 농수산물 가공품의 원료에 대한 원산지 표시대상은 다음과 같다. 다만, 물, 식품첨가물, 주정(酒精) 및 당류(당류를 주원료로 하여 가공한 당류가공품을 포함)는 배합 비율의 순위와 표시대상에서 제외한다.

    1. 원료 배합 비율에 따른 표시대상

        가. 사용된 원료의 배합 비율에서 한 가지 원료의 배합 비율이 98퍼센트 이상인 경우에는 그 원료

        나. 사용된 원료의 배합 비율에서 두 가지 원료의 배합 비율의 합이 98퍼센트 이상인 원료가 있는 경우에는 배합 비율이 높은 순서의 2순위까지의 원료

        다. 가목 및 나목 외의 경우에는 배합 비율이 높은 순서의 3순위까지의 원료

        라. 가목부터 다목까지의 규정에도 불구하고 김치류 중 고춧가루(고춧가루가 포함된 가공품을 사용하는 경우에는 그 가공품에 사용된 고춧가루 포함)를 사용하는 품목은 고춧가루를 제외한 원료 중 배합 비율이 가장 높은 순서의 2순위까지의 원료와 고춧가루

    2. 1에 따른 표시대상 원료로서 「식품위생법」에 따른 식품 등의 표시기준 및 「축산물 위생관리법」에 따른 축산물의 표시기준에서 정한 복합원재료를 사용한 경우에는 농림축산식품부장관과 해양수산부장관이 공동으로 정하여 고시하는 기준에 따른 원료

③ ②를 적용할 때 원료 농수산물의 명칭을 제품명 또는 제품명의 일부로 사용하는 경우로서 그 원료 농수산물이 표시대상이 아닌 경우에는 그 원료 농수산물을 함께 표시대상으로 하여야 한다.

④ 삭제〈2015.6.1〉

⑤ 법 제5조제3항에서 '대통령령으로 정하는 농수산물이나 그 가공품을 조리하여 판매·제공하는 경우'란 다음의 것을 조리하여 판매·제공하는 경우를 말한다. 이 경우 조리에는 날 것의 상태로 조리하는 것을 포함하며, 판매·제공에는 배달을 통한 판매·제공을 포함한다.

    1. 쇠고기(식육·포장육·식육가공품 포함)

    2. 돼지고기(식육·포장육·식육가공품 포함)

    3. 닭고기(식육·포장육·식육가공품 포함)

    4. 오리고기(식육·포장육·식육가공품 포함)

    5. 양(염소 등 산양 포함)고기(식육·포장육·식육가공품 포함)

    6. 밥, 죽, 누룽지에 사용하는 쌀(쌀가공품 포함, 쌀에는 찹쌀, 현미 및 찐쌀 포함)

    7. 배추김치(배추김치가공품 포함)의 원료인 배추(얼갈이배추와 봄동배추 포함)와 고춧가루

    7의2. 두부류(가공두부, 유바 제외), 콩비지, 콩국수에 사용하는 콩(콩가공품 포함)

    8. 넙치, 조피볼락, 참돔, 미꾸라지, 뱀장어, 낙지, 명태(황태, 북어 등 건조한 것 제외), 고등어, 갈치, 오징어, 꽃게 및 참조기(해당 수산물가공품 포함)

    9. 조리하여 판매·제공하기 위하여 수족관 등에 보관·진열하는 살아있는 수산물

⑥ 농수산물이나 그 가공품의 신뢰도를 높이기 위하여 필요한 경우에는 ①부터 ③까지 및 ⑤에 따른 표시대상이 아닌 농수산물과 그 가공품의 원료에 대해서도 그 원산지를 표시할 수 있다. 이 경우 법 표시기준과 표시방법을 준수하여야 한다.

시행령 별표 1(원산지의 표시기준)

1. 농수산물
   가. 국산 농수산물
   1) 국산 농산물 : '국산'이나 '국내산' 또는 그 농산물을 생산·채취·사육한 지역의 시·도명이나 시·군·구명을 표시한다.
   2) 국산 수산물 : '국산'이나 '국내산' 또는 '연근해산'으로 표시한다. 다만, 양식 수산물이나 연안정착성 수산물 또는 내수면 수산물의 경우에는 해당 수산물을 생산·채취·양식·포획한 지역의 시·도명이나 시·군·구명을 표시할 수 있다.
   나. 원양산 수산물
   1) 「원양산업발전법」에 따라 원양어업의 허가를 받은 어선이 해외수역에서 어획하여 국내에 반입한 수산물은 '원양산'으로 표시하거나 '원양산' 표시와 함께 '태평양', '대서양', '인도양', '남빙양', '북빙양'의 해역명을 표시한다.
   2) 1)에 따른 표시 외에 연안국 법령에 따라 별도로 표시하여야 하는 사항이 있는 경우에는 1)에 따른 표시와 함께 표시할 수 있다.
   다. 원산지가 다른 동일 품목을 혼합한 농수산물
   1) 국산 농수산물로서 그 생산 등을 한 지역이 각각 다른 동일 품목의 농수산물을 혼합한 경우에는 혼합 비율이 높은 순서로 3개 지역까지의 시·도명 또는 시·군·구명과 그 혼합 비율을 표시하거나 '국산', '국내산' 또는 '연근해산'으로 표시한다.
   2) 동일 품목의 국산 농수산물과 국산 외의 농수산물을 혼합한 경우에는 혼합비율이 높은 순서로 3개 국가(지역, 해역 등)까지의 원산지와 그 혼합비율을 표시한다.
   라. 2개 이상의 품목을 포장한 수산물 : 서로 다른 2개 이상의 품목을 용기에 담아 포장한 경우에는 혼합 비율이 높은 2개까지의 품목을 대상으로 가목2), 나목 및 2의 기준에 따라 표시한다.
2. 수입 농수산물과 그 가공품 및 반입 농수산물과 그 가공품
   가. 수입 농수산물과 그 가공품은 「대외무역법」에 따른 통관 시의 원산지를 표시한다.
   나. 「남북교류협력에 관한 법률」에 따라 반입한 농수산물과 그 가공품(반입농수산물 등)은 같은 법에 따른 반입 시의 원산지를 표시한다.
3. 농수산물 가공품(수입농수산물 등 또는 반입농수산물 등을 국내에서 가공한 것을 포함한다)
   가. 사용된 원료의 원산지를 1 및 2의 기준에 따라 표시한다.
   나. 원산지가 다른 동일 원료를 혼합하여 사용한 경우에는 혼합 비율이 높은 순서로 2개 국가(지역, 해역 등)까지의 원료 원산지와 그 혼합 비율을 각각 표시한다.
   다. 원산지가 다른 동일 원료의 원산지별 혼합 비율이 변경된 경우로서 그 어느 하나의 변경의 폭이 최대 15퍼센트 이하이면 종전의 원산지별 혼합 비율이 표시된 포장재를 혼합 비율이 변경된 날부터 1년의 범위에서 사용할 수 있다.
   라. 사용된 원료(물, 식품첨가물, 주정 및 당류는 제외한다)의 원산지가 모두 국산일 경우에는 원산지를 일괄하여 '국산'이나 '국내산' 또는 '연근해산'으로 표시할 수 있다.
   마. 원료의 수급 사정으로 인하여 원료의 원산지 또는 혼합 비율이 자주 변경되는 경우로서 다음의 어느 하나에 해당하는 경우에는 농림축산식품부장관과 해양수산부장관이 공동으로 정하여 고시하는 바에 따라 원료의 원산지와 혼합 비율을 표시할 수 있다.
   1) 특정 원료의 원산지나 혼합 비율이 최근 3년 이내에 연평균 3개국(회) 이상 변경되거나 최근 1년 동안에 3개국(회) 이상 변경된 경우와 최초 생산일부터 1년 이내에 3개국 이상 원산지 변경이 예상되는 신제품인 경우
   2) 원산지가 다른 동일 원료를 사용하는 경우
   3) 정부가 농수산물 가공품의 원료로 공급하는 수입쌀을 사용하는 경우
   4) 그 밖에 농림축산식품부장관과 해양수산부장관이 공동으로 필요하다고 인정하여 고시하는 경우

법 제6조(거짓 표시 등의 금지)

① 누구든지 다음의 행위를 하여서는 아니 된다.

 1. 원산지 표시를 거짓으로 하거나 이를 혼동하게 할 우려가 있는 표시를 하는 행위

 2. 원산지 표시를 혼동하게 할 목적으로 그 표시를 손상·변경하는 행위

 3. 원산지를 위장하여 판매하거나, 원산지 표시를 한 농수산물이나 그 가공품에 다른 농수산물이나 가공품을 혼합하여 판매하거나 판매할 목적으로 보관이나 진열하는 행위

② 농수산물이나 그 가공품을 조리하여 판매·제공하는 자는 다음의 행위를 하여서는 아니 된다.

 1. 원산지 표시를 거짓으로 하거나 이를 혼동하게 할 우려가 있는 표시를 하는 행위

 2. 원산지를 위장하여 조리·판매·제공하거나, 조리하여 판매·제공할 목적으로 농수산물이나 그 가공품의 원산지 표시를 손상·변경하여 보관·진열하는 행위

 3. 원산지 표시를 한 농수산물이나 그 가공품에 원산지가 다른 동일 농수산물이나 그 가공품을 혼합하여 조리·판매·제공하는 행위

③ ①이나 ②을 위반하여 원산지를 혼동하게 할 우려가 있는 표시 및 위장판매의 범위 등 필요한 사항은 농림축산식품부와 해양수산부의 공동 부령으로 정한다.

④ 「유통산업발전법」에 따른 대규모점포를 개설한 자는 임대의 형태로 운영되는 점포(임대점포)의 임차인 등 운영자가 ① 또는 ②의 어느 하나에 해당하는 행위를 하도록 방치하여서는 아니 된다.

⑤ 「방송법」에 따른 승인을 받고 상품소개와 판매에 관한 전문편성을 행하는 방송채널사용사업자는 해당 방송채널 등에 물건 판매중개를 의뢰하는 자가 ① 또는 ②의 어느 하나에 해당하는 행위를 하도록 방치하여서는 아니된다.

시행규칙 별표 5(원산지를 혼동하게 할 우려가 있는 표시 및 위장판매의 범위)

 1. 원산지를 혼동하게 할 우려가 있는 표시

  가. 원산지 표시란에는 원산지를 바르게 표시하였으나 포장재·푯말·홍보물 등 다른 곳에 이와 유사한 표시를 하여 원산지를 오인하게 하는 표시 등을 말한다.

  나. 가목에 따른 일반적인 예는 다음과 같으며 이와 유사한 사례 또는 그 밖의 방법으로 기망(欺罔)하여 판매하는 행위를 포함한다.

   1) 원산지 표시란에는 외국 국가명을 표시하고 인근에 설치된 현수막 등에는 '우리 농산물만 취급', '국산만 취급', '국내산 한우만 취급' 등의 표시·광고를 한 경우

   2) 원산지 표시란에는 외국 국가명 또는 '국내산'으로 표시하고 포장재 앞면 등 소비자가 잘 보이는 위치에는 큰 글씨로 '국내생산', '경기특미' 등과 같이 국내 유명 특산물 생산지역명을 표시한 경우

   3) 게시판 등에는 '국산 김치만 사용합니다'로 일괄 표시하고 원산지 표시란에는 외국 국가명을 표시하는 경우

   4) 원산지 표시란에는 여러 국가명을 표시하고 실제로는 그 중 원료의 가격이 낮거나 소비자가 기피하는 국가산만을 판매하는 경우

 2. 원산지 위장판매의 범위

  가. 원산지 표시를 잘 보이지 않도록 하거나, 표시를 하지 않고 판매하면서 사실과 다르게 원산지를 알리는 행위 등을 말한다.

  나. 가목에 따른 일반적인 예는 다음과 같으며 이와 유사한 사례 또는 그 밖의 방법으로 기망하여 판매하는 행위를 포함한다.

   1) 외국산과 국내산을 진열·판매하면서 외국 국가명 표시를 잘 보이지 않게 가리거나 대상 농수산물과 떨어진 위치에 표시하는 경우

2) 외국산의 원산지를 표시하지 않고 판매하면서 원산지가 어디냐고 물을 때 국내산 또는 원양산
        이라고 대답하는 경우

    3) 진열장에는 국내산만 원산지를 표시하여 진열하고, 판매 시에는 냉장고에서 원산지 표시가 안
        된 외국산을 꺼내 주는 경우

법 제6조의2(과징금)

① 농림축산식품부장관, 해양수산부장관, 관세청장, 특별시장·광역시장·특별자치시장·도지사 또는 특별
자치도지사(이하 "시·도지사")는 거짓표시 등의 금지 규정을 2년간 2회 이상 위반한 자에게 그 위반금
액의 5배 이하에 해당하는 금액을 과징금으로 부과·징수할 수 있다. 이 경우 모든 금지행위를 위반한
횟수와 농수산물이나 그 가공품을 조리하여 판매·제공하는 자의 금지행위를 위반한 횟수는 합산한다.

② ①에 따른 위반금액은 위반한 농수산물이나 그 가공품의 판매금액으로서 각 위반행위별 판매금액을 모
두 더한 금액을 말한다. 다만, 통관단계의 위반금액은 위반한 농수산물이나 그 가공품의 수입 신고 금액
으로서 각 위반행위별 수입 신고 금액을 모두 더한 금액을 말한다.

③ 과징금 부과·징수의 세부기준, 절차, 그 밖에 필요한 사항은 대통령령으로 정한다.

④ 농림축산식품부장관, 해양수산부장관, 관세청장, 시·도지사는 과징금을 내야 하는 자가 납부기한까지
내지 아니하면 국세 또는 지방세 체납처분의 예에 따라 징수한다.

법 제7조(원산지 표시 등의 조사)

① 농림축산식품부장관, 해양수산부장관, 관세청장이나 시·도지사는 원산지의 표시 여부·표시사항과 표시
방법 등의 적정성을 확인하기 위하여 대통령령으로 정하는 바에 따라 관계 공무원으로 하여금 원산지
표시대상 농수산물이나 그 가공품을 수거하거나 조사하게 하여야 한다. 이 경우 관세청장의 수거 또는
조사 업무는 원산지 표시 대상 중 수입하는 농수산물이나 농수산물 가공품(국내에서 가공한 가공품은
제외)에 한정한다.

② ①에 따른 조사 시 필요한 경우 해당 영업장, 보관창고, 사무실 등에 출입하여 농수산물이나 그 가공품
등에 대하여 확인·조사 등을 할 수 있으며 영업과 관련된 장부나 서류의 열람을 할 수 있다.

③ ①이나 ②에 따른 수거·조사·열람을 하는 때에는 원산지의 표시대상 농수산물이나 그 가공품을 판매
하거나 가공하는 자 또는 조리하여 판매·제공하는 자는 정당한 사유 없이 이를 거부·방해하거나 기피
하여서는 아니 된다.

④ ①이나 ②에 따른 수거 또는 조사를 하는 관계 공무원은 그 권한을 표시하는 증표를 지니고 이를 관계인
에게 내보여야 하며, 출입 시 성명·출입시간·출입목적 등이 표시된 문서를 관계인에게 교부하여야 한다.

시행령 제6조(원산지 표시 등의 조사)

① 농림축산식품부장관, 해양수산부장관이나 시·도지사는 원산지 표시대상 농수산물이나 그 가공품에 대한
수거·조사를 업종, 규모, 거래 품목 및 거래 형태 등을 고려하여 매년 자체 계획을 수립하고 그에 따라
실시한다.

② 농림축산식품부장관과 해양수산부장관은 수거한 시료의 원산지를 판정하기 위하여 필요한 경우에는 검
정기관을 지정·고시할 수 있다.

법 제8조(영수증 등의 비치)

원산지를 표시하여야 하는 자는 「축산물 위생관리법」이나 「가축 및 축산물 이력관리에 관한 법률」 등 다른 법률에 따라 발급받은 원산지 등이 기재된 영수증이나 거래명세서 등을 매입일부터 6개월간 비치 · 보관하여야 한다.

법 제9조(원산지 표시 등의 위반에 대한 처분 등)

① 농림축산식품부장관, 해양수산부장관, 관세청장 또는 시 · 도지사는 원산지 표시나 거짓 표시 등이 금지 규정을 위반한 자에 대하여 다음의 처분을 할 수 있다. 다만, 식품접객업 및 집단급식소 중 대통령령으로 정하는 영업소나 집단급식소를 설치 · 운영하는 자가 원산지 표시 규정을 위반한 것에 대한 처분은 1에 한정한다.

  1. 표시의 이행 · 변경 · 삭제 등 시정명령

  2. 위반 농수산물이나 그 가공품의 판매 등 거래행위 금지

② 농림축산식품부장관, 해양수산부장관, 관세청장 또는 시 · 도지사는 다음의 자가 농수산물이나 그 가공품 등의 원산지 등을 2회 이상 표시하지 아니하거나 거짓으로 표시함에 따라 ①에 따른 처분이 확정된 경우 처분과 관련된 사항을 공표하여야 한다.

  1. 원산지의 표시를 하도록 한 농수산물이나 그 가공품을 생산 · 가공하여 출하하거나 판매 또는 판매할 목적으로 가공하는 자

  2. 음식물을 조리하여 판매 · 제공하는 자

③ ②에 따라 공표를 하여야 하는 사항은 다음과 같다.

  1. 처분 내용

  2. 해당 영업소의 명칭

  3. 농수산물의 명칭

  4. 처분을 받은 자가 입점하여 판매한 「방송법」에 따른 방송채널사용사업자 또는 「전자상거래 등에서의 소비자보호에 관한 법률」에 따른 통신판매중개업자의 명칭

  5. 그 밖에 처분과 관련된 사항으로서 대통령령으로 정하는 사항

④ ②의 공표는 다음의 자의 홈페이지에 공표한다.

  1. 농림축산식품부

  2. 해양수산부

  2의2. 관세청

  3. 국립농산물품질관리원

  4. 대통령령으로 정하는 국가검역 · 검사기관

  5. 특별시 · 광역시 · 특별자치시 · 도 · 특별자치도, 시 · 군 · 구(자치구를 말한다)

  6. 한국소비자원

  7. 그 밖에 대통령령으로 정하는 주요 인터넷 정보제공 사업자

⑤ 처분과 공표의 기준 · 방법 등에 관하여 필요한 사항은 대통령령으로 정한다.

시행령 제7조(원산지 표시 등의 위반에 대한 처분 및 공표)

① 처분은 다음의 구분에 따라 한다.

1. 대통령령으로 정하는 농수산물 또는 그 가공품을 수입하는 자, 생산·가공하여 출하하거나 판매(통신판매를 포함)하는 자 또는 판매할 목적으로 보관·진열하는 자가 원산지 표시규정을 위반한 경우 : 표시의 이행명령 또는 거래행위 금지
2. 식품접객업 및 집단급식소 중 대통령령으로 정하는 영업소나 집단급식소를 설치·운영하는 자가 원산지 표시규정을 위반한 경우 : 표시의 이행명령
3. 거짓 표시 등의 금지 규정을 위반한 경우 : 표시의 이행·변경·삭제 등 시정명령 또는 거래행위 금지

② 홈페이지 공표의 기준·방법은 다음과 같다.

1. 공표기간 : 처분이 확정된 날부터 12개월
2. 공표방법
   가. 농림축산식품부, 해양수산부, 국립농산물품질관리원, 국립수산물품질관리원, 특별시·광역시·특별자치시·도·특별자치도(이하 "시·도"), 시·군·구(자치구를 말한다) 및 한국소비자원의 홈페이지에 공표하는 경우 : 이용자가 해당 기관의 인터넷 홈페이지 첫 화면에서 볼 수 있도록 공표
   나. 주요 인터넷 정보제공 사업자의 홈페이지에 공표하는 경우 : 이용자가 해당 사업자의 인터넷 홈페이지 화면 검색창에 "원산지"가 포함된 검색어를 입력하면 볼 수 있도록 공표

③ 법 제9조제3항제5호에서 "대통령령으로 정하는 사항"이란 다음의 사항을 말한다.

1. "「농수산물의 원산지 표시에 관한 법률」 위반 사실의 공표"라는 내용의 표제
2. 영업의 종류
3. 영업소의 주소(「유통산업발전법」에 따른 대규모점포에 입점·판매한 경우 그 대규모점포의 명칭 및 주소를 포함)
4. 농수산물 가공품의 명칭
5. 위반 내용
6. 처분권자 및 처분일
7. 처분을 받은 자가 입점하여 판매한 「방송법」에 따른 방송채널사용사업자의 채널명 또는 「전자상거래 등에서의 소비자보호에 관한 법률」에 따른 통신판매중개업자의 홈페이지 주소

④ 법 제9조제4항제4호에서 "대통령령으로 정하는 국가검역·검사기관"이란 국립수산물품질관리원을 말한다.

⑤ 법 제9조제4항제7호에서 "대통령령으로 정하는 주요 인터넷 정보제공 사업자"란 포털서비스(다른 인터넷 주소·정보 등의 검색과 전자우편·커뮤니티 등을 제공하는 서비스를 말한다)를 제공하는 자로서 공표일이 속하는 연도의 전년도 말 기준 직전 3개월간의 일일평균 이용자수가 1천만 명 이상인 정보통신서비스 제공자를 말한다.

법 제10조(농수산물의 원산지 표시에 관한 정보제공)

① 농림축산식품부장관 또는 해양수산부장관은 농수산물의 원산지 표시와 관련된 정보 중 방사성물질이 유출된 국가 또는 지역 등 국민이 알아야 할 필요가 있다고 인정되는 정보에 대하여는 「공공기관의 정보공개에 관한 법률」에서 허용하는 범위에서 이를 국민에게 제공하도록 노력하여야 한다.

② 정보를 제공하는 경우 심의회의 심의를 거칠 수 있다.

③ 농림축산식품부장관 또는 해양수산부장관은 국민에게 정보를 제공하고자 하는 경우 「농수산물 품질관리법」에 따른 농수산물안전정보시스템을 이용할 수 있다.

제3장 보칙

법 제11조(명예감시원)

① 농림축산식품부장관, 해양수산부장관 또는 시·도지사는 「농수산물 품질관리법」의 농수산물 명예감시원에게 농수산물이나 그 가공품의 원산지 표시를 지도·홍보·계몽과 위반사항의 신고를 하게 할 수 있다.

② 농림축산식품부장관, 해양수산부장관 또는 시·도지사는 ①에 따른 활동에 필요한 경비를 지급할 수 있다.

법 제12조(포상금 지급 등)

① 농림축산식품부장관, 해양수산부장관, 관세청장 또는 시·도지사는 원산지 표시 규정 및 거짓 표시 등의 금지 규정을 위반한 자를 주무관청이나 수사기관에 신고하거나 고발한 자에 대하여 대통령령으로 정하는 바에 따라 예산의 범위에서 포상금을 지급할 수 있다.

② 농림축산식품부장관 또는 해양수산부장관은 농수산물 원산지 표시의 활성화를 모범적으로 시행하고 있는 지방자치단체, 개인, 기업 또는 단체에 대하여 우수사례로 발굴하거나 시상할 수 있다.

③ ②에 따른 시상의 내용 및 방법 등에 필요한 사항은 농림축산식품부와 해양수산부의 공동 부령으로 정한다.

> **시행령 제8조**(포상금)
> ① 포상금은 200만 원의 범위에서 지급할 수 있다.
> ② 신고 또는 고발이 있은 후에 같은 위반행위에 대하여 같은 내용의 신고 또는 고발을 한 사람에게는 포상금을 지급하지 아니한다.
> ③ 규정한 사항 외에 포상금의 지급 대상자, 기준, 방법 및 절차 등에 관하여 필요한 사항은 농림축산식품부장관과 해양수산부장관이 공동으로 정하여 고시한다.

법 제13조(권한의 위임 및 위탁)

이 법에 따른 농림축산식품부장관, 해양수산부장관, 관세청장 또는 시·도지사의 권한은 그 일부를 대통령령으로 정하는 바에 따라 소속 기관의 장, 관계 행정기관의 장 또는 시장·군수·구청장(자치구의 구청장을 말한다)에게 위임 또는 위탁할 수 있다.

시행령 제9조(권한의 위임·위탁)

① 농림축산식품부장관은 농산물 및 그 가공품(통관 단계의 수입 농산물 및 그 가공품은 제외)에 관한 다음의 권한을 국립농산물품질관리원장에게 위임하고, 해양수산부장관은 수산물 및 그 가공품(통관 단계의 수입 수산물 및 그 가공품은 제외)에 관한 다음의 권한을 국립수산물품질관리원장에게 위임한다.

1. 과징금의 부과·징수
1의2. 원산지 표시대상 농수산물이나 그 가공품의 수거·조사
2. 원산지 표시 등의 위반에 대한 처분 규정에 따른 처분 및 공표
2의2. 원산지 표시 위반에 대한 교육
3. 명예감시원의 감독·운영 및 경비의 지급

4. 포상금의 지급

5. 과태료의 부과·징수

② 국립농산물품질관리원장 및 국립수산물품질관리원장은 농림축산식품부장관 또는 해양수산부장관의 승인을 받아 위임받은 권한의 일부를 소속 기관의 장에게 재위임할 수 있다.

③ 시·도지사는 다음의 권한을 시장·군수·구청장(자치구의 구청장)에게 위임한다.

1. 과징금의 부과·징수

1의2. 원산지 표시대상 농수산물이나 그 가공품의 수거·조사

2. 원산지 표시 등의 위반에 대한 처분 규정에 따른 처분 및 공표

2의2. 원산지 표시 위반에 대한 교육

3. 명예감시원의 감독·운영 및 경비의 지급

4. 포상금의 지급

5. 과태료의 부과·징수

④ 농림축산식품부장관과 해양수산부장관은 통관 단계에 있는 수입 농수산물과 그 가공품에 관한 다음의 권한을 관세청장에게 위탁한다.

1. 과징금의 부과·징수

2. 원산지 표시대상 수입 농수산물이나 수입 농수산물가공품의 수거·조사

3. 원산지 표시 등의 위반에 대한 처분 규정에 따른 처분 및 공표

4. 원산지 표시 위반에 대한 교육

5. 포상금의 지급

6. 과태료의 부과·징수

⑤ 관세청장은 위탁받은 권한을 소속 기관의 장에게 재위임할 수 있다.

법 제13조의2(행정기관 등의 업무협조)

① 국가 또는 지방자치단체, 그 밖에 법령 또는 조례에 따라 행정권한을 가지고 있거나 위임 또는 위탁받은 공공단체나 그 기관 또는 사인은 원산지 표시제의 효율적인 운영을 위하여 서로 협조하여야 한다.

② 농림축산식품부장관, 해양수산부장관 또는 관세청장은 원산지 표시제의 효율적인 운영을 위하여 필요한 경우 국가 또는 지방자치단체의 전자정보처리 체계의 정보 이용 등에 대한 협조를 관계 중앙행정기관의 장, 시·도지사 또는 시장·군수·구청장에게 요청할 수 있다. 이 경우 협조를 요청받은 관계 중앙행정기관의 장, 시·도지사 또는 시장·군수·구청장은 특별한 사유가 없으면 이에 따라야 한다.

③ 협조의 절차 등은 대통령령으로 정한다.

> **시행령 제9조의3(행정기관 등의 업무협조 절차)**
> 농림축산식품부장관 또는 해양수산부장관은 전자정보처리 체계의 정보 이용 등에 대한 협조를 관계 중앙행정기관의 장, 시·도지사 또는 시장·군수·구청장에게 요청할 경우 다음의 사항을 구체적으로 밝혀야 한다.
> 1. 협조 필요 사유
> 2. 협조 기간
> 3. 협조 방법
> 4. 그 밖에 필요한 사항

제4장 벌칙

법 제14조(벌칙)

① 거짓 표시 등의 금지 규정을 위반한 자는 7년 이하의 징역이나 1억 원 이하의 벌금에 처하거나 이를 병과(倂科)할 수 있다.

② ①의 죄로 형을 선고받고 그 형이 확정된 후 5년 이내에 다시 위반한 자는 1년 이상 10년 이하의 징역 또는 500만 원 이상 1억 5천만 원 이하의 벌금에 처하거나 이를 병과할 수 있다.

법 제15조

삭제 〈2016. 12. 2.〉

법 제16조(벌칙)

원산지 표시 등의 위반에 대한 처분 규정에 따른 처분을 이행하지 아니한 자는 1년 이하의 징역이나 1천만 원 이하의 벌금에 처한다.

법 제16조의2(상습범)

삭제 〈2016. 12. 2.〉

법 제17조(양벌규정)

법인의 대표자나 법인 또는 개인의 대리인, 사용인, 그 밖의 종업원이 그 법인 또는 개인의 업무에 관하여 위반행위를 하면 그 행위자를 벌하는 외에 그 법인이나 개인에게도 해당 조문의 벌금형을 과(科)한다. 다만, 법인 또는 개인이 그 위반행위를 방지하기 위하여 해당 업무에 관하여 상당한 주의와 감독을 게을리하지 아니한 경우에는 그러하지 아니하다.

법 제18조(과태료)

① 다음의 어느 하나에 해당하는 자에게는 1천만 원 이하의 과태료를 부과한다.

1. 원산지 표시를 하지 아니한 자
2. 원산지의 표시방법을 위반한 자
3. 임대점포의 임차인 등 운영자가 원산지 표시를 거짓으로 하거나 이를 혼동하게 할 우려가 있는 표시를 하는 행위, 원산지 표시를 혼동하게 할 목적으로 그 표시를 손상·변경하는 행위, 원산지를 위장하여 판매하거나, 원산지 표시를 한 농수산물이나 그 가공품에 다른 농수산물이나 가공품을 혼합하여 판매하거나 판매할 목적으로 보관이나 진열하는 행위, 원산지를 위장하여 조리·판매·제공하거나, 조리하여 판매·제공할 목적으로 농수산물이나 그 가공품의 원산지 표시를 손상·변경하여 보관·진열하는 행위, 원산지 표시를 한 농수산물이나 그 가공품에 원산지가 다른 동일 농수산물이나 그 가공품을 혼합하여 조리·판매·제공하는 행위의 어느 하나에 해당하는 행위를 하는 것을 알았거나 알 수 있었음에도 방치한 자
3의2. 해당 방송채널 등에 물건 판매중개를 의뢰한 자가 원산지 표시를 거짓으로 하거나 이를 혼동하게 할 우려가 있는 표시를 하는 행위, 원산지 표시를 혼동하게 할 목적으로 그 표시를 손상·변경하는 행위, 원산지를 위장하여 판매하거나, 원산지 표시를 한 농수산물이나 그 가공품에 다른 농수산물이

나 가공품을 혼합하여 판매하거나 판매할 목적으로 보관이나 진열하는 행위, 원산지를 위장하여 조리·판매·제공하거나, 조리하여 판매·제공할 목적으로 농수산물이나 그 가공품의 원산지 표시를 손상·변경하여 보관·진열하는 행위, 원산지 표시를 한 농수산물이나 그 가공품에 원산지가 다른 동일 농수산물이나 그 가공품을 혼합하여 조리·판매·제공하는 행위의 어느 하나에 해당하는 행위를 하는 것을 알았거나 알 수 있었음에도 방치한 자

4. 수거·조사·열람을 거부·방해하거나 기피한 자

5. 영수증이나 거래명세서 등을 비치·보관하지 아니한 자

② 원산지 표시 위반에 대한 교육을 이수하지 아니한 자에게는 500만 원 이하의 과태료를 부과한다.

③ 과태료는 대통령령으로 정하는 바에 따라 농림축산식품부장관, 해양수산부장관, 관세청장 또는 시·도지사가 부과·징수한다.

시행령 별표 2(과태료 부과기준)

1. 일반기준

   가. 위반행위의 횟수에 따른 과태료의 기준은 최근 1년간 같은 유형(제2호 각목을 기준으로 구분한다)의 위반행위로 과태료 부과처분을 받은 경우에 적용한다. 이 경우 위반행위에 대하여 과태료 부과처분을 한 날과 다시 같은 유형의 위반행위를 적발한 날을 각각 기준으로 하여 위반 횟수를 계산한다.

   나. 부과권자는 다음의 어느 하나에 해당하는 경우에 제2호에 따른 과태료 금액을 100분의 50의 범위에서 감경할 수 있다. 다만 과태료를 체납하고 있는 위반행위자의 경우에는 그러하지 아니하다.

   1) 위반행위자가 「질서위반행위규제법 시행령」의 어느 하나에 해당하는 경우

   2) 위반행위자가 자연재해·화재 등으로 재산에 현저한 손실이 발생했거나 사업여건의 악화로 중대한 위기에 처하는 등의 사정이 있는 경우

   3) 그 밖에 위반행위의 정도, 위반행위의 동기와 그 결과 등을 고려하여 과태료를 감경할 필요가 있다고 인정되는 경우

2. 개별기준

위반행위	근거 법조문	과태료 금액		
		1차 위반	2차 위반	3차 위반
가. 법 제5조제1항을 위반하여 원산지 표시를 하지 않은 경우	법 제18조 제1항제1호	5만 원 이상 1,000만 원 이하		
나. 법 제5조제3항을 위반하여 원산지 표시를 하지 않은 경우				
1) 삭제〈2017.5.29〉	법 제18조 제1항제1호			
2) 쇠고기의 원산지를 표시하지 않은 경우		100만 원	200만 원	300만 원
3) 쇠고기 식육의 종류만 표시하지 않은 경우		30만 원	60만 원	100만 원
4) 돼지고기의 원산지를 표시하지 않은 경우		30만 원	60만 원	100만 원

5) 닭고기의 원산지를 표시하지 않은 경우		30만 원	60만 원	100만 원
6) 오리고기의 원산지를 표시하지 않은 경우		30만 원	60만 원	100만 원
7) 양고기의 원산지를 표시하지 않은 경우		30만 원	60만 원	100만 원
8) 쌀의 원산지를 표시하지 않은 경우		30만 원	60만 원	100만 원
9) 배추 또는 고춧가루의 원산지를 표시하지 않은 경우		30만 원	60만 원	100만 원
10) 콩의 원산지를 표시하지 않은 경우		30만 원	60만 원	100만 원
11) 넙치, 조피볼락, 참돔, 미꾸라지, 뱀장어, 낙지, 명태, 고등어, 갈치, 오징어, 꽃게 및 참조기의 원산지를 표시하지 않은 경우		품목별 30만 원	품목별 60만 원	품목별 100만 원
12) 살아있는 수산물의 원산지를 표시하지 않은 경우		5만 원 이상 1,000만 원 이하		
다. 법 제5조제4항에 따른 원산지의 표시방법을 위반한 경우	법 제18조 제1항제2호	5만 원 이상 1,000만 원 이하		
라. 법 제6조제4항을 위반하여 임대 점포의 임차인 등 운영자가 같은 조 제1항 각 호 또는 제2항 각 호의 어느 하나에 해당하는 행위를 하는 것을 알았거나 알 수 있었음에도 방치한 경우	법 제18조 제1항제3호	100만 원	200만 원	400만 원
마. 법 제6조제5항을 위반하여 해당 방송채널 등에 물건 판매중개를 의뢰한 자가 같은 조 제1항 각 호 또는 제2항 각 호의 어느 하나에 해당하는 행위를 하는 것을 알았거나 알 수 있었음에도 방치한 경우	법 제18조제1항 제3호의2	100만 원	200만 원	400만 원
바. 법 제7조제3항을 위반하여 수거·조사·열람을 거부·방해하거나 기피한 경우	법 제18조 제1항제4호	100만 원	300만 원	500만 원
사. 법 제8조를 위반하여 영수증이나 거래명세서 등을 비치·보관하지 않은 경우	법 제18조 제1항제5호	20만원	40만원	80만원
아. 법 제9조의2제1항에 따른 교육을 이수하지 않은 경우	법 제18조제2항	30만 원	60만 원	100만 원

기출예상문제

CHECK | 기출예상문제에서는 그동안 출제되었던 문제들을 수록하여 자신의 실력을 점검할 수 있도록 하였다. 또한 기출문제뿐만 아니라 예상문제도 함께 수록하여 앞으로의 시험에 철저히 대비할 수 있도록 하였다.

〈농산물품질관리사 제13회〉

1 농수산물의 원산지 표시에 관한 법령상 인터넷으로 농산물을 판매할 때 원산지의 개별적인 표시 방법으로 옳지 않은 것은?

① 표시 위치는 제품명 또는 가격표시 주위에 표시하거나 매체의 특성에 따라 자막 또는 별도의 창을 이용할 수 있다.

② 표시 시기는 원산지를 표시하여야 할 제품이 화면에 표시되는 시점부터 원산지를 알 수 있도록 표시해야 한다.

③ 글자 크기는 제품명 또는 가격표시와 같거나 그보다 커야 한다.

④ 글자색은 제품명 또는 가격표시와 다른 색으로 한다.

🔅 통신판매의 경우 원산지 표시방법(전자매체 이용)〈시행규칙 별표 3〉

　㉠ 글자로 표시할 수 있는 경우(인터넷, PC통신, 케이블TV, IPTV, TV 등)
　　• 표시 위치 : 제품명 또는 가격표시 주위에 표시하거나 제품명 또는 가격표시 주위에 원산지를 표시한 위치를 표시하고 매체의 특성에 따라 자막 또는 별도의 창을 이용하여 원산지를 표시할 수 있다.
　　• 표시 시기 : 원산지를 표시하여야 할 제품이 화면에 표시되는 시점부터 원산지를 알 수 있도록 표시해야 한다.
　　• 글자 크기 : 제품명 또는 가격표시와 같거나 그보다 커야 한다.
　　• 글자색 : 제품명 또는 가격표시와 같은 색으로 한다.
　㉡ 글자로 표시할 수 없는 경우(라디오 등) : 1회당 원산지를 두 번 이상 말로 표시하여야 한다.

>> ANSWER

1.④

2 농수산물의 원산지 표시에 관한 법령상 원산지 위장판매의 범위에 해당하는 것은?

① 외국산과 국내산을 진열·판매하면서 외국 국가명 표시를 잘 보이지 않게 가리거나 대상 농산물과 떨어진 위치에 표시하는 경우

② 원산지 표시란에는 외국 국가명 또는 "국내산"으로 표시하고 포장재 앞면 등 소비자가 잘 보이는 위치에는 큰 글씨로 "국내생산", "경기특미" 등과 같이 국내 유명 특산물 생산지역명을 표시한 경우

③ 게시판 등에는 "국산 김치만 사용합니다"로 일괄 표시하고 원산지 표시란에는 외국 국가명을 표시하는 경우

④ 원산지 표시란에는 외국 국가명을 표시하고 인근에 설치된 현수막 등에는 "우리 농산물만 취급", "국산만 취급", "국내산 한우만 취급" 등의 표시·광고를 한 경우

💡 원산지 위장판매의 범위〈시행규칙 별표 5〉

　　㉠ 원산지 표시를 잘 보이지 않도록 하거나, 표시를 하지 않고 판매하면서 사실과 다르게 원산지를 알리는 행위 등을 말한다.

　　㉡ ㉠에 따른 일반적인 예는 다음과 같으며 이와 유사한 사례 또는 그 밖의 방법으로 기망하여 판매하는 행위를 포함한다.

　　　• 외국산과 국내산을 진열·판매하면서 외국 국가명 표시를 잘 보이지 않게 가리거나 대상 농수산물과 떨어진 위치에 표시하는 경우

　　　• 외국산의 원산지를 표시하지 않고 판매하면서 원산지가 어디냐고 물을 때 국내산 또는 원양산이라고 대답하는 경우

　　　• 진열장에는 국내산만 원산지를 표시하여 진열하고, 판매 시에는 냉장고에서 원산지 표시가 안 된 외국산을 꺼내 주는 경우

3 농수산물의 원산지 표시에 관한 법령상 원산지 표시 위반 자를 주무관청에 신고한 자에 대해 예산의 범위에서 지급할 수 있는 포상금의 범위는?

① 최고 200만원　　　　　　　　② 최고 300만원

③ 최고 500만원　　　　　　　　④ 최고 1,000만원

💡 포상금 ⋯ 농림축산식품부장관, 해양수산부장관 관세청장 또는 시·도지사는 원산지 표시 및 거짓 표시 등의 금지를 위반한 자를 주무관청이나 수사기관에 신고하거나 고발한 자에 대하여 대통령령으로 정하는 바에 따라 예산의 범위(200만 원)에서 포상금을 지급할 수 있다〈농수산물의 원산지 표시에 관한 법률 제12조〉.

4 원산지표시법에서 정하는 용어의 정의가 바르지 못한 것은?

① 원산지 – 농산물이나 수산물이 생산·채취·포획된 국가·지역이나 해역
② 식품접객업 – 「식품위생법」에 따른 식품접객업
③ 통신판매 – 농수산물도매시장의 개설자의 허가 또는 지정을 받아 영업을 하는 것
④ 집단급식소 – 「식품위생법」에 따른 집단급식소

💡 ③ 통신판매란 「전자상거래 등에서의 소비자보호에 관한 법률」에 따른 통신판매(전자상거래로 판매되는 경우를 포함) 중 대통령령으로 정하는 판매를 말한다(법 제2조 제7호).

법 제2조(정의)
이 법에서 사용하는 용어의 뜻은 다음과 같다.
1. '농산물'이란 「농업·농촌 식품산업 기본법」에 따른 농산물을 말한다.
2. '수산물'이란 「수산업·어촌 발전 기본법」에 따른 어업활동으로부터 생산되는 산물을 말한다.
3. '농수산물'이란 농산물과 수산물을 말한다.
4. '원산지'란 농산물이나 수산물이 생산·채취·포획된 국가·지역이나 해역을 말한다.
5. '식품접객업'이란 「식품위생법」에 따른 식품접객업을 말한다.
6. '집단급식소'란 「식품위생법」에 따른 집단급식소를 말한다.
7. '통신판매'란 「전자상거래 등에서의 소비자보호에 관한 법률」에 따른 통신판매(전자상거래로 판매되는 경우를 포함) 중 대통령령으로 정하는 판매를 말한다.

---

5 다음 중 농산물에 대해 원산지 표시를 하지 않아도 되는 자는?

① 대통령령으로 정하는 농산물 가공품을 생산하여 출하하려는 자
② 대통령령으로 정하는 농산물을 가공하여 판매하려는 자
③ 대통령령으로 정하는 농산물을 자가소비하려는 자
④ 대통령령으로 정하는 농산물을 판매할 목적으로 보관·진열하는 자

💡 ③ 대통령령으로 정하는 농수산물 또는 그 가공품을 생산·가공하여 출하하거나 판매(통신판매를 포함) 또는 판매할 목적으로 보관·진열하는 자는 원산지 표시를 하여야 한다(법 제5조 제1항).

법 제5조(원산지 표시)
① 대통령령으로 정하는 농수산물 또는 그 가공품을 생산·가공하여 출하하거나 판매(통신판매를 포함) 또는 판매할 목적으로 보관·진열하는 자는 다음에 대하여 원산지를 표시하여야 한다.
  1. 농수산물
  2. 농수산물 가공품(국내에서 가공한 가공품은 제외)
  3. 농수산물 가공품(국내에서 가공한 가공품에 한정)의 원료

>> ANSWER

2.① 3.① 4.③ 5.③

6 **농수산물 가공품의 원료에 대한 원산지 표시대상이 아닌 것은?**

① 원료 배합 비율에 따른 표시대상 중 물과 당류
② 사용된 원료의 배합 비율에서 한 가지 원료의 배합 비율이 98퍼센트 이상인 경우에는 그 원료
③ 사용된 원료의 배합 비율에서 두 가지 원료의 배합 비율의 합이 98퍼센트 이상인 원료가 있는 경우에는 배합 비율이 높은 순서의 2순위까지의 원료
④ 김치류 중 고춧가루를 사용하는 품목은 고춧가루를 제외한 원료 중 배합 비율이 가장 높은 순서의 2순위까지의 원료와 고춧가루

🔆 ① 물, 식품첨가물, 주정(酒精) 및 당류는 배합 비율의 순위와 표시대상에서 제외한다(시행령 제3조 제2항).

시행령 제3조(원산지의 표시대상)
② 농수산물 가공품의 원료에 대한 원산지 표시대상은 다음과 같다. 다만, 물, 식품첨가물, 주정 (酒精) 및 당류(당류를 주원료로 하여 가공한 당류가공품을 포함한다)는 배합 비율의 순위와 표시대상에서 제외한다.
  1. 원료 배합 비율에 따른 표시대상
    가. 사용된 원료의 배합 비율에서 한 가지 원료의 배합 비율이 98퍼센트 이상인 경우에는 그 원료
    나. 사용된 원료의 배합 비율에서 두 가지 원료의 배합 비율의 합이 98퍼센트 이상인 원료가 있는 경우에는 배합 비율이 높은 순서의 2순위까지의 원료
    다. 가목 및 나목 외의 경우에는 배합 비율이 높은 순서의 3순위까지의 원료
    라. 가목부터 다목까지의 규정에도 불구하고 김치류 중 고춧가루(고춧가루가 포함된 가공 품을 사용하는 경우에는 그 가공품에 사용된 고춧가루 포함)를 사용하는 품목은 고춧 가루를 제외한 원료 중 배합 비율이 가장 높은 순서의 2순위까지의 원료와 고춧가루

---

7 농수산물의 원산지 표시에 관한 법령상 식품접객업소에서 원산지 표시를 해야 할 대상이 아닌 것은?

① 오리고기의 포장육
② 닭고기의 식육
③ 배추김치의 원료
④ 쌀국수

💡 ④ 식품접객업 및 집단급식소 중 대통령령으로 정하는 영업소나 집단급식소를 설치·운영하는 자는 대통령령으로 정하는 농수산물이나 그 가공품을 조리하여 판매·제공하는 경우(조리하여 판매 또는 제공할 목적으로 보관·진열하는 경우 포함)에 그 농수산물이나 그 가공품의 원료에 대하여 원산지(쇠고기는 식육의 종류 포함)를 표시하여야 한다. 다만, 「식품산업진흥법」에 따른 원산지인증의 표시를 한 경우에는 원산지를 표시한 것으로 보며, 쇠고기의 경우에는 식육의 종류를 별도로 표시하여야 한다.(법 제5조 제3항)

시행령 제3조(원산지 표시대상)
⑤ '대통령령으로 정하는 농수산물이나 그 가공품을 조리하여 판매·제공하는 경우'란 다음의 것을 조리하여 판매·제공하는 경우를 말한다. 이 경우 조리에는 날 것의 상태로 조리하는 것을 포함하며, 판매·제공에는 배달을 통한 판매·제공을 포함한다.
1. 쇠고기(식육·포장육·식육가공품 포함)
2. 돼지고기(식육·포장육·식육가공품 포함)
3. 닭고기(식육·포장육·식육가공품 포함)
4. 오리고기(식육·포장육·식육가공품 포함)
5. 양(염소 등 산양 포함)고기(식육·포장육·식육가공품 포함)
6. 밥, 죽, 누룽지에 사용하는 쌀(쌀가공품 포함, 쌀에는 찹쌀, 현미 및 찐쌀 포함)
7. 배추김치(배추김치가공품 포함)의 원료인 배추(얼갈이배추와 봄동배추 포함)와 고춧가루
7의2. 두부류(가공두부, 유바 제외), 콩비지, 콩국수에 사용하는 콩(콩가공품 포함)
8. 넙치, 조피볼락, 참돔, 미꾸라지, 뱀장어, 낙지, 명태(황태, 북어 등 건조한 것 제외), 고등어, 갈치, 오징어, 꽃게 및 참조기(해당 수산물가공품 포함)
9. 조리하여 판매·제공하기 위하여 수족관 등에 보관·진열하는 살아있는 수산물

8 다음 중 원산지를 표시한 것으로 보지 않는 것은?

① 「소금산업 진흥법」에 따른 표준규격품의 표시를 한 경우
② 「농수산물 품질관리법」에 따른 우수관리인증의 표시를 한 경우
③ 「유통산업발전법」에 의한 경우
④ 「소금산업 진흥법」에 따른 천일염생산방식인증의 표시를 한 경우

💡 ③은 해당되지 않는다(법 제5조 제2항).

> 법 제5조(원산지 표시)
> ② 다음의 어느 하나에 해당하는 때에는 제1항에 따라 원산지를 표시한 것으로 본다.
> 1. 「농수산물 품질관리법」 또는 「소금산업 진흥법」에 따른 표준규격품의 표시를 한 경우
> 2. 「농수산물 품질관리법」에 따른 우수관리인증의 표시, 품질인증품의 표시 또는 「소금산업 진흥법」에 따른 우수천일염인증의 표시를 한 경우
> 2의2. 「소금산업 진흥법」에 따른 천일염생산방식인증의 표시를 한 경우
> 3. 「소금산업 진흥법」에 따른 친환경천일염인증의 표시를 한 경우
> 4. 「농수산물 품질관리법」에 따른 이력추적관리의 표시를 한 경우
> 5. 「농수산물 품질관리법」 또는 「소금산업 진흥법」에 따른 지리적표시를 한 경우
> 5의2. 「식품산업진흥법」에 따른 원산지인증의 표시를 한 경우
> 5의3. 「대외무역법」에 따라 수출입 농수산물이나 수출입 농수산물 가공품의 원산지를 표시한 경우
> 6. 다른 법률에 따라 농수산물의 원산지 또는 농수산물 가공품의 원료의 원산지를 표시한 경우

9 식품접객업 및 집단급식소 중 대통령령으로 정하는 영업소나 집단급식소를 설치 · 운영하는 자는 대통령령으로 정하는 농수산물이나 그 가공품을 조리하여 판매 · 제공하는 경우에 그 농수산물이나 그 가공품의 원료에 대하여 원산지를 표시하여야 한다. 여기서 '대통령령으로 정하는 영업소나 집단급식소를 설치 · 운영하는 자'에 해당하지 않는 것은?

① 휴게음식점영업을 하는 영업소
② 일반음식점영업을 하는 영업소
③ 위탁급식영업을 하는 영업소
④ 여행 · 숙박업소

💡 ④ 법 제5조제3항에서 '대통령령으로 정하는 영업소나 집단급식소를 설치 · 운영하는 자'란 「식품위생법 시행령」의 휴게음식점영업, 일반음식점영업 또는 위탁급식영업을 하는 영업소나 집단급식소를 설치 · 운영하는 자를 말한다.〈시행령 제4조〉

10 원산지 표시 기준에 대한 사항으로 잘못된 것은?

① 국산 농산물은 '국산'이나 '국내산' 또는 그 농산물을 생산·채취·사육한 지역의 시·도명이나 시·군·구명을 표시한다.

② 원양어업의 허가를 받은 어선이 해외수역에서 어획하여 국내에 반입한 수산물은 '원양산'으로 표시를 한다.

③ 국산 농수산물로서 그 생산 등을 한 지역이 각각 다른 동일 품목의 농수산물을 혼합한 경우 단 하나의 지역만을 선정하여 '국산', '국내산' 또는 '연근해산'으로 표시한다.

④ 동일 품목의 국산 농수산물과 국산 외의 농수산물을 혼합한 경우에는 혼합비율이 높은 순서로 3개 국가까지의 원산지와 그 혼합비율을 표시한다.

💡 ③ 국산 농수산물로서 그 생산 등을 한 지역이 각각 다른 동일 품목의 농수산물을 혼합한 경우에는 혼합 비율이 높은 순서로 3개 지역까지의 시·도명 또는 시·군·구명과 그 혼합 비율을 표시하거나 '국산', '국내산' 또는 '연근해산'으로 표시한다(시행령 별표 1).

원산지의 표시기준(시행령 별표 1)

① 농수산물
  1. 국산 농수산물
    ㉠ 국산 농산물 : '국산'이나 '국내산' 또는 그 농산물을 생산·채취·사육한 지역의 시·도명이나 시·군·구명을 표시한다.
    ㉡ 국산 수산물 : '국산'이나 '국내산' 또는 '연근해산'으로 표시한다. 다만, 양식 수산물이나 연안정착성 수산물 또는 내수면 수산물의 경우에는 해당 수산물을 생산·채취·양식·포획한 지역의 시·도명이나 시·군·구명을 표시할 수 있다.
  2. 원양산 수산물
    ㉠ 「원양산업발전법」에 따라 원양어업의 허가를 받은 어선이 해외수역에서 어획하여 국내에 반입한 수산물은 '원양산'으로 표시하거나 '원양산' 표시와 함께 '태평양', '대서양', '인도양', '남빙양', '북빙양'의 해역명을 표시한다.
    ㉡ ㉠에 따른 표시 외에 연안국 법령에 따라 별도로 표시하여야 하는 사항이 있는 경우에는 ㉠에 따른 표시와 함께 표시할 수 있다.
  3. 원산지가 다른 동일 품목을 혼합한 농수산물
    ㉠ 국산 농수산물로서 그 생산 등을 한 지역이 각각 다른 동일 품목의 농수산물을 혼합한 경우에는 혼합 비율이 높은 순서로 3개 지역까지의 시·도명 또는 시·군·구명과 그 혼합 비율을 표시하거나 '국산', '국내산' 또는 '연근해산'으로 표시한다.
    ㉡ 동일 품목의 국산 농수산물과 국산 외의 농수산물을 혼합한 경우에는 혼합비율이 높은 순서로 3개 국가(지역, 해역 등)까지의 원산지와 그 혼합비율을 표시한다.
  4. 2개 이상의 품목을 포장한 수산물 : 서로 다른 2개 이상의 품목을 용기에 담아 포장한 경우에는 혼합 비율이 높은 2개까지의 품목을 대상으로 1. ㉡, 2. 및 수입 농수산물과 그 가공품 및 반입 수산물과 그 가공품의 기준에 따라 표시한다.

≫ ANSWER

8.③ 9.④ 10.③

〈농산물품질관리사 제10회〉

11 농수산물의 원산지 표시에 관한 법령상 통신판매의 원산지 표시방법으로 옳지 않은 것은?

① 인쇄매체를 이용(신문 등)할 경우 글자색은 제품명 또는 가격표시와 다른 색으로 한다.

② 일반적인 표시는 원산지가 같은 경우 일괄하여 표시할 수 있다.

③ 전자매체를 이용하여 글자로 표시할 수 없는 경우(라디오 등) 1회당 원산지를 두 번 이상 말로 표시하여야 한다.

④ 전자매체를 이용하여 글자로 표시할 수 있는 경우(인터넷 등) 글자 크기는 제품명 또는 가격표시와 같거나 그보다 커야 한다.

💡 ① 신문, 잡지 등 인쇄매체 이용하여 표시할 경우 글자색은 제품명 또는 가격표시와 같은 색으로 한다.

시행규칙 별표 3(통신판매의 경우 원산지 표시방법)

1. 일반적인 표시방법
   가. 표시는 한글로 하되, 필요한 경우에는 한글 옆에 한문 또는 영문 등으로 추가하여 표시할 수 있다. 다만, 매체 특성상 문자로 표시할 수 없는 경우에는 말로 표시하여야 한다.
   나. 원산지를 표시할 때에는 소비자가 혼란을 일으키지 않도록 글자로 표시할 경우에는 글자의 위치·크기 및 색깔은 쉽게 알아 볼 수 있어야 하고, 말로 표시할 경우에는 말의 속도 및 소리의 크기는 제품을 설명하는 것과 같아야 한다.
   다. 원산지가 같은 경우에는 일괄하여 표시할 수 있다. 다만, 3 나목의 경우에는 일괄하여 표시할 수 없다.
2. 판매 매체에 대한 표시방법
   가. 전자매체 이용
      1) 글자로 표시할 수 있는 경우(인터넷, PC통신, 케이블TV, IPTV, TV 등)
         가) 표시 위치 : 제품명 또는 가격표시 주위에 원산지를 표시하거나 제품명 또는 가격표시 주위에 원산지를 표시한 위치를 표시하고 매체의 특성에 따라 자막 또는 별도의 창을 이용하여 원산지를 표시할 수 있다.
         나) 표시 시기 : 원산지를 표시하여야 할 제품이 화면에 표시되는 시점부터 원산지를 알 수 있도록 표시해야 한다.
         다) 글자 크기 : 제품명 또는 가격표시와 같거나 그보다 커야 한다.
         라) 글자색 : 제품명 또는 가격표시와 같은 색으로 한다.
      2) 글자로 표시할 수 없는 경우(라디오 등)
         1회당 원산지를 두 번 이상 말로 표시하여야 한다.
   나. 인쇄매체 이용(신문, 잡지 등)
      1) 표시 위치 : 제품명 또는 가격표시 주위에 표시하거나, 제품명 또는 가격표시 주위에 원산지 표시 위치를 명시하고 그 장소에 표시할 수 있다.
      2) 글자 크기 : 제품명 또는 가격표시 글자 크기의 1/2 이상으로 표시하거나, 광고 면적을 기준으로 별표 1 제2호가목3)의 기준을 준용하여 표시할 수 있다.
      3) 글자색 : 제품명 또는 가격표시와 같은 색으로 한다.
3. 판매 제공 시의 표시방법
   가. 별표 1 제1호에 따른 농수산물 등의 원산지 표시방법
      별표 1 제2호가목에 따라 원산지를 표시해야 한다. 다만, 포장재에 표시하기 어려운 경우에는 전단지, 스티커 또는 영수증 등에 표시할 수 있다.
   나. 별표 2 제1호에 따른 농수산물 가공품의 원산지 표시방법
      별표 2 제2호가목에 따라 원산지를 표시해야 한다.
   다. 별표 4에 따른 영업소 및 집단급식소의 원산지 표시방법
      별표 4 제1호 및 제3호에 따라 표시대상 농수산물 또는 그 가공품의 원료의 원산지를 포장재에 표시한다. 다만, 포장재에 표시하기 어려운 경우에는 전단지, 스티커 또는 영수증 등에 표시할 수 있다.

12 농수산물의 원산지 표시에 관한 법률 시행령에 따른 원산지 표시기준에 대한 설명으로 틀린 것은?

① 「원양산업발전법」에 따라 원양어업의 허가를 받은 어선이 해외수역에서 어획하여 국내에 반입한 수산물은 "원양산"으로 표시하거나 "원양산" 표시와 함께 "태평양", "대서양", "인도양", "남빙양", "북빙양"의 해역명을 표시한다.

② 동일 품목의 국산 농수산물과 국산 외의 농수산물을 혼합한 경우에는 혼합비율이 높은 순서로 3개 국가(지역, 해역 등)까지의 원산지와 그 혼합비율을 표시한다.

③ 수입 농수산물과 그 가공품은 「유통산업발전법」에 따른 통관 시의 원산지를 표시한다.

④ 「남북교류협력에 관한 법률」에 따라 반입한 농수산물과 그 가공품은 같은 법에 따른 반입 시의 원산지를 표시한다.

🔆 ③ 수입 농수산물과 그 가공품(이하 "수입농수산물 등")은 「대외무역법」에 따른 통관 시의 원산지를 표시한다.〈시행령 별표 1〉

원산지의 표시기준(시행령 별표 1)

1. 농수산물
   가. 국산 농수산물
      1) 국산 농산물 : "국산"이나 "국내산" 또는 그 농산물을 생산·채취·사육한 지역의 시·도명이나 시·군·구명을 표시한다.
      2) 국산 수산물 : "국산"이나 "국내산" 또는 "연근해산"으로 표시한다. 다만, 양식 수산물이나 연안정착성 수산물 또는 내수면 수산물의 경우에는 해당 수산물을 생산·채취·양식·포획한 지역의 시·도명이나 시·군·구명을 표시할 수 있다.
   나. 원양산 수산물
      1) 「원양산업발전법」에 따라 원양어업의 허가를 받은 어선이 해외수역에서 어획하여 국내에 반입한 수산물은 "원양산"으로 표시하거나 "원양산" 표시와 함께 "태평양", "대서양", "인도양", "남빙양", "북빙양"의 해역명을 표시한다.
      2) 1)에 따른 표시 외에 연안국 법령에 따라 별도로 표시하여야 하는 사항이 있는 경우에는 1)에 따른 표시와 함께 표시할 수 있다.
   다. 원산지가 다른 동일 품목을 혼합한 농수산물
      1) 국산 농수산물로서 그 생산 등을 한 지역이 각각 다른 동일 품목의 농수산물을 혼합한 경우에는 혼합 비율이 높은 순서로 3개 지역까지의 시·도명 또는 시·군·구명과 그 혼합 비율을 표시하거나 "국산", "국내산" 또는 "연근해산"으로 표시한다.
      2) 동일 품목의 국산 농수산물과 국산 외의 농수산물을 혼합한 경우에는 혼합비율이 높은 순서로 3개 국가(지역, 해역 등)까지의 원산지와 그 혼합비율을 표시한다.
   라. 2개 이상의 품목을 포장한 수산물 : 서로 다른 2개 이상의 품목을 용기에 담아 포장한 경우에는 혼합 비율이 높은 2개까지의 품목을 대상으로 가목2), 나목 및 제2호의 기준에 따라 표시한다.
2. 수입 농수산물과 그 가공품 및 반입 농수산물과 그 가공품
   가. 수입 농수산물과 그 가공품(이하 "수입농수산물 등")은 「대외무역법」에 따른 통관 시의 원산지를 표시한다.
   나. 「남북교류협력에 관한 법률」에 따라 반입한 농수산물과 그 가공품(이하 "반입농수산물 등")은 같은 법에 따른 반입 시의 원산지를 표시한다.

---

13 농수산물의 원산지 표시에 관한 법령상 농산물의 가공품에 대한 원산지 표시기준으로 옳지 않은 것은?

① 원산지가 다른 동일 원료를 혼합하여 사용한 경우에는 혼합 비율이 높은 순서로 2개 국가(지역 등) 까지의 원료 원산지와 그 혼합 비율을 각각 표시한다.

② 사용된 원료(물, 식품첨가물 및 당류는 제외)의 원산지가 모두 국산일 경우에는 원산지를 일괄하여 '국산' 이나 '국내산'으로 표시할 수 있다.

③ 원산지가 다른 동일 원료의 원산지별 혼합 비율이 변경된 경우로서 그 어느 하나의 변경의 폭이 최대 15% 이하이면 종전의 원산지별 혼합 비율이 표시된 포장재를 혼합 비율이 변경된 날부터 1년의 범위에서 사용할 수 있다.

④ 특정원료의 원산지나 혼합 비율이 최근 5년 이내에 연평균 2개국(회) 이상 변경된 경우에는 농림축산식품부장관이 정하여 고시하는 바에 따라 원산지만 표시할 수 있다.

💡 ④ 원료의 수급 사정으로 인하여 원료의 원산지 또는 혼합 비율이 자주 변경되는 경우로서 특정 원료의 원산지나 혼합 비율이 최근 3년 이내에 연평균 3개국(회) 이상 변경되거나 최근 1년 동안에 3개국(회) 이상 변경된 경우와 최초 생산일부터 1년 이내에 3개국 이상 원산지 변경이 예상되는 신제품인 경우에는 농림축산식품부장관과 해양수산부장관이 공동으로 정하여 고시하는 바에 따라 원료의 원산지와 혼합 비율을 표시할 수 있다.

① 원산지가 다른 동일 원료를 혼합하여 사용한 경우에는 혼합 비율이 높은 순서로 2개 국가(지역, 해역 등)까지의 원료 원산지와 그 혼합 비율을 각각 표시한다.

② 사용된 원료(물, 식품첨가물 및 당류는 제외한다)의 원산지가 모두 국산일 경우에는 원산지를 일괄하여 '국산'이나 '국내산' 또는 '연근해산'으로 표시할 수 있다.

③ 원산지가 다른 동일 원료의 원산지별 혼합 비율이 변경된 경우로서 그 어느 하나의 변경의 폭이 최대 15% 이하이면 종전의 원산지별 혼합 비율이 표시된 포장재를 혼합 비율이 변경된 날부터 1년의 범위에서 사용할 수 있다.

시행령 별표 1(원산지 표시기준)

③ 농수산물 가공품(수입농수산물등 또는 반입농수산물등을 국내에서 가공한 것을 포함)

　가. 사용된 원료의 원산지를 제1호(농수산물) 및 제2호(수입 농수산물과 그 가공품 및 반입 농수산물과 그 가공품)의 기준에 따라 표시한다.

　나. 원산지가 다른 동일 원료를 혼합하여 사용한 경우에는 혼합 비율이 높은 순서로 2개 국가(지역, 해역 등)까지의 원료 원산지와 그 혼합 비율을 각각 표시한다.

　다. 원산지가 다른 동일 원료의 원산지별 혼합 비율이 변경된 경우로서 그 어느 하나의 변경의 폭이 최대 15퍼센트 이하이면 종전의 원산지별 혼합 비율이 표시된 포장재를 혼합 비율이 변경된 날부터 1년의 범위에서 사용할 수 있다.

　라. 사용된 원료(물, 식품첨가물, 주정 및 당류는 제외한다)의 원산지가 모두 국산일 경우에는 원산지를 일괄하여 '국산'이나 '국내산' 또는 '연근해산'으로 표시할 수 있다.

　마. 원료의 수급 사정으로 인하여 원료의 원산지 또는 혼합 비율이 자주 변경되는 경우로서 다음의 어느 하나에 해당하는 경우에는 농림축산식품부장관과 해양수산부장관이 공동으로 정하여 고시하는 바에 따라 원료의 원산지와 혼합 비율을 표시할 수 있다.

　　1) 특정 원료의 원산지나 혼합 비율이 최근 3년 이내에 연평균 3개국(회) 이상 변경되거나 최근 1년 동안에 3개국(회) 이상 변경된 경우와 최초 생산일부터 1년 이내에 3개국 이상 원산지 변경이 예상되는 신제품인 경우

　　2) 원산지가 다른 동일 원료를 사용하는 경우

　　3) 정부가 농수산물 가공품의 원료로 공급하는 수입쌀을 사용하는 경우

　　4) 그 밖에 농림축산식품부장관과 해양수산부장관이 공동으로 필요하다고 인정하여 고시하는 경우

14 원산지를 혼동하게 할 우려가 있는 표시 및 위장판매의 범위에 관한 사항으로 잘못된 것은?

① 원산지 표시란에는 원산지를 바르게 표시하였으나 포장재 등 다른 곳에 이와 유사한 표시를 하여 원산지를 오인하게 하는 표시하는 것이 원산지를 혼동하게 할 우려가 있는 표시이다.

② 원산지 표시란에는 외국 국가명을 표시하고 인근에 설치된 현수막 등에는 '우리 농산물만 취급'으로 한 것도 원산지를 혼동하게 할 우려가 있는 표시이다.

③ 원산지 표시란에는 외국 국가명 또는 '국내산'으로 표시하고 포장재 앞면 등 소비자가 잘 보이는 위치에는 큰 글씨로 '국내생산'이라고 사용하는 것도 원산지를 혼동하게 할 우려가 있는 표시이다.

④ 진열장에는 수입산 원산지를 표시하여 진열하고, 판매 시에는 냉장고에서 수입산을 꺼내 주는 경우는 원산지 위장판매에 해당한다.

💡 ④는 해당되지 않는다(시행규칙 별표 5).

시행규칙 별표 5(원산지를 혼동하게 할 우려가 있는 표시 및 위장판매의 범위)
1. 원산지를 혼동하게 할 우려가 있는 표시
  가. 원산지 표시란에는 원산지를 바르게 표시하였으나 포장재 · 푯말 · 홍보물 등 다른 곳에 이와 유사한 표시를 하여 원산지를 오인하게 하는 표시 등을 말한다.
  나. 가목에 따른 일반적인 예는 다음과 같으며 이와 유사한 사례 또는 그 밖의 방법으로 기망(欺罔)하여 판매하는 행위를 포함한다.
    1) 원산지 표시란에는 외국 국가명을 표시하고 인근에 설치된 현수막 등에는 "우리 농산물만 취급", "국산만 취급", "국내산 한우만 취급" 등의 표시 · 광고를 한 경우
    2) 원산지 표시란에는 외국 국가명 또는 "국내산"으로 표시하고 포장재 앞면 등 소비자가 잘 보이는 위치에는 큰 글씨로 "국내생산", "경기특미" 등과 같이 국내 유명 특산물 생산지역명을 표시한 경우
    3) 게시판 등에는 "국산 김치만 사용합니다"로 일괄 표시하고 원산지 표시란에는 외국 국가명을 표시하는 경우
    4) 원산지 표시란에는 여러 국가명을 표시하고 실제로는 그 중 원료의 가격이 낮거나 소비자가 기피하는 국가산만을 판매하는 경우
2. 원산지 위장판매의 범위
  가. 원산지 표시를 잘 보이지 않도록 하거나, 표시를 하지 않고 판매하면서 사실과 다르게 원산지를 알리는 행위 등을 말한다.
  나. 가목에 따른 일반적인 예는 다음과 같으며 이와 유사한 사례 또는 그 밖의 방법으로 기망하여 판매하는 행위를 포함한다.
    1) 외국산과 국내산을 진열 · 판매하면서 외국 국가명 표시를 잘 보이지 않게 가리거나 대상 농수산물과 떨어진 위치에 표시하는 경우
    2) 외국산의 원산지를 표시하지 않고 판매하면서 원산지가 어디냐고 물을 때 국내산 또는 원양산이라고 대답하는 경우
    3) 진열장에는 국내산만 원산지를 표시하여 진열하고, 판매 시에는 냉장고에서 원산지 표시가 안 된 외국산을 꺼내 주는 경우

» ANSWER
13.④ 14.④

15 식품접객업 및 집단급식소 중 대통령령으로 정하는 집단급식소를 운영하는 자는 대통령령으로 정하는 농수산물을 조리하여 판매·제공하는 경우에 그 농수산물이나 그 가공품의 원료에 대하여 원산지를 표시하여야 한다. 이들처럼 원산지를 표시해야 하는 자들이「축산물 위생관리법」제31조나「가축 및 축산물 이력관리에 관한 법률」제18조 등 다른 법률에 따라 발급받은 원산지 등이 기재된 영수증이나 거래명세서 등을 매입일부터 언제까지 보관해야 하는가?

① 6개월　　　　　　　　　　　　　② 1년
③ 3년　　　　　　　　　　　　　　④ 5년

💡 ① 원산지를 표시하여야 하는 자는「축산물가공처리법」제31조나「가축 및 축산물 이력관리에 관한 법률」제18조 등 다른 법률에 따라 발급받은 원산지 등이 기재된 영수증이나 거래명세서 등을 매입일부터 6개월간 비치·보관하여야 한다(법 제8조).

16 원산지 표시 등의 위반에 대한 처분 등이 확정된 경우 처분과 관련된 사항을 공표하여야 한다. 다음 중 대통령령으로 정하는 처분과 관련된 사항이 아닌 것은?

| ㉠ 영업의 종류 | ㉡ 위반 내용 |
| ㉢ 영업소의 주소 | ㉣ 위반 효과 |

① ㉠　　　　　　　　　　　　　　② ㉡
③ ㉢　　　　　　　　　　　　　　④ ㉣

💡 ④ ㉣은 해당되지 않는다.

시행령 제7조(원산지 표시 등의 위반에 대한 처분 및 공표)
③ 법 제9조제3항제5호(그 밖에 처분과 관련된 사항으로서 대통령령으로 정하는 사항)에서 "대통령령으로 정하는 사항"이란 다음의 사항을 말한다.
　1. "「농수산물의 원산지 표시에 관한 법률」위반 사실의 공표"라는 내용의 표제
　2. 영업의 종류
　3. 영업소의 주소(「유통산업발전법」에 따른 대규모점포에 입점·판매한 경우 그 대규모점포의 명칭 및 주소를 포함)
　4. 농수산물 가공품의 명칭
　5. 위반 내용
　6. 처분권자 및 처분일
　7. 처분을 받은 자가 입점하여 판매한「방송법」에 따른 방송채널사용사업자의 채널명 또는「전자상거래 등에서의 소비자보호에 관한 법률」에 따른 통신판매중개업자의 홈페이지 주소

17 농림축산식품부장관은 원산지 표시(법 제5조) 및 거짓 표시 등의 금지(제6조)를 위반한 자를 주무관청이나 수사기관에 신고하거나 고발한 자에 대하여 포상금을 지급할 수 있다. 포상금의 최고 지급 한도는?

① 200만 원
② 300만 원
③ 400만 원
④ 500만 원

💡 ① 포상금은 200만 원의 범위에서 지급할 수 있다(시행령 제8조 제1항).

18 원산지 표시를 거짓으로 하거나 이를 혼동하게 할 우려가 있는 표시를 하는 행위를 한 경우 벌칙은?

① 1년 이하의 징역이나 1억 원 이하의 벌금
② 5년 이하의 징역이나 1억 원 이하의 벌금
③ 7년 이하의 징역이나 1억 원 이하의 벌금
④ 10년 이하의 징역이나 1억 원 이하의 벌금

💡 ③ 원산지 표시를 거짓으로 하거나 이를 혼동하게 할 우려가 있는 표시를 하는 행위를 한 자는 7년 이하의 징역이나 1억 원 이하의 벌금에 처하거나 이를 병과할 수 있다(법 제14조).

원예작물학

원예작물학의 일반적 개요를 숙지하고, 과수, 채소, 화훼
작물 재배법 등을 이해하여야 한다.

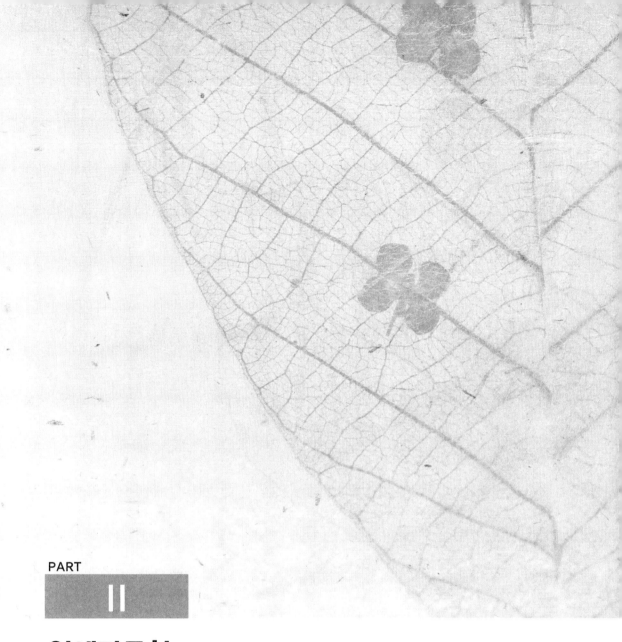

PART

II

원예작물학

CHAPTER

01

원예학 일반

원예학의 개념과 가치를 이해하고, 원예 식물의 분류에 대해 숙지해야 한다. 온도, 용도, 화훼 등에 따라 식물은 다양하게 분류된다.

1 원예학의 개요

(1) 원예의 개념 및 분류

① 원예의 개념 … 소규모의 제한된 토지 또는 시설 내에서 채소, 과수 및 화훼를 집약적으로 재배하는 농업의 한 형태를 뜻한다.

② 원예의 분류

　㉠ 채소원예 : 식용 및 약용을 목적으로 초본성 식물을 재배하는 원예이다.

　㉡ 과수원예 : 과실을 따먹을 목적으로 목본성 식물을 재배하는 원예이다.

　㉢ 화훼원예 : 관상을 목적으로 꽃, 화목류, 난류 등을 재배하는 원예이다.

(2) 원예의 가치

① 영양적 가치

　㉠ 알칼리성 식품이다.

　㉡ 비타민이 풍부하다.

　㉢ 무기염류가 풍부하다.

② 경제적 가치

　㉠ 높은 성장 가능성을 가지고 있다.

　㉡ 부가가치가 높은 고소득 작물을 재배할 수 있다.

③ 정서적 가치

 ㉠ 현대인의 정서 함양에 도움이 된다.

 ㉡ 여가선용의 수단이 된다.

 ㉢ 원예치료의 수단으로 이용된다.

 **2** 원예식물의 분류

(1) 생태적 특성에 따른 분류

① 온도 적응성에 따른 분류

 ㉠ 호냉성(好冷性) 식물 : 생육적온이 17~20℃ 범위로 대부분의 엽근채류가 해당된다.

  ㉮ 채소 : 무, 파, 마늘, 당근, 딸기, 배추, 상추, 시금치, 양배추 등

  ㉯ 과수 : 배, 사과, 자두 등

  ㉰ 화훼 : 국화, 팬지, 데이지, 금어초, 카네이션 등

 ㉡ 호온성(好溫性) 식물 : 생육적온이 25℃ 안팎으로 대부분의 열매채소가 해당된다.

  ㉮ 채소 : 오이, 호박, 고추, 참외, 수박, 토마토, 가지 등

  ㉯ 과수 : 감, 살구, 복숭아, 무화과, 올리브 등

  ㉰ 화훼 : 장미, 백합, 난초 등

② 토양반응에 따른 분류

 ㉠ 산성에 약한 식물 : 부추, 콩, 팥, 상추, 배추, 양파, 시금치, 아스파라거스 등

 ㉡ 산성에 강한 식물 : 감자, 봄 무, 토란, 아마, 호밀, 수박, 고구마, 치커리 등

③ 생육기간에 따른 분류

 ㉠ 1년생 채소 : 오이, 수박, 참외, 가지, 토마토, 시금치 등

 ㉡ 다년생 채소 : 파, 우엉, 연근, 미나리, 아스파라거스 등

④ 식물학적 분류

 ㉠ 담자균류 : 표고, 팽이, 양송이, 느타리

 ㉡ 단자엽 식물

  ㉮ 화본과 : 죽순, 옥수수

  ㉯ 토란과 : 토란, 구약

ⓓ 생강과 : 생강

　　　ⓔ 마과 : 마

　　　ⓕ 백합과 : 파, 양파, 마늘, 부추, 달래

　ⓒ 쌍자엽 식물

　　　㉮ 가지과 : 가지, 고추, 토마토

　　　㉯ 도라지과 : 도라지

　　　㉰ 메꽃과 : 고구마

　　　㉱ 명아주과 : 근대, 비트, 시금치

　　　㉲ 십자화과 : 무, 배추, 양배추

　　　㉳ 산형화과 : 당근, 미나리, 파슬리, 샐러리

　　　㉴ 국화과 : 우엉, 쑥갓, 상추

　　　㉵ 박과 : 수박, 호박, 참외

　　　㉶ 아욱과 : 아욱, 오크라

　　　㉷ 장미과 : 딸기

　　　㉮ 콩과 : 콩, 완두, 녹두

(2) 채소의 분류

① 식용부위에 따른 분류

　㉠ 엽경채류(잎줄기채소)

　　　㉮ 엽채류(잎채소) : 배추, 상추, 양배추, 시금치 등

　　　㉯ 경채류(줄기채소) : 죽순, 토당귀, 아스파라거스 등

　　　㉰ 인경채류(비늘줄기채소) : 파, 마늘, 양파, 부추 등

　　　㉱ 화채류(꽃채소) : 브로콜리, 꽃양배추 등

　㉡ 과채류(열매채소)

　　　㉮ 두과 : 완두, 강낭콩 등

　　　㉯ 박과 : 오이, 호박, 수박 등

　　　㉰ 가지과 : 가지, 고추, 토마토 등

　㉢ 근채류(뿌리채소)

　　　㉮ 직근류 : 무, 우엉, 당근 등

　　　㉯ 괴근류 : 마, 고구마 등

　　　㉰ 괴경류 : 감자, 토란 등

　　　㉱ 근경류 : 연근, 생강, 고추냉이 등

② 광선 적응성에 따른 분류

　㉠ 양성채소 : 박과, 콩과, 가지과, 무, 배추, 당근 등

ⓛ 음성채소 : 부추, 마늘, 토란, 아스파라거스 등

> **새싹채소**
> • 새싹채소의 경우 재배기간이 짧고, 화학적 비료가 없어도 잘 자라는 특성이 있다.
> • 이식(移植)이나 또는 정식(定植)과정이 없이도 키울 수 있다.
> • 기능성 성분에 대한 함량이 높으며, 영양가 또한 뛰어나다.
> • 무, 브로콜리 종자의 싹이 활용되어지고 있다.

(3) 과수의 분류

① 과실의 특성에 따른 분류

    ㉠ 인과류 : 배, 사과, 모과 등

    ㉡ 준인과류 : 감, 감귤, 오렌지 등

    ㉢ 핵과류 : 자두, 대추, 매실, 복숭아 등

    ㉣ 각과류(견과류) : 밤, 호두, 개암나무 등

    ㉤ 장과류 : 포도, 석류, 무화과 등

② 기후 적응성에 따른 분류

    ㉠ 온대과수 : 감, 배, 복숭아 등

    ㉡ 열대과수 : 망고, 바나나, 파파야, 파인애플 등

    ㉢ 아열대과수 : 감귤류, 비파나무, 올리브 등

(4) 화훼의 분류

① 일년초(한해살이화초)

    ㉠ 춘파일년초 : 나팔꽃, 코스모스, 해바라기, 맨드라미 등

    ㉡ 추파일년초 : 과꽃, 팬지, 데이지, 금어초 등

② 숙근초(여러해살이화초)

    ㉠ 노지숙근초 : 국화, 작약, 함박꽃 등

    ㉡ 반노지숙근초 : 국화, 카네이션 등

    ㉢ 온실숙근초 : 베고니아, 거베라, 제라늄 등

③ 구근초

    ㉠ 춘식구근 : 칸나, 달리아, 글라디올러스 등

    ㉡ 추식구근 : 나리, 튤립, 수선화 등

    ㉢ 온실구근 : 칼라, 히아신스, 아네모네 등

POINT

구근기관에 따른 분류

종류	예
인경(비늘줄기)	나리, 튤립, 히아신스 등
구경(구슬줄기)	프리지어, 글라디올러스 등
근경(뿌리줄기)	수련, 칸나, 파초 등
괴경(덩이줄기)	아네모네, 시클라멘 등
괴근(덩이뿌리)	작약, 달리아 등

④ 관엽식물 … 고무나무, 베고니아, 사철나무 등

⑤ 난과식물
    ㉠ 동양란 : 한란, 춘란, 풍란 등
    ㉡ 서양란 : 심비디움, 온시디움, 팔레놉시스 등

⑥ 선인장 및 다육식물 … 선인장류, 돌나물, 알로에 등

⑦ 화목류
    ㉠ 교목화목 : 목련, 벚나무, 동백나무 등
    ㉡ 관목화목 : 장미, 개나리, 진달래 등
    ㉢ 온실화목 : 수국, 자스민, 포인세티아 등

기출예상문제

CHECK | 기출예상문제에서는 그동안 출제되었던 문제들을 수록하여 자신의 실력을 점검할 수 있도록 하였다. 또한 기출문제뿐만 아니라 예상문제도 함께 수록하여 앞으로의 시험에 철저히 대비할 수 있도록 하였다.

〈농산물품질관리사 제13회〉

1 원예작물별 주요 기능성물질의 연결이 옳지 않은 것은?

① 감귤 – 아미그달린(amygdalin)

② 고추 – 캡사이신(capsaicin)

③ 포도 – 레스베라트롤(resveratrol)

④ 토마토 – 리코펜(lycopene)

💡 **주요** 채소·과일의 기능성 물질

구분	주요 기능성 물질	효능
고추	캡사이신	암세포 증식 억제
토마토	리코펜	항산화작용, 노화방지
수박	시트룰린	이뇨작용 촉진
오이	엘라테린	숙취해소
양배추	비타민 U	항궤양성
마늘, 파류	알리인	살균작용, 항암작용
양파	케르세틴	고혈압 예방, 항암작용
양파	디설파이드	혈액응고 억제, 혈전증 예방
상추	락투시린	진통효과
우엉	이눌린	당뇨병 치료
치커리	인티빈	노화방지, 혈액순환촉진
치커리	클로로제닉산	항암작용, 간장질환치료
파슬리	아피올	해열, 이뇨작용 촉진
딸기	엘러직산	항암작용
비트	베타인	토사 진정, 구충, 이뇨작용
생강	시니그린	해독작용
복숭아씨, 살구씨	아미그달린	항암작용
포도, 오디, 땅콩, 베리류	레스베라트롤	항암작용, 항산화작용

>> ANSWER

1.①

2 채소작물의 식물학적 분류에서 같은 과(科)끼리 묶이지 않은 것은?

① 브로콜리, 갓

② 양배추, 상추

③ 감자, 가지

④ 마늘, 아스파라거스

> ② 양배추는 겨자과에 속하며, 상추는 국화과에 속한다.
> ① 겨자과 ③ 가지과 ④ 백합과

3 화훼작물의 식물학적 분류에서 과(科)가 다른 것은?

① 튤립   ② 히야신스

③ 백합   ④ 수선화

> ④ 백합목 수선화과에 속한다.
> ①②③ 백합목 백합과

4 과수작물에서 씨방하위과(子房下位果)로 위과(僞果)이며 단과(單果)인 것은?

① 배   ② 복숭아

③ 감귤   ④ 무화과

> ① 배 : 단과(單果) − 위과(僞果) − 이과(梨果)
> ② 복숭아 : 단과(單果) − 진과(眞果) − 육질과(肉質果) − 핵과(核果)
> ③ 감귤 : 단과(單果) − 진과(眞果) − 육질과(肉質果) − 감과(柑果)
> ④ 무화과 : 복과(複果) − 은화과(隱花果)

5 다음 원예의 가치 중 성격이 다른 하나는?

① 무기염류가 풍부하다.
② 높은 성장에 대한 가능성을 지니고 있다.
③ 비타민이 풍부하다.
④ 알칼리성 식품이다.

🔆 ①③④번은 원예의 영양적인 가치에 대한 내용이고, ②번은 원예의 경제적인 가치에 대한 내용이다.

6 다음 원예의 가치에 대한 내용 중 정서적인 측면에서의 가치로 보기 어려운 것은?

① 여가 선용에 있어서의 수단이 된다.
② 현대인들의 정서적 함양에 도움이 된다.
③ 원예 치료의 수단으로 활용된다.
④ 부가가치가 높은 고소득 작물의 재배가 가능하다.

🔆 ④번은 원예의 경제적인 가치에 대한 내용을 설명한 것이다.

7 다음 중 호냉성 채소에 해당하지 않은 것을 고르면?

① 양배추   ② 상추
③ 호박   ④ 당근

🔆 호냉성 식물은 생육적온이 17~20℃ 범위로써 대부분의 엽근채류가 해당되는데 이에 해당하는 채소로는 무, 파, 마늘, 당근, 딸기, 배추, 상추, 시금치, 양배추 등이 있다.

8 다음 중 호온성 과수에 속하지 않는 것은?

① 자두   ② 살구
③ 올리브   ④ 무화과

🔆 호온성 식물은 생육적온이 25℃ 안팎으로 대부분의 열매채소가 해당되는 것으로써 이에 해당하는 과수로는 감, 살구, 복숭아, 무화과, 올리브 등이 있다.

9 다음 중 원예식물을 토양의 반응에 따라 구분했을 시에 산성에 강한 식물에 속하지 않는 것은?

① 고구마

② 토란

③ 부추

④ 수박

💡 부추는 산성에 약한 식물에 해당한다.

10 다음 중 원예식물을 생육기간에 따라 분류했을 때 1년생 채소에 해당하지 않는 것을 고르면?

① 토마토

② 미나리

③ 오이

④ 참외

💡 미나리는 다년생 채소에 해당한다.

11 다음 중 인경채류에 속하지 않는 것은?

① 양파

② 브로콜리

③ 마늘

④ 부추

💡 인경채류에는 파, 마늘, 양파, 부추 등이 있으며, 브로콜리는 화채류에 속한다.

12 다음 중 근경류에 해당하지 않는 채소는?

① 생강

② 연근

③ 고추냉이

④ 우엉

💡 우엉은 직근류에 해당하는 뿌리채소이다.

13 다음 중 채소를 광선에 대한 적응성에 의해 분류했을 시에 양성채소에 해당하는 것으로 보기 어려운 것은?

① 아스파라거스

② 배추

③ 당근

④ 무

💡 채소를 광선에 대한 적응성에 의해 분류했을 시에 양성채소에 해당하는 것으로는 박과, 콩과, 가지과, 무, 배추, 당근 등이 있다.

14 다음 과실에 대한 내용 중 핵과류에 포함되지 않는 것은?

① 대추   ② 자두
③ 석류   ④ 매실

> 🔆 핵과류에 속하는 과실로는 자두, 대추, 매실, 복숭아 등이 있으며, 석류는 장과류에 해당한다.

15 다음 중 과수를 기후의 적응성에 의해 분류했을 때 아열대 과수에 해당하지 않는 것을 고르면?

① 파인애플   ② 비파나무
③ 올리브   ④ 감귤류

> 🔆 아열대 과수로는 감귤류, 비파나무, 올리브 등이 있으며, 파인애플은 열대과수에 속한다.

16 다음 화훼에 대한 연결이 바르지 않은 것은?

① 춘파일년초 – 코스모스
② 추파일년초 – 데이지
③ 온실구근 – 수선화
④ 온실숙근초 – 제라늄

> 🔆 ③ 추식구근 – 수선화이다.

17 온실구근에 속하지 않는 것은?

① 히아신스   ② 칸나
③ 칼라   ④ 아네모네

> 🔆 칸나는 춘식구근에 해당하는 화훼이다.

≫ ANSWER

9.③ 10.② 11.② 12.④ 13.① 14.③ 15.① 16.③ 17.②

18 다음 중 관련있는 것끼리 짝지어진 것이 아닌 것은?

① 인경 – 튤립, 나리, 히아신스
② 구경 – 글라디올러스, 프리지어
③ 근경 – 칸나, 파초
④ 괴근 – 아네모네

💡 괴근 – 달리아, 작약이며, 괴경 – 아네모네이다.

19 다음 난과식물 중 성격이 다른 하나는?

① 풍란　　　　　　　　　② 한란
③ 심비디움　　　　　　　④ 춘란

💡 ①②④ 동양란에 속하며, ③ 서양란에 속한다.

〈농산물품질관리사 제4회〉

20 다음 채소작물 중 화채류(꽃채소)에 속하는 것은?

① 배추　　　　　　　　　② 아스파라거스
③ 파　　　　　　　　　　④ 브로콜리

💡 ① 배추는 잎채소에 속한다.
　② 아스파라거스는 줄기채소에 속한다.
　③ 파는 비늘줄기채소에 속한다.
　※ 잎줄기 채소
　　㉠ 잎채소 : 배추, 양배추, 상추, 미나리
　　㉡ 꽃채소 : 브로콜리, 콜리플라워
　　㉢ 줄기채소 : 아스파라거스, 죽순
　　㉣ 비늘줄기채소 : 파, 양파, 마늘, 부추

21 다음 중 호냉성 과채류에 속하지 않는 것은?

① 딸기
② 완두
③ 잠두
④ 피망

✦ ④ 호냉성 채소란 17~20℃ 범위의 서늘한 기후조건에서 생육이 잘 되는 채소를 말한다. 딸기, 완두, 잠두를 제외한 대부분의 과채류는 호온성이다.

22 다음 중 국화과에 속하는 것은?

① 딸기
② 오이
③ 쑥갓
④ 고추

✦ 국화과에 속하는 식물로는 상추, 우엉, 쑥갓, 엔디브 등이 있다.

23 딸기와 같은 과에 속하는 화훼식물은?

① 장미
② 초롱꽃
③ 접시꽃
④ 무궁화

✦ ① 장미는 사과, 배, 딸기, 해당화 등과 함께 장미과에 속한다.

24 화훼원예의 특징으로 옳지 않은 것은?

① 시설을 이용한 연중 집약재배를 한다.
② 생산기술의 고도화를 요구한다.
③ 채소나 과수에 비해 품종 수가 적은 편이다.
④ 아름다움의 추구가 목적이다.

✦ ③ 화훼원예는 채소나 과수에 비해 품종의 수가 많은 것이 특징이다.

25 원예의 3대 분과에 포함되지 않는 것은?

① 과수원예   ② 화훼원예

③ 생활원예   ④ 채소원예

> 원예의 3대 분과는 채소원예(vegetable gardening), 과수원예(fruit gardening), 화훼원예(flower gardening)이다.

26 산성 토양에서 잘 견디며 잘 생육하는 작물로 바르게 짝지어진 것은?

① 시금치, 꽃양배추   ② 양파, 양배추

③ 당근, 오이   ④ 감자, 수박

> 나무딸기류, 인삼, 더덕, 고구마, 감자, 수박 등이 산성 토양에서 비교적 잘 견디는 작물이다.

27 원예요법에 대한 설명으로 옳은 것은?

① 원예작물의 질병을 치료하는 것이다.
② 원예식물을 이용한 환경정화법이다.
③ 생활원예를 활용하여 사람의 질병을 치료하는 것이다.
④ 원예산물을 통한 인테리어 방법이다.

> 원예요법이란 정신적·신체적 질병을 치료하고, 심성을 순화시키고자 생활원예를 활용하는 것을 말한다.

28 투명한 유리상자 안에 소정원을 연출하는 것은?

① 분재
② 디시가든
③ 비바리움
④ 테라리움

🔆 테라리움(Terrarium)이란 라틴어 terro와 arium의 합성어로 투명한 유리용기 내에 식물을 꾸미고 가꾸는 것을 말한다.

29 다음 중 박과에 속하는 작물로만 짝지어진 것은?

① 오이, 멜론
② 호박, 고추
③ 가지, 토마토
④ 딸기, 장미

🔆 박과 작물의 종류 … 참외, 오이, 수박, 호박, 멜론 등

원예식물의 생육

식물의 구조와 생장과정의 특징에 대해 학습할 수 있는 단원이다. 생장과정별로 어떤 특징을 가지며, 어떤 단계로 이루어지는지에 대한 전반적인 이해가 필요하다.

1 식물체의 구조

(1) 세포 · 조직

① 세포

　㉠ 세포외피계 : 세포벽, 세포막

　㉡ 복막구조계 : 핵, 엽록체, 미토콘드리아

　㉢ 단막구조계 : 소포체, 리보솜, 골지체, 액포

② 조직

　㉠ 분열조직 … 세포분열과 생장이 일어나는 조직이다.

　　㉮ 생장점 : 줄기 또는 뿌리 끝에 위치하며 길이생장에 관여한다.

　　㉯ 형성층 : 식물의 물관부와 체관부 사이에 있는 분열 세포층으로 부피생장에 관여한다.

　　㉰ 절간분열조직 : 마디가 두드러지게 보이는 식물의 절간에 있으며, 이 부분의 세포분열로 절간생장이 이루어진다.

　㉡ 영구조직 : 세포가 분화하여 세포분열의 능력을 상실한 성숙한 조직이다.

　　㉮ 유조직 : 세포벽이 얇고 원형질이 풍부한 살아있는 조직이다.

　　㉯ 기계조직 : 세포벽이 두터워서 식물체의 기계적 지지작용을 한다.

　　㉰ 통도조직 : 수분과 양분의 이동 통로이다.

　　㉱ 표피조직 : 표면을 덮고 있는 한 층의 세포로 식물체를 보호한다.

(2) 기관

① 영양기관

    ㉠ 뿌리

        ㉮ 식물체를 지탱하는 지지작용을 한다.

        ㉯ 토양으로부터 양분과 수분을 흡수한다.

        ㉰ 양분의 저장기관이다.

뿌리의 구조

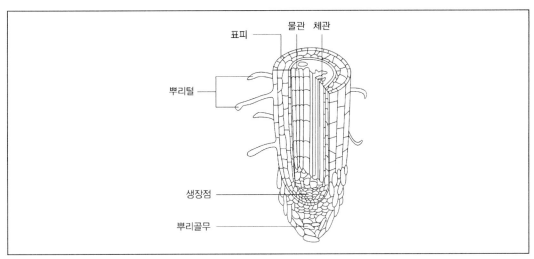

    ㉡ 줄기

        ㉮ 작물체를 지지하며, 잎과 꽃을 부착시키는 기능을 한다.

        ㉯ 뿌리로부터 흡수한 무기양분과 수분의 운반 통로이다.

        ㉰ 형성층조직은 세포가 늘어나고 줄기가 비대하는 줄기생장을 한다.

        🌲 분화류의 줄기신장 억제를 위해 활용 가능한 방법

           • 줄기의 생장점 부위를 물리적으로 자극한다.

           • 지베렐린의 생합성억제제를 살포한다.

           • 주간의 온도보다는 야간의 온도를 높인다.

줄기의 구조

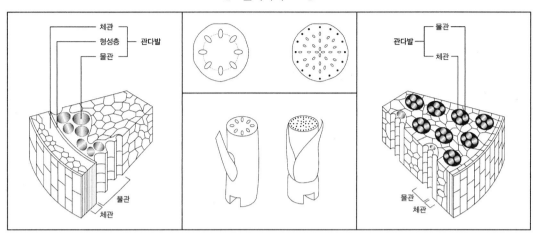

ⓒ **잎**

ⓐ 녹색의 엽록소를 가지며 대부분의 광합성이 이루어진다.

ⓐ 잎에는 기공이 많이 분포되어 있어 증산작용이 활발히 이루어진다.

ⓑ 표피조직, 엽육조직(책상조직+갯솜조직), 유관속조직으로 이루어져 있다.

잎의 구조

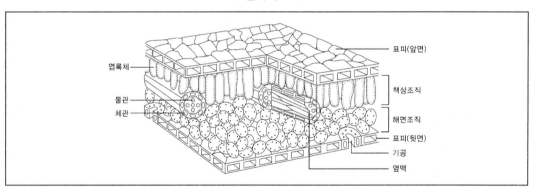

POINT

잎의 변형

ⓐ 양파의 인경

ⓑ 마늘의 인편

ⓒ 선인장의 가시

② 생식기관

　㉠ 종자 : 종피(씨껍질), 배, 배유(배젖)로 구성되어 있다.

　　㉮ 종피 : 종자 주위를 덮고 있는 피막이다.

　　㉯ 배 : 장차 식물체가 되는 부분이다.

　　㉰ 배유 : 발아에 필요한 양분을 저장하는 기관이다.

🍃 종자의 구조 🍃

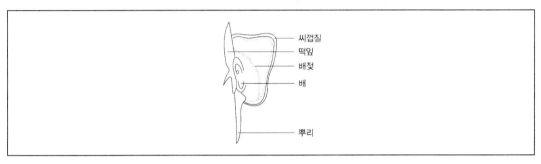

　㉡ 꽃 : 꽃잎, 꽃받침, 암술과 수술로 구성되어 있다.

　　㉮ 암술과 수술을 한 꽃 안에 갖춘 것을 양성화, 따로 있는 것을 단성화라 한다.

🍃 꽃의 구조 🍃

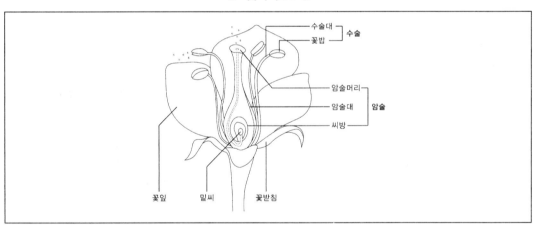

　㉯ 자웅이주와 자웅동주

　　ⓐ 자웅이주 : 암꽃과 수꽃이 다른 나무에 달림

　　　• 시금치, 아스파라거스, 은행나무, 버드나무 등

ⓑ **자웅동주** : 암꽃과 수꽃이 동일개체에 달림

　• 무, 배추, 양배추 등

ⓒ **자웅이화동주** : 한 개체에 암꽃과 수꽃이 따로 달림

　• 오이, 호박, 수박 등

ⓒ **과실** : 진과(眞果)와 위과(僞果)로 구분된다.

㉮ **진과** : 자방이 비대하여 과실이 된 것이다(밤, 살구, 포도, 복숭아 등).

㉯ **위과** : 화탁, 꽃잎 등이 발달하여 과실이 된 것이다(배, 사과, 무화과 등).

2 원예식물의 생장과 발육

(1) 생장과 발육

① **개념**

㉠ **생장(영양생장)** : 세포가 분열하고 신장하는 양적생장이다.

㉡ **발육(생식생장)** : 세포의 형태와 성질이 변화하는 질적인 변화이다.

② **생장속도** … 식물의 생장속도는 처음에는 느리다가 점차 빨라져서 최대속도가 되고, 그 후 성숙단계에서는 다시 느려지는 S자형 곡선(sigmoid curve)을 나타낸다. 일반적으로 생장곡선은 3단계를 거친다.

㉠ **1단계** : 주로 세포분열이 진행되므로 생장이 매우 느리다.

㉡ **2단계** : 분열된 세포가 급속히 신장하는 시기이므로 생장속도가 매우 빠르다.

㉢ **3단계** : 성숙 후에는 세포의 부피변화가 거의 없으므로 생장속도가 느리다.

> 🌲 줄기 신장을 억제해 고품질의 분화를 만들 시에 올바른 처리방법
> • 야간의 온도를 주간의 온도보다 높게 관리한다.
> • 질소에 대한 시비량을 줄이며, 수광량을 많게 한다.
> • 생장점의 부위를 물리적으로 자극한다.
> • B-9, Paclobutrazol 등의 생장억제제를 처리한다.

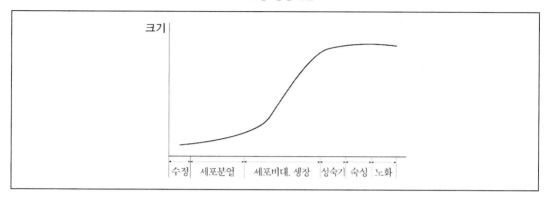

S자형 생장곡선

크기

수정 | 세포분열 | 세포비대. 생장 | 성숙기 | 숙성 | 노화

(2) 물질대사

① **광합성**

　⊙ 정의 : 태양에너지를 이용해 대기 중의 이산화탄소(CO_2)를 흡수하여, 탄수화물을 합성하고 산소(O_2)를 방출하는 과정이다.

$$6CO_2 + 6H_2O \xrightarrow{\text{태양에너지}} 6C_6H_{12}O_6 + 6O_2$$

　ⓒ 광합성의 장소 : 잎의 엽록체에서 광합성이 이루어지고, 엽록체에 있는 엽록소는 태양에너지를 흡수하는 광 수용체이다.

　ⓒ 빛의 세기에 따른 광합성 : 광합성은 빛의 세기가 강할수록 증가하지만 광포화점이 되면 더 이상 광합성 양이 증가하지 않게 된다.

　ⓔ 과수 재배 시의 광합성 환경

　　㉮ 음지 식물의 경우에 호흡률이 상당히 낮기 때문에 양지 식물에 비해 광보상점이 낮다.

　　㉯ 고온에서는 호흡 불균형 및 광합성에 의해 여러 생리장해가 발생하게 된다.

　　㉰ 광포화점 이상에서의 광도에서는 빛에 따른 광합성 효율의 증가를 기대하기 어렵다.

　　㉱ 적절한 바람은 CO_2 흡수를 촉진해서 광합성의 효율을 증가시키게 된다.

② **호흡** … 식물체 내의 탄수화물, 단백질, 지방을 산화하여 생장 및 생명활동에 필요한 에너지를 생산하는 대사과정이다. 호흡의 결과 에너지와 이산화탄소가 생성된다.

$$6C_6H_{12}O_6 + 6O_2 \longrightarrow 6CO_2 + 6H_2O + ATP$$

　⊙ 호흡기질의 소모로 중량이 감소한다.

　ⓒ 유기산이 기질로 사용되면 호흡계수는 1보다 크다.

　ⓒ 호흡의 결과로 발생하는 열은 저장고 온도를 상승시킨다.

③ 증산작용

  ㉠ 식물의 수분이 식물체의 표면에서 수증기가 되어 배출되는 현상이다.

  ㉡ 증산작용에 영향을 주는 요인은 빛, 온도, 습도, 바람 등이 있다.

    🌲 **원예작물의 증산속도를 감소시키는 환경조건**
     • 광량의 감소
     • 풍속의 감소
     • 지상부 온도의 감소

    일액현상(guttation) ⋯ 식물체 내에 물이 너무 많을 경우 잎의 가장자리에 있는 수공을 통하여 수분을 액체 상태로 배출하는데 이러한 과정을 일액현상이라 한다.

(3) 휴면

① **정의** ⋯ 식물이 일시적으로 생장활동을 멈추는 생리현상을 뜻한다.

② **휴면기관** ⋯ 종자 또는 눈

③ **휴면의 원인**

  ㉠ **종피의 불투수성** : 경실의 종피가 수분을 통과시키지 않아 종자수분을 흡수할 수 없어서 휴면하게 된다.

  ㉡ **종피의 불투기성** : 종피가 이산화탄소를 통과시키지 않아 내부에 축적된 이산화탄소가 발아를 억제하고 휴면하게 된다.

  ㉢ **종피의 기계적 저항** : 종자가 산소와 수분을 흡수하게 되면 종피가 기계적 저항성을 가지게 되어 휴면이 유발된다.

  ㉣ **배의 미숙** : 배가 발아를 하기에는 미성숙해서 휴면하게 되는 것을 말한다.

  ㉤ **양분의 부족** : 발아에 필요한 양분이 원활히 공급되지 못하여 휴면하게 된다.

  ㉥ **식물호르몬의 불균형** : 식물호르몬 ABA의 함량이 높고, 지베렐린이 상대적으로 낮을 때 휴면에 돌입한다.

④ **휴면의 형태**

  ㉠ **자발적 휴면** : 외부환경조건이 발아에 알맞더라도 내적 요인에 의해서 휴면하는 것을 말한다.

  ㉡ **강제적 휴면** : 외부환경조건이 발아에 부적당하여 휴면하는 것을 말한다.

  ㉢ **2차 휴면** : 휴면이 끝난 종자라도 발아에 불리한 외부환경에서 장기간 보존되면 그 후에 발아에 적합한 환경이 되어도 발아하지 않고 휴면상태를 유지하는 것을 말한다.

⑤ 휴면타파

　　㉠ 경실의 발아촉진법 : 씨껍질에 상처를 내서 뿌리거나 농황산을 처리한다.

　　㉡ 진산염류액 또는 지베렐린을 처리한다.

　　　　🌲 낙엽과수의 휴면

　　　　　• 휴면에 돌입하게 되면 호흡이 줄어들며, 효소의 활성이 상당히 낮아지게 된다.
　　　　　• 일정 기간의 저온 요구도가 충족되어야만 내재휴면이 타파된다.
　　　　　• 내재휴면은 눈의 생리적인 요건이 충족되지 못해 발생하게 된다.
　　　　　• 휴면 개시와 함께 ABA는 증가하게 되고, 옥신 및 지베렐린은 감소하게 된다.

(4) 발아와 맹아

① 발아(發芽) … 종자에서 배가 생장하여 어린 싹과 어린뿌리가 종피를 뚫고 나오는 것을 말한다.

② 맹아(萌芽) … 휴면이 끝난 눈에서 싹이 나오는 것을 말한다.

③ 발아의 조건

　　㉠ 수분 : 종자는 일정량의 수분을 흡수해야 발아할 수 있다.

　　㉡ 온도 : 발아의 최저온도는 0~10℃, 최적온도는 20~30℃, 최고온도는 35~40℃이다.

　　　　㉮ 저온에서 발아하는 종자 : 호밀, 상추, 부추, 귀리 등

　　　　㉯ 고온에서 발아하는 종자 : 고추, 토마토, 가지 등

　　㉢ 산소 : 대부분의 종자는 산소가 충분히 공급되어야 발아가 잘된다.

　　　　㉰ 수중에서 발아 가능한 종자 : 상추, 당근, 샐러리 등

　　　　㉱ 수중에서 발아 불가능한 종자 : 무, 파, 가지, 호박, 양배추 등

　　　　㉲ 수중에서 발아가 감퇴되는 종자 : 담배, 미모사, 토마토 등

　　㉣ 빛 : 대부분의 종자는 빛의 유무에 관계없이 발아한다.

　　　　㉮ 호광성 종자 : 담배, 우엉, 상추, 베고니아 등

　　　　㉯ 혐광성 종자 : 파, 오이, 가지, 호박, 토마토 등

　　　　㉳ 광무관계 종자 : 옥수수, 화곡류, 콩과작물 등

④ 발아촉진을 위한 종자처리

　　㉠ 층적법·습적법 : -5℃ 내외의 저온에 수일 내지 수개월 동안 저장하여 휴면을 타파한다.

　　㉡ 유상처리 : 기계적으로 상처를 주거나 화학약품으로 처리하면 종피가 깎여 발아가 촉진된다.

　　㉢ 발아촉진 화학물질 : 50~100ppm 농도의 지베렐린에서 24시간 침지한다.

　　㉣ 종자의 코팅 : 종자의 겉 표면에 살균제, 살충제 및 발아촉진제 등을 얇게 도포하여 준다.

　　㉤ 펠렛시드(pellet seed) : 규조토, 탄산칼슘과 같은 무기물질을 특수접착제로 싸서 종자를 원형으로 만들어주는 기술이다.

ⓜ 시드테이핑(seed taping) : 특수테이프에 종자를 일정 간격으로 부착하여 기계파종과 발아율을 향상시킨다.

ⓗ 프라이밍(priming)처리 : 저장 중의 종자를 일시적으로 수분을 조금 흡수하게 하여 내부에서 조금 발아된 것을 다시 건조하여 보관하는 방법이다.

> 🌲 종자 발아
> - 일부 종자의 발아는 빛에 의해 민감하게 반응한다.
> - 미성숙배는 발아불량에 있어 주요한 내부 원인이다.
> - 종피의 불투수성은 발아억제의 요소가 된다.

(5) 개화와 결실

① 개화

ㄱ 정의 : 꽃눈이 발달하여 암술, 수술, 꽃잎, 꽃받침 등의 기관을 형성하고 꽃받침과 꽃잎이 벌어지게 되는 현상이다.

ㄴ 화아분화(꽃눈의 분화)

㉮ 식물의 생장점이 변화를 일으켜 화아(花芽)를 형성하는 시기로 영양생장에서 생식성장으로 전환하는 단계이다.

㉯ 기온과 일장의 영향을 받는다.

② 추대

ㄱ 정의 : 꽃눈의 분화가 진행되어 이삭이나 꽃대가 올라오는 현상을 말한다.

ㄴ 조기추대현상 : 무, 배추, 양배추 등의 조기추대는 수량을 감소시키고 상품성을 떨어뜨리는 문제점이 있다.

> 🌲 채소류의 꽃눈분화 및 추대
> - 상추의 경우에는 온도감응형 식물로서 고온에서 꽃눈이 분화된다.
> - 당근의 경우에는 녹식물의 상태에서 저온에 감응해 꽃눈이 분화된다.
> - 무의 경우에는 종자춘화형의 식물로서 고온장일 조건에서 추대가 촉진되어진다.
> - 양파의 경우에는 봄의 장일에 의해 인경의 비대가 나타나게 되어 구(Bulb)를 형성하게 된다.

③ 춘화(Vernalization)

ㄱ 정의 : 저온에 감응하여 꽃눈이 분화하고 개화하는 현상이며 춘화처리는 식물의 빠른 개화를 유도하기 위해서 생육기간 중 일정시기에 저온처리를 하는 과정이다.

ㄴ 감응부위 : 저온처리의 자극 감응부위는 생장점이다.

ㄷ 구분

㉮ 종자춘화형 : 종자시기에 저온에 감응하는 작물로 무, 배추, 추파맥류 등이 있다.

㉯ 녹식물춘화형 : 일정한 생장 후 저온에 감응하는 작물로 파, 양파, 우엉, 당근, 양배추 등이 있다.

② 이춘화와 재춘화

㉮ **이춘화** : 저온춘화처리 기간 중 고온, 건조, 산소부족과 같은 불량환경으로 인해 춘화처리의 효과가 상실되는 현상이다.

㉯ **재춘화** : 이춘화 후에 다시 저온처리를 하여 완전히 춘화 처리되는 현상을 말한다.

 POINT

가을국화의 개화 … 가을국화를 7~8월에 개화시키기 위해서는 암막(暗幕)을 이용하여 낮의 길이를 한계일장보다 짧게 한다.

④ **결실**

㉠ **수분** : 수술의 꽃가루가 암술머리에 떨어지는 현상이다.

㉡ **수정** : 수분이 이루어진 후 화분관(꽃가루관)이 신장하여 꽃가루 속의 정핵이 배낭에 보내져 배낭 속의 난세포와 극핵에 각각 합쳐지는 것이다.

㉮ **자가수정** : 자웅동체인 생물에서 자신의 자웅생식세포끼리 수정이 일어나는 현상으로 가지, 상추, 토마토 등이 해당된다.

㉯ **타가수정** : 타가수분에 의해 수정되는 것으로 무, 옥수수, 배추, 박과 채소 등이 해당된다.

㉰ **중복수정** : 속씨식물에서 1개의 정핵은 난세포와 결합하여 배가 되고, 다른 1개의 정핵은 2개의 극핵과 결합하여 배유가 되는데 이와 같이 수정이 동시에 2번 이루어지는 것을 말한다.

㉢ **결과** : 식물은 종자와 함께 자방과 주변의 일부 기관이 발달하여 과실이 된다.

㉮ 일부 식물은 체내 옥신 함량이 많아서 수정과 관계없이 과실이 비대하는데 이를 단위결과라고 한다.

㉯ 식물호르몬 옥신은 과실의 비대를 촉진시킨다.

㉣ **노화** : 식물체의 일부기관 또는 전체가 구조적, 기능적으로 쇠퇴하는 현상이다.

㉮ 식물호르몬 ABA와 에틸렌은 노화를 촉진시킨다.

㉯ 옥신, 시토키닌, 지베렐린 등은 노화를 억제시킨다.

기출예상문제

CHECK | 기출예상문제에서는 그동안 출제되었던 문제들을 수록하여 자신의 실력을 점검할 수 있도록 하였다. 또한 기출문제뿐만 아니라 예상문제도 함께 수록하여 앞으로의 시험에 철저히 대비할 수 있도록 하였다.

〈농산물품질관리사 제13회〉

1 채소작물의 암수 분화에 관한 설명이다. (   ) 안에 들어갈 내용으로 옳은 것은?

> 단성화의 암수 분화는 유전적 요인으로 결정되지만 환경의 영향도 크다.
> 오이는 (   ) 조건과 (   ) 조건에서 암꽃의 수가 많아진다.

① 저온, 단일   　　　　　　　② 저온, 장일
③ 고온, 단일   　　　　　　　④ 고온, 장일

💡 단성화의 암수 분화는 유전적 요인으로 결정되지만 환경의 영향도 크다. 오이는 <u>저온</u> 조건과 <u>단일</u> 조건에서 암꽃의 수가 많아진다.

〈농산물품질관리사 제13회〉

2 호광성 종자의 발아에 관한 설명으로 옳지 않은 것은?

① 발아는 450nm 이하의 광파장에서 잘 된다.
② 발아는 파종 후 복토를 얇게 할수록 잘 된다.
③ 광은 수분을 흡수한 종자에만 작용한다.
④ 발아는 색소단백질인 피토크롬(phytochrome)이 관여한다.

💡 ① 호광성 종자는 발아 시 일정량의 광을 주어야 발아하는 종자이다. 종자 발아는 660nm 대의 빛이 주로 관여한다.

〈농산물품질관리사 제13회〉

3 화훼작물에서 종자 또는 줄기의 생장점이 일정 기간의 저온을 겪음으로써 화아가 형성되는 현상은?

① 경화　　　　　　　　　　　　② 춘화
③ 휴면　　　　　　　　　　　　④ 동화

　　　💡 춘화 … 화훼작물에서 종자 또는 줄기의 생장점이 일정 기간의 저온을 겪음으로써 화아가 형성되는 현상

4 다음 식물체 세포 중 단막구조계에 해당하지 않는 것을 고르면?

① 미토콘드리아　　　　　　　　② 리보솜
③ 소포체　　　　　　　　　　　④ 골지체

　　　💡 미토콘드리아는 복막구조계에 해당한다.

5 식물이 일시적으로 생장활동을 멈추는 생리현상을 휴면이라고 하는데, 다음 중 휴면의 원인으로 바르지 않은 것을 고르면?

① 종피의 불투기성　　　　　　　② 종피의 기계적 저항
③ 양분의 부족　　　　　　　　　④ 식물호르몬의 균형

　　　💡 휴면의 원인
　　　　ㄱ 종피의 불투기성
　　　　ㄴ 종피의 불투수성
　　　　ㄷ 종피의 기계적 저항
　　　　ㄹ 양분의 부족
　　　　ㅁ 배의 미숙
　　　　ㅂ 식물호르몬의 불균형

6 다음 중 저온에서 발아하는 종자로 보기 어려운 것은?

① 부추　　　　　　　　　　　　② 토마토
③ 상추　　　　　　　　　　　　④ 귀리

　　　💡 토마토는 고온에서 발아하는 종자이다.

7 다음 중 수중에서 발아가 가능한 종자에 해당하지 않는 것은?

① 샐러리 ② 당근
③ 상추 ④ 가지

💡 가지는 수중에서 발아가 불가능한 종자에 해당한다.

8 다음 중 호광성 종자에 속하지 않는 것은?

① 베고니아 ② 상추
③ 우엉 ④ 토마토

💡 토마토는 혐광성 종자에 해당한다.

9 다음 중 노화를 촉진시키는 것은?

① 옥신 ② 에틸렌
③ 시토키닌 ④ 지베렐린

💡 식물호르몬, ABA와 에틸렌은 노화를 촉진시킨다.

〈농산물품질관리사 제1회〉

10 원예작물의 영양기관에 대한 설명이 바르게 된 것은?

① 포도의 덩굴손은 잎이 변형된 것이다.
② 감자의 괴경은 잎이 변형된 것이다.
③ 양파의 인경은 잎이 변형된 것이다.
④ 딸기의 포복경은 잎이 변형된 것이다.

💡 ① 포도의 덩굴손은 가지가 변형된 것이다.
② 감자의 괴경은 덩이줄기가 변형된 것이다.
④ 딸기의 포복경은 포복줄기가 변형된 것이다.

〈농산물품질관리사 제3회〉

11 식물의 생식기관에 속하는 것은?

① 주아   ② 포복지

③ 화아   ④ 육아

💡 화아 … 암술과 수술이 성장할 때까지 턱이나 화관에 의해 보호되며 식물에서 꽃이 될 눈을 말한다.

〈농산물품질관리사 제3회〉

12 공종육모용 200구 트레이 10판에 고추종자를 1구1종자로 파종하여 발아율 90%, 성묘율 90%일 때의 유효묘수는?

① 1,600주   ② 1,620주

③ 1,800주   ④ 2,000주

💡 유효묘수 … 공종육모용 200구 × 트레이 10판 × 발아율 0.9 × 성묘율 0.9 = 1,620(주)

〈농산물품질관리사 제5회〉

13 씨방만이 비대하여 과실로 발달한 진과(眞果)는?

① 사과   ② 배

③ 복숭아   ④ 딸기

💡 진과와 위과 … 진과는 씨방이 비대하여 형성된 과실이며, 위과는 씨방 이외의 화탁 등이 더불어 발달하여 형성된 과실이다.
    ㉠ 진과 : 핵과류(자두, 살구, 매실, 복숭아), 포도, 감, 토마토, 고추, 가지 등
    ㉡ 위과 : 인과류(사과, 배), 박과 채소류(오이, 호박, 참외), 딸기, 파인애플

〈농산물품질관리사 제5회〉

14 사과의 성숙 단계에서 나타나는 특징은?

① 에틸렌 감소   ② 비대 생장

③ 호흡 급등   ④ 전분 증가

💡 사과는 대표적인 호흡 급등형(climacteric type) 과실로 성숙과정 중 호흡과 에틸렌 발생이 급등한다.

>> ANSWER

7.④   8.④   9.②   10.③   11.③   12.②   13.③   14.③

〈농산물품질관리사 제5회〉

15 저장 중인 원예산물의 증산(蒸散)에 대한 설명으로 틀린 것은?

① 상대 습도가 낮을수록 감소한다.　② 큐티클층이 두꺼울수록 감소한다.

③ 온도가 높을수록 증가한다.　④ 표면적이 클수록 증가한다.

　　① 낮은 상대습도는 증산을 촉진시킨다. 반면 높은 상대습도는 대기에 수증기가 이미 포화되어 있으므로 증산을 억제한다.

〈농산물품질관리사 제6회〉

16 7~8월에 가을국화(秋菊)를 개화시키기 위한 처리로 옳은 것은?

① 춘화처리를 한다.

② 야간에 광중단처리를 한다.

③ 전조처리로 낮은 길이를 한계일장보다 길게 한다.

④ 암막(暗幕)을 이용하여 낮의 길이를 한계일장보다 짧게 한다.

　　단일식물인 가을국화를 단일처리하면 개화가 촉진되고, 장일처리하면 억제된다. 즉, 8~9월에 개화하는 가을국화를 7~8월에 개화시키려면 암막을 이용하여 낮의 길이를 한계일장보다 짧게 하고 12~1월에 개화시키려면 조명 처리한다.

17 다음 중 변형된 조직이 다른 것은?

① 포도의 덩굴손　② 탱자나무의 가시

③ 감자의 괴경　④ 선인장의 가시

　　④ 잎이 변형된 것이다.
　　①②③ 줄기가 변형된 것이다.

18 식물체의 조직과 그 특징이 바르게 연결된 것은?

① 분열조직 - 세포가 계속 분열하는 조직으로, 식물체를 자라게 한다.

② 통도조직 - 식물체의 대부분을 차지하며, 물과 양분을 저장하는 역할을 한다.

③ 유조직 - 식물체 표면을 덮고 있는 세포층으로, 세포가 촘촘히 붙어 있다.

④ 표피조직 - 관다발을 이루는 조직으로, 물과 양분의 이동통로이다.

　　② 통도조직 : 관다발을 이루는 조직으로, 물과 양분의 이동통로이다.
　　③ 유조직 : 식물체의 대부분을 차지하고 있으며, 물과 양분을 저장하는 역할이다.
　　④ 표피조직 : 식물체의 표면을 덮고 있는 세포층으로, 세포가 촘촘히 붙어 있다.

19 종자의 발아에 필요한 필수조건이 아닌 것은?

① 온도
② 수분
③ 산소
④ 비료

💡 종자 발아의 필수요소 … 온도, 산소, 수분

20 12시간 이상의 암기가 계속되어야만 개화가 촉진되는 식물은?

① 국화
② 당근
③ 배추
④ 수박

💡 ① 국화는 12시간 이내의 일장에서 개화하는 단일(短日)식물이다.
　※ 일조시간에 따른 식물의 구분
　　㉠ 단일(短日)식물 : 12시간 이내의 일장에서 개화하는 식물
　　　•콩, 들깨, 벼
　　㉡ 장일(長日)식물 : 일장의 길이가 12시간 이상일 때 개화가 촉진되는 식물
　　　•시금치, 당근, 무, 배추
　　㉢ 중일(中日)식물 : 일장에 관계없이 개화하는 식물
　　　•토마토, 고추, 가지, 호박, 오이, 참외

21 다음 중 발아 시 광선 아래에서 발아를 잘 하는 호광성 종자로 옳은 것은?

① 호박
② 담배
③ 토마토
④ 옥수수

💡 호광성 작물 … 상추, 우엉, 금어초, 샐러리 등

22 종자의 후숙을 완료시키는 방법으로 옳지 않은 것은?

① 건조
② 광선
③ 저온처리
④ 건조처리

💡 ④ 종자의 후숙을 완료시키는 방법으로는 습윤처리, 저온처리, 건조, 광선 등이 있다.

23 단위결과로 맺힌 과실의 특징으로 옳은 것은?

① 종자가 없다.

② 향기가 없다.

③ 과피가 얇다.

④ 과육이 없다.

🔆 단위결과(parthenocarpy) … 수정되지 않아도 과실이 형성 비대하는 현상을 말한다. 이러한 과실 내에는 종자가 없는 것이 특징이다.

24 보관 중인 종자에 일시적으로 수분을 흡수하게 했다가 다시 건조하여 보관하는 방법은?

① 종자의 코팅

② 프라이밍

③ 펠렛시드

④ 시드테이핑

🔆 프라이밍(priming) … 종자를 일시적으로 수분을 조금 흡수하게 하여 내부에서 조금 발아된 것을 건조시키는 것으로 발아력 향상을 위한 처리이다.

25 다음 중 식물세포에서 세포벽을 구성하는 중요 물질은?

① 단백질

② 인지질

③ 당질

④ 셀룰로오스

🔆 셀룰로오스(cellulose)는 포도당으로 된 단순 다당류의 하나로 식물이나 조류의 세포막 섬유의 주성분이다.

26 다음 중 TTC 검사법에 대한 설명으로 옳지 않은 것은?

① 신속하게 발아력을 측정할 때 사용한다.

② 발아력이 없는 종자는 염색되지 않는다.

③ 발아력이 있는 배는 청색으로 염색된다.

④ 발아력이 약한 경우 부분적으로 염색이 되지 않는다.

🔆 ③ 발아력이 있는 배는 적색으로 염색된다.

27 다음 중 떡잎이 1개인 단자엽 식물에 해당하지 않는 것은?

① 마늘 ② 양파
③ 부추 ④ 배추

💡 ④ 배추는 떡잎이 2개인 쌍자엽 식물에 속한다.

28 세포 내에서 호흡 작용이 일어나며 '세포 내 발전소'라 불리는 곳은?

① 핵 ② 액포
③ 세포막 ④ 미토콘드리아

💡 ④ 미토콘드리아에서는 세포 내 대부분의 호흡작용이 일어나며, 그 과정에서 에너지를 방출한다.

29 배 종자 100립을 치상하여 다음과 같은 결과를 얻었을 때, 발아율과 발아세를 바르게 구한 것은?

치상 후 일수	1	2	3	4	5	6	7	8	9	10	계
발아종자수	7	15	18	22	11	6	2	2	0	1	84

① 48%, 57% ② 57%, 48%
③ 84%, 62% ④ 62%, 84%

💡 발아율＝(발아종자수/전체종자수)×100＝(84/100)×100＝84(%)
발아세＝(최고발아까지의 종자수/전체종자수)×100＝(62/100)×100＝62(%)

30 종자의 수명을 연장할 수 있는 저장방법으로 가장 적절한 것은?

① 저온, 다습, 밀폐 ② 저온, 저습, 밀폐
③ 고온, 다습, 개방 ④ 고온, 저습, 밀폐

💡 건조한 종자를 저온, 저습, 밀폐 상태로 저장하면 수명이 연장된다.

CHAPTER

03

원예식물의 생육환경과 재배관리

온도, 빛, 수분, 토양, 대기에 따른 원예식물의 생육환경과 다양한 재배관리 방법에 대해 익히는 단원이다. 생육환경과 재배관리법에 따라 식물의 생장에 서로 다른 영향을 미친다는 것을 염두해야 한다.

 생육환경

(1) 온도환경

① 개념 … 온도는 종자의 발아, 동화작용, 호흡작용, 양분 및 수분의 흡수, 증산작용, 휴면, 화아분화, 개화 등의 모든 생리 작용에 영향을 준다.

② 유효온도와 적산온도

　ㄱ 유효온도 : 작물의 생육이 가능한 온도의 범위를 말한다.

　　㉮ 최저온도 : 작물의 생육이 가능한 가장 낮은 온도

　　㉯ 최적온도 : 작물이 가장 왕성하게 생육되는 온도

　　㉰ 최고온도 : 작물의 생육이 가능한 가장 높은 온도

 POINT

여름작물과 겨울작물의 주요온도

주요온도	여름작물	겨울작물
최저온도(℃)	10~15	1~5
최고온도(℃)	40~50	30~40
최적온도(℃)	30~35	15~25

　ㄴ 적산온도 : 작물의 생육기간 중 0℃ 이상의 일일 평균기온을 합한 것이다.

③ 온도의 일교차(DIF)와 생리작용

　㉠ 개화 : 일반적으로 낮과 밤의 기온차이가 커서 밤의 기온이 낮은 것이 동화물질의 축적을 유발하여 개화를 촉진하고 화기도 커진다(예외 : 맥류).

　㉡ 괴경과 괴근의 발달 : 낮과 밤의 기온차이로 인하여 동화물질이 축적되므로 괴경과 괴근이 발달한다. 일정한 온도보다는 변온 하에서 영양기관의 발달이 증대된다.

　㉢ 생장 : 낮과 밤의 기온차이가 작을 때 양분흡수가 활발해지므로 생장이 빨라진다.

　㉣ 동화물질의 축적 : 낮과 밤의 기온차이가 클 때 동화물질의 축적이 증대된다.

　㉤ 발아 : 낮과 밤의 기온차이로 인하여 작물의 종자발아를 촉진하는 경우가 있다.

　㉥ 결실 : 대부분의 작물은 낮과 밤의 기온차이로 인하여 결실이 조장되며, 가을에 결실하는 작물은 대체로 낮과 밤의 기온차이가 큰 조건에서 결실이 조장된다.

④ 열해 · 냉해 · 한해

　㉠ 열해

　　㉮ 작물이 어느 정도 이상의 고온에 접할 때 일어나는 피해를 말한다.

　　㉯ 열해로 인한 피해는 전분의 점괴화, 증산과다, 철분의 침전, 유기물의 과잉소모 등이다.

　　㉰ 세포의 점성, 결합수, 염류농도, 단백질 함량, 지유 함량, 당분 함량 등이 증가하면 내열성이 강해진다.

　㉡ 냉해

　　㉮ 여름작물이 생육기간 중에 냉온장해에 의하여 생육이 저해되고 수량의 감소나 저하를 가져오는 피해를 말한다.

　　㉯ 장해형 냉해, 지연형 냉해, 병해형 냉해 등으로 분류된다.

　㉢ 한해 : 겨울철 저온 때문에 월동 중인 농작물에 일어나는 피해를 말한다.

(2) 광(光)환경

① 광환경과 생리작용

　㉠ 광합성

　　㉮ 정의 : 녹색식물은 빛을 받아 엽록소를 만들고, 이산화탄소와 물을 합성하며 산소를 방출한다.

　　㉯ 요인 : 빛의 강약, 이산화탄소의 농도, 온도

　　㉰ 광합성 요인간의 상호관계

　　　ⓐ 일정한 농도의 CO_2와 일정 온도 내의 약한 빛의 범위에서는 빛의 세기가 증가하면 광합성률이 증가한다.

　　　ⓑ 이산화탄소 농도가 증가하면 광합성 속도는 급증한다.

　　㉱ 장소 : 엽록체 속에서 이루어진다.

ⓛ 굴광작용 : 식물이 광조사의 방향에 반응하여 굴곡반응을 나타내는 현상이다.

배광성과 향광성

㉠ 향광성 : 줄기나 초엽에서 옥신의 농도가 낮은 쪽의 생장속도가 반대쪽보다 낮아져서 빛을 향하여 구부러지는 성질을 말한다.

㉡ 배광성 : 뿌리에서 빛의 반대쪽으로 구부러지는 성질을 말한다.

ⓒ 광인산화 : 광합성에서 빛 에너지를 사용하여 ADP와 무기인산(Pi)으로부터 ATP를 합성하는 반응이다.

$$ADP + Pi \xrightarrow{\ \ \text{빛}\ \ } ATP$$

ⓔ 증산작용 : 식물체의 표면에서 수증기가 되어 배출되는 현상으로 빛이 가장 큰 영향을 준다.

ⓜ 착색 : 빛이 없을 때는 엽록소의 형성이 저해되고, 에티올린(Etiolin)이라는 담황색 색소가 형성되어 황백화 현상이 일어난다.

② 광질 … 광합성에 쓰이는 가시광선은 400~780nm의 파장을 가진다. 가시광선 가운데 적색과 청색광은 식물의 생육에 있어서 유효광으로 중요하다.

과실과 주요 색소

① 녹색 : 녹색은 주로 엽록소 성분 때문에 나타나며, 엽록소는 상처를 치료하고 세포를 재생시키며, 콜레스테롤 수치를 내려 혈압을 낮추는 역할을 한다. 시금치, 브로콜리, 오이 등

② 백색 및 담황색 : 플라보노이드 계열인 안토크산틴 색소로 인하여 색이 발현되며, 이 중 이소플라본은 여성의 갱년기 증상을 완화시켜주며, 콜레스테롤을 낮추고 심장병을 예방한다. 양배추, 무, 양파, 마늘, 감자 등

③ 적색 : 붉은색은 리코펜을 함유하며 나타나며 폐질환을 완화시키고, 남성의 성기능 향상에 도움을 준다. 토마토, 붉은 고추 등

④ 황색 : 노란색과 적황색은 카로티노이드계 색소로 인하여 나타나며 세포가 늙고 질병이 확대되는 것을 막아준다. 당근, 호박, 감, 귤, 복숭아, 살구 등

⑤ 보라색 : 보라색은 안토시아닌계 색소로 인하여 나타나며 항산화작용이 뛰어나 혈전 형성을 억제하고 심장질환과 뇌졸중 위험 감소, 혈액순환 개선 효과 등이 있다. 가지, 포도, 블루베리, 자두 등

⑥ 흑색 : 검은색은 안토시아닌 색소로 인하여 나타나며 성인병 및 노화방지 등 강력한 항산화작용을 한다. 검은콩, 흑임자, 흑미 등

③ 광도

㉠ 광포화점

㉮ 식물의 광합성 속도가 더 이상 증가하지 않을 때의 빛의 세기를 말한다.

㉯ 일반적으로 탄산가스 포화점은 대기 중 농도의 7~10배(0.21~0.3%) 정도이다.

㉰ 광포화점은 탄산가스 농도와 비례하여 높아진다.

ⓛ 광보상점

㉮ 일정한 온도에서 빛의 강도에 의해 결정되는 호흡과 광합성의 평형점을 말한다.

㉯ 일반적으로 CO_2의 보상점은 대기 중 농도(0.03%)의 1/10~1/3 정도이다.

㉰ 보상점이 낮은 식물일수록 약한 빛을 잘 이용할 수 있다.

④ 일장… 식물의 개화가 일조시간의 길이에 의해 영향을 받는 성질을 말한다.

㉠ 유도일장 : 식물의 화성을 유도할 수 있는 일장을 말한다.

ⓛ 비유도일장 : 식물의 화성을 유도할 수 없는 일장을 말한다.

ⓒ 한계일장 : 유도일장과 비유도일장의 경계가 되는 일장을 말한다.

🌲 환상박피

수목과 같은 다년생 식물의 형성층 부위 바깥부분의 껍질을 벗겨내어서 체관부를 제거함에 따라 식물의 탄소동화 산물이 아래쪽으로 이동하지 못하도록 해서 껍질을 벗겨낸 부분의 윗 쪽이 두툼하게 되는 현상을 의미하며, 도관부는 손상을 주지 않아 식물체의 생육에는 여전히 큰 문제가 없는 상태를 의미한다.

🌲 뿌리전정

나무를 이식할 시에 뿌리를 솎아주는 것을 말한다. 뿌리전정을 하게 되면 나무를 이식할 시의 충격 또는 스트레스 등을 줄일 수 있다.

🌲 솎음전정

불필요한 가지를 기부 끝에서 완전히 절단하여 제거하는 것을 의미한다. 솎음 전정을 실행하게 되며 새로운 성장은 없다. 또한 솎음전정은 밀집한 곳에서 공기와 빛을 제공하는 데 있어 유용한 방식이다. 더불어서 나무가 지나치게 커지는 것을 막는 데도 유용한 방식이다.

🌲 순지르기

다른 말로 적심이라고도 하며, 이는 새로운 가지 끝이 목질화가 되기 전에 자르는 것을 의미한다. 가지가 딱딱해지기 전의 부드러운 새 가지를 자르는 것으로서 새 가지의 생장을 일시적으로 억제해 착과율을 높이고자 할 때에 활용한다. 또한 이 방식은 잘못된 방향으로 새로운 성장이 있을 때도 실시하게 되며, 꽃이 피지 않게 하거나 또는 열매를 솎아내는 데도 유용한 방식이다.

 POINT

식물의 일장형

㉠ 단일식물 : 콩, 국화, 목화, 국화, 딸기, 고구마, 코스모스 등(주로 가을에 꽃이 피는 식물)

ⓛ 중일식물 : 고추, 가지, 호박, 수박, 참외 등

ⓒ 장일식물 : 무, 상추, 감자, 당근, 시금치 등(주로 봄에 꽃이 피는 식물)

(3) 수분환경

① 수분의 역할

　⊙ 식물세포의 원형질을 유지시킨다.

　ⓒ 식물체를 구성하는 주요성분이 된다.

　ⓒ 식물체 내의 물질분포를 고르게 한다.

　ⓔ 필요물질 흡수의 용매역할을 한다.

　ⓜ 식물체에 필요한 물질의 합성·분해의 매개체가 된다.

　ⓗ 외부온도 변화에 대처하여 체온을 유지시켜준다.

② 요수량 … 식물의 건물 1g을 생산하는데 필요한 수분양이다.

③ 한해와 습해

　⊙ 한해 : 토양수분의 부족으로 발생한다.

　　㉮ 한해의 피해로는 무기양분의 결핍, 증산작용 억제, 광합성 저하 등이 있다.

　　㉯ 한해의 방지대책으로는 관개, 내건성 품종 선택, 토양수분의 증발 억제 등이 있다.

　ⓒ 습해 : 토양 수분 과잉현상에 의해 작물이 입는 피해를 말한다.

　　㉮ 습해의 피해로는 식물도장, 토양산소 부족, 무기양분 환원, 뿌리활력 저하 등이 있다.

　　㉯ 습해의 방지대책으로는 배수, 정지, 토양개량, 시비, 과산화 석회의 사용 등이 있다.

> 🌲 토양의 개량을 위한 석회시비의 효과
> • 토양 입자의 입단구조를 개선하게 된다.
> • 토양 미생물의 활동을 유도해서 유기물의 분해를 촉진한다.
> • 토양 내의 양이온 용탈을 억제한다.
> • 산성 토양의 중화

POINT

내건성과 내습성

분류	내건성(耐乾性)	내습성(耐濕性)
정의	식물이 건조에 견디는 성질	토양수분이 과습 상태일 때 견디는 성질
특성	• 표면적 및 잎이 작다. • 지상부에 비하여 뿌리의 발달이 좋고 길다. • 세포액의 삼투압이 높다. • 원형질의 투과성이 크다. • 세포의 수분 보유력이 강하다.	• 통기조직이 잘 발달되어 있다. • 뿌리 외피 세포막의 목화정도가 심하다. • 부정근의 발근력이 크다. • 황화수소 등 환원성 유해물질에 대한 저항성이 강하다.
대표작물	수수, 호밀, 참깨, 고구마 등	밭벼, 양상추, 토마토, 가지, 오이, 올리브, 포도 등

(4) 토양환경

① 지력

    ㉠ 정의 : 화학적 · 이학적 · 미생물학적인 여러 성질이 종합된 토양의 작물 생산력을 말한다.

    ㉡ 옥토의 조건

        ㉮ pH가 적정해야 한다(pH 5.5~6.5 정도).

        ㉯ 공극(흙 사이의 빈 공간)의 조화가 이루어져야 한다.

        ㉰ 토양입자의 크기가 균등해야 한다.

        ㉱ 필수원소가 골고루 있어야 한다.

        ㉲ 표층토는 깊고 부드러워야 한다.

    ㉢ 지력의 구성요소 : 토성, 토양구조, 토층, 유기물, 무기물, 토양수분, 토양공기, 토양미생물 등

② 토양 삼상(三相)

    ㉠ 토양의 삼상은 작물의 생육을 지배하는 중요한 토양의 성질이다.

    ㉡ 고상(固相), 액상(液相), 기상(氣相)으로 나누어진다.

    ㉢ 작물생육에 알맞은 삼상 분포는 고상 50%, 액상 25%, 기상 25% 정도이다.

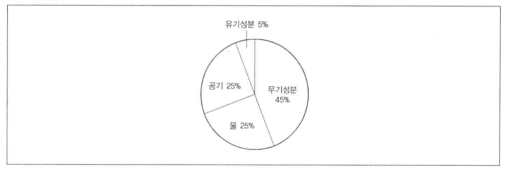

③ 토성의 분류 ⋯ 토양입자의 크기(입경) 또는 진흙 함량에 의해서 분류한다.

    ㉠ 입경에 따른 분류

입경규격		
구분	미국 농무성(USDA)	국제토양학회법
매우 굵은 모래	2.00~1.00	–
굵은 모래	1.00~0.50	2.00~0.20
중간 모래	0.50~0.25	–
가는 모래	0.25~0.10	0.20~0.02
매우 가는 모래	0.10~0.05	–
미사	0.05~0.002	0.02~0.002
점토	0.002 이하	0.002 이하

© 진흙 함량에 따른 분류

종류	점토함량(%)	특징
사토(모래땅)	12.5 이하	• 입자의 낱낱을 눈으로 식별할 수 있다. • 손에 쥐었을 때 펴자마자 곧 부스러진다.
사양토(모래메흙땅)	12.5~25.0	• 어느 정도의 응집력이 있다. • 모래는 눈으로 식별 가능하다.
양토(메흙땅)	25.0~37.5	• 모래, 미사, 점토가 거의 같은 양이다. • 응집력이 있다.
식양토(질메흙땅)	37.5~50.0	• 건조하면 굳은 흙덩이가 된다. • 쥐었다 펴면 표면에 지문이 선명하다.
식토(질땅)	50.0 이상	• 건조하면 굳은 흙덩이가 된다. • 습할 때는 매우 차지다.

④ **토양구조** … 토양을 구성하는 입자들이 모여 있는 상태를 말하는 것으로 토양구조 형태에 따라서 단립구조, 입단구조로 나뉜다.

  ㉠ 단립구조

   ㉮ 대공극이 많고 소공극이 적다.

   ㉯ 투기·투수는 좋으나 수분과 비료의 보유력은 작다.

   ㉰ 해변의 사구지가 이에 해당한다.

  ㉡ 입단구조 : 단일입자가 모여서 입단을 만들고, 입단이 모여서 토양을 만든 것이다.

   ㉮ 대공극과 소공극이 모두 많다.

   ㉯ 투기·투수성이 좋고, 수분과 비료의 보유력이 크다.

   ㉰ 유기물이나 석회가 많은 표토에서 볼 수 있다.

POINT

입단의 형성 및 파괴

입단의 형성	입단의 파괴
• 유기물 시용 • 석회와 칼슘의 시용 • 토양의 피복 • 작물의 재배 • 토양개량제의 시용	• 경운 • 비, 바람 • 나트륨이온의 작용 • 입단의 팽창과 수축의 반복

⑤ **토층** … 토양이 수직적으로 분화된 층위를 토층이라고 하며, 작토·서상·심토로 분류한다.

  ㉠ 작토

   ㉮ 계속 경운되는 층위이다.

   ㉯ 작물의 뿌리가 발달한다.

   ㉰ 부식이 많고 흙이 검으며, 입단의 형성이 좋다.

ⓒ 서상

    ㉮ 작토 바로 밑의 하층을 말한다.

    ㉯ 작토보다 부식이 적다.

   ⓒ 심토

    ㉮ 서상층 밑의 하층이다.

    ㉯ 부식이 매우 적고 구조가 치밀하다.

  ⑥ **토양유기물과 토양미생물**

   ㉠ **토양유기물의 기능**

    ㉮ 토양보호

    ㉯ 양분의 공급

    ㉰ 완충력의 증대

    ㉱ 보수 · 보비력의 증대

    ㉲ 입단의 형성

    ㉳ 생장촉진물질의 생성

    ㉴ 지온의 상승

    ㉵ 미생물의 번식유발

    ㉶ 대기 중의 이산화탄소 공급

    ㉷ 암석의 분해촉진

   ㉡ **토양미생물** : 토양 속에 서식하며 유기물을 분해하는 작용을 한다.

유익작용	유해작용
• 토양입단 형성	• 황화수소 등의 환원성 물질 생성
• 생장촉진물질 분비	• 질병 유발 가능성
• 토양의 무기성분 변화	• 작물과 미생물간 양분 쟁탈 경쟁
• 유기물을 분해하여 암모니아 생성	• 탈질작용

  ⑦ **토양의 산성화** ⋯ 기후나 공해에 의해 토양의 pH가 낮아지는 현상을 말한다.

   ㉠ 산성화의 원인

    ㉮ 빗물로 인한 칼슘, 마그네슘, 칼륨 등의 염기 용탈

    ㉯ 토양 중의 탄산, 유기산의 집적

    ㉰ 아황산가스와 같은 공해 유발 산성물질의 흡수

   ㉡ 산성화의 영향

    ㉮ 작물의 생육에 큰 지장을 준다.

    ㉯ 토양구조를 악화시킨다.

    ㉰ 유용미생물의 활동을 저해시킨다.

ⓒ 산성화의 방지대책

    ㉮ 산성에 강한 작물을 심는다.

    ㉯ 석회와 유기물을 뿌려서 중화시킨다.

⑧ **식물의 필수원소** … 식물의 생장, 생존, 번식과정에서 반드시 필요한 원소를 말한다.

  ㉠ **16종 필수원소** : 탄소는 대기상태의 이산화탄소에서, 수소는 물에서, 산소는 공기 중에서 얻을 수 있고, 이들을 제외한 나머지 13가지 원소들은 토양 중 모암에서 직·간접적으로 얻을 수 있다.

> 탄소(C), 수소(H), 산소(O), 질소(N), 인산(P), 칼륨(K), 칼슘(Ca), 마그네슘(Mg), 유황(S), 철(Fe), 붕소(B), 아연(Zn), 망간(Mn), 몰리브덴(Mo), 염소(Cl), 구리(Cu)

  ㉡ **필수원소의 분류**

    ㉮ **다량필수원소** : 질소, 인산, 칼륨, 유황, 칼슘, 마그네슘 등

    ㉯ **미량필수원소** : 철, 구리, 아연, 몰리브덴, 망간, 붕소, 염소 등

    ㉰ **비료의 3요소** : 질소, 인, 칼륨

    ㉱ **비료의 4요소** : 질소, 인, 칼륨, 칼슘

  ㉢ **필수원소의 결핍 및 과잉 증상**

분류	생리작용	결핍증상	과잉증상
질소(N)	• 단백질 구성 • 엽록소 구성 • 효소, 호르몬, 핵산 구성	• 잎의 황백화 현상 • 성숙이 빨라지고 수량이 감소	• 세포벽의 연화 • 내병충성의 약화
인산(P)	• APT, 핵산, 효소 구성 • 세포분열, 뿌리신장 촉진 • 개화, 결실 촉진	• 분얼이 적고 개화 결실이 불량 • 과실의 감미가 떨어지고 품질 저하	• 황화현상
칼륨(K)	• 단백질 합성 관여 • 개화, 결실 촉진 • 병해충 저항성 촉진	• 조기낙엽현상 • 뿌리신장 불량 및 과실의 비대	• 칼슘과 마그네슘의 흡수 저해
칼슘(Ca)	• 뿌리 생육 촉진 • 세포막 생성 및 강화 • 유해물질 중화	• 분열조직의 생장이 감소 • 잎 주변이 백화되어 고사	• 망간, 붕소, 아연, 마그네슘 등의 흡수 방해
마그네슘(Mg)	• 엽록소 구성 및 생성 • 인산의 흡수 및 이동	• 잎맥과 잎맥 사이의 황변	• 생육이 나빠진다.

유황(S)	• 탄수화물대사, 엽록소 생성에 관여 • 아미노산, 비타민 관여	• 전반적인 생육불량	• 토양의 산성화 촉진
철(Fe)	• 엽록소 생성에 관여 • 산화, 환원반응에 관여 • 구리, 망간 등과 길항작용	• 엽록소가 형성되지 않음 • 광합성 작용 방해	• 망간, 인산의 결핍증 조장
붕소(B)	• 효소작용 활성화 • 세포막의 펙틴 형성 • 칼슘 흡수 및 전류에 관여	• 생장점이 약해지며 코르크화	• 잎이 황화 고사
망간(Mn)	• 호흡, 광합성 등에 관여	• 엽맥의 황화 • 소엽화	• 잎의 황백화와 만곡 현상
몰리브덴(Mo)	• 산화, 환원 효소 구성 • 비타민C 생성에 관여	• 편상엽증	• 오래된 잎부터 서서히 황색 반점 발생
아연(Zn)	• 촉매 또는 반응조절물질 • 단백질, 탄수화물 대사에 관여	• 황백화, 괴사, 조기낙엽	• 잎의 옆면에 갈색의 반점이 생김
구리(Cu)	• 산화, 환원 효소 구성 • 엽록소 형성에 관여 • 에틸렌, 옥신 생성	• 신엽의 선단부터 황백화	• 뿌리의 신장저해 유발
규소(Si)	• 내병충성 증대	• 잎이나 줄기의 연약화	−
염소(Cl)	• 명반응에 직접 관여	• 새순 및 새눈이 황화	• 조기낙엽

(5) 대기환경

① 대기의 구성

    ㉠ 질소(N) : 약 79%

    ㉡ 산소(O_2) : 약 21%

    ㉢ 이산화탄소(CO_2) : 0.03%

    ㉣ 기타 : 수증기, 먼지와 연기, 미생물, 화분, 각종 가스 등

② 공기와 생육작용

    ㉠ 호흡작용에 필요한 산소를 공급한다.

    ㉡ 광합성의 주재료인 탄산가스를 공급한다.

        ㉮ 바람은 공기 중의 CO_2 농도를 균등하게 만들어준다.

        ㉯ 지표면에서 가까울수록 CO_2 농도가 높아진다.

ⓒ 질소고정균을 통해서 질소를 공급한다.
　㉮ 생물적 질소고정 : 생물체에 의한 것으로서 보통 질소대사의 한 과정으로 질소동화라고도 불린다.
　㉯ 비생물적 질소고정 : 생물체에 의하지 않고 자연현상 또는 화학공업적인 공중질소고정에 의한 것이다.
ⓓ 유해가스로 인해서 작물의 생육장해를 유발한다.

③ 바람과 생육작용
　㉠ 바람의 효과
　　㉮ 증산작용 촉진
　　㉯ 작물 주위의 탄산가스 농도 유지
　　㉰ 잎의 수광량을 높여 광합성 촉진
　　㉱ 꽃가루의 매개를 도와줌
　　㉲ 낙화 낙과 유발
　　㉳ 대기오염 물질의 농도를 낮춤
　㉡ 연풍 : 바람의 강도 분류 중 4~6km/hr 이하의 약한 바람 군을 말한다.

장점	단점
• 한여름에는 기온과 지온을 낮춘다. • 풍매화의 결실에 도움을 준다. • 작물 주위의 탄산가스 농도를 높여준다. • 작물의 증산작용을 유발하여 양분흡수를 증대시킨다.	• 잡초의 씨나 병균을 전파한다. • 건조시에는 더욱 건조한 상태를 조장한다. • 냉풍은 작물체에 냉해를 유발하기도 한다.

④ 풍해
　㉠ 개념 : 넓은 의미로는 바람에 의한 모든 재해를 말하며, 좁은 의미로는 강풍(4~6km/hr 이상) 및 강풍의 급격한 풍속변화에 의하여 발생하는 피해를 말한다.
　㉡ 장해유형
　　㉮ 풍속이 2~4m/sec 이상으로 강해지면 기공이 닫혀서 광합성이 저하된다.
　　㉯ 작물체온이 저하되면, 냉풍은 냉해를 유발한다.
　　㉰ 바람이 강할 경우 낙과·절손·도복·탈립 등을 유발하며 2차적으로 병해, 부패 등이 유발되기도 한다.
　　㉱ 바람에 의해 작물이 손상을 입으면 호흡이 증가하므로 체내 양분의 소모가 커진다.
　㉢ 대책
　　㉮ 방풍림을 만든다.
　　㉯ 조성용 수종은 크고 빨리 자라며 바람에 견디는 힘이 좋은 상록수 특히 침엽수가 알맞다.
　　㉰ 낙과 방지제를 살포한다.

과채류의 생육에 관여하게 되는 환경요인
- 질소가 과다하게 될 경우에는 과실의 착색 또는 품질이 저하되게 된다.
- 광량이 부족하게 될 시에 도장하기 쉽다.
- 통상적으로 점질토에서 재배하게 되면 과실의 숙기가 늦어지게 된다.
- 주간 및 야간의 온도차가 크게 될 시에는 과실의 품질이 향상하게 된다.

2 재배관리

(1) 종자

① 종자의 구조 … 배와 배유로 나누어지고, 배와 배유는 종피에 싸여 있다.

② 종자의 구분 … 배유 종자와 무배유 종자로 구분된다.
　㉠ 배유종자
　　㉮ 배젖이 있다.
　　㉯ 종피는 종자를 둘러싸서 보호한다.
　　㉰ 배젖은 배낭의 중심핵에서 형성되며, 영양물질을 저장하고 있다.
　㉡ 무배유종자
　　㉮ 배젖이 발달하지 않았다.
　　㉯ 떡잎이 영양물질을 함유하고 있다.

③ 종자의 성분 … 탄수화물, 단백질, 지방 및 여러 가지 무기성분 등으로 이루어져 있다.

④ 우량종자의 조건
　㉠ 외적조건
　　㉮ 순도가 높아야 한다.
　　㉯ 수분함량이 낮아야 한다.
　　㉰ 크기가 크고 무거워야 한다.
　　㉱ 품종 고유의 색택을 띠어야 한다.
　㉡ 내적조건
　　㉮ 병해가 없어야 한다.
　　㉯ 용가가 높아야 한다.
　　㉰ 유전적으로 순수해야 한다.
　　㉱ 발아력이 좋고, 발아세가 빠르며 균일해야 한다.

$$종자의 \ 용가(진가) = \frac{발아율(\%) \times 순도(\%)}{100}$$

(2) 작부체계

① 개념 … 일정한 토지에 작물종류를 조합하여 일정 순서대로 순환하여 작물을 재배하는 방식이다.

② 효과

    ㉠ 토양양분의 유효화 증가

    ㉡ 토양양분의 흡수능력 증대

    ㉢ 토양 병해충 장해 경감

③ 연작(이어짓기)과 기지현상

    ㉠ 연작 : 같은 작물을 항상 한 포장에서 해마다 재배하는 방법이다.

    ㉡ 기지현상(그루타기) : 연작을 할 경우 작물의 생육이 뚜렷하게 나빠지는 현상이다.

    ㉢ 기지현상의 원인

        ㉮ 유독물직의 집적 : 작물의 찌꺼기 또는 뿌리의 분비물에 의해 생육이 나빠진다.

        ㉯ 토양 전염병의 해 : 연작으로 인해 토양 중의 병원균이 번성하면 병해가 유발된다.

        ㉰ 잡초의 번성 : 잡초가 발생하면 작물의 생육에 피해를 준다.

        ㉱ 토양 물리성의 악화 : 화곡류의 연작시 토양이 굳어져서 물리성이 악화된다.

        ㉲ 토양 중의 염류 집적 : 연작을 하면 염류가 과잉 집적되어서 작물의 생육을 저해한다.

    ㉣ 작물에 따른 기지현상

        ㉮ 연작에 강한 작물 : 화본과, 겨자과, 백합과, 미나리과 등(사과, 포도, 자두, 살구 등)

        ㉯ 연작에 약한 작물 : 콩과, 가지과, 메꽃과, 국화과 등(복숭아, 무화과, 앵두, 감귤 등)

작물별 휴작 요구 년 수	
휴작 요구 년 수	작물
1년 휴작 필요	파, 콩, 생강, 시금치 등
2년 휴작 필요	마, 오이, 감자, 잠두, 땅콩 등
3년 휴작 필요	토란, 쑥갓, 참외, 강낭콩 등
5~7년 휴작 필요	가지, 수박, 우엉, 완두, 고추, 토마토 등
10년 휴작 필요	인삼, 아마 등

    ㉤ 기지현상의 대책

        ㉮ 기지현상에 강한 품종을 선택한다.

        ㉯ 연작을 하지 않고 몇 해를 주기로 하여 해마다 작물을 바꾸어 재배한다.

        ㉰ 기지로 인해 지력이 저하되었을 경우 깊이갈이를 하거나 퇴비로 결핍성분을 보충한다.

        ㉱ 유독물질을 알코올, 황산, 수산화칼륨, 계면활성제의 희석액이나 물로 씻어낸다.

④ 윤작(돌려짓기)

    ㉠ 개념 : 작물을 일정한 순서에 따라서 주기적으로 교대하여 재배하는 방법이다.

    ㉡ 윤작의 효과

        ㉮ 경영 안정화 : 투입하는 노동력의 연간 평준화로 매년 수입이 균등하게 된다.

        ㉯ 작물의 생산량 증대 : 지력을 유지 · 증대시켜 작물의 생산량이 많아진다.

        ㉰ 병충해의 방제 : 연작에 의한 병충해의 증가를 예방하고 방제한다.

        ㉱ 토양의 침식 방지 : 잡초발생을 억제하고 토양의 침식이 방지된다.

        ㉲ 기지현상의 회피 : 연작에 의한 생육장애를 피할 수 있다.

        ㉳ 지력이 증가된다.

⑤ 기타작부체계

    ㉠ 혼파 : 두 가지 이상의 종자를 섞어서 파종한다.

    ㉡ 간작(사이짓기) : 한정된 기간 동안 어떤 작물의 이랑이나 포기 사이에 다른 작물을 심는 것을 말한다.

    ㉢ 혼작(섞어짓기) : 두 종류 이상의 작물을 동시에 같은 경지에 재배할 때 그들 사이에 주작물 · 부작물의 관계가 없는 작부방식이다.

    ㉣ 교호작(엇갈아짓기) : 이랑을 만들고 두 가지 이상의 작물을 일정한 이랑씩 배열하여 재배하는 방식이다.

    ㉤ 주위작(둘레짓기) : 포장 주위에 포장 내의 작물과는 다른 작물을 재배하는 것을 말한다.

    ㉥ 홑짓기 : 농경지에 한 종류의 작물만을 재배하는 방식을 말한다.

    🌲 재배방식

        ① 전조재배(Light Culture)

          • 이는 인공광원을 활용해서 일장 시간을 인위적으로 연장하거나 또는 야간을 중지함으로써 화성의 유기, 휴면타파 등의 효과를 얻는 재배방식이다.

          • 더불어 단일 식물의 개화를 억제시키기 위해서도 활용된다.

        ② 억제재배(Retarding Culture)

          • 통상적으로 채소 또는 화훼 등을 보통의 재배시기보다 늦추는 재배기술을 의미한다.

(3) 파종

① 파종시기의 결정

　㉠ 생리적 결정 요인 : 토양의 기후조건, 작물의 특성 등

　㉡ 실제 재배상 결정 요인 : 노동력, 수확물의 가격변동, 재해의 회피 등

원예작물의 파종시기		
파종시기		종자
4월	초순	감자
	중순	고추, 목화, 호박, 홍화, 강낭콩
	하순	땅콩, 옥수수, 호박고구마
5월	초순	생강, 율무, 참깨, 토란, 흑임자깨
6월	초순	서리태
	중순	청태, 흑태
	하순	검은팥, 기장, 녹두, 수수, 적두, 차조
7월	하순	들깨
8월	중순	무, 메밀

② 파종량 … 파종량이 과다할 경우 식물의 수광상태가 나빠지고 수량 및 품질이 떨어질 우려가 있다.

　㉠ 토양이 척박하거나 시비량이 적을 경우에는 파종량을 늘린다.

　㉡ 생육이 왕성한 품종은 적게 파종하고, 그렇지 못한 품종은 많이 파종한다.

　㉢ 일반적으로 한지에서는 난지보다 발아율과 개체의 발육도가 낮으므로 파종량을 늘린다.

　㉣ 일반적으로 파종기가 늦어질수록 작물 개체의 발육도가 작아지므로 파종량을 늘린다.

③ 파종 양식

　㉠ 적파 : 일정 간격을 두고 여러 개의 종자를 한 곳에 파종하는 방법이다.

　㉡ 점파(점뿌리기) : 일정 간격을 두고 하나에서 여러 개의 종자를 띄엄띄엄 파종하는 방법이다.

　㉢ 조파(줄뿌리기) : 뿌림골을 만들고 종자를 줄지어 뿌리는 방법이다.

　㉣ 산파(흩어뿌리기) : 포장 전면에 종자를 흩어 뿌리는 방법이다.

④ 파종절차

　㉠ 작조 : 종자를 뿌리는 골을 만드는 것을 말한다.

　㉡ 간토 : 종자가 비료에 직접 닿으면 유아나 유근이 상할 수 있으므로 약간의 흙을 넣어 종자가 비료에 직접 닿지 않게 하는 것이다.

　㉢ 복토 : 종자를 뿌린 후 발아에 필요한 수분을 보전하고 비, 바람에 종자가 이동되는 것을 막기 위해 흙으로 덮는 것을 말한다.

POINT

복토의 깊이

구분	내용
토질	• 중점토에서는 얕게 복토한다. • 경토에서는 깊게 복토한다.
온도	• 적온에서는 얕게 복토한다. • 저온 또는 고온에서는 깊게 복토한다.
발아습성	• 호광성 종자는 복토를 하지 않거나 얕게 한다.
종자의 크기	• 소립의 종자는 얕게 복토한다. • 대립의 종자는 깊게 복토한다.

ㄹ 진압 : 파종 후 복토의 전 또는 후에 종자 위를 가압하는 것을 말한다.

(4) 육묘

① 육묘의 개념 … 묘란 번식용으로 이용되는 어린모를 말하며, 육묘란 묘를 묘상(苗床) 또는 못자리에서 기르는 일을 말한다.

② 육묘의 종류

기준	구분	내용
묘상의 위치	하우스육묘	저온기에 플라스틱 필름 하우스 내에 묘상을 설치하여 육묘하는 것을 말한다.
	노지육묘	고온기 노지에 간단한 시설을 하여 육묘하는 것을 말한다.
묘상의 보온 유무	온상육묘	저온기에 태양열과 함께 인공적으로 가온하면서 육묘하는 방식이다.
	냉상육묘	인공적인 가온을 하지 않고 태양열만으로 육묘하는 방식이다.
육묘용 배지	상토육묘	육묘를 위해 제조된 상토를 묘상 또는 분에 채워 모종을 가꾸는 것을 말한다.
	양액육묘	배양액을 묘상 또는 분에 채워 모종을 가꾸는 것을 말한다.
특수육묘	삽목육묘	어린 묘의 배축을 절단하여 삽목 후 발근시켜 묘를 생산하는 것을 말한다.
	접목육묘	토양 전염성 병의 내성을 높이기 위해 내병성이 큰 호박, 박, 야생가지 등을 대목으로 하여 접목하는 것을 말한다.
	공정육묘	공장에서 공산품을 제조하듯이 균일한 묘를 생산하는 시스템이다.

③ 육묘의 목적

    ㉠ 종자 절약 등 수익 증대를 위해서

    ㉡ 토지이용률을 제고하기 위해서

    ㉢ 결구성 채소(배추, 무)의 추대(抽薹)를 방지하기 위해서

    ㉣ 과채류의 조기수확과 수확량의 증대를 위해서

④ 육묘의 내용

    ㉠ 육묘의 경우 직파에 비해서 발아율을 향상시킨다.

    ㉡ 공정육묘에 활용되어지는 플러그 트레이 셀의 수는 72, 162, 288 등으로 다양하다.

    ㉢ 육묘용 상토에는 버미큘라이트, 피트모스, 펄라이트 등이 활용되어진다.

(5) 이식

① 개념 … 식물을 다른 장소에 옮겨 정상적으로 생장시키는 것을 말한다.

    ㉠ 정식(定植) : 수확을 할 때까지 그대로 둘 장소에 옮겨 심는 것을 말한다.

    ㉡ 가식(假植) : 정식을 할 때까지 잠시 동안 이식해 두는 것이다.

② 이식의 장·단점

    ㉠ 장점

        ㉮ 농업을 보다 집약적으로 할 수 있다.

        ㉯ 육묘 중 가식을 하면 근군이 충실해지므로 정식 시 활착을 빠르게 할 수 있다.

        ㉰ 채소의 경우 경엽의 도장이 억제되고 생육이 양호하여 숙기를 빠르게 한다.

    ㉡ 단점

        ㉮ 당근 무와 같은 직근류는 어릴 때 이식하면 뿌리가 손상되어 상품성이 낮아진다.

        ㉯ 참외, 수박, 목화류는 뿌리가 다치면 발육에 지장을 준다.

③ 이식의 시기

    ㉠ 동상해의 우려가 없는 시기에 이식한다.

    ㉡ 토양수분이 넉넉하고, 바람이 없으면 흐린 날에 이식한다.

    ㉢ 다년생 목본식물은 싹이 움트기 이전 이른 봄과, 낙엽이 진 뒤에 이식하는 것이 좋다.

④ 이식방법

    ㉠ 이식간격 : 작물의 생육습성에 따라 결정되며, 그 외 파종량을 지배하는 조건들에 의해 달라진다.

    ㉡ 이식준비

        ㉮ 증산 억제제인 OED 유액을 1~3%로 만들어 살포하거나 잎의 일부를 전정한다.

        ㉯ 활착하기 어려운 것은 미리 뿌리돌림을 하여 좁은 범위 내에서 세근을 밀생시켜 이식한다.

④ 모종굳히기(경화)를 통해 뿌리의 절단이나 손상이 최소한이 되도록 한다.

모종굳히기(경화)의 목적
㉠ 흡수력 증대
㉡ 내한성 · 내건성 증대
㉢ 뿌리의 발달 촉진

ⓒ 본포 준비

㉮ 비료는 이식하기 전에 사용한다.

㉯ 미숙 퇴비는 작물의 뿌리에 접촉하지 않도록 한다.

ⓔ 이식

㉮ 표토를 안에 넣고 심토를 겉에 덮는다.

㉯ 묘상에 묻혔던 깊이로 이식하는 것이 원칙이나 건조지에서는 더 깊게, 습윤지에서는 더 얕게 심는다.

ⓜ 이식 후 관리

㉮ 이식물이 쓰러질 경우가 있을 경우 지주를 세워준다.

㉯ 건조가 심할 경우 토양과 작물을 피복하거나 식물체에 볕가림을 해준다.

㉰ 토양입자와 뿌리가 잘 밀착되게 진압하고, 충분히 관수한다.

(6) 보식 · 솎기 · 중경

① 보식

㉠ 보식(補植) : 발아가 불량하거나 이식 후 병충해 등으로 고사한 곳에 보충하여 이식하는 것을 말한다.

㉡ 보파(補播) : 파종이 고르지 못하거나 발아가 불량할 때 작물 개체간의 거리를 조절하기 위해 보충적으로 파종하는 것을 말한다.

② 솎기

㉠ 개념 : 작물의 씨를 빽빽하게 뿌린 경우 싹이 튼 뒤 그 중 일부를 제거하여 개체수를 고르게 하는 작업이다.

㉡ 솎기의 효과

㉮ 개체의 생육공간을 넓혀 주어 균일한 생육을 돕는다.

㉯ 종자에선 판별이 곤란한 열악 형질 개체를 제거하여 우량 개체만을 남길 수 있다.

③ 중경

㉠ 개념 : 작물의 생육 도중에 작물 사이의 토양을 가볍게 긁어주어 부드럽게 하는 작업이다.

㉡ 중경의 장 · 단점

⑦ 장점

ⓐ 잡초 제거의 효과가 있다.

ⓑ 굳어있던 표층토를 중경하여 피막을 부숴주면 발아가 조장된다.

ⓒ 투수성, 통기성을 증가시켜 토양의 내부 건조를 막고, 뿌리의 성장을 돕는다.

㉯ 단점

ⓐ 표층토의 건조로 인해 바람이 심한 곳에서는 풍식이 조장된다.

ⓑ 유수형성(幼穗形成) 이후의 중경은 감수(減收)의 원인이 된다.

ⓒ 발아 중의 어린 식물이 서리나 냉온을 만났을 때 한해를 입기 쉽다.

(7) 멀칭

① 개념 … 멀칭(mulching)이란 작물의 재배시 경토의 표면을 비닐·건초·짚 등으로 피복해 주는 작업을 말한다.

② 멀칭의 목적 … 토양침식 방지, 토양수분 유지, 지온조절, 잡초 억제, 토양전염성 병균 방지, 토양오염 방지 등의 목적으로 실시한다.

③ 멀칭의 분류

㉠ 토양멀칭 : 토양 표층을 곱게 중경하여 토양 모세관을 단절해서 수분증발을 억제할 목적으로 실시한다.

㉡ 폴리멀칭 : 과거에는 볏짚, 보릿짚, 목초 등을 사용했으나, 오늘날은 폴리에틸렌이나 폴리염화 비닐필름을 이용한다.

④ 필름의 종류와 효과

㉠ 흑색필름 : 모든 광을 흡수하여 잡초의 발생과 건조해발생 및 표토의 유실이 적으나, 지온상승 효과가 낮다.

㉡ 투명필름 : 모든 광을 투과시켜 잡초의 발생이 많으나, 지온상승 효과가 높다.

㉢ 녹색필름 : 잡초를 억제하고 지온상승 효과가 높다.

(8) 비료와 시비

① 비료

㉠ 비료의 개념 : 토지를 기름지게 하고 초목의 생육을 촉진시키는 것의 총칭이다.

㉡ 비료의 조건

⑦ 수송, 저장, 사용에 불편이 없어야 한다.

㉯ 식물생육과 환경에 유해한 물질이 들어있지 않아야 한다.

㉣ 식물의 생육에 필요한 양분이 일정량 함유되어 있어야 한다.

㉤ 가격이 저렴하고, 비효(肥效)가 높아 농업 경영에 도움이 되어야 한다.

© 비료의 분류

기준	분류		예
형태	고체 비료		유안, 요소, 용성인비, 유기질 고형비료 등
	액체 비료		붕산수, 암모니아수 등
	기체 비료		탄산가스, 에틸렌 등
주성분	질소질 비료		요소, 유안, 석회질소, 깻묵 등
	인산질 비료		과석, 중과석, 용성인비, 골분, 쌀겨 등
	칼륨질 비료		염화칼륨, 황산칼륨, 초산칼륨 등
효과의 지속성	속효성 비료		요소, 과인산석회, 암모니아, 염화가리 등
	완효성 비료		깻묵, 피복비료 등
	지효성 비료		퇴비, 구비 등
화학·생리적 반응	화학적	산성 비료	과인산석회, 중과인산석회 등
		중성 비료	황산암모니아, 질산암모니아, 황산가리, 염화가리 등
		염기성 비료	재, 석회질소, 용성인비 등
	생리적	산성 비료	황산암모니아, 황산가리, 염화가리 등
		중성 비료	질산암모니아, 과인산석회, 중과인산석회, 요소 등
		염기성 비료	석회질소, 용성인비, 재, 칠레. 초석 등

POINT

염화칼슘($CaCl_2$) … 염화칼슘은 세포벽에서 펙틴의 결합을 견고하게 하여 과육의 연화를 억제하고 노화를 지연시켜 저장력을 향상시킨다.

② 시비

㉠ 시비의 개념

㉮ 재배하는 작물에 인위적으로 비료성분을 공급하여 주는 일을 말한다.

㉯ 토양, 빗물, 관개수 등에 의해서 천연적으로 공급되기도 한다.

㉡ 시비량

$$시비량 = \frac{흡수소요량 - 천연공급량}{비료요소의 흡수율}$$

㉮ 비료요소의 흡수량 : 단위면적당 전 수확물 중에 함유되어 있는 비료요소를 분석하여 계산한다.

ⓝ 비료의 천연공급량 : 어떤 비료요소에 대하여 무비료 재배를 할 때의 단위면적당 전 수확물 중 함유되어 있는 비료요소량을 분석·계산하여 구한다.

ⓓ 비료요소의 흡수율(이용률) : 토양에 시용된 비료성분 가운데 직접 작물에 흡수되어 이용되는 비율로, 비료·토양·작물 조건에 따라 다르다.

ⓒ 시비의 분류

기준	구분	개념
시비목적	분얼비(줄기거름)	분얼수의 증가를 위하여 주는 추비
	수비(이삭거름)	이삭의 충실한 발육을 위하여 주는 비료
	실비(알거름)	열매의 충실한 발육을 위하여 주는 비료
시비시기	기비(밑거름)	파종 또는 이식할 때 주는 비료
	추비(덧거름)	생육 도중에 주는 비료
	지비(최종거름)	마지막 거름
시비방법	전면시비	포장 또는 시설재의 전 표토에 골고루 비료를 뿌려주는 방법
	부분시비	비료를 특정 위치에 집중적으로 공급해주는 방법
	액비시비(관비)	물과 비료를 동시에 공급해주는 방법
	토양주입	특수 기구를 이용하여 토양에 주입하는 방법
	엽면시비	액체비료를 식물의 지상부에 살포하는 방법
	탄소시비	탄산가스를 인위적으로 공급하는 방법

ⓔ 엽면시비

㉮ 개념 : 요소 또는 엽면 살포용 비료를 물에 희석하여 분무상태로 잎이나 줄기에 시비하는 것을 말한다.

㉯ 필요성

ⓐ 멀칭(mulching) 등으로 인해 토양시비가 곤란한 경우

ⓑ 작물의 뿌리가 연약하고, 상해서 흡수가 어려울 경우

ⓒ 토양이 지나치게 건조하고 기온이 낮을 경우

ⓓ 미량요소의 결핍증상이 예상되거나 나타날 경우

㉰ 엽면흡수의 영향 요인

ⓐ 살포액의 pH가 약산성인 것이 흡수가 잘 된다.

ⓑ 피해가 나타나지 않을 경우 살포액의 농도가 높을수록 흡수가 잘 된다.

ⓒ 잎 표면보다 표피가 얇은 이면에서 흡수가 잘 된다.

ⓓ 잎 안의 질소농도가 낮을 경우 엽면흡수가 좋지 못하다.

ⓔ 표면활성제인 전착제(展着劑)를 첨가하여 살포하면 흡수율이 높아진다.

ⓕ 기상조건이 좋을 때 식물의 생리작용이 왕성하므로 흡수가 빠르다.

  ⓜ 건조피해를 예방하기 위한 방법 : 유기물, 질소질, 인산질 비료를 늘려 준다.

(9) 관개와 배수

① 관개 … 작물의 적절한 생육과 알맞은 토양환경을 만들기 위해 필요한 물을 인공적으로 농지에 공급해주는 것을 말한다.

  ㉠ 관개의 효과

    ㉮ 작물의 생육에 필요한 수분을 공급한다.

    ㉯ 흙 속의 유해물질을 제거해준다.

    ㉰ 저습지의 지반을 개량한다.

    ㉱ 지온을 조절한다.

    ㉲ 안정된 다수확을 올릴 수 있다.

  ㉡ 관개의 분류

    ㉮ 관개방법에 따른 분류

구분	예	내용
지표관개 : 땅 위로 물을 대는 방법	저류관개	저수지 또는 중간저수 장치 등을 이용하는 방법
	휴간관개	고랑에 물을 넣어 농작물의 뿌리에 물을 주는 방법
	일류관개	목초지에서 물이 전면으로 흘러넘치게 하는 방법
	보더관개	포장된 경사면을 따라 물이 흐르게 하는 방법
	수반관개	둘레에 두둑을 만들고 그 안에 물을 가두어 두는 방법
살수관개 : 공중으로 물을 살포하는 방법	스프링클러관개	압력수를 노즐로 분사시켜 빗방울이나 안개모양으로 만들어 관개하는 방법
지하관개 : 지하에 도관을 설치하여 물을 공급하는 방법	개거법	개방된 토수로를 통해 물을 뿌리 부근에 공급하는 방법
	암거법	지하에 관을 묻고 물이 간극으로부터 스며오르게 하는 방법
	암입법	뿌리가 깊은 과수 주변에 구멍을 뚫고 물을 주입하는 방법

저면관개 : 아랫부분에 물을 저장해 뿌리가 물을 빨아들이도록 하는 방법	• 양액재배, 분화재배 등에 이용한다. • 토양오염 및 토양 병해를 방지할 수 있다.
점적관개 : 가는 구멍이 뚫린 관을 땅속에 설치하여 물이 천천히 조금씩 흘러나오게 하는 관수방법	• 넓은 면적에 균일하게 관수 • 수분절약형 관수방법

㉯ 물의 이용방식에 따른 분류

구분	내용
연속관개	• 끊임없이 물을 공급하는 방법 • 누수가 심하거나 수온조절이 필요한 논에서 이용 • 비경제적, 비료성분의 유실·용탈 가능성
간단관개	• 일정한 주기마다 물을 공급하는 방법 • 물을 절약하며 유효하게 사용 가능
윤번관개	• 지역을 몇 개로 구분하여 순차적으로 관개하는 방법
순환관개	• 관개 후 사용된 물을 양수기로 퍼 올려 재이용하는 방법

② 배수 … 과습상태인 농경지의 물을 자연적 또는 인위적으로 빼주어 작물생육에 알맞은 조건으로 만들어주는 것을 말한다.

㉠ 배수의 효과

㉮ 습해, 수해 등을 방지할 수 있다.

㉯ 경지이용도를 높일 수 있다.

㉰ 농작업을 원활하게 하고 기계화를 촉진시킬 수 있다.

㉱ 토양의 성질이 개선되어 작물의 생육을 원활히 한다.

㉡ 배수방법

㉮ 암거배수 : 지하에 배수시설(암거)을 하여 배수하는 방법으로 주로 지하수를 배제한다.

㉯ 개거배수 : 포장 안에 알맞은 간격으로 도랑을 치고 포장 둘레에도 도랑을 쳐서 지상수와 지하수를 배재하는 방법으로 주로 지상수를 배제한다.

㉰ 기계배수 : 인력, 축력, 풍력, 기계력 등을 이용해서 배수한다.

㉱ 객토법 : 객토를 하여 토성을 개량하거나 지반을 높여서 자연적 배수를 꾀한다.

⑽ 원예식물의 생육조절

① 정지와 전정
  ㉠ 개념
    ㉮ 정지 : 식물체의 골격 및 외관을 구성하기 위하여 줄기와 가지의 생장을 조절하여 수형을 인위적으로 만드는 작업이다.
    ㉯ 전정 : 수목의 관상, 개화 및 결실, 병충해 방지, 생육상태 조절 등을 위해서 직접 관여하는 가지를 잘라주는 작업이다.
    ㉰ 일반적으로 정지와 전정을 합쳐서 전정이라고 한다.

  ㉡ 전정의 효과
    ㉮ 생장의 촉진 또는 억제로 발육을 조절한다.
    ㉯ 난잡한 수형을 정비하여 관상적 가치를 높인다.
    ㉰ 식물체의 보호·관리를 간편하게 한다.
    ㉱ 통풍·통광을 원활히 하여 병충해 발생의 원인을 제거한다.
    ㉲ 격년결과(해거리)를 방지한다.
    ㉳ 화목류의 경우 분화기 이전에 분화에 필요한 조건을 만들어 개화결실을 촉진시킨다.

  ㉢ 전정의 분류

기준	분류	내용
전정시기	겨울전정(휴면기간)	월동 후 수액 이동 전 휴면기간 동안 실시
	여름전정	생육기 중 수세조절 또는 겨울전정의 보안으로 실시
전정방법	솎음전정	불필요한 가지를 기부 끝에서 완전히 절단하여 제거
	절단전정	가지 중간을 절단하여 튼튼한 골격으로 만들거나, 빈 공간을 새로운 가지로 채우기 위해서, 또는 가지가 적당하지 못한 방향으로 자랄 경우 가지의 1/2, 1/3, 2/3를 남기고 자르는 방법
전정강도	강전정	어리거나 생육이 왕성하여 새 가지의 발생이 잘 되는 경우
	약전정	늙고 쇠약하여 새 가지의 발생이 나쁜 경우

  ㉣ 전정을 하지 않는 수종

구분	예
침엽수	금송, 독일가문비, 나한백 등
상록활엽수	동백나무, 녹나무, 만병초, 월계수 등
낙엽활엽수	느티나무, 회화나무, 수국, 백목련, 떡갈나무 등

ⓜ 정지법의 종류

분류	내용	
입목형	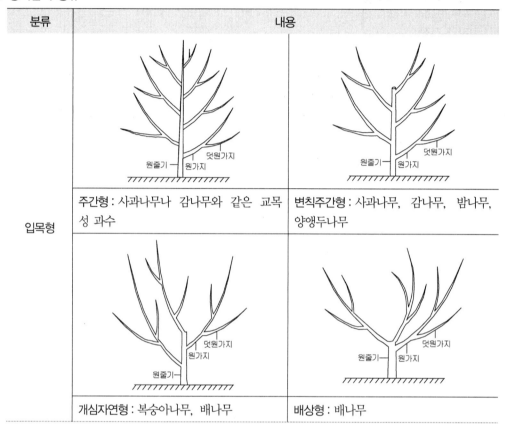	
	주간형 : 사과나무나 감나무와 같은 교목성 과수	변칙주간형 : 사과나무, 감나무, 밤나무, 양앵두나무
	개심자연형 : 복숭아나무, 배나무	배상형 : 배나무

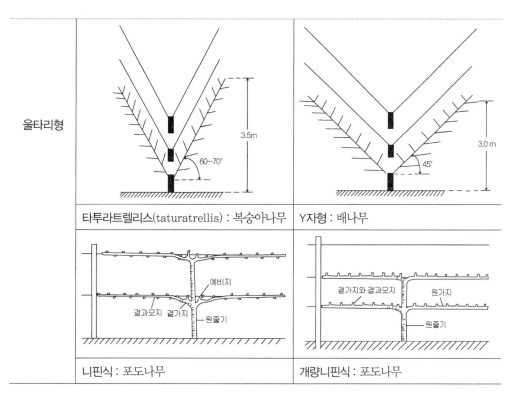

울타리형	3.5m / 60~70° / 타투라트렐리스(taturatrellis) : 복숭아나무	3.0 m / 45° / Y자형 : 배나무
	예비지 / 결과모지 곁가지 / 원줄기 / 니핀식 : 포도나무	곁가지와 결과모지 / 원가지 / 원줄기 / 개량니핀식 : 포도나무

② 과수의 유년성과 성년성

　ⓞ 유년성 : 종에 따라서 수십 년간 지속되기도 하고 감귤나무와 같이 가시가 발달되기도 한다.

　ⓒ 성년성 : 사과의 교배실생을 왜성대목에 접목하면 성년성에 이르는 시기를 앞당길 수 있다.

　　🌲 왜성대목을 활용한 접붙이기

　　　• 토양에 대한 적응력이 약해 생리장해에 대한 발생 가능성이 있다.
　　　• 결실연령의 단축이 가능하다.
　　　• 단위면적 당 재식주수를 증대시켜서 수량증대에 대한 효과를 꾀할 수 있다.

③ 기타 결실 조절

　ⓞ 적심(순지르기)

　　㉮ 마지막으로 수확할 화방의 위에 있는 잎 2개를 남기고 잘라준다.

　　㉯ 일찍 순을 자르면 아래부위 열매가 열과할 수 있으므로 수세를 보아 결정한다.

　ⓒ 적아(곁순 따주기)

　　㉮ 가능한 빨리 따준다.

　　㉯ 적아가 늦어질 경우 초형잡기가 어렵고, 상처부위를 통해 바이러스가 쉽게 침입한다.

ⓒ 적엽(잎따기)

  ㉮ 지나치게 우거진 잎이나 묵은 잎을 따주는 작업이다.

  ㉯ 생장 억제 및 탄소동화작용을 약화시켜 수형축소의 목적을 달성한다.

㉣ 절상 : 눈 또는 가지의 바로 위에 가로로 깊은 상처를 내어 발육을 조장시킨다.

㉤ 유인

  ㉮ 지주를 세워 덩굴을 유인하는 방법으로 토마토 또는 오이 재배에 주로 이용된다.

  ㉯ 수광을 향상시켜 병해 및 과실의 부패를 방지한다.

㉥ 적화(꽃따기)

  ㉮ 불필요한 꽃을 수작업 또는 적화제를 사용해서 제거하는 작업이다.

  ㉯ 적화시기가 빠를수록 효과가 크다.

㉦ 적과(과실따기)

  ㉮ 다른 과실에 비하여 크기가 작거나 기형인 것, 병해충의 피해과를 적과한다.

  ㉯ 결실량을 조절하여 과실의 크기를 증대시킨다.

㉧ 봉지 씌우기(bagging) : 배, 사과, 포도 등의 과수재배에서 병충해를 방제하고 외관을 좋게 한다.

(11) 원예식물의 화학조절

① 식물생장 조절

  ㉠ 식물호르몬 : 식물체 내에서 합성되어서 체내에서 이동하며 각종 생리작용을 조절하는 미량 물질이다.

  ㉡ 식물생장 조절제 : 식물의 생육을 촉진 또는 억제하거나 이상 생육을 인위적으로 유발시키는 화학물질이다.

POINT

식물생장 조절제의 종류
㉠ 생장촉진제 : 아토닉, 지베렐린 등
㉡ 발근촉진제 : 루톤 등
㉢ 착색촉진제 : 에테폰 등
㉣ 낙과방지제 : 2 · 4 · 5TP 등
㉤ 생장억제제 : 말레산히드라지드 등

② 옥신류(Auxin) … 식물체에서 줄기세포의 신장생장 및 여러 가지 생리작용을 촉진하는 호르몬이다.

  ㉠ 주요 합성옥신

    ㉮ NAA(Naphthalene Acetic Acid)

    ㉯ IBA(Indole – butyric Acid)

    ㉰ PCPA(PCA, P – chlorophenoxy Acetic Acid)

㉒ BNOA(β – naphthoxy Acetic Acid)

      ㉓ 2 · 4 · 5 – T(2 · 4 · 5 – Trichlorophenoxy)

      ㉔ 2 · 4 · 5 – TP[Silverx, 2 – (2 · 4 · 5 – Trichlorophenoxy) Propionic Acid]

      ㉕ 2 · 4 – D(Dichlorphenoxy Acetic Acid)

    ⓛ 옥신의 재배적 이용

작용	이용
발근촉진	삽목이나 취목 등이 영양번식을 할 경우 발근량 및 발근속도를 촉진시킨다.
접목에서의 활착촉진	접수와 대목의 접착부위에 IAA 라놀린 연고를 바르면 조직의 형성이 촉진된다.
개화촉진	파인애플의 경우 NAA, β –IBA, 2 · 4–D 등의 10~50mg/ℓ 수용액을 살포해주면 화아분화를 촉진시킬 수 있다.
낙과방지	사과의 경우 자연낙과하기 직전 NAA 20~30ppm 수용액이나 2 · 4 · 5 – TP 50ppm 수용액 등을 살포화면 과경(果梗)의 이층 형성을 억제하여 낙과를 방지할 수 있다.
가지의 굴곡 유도	가지를 구부리려는 반대쪽에 IAA 라놀린 연고를 바르면 옥신농도가 높아져서 가지를 원하는 방향으로 구부릴 수 있다.
적화 및 적과	사과나무에서 꽃이 만개한 후 1~2주 사이에 Na – NAA 10ppm 수용액을 살포해 주면 결실하는 과실수는 1/2~1/3로 감소한다.
과실의 비대와 성숙촉진	강낭콩에 PCA 2ppm 용액 또는 분말을 살포하면 꼬투리의 비대를 촉진한다.
단위결과	토마토와 무화과 등의 개화기에 PCA 또는 BNOA의 25~50ppm액을 살포하면 단위결과가 유도되며, 씨가 없고 상품성이 높은 과실이 생산된다.
증수효과	NAA 1ppm 용액에 고구마 싹을 6시간 정도 침지하면 약간의 증수효과를 갖는다.
제초제	2 · 4 – D는 최초로 사용된 인공제초제이다.

  ③ 지베렐린(Gibberellin) … 벼의 키다리병균에 의해 생산된 고등식물의 식물생장 조절제이다.

    ㉠ 특징

      ㉮ 식물체 내에서 생성 · 합성되어 식물체의 뿌리 · 줄기 · 잎 · 종자 등의 모든 기관으로 이행되며, 특히 미숙한 종자에 많이 들어 있다.

      ㉯ 사람과 가축에게는 독성을 나타내지 않는다.

      ㉰ 일반적으로 지베렐린은 지베렐린산의 칼륨염 희석액을 쓴다.

ⓛ 지베렐린의 재배적 이용

작용	내용
경엽의 신장촉진	지베렐린은 왜성식물의 경엽 신장을 촉진하는 효과가 있다.
발아촉진	종자의 휴면을 타파하고 호광성 종자의 암발아를 유발한다.
화성촉진	저온과 장일에 추대하며 개화하는 월년생 작물에 대하여 저온과 장일을 대체하여 화성을 유도·촉진한다.
단위결실	포도가 개화할 때 지베렐린 처리를 하면 알이 굵고 씨가 없는 포도를 수확할 수 있다.

④ 시토키닌(Cytokinin) … 1955년 미국에서 고압 멸균한 정어리의 정자 DNA에서 키네틴(Kinetin)이라는 물질을 분리함으로써 발견되었다.

 ㉠ 주요 시토키닌

  ㉮ 키네틴(6 − furfurylaminopurine)

  ㉯ 6 − benzy aminopruine zeatin(4 − hydroxy − 3methyl − 2buthenylaminopurine)

  ㉰ 2 − mehtyl − 2 − bythenyl − aminopurine

 ㉡ 시토키닌의 작용

  ㉮ 휴면타파 작용을 한다.

  ㉯ 식물조직의 노화를 억제한다.

  ㉰ 작물의 내한성을 증대시킨다.

  ㉱ 저장물의 신선도를 증대시킨다.

  ㉲ 식물분열조직의 세포분열을 촉진한다.

  ㉳ 다른 생장조절제와 상호작용을 하면서 단백질 대사를 조절한다.

⑤ 생장억제물질 … 체내 생장호르몬의 생성과 합성을 방해하여 식물의 생장을 억제하는 화학물질이다.

 ㉠ B−9

  ㉮ 신장 억제 및 왜화작용

  ㉯ 사과의 경우 가지의 신장억제, 수세의 왜화, 착화증대, 개화지연, 숙기지연, 저장성의 향상과 같은 효과가 있다.

 ㉡ Phosfon−D

  ㉮ 줄기의 길이 단축

  ㉯ 국화, 포인세티아 등에서 줄기의 길이를 단축하는 데 이용된다.

 ㉢ CCC

  ㉮ 절간신장 억제, 토마토의 개화촉진

  ㉯ 토마토의 개화를 촉진하고 하위엽부터 개화시킨다.

㉰ 대다수의 식물에서 절간 신장을 억제한다.

 ㉣ Amo-1618

  ㉮ 국화의 왜화 및 개화 지연

  ㉯ 국화의 발근한 삽수에 처리하면 키가 작아지고, 개화가 지연된다.

 ㉤ MH

  ㉮ 생장저해 물질

  ㉯ 저장중인 감자나 양파의 발아를 막는다.

  ㉰ 당근 · 무 · 파 등에서 추대를 억제한다.

⑥ ABA(Abscisic Acid)

 ㉠ 특징

  ㉮ 어린 식물로부터 이층의 형성을 촉진하여 낙엽을 촉진한다.

  ㉯ ABA는 주로 뿌리에서 만들어지며 곧바로 잎으로 들어간다.

  ㉰ 잎으로 운반될 때 식물조직의 수분 감소를 막기 위해 기공을 닫는다.

 ㉡ ABA의 작용

  ㉮ 식물의 생장을 억제한다.

  ㉯ 목본식물의 경우 냉해 저항성이 커진다.

  ㉰ 종자의 휴면을 연장하여 발아를 억제한다.

  ㉱ 잎의 노화와 낙엽을 촉진하고 휴면을 유도한다.

  ㉲ 단일 식물에서 장일하의 화성을 유도하는 효과가 있다.

⑦ 에틸렌(Ethylene)

 ㉠ 특징

  ㉮ 과실의 성숙과 촉진 등 식물생장 조절에 이용한다.

  ㉯ 에테폰(Ethephon) : pH7 이상의 알칼리에서 에틸렌을 발생시킨다.

  ㉰ 식물이 스트레스를 받을 때 식물 자체 내에서도 만들어진다.

  ㉱ 식물내의 여러 세포에서 나오는 IAA의 운반을 조절한다.

 ㉡ 에틸렌의 작용

  ㉮ 과실의 성숙을 촉진시킨다.

  ㉯ 낙엽을 촉진한다.

  ㉰ 탈엽제 및 건조제로 이용된다.

  ㉱ 생육속도가 늦어진다.

  ㉲ 과수에서 적과의 효과가 있다.

CHECK | 기출예상문제에서는 그동안 출제되었던 문제들을 수록하여 자신의 실력을 점검할 수 있도록 하였다. 또한 기출문제뿐만 아니라 예상문제도 함께 수록하여 앞으로의 시험에 철저히 대비할 수 있도록 하였다.

〈농산물품질관리사 제13회〉

1 결핍 시 딸기의 잎끝마름과 토마토의 배꼽썩음병의 원인이 되는 무기양분은?

① 질소(N) ② 인(P)
③ 칼륨(K) ④ 칼슘(Ca)

💡 딸기의 잎끝마름과 토마토의 배꼽썩음병은 칼슘 결핍이 원인이다.

〈농산물품질관리사 제13회〉

2 채소작물 중 과실의 주요 색소가 안토시아닌(anthocyanin)인 것은?

① 토마토 ② 가지
③ 오이 ④ 호박

💡 안토시아닌은 식물의 꽃, 과일, 채소류에 있으며 빨강색, 자주색, 파랑색의 다양한 색을 띠는 천연 색소다. 알칼리에서 산성 환경으로 될수록 푸른색에서 붉은색으로 바뀐다. 껍질 바깥쪽에 많이 있으며 색이 진할수록 함유량이 높다.
① 토마토 – 리코펜
③ 오이 – 엽록소
④ 호박 – 카로티노이드(베타카로틴)

〈농산물품질관리사 제13회〉

3 채소작물별 배토(培土)의 효과로 옳지 않은 것은?

① 파의 연백(軟白)을 억제한다.
② 감자의 괴경 노출을 방지한다.
③ 당근의 어깨 부위 엽록소 발생을 억제한다.
④ 토란의 자구(子球) 비대를 촉진한다.

💡 ① 파의 배토작업은 쓰러짐을 방지할 뿐만 아니라 연백부를 길게 하여 파의 품질을 증진시키므로 매우 중요한 작업이다.

〈농산물품질관리사 제13회〉

4 채소작물 육묘의 목적에 관한 설명으로 옳지 않은 것은?

① 조기수확이 가능하고 수확기간을 연장하여 수량을 늘릴 수 있다.
② 묘상의 집약 관리로 어릴 때의 환경 관리, 병해충 관리가 쉽다.
③ 대체로 발아율은 감소되나 본밭의 토지이용률은 높여준다.
④ 묘의 생식생장 유도, 접목 등으로 본밭에서의 적응력을 향상시킬 수 있다.

💡 ③ 육묘는 종자발아율을 높이고 본밭의 토지이용률 또한 높여준다.

〈농산물품질관리사 제13회〉

5 채소작물에 고온으로 인해 나타나는 현상이 아닌 것은?

① 상추는 발아가 억제된다.
② 단백질의 변성으로 효소활성이 증가한다.
③ 동화물질의 소모가 크게 증가한다.
④ 대사작용의 교란으로 독성물질이 체내에 축적된다.

💡 ② 단백질의 변성으로 효소활성을 잃게 된다.

〈농산물품질관리사 제13회〉

6 화훼작물의 선단부 절간이 신장하지 못하고 짧게 되는 로제트(rosette) 현상을 타파하기 위해 사용하는 생장조절물질은?

① 옥신
② 시토키닌
③ 지베렐린
④ 아브시스산

💡 지베렐린 … 화훼작물의 선단부 절간이 신장하지 못하고 짧게 되는 로제트(rosette) 현상을 타파하기
위해 사용하는 생장조절물질
① 옥신 : 식물체에서 줄기세포의 신장생장 및 여러 가지 생리작용을 촉진하는 호르몬
② 시토키닌 : 생장을 조절하고 세포분열을 촉진하는 역할을 하는 물질을
④ 아브시스산 : 식물의 성장 중에 일어나는 여러 과정을 억제하는 식물호르몬

>> ANSWER

1.④ 2.② 3.① 4.③ 5.② 6.③

〈농산물품질관리사 제3회〉

7 가을에 국화의 개화시기를 늦추기 위한 재배방법은?

① 전조재배   ② 암막재배

③ 네트재배   ④ 촉성재배

> 💡 가을 국화의 개화시기를 늦추기 위해서는 전조재배를, 당기기 위해서는 암막재배를 실시한다.
> ※ 전조재배 … 인공광원을 활용해서 일장 시간을 인위적으로 연장하거나 또는 야간을 중지함으로써 화성의 유기, 휴면타파 등의 효과를 얻는 재배방식이다.

〈농산물품질관리사 제3회〉

8 장미에서 분화된 꽃눈이 꽃으로 발육하지 못하고 퇴화하는 블라인드(blind) 현상의 주요 원인이 아닌 것은?

① 일조량의 부족   ② 낮은 야간 온도

③ 엽수의 부족   ④ 질소 시비량의 과다

> 💡 ④ 시비량이 부족하여 영양결핍이 될 경우 블라인드 현상의 원인이 될 수 있지만, 시비량의 과다는 블라인드 현상이 원인으로 볼 수 없다.

〈농산물품질관리사 제3회〉

9 다음은 사과 과실 모양과 온도와의 관계를 설명한 내용이다. ( )에 들어갈 내용을 순서대로 나열한 것은?

> 생육 초기에는 ( )생장이, 그 후에는 ( )생장이 왕성하므로 해발 고도가 높은 지역이나 추운 지방에서는 과실이 대체로 원형이나 ( )으로 된다.

① 종축, 횡축, 편원형   ② 종축, 횡축, 장원형

③ 횡축, 종축, 편원형   ④ 횡축, 종축, 장원형

> 💡 생육 초기에는 종축생장이, 그 후에는 횡축생장이 왕성하므로 해발 고도가 높은 지역이나 추운 지방에서는 과실이 대체로 원형이나 장원형으로 된다.

〈농산물품질관리사 제13회〉

10 포도 재배 시 봉지씌우기의 주요 목적이 아닌 것은?

① 과실 품질을 향상시킨다.
② 병해충으로부터 과실을 보호한다.
③ 비타민 함량을 높인다.
④ 농약이 과실에 직접 묻지 않도록 한다.

> 봉지 씌우기(bagging)의 주요 목적
> ㉠ 병해충으로부터 과실을 보호한다.
> ㉡ 농약이 과실에 직접 묻지 않도록 한다.
> ㉢ 외관을 좋게 하여 과실 품질을 향상시킨다.

〈농산물품질관리사 제13회〉

11 배 재배 시 열매솎기(적과)의 목적이 아닌 것은?

① 과실의 당도 증진　　　　　② 해거리 방지
③ 무핵 과실 생산　　　　　　④ 유목의 수관 확대

> 적과(열매솎기)는 결실량을 조절하여 과실의 크기를 증대, 착색 증진 등으로 일률적인 상품성이 있
> 는 과실을 생산하고 수세에 맞추어 결실시킴으로써 해마다 안정적인 고품질의 과실을 생산하는 데
> 목적이 있다.

12 다음 중 여름작물의 최저온도는 얼마인가?

① 5~10℃　　　　　　　　　② 10~15℃
③ 15~20℃　　　　　　　　　④ 20~25℃

> 여름작물의 최저온도는 10~15℃이다.

>> ANSWER
7.① 8.④ 9.② 10.③ 11.③ 12.②

13 다음 중 겨울작물의 최적온도는?

① 0~10℃   ② 5~15℃

③ 10~20℃   ④ 15~25℃

💡 겨울작물의 최적온도는 15~25℃

14 바람의 강도 분류 중 4~6km/hr 이하의 약한 바람 군을 연풍이라고 하는데, 다음 중 이에 관한 내용으로 바르지 않은 것은?

① 작물 주위의 탄산가스 농도를 낮춰준다.
② 작물의 증산작용을 유발하여 양분흡수를 증대시킨다.
③ 풍매화의 결실에 도움을 준다.
④ 한여름에는 기온과 지온을 낮춘다.

💡 작물 주위의 탄산가스 농도를 높여준다.

15 다음 중 우량종자의 외적조건으로 바르지 않은 것은?

① 크기가 커야 하고, 무거워야 한다.
② 순도가 높아야 한다.
③ 수분함량이 높아야 한다.
④ 품종 고유의 색택을 띠어야 한다.

💡 수분함량이 낮아야 한다.

16 다음은 우량종자의 내적조건을 설명한 것이다. 이 중 가장 옳지 않은 것은?

① 유전적으로 순수해야 한다.
② 병해가 없어야 한다.
③ 용가가 높아야 한다.
④ 발아력이 좋고 발아세가 느리며 균일해야 한다.

💡 발아력이 좋고 발아세가 빠르며 균일해야 한다.

17 다음 중 1년 휴작이 필요한 작물이 아닌 것은?

① 참외   ② 생강

③ 콩   ④ 시금치

       💡 참외는 3년 휴작이 필요한 작물이다.

18 식물을 다른 장소에 옮겨 정상적으로 생장시키는 것을 이식이라고 하는데, 다음 중 이식에 대한 설명으로 가장 거리가 먼 것을 고르면?

① 농업을 보다 집약적으로 할 수 있다.

② 채소의 경우 경엽의 도장이 억제되고 생육이 양호하여 숙기를 빠르게 한다.

③ 당근 무와 같은 직근류는 어릴 때 이식하면 상품성이 높아진다.

④ 참외, 수박, 목화류는 뿌리가 다치면 발육에 지장을 준다.

       💡 당근 무와 같은 직근류는 어릴 때 이식하면 뿌리가 손상되어 상품성이 낮아진다.

19 작물의 생육 도중에 작물 사이의 토양을 가볍게 긁어주어 부드럽게 하는 작업을 중경이라고 하는데 다음 중 중경에 관한 설명으로 부적절한 것은?

① 잡초 제거의 효과가 있다.

② 표층토의 건조로 인해 바람이 심한 곳에서는 풍식이 조장된다.

③ 발아 중의 어린 식물이 서리나 냉온을 만났을 때 한해를 입기 쉽다.

④ 투수성, 통기성을 감소시켜 토양의 내부 건조를 막고, 뿌리의 성장을 돕는다.

       💡 투수성, 통기성을 증가시켜 토양의 내부 건조를 막고, 뿌리의 성장을 돕는다.

20 다음 중 비료의 조건으로 적절하지 않은 것은?

① 식물의 생육에 필요한 양분이 일정량 함유되어 있어야 한다.

② 가격이 고가이고, 비효(肥效)가 높아 농업 경영에 도움이 되어야 한다.

③ 식물생육과 환경에 유해한 물질이 들어있지 않아야 한다.

④ 수송, 저장, 사용에 불편이 없어야 한다.

       💡 가격이 저렴하고, 비효(肥效)가 높아 농업 경영에 도움이 되어야 한다.

>> ANSWER

13.④   14.①   15.③   16.④   17.①   18.③   19.④   20.②

21 다음 중 관개의 효과로 잘못된 것은?

① 고습지의 지반을 개량한다.　　② 흙 속의 유해물질을 제거해준다.

③ 지온을 조절한다.　　④ 안정된 다수확을 올릴 수 있다.

💡 저습지의 지반을 개량한다.

22 다음 중 배수의 효과로 보기 어려운 것은?

① 토양의 성질이 개선되어 작물의 생육을 원활히 한다.

② 농작업을 원활하게 수행하고 기계화를 촉진시킬 수 있다.

③ 습해, 수해 등을 방지할 수 있다.

④ 경지 이용도를 낮출 수 있다.

💡 경지에 대한 이용도를 높일 수 있다.

23 다음 중 시토키닌의 작용을 잘못 설명한 것은?

① 식물조직의 노화를 억제한다.

② 작물의 내한성을 감소시킨다.

③ 저장물의 신선도를 증가시킨다.

④ 식물분열조직의 세포분열을 촉진한다.

💡 작물의 내한성을 증가시킨다.

〈농산물품질관리사 제1회〉

24 낙엽과수의 휴면에 관한 설명이 바르게 된 것은?

① 식물호르몬 중 ABA(abscisic acid)는 휴면개시와 함께 증가한다.

② 대사활동의 대표적 지표인 호흡이 증가한다.

③ 휴면의 깊이와 내한성(耐寒性)의 정도는 반드시 일치한다.

④ 휴면이 완료되는 시기에 접어들면 전분 함량이 증가한다.

💡 ② 호흡량은 감소하게 된다.
　　③ 수체의 연생장주기로 볼 때 가지의 생장기간은 내한성이 가장 약한 때이므로 비교적 높은 저온에서도 피해를 받는 반면, 휴면기간 중에는 수체가 저온에 견디는 힘이 가장 강하다. 그러나 휴면의 깊이와 내한성의 정도가 반드시 일치하지는 않는다.
　　④ 휴면이 완료되면 전분은 감소하고 당의 함량이 증가한다.

〈농산물품질관리사 제1회〉

25 원예작물에서 나타나는 일장 반응을 맞게 설명한 것은?

① 만생종 양파는 조생종에 비해 인경비대에 요하는 일장이 짧다.

② 장일조건에서 마늘의 2차 생장(벌마늘)의 발생이 많아진다.

③ 장일조건에서 오이의 암꽃 착생비율이 높아진다.

④ 감자의 괴경과 다알리아의 괴근 형성은 단일에서 촉진된다.

① 만생종 양파는 조생종에 비해 일장이 길어야 한다.
② 마늘은 단일조건일 때 2차 생장(벌마늘)이 증가된다.
③ 단일조건 시 오이의 암꽃 착생비율이 높아진다.
※ 일장반응에 따른 원예의 분류
 ㉠ 단일성 식물 : 코스모스, 메리골드, 추국, 다알리아, 딸기, 단옥수수, 호박, 들깨 등
 ㉡ 중성 식물 : 해바라기, 장미, 팬지, 제라늄, 튤립, 토마토, 고추, 가지, 오이 등
 ㉢ 장일성 식물 : 아이리스, 페튜니아, 금잔화, 과꽃, 카네이션, 상추, 시금치, 쑥갓, 무 등

〈농산물품질관리사 제1회〉

26 원예작물의 생육온도에 대한 설명으로 바르게 된 것은?

① 생육적온은 대개 지상부에 비해 지하부가 높다.

② 배추, 사과, 카네이션 등은 호냉성 작물로 분류된다.

③ 생육적온은 열대원산인 작물에 비해 온대원산인 작물이 높다.

④ 딸기, 토마토, 장미 등은 호온성 작물로 분류된다.

① 생육적온은 지하부보다 지상부가 높다.
③ 생육적온은 온대원산인 작물에 비해 열대원산인 작물이 높다.
④ 딸기, 토마토 등은 호냉성 작물, 장미는 호온성 작물로 분류된다.

〈농산물품질관리사 제1회〉

27 시설재배에서 이산화탄소 시비에 대한 설명이 바르게 된 것은?

① 이산화탄소 시비량이 증가할수록 광합성은 계속 증가한다.

② 맑은 날에 비해 흐린 날은 이산화탄소 시비를 증가시킨다.

③ 이산화탄소 시비는 일반적으로 일몰 직전에 실시한다.

④ 양액재배에서는 토양재배보다 이산화탄소 시비 농도를 높여야 한다.

① 광합성은 어느 수준의 농도에 이르면 더 이상 증가하지 않는다.
② 흐린 날에는 이산화탄소의 시비를 감소시킨다.
③ 일반적으로 이산화탄소 시비는 해뜬 후 1시간 후부터 실시하는 것이 좋다.

>> ANSWER

21.① 22.④ 23.② 24.① 25.④ 26.② 27.④

28 무를 채종하기 위한 개화기에 고농도의 CO_2를 처리하는 이유는?

① 자가불화합성을 유지하기 위하여 처리한다.

② 자가불화합성을 타파하기 위하여 처리한다.

③ 웅성불임을 유지하기 위하여 처리한다.

④ 웅성불임성을 타파하기 위하여 처리한다.

💡 ② 무의 경우 개화기에 고농도의 CO_2를 처리할 경우 자가불화합성이 일시적으로 소거된다.

29 다음 중 춘화(vernalization)와 추대(bolting)현상이 모두 나타나는 작물로 묶여있는 것은?

① 딸기, 감자, 구근류

② 인경류, 무, 구근류

③ 국화, 배추, 수박

④ 팬지, 무, 고추

💡 ② 인경류에는 마늘, 양파 등이 있으며 인경류와 무, 구근류는 춘화와 추대현상이 모두 나타난다.

30 강한 바람은 작물에 장해를 유발하는데, 다음에서 강풍에 의한 생리적 장해라고 볼 수 없는 것은?

① 광합성 저하

② 호흡증가로 양분소모 촉진

③ 도복과 상처로 부패 발생

④ 건조해 유발

💡 ① 강한 바람이 불면 작물의 기공이 닫혀 이산화탄소의 흡수가 감소되므로 광합성 저하가 나타난다.
　② 강풍에 의해 상처가 나면 호흡이 증가하기 때문에 체내 양분의 소모가 증대한다.
　③ 도복과 상처로 인한 부패는 기계적 장해에 해당한다.
　④ 상처가 건조하여 고사한다.

〈농산물품질관리사 제2회〉

31 다음 중 점질토양에 비하여 사질토양에서 재배된 무에서 잘 나타나는 현상은?

① 바람들이가 촉진된다.
② 기근(岐根) 발생이 많아진다.
③ 뿌리 조직이 치밀하다.
④ 노화가 억제된다.

🔆 무의 바람들이 양상
　　㉠ 발생원인 : 장일조건 및 일조의 부족, 사질토양 재배, 토양수분의 다습, 영양공급의 불균형
　　㉡ 방지책 : 시비시기 조절, 재배적지 선택, 적기의 수확

〈농산물품질관리사 제3회〉

32 다음 중 보통의 노지재배에서 토양의 3상분포 비율(고상 : 액상 : 기상)이 가장 잘 구성된 것은?

① 50 : 25 : 25
② 40 : 40 : 20
③ 40 : 20 : 40
④ 40 : 30 : 30

🔆 ① 노지재배에서 바람직한 3상분포의 비율은 고상 50%(유기물 45%+유기물 5%), 액상과 기상은 각
　　각 25% 정도이다.

〈농산물품질관리사 제4회〉

33 작물에 대한 수분의 역할이 아닌 것은?

① 원형질의 생활상태 유지
② 필요물질의 전류억제
③ 식품체온 유지
④ 광합성의 원료

🔆 ② 물질의 전류는 적당한 온도와 수분의 토양조건에서 가능하며 건조할 경우 뿌리로의 전류가 억제된다.
　※ 수분의 역할
　　㉠ 광합성 및 화학반응의 원료로 작용
　　㉡ 효소활성 증대로 인한 촉매작용 촉진
　　㉢ 수분흡수로 인한 세포의 팽압증대로 식물 체형유지
　　㉣ 용매와 물질의 운반매체로 작용
　　㉤ 증산작용을 통한 식물의 체온조절

>> ANSWER

28.② 29.② 30.③ 31.① 32.① 33.②

34 생육기에 풍속 4~6km/h(연풍) 이하의 바람이 작물에 미치는 영향은?

① 탄산가스 농도 감소   ② 광합성 억제

③ 증산작용의 촉진   ④ 꽃가루 매개 억제

    💡 ① 작물 주위의 탄산가스 농도를 유지시키는 효과가 있다.
      ② 바람은 잎의 수광량을 높여주므로 광합성이 촉진된다.
      ④ 바람은 꽃가루의 매개를 도와주는 역할을 한다.
      ※ 바람이 작물에 미치는 효과
        ⊙ 탄산가스의 농도 유지
        ⓛ 광합성의 촉진
        ⓒ 꽃가루의 매개 도움
        ⓔ 수확물의 건조촉진

35 다음 비료 성분 중 미량원소로 분류되는 원소는?

① Ca   ② N

③ K   ④ B

    💡 식물필수원소 … 탄소(C), 수소(H), 산소(O), 질소(N), 인산(P), 칼륨(K), 칼슘(Ca), 마그네슘(Mg), 유황(S), 철(Fe), 붕소(B), 아연(Zn), 망간(Mn), 몰리브덴(Mo), 염소(Cl), 구리(Cu)
      ※ 식물필수원소의 분류
        ⊙ 다량원소(9종) : 탄소, 수소, 산소, 질소, 인산, 칼륨, 유황, 칼슘, 마그네슘
        ⓛ 미량원소(7종) : 철, 구리, 아연, 몰리브덴, 망간, 붕소, 염소
        ⓒ 비료의 3요소 : 질소, 인, 칼륨
        ⓔ 비료의 4요소 : 질소, 인, 칼륨, 칼슘

36 공정 육묘(플러그 육묘)가 재래 육묘와 비교하여 얻을 수 있는 장점이 아닌 것은?

① 접목 묘 생산이 가능하다.
② 균일한 묘의 대량 생산이 용이하다.
③ 묘의 취급과 수송이 용이하다.
④ 육묘 작업을 체계화, 자동화하여 노동력을 줄일 수 있다.

💡 공정육묘의 장·단점

장점	단점
• 육묘면적이 감소	• 고가의 시설이 필요
• 육묘기간이 단축	• 첨단장비 및 장치가 필요
• 파종, 관리 등의 기계화 가능	• 시설의 주년이용이 어려움
• 대량육묘가 용이	• 관리가 까다로움
• 기계정식 용이	• 건묘 지속기간이 짧음
• 취급 및 수송이 용이	• 농민의 대묘선호도에 불리
• 정식 후의 활착 및 생장이 빠름	• 상대적으로 낮은 수익성

〈농산물품질관리사 제5회〉

37 정부 우세성을 타파하여 곁눈의 생장을 촉진하는 생육조절 방법은?

① 적심(摘心) 　　　　　② 최아(催芽)
③ 일장조절 　　　　　④ 저온처리

💡 적심(摘芯) … 가지 끝의 어린 싹을 따 내는 것으로 너무 웃자라는 것을 막거나 곁가지의 발달을 목적으로 하는 작업이다.

〈농산물품질관리사 제5회〉

38 에틸렌에 대한 설명으로 틀린 것은?

① 산소 농도가 낮으면 에틸렌 합성이 억제된다.
② $AgNO_3$는 에틸렌 작용을 억제한다.
③ 자신의 생합성을 촉진하는 특징이 있다.
④ 1 – MCP는 에틸렌 작용을 촉진한다.

💡 ④ 1–MCP는 에틸렌 수용체와 결합하여 에틸렌 활성을 억제하며, 성숙과정 중 에틸렌에 의한 노화를 지연시키는 효과가 있다.

>> ANSWER

34.③ 35.④ 36.① 37.① 38.④

〈농산물품질관리사 제6회〉

39 토양유기물의 기능이 아닌 것은?

① 토양의 완충력을 증대시킨다.
② 토양의 보비력을 증대시킨다.
③ 토양의 단립구조(홑알구조) 형성에 도움을 준다.
④ 미생물에 의해 분해되어 작물에 양분으로 공급된다.

💡 토양유기물은 토양보호, 양분의 공급, 완충력의 증대, 보수·보비력의 증대, 입단을 형성(단립구조 형성의 저해)하는 기능을 한다.

〈농산물품질관리사 제6회〉

40 식물생장조절물질 중 옥신(auxin)의 농업적 사용목적이 아닌 것은?

① 제초제
② 증산억제제
③ 낙과방지제
④ 발근촉진제

💡 식물체에서 줄기세포의 신장생장 및 생리작용을 촉진하는 옥신은 발근촉진, 개화촉진, 낙과방지, 단위결과, 증수효과, 제초제 등으로 이용된다.

〈농산물품질관리사 제6회〉

41 세포벽에서 펙틴의 결합을 견고하게 하여 과육의 연화를 억제하고 노화를 지연시켜 저장력을 향상시키기 위해 처리하는 물질은?

① 염화칼슘($CaCl_2$)
② 질산칼륨(KNO_3)
③ 염화나트륨($NaCl$)
④ 황산마그네슘($MgSO_4$)

💡 생리적 산성비료인 염화칼슘은 과육의 연화를 억제하고 노화를 지연시켜 저장력을 향상시킨다.

〈농산물품질관리사 제7회〉

42 과수의 유년성과 성년성에 대한 설명으로 옳지 않은 것은?

① 유년성은 종에 따라 수십년간 지속되기도 하며, 그 기간 동안은 화아가 분화되지 않는다.
② 감귤나무는 유년성이 존재하는 동안 가시가 발달되기도 한다.
③ 사과나무의 경지삽에서 삽수의 성년성이 클수록 발근률이 높다.
④ 사과 교배실생을 왜성대목에 접목하면 성년성에 이르는 시기를 앞당길 수 있다.

🔅 경지삽이란 묵은 가지를 가지고 삽목하는 것으로 삽수의 성년성이 클수록 발근률은 낮다.

〈농산물품질관리사 제7회〉

43 원예작물재배 시 흑색필름 멀칭의 효과와 가장 연관이 적은 것은?

① 잡초발생 억제 　　　　　　　② 건조해발생 억제
③ 토양중의 배수촉진 　　　　　　④ 표토유실 억제

🔅 흑색필름으로 멀칭하면 토양중의 배수촉진과 저온상승의 효과는 떨어지나 표토유실, 건조해발생, 잡초발생은 억제할 수 있다.

44 식물호르몬과 그 기능이 바르게 연결되지 않은 것은?

① 옥신(IAA) – 식물의 생장촉진 　　② 지베렐린(GA) – 식물의 생장촉진
③ 시토키닌(zeatin) – 세포분열 　　④ 아브시스산(ABA) – 성숙촉진

🔅 ④ 아브시스산(ABA)는 생장을 억제하는 식물호르몬이다.

45 육묘의 목적으로 옳지 않은 것은?

① 품질향상과 수확량이 증대된다. 　② 집중적인 관리와 보호가 가능하다.
③ 토지이용도를 높인다. 　　　　　④ 수확 및 출하기를 늦춘다.

🔅 ④ 종자를 파종하여 모종을 가꾸는 육묘(育苗)를 통해 수확 및 출하시기를 앞당길 수 있다.

≫ ANSWER

39.③　40.②　41.①　42.③　43.③　44.④　45.④

46 다음 중 점적관수에 대한 설명으로 옳지 않은 것은?

① 토양 유실이 없다.
② 물의 낭비를 줄일 수 있다.
③ 대면적에 균일하게 관수하기 용이하다.
④ 파이프에 일정 간격으로 구멍을 뚫어 물을 분출시킨다.

💡 **점적관수(點滴灌水)** … 파이프에 가는 구멍을 만들어 물이 방울방울 흘러나오게 하여 토양을 서서히 적시는 관수(灌水)방법이다.

47 탄산시비에 대한 설명으로 옳지 않은 것은?

① 작물의 생육을 촉진하고 수량이 증대된다.
② 미숙퇴비를 사용하면 탄산시비의 효과가 발생한다.
③ 탄산시비를 하면 광합성이 감소한다.
④ 탄산공급원으로는 프로판가스·천연가스·정유 등이 좋다.

💡 ③ 탄산가스가 부족하면 광합성이 억제되고, 작물의 생장이 둔화되어 수량이 감소되지만 온실에서 부족한 탄산가스를 공급해 주면 작물의 생장이 촉진된다.

48 광포화점에 대한 설명으로 옳지 않은 것은?

① 광합성의 양이 최대에 이른다.
② 광합성과 호흡속도가 같아서 외견상 광합성이 된다.
③ 군집상태의 작물은 고립상태의 작물보다 광포화점이 훨씬 높다.
④ 광합성 속도가 더 이상 증가하지 않을 때의 빛의 세기를 말한다.

💡 ② 보상점에 대한 설명이다.
※ **광포화점** … 식물의 광합성 속도가 더 이상 증가하지 않을 때의 빛의 세기를 말하며, 광합성 속도는 빛의 세기에 비례하지만 광포화점에 이르면 속도가 증가하지 않는다. 이산화탄소의 양, 온도 등에 영향을 받는다.

49 사과 종자를 노천에 매장하는 이유로 적절한 것은?

① 휴면유도　　　　　　　② 휴면타파
③ 병해예방　　　　　　　④ 충해예방

💡 노천매장을 하면 휴면유도물질인 ABA가 감소하는 대신 휴면타파물질인 지베렐린이 증가한다.

50 다음 중 세포분열을 촉진하는 식물 호르몬은?

① 옥신

② 시토키닌

③ 지베렐린

④ 아브시스산

💡 시토키닌(cytokinin)은 생장을 조절하고 세포분열을 촉진하는 역할을 한다.

51 가을에 국화를 개화시키기 위해서 필요한 처리는?

① 저온처리

② 고온처리

③ 단일처리

④ 장일처리

💡 우리나라에서는 장일처리를 이용하여 국화의 개화를 촉진시키는 차광재배가 널리 사용되고 있다.

52 다음 중 호광성 종자만으로 짝지어진 것은?

① 담배, 상추, 베고니아

② 상추, 가지, 토마토

③ 토마토, 가지, 호박

④ 오이, 파, 우엉

💡 호광성 종자와 혐광성 종자
㉠ 호광성 종자 : 담배, 상추, 우엉, 차조기, 베고니아, 뽕나무, 티머시 등
㉡ 혐광성 종자 : 호박, 토마토, 가지, 오이, 파, 나리과 식물의 대부분 등

53 다음 중 이어짓기를 해도 기지현상이 적은 작물은?

① 고추

② 옥수수

③ 인삼

④ 토마토

💡 작물에 따른 기지현상
㉠ 연작에 강한 작물 : 화본과, 겨자과, 백합과, 미나리과 등
㉡ 연작에 약한 작물 : 콩과, 가지과, 메꽃과, 국화과 등

54 멀칭재배의 효과로 옳지 않은 것은?

① 생육이 빠르다.
② 잡초의 발생이 적다.
③ 수분 증발을 촉진시킨다.
④ 바이러스의 피해가 적다.

💡 멀칭재배는 볏짚, 풀, 왕겨, 톱밥 등을 지표면에 덮어주는 방법을 말하는데 토양침식 방지 및 토양 수분의 보유력이 높고 양분의 공급처가 될 수 있으며 지온의 급격한 변화를 줄일 수 있다.

55 과실의 봉지 씌우기 효과로 옳지 않은 것은?

① 병충해 방제
② 숙기 지연
③ 착색 증진
④ 크기 증대

💡 봉지 씌우기는 병해충 방제나 착색 증진 등 품질의 고급화를 위해서 시행한다.

56 과실 생육에 미치는 거름 성분의 영향으로 옳은 것은?

① 질소가 많이 공급되면 과실의 착색이 좋아진다.
② 과수는 질소보다 인산을 더 많이 요구한다.
③ 인산이 부족하면 잎에 황화현상이 나타난다.
④ 토양에 망간이 모자라면 사과나무에 적성병이 나타난다.

💡 ① 질소가 과다하면 과실의 착색이나 품질이 떨어진다.
② 과수가 필요로 하는 인산의 양은 질소보다 적다.
③ 엽록소의 구성성분인 마그네슘이 부족하면 황화현상이 나타난다.

57 생장촉진물질에 해당하지 않는 것은?

① 옥신
② CCC
③ 시토키닌
④ 지베렐린

💡 ② CCC(Chlorocholinechloride)는 생장억제물질이다.

58 적과의 효과로 옳지 않은 것은?

① 해거리를 방지한다.　　　　　② 숙기가 지연된다.
③ 과실의 모양을 고르게 한다.　　④ 착색을 증진시킨다.

💡 적과(열매솎기)는 결실량을 조절하여 과실의 크기를 증대, 착색 증진 등으로 일률적인 상품성이 있는 과실을 생산하고 수세에 맞추어 결실시킴으로써 해마다 안정적인 고품질의 과실을 생산하는 데 목적이 있다.

59 식물이 일정 기간 동안의 저온을 받아야 생육 및 개화가 촉진되는 현상은?

① 춘화처리　　　　　　　　　② 적화처리
③ 황화현상　　　　　　　　　④ 하고현상

💡 춘화처리(vernalization) … 작물의 출수 및 개화를 유도하기 위하여 생육기간 중의 일정시기에 온도처리(저온처리)를 하는 것을 말한다.

60 상온에서 기체 상태로 존재하며 노화촉진에 관여하는 식물호르몬은?

① 에틸렌　　　　　　　　　　② 지베렐린
③ 옥신　　　　　　　　　　　④ 시토키닌

💡 에틸렌(ethylene)은 식물체 내에 존재하는 무색의 기체로 상온에서는 공기보다 가볍고, 물 속에서 적은 양이 용해된다. 또한 식물의 모든 기관에서 생성되며 노화촉진에 관여한다.

61 비료의 성분 중 다량원소에 해당하지 않는 것은?

① Ca　　　　　　　　　　　② N
③ S　　　　　　　　　　　　④ B

💡 ④ 붕소(B)는 미량만 공급해도 되는 미량원소에 해당한다.
※ 필수원소의 종류
　㉠ 다량원소 : 질소(N), 인산(P), 칼륨(K), 칼슘(Ca), 마그네슘(Mg), 황(S)
　㉡ 미량원소 : 철(F), 망간(Mn), 구리(Cu), 아연(Zn), 붕소(B), 몰리브덴(Mo), 염소(Cl)

62 다음 중 광합성 효율이 가장 낮은 파장은?

① 황색광

② 적색광

③ 청색광

④ 가시광선

💡 녹색, 황색, 주황색의 대부분은 통과·반사되어 광합성 효율이 낮다.

63 다음 중 엽면시비에 대한 설명으로 옳지 않은 것은?

① 특정 성분의 결핍증상이 나타날 때 공급한다.

② 토양이 건조하거나 과습할 경우 이용한다.

③ 뿌리의 흡수기능이 약해졌을 경우 이용한다.

④ 멀칭재배 시에는 사용할 수 없는 시비법이다.

💡 ④ 토양보온효과를 높이기 위해 부직포나 비닐을 토양에 덮어 재배하는 멀칭재배는 엽면시비를 사용한다.

64 과실의 생산에 관계되는 가지를 손질하는 전정의 효과로 옳지 않은 것은?

① 해충의 잠복처를 제거할 수 있다.

② 강전정은 과수 전체의 생장량을 증가시킨다.

③ 해거리 방지의 효과를 얻을 수 있다.

④ 수광과 통풍을 용이하게 한다.

💡 ② 강전정을 할 경우 잎면적이 적어지기 때문에 총 생장량이 떨어지게 되고 수명도 단축된다.

65 토마토의 시설재배에서 소형진동기를 이용하는 주된 목적은?

① 착색촉진

② 수분촉진

③ 도장방지

④ 병충해방지

💡 ② 토마토의 경우 암·수꽃이 함께 있어 토마토 줄기를 흔들어 주면 쉽게 수정할 수 있다.

66 사질토양에서 나타나는 채소의 일반적 생육반응으로 옳은 것은?

① 생장속도가 빠르다.　　　　　② 노화진행이 느리다.

③ 육질이 과밀해진다.　　　　　④ 저장성이 향상된다.

　　🔅 사질토양의 경우 생장은 빠르나 잎의 노화가 심하고, 점질토양의 경우 생장이 늦고, 잎의 노화 또한
　　　느리게 진행된다.

67 작물의 지상부와 지하부의 생장비율을 나타내는 것은?

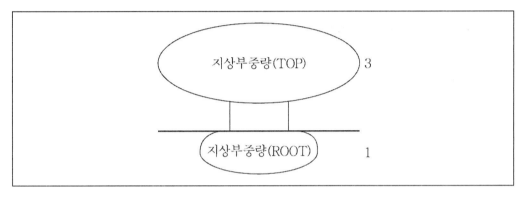

① U/A율　　　　　　　　　　② T/R율

③ C/N율　　　　　　　　　　④ S/S율

　　🔅 비옥한 토양일수록 T/R율이 높아지고, 척박한 토양일수록 T/R율이 낮아진다.
　　　※ T/R율 … 나무의 지상부(줄기와 가지)와 지하부(뿌리)의 중량비율을 말한다.

68 체내 이동이 잘 되는 무기양분으로 짝지어진 것은?

① Mg, S　　　　　　　　　　② N, P

③ Zn, Mn　　　　　　　　　④ Fe, B

　　🔅 체내 무기양분의 이동
　　　㉠ 이동성이 큰 무기양분 : N, P, K
　　　㉡ 이동성이 적은 무기양분 : Zn, Mn, Cu, Mn, Ca, Fe, B

69 토양의 산성화를 방지하기 위한 대책으로 옳지 않은 것은?

① 유기물을 뿌린다.
② 산성에 강한 작물을 심는다.
③ 산성 비료의 사용을 가급적 피한다.
④ 식토에서는 사토보다 석회의 양을 적게 넣는다.

※ ④ 양토나 식토는 사토보다 잠산성이 높으므로 pH가 같더라도 중화시키는데 더 많은 석회를 넣어야 한다.

70 다음 중 과실의 단맛을 높여주는 거름 성분은?

① 질소
② 석회
③ 칼리
④ 마그네슘

※ ③ 칼리는 과실내 단맛은 많게, 신맛은 줄여주는 효과가 있다.

71 종자의 춘화처리를 할 때 가장 중요한 조건은?

① 줄기
② 어린 잎
③ 생장점
④ 성숙한 잎

※ 저온처리의 감응부위는 생장점이다.

72 필름의 종류별 멀칭효과를 바르게 설명한 것은?

① 흑색필름은 지온상승 효과는 크지만, 잡초 발생이 많아진다.
② 녹색필름은 대부분의 잡초를 억제하며, 지온상승 효과도 크다.
③ 투명필름은 모든 광을 잘 흡수하고, 흑색필름은 모든 광을 잘 투과시킨다.
④ 투명필름은 지온상승 효과는 작지만, 잡초발생을 억제하는 효과가 크다.

※ 필름의 종류와 효과
　㉠ 흑색필름 : 모든 광을 흡수하여 잡초의 발생이 적으나, 지온상승 효과가 적다.
　㉡ 투명필름 : 모든 광을 투과하여 잡초의 발생이 많으나, 지온상승 효과가 크다.
　㉢ 녹색필름 : 잡초를 억제하고 지온상승 효과가 크다.

73 옥신처리를 했을 때의 효과라 할 수 없는 것은?

① 형질전환   ② 발근촉진

③ 단위결과유도   ④ 낙과방지

💡 옥신의 효과
  ㉠ 개화촉진
  ㉡ 성숙촉진
  ㉢ 낙과방지
  ㉣ 증수효과
  ㉤ 제초효과
  ㉥ 적목의 활착촉진

74 다음 중 관비재배에 대한 설명으로 가장 적절한 것은?

① 관수와 시비를 동시에 행하는 재배법이다.

② 엽면에 액비상태로 시비하는 재배법이다.

③ 기체 상태의 비료를 시비하는 재배법이다.

④ 관청에서 취급하는 비료를 시비하는 재배법이다.

💡 관비재배(fertigation) … 관수(irrigation)와 시비(fertilizer)를 동시에 수행함으로써 흙 속에 함유하고있는 비료성분을 이용하고 점토와 유기물의 완충능력을 활용하여 재배하는 농법이다.

>> ANSWER

69.④ 70.③ 71.③ 72.② 73.① 74.①

CHAPTER

04

원예식물의 번식 및 육종

원예식물의 번식의 종류와 육종의 방법을 알아두어야 한다. 기술이 발전하면서 육종의 방법도 더욱 다양해지고 있으므로 가능한 한 대부분의 종류를 익혀두어야 한다.

1 번식

(1) 종자번식(유성번식)

① 개념 … 수술의 꽃가루와 난세포가 결합하여 생긴 씨를 통해 번식하는 방법이다.

② 장점과 단점

　㉠ 장점

　　㉮ 대량번식이 쉽다.

　　㉯ 종자의 수송이 용이하다.

　　㉰ 우량종의 개발이 가능하다.

　　㉱ 초형 및 수형이 좋아 상품성이 뛰어나다.

　㉡ 단점

　　㉮ 개화까지 장시간이 소요된다.

　　㉯ 단위결과성 식물의 번식이 어렵다.

　　㉰ 교잡에 의하여 육종된 품종은 변이가 나타날 수 있다.

(2) 영양번식(무성번식)

① 개념 … 씨 이외에 잎·줄기·뿌리와 같은 영양체(조직)의 일부에서 새로운 개체를 얻는 방법이다.

② 장점과 단점

　㉠ 장점

　　㉮ 모체의 특징이 자손에게 그대로 유전된다.

ⓒ 종자번식보다 개화와 결실이 빠르다.

        ⓓ 종자번식이 불가능할 경우 유일한 증식수단이다.

        ⓔ 수세를 강화시키거나 약하게 할 수 있다.

    ⓛ 단점

        ⓐ 재생력이 왕성한 식물에서만 가능하다.

        ⓑ 종자에 비하여 장기보관이 불가능하다.

        ⓒ 바이러스 감염에 취약하다.

        ⓓ 저장과 운반이 어렵고 비용이 든다.

③ 영양번식의 종류

    ㉠ 자연 영양 번식 : 자연 상태에서 영양 기관의 일부에 싹이 터서 새로운 개체가 생기는 방법이다.

        ⓐ **땅속줄기로 번식** : 대나무, 연, 감자, 토란 등

        ⓑ **기는줄기로 번식** : 양딸기, 잔디 등

        ⓒ **비늘줄기로 번식** : 양파, 백합, 나리 등

        ⓓ **뿌리로 번식** : 고구마, 달리아 등

        ⓔ **살눈으로 번식** : 참나리, 마 등

자연 영양번식

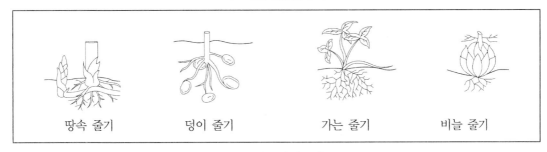

| 땅속 줄기 | 덩이 줄기 | 가는 줄기 | 비늘 줄기 |

    ㉡ 인공 영양번식 : 인위적인 방법을 통한 영양번식이다.

        ⓐ **접목(접붙이기)** : 번식시키려는 식물체의 눈이나 가지를 잘라내어 뿌리가 있는 다른 나무에 붙여 키우는 것을 말한다.

          ⓐ 접을 하는 가지나 눈 등을 접수(椄穗), 접지(椄枝), 접순이라 하며 그 바탕이 되는 나무를 대목(臺木)이라 한다.

          ⓑ 대목과 접수의 형성층이 서로 밀착되어야 접목이 잘 이루어진다.

          ⓒ 접수는 휴면상태, 접목은 활동을 시작한 상태가 좋다.

          ⓓ 접수와 대목의 친화성이 높아야 접목이 잘 이루어진다.

POINT

접목의 특징

구분		내용
장·단점	장점	• 수세를 조절할 수 있다. • 모수의 특성을 계승한다. • 병해충의 피해를 막을 수 있다. • 특수한 풍토에 심고자 할 때 유리하다. • 개화, 결실 연령을 단축시킬 수 있다.
	단점	• 실생한 나무에 비해 수령이 짧다. • 숙련된 기술을 필요로 한다. • 대량작업이 힘들며 사후관리가 요구된다.
종류	접목 장소에 따라	• 제자리접 : 대목을 양성한 그 자리에 둔 채 접목한다. • 들접 : 대목을 굴취하여 접목 후 다시 정식하는 것이다.
	접목 위치에 따라	• 고접 : 대목의 줄기나 가지의 높은 곳에 접목한다. • 저접 : 지면과 가까운 낮은 곳에 접목한다.
	접목 방법에 따라	• 지접(가지접) : 가지를 잘라 대목에 접목하는 방법이다. • 아접(눈접) : 눈을 따 내어 대목에 접목하는 방법이다. • 호접 : 접가지를 자르지 않고 뿌리가 달린 채 접목을 하는 방법이다.

④ 삽목(꺾꽂이) : 식물체의 일부인 가지나 잎을 어미나무에서 잘라내어 완전한 개체로 생육 시키는 것을 말한다.

POINT

삽목의 특징

구분		내용
장·단점	장점	• 모수의 성질을 그대로 계승한다. • 묘목의 양성기간을 단축할 수 있다. • 병충해에 대한 저항성이 강하다. • 돌연변이된 가지증식에 용이하다.
	단점	• 삽목이 가능한 종류가 제한적이다. • 희귀품종일수록 꺾꽂이가 쉽지 않다.
종류	삽목시기	춘삽, 장마삽, 하삽
	사용부분	• 엽삽 : 잎을 잘라 꽂는 방법 • 엽아삽 : 줄기에 잎과 눈을 붙여 꽂는 방법 • 경삽 : 줄기에 잎 없이 눈만 붙여 삽목하는 방법 • 천삽 : 줄기의 새순이 나오는 부분을 잘라 삽목하는 방법

㉰ 취목(휘묻이) : 식물의 일부를 어미그루에 달린 채 발근(發根) 시킨 후 잘라내어 새로운 독립개체를 만드는 번식법이다.
  ⓐ 접목이나 삽목이 잘 되지 않는 화훼나 과수의 번식에 주로 이용한다.
  ⓑ 고취법(高取法), 저취법(低取法) 등이 있다.

㉑ **분주(포기 나누기)** : 뿌리가 여러 개 모여 덩어리로 뭉쳐 있는 것을 작은 포기로 나누어 번식시키는 방법이다.
  ⓐ 다년생 초본 및 관목류에 이용된다.
  ⓑ 단순취목, 공중취목, 파상취목 등이 있다.
㉒ **분구(알뿌리 나누기)** : 구근에서 자연적으로 생기는 자구를 분리하는 방법과 인공조작에 의해 자구를 착생시키는 방법이 있다.
  ⓐ **자구증식** : 인경이나 구경의 모주 주위에 생기는 자구를 분리 증식시키는 방법이다.
  ⓑ **목자증식** : 자구의 형성과는 달리 구근의 밑 부분이나 지하경에 착생하는 소구를 분리 증식 시키는 방법이다.
  ⓒ **주아번식** : 줄기의 엽맥에 소구가 형성되는 것을 분리하여 심는 방법이다.
  ⓓ **분할증식** : 괴근, 괴경 및 근경에 눈을 1~3개 정도씩 붙여 분리증식 하는 방법이다.
  ⓔ **인공번식** : 인경에 속하는 종류의 번식방법. 히야신스, 아마릴리스와 같이 구근이 비대 생장만 하고 분구의 능률이 오르지 않는 것에 행한다.
㉓ **조직배양** : 전체형성능(全體形成能)을 기초로 식물체를 구성하는 기관·조직 및 세포를 식물체로부터 분리하여 적당한 배양 환경 조건을 갖춘 배지에서 무균으로 배양하여 완전한 기능을 가진 개체로 재생시키는 번식방법이다.

POINT
전체형성능(totipotency) ⋯ 적절한 환경 조건 아래에서 미분화된 세포로부터 식물 전체를 재생시킬 수 있는 능력을 말한다.

  ⓐ 조직배양의 이용
  • 품질 향상 : 바이러스가 없는 개체 무병주를 얻을 수 있다.
  • 대량 급속 증식 : 영양계 식물의 급속한 대량 번식에 이용된다.
  • 신품종 육성 : 자연적으로 발아하기 힘든 식물을 배양하거나(배배양), 변이체 식물을 선발하여 신품종을 육성할 수 있다(조직배양, 세포배양)
  • 2차 대사산물 생산 : 식물의 생존에 필수적인 물질 이외에 생산하는 부수적인 천연생산물을 이용할 수 있다.
  • 보존 및 교환 : 멸종 및 휘귀 식물의 소실을 방지할 수 있고, 타국과의 식물 교환 시 병원균 전염을 예방할 수 있다.
  ⓑ 생장점 배양
  • 바이러스가 없거나 예방을 위한 것으로 극히 적은 생장점 배양으로 무병주 생산에 효과적이다.
  • 감자, 마늘, 딸기, 카네이션 등의 무병주 생산에 이용된다.

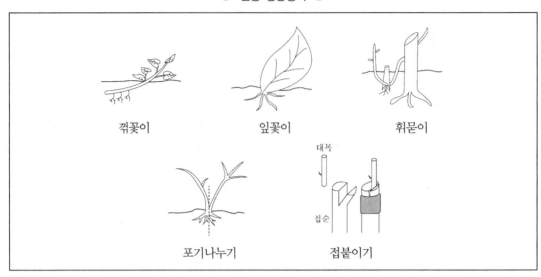

인공 영양생식

꺾꽂이 잎꽂이 휘묻이

포기나누기 접붙이기

2 품종

(1) 개념

① 품종

　㉠ 농작물의 종류를 재배적 특성에 의해 나누어 놓은 단위의 명칭이다.

　㉡ 재배학상 유전형질이 균일하면서 영속적인 개체들의 집단을 말한다.

　㉢ 분류학상 동일종(種)에 속하면서 형태적·생리적으로 다른 많은 개체군 또는 계통이 분리 육성된 것을 말한다.

(2) 특성과 형질

① 특성(特性) ··· 어떤 품종을 다른 품종과 구별하는 필요한 특징을 말한다.

② 형질(形質) ··· 특성을 표현하기 위하여 측정의 대상이 되는 것을 말한다.

㉠ 질적형질(색깔, 모양) : 구분이 명확한 것으로 어떤 집단에서 불연속 변이를 보이는 것이다.

　　㉡ 양적형질(키) : 계량할 수 있으며 집단에서 연속적인 변이를 보이는 것이다.

(3) 신품종의 구비조건

① **구별성** … 최소 한 가지 이상의 형질에서 다른 품종과 구별이 되어야 한다.

② **균등성** … 유전적으로 균등하여 균일한 생산물을 낼 수 있어야 한다.

③ **안정성** … 동일한 유전자형을 가진 종자 혹은 영양체를 계속 재생산해야 한다.

(4) 우량품종의 조건

① **광지역성** … 균일하고 우수한 특성의 발현이 가능한 넓은 지역에 걸쳐서 나타나야 한다.

② **영속성** … 균일하고 우수한 특성은 대대로 변하지 않고 유지되어야 한다.

③ **우수성** … 품종의 재배적 특성이 다른 품종보다 우수해야 한다.

④ **균일성** … 품종을 구성하는 모든 개체들의 특성이 균일해야 한다.

(5) 품종의 퇴화

① **개념** … 유전적 · 생리적 · 병리적 원인에 의해 품종의 고유한 특성이 변하는 것을 품종의 퇴화라 한다.

② **퇴화의 원인**
　　㉠ 유전적 퇴화 원인 : 이형유전자형 분리, 자연교잡, 돌연변이, 이형종자의 기계적 혼입 등
　　㉡ 생리적 퇴화 원인 : 기상 · 토양 등 재배환경과 재배조건 불량
　　㉢ 병리적 퇴화 원인 : 감자, 콩, 백합 등의 바이러스병에 의한 퇴화, 맥류의 깜부기병에 의한 퇴화 등

③ **퇴화의 예방**
　　㉠ 격리재배 : 타식성 식물은 자연교잡에 의한 품종퇴화의 위험이 크므로 반드시 격리재배를 해야 한다.
　　㉡ 종자갱신 : 같은 품종을 채종하여 재배하면 퇴화할 염려가 있으므로 자가채종을 하는 농가에서는 몇 년에 한 번씩 원종포나 채종포에서 생산된 우량종자로 바꾸어 재배하도록 한다.

POINT

종자갱신

구분	내용
효과	순도 높은 고품질 우수품종을 농가에 조기 확대·공급하여 향상을 통한 농가소득 증대 및 주요 식량의 안정적 생산성 확보에 기여
갱신주기	• 벼, 보리, 콩 : 4년 1기 • 감자, 옥수수 : 매년 갱신
주요 식량작물의 종자갱신 체계	기본식물 → 원원종 → 원종 → 보급종

ⓒ **영양번식** : 영양번식을 하면 유전적 원인에 의한 퇴화가 방지된다.

ⓔ **종자의 밀폐냉장처리** : 저장온도가 낮고 종자함수량이 적을수록 종자의 활력을 높게 유지할 수 있다.

ⓜ **이형주 제거** : 품종의 유전적 순도를 유지하기 위해서 이형주를 제거하여야 한다.

3 육종

(1) 개념

① **육종** … 작물의 유전적 소질을 개량하여 품질이 우수하고 수익성 및 이용가치가 높은 신품종을 만들어내는 기술을 말하며, 육종에 의해 만들어진 새로운 형을 신품종이라 한다.

② **육종의 목표**

　ⓐ 수량증가

　ⓑ 품질(맛, 당도, 색깔, 모양 등) 향상

　ⓒ 신품종의 개발

　ⓓ 재배와 생산의 안정화

　ⓔ 농가 경영의 합리화

③ **육종의 단계** … 문제점의 인식 → 육종목표 설정 → 육종방법 결정 → 변이의 창성 및 확대 → 개체 또는 조합의 선발 → 생산성 및 지역적응성 검정 → 품종등록과 권리보호 → 종자 또는 묘목의 증식 → 홍보와 보급 → 농민에 의한 재배

(2) 육종의 방법

① **도입육종법** … 다른 지역 또는 국가로부터 기성 품종을 도입하여 실제 재배 또는 육종의 재료로 이용하는 방법이다.

   ㉠ 효과

      ㉮ 적은 비용으로 단시일 내에 신품종을 얻을 수 있다.

      ㉯ 우수한 형질을 기존 우량품종에 도입할 경우 품종을 더욱 우수하게 한다.

   ㉡ 유의점

      ㉮ 도입 전 병해충의 감염여부를 철저히 검사해야 한다.

      ㉯ 도입작물은 적응시험을 거쳐 그 능력을 검정한 후 보급해야 한다.

      🌿 국내에 재배되고 있는 도입 품종
- 거봉
- 피오네
- 켐벨얼리
- 마스캇베일리에이

② **분리육종법(선발육종법)** … 재배되고 있는 품종 가운데 실용성이 높고 우수한 형질을 지닌 개체를 선발하여 신품종으로 육성해내는 방법이다.

   ㉠ **순계분리법**: 기본 집단에서 개체선발을 하여 우수한 순계를 가려내는 방법이다.

   ㉡ **계통분리법**: 처음부터 개체가 아닌 집단을 대상으로 선발을 계속하여 우수한 계통을 분리하는 방법이다.

③ **교잡육종법** … 두 품종을 서로 교잡하여 여러 품종에 흩어져 있는 형질들은 한 품종에 몰아넣어서 새로운 형질을 가진 신품종을 육성해내는 육종방법이다.

   ㉠ **계통육종법**: 자가수정작물의 경우 잡종의 분리세대인 제2대 이후부터 개체선발과 선발개체별 계통재배를 계속하여 계통 간을 비교하고, 그들의 우열을 판별하면서 선발과 고정을 통하여 순계를 만드는 방법이다.

   ㉡ **집단육종법**: F5~F6까지 교배 조합하여 집단선발을 계속하고, 그 후에 계통선발로 바꾸는 방법이다.

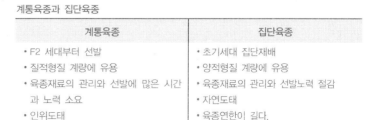

POINT

계통육종과 집단육종

계통육종	집단육종
• F2 세대부터 선발	• 초기세대 집단재배
• 질적형질 계량에 유용	• 양적형질 계량에 유용
• 육종재료의 관리와 선발에 많은 시간과 노력 소요	• 육종재료의 관리와 선발노력 절감
• 인위도태	• 자연도태
• 육종연한을 단축할 수 있다.	• 육종연한이 길다.

ⓒ 여교잡육종법 : 교잡으로 생긴 잡종을 다시 그 양친의 한 쪽과 교배시키는 방법이다. 육종의 시간과 경비를 절약할 수 있으며, 재배되고 있는 우량품종의 결점을 1~2가지 개량하는데 효과적이다.

④ **잡종강세육종법** … 잡종강세가 뚜렷하게 나타나는 1대 잡종 그 자체를 직접 품종으로 이용하는 방법이다.
 ㉠ 실시조건
  ㉮ 교잡조작이 용이해야 한다.
  ㉯ 1회의 교잡에 의해 많은 종자를 생산할 수 있어야 한다.
  ㉰ 단위면적당 재배에 필요한 종자량이 적어야 한다.
  ㉱ 1대 잡종을 재배하는 이익은 1대 잡종을 생산하는 경비보다 커야 한다.
  ㉲ 타식성 작물에서 많이 이용되고 농업발전에 공헌하였다.
  ㉳ 양친보다 우수한 원예적 특성을 나타내도록 한다.
  ㉴ 웅성불임을 이용한 채종법이 사용된다.
 ㉡ 종류
  ㉮ 단교잡
   ⓐ 2개의 근친교배계 사이에 잡종을 만드는 방법이다.
   ⓑ 종자의 생산력은 적지만 F1의 잡종강세의 발현도와 균일성은 매우 우수하다.
  ㉯ 복교잡
   ⓐ (A×B), (C×D)와 같이 2개의 단교잡 사이에 잡종을 만드는 방법이다.
   ⓑ 종자의 생산량이 많고 잡종강세의 발현도도 높지만 균일성이 다소 낮다.
  ㉰ 3계교잡
   ⓐ (A×B)×C와 같이 단교잡과 다른 근교계와의 잡종을 말한다.
   ⓑ 종자의 생산량이 많고 잡종강세의 발현도도 높지만 균일성이 떨어진다.
  ㉱ 다계교잡
   ⓐ (A×B×C×D×E)×(F×G×H×I×J)와 같이 4개 이상의 자식계나 근교계를 조합시켜 잡종을 만드는 방법이다.
   ⓑ 일반적으로 복교잡보다 생산력이 낮지만 채종하기에는 용이하다.

⑤ **배수성육종법** … 콜히친(Colchicine)은 염색체를 4배체로 형성시키게 되는데 배수체가 형성되거나 해체될 때 나타나는 변이를 이용하여 신품종을 육성하는 방법이 배수성육종법이다.

⑥ **돌연변이육종법** … 방사선 또는 화학물질을 이용하여 인위적으로 유전자, 염색체, 세포질 등에 돌연변이를 유발하여 새로운 품종을 육성하는 방법이다.

 POINT

웅성불임 … 웅성불임이란 암술은 건전하지만 수술이 불완전하여 불임현상을 나타내는 것을 말한다.

(3) 채종

① 개념

　㉠ 채종 : 육종에 의하여 신품종이 만들어진 후 종자를 농가에 보급하기 위하여 대량생산 하는 것을 의미한다.

　㉡ 채종재배 : 재배에 이용되는 우수 종자를 전문적으로 생산 · 판매하기 위하여 작물을 재배하는 것이다.

　㉢ 채종재배 과정

　　㉮ 채종지 선정 : 작물별로 적절한 장소를 선택한다.

　　㉯ 종자예조 : 원종포 등에서 생산된 우량종자를 선종하여 소독 후 파종한다.

　　㉰ 재배 및 비배관리 : 증수보다 종자의 임실을 충실하게 한다.

　　㉱ 이형주의 철저한 도태 : 생육 전 과정에서 실시하며 특히 출수개화기 – 성숙기에 주의한다.

　　㉲ 수확 및 조제 : 알맞은 등숙단계에서 채종한다.

　㉣ 채종적기 : 황숙기와 갈숙기가 등숙단계로 채종적기이나, 각종 재해 · 병충해 · 저장양분 축적 상태 등을 고려하여 채종한다.

　　㉮ 화곡류 및 두류 : 황숙기가 채종적기이다.

　　㉯ 채소류 : 갈숙기가 채종적기이다.

② 종자보급 체계

　㉠ 기본식물포 : 기본식물종자생산

　㉡ 원원종포 : 원원종생산

　㉢ 원종포 : 원종생산

　㉣ 채종포 : 보급종생산

　㉤ 농가포장

종자보급 체계

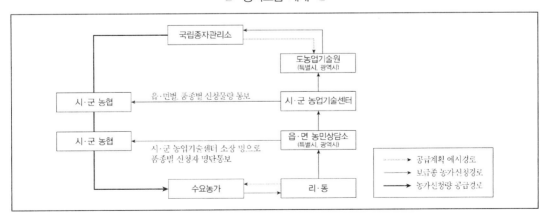

기출예상문제

CHECK | 기출예상문제에서는 그동안 출제되었던 문제들을 수록하여 자신의 실력을 점검할 수 있도록 하였다. 또한 기출문제뿐만 아니라 예상문제도 함께 수록하여 앞으로의 시험에 철저히 대비할 수 있도록 하였다.

〈농산물품질관리사 제3회〉

1 과수작물의 영양번식법 중에서 무병묘(virus-free stock) 생산에 적합한 방법은?

① 취목   ② 접목

③ 조직배양   ④ 삽목

> 💡 무병묘(무균묘) … 99.9%가 바이러스가 없는 묘로, 보통 조직배양묘를 일컫는다.

2 다음 중 종자번식에 관한 설명으로 바르지 않은 것은?

① 종자의 수송이 용이하다.   ② 우량종의 개발이 가능하다.

③ 대량번식이 어렵다.   ④ 개화까지 장시간이 소요된다.

> 💡 종자번식은 대량번식이 용이하다.

3 다음 중 땅속줄기로 번식하지 않는 것은?

① 감자   ② 고구마

③ 토란   ④ 대나무

> 💡 고구마는 뿌리로 번식한다.

4 다음 중 우량품종의 조건으로 바르지 않은 것은?

① 영속성   ② 균일성

③ 구별성   ④ 우수성

> 💡 우량품종의 조건으로는 영속성, 균일성, 우수성, 광지역성 등이 있다.

5 다음 중 품종의 유전적 퇴화 원인으로 보기 어려운 것은?

① 재배환경 및 재배조건의 불량
② 자연교잡
③ 이형 종자의 기계적 혼입
④ 돌연변이

💡 ① 생리적 퇴화의 원인이다.

〈농산물품질관리사 제1회〉

6 과수가 초본작물에 비해 육종에 불리한 점이 아닌 것은?

① 대부분의 과수는 영양번식을 하기 때문이다.
② 대부분의 과수는 자가불화합성이기 때문이다.
③ 양년생 작물이기 때문이다.
④ 어떤 과수에서는 교배불친화성의 품종 및 품종군이 있기 때문이다.

💡 ① 영양번식방법에는 접목, 삽목 등이 있으며 이것은 과수의 주된 번식방법이다.

〈농산물품질관리사 제2회〉

7 원예작물에서 인공교배, 자가불화합성 또는 웅성불임성을 이용하여 교배종의 종자를 생산하고 있다. 다음에서 작물과 주로 이용하는 상업적 채종방식이 잘못 짝지어진 것은?

① 배추 – 자가불화합성　　　　② 고추 – 인공교배
③ 양파 – 웅성불임성　　　　　④ 당근 – 웅성불임성

💡 ② 고추는 웅성불임성을 이용한다.
　※ 웅성불임성
　　㉠ 화분, 꽃밥, 수술 등의 웅성기관에 이상이 생겨 불임이 생기는 현상을 말한다.
　　㉡ 유전적 원인에 의한 것과 환경의 영향에 의한 것이 있는데, 웅성기관 중 화분의 불임으로 일어나는 경우가 가장 많다.
　　㉢ 웅성불임계통의 작물로는 옥수수, 유채, 수수, 양파 등이 있다.

» ANSWER

1.③　2.③　3.② 4.③ 5.① 6.① 7.②

〈농산물품질관리사 제2회〉

8 염색체수와 관련된 내용에 대한 설명으로 잘못된 것은?

① 염색체수를 인위적으로 배가시킬 때에는 콜히친(colchicine)을 처리한다.

② 염색체를 반감시키는 방법은 약배양에 의해 가능하다.

③ 과수에서 2배체에 비하여 3배체의 식물체의 수세는 약한 반면 4배체는 왕성하다.

④ 포도나무에서는 자연적인 염색체수의 배가가 가끔 일어난다.

　　💡 ③ 3배체는 고도의 불임성을 나타내는 반면 식물체의 생육이 왕성한 특징이 있다.

〈농산물품질관리사 제2회〉

9 에틸렌의 생리작용과 관련하여 연계성이 없는 것은?

① 착색과 성숙의 촉진　　　　　　② 맹아억제와 착색촉진

③ 조직의 연화와 노화촉진　　　　④ 엽록소의 파괴와 이층형성촉진

　　💡 ② 원예작물은 수확 후 과실이 익는 동안 에틸렌이 생성되며 에틸렌 가스는 과실의 숙성이나 꽃 또는 잎의 노화를 촉진시키기 때문에 에틸렌은 맹아촉진에 이용되는 경우도 있다.

〈농산물품질관리사 제3회〉

10 다음 중 콜히친처리에 의해 염색체들이 감수분열 과정에서 양극으로 분리되지 않고 배수체가 만들어지는 이유는?

① 메타크세니아 영향　　　　　　② 염색체의 변이

③ 방추사의 형성저해　　　　　　④ 대립형질의 발현

　　💡 콜히친 ··· 생식세포의 형성과정에서 감수분열시 방추사 형성을 저해하는 물질로서 염색체의 분리를 방해하여 생식세포를 배수체로 만드는 효과가 있다.

<농산물품질관리사 제3회>

11 배추과 채소와 가지과 채소의 일대교잡종(F₁종자)을 생산하기 위하여 이용되는 유전현상은?

① 형질전환   ② 잡종강세
③ 감수분열   ④ 돌연변이

    ② 식물의 육종 시 원하는 특정의 형질들을 가진 순종 2종류를 교잡하여 잡종강세를 개발한다.
      ※ 잡종강세육종법
        ㉠ 잡종강세가 왕성하게 나타나는 1대 잡종 그 자체를 품종으로 이용하는 육종법을 말한다.
        ㉡ 한 번의 교배에서 다량의 종자가 생산되어야 한다.
        ㉢ 1대 잡종을 주로 이용하는 작물 : 담배, 꽃, 양배추, 양파, 오이, 호박, 수박, 고추, 토마토, 수수, 옥수수 등

<농산물품질관리사 제4회>

12 우량품종을 육성하여 농가에 보급하는 육종단계를 바르게 나타낸 것은?

① 육종목표설정 → 우량계통선발 → 지역적응성검정 → 품종등록 → 증식 → 보급
② 육종목표설정 → 교잡육종 → 품종등록 → 변이유발증식 → 보급
③ 육종목표설정 → 교잡육종 → 생산성검정 → 홍보 → 품종등록 → 보급
④ 육종목표설정 → 우량계통선발 → 품종등록 → 증식 → 지역적응성검정보급

    재배식물 육종과정
      ㉠ 육종목표설정
      ㉡ 육종재료 및 육종방법 결정
      ㉢ 변이작성
      ㉣ 유망계통 육성
      ㉤ 신품종 결정 및 등록
      ㉥ 증식 및 보급

〈농산물품질관리사 제4회〉

13 저투입 지속 가능한 친환경농산물 생산을 위한 작물육종 방향이 아닌 것은?

① 다양한 숙기의 품종 개발
② 환경스트레스 저항성 증진
③ 생산물의 고기능성화
④ 다비(多肥)성 품종 육성

> 💡 ④ 다비성 품종을 육성 보급할 경우 식량작물의 증산 및 농업의 생산성이 향상되는 효과를 볼 수 있지만 과도한 농자재의 사용은 농산물, 농업환경의 오염을 촉발시키며, 농업용수 및 농경지 등 주변환경의 오염원이 된다.

〈농산물품질관리사 제5회〉

14 반수체 식물을 얻기 위한 조직 배양은?

① 배(씨눈) 배양
② 생장점 배양
③ 배유(씨젖) 배양
④ 화분(꽃가루) 배양

> 💡 반수체는 한 쌍의 염색체만 갖고 있어서 체세포와 같이 두 쌍의 염색체를 갖는 이배체에서는 표현형으로 나타나지 않는 열성형질도 표현형으로 나타나기 때문에 유리한 열성 유전자를 검출하는 데 대단히 유리하다. 꽃밥 배양 또는 화분 배양을 통해 이러한 반수체를 쉽게 얻게 되었다.

〈농산물품질관리사 제6회〉

15 암술은 건전하지만 수술이 불완전하여 종자가 생기지 않는 현상은?

① 자식열세
② 웅성불임
③ 자가불화합성
④ 타가불화합성

> 💡 웅성불임이란 암술은 건전하지만 수술이 불완전하여 불임현상을 나타내는 것을 말한다.

〈농산물품질관리사 제6회〉

16 원예작물의 바이러스병 예방을 위한 번식방법은?

① 분주(포기나누기) ② 삽목(꺾꽂이)
③ 약배양 ④ 생장점배양

💡 바이러스는 작물의 상처부위를 통해서만 침입하기 때문에 이를 예방하기 위해서는 생장점배양의 번식방법을 이용한다.

〈농산물품질관리사 제7회〉

17 조직배양을 통한 무병주 생산이 산업적으로 이용되고 있는 작물은?

① 상추 ② 옥수수
③ 딸기 ④ 무

💡 조직배양을 통한 무병주 생산이 산업적으로 이용되고 있는 작물로는 감자, 딸기, 마늘, 카네이션 등이 있다.

〈농산물품질관리사 제7회〉

18 원예작물의 잡종강세육종법에 대한 설명으로 옳지 않은 것은?

① 타식성 작물에서 많이 이용되며 농업발전에 공헌하였다.
② 생산된 F_1 식물체를 재배에 이용하며, 양친보다 우수한 원예적 특성을 나타내도록 한다.
③ F_1 고추종자의 대량생산에 웅성불임을 이용한 채종법이 사용된다.
④ 교배양친은 유전형질이 잡종화된 상태를 유지해야 한다.

💡 잡종강세육종법은 유전자가 이형접합상태인 잡종이 양친보다 형질발현에 강세를 나타내는 현상을 직접 이용하는 것으로 유전형질이 뚜렷한 상태를 유지해야 한다.

》 ANSWER

13.④ 14.④ 15.② 16.④ 17.③ 18.④

19 염색체를 배가시키는 물질로 배수체육종에서 이용되는 약제는?

① 에틸렌

② 콜히친

③ 지베렐린

④ 아브시스산

💡 ② 콜히친(colchicine)은 배수체 육성법에서 배수체를 늘리는 데 사용하는 약제이다.

20 다음 중 형질 전환 토마토인 프레브 세이브(Flavr Savr)의 특징으로 옳은 것은?

① 제초제에 대한 저항성을 가진다.

② 내충성이 강해 충해에 강하다.

③ 내병성이 강해 병해에 강하다.

④ 잘 무르지 않고 저장성을 높였다.

💡 프레브 세이브(Flavr Savr)란 1994년 미국 몬샌토사에서 개발한 최초의 유전자 변형 토마토로 잘 무르지 않아 저장기간이 긴 특징이 있다.

21 다음 중 무성생식의 장점으로 옳지 않은 것은?

① 모체와 유전적으로 동일한 개체를 얻을 수 있다.

② 종자번식이 불가능할 경우 유일한 증식수단이다.

③ 종자번식에 비해 증식률이 높다.

④ 과실을 일찍 맺을 수 있다.

💡 무성생식은 종자에 비하여 장기보관이 불가능하고, 증식률도 종자에 비하여 매우 낮다.

22 무병주를 생산하는데 이용되는 조직배양은?

① 생장점배양

② 배주배양

③ 약배양

④ 화분배양

💡 생장점은 아직 바이러스에 감염되지 않았기 때문에 무병묘를 생산할 수 있다.

23 다음 중 접목의 이점으로 옳지 않은 것은?

① 수령의 연장　　　　　　　　② 풍토 적응성
③ 병충해 저항성　　　　　　　④ 결과(結果)의 촉진

> 💡 접목의 이점
>　⊙ 수세 회복과 조절
>　⊙ 결과 향상과 촉진
>　⊙ 풍토 적응성 증대
>　⊙ 병충해 저항성의 증대

24 형질전환 시 유전자를 운반하는 아그로박테리움에 의해 발생하는 병은?

① 도열병　　　　　　　　　　　② 근두암종
③ 붉은녹병　　　　　　　　　　④ 입고병

> 💡 아그로박테리움이 자기 유전자의 일부를 식물체의 염색체 내로 삽입하고 발현한 결과 식물은 근두 암종에 걸리게 된다.

25 영양생식에 대한 설명으로 옳지 않은 것은?

① 과수의 결실을 빠르게 한다.
② 과수의 품질을 좋게 한다.
③ 과수를 조숙화 시킨다.
④ 모체와 다른 유전형질을 전달한다.

> 💡 ④ 영양생식은 모체와 같은 유전형질을 전달한다.

26 유전자변형식품 GMO를 반대하는 이유로 볼 수 없는 것은?

① 병충해, 더위, 추위에 강한 품종을 개발할 수 있다.
② 안정성에 대한 과학적 검증기간이 짧다.
③ 유전자 결합으로 인해 독성을 가진 개체가 탄생할 가능성이 있다.
④ 윤리적 측면에서 자연 질서에 위배된다.

> 💡 ① 병충해와 기후에 강한 품종의 개발은 식량 위기를 해소시켜 주므로 유전자변형식품의 긍정적인 측면에 해당한다.

CHAPTER

05

원예식물의 보호

식물을 기르는 것도 중요하지만 각종 병충해로부터 보호하는 것도 중요한 일 중 하나이다. 식물의 생장을 방해하는 각종 병충해와 이를 예방할 수 있는 방제법을 알아두어야 한다.

 1 병충해의 방제

(1) 식물병

① 개념 … 식물의 병은 생리적·형태적 이상이며, 병원균의 자극에 의해 일어나는 지속적인 장해의 과정이다.

② 식물병의 발생

　㉠ 감수성이 있는 기주(host), 적당한 환경요인(environmental factor), 병원체(pathogen) 및 기타 매개체 등의 복합적인 영향으로 병이 발생한다.

　㉡ 병원체를 주요인, 발병을 유발하는 환경조건을 유인, 기주식물이 병원에 의해 침해당하기 쉬운 성질을 소인이라고 한다.

 POINT

병에 대한 식물의 반응성

구분	설명
감수성	식물이 특정 병에 감염되기 쉬운 성질
면역성	식물이 특정 병에 전혀 감염되지 않는 성질
회피성	식물이 병원체의 활동기를 피하여 병에 감염되지 않는 성질
내병성	병에 감염되어도 기주가 병의 피해를 견뎌내는 성질

③ 식물병의 분류

　　㉠ 생리적인 병 : 부절적한 환경조건에 의해 유발되는 병으로, 양·수분의 결핍 및 과다, 온도, 빛, 대기오염 등에 의한 질병들이 해당된다.

　　㉡ 기생물에 의한 병 : 외부 기생물에 의한 오염, 진균, 세균, 바이러스, 선충 등에 의해 유발되는 질병들이 해당된다.

④ 병원균의 침입

　　㉠ 각피(角皮) 침입 : 잎, 또는 줄기와 같은 식물체 표면을 병원체가 직접 뚫고 침입하는 것을 말한다(도열병균, 흰가루 병균, 녹병균 등).

　　㉡ 자연개구부(自然開口部) 침입 : 식물체의 기공(氣孔), 수공(水孔) 등과 같은 자연개구부로 침입하는 것을 말한다(갈색무늬병균, 노균병균 등).

　　㉢ 상처를 통한 침입 : 다양한 원인으로 발생한 상처로 병원체가 침입하는 것으로 바이러스는 상처부위를 통해서만 침입한다.

병원균의 순환

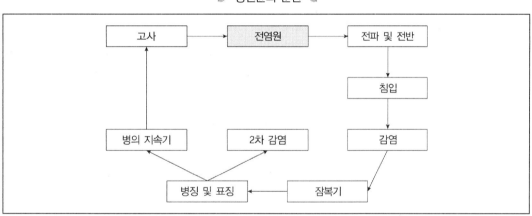

⑤ 식물병의 전파 경로

　　㉠ 공기전염 : 곰팡이, 포자, 세균, 진균, 바이러스 등

　　㉡ 물전염 : 세균, 선충, 포자, 균핵, 균사체 등

　　㉢ 충매전염 : 진딧물, 멸구류 등

　　㉣ 기타 : 동물, 종자, 비료, 수확물, 농기구 등

　　　　🌲 채소류의 병충해
　　　　　• 배추의 경우 뿌리혹병에 걸리게 될 시에 뿌리에 혹이 생성되며, 수분 및 영양분의 이동이 억제된다.
　　　　　• 오이의 노균병은 기온이 $20 \sim 25^{\circ}C$, 다습한 상태일 시에 많이 발생하게 된다.
　　　　　• 토마토의 경우에 뿌리혹선충 피해를 받게 될 시에 뿌리생육이 나빠지며 잎이 황화된다.

(2) 병충해

① 병해 … 진균(fungi), 세균(bacteria), 바이러스(virus), 마이코플라즈마(mycoplasma) 등에 의한 생물성 병원과 기타 부적절한 환경요인에 의한 비생물성 병원에 의해 유발된다.

생물성 병원에 의한 식물병	
병원	**병징**
진균	무·배추·포도 노균병, 수박 덩굴쪼김병, 오이류 덩굴마름병, 감자·토마토·고추역병, 딸기·사과 흰가루병
세균	무·배추 세균성 검은썩음병, 감귤 궤양병, 가지·토마토 풋마름병, 과수 근두암종병
마이코플라즈마	대추나무·오동나무 빗자루병, 복숭아·밤나무 오갈병
바이러스	배추·무 모자이크병, 사과나무 고접병, 감자·고추·오이·토마토 바이러스병
파툴린(patulin)	사과주스에서 발견되는 곰팡이 독소

② 충해 … 해충이 식물의 잎, 줄기, 뿌리 등을 갉아먹거나 즙액을 흡수함으로써 직접적 피해를 끼치거나 해충이 먹은 자리로 병원균이 침입하여 간접적 피해를 주는 것을 말한다.

구분	**예**
밭작물 해충	진딧물, 점박이 응애, 멸강나방, 콩나방 등
일반작물 해충	진딧물, 알톡톡이, 무잎벌레, 땅강아지 등
원예작물 해충	복숭아 흑진딧물, 감자나방, 배추흰나비, 거세미나방, 점박이 응애, 파총채벌레, 오이잎벌레, 뿌리흑선충 등

🐜 해충
　① 도둑나방
　　• 번데기로 월동하고 1회 성충은 4–6월, 2회 성충은 8–9월에 발생하고 유충기간은 40–45일이다.
　　• 성충은 해질 무렵부터 활동하여 낮에는 마른 잎 사이에 숨는다.
　　• 유충은 낮에는 땅속에 숨어 있다가 밤에 나와 활동한다.
　　• 유충은 어릴 때는 집단으로 활동하나 크면 분산한다.
　② 온실가루이
　　• 곤충강, 매미목, 가루이과의 곤충으로 원예작물에 피해를 주는 곤충으로 외국에서 관엽식물에 묻어 유입된 외래해충을 말한다.
　　• 성충은 길이가 약 1.5mm로 백색 파리 모양으로 납 물질로 뒤덮여 있으며 단위생식을 한다.
　　• 통상적으로 잎 뒷면에 산란하는데 고온을 좋아하며 온실 내에서는 연 10회 정도 산란하며 단기간에 급속히 증식되므로 방제가 까다롭다.

- 흡즙에 의한 작물피해 뿐만 아니라 배설물이 그을음 병을 유발하기 때문에 상품 가치를 떨어뜨리게 된다.

③ 총채벌레
- 총채벌레는 5월초에 어린잎이나 잎맥에 산란기로 잎 조직 내 한 개씩 알을 낳으며, 부화된 애벌레 및 어미벌레는 입을 잎에 박고 즙액을 흡수하기 때문에 피해 잎은 일찍 굳어버려 영양분도 빼앗겨 사료가치가 떨어진다.

③ 선충피해의 예방법
- ㉠ 약제를 이용하여 토양을 소독한다.
- ㉡ 저항성 품종을 재식한다.
- ㉢ 7~8월경 태양열을 이용하여 토양을 소독한다.

④ 병충해 방제법
- ㉠ 경종적(재배적) 방제법 : 토지의 선정, 품종의 선택. 재배양식의 변경, 생육시기의 조절, 시비법의 개선 등 재배방법에 의한 방제법이다.
- ㉡ 물리적(기계적) 방제법 : 가장 전통적인 방식으로 낙엽의 소각, 상토의 소토, 토양의 담수, 유충의 포살 등에 의한 방제법이다.
- ㉢ 생물학적 방제법 : 해충의 천적(天敵) 또는 미생물과 같이 생태계의 원리를 이용하는 방제법이다. 진딧물의 생물학적 방제에는 무당벌레, 진디혹파리가 이용된다.

> **POINT**
> 페로몬트랩(pheromone trap) … 일반적으로 곤충의 암컷은 페로몬이라는 유인물질을 분비함으로써 수컷을 유인하는데 이를 유인제로 이용해 대량의 해충을 모아서 죽이거나. 암수 곤충의 교미를 방해하여 해충을 방제하는데 이용한다.

- ㉣ 화학적 방제법 : 농약과 같은 화학물질을 살포하는 방제법이다.
- ㉤ 법적 방제법 : 식물 방역법을 제정하여 병균이나 해충의 국내 침입과 전파를 방지하는 방제법이다.
- ㉥ 종합적 방제법 : 여러 가지 방제수단을 유기적으로 조화 · 유지하면서 사용하는 방제법이다.

(3) 야생조수에 의한 피해

① 피해사례
- ㉠ 수확기에 접어든 곡식이나 과실에 피해를 준다.
- ㉡ 원예작물에 피해를 주는 조수로는 멧돼지, 까치, 청설모, 고라니 등이 있다.
- ㉢ 강력한 야생조수보호 시책으로 조수류의 서식밀도가 증가함에 따라 농작물 피해 등 부작용도 증가 추세이다.

② 피해 방제법

　　㉠ 방조망 : 가장 일반적인 방제 방법으로 영구적인 표준방조망과 임시적인 간이방조망이 있다.

　　㉡ 기피제 사용 : 나프탈렌, 크레졸, 폐유, 목초액과 같은 기피제를 사용하는 방법이다.

　　㉢ 기피자제 사용 : 시청각을 통해 기피반응을 유발하는 자제를 사용하는 방법이다.

　　㉣ 소음기 사용 : 라디오, 폭죽, 화약총과 같은 소음기를 사용하는 방법이다.

　　㉤ 조건적 미각기피행동(CTA) : 조수류가 특정한 맛이 나는 물 또는 먹이를 먹고 소화계 병을 앓은 후 그 동일한 맛에 대하여 거부하는 행동을 이용한 방법이다.

　　㉥ 포획트랩 : 트랩을 설치하여 조수류를 직접 포획하는 방법이다.

2 잡초의 방제

(1) 잡초

① 개념 … 잡초란 경작지에서 재배하는 식물 이외의 것으로 생활에 큰 도움이 되지 못하는 풀을 총칭하는 말이다.

② 잡초의 유해작용

　　㉠ 병충해의 전파 : 잡초는 병원균의 중간 기주역할을 하는 경우가 있다.

　　㉡ 품질의 저하 : 작물의 품질과 상품성을 떨어지게 한다.

　　㉢ 미관손상 : 잡초는 원예작물의 미관을 훼손한다.

　　㉣ 유해물질 분비 : 잡초가 분비하는 분비물은 다른 식물의 생리작용을 해칠 수도 있다.

　　㉤ 작물과의 경쟁 : 잡초는 생육상의 경쟁을 하고 작물의 생육환경을 불량하게 만든다.

(2) 잡초의 방제법

① **경종적 방제법** … 잡초와 작물의 생리·생태적 특성 차이에 근거를 두고, 잡초의 경합력은 저하되고 작물의 경합력이 높아지도록 재배관리를 해주는 방법이다.

경종적 방제법의 종류	
구분	예
경합특성 이용법	• 작부체계(윤작, 답전윤환재배, 2모작) • 육묘이식(이앙) 재배 • 재식밀도를 높인다. • 춘경·추경 및 경운·정지 • 재파종 및 대파
환경제어법	• 시비관리 및 유기물 공급 • 제한 경운법 • 토양교정

② **물리적 방제법** … 잡초의 종자 및 영양번식체에 물리적인 힘을 가하여 억제·사멸시키는 수단이다.

물리적 방제법의 종류	
• 손제초 • 농기구 이용 중경제초 및 배토 • 예취	• 피복 • 소각, 소토 • 침수처리

③ **생물적 방제법** … 곤충 또는 미생물을 이용하여 잡초의 세력을 경감시키는 방제법으로 잔류물질이 남지 않아 친환경 유기농법에서 많이 이용되고 있다.

생물적 방제법의 종류	
구분	내용
곤충을 이용	선인장(좀벌레), 돌소리쟁이(좀남색잎벌레)
식물병원균을 이용	녹병균, 곰팡이, 세균, 선충
어패류를 이용	붕어, 초어, 잉어
동물을 이용	오리, 돼지
상호대립 억제 작용성 식물	호밀, 귀리

④ 화학적 방제법 … 제초제를 사용하여 잡초를 방제하는 방법이다.

제초제의 조류	
구분	내용
경엽처리형 제초제	• Phenoxy계 제초제 : 2·4 - D, Mecoprop(MCPP), MCP • Benzoic acid계 제초제 : Dicamba, 2·3·6 - TBA • 지방족(직쇄형) 제초제 : Dalapon, Glyphosate • Bipyridylium계 제초제 : Paraquat
경엽 및 토양처리형 제초제	• Triazine계제초제 : Simazine, Atrazine, Simetryn, Prometryn • 산아미드계제초제 : Alachlor, Butachlor, Pretilachlor, Propanil, Perfluidone • 요소계 제초제 : Diuron, Bensulfuron-methyl • 디페닐에테르계 제초제 : Chlornitrofen, Befenoy, Oxyfluorfen • Sulfonylurea계 제초제 : Bensulfuron-methyl

⑤ 종합적 방제법(Integrated Pest Management, IPM) … 제초제에만 의존하는 방제법을 지양하고, 여러 가지 방법을 이용하여 종합적이며 체계적인 방법으로 잡초를 관리하는 방법이다.

(3) 농약

① 농약의 정의 … 농작물 재배를 위한 농경지의 토양 및 종자를 소독하거나, 작물 재배기간 중에 발생하는 병해충으로부터 농작물을 보호하거나, 저장 농산물의 병해충을 방제하기 위한 목적으로 사용하는 모든 약제를 말한다.

POINT

농약의 조건
㉠ 살균·살충력이 강한 것
㉡ 작물 및 인축에 무해한 것
㉢ 다량생산을 할 수 있는 것
㉣ 사용방법이 간편한 것
㉤ 품질이 균일한 것

② 농약의 분류
　㉠ 용도별 : 병해충과 잡초를 방제하기 위한 농약에는 살충제, 살균제, 제초제, 생장조절제, 전착제 등이 있다.
　　㉮ 살균제 : 식물병을 유발하는 병원균의 발생을 예방하거나 병을 치료함으로써 농작물을 보호한다.
　　㉯ 살충제 : 작물에 해를 주는 해충을 멸하여 농작물을 보호한다.
　　㉰ 제초제 : 작물의 영양분을 빼앗아 정상적인 생장을 방해하는 잡초를 없애준다.
　　㉱ 생장조절제 : 작물의 수확시기를 조절하고 품질을 향상시키기 위하여 생리기능을 증진·억제시키는 작용을 한다.

㉞ 유인제 : 해충 등이 좋아하는 화학물질을 이용해서 유인 후 방제할 수 있도록 하는 약제
이다.

　　ⓛ 제형별

　　　㉮ 유제(乳劑) : 농약원제를 유기용매에 녹인 후 유화제를 혼합하여 액체 상태로 만든 것이다.

　　　㉯ 액제(液劑) : 농약원제를 물 또는 메탄올에 녹인 후 동결방지제를 첨가하여 만든 것이다.

　　　㉰ 수화제(水和劑) : 물에 녹지 않는 농약원제를 규조토나 카오린 등과 같은 광물질의 증량
제 및 계면활성제와 혼합하여 미세한 가루로 만든 것이다.

　　　㉱ 분제(粉劑) : 농약 원제를 탈크, 점토와 같은 증량제와 물리성 개량제, 분해방지제 등과
혼합하여 분쇄한 것이다.

　　　㉲ 도포제(塗布劑) : 특정 병 또는 상처를 효과적으로 치료하기 위해 개발된 제형으로 농약
을 점성이 큰 액상으로 만들어 붓 등으로 필요한 부위에 발라준다.

　　　㉳ 미분제(微粉劑) : 병해충 방제효과를 높이기 위해 분제농약보다 알맹이를 더욱 작게 하여
흩날림성을 증대시켜 만든 제형

　　　㉴ 훈연제(燻煙劑) : 농약원제에 발연제, 방염제 등을 혼합하고 기타 보조제 및 증량제를 첨
가하여 만든다.

　　　㉵ 연무제(煙霧劑) : 살포방법을 개선한 제형으로 스프레이통에 농약을 압축가스형태로 채워
분무하거나 연무발생기 등을 이용해 압력이나 열을 가하여 농약성분을 분출시키는 방법
이다.

③ 농약의 독성

　ⓖ 독성의 구분

　　　㉮ 투여경로에 따라 : 경구독성, 경피독성, 흡입독성

　　　㉯ 독성반응 속도에 따라 : 급성독성, 아급성독성, 아만성독성, 만성독성

　　　㉰ 독성의 강도에 따라 : 저독성, 보통독성, 고독성, 맹독성

　ⓛ 독성의 표시 : 실험동물에 약제를 투여하여 처리된 동물 중 반수(50%)가 죽음에 이를 때의
동물개체당 투여된 약량(반수치사량, LD50)으로 표시한다.

독성의 분류				
시험동물의 반수를 죽일 수 있는 양(mg/kg 체중)				
등급	급성경구		급성경피	
	고체	액체	고체	액체
Ⅰ급(맹독성)	5 미만	20 미만	10 미만	40 미만
Ⅱ급(고독성)	5 이상 50 미만	20 이상 200 미만	10 이상 100 미만	40 이상 400 미만
Ⅲ급(보통독성)	50 이상 500 미만	200 이상 2,000 미만	100 이상 1,000 미만	400 이상 4,000 미만
Ⅳ급(저독성)	500 이상	2,000 이상	1,000 이상	4,000 이상

④ 농약의 잔류성

　㉠ **정의** : 살포된 농약이 분해되어 없어지지 않고 자연환경 중에 존재할 때 이를 잔류농약이라 한다.

　㉡ **농약잔류허용기준**(MRLs, Maximum Residue Limits) : 식품 중에 함유되어 있는 농약의 잔류량이 사람이 일생동안 그 식품을 섭취해도 전혀 해가 없는 수준을 법으로 규정한 양이다.

$$\text{농약잔류허용기준(ppm)} = \frac{\text{1일 농약섭취 허용량}}{\text{국민평균체중(50kg)}}$$

　㉢ **최대무작용량**(NOEL) : 일정량의 농약을 실험동물에 장기간 지속적으로 섭취시킬 경우 어떤 피해증상도 일어나지 않는 최대의 섭취량을 말한다.

⑤ 농약의 안전한 사용

　㉠ **농약 살포 전 주의사항**

　　㉮ 포장지에 표기된 독성, 적용작물, 대상병해충, 사용농도, 사용량, 사용할 시기 등을 확인한다.

　　㉯ 엔진, 호스, 노즐 등 살포장비와 방제복, 장갑, 마스크 등 보호장비를 점검한다.

　　㉰ 방제기구가 고장났을 때를 대비하여 노즐, 플러그, 스패너, 드라이버와 같은 예비부속과 연장 등을 준비한다.

　㉡ **농약 살포 중 주의사항**

　　㉮ 약제가 피부에 묻지 않도록 모자, 마스크, 장갑, 방제복 등 보호 장비를 착용한다.

　　㉯ 농약살포작업은 한낮을 피해 아침, 저녁 서늘하고 바람이 적을 때를 택하여 바람을 등지고 실시한다.

　　㉰ 한 사람이 2시간 이상 살포 작업하는 것을 피하며 두통, 현기증 등 기분이 좋지 않은 증상들이 나타나면 즉시 작업을 중단하고 휴식을 취한다.

　　㉱ 살포작업 중에는 담배를 피우거나 음식물 섭취를 금하도록 한다.

　㉢ **농약 살포 후 주의사항**

　　㉮ 살포장비는 항상 깨끗이 닦아 보관한다.

　　㉯ 살포작업이 끝나고 주변 정리를 끝낸 후에는 손, 발, 얼굴 등 온 몸을 깨끗이 씻은 후 충분한 휴식을 취한다.

기출예상문제

CHECK | 기출예상문제에서는 그동안 출제되었던 문제들을 수록하여 자신의 실력을 점검할 수 있도록 하였다. 또한 기출문제뿐만 아니라 예상문제도 함께 수록하여 앞으로의 시험에 철저히 대비할 수 있도록 하였다.

〈농산물품질관리사 제13회〉

1 원예작물의 바이러스병에 관한 설명으로 옳지 않은 것은?

① 바이러스에 감염된 작물은 신속하게 제거한다.
② 바이러스 무병묘를 이용하여 회피할 수 있다.
③ 많은 바이러스가 진딧물과 같은 곤충에 의해 전염된다.
④ 대표적인 바이러스병으로 토마토의 궤양병이 있다.

💡 ④ 토마토 궤양병은 전염성이 강한 세균성 질환이다.

〈농산물품질관리사 제13회〉

2 원예작물에 발생하는 병 중에서 곰팡이(진균)에 의한 것이 아닌 것은?

① 잘록병
② 역병
③ 탄저병
④ 무름병

💡 ④ 무름병은 세균에 의해 발병한다.

〈농산물품질관리사 제13회〉

3 과수작물에서 병원균에 의해 나타나는 병은?

① 적진병(internal bark necrosis)
② 고무병(internal breakdown)
③ 고두병(bitter pit)
④ 화상병(fire blight)

💡 화상병 … 병원균에 의해 나타나는 병으로, 사과·배나무의 꽃, 잎, 열매 등의 조직이 불에 타서 화상을 입은 모양으로 검게 마르는 피해를 준다.

>> ANSWER

1.④ 2.④ 3.④

〈농산물품질관리사 제13회〉

4 사과나무에서 접목 시 대목 목질부에 홈이 파이는 증상이 나타나는 고접병의 원인이 되는 것은?

① 진균   ② 세균

③ 바이러스   ④ 파이토플라즈마

> ③ 고접병은 바이러스에 의해 발병한다.
>
> ※ 생물성 병원에 의한 식물병
> ㉠ 진균 : 무·배추·포도 노균병, 수박 덩굴쪼김병, 오이류 덩굴마름병, 감자·토마토·고추역병, 딸기·사과 흰가루병
> ㉡ 세균 : 무·배추 세균성 검은썩음병, 감귤 궤양병, 가지·토마토 풋마름병, 과수 근두암종병
> ㉢ 파이토플라즈마 : 대추나무·오동나무 빗자루병, 복숭아·밤나무 오갈병
> ㉣ 바이러스 : 배추·무 모자이크병, 사과나무 고접병, 감자·고추·오이·토마토 바이러스병

5 다음 중 농약의 조건으로 바르지 않은 것은?

① 사용방법이 간편한 것

② 품질이 균일한 것

③ 다량 생산을 할 수 있는 것

④ 살균 살충력이 약한 것

> 살균 살충력이 강한 것이어야 한다.

6 다음 중 농약의 투여경로에 따른 분류로 보기 어려운 것은?

① 흡입독성   ② 경구독성

③ 경피독성   ④ 만성독성

> ④ 독성반응 속도에 따른 분류에 속한다.

〈농산물품질관리사 제1회〉

7 원예작물 재배 시 비교적 저온조건에서 발생하기 쉬운 병해는?

① 시들음병   ② 풋마름병

③ 덩굴쪼갬병   ④ 노균병

> ④ 노균병은 기온이 낮아지면서 비가 자주 내릴 때 많이 발생하는 병이다. 흐린 날이 계속되고 저온 다습한 환경에서는 작물의 광합성이 현저하게 떨어지므로 작물의 영양상태가 불량하여 노균병의 발생이 쉽다.

〈농산물품질관리사 제1회〉

8 과수재배 시 병충해를 방제하기 위해 농약을 살포할 때 고려할 사항 중 틀린 것은?

① 수화제와 유제를 혼용하여 사용할 경우에는 특히 주의해야 한다.
② 고온 시 유기황제는 저농도로 살포한다.
③ 유기인제와 나크제는 유과기에 살포한다.
④ 고온 시에는 한 낮에 살포하지 않는다.

💡 ③ 유과기에는 나크제, 메프제, 디프제 등의 살포를 피한다.

〈농산물품질관리사 제2회〉

9 다음에 열거한 병해 중에서 진균(fungi)에 의해 유발되는 병은?

① 토마토나 핵과류에 발생하는 궤양병
② 사과나 배에 발생하는 근두암종병
③ 배추나 시클라멘에 발생하는 무름병
④ 딸기나 사과에 발생하는 흰가루병

💡 ①②③ 세균에 의해 발생하는 병해에 해당한다.

〈농산물품질관리사 제2회〉

10 과수 병원체가 식물의 조직내부로 침입하는 방법은 상처나 기공을 통한 침입이 대부분이나 각피를 뚫고 침입하는 경우도 있다. 다음 중 각피를 뚫고 침입할 수도 있는 병원균은?

① 균핵병균
② 흰가루병균
③ 바이러스
④ 노균병균

💡 균핵병균 … 균핵병의 원인균으로 균핵병균은 병환부에 형성된 균핵이 땅으로 떨어져 토양표면에서 월동하며 환경이 적합하면 포자가 비바람에 날리는 경우 식물체의 지상부에 침입하기도 하고 직접 발아하여 줄기나 과실에 직접 침입할 수도 있다.

11 병해충방제를 위한 약제방제 요령으로 틀린 것은?

① 4종복비와의 혼용은 권장사항이다.
② 수화제는 수화제끼리 혼합한다.
③ 차고 습기가 많은 날은 살포를 피한다.
④ 25℃를 넘는 기온에서는 살포하지 않는다.

🔆 ① 4종복비와의 혼용은 농약성분 중의 계면활성제가 비료의 과잉흡수를 조장하여 피해를 입는 경우가 있어 주의해야 한다. 4종복비를 함께 사용할 때는 반드시 4종복비의 종류를 확인한 후 적절하게 사용해야 한다.

12 휘발성이 높은 화합물로 곤충의 조직에서 분비되어 동종의 다른 개체에 특유한 행동이나 발육분화를 일으키는 물질은 무엇이라 하는가?

① 생물농약   ② 페로몬
③ 트랩   ④ 훈연가스제

🔆 페로몬 … 페로몬은 곤충의 조직에서 분비되는 물질로 곤충들이 의사를 전달하는 신호물질이다.

13 사과, 배 등 주요 과수에서 나타나는 근두암종병의 원인균은?

① 진균   ② 바이러스
③ 세균   ④ 마이코플라스마

🔆 ① 탄저병, 노균병, 배추뿌리 잘록병 등이 속한다.
② 사과나무 고접병, 모자이크병, 오갈벼 잎마름병 등이 속한다.
④ 대추나무 빗자루병, 감자 빗자루병 등이 속한다.

14 조류의 피해를 막기 위하여 일반적으로 쓰이고 있는 방법이 아닌 것은?

① 방조망 설치   ② 기피음 발생
③ 광반사물 설치   ④ 유인추 설치

✦ ④ 유인추는 나뭇가지를 인위적으로 늘어뜨려 열매를 맺는 생식 생장가지로 유인하는 추를 말한다.
유인추의 설치는 조류의 피해방지와는 관계없다.
※ 조류 피해방지 방법
ⓐ 방조망의 설치
ⓑ 기피자재, 기피음, 기피제
ⓒ 조건적 미각기피행동(CTA)
ⓓ 포획트랩

〈농산물품질관리사 제5회〉

15 재배 온실이나 과수원에서 페로몬트랩으로 유인하여 방제할 수 있는 대상 생물은?

① 야생 조류
② 곰팡이
③ 해충
④ 박테리아

✦ 페로몬트랩(pheromone trap) … 성 유인물질을 이용한 곤충포획장치로 주로 해충의 예찰에 많이 이용된다.

〈농산물품질관리사 제5회〉

16 식물 바이러스병으로 옳게 짝지어진 것은?

① 위축병 – 모자이크병
② 탄저병 – 위축병
③ 모자이크병 – 근두암종병
④ 근두암종병 – 탄저병

✦ 탄저병은 진균에 의해서 근두암종병은 세균에 의해서 발생한다.

〈농산물품질관리사 제6회〉

17 식품 안전성을 위협하는 유해물질로 사과주스에서 발견될 수 있는 곰팡이 독소는?

① 파툴린(patulin)
② 소르비톨(sorbitol)
③ 솔라닌(solanine)
④ 아플라톡신(aflatoxin)

✦ 파툴린은 곰팡이에서 만들어지는 진균독의 하나로, 썩은 사과에서 발견된다.

>> ANSWER

11.① 12.② 13.③ 14.④ 15.③ 16.① 17.①

〈농산물품질관리사 제6회〉

18 복숭아와 밤나무의 오갈병, 대추나무의 빗자루병을 일으키는 것은?

① 바이러스(virus) ② 곰팡이(fungi)

③ 박테리아(bacteria) ④ 마이코플라스마(mycoplasma)

🔆 마이코플라스마는 대추나무와 오동나무의 빗자루병, 복숭아와 밤나무의 오갈병을 일으킨다.

〈농산물품질관리사 제6회〉

19 선충피해를 줄이기 위한 방법으로 적합하지 않은 것은?

① 작물의 잎에 실선충제를 살포한다.

② 유연관계가 먼 작물과 윤작한다.

③ 약제를 이용하여 토양을 소독한다.

④ 7~8월경 태양열을 이용하여 토양을 소독한다.

🔆 선충피해는 토양소독이나 저항성 품종을 재식해서 예방하는 것이 효과가 있고 살균제 및 살충제는 사용하지 않는 것이 좋다.

〈농산물품질관리사 제7회〉

20 진딧물의 생물학적 방제에 이용하는 천적은?

① 진디혹파리, 칠레이리응애 ② 무당벌레, 진디혹파리

③ 무당벌레, 애꽃노린재 ④ 칠레이리응애, 애꽃노린재

🔆 해충의 천적 또는 미생물과 같이 생태계의 원리를 이용한 진딧물의 생물학적 방제에는 무당벌레, 진디혹파리 등이 이용된다.

21 다음 중 병해의 원인이 진균이 아닌 것은?

① 탄저병 ② 노균병

③ 고추역병 ④ 근두암종병

🔆 ①②③ 진균에 의한 병해이다.
④ 세균에 의한 병해이다.

22 오동나무 오갈병의 병원균은?

① 세균   ② 선충

③ 바이러스   ④ 마이코플라즈마

💡 오동나무의 오갈병은 마이코플라즈마(mycoplasma)라는 병원균이 일으키는 것으로 방제와 치료가 대단히 어렵다.

23 다음 중 경종적 방제법에 해당하지 않는 것은?

① 포장을 청결히 하여 해충의 전염원을 없앤다.
② 고농도의 산성토양에는 석회를 뿌려 산도를 낮춘다.
③ 윤작 또는 직파재배를 한다.
④ 해충이나 쥐가 좋아하는 먹이에 독극물을 넣는다.

💡 ①②③ 경종적 방제법
     ④ 물리적 방제법

24 페로몬트랩의 설치 목적으로 가장 적절한 것은?

① 과실의 착색을 촉진하기 위해서이다.   ② 과실의 수정을 돕기 위해서이다.
③ 낙과를 방지하기 위해서이다.   ④ 해충을 포살하기 위해서이다.

💡 페로몬트랩(pheromone trap)이란 성 유인물질인 페로몬을 이용한 해충방제법이다.

25 잡초에 대한 설명으로 옳은 것은?

① 잡초 종자는 대부분 호광성이다.
② 밭 잡초는 습한 토양에서 발아가 잘 된다.
③ 복토가 깊어지면 잡초의 발아를 촉진시킨다.
④ 자기 포장을 정결히 하면 인접 포장에서 전파되지 않는다.

💡 ② 논 잡초는 습한 토양에서 발아가 잘 되고, 밭 잡초는 다소 건조한 토양에서 발아가 잘 된다.
     ③ 복토가 깊어지면 산소와 광선이 부족해져서 잡초의 발아가 억제된다.
     ④ 잡초는 전파력이 매우 크기 때문에 자기 포장을 정결히 하여도 인접 포장에서 전파되기 쉽다.

>> ANSWER

18.④ 19.① 20.② 21.④ 22.④ 23.④ 24.④ 25.①

CHAPTER

06

특수원예

최근에는 식물을 기르는 방법도 다양해지고 있다. 날씨나 계절에 구애받지 않고 식물을 재배할 수 있는 시설원예와 토양이 없이도 재배가 이루어지는 양액재배에 대해 학습하도록 한다.

1 시설원예

(1) 시설원예의 개요

① 시설의 정의 … 유리온실, 하우스, 대형터널 시설 내에서 채소, 과수, 화훼를 집약적으로 생산하는 것을 말한다.

② 시설원예의 효용

  ㉠ 농촌과 농가의 소득증대에 기여 : 시설원예는 제철이 아닌 시기의 생산이므로 높은 값으로 출하되어 노지원예에 비해 수익성이 높다.

  ㉡ 주년생산과 주년소비 체계를 확립 : 특정계절에 국한되지 않는 주년적(周年的) 생산·공급 체계를 확립하게 한다.

  ㉢ 친환경적 농업의 발달 : 폐자원의 활용과 에너지 절감형 기술의 발달로 친환경 농업의 발달에 기여한다.

  ㉣ 정서적 함양 : 국민보건을 지키고 정서적 함양에 기여한다.

(2) 시설의 종류

① 유리온실(glass house)

  ㉠ 정의 : 유리온실은 외부피복재가 유리로 되어 있는 온실을 말하며, 광투과성, 보온성, 환경제어, 안전성, 작업성 등이 우수하다.

ⓛ 종류 : 유리온실의 종류는 지붕의 모양, 폭, 온실 동 수 등으로 분류한다. 지붕의 모양에 따라 양지붕형, 3/4지붕형, 편지붕형, 아치형 등으로, 지붕의 폭에 따라 넓은 지붕형과 좁은 지붕형으로, 온실의 동 수에 따라 단동형과 연동형으로 분류된다.

유리온실의 종류	
종류	내용
양지붕형	• 좌우 양쪽의 지붕 길이가 같은 온실 • 광선 입사가 균일하며, 통풍이 잘 됨 • 주로 남북방향으로 설치 • 재배관리가 편리하여 원예용으로 널리 사용
3/4지붕(쓰리쿼터)형	• 남쪽 지붕의 길이가 전체의 3/4 정도 길이 • 주로 동서방향으로 설치 • 남쪽 지붕면이 전체 면적의 60~70%를 차지 • 채광과 보온성이 뛰어남
벤로형	• 처마가 넓고 지붕의 비가 좁은 양지붕형 온실의 일종 • 골격자제가 적게 들어 시설비 절감에 효과적 • 광투과율이 높아 호온성 과채류 재배에 적합

출처-농업 진흥청 사이버 홍보관

② 플라스틱 온실(plastic house)

㉠ 정의 : 외부 피복재가 PE, EVA, PVC 등의 플라스틱소재로 되어 있는 온실을 말한다. 설치 비용이 싸고 쉽게 시공할 수 있지만 유리온실에 비해 광투과성, 보온성, 환경제어, 안전성 등이 떨어진다.

    ⓛ **종류**: 크게 대형 터널 하우스와 지붕형 하우스로 분류된다.

      ㉮ **대형 터널 하우스**: 초창기 시설원예의 대표적인 시설로 반원 형태이다. 보온성, 내풍성이 좋고, 고른 광입사가 장점이나 환기능률이 떨어지며 내설성이 약하다.

      ㉯ **지붕형 하우스**: 지붕모양을 한 온실로 강한 바람이나 적설량이 많은 곳에서 유리한 시설이다. 천장 또는 측창을 설치하기 쉬우며 단동 또는 연동 형태가 있다.

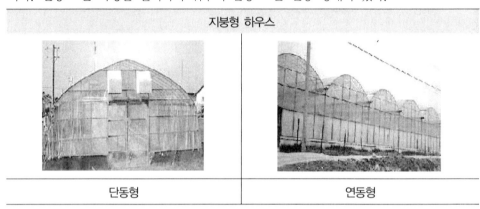

지붕형 하우스	
단동형	연동형

(3) 시설의 조건

① 시설의 입지조건

    ㉠ **기상조건**: 온난지역이 유리하며, 일조가 풍부해야 한다.

    ⓛ **토양 및 수리조건**: 토양이 비옥하며, 배수가 양호한 지역이어야 한다.

    ⓒ **사회·경제 조건**: 교통이 원활하며, 노동력 확보에 유리한 지역이어야 한다.

② 시설의 구비조건

    ㉠ 다양한 기상조건에 견뎌야 한다.

    ⓛ 적정 환경조성에 효율적이어야 한다.

    ⓒ 재배면적이 최대한 확보되어야 한다.

    ⓔ 내구연한이 길도록 설계되어야 한다.

③ 시설의 설치방향

    ㉠ **동서동**: 외지붕형, 3/4형, 촉성재배에 적합하다.

    ⓛ **남북동**: 양지붕형, 연동형, 반촉성 재배에 적합하다.

④ 시설의 자재

    ㉠ **골격자재**: 시설의 골격을 구성하는 자재이다.

      ㉮ **죽재**: 초기 터널형 하우스의 골재로 내구연한이 짧다.

ⓝ **목재** : 초기 시설원예에 주로 이용되었으나 강도가 약하며, 변형이 쉬어 사용이 줄어들고 있다.

ⓓ **경합금제** : 알루미늄을 주성분으로 하며 골격률을 낮출 수 있다. 가볍고 다루기 쉬우며 내부식성이 좋다.

ⓡ **강재** : 강도와 내구성이 높아 지붕의 하중이 큰 대형온실에 알맞다.

ⓛ **피복자재** : 고정시설을 피복하는 기초 피복자재와 기초피복 위에 보온, 차광, 반사 등을 목적으로 추가로 피복하는 추가 피복자재가 있다.

피복자재의 종류	
목적	**예**
차광	한랭사, 부직포, 네트
보온	• 천연자재 : 거적 • 플라스틱자재 : 부직포, 연질필름(0.05~0.075mm), 반사필름
피복	• 유리 : 투명유리, 산광유리, 복층유리 • 플라스틱자재 • 연질필름(0.075~0.2mm) : PE, EVA, PVC • 경질필름(0.1~0.25mm) : PBT • 경질판(0.5~2mm) : FRP, FRA, PC, 아크릴

(4) 시설내부의 환경과 관리

① 온도

ⓐ 시설 내 온도 환경의 특징

ⓖ 주·야간 일교차가 크다.

ⓝ 위치별 온도차가 있다(대류현상).

ⓓ 지온이 노지보다 높다.

 POINT

변온관리의 효과
ⓐ 유류비 절감
ⓛ 작물 생육과 수량 증가
ⓓ 품질향상

ⓛ 온도의 조절 : 시설 내의 온도는 보온, 냉·난방, 환기 등을 통해서 조절한다.

ⓖ 보온

ⓐ 시설의 바닥 면적이 클수록, 표면적이 작을수록 보온에 유리하다.

ⓑ 터널, 멀칭, 추가피복, 커튼 등을 이용하여 열의 손실을 방지한다.

⑭ 난방

　　　　　ⓐ 최악의 기상조건에서도 적온을 유지시켜 주며, 설비 및 운용이 경제적이어야 한다.

　　　　　ⓑ 난로난방, 전열난방, 온수난방, 증기난방, 온풍난방 등이 있다.

POINT

난방부하 … 적정온도 유지를 목표로 난방설비로 충당해야 될 열량이다.
　㉠ 최대난방부하 : 기온이 가장 낮은 시간대의 난방부하
　㉡ 기간난방부하 : 작물의 재배기간 동안의 난방부하

　　　⑮ 냉방

　　　　　ⓐ 냉방을 통해 품질향상, 계획생산, 해충발생억제의 효과를 얻을 수 있다.

　　　　　ⓑ 기화냉방법(팬 앤드 패드), 분무냉방, 차광, 옥상유수, 열선흡수유리 등이 있다.

　　　⑯ 환기

　　　　　ⓐ 실내외의 공기를 서로 바꾸어 주어 온도를 조절하는 방법이다.

　　　　　ⓑ 천창과 측창, 출입문을 이용한 자연환기법과 환풍기를 통한 강제환기법이 있다.

② 광선

　㉠ 시설 내 광환경의 특성

　　⑦ 광질의 변화 : 외부의 피복재로 인하여 실내로 투과되는 광질이 변한다.

　　　　ⓐ 유리(판유리) : 자외선과 장파장(3000nm 이상)은 전혀 투과시키지 못한다.

　　　　ⓑ PVC(염화비닐) : 자외선을 잘 투과시키고 장파장은 유리보다 투과율이 높다.

　　　　ⓒ PE : 피복제 가운데 자외선과 장파장의 투과율이 가장 높으며, 국내 하우스 외피복재
　　　　　　의 70% 이상을 차지하고 있다.

　　⑭ 광량의 감소 : 골격재로 인한 차광, 피복재의 반사와 흡수, 오염 등으로 인해 광량이 감소
　　　　한다.

　　　　ⓐ 차광률은 유리온실 20%, 대형하우스 15%, 파이프하우스 5%로 차이가 있다.

　　　　ⓑ 태양고도가 낮은 겨울의 경우 동서동의 광량이 남북동에 비해 크다.

　　⑮ 위치별 광도의 차이 : 피복제에 의한 입사각의 차이로 인해 광분포가 균일하지 않으며, 연
　　　　동형의 경우 동서동이 남북동보다 그림자가 심하게 나타나서 광분포의 불균일이 크게
　　　　나타난다.

　㉡ 시설 내 광환경의 조절

　　⑦ 골격재의 선택 : 가늘고 강한 골격재를 선택하여 차광률을 줄인다.

　　⑭ 피복재의 선택 : 광투과력이 좋고, 먼지가 잘 부착되지 않는 피복재를 사용한다.

　　⑮ 인공광의 도입 : 부족한 광량을 백열등, 형광등, 수은등, 발광다이오드 등으로 보충해준다.
　　　　식물생육에 필요한 특수한 파장만을 방출할 수 있으며, 근접조명이 가능하다.

　　⑯ 시설의 설치방향 조절 : 일반적으로 시설의 설치는 투광량이 좋은 동서동 방향으로 한다.

　　⑰ 반사광의 이용 : 태양고도가 낮을 때 동서동의 북측벽에 반사판을 설치하여 광량을 증대시
　　　　킨다. 이때 반사판은 알루미늄 포일이 적당하다.

ⓐ 산광피복재의 이용 : 실내의 광분포를 균일하게 하며, 구조재로 인한 그늘을 감소시킬 수 있다.

③ 이산화탄소(CO_2)

 ㉠ 시설 내 탄산가스 환경의 특성

  ㉮ 시설 내 CO_2 농도는 노지보다 밤에는 작물의 호흡으로 인하여 농도가 높고, 낮 동안에는 광합성 때문에 농도가 낮다.

  ㉯ 시설 내 위치에 따라 공기가 순환하는 통로부분의 CO_2 농도가 높고, 잎과 줄기가 무성한 부분에서는 CO_2 농도가 낮다.

 ㉡ 시설 내 탄산가스 환경의 조절 : 탄산가스가 부족한 시설에서는 광, 온도, 습도 등의 다른 모든 환경조건이 만족되더라도 광합성 작용이 제대로 이루어지지 못하기 때문에 반드시 충분한 탄산가스를 공급해야 한다.

  ㉮ 환기 : 가장 간편한 탄산가스 공급법으로 외부의 신선한 공기를 시설 내로 공급함으로써 부족한 탄산가스 농도를 보충한다.

  ㉯ 유기물 이용 : 퇴비, 볏짚, 가축분, 톱밥 등 유기물을 지표면에 깔아 유기물이 서서히 분해하면서 발생하는 탄산가스를 이용하는 것으로, 유기물 양의 조절로 탄산가스 농도를 조절할 수 있다.

  ㉰ 탄산가스시비

구분	내용
사용시기	과채류 재배 시에는 착과 직후부터, 촉성재배에서는 정식 후 30일경이나 착과 이후 사용한다.
사용기간	• 오전시간대에 집중적으로 사용하는 것이 좋다. • 해뜬 후 30분~1시간부터 환기할 때까지 2~3시간 정도 사용하는 것이 좋다.
사용농도	• 일반적으로 탄산가스 농도의 3~5배 정도인 1,000~1,500ppm이 적절하다.
탄산가스 공급방법	액화탄산가스의 방출, 화석연료(프로판, 등유 등)의 연소, 고체형 분말 가스 발생제 등이 있다.

④ 수분

 ㉠ 시설 내 수분 환경의 특성

  ㉮ 인공관수에 의존 : 자연강우에 의한 수분공급이 거의 없다.

  ㉯ 낮은 수분흡수 : 일반적으로 시설작물은 근계발달이 빈약하며, 단열층은 수분상승이동을 억제한다.

  ㉰ 높은 습도 : 노지에 비하여 높은 시설내의 공중습도는 작물의 도장과 병해 발생의 원인이 된다.

 ㉡ 시설 내 수분 환경의 조절

  ㉮ 적절한 환기와 난방을 실시한다.

④ 플라스틱 멀칭을 한다.

　　　㉱ 과습 시에는 이랑을 높이고, 암거배수시설을 이용한다.

　　ⓒ **수분손실률** : 원예작물의 수분손실률은 공기유통, 대기압력, 상대습도의 영향을 받는다.

⑤ 토양

　　㉠ 시설 내 토양 환경의 특성

　　　㉮ 토양의 pH가 낮다.

　　　㉯ 연작장해가 발생한다.

　　　㉰ 노지에 비해 염류농도가 높다.

　　　㉱ 특정 성분의 양분이 결핍되기 쉽다.

　　　㉲ 토양의 공극률이 낮아 통기성이 불량하다.

　　　㉳ 도시 근교의 경우 토양오염의 위험성이 높다.

　　㉡ 시설 내 토양 환경의 조절

　　　㉮ 염류의 집적을 해결하기 위해 객토, 심경, 담수처리, 피복물 제거 등을 한다.

　　　㉯ 토양의 통기성을 향상시키기 위해 심경, 유기물의 투입, 석회의 시용, 토양 멀칭 등을 실시한다.

　　　㉰ 연작장해의 피해를 줄이기 위해 합리적인 작부체계를 도입하고, 엽면시비 등을 실시한다.

　　　㉱ 병충해 예방을 위해 토양 소독을 철저히 한다.

⑥ 시설 내 대기환경

　　㉠ 시설 내 대기환경의 특징

　　　㉮ **무풍지대** : 일부 작물은 수분(受粉)의 장해를 받아 착과가 억제되기도 한다.

　　　㉯ **유해가스의 집적** : 토양 중의 유기물이 분해되면서 암모니아가스와 질산가스가, 난방기의 화석연료 연소과정에서 일산화탄소, 아황산가스, 에틸렌 등이 발생한다.

　　　㉰ 탄산가스가 부족하다.

　　㉡ 시설 내 대기환경의 조절

　　　㉮ 요소비료를 줄이고 완숙된 유기물을 시용한다.

　　　㉯ 유해가스에 저항성 있는 작물을 선택한다.

　　　㉰ 환기를 통해서 CO_2를 공급하고, 유해가스를 배출시킨다.

⑦ 시설 내의 주요 병충해

　　㉠ 병해

　　　㉮ 작물이 연속 재배되는 고정 시설에서는 병원균이 실내에 축적되기 쉽다.

　　　㉯ 시설 내는 온도가 높고, 다습한 상태이므로 병원균의 전파가 빠른 속도로 이루어진다.

　　　㉰ 시설 내 식물은 연약하고 도장하기 때문에 노지에 비하여 약해가 많이 발생한다.

　　　㉱ 오이류의 역병, 균핵병과 잿빛 곰팡이병, 흰가루병 등이 많이 발생한다.

ⓛ 충해

㉮ 시설은 해충의 침입을 억제하지만 일단 침입하면 빠른 속도로 번식할 수 있는 환경이 조성된다.

㉯ 해충이 연중발생하기 쉬우며, 살충제에 대한 강한 내성으로 방제에 어려움이 따른다.

㉰ 주로 발생하는 해충은 진딧물류, 응애류, 선충류 등이 있다.

 양액재배

(1) 개념

① 양액재배의 정의

㉠ 토양 대신 생육에 필요한 무기양분을 골고루 용해시킨 양액(養液)으로 작물을 재배하는 것을 말한다.

㉡ 수경재배, 무토양재배, 탱크농업(tank farming), 베드농업(bed farming) 등으로 불린다.

② 양액재배의 장·단점

㉠ 장점

㉮ 품질과 수량성이 좋다.

㉯ 자동화, 생력화가 쉽다.

㉰ 청정재배가 가능하다.

㉱ 작물의 연작이 가능하다.

㉲ 장소의 제한이 거의 없다.

㉡ 단점

㉮ 배양액의 완충능력이 없어 양분농도나 pH 변화에 민감하다.

㉯ 장치 및 설비에 많은 자본이 필요하다.

㉰ 전문적 지식이 요구된다.

㉱ 병균의 전염이 빠르다.

㉲ 작물의 선택이 제한적이다.

③ 양액재배의 필요성

㉠ 생산자 측면

㉮ 주년생산에 의해 소득을 증대시킨다.

㉯ 과학적 재배 욕구를 충족시킨다.

    ㉠ 재배 불가능 지역에서의 재배를 가능하게 한다.

    ㉣ 생산 환경을 개선시킨다.

    ㉤ 노동력 부족으로 인한 자동화의 필요성을 충족시킨다.

ⓒ 소비자 측면

    ㉮ 주년 구매 욕구를 충족하여 준다.

    ㉯ 저공해, 고품질 생산물을 제공받을 수 있다.

(2) 양액재배의 종류

① 공기경재배 … 양액을 반만 채우고 공기 중에 노출된 뿌리에 양액을 간헐적으로 분무하여 재배하는 방식이다.

② 수경재배

    ㉠ 식물체의 뿌리를 양액 속에 침적된 상태로 재배하는 방식이다.

    ⓒ 유동 또는 상하재배법, 액면저하법, 통기법, 환류법, 등량교환법, NFT(nutrient film technique) 등이 해당한다.

POINT

순환식 수경방식(NFT) … 세계적으로 가장 널리 보급되어 있는 순환식 수경방식으로 시설비가 저렴하며 설치가 간단하다. 또한 중량이 작아 관리가 간편하며, 산소부족의 염려가 없지만 고온기에 양액 온도가 너무 높다는 단점이 있다.

③ 고형배지경

    ㉠ 배지가 모래, 자갈, 암면, 펄라이트와 같은 고형으로, 여기에 양액을 지속적으로 공급하며 재배하는 방식이다.

    ⓒ 사경재배, 훈탄재배, 역경재배, 암면재배 등이 해당한다.

POINT

배양액의 조제
㉠ 필수 무기양분을 함유하고 있어야 한다.
ⓒ 뿌리에서 흡수하기 쉬운 형태로 물에 용해된 이온상태여야 한다.
ⓒ 배양액의 산도(pH) : 배양액의 pH가 5.5~6.5의 범위로 되도록 조절해야 하며, pH가 7.0 이상이 되면 Fe, Mn, Po, Ca, Mg 이온이 불용성으로 되어 작물에 흡수되지 않는다.
㉣ 배양액의 농도(EC)의 적정범위는 일반적으로 1.5~2.55mS/cm이다.

(3) 식물공장

① 개념

    ㉠ **정의** : 식물공장은 폐쇄적 또는 반 폐쇄적 공간 내에서 식물을 계획적으로 생산하는 시스템을 말한다.

    ㉡ **목적** : 완전한 식량의 공급, 식재료의 연중공급을 목적으로 한다.

② 특징

    ㉠ 장소의 제한을 받지 않으며 작물의 생장속도가 빠르고 균일하다.

    ㉡ 병충해의 완전한 방제가 가능하며, 최상의 품질을 얻을 수 있다.

CHECK | 기출예상문제에서는 그동안 출제되었던 문제들을 수록하여 자신의 실력을 점검할 수 있도록 하였다. 또한 기출문제뿐만 아니라 예상문제도 함께 수록하여 앞으로의 시험에 철저히 대비할 수 있도록 하였다.

〈농산물품질관리사 제13회〉

1 고형 배지 없이 베드 내 배양액에 뿌리를 계속 잠기게 하여 재배하는 방법은?

① 분무경(aeroponics)
② 담액수경(deep flow technique)
③ 암면재배(rockwool culture)
④ 저면담배수식(ebb and flow)

💡 담액수경 … 고형 배지 없이 베드 내 배양액에 뿌리를 계속 잠기게 하여 재배하는 방법
① 분무경 : 수경재배에서 발생하기 쉬운 뿌리의 산소부족과 배양액의 변질을 방지하기 위하여 개발된 재배법으로 배양액을 간결적으로 근부에 분무하는 방법
③ 암면재배 : 무균상태의 암면배지를 이용하여 작물을 재배하는 양액재배 시스템으로 장기재배하는 과채류와 화훼류 재배에 적합한 방법
④ 저면담배수식 : 화분 밑 부분에서 공급하는 방식

〈농산물품질관리사 제13회〉

2 화훼작물의 초장 조절을 위한 시설 내 주야간 관리 방법인 DIF가 의미하는 것은?

① 주야간 습도차
② 주야간 온도차
③ 주야간 광량차
④ 주야간 이산화탄소 농도차

💡 DIF(晝夜溫度較差, difference between day and night temperature) … 낮과 밤의 온도 차이

〈농산물품질관리사 제3회〉

3 보온의 기본원리를 잘 설명한 것은?

① 시설 내 대류전열의 촉진
② 시설 내 방사전열의 촉진
③ 자연에너지의 이용 억제
④ 환기전열의 억제

💡 보온의 기본원리
㉠ 시설 내 대류전열의 억제
㉡ 시설 내 방사전열의 억제
㉢ 피복자재의 전도전열의 억제
㉣ 환기전열의 억제

〈농산물품질관리사 제7회〉

4 원예산물의 수분손실률과 가장 거리가 먼 것은?

① 공기유동   ② 대기압력

③ 상대습도   ④ 질소농도

     💡 원예산물의 수분손실은 내적인 요인(표면적-부피비, 표면손상, 성숙단계)과 외적 또는 환경적 요인 (온도, 상대습도, 공기유동, 대기압)의 영향을 받는다.

5 양액재배의 장점으로 옳지 않은 것은?

① 생산량을 증대시킨다.   ② 연작재배가 가능하다.

③ 청정재배가 가능하다.   ④ 병균전염의 위험이 낮다.

     💡 양액재배(nutriculture)란 토양대신 생육에 필요한 무기양분을 골고루 용해시킨 양액으로 작물을 재 배하는 형태이다. 생육과 수량성이 좋으며, 연작재배와 청정재배가 가능하지만 많은 자본과 전문적 지식이 필요하며 병균전염의 위험성이 따른다.

6 채소의 시설재배에서 토양염류를 제거하는 방법은?

① 표면관수를 한다.   ② 담수처리를 한다.

③ 시비량을 늘린다.   ④ 석회비료를 사용한다.

     💡 토양염류의 장해를 막기 위해서는 시비를 적절히 하고, 윤작, 담수처리 등을 해야 한다.

7 국내에서 가장 많이 사용되고 있는 시설물의 피복재는?

① 판유리   ② 부직포

③ 염화비닐   ④ 폴리에틸렌

     💡 ④ 폴리에틸렌(polyethylene)은 값이 저렴해서 널리 사용되고 있는 피복자재이다.

수확 후의 품질관리론

수확 후의 품질관리 개요 및 수확 후의 품질관리기술 등
에 대해 이해하고 원예산물에 따른 관리법을 익혀두어야
한다.

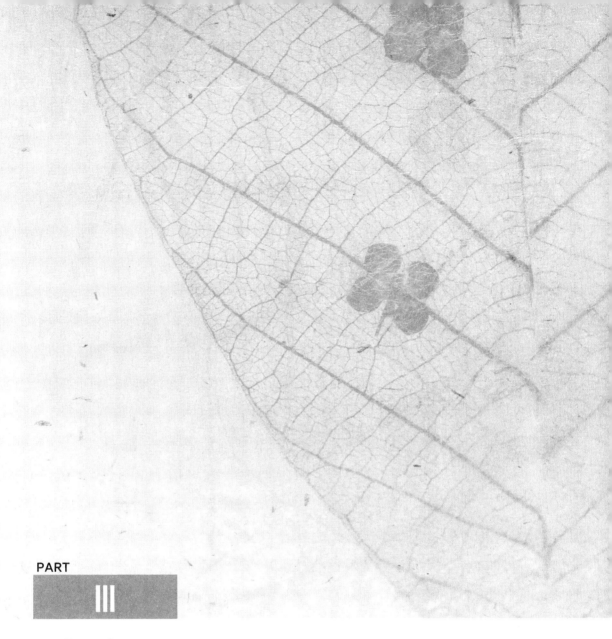

CHAPTER

01

원예산물의 성숙 및 수확

원예산물의 성숙과 수확은 상품의 질을 판단하는 중요한 요소가 된다. 정확한 수확시기와 수확방법을 알아두는 것이 중요하다.

1 원예산물의 성숙

(1) 성숙 · 숙성 · 노화

① 성숙

　㉠ 성숙과정은 양적인 생장이 멈추고 질적인 변화가 일어나는 과정이다.

　㉡ 성숙도 : 생리적 성숙과 원예적(상업적) 성숙으로 구분된다.

　　㉮ 생리적 성숙 : 식물체 내 대사 작용의 진행 상태를 기준으로 하며 호흡, 에틸렌 생성, 세포벽 분해효소의 활성 등에 의해 결정된다.

　　㉯ 원예적 성숙 : 수확하기에 가장 적합한 상태를 말한다.

POINT

원예적 성숙과 생리적 성숙

구분	예
생리적 성숙상태에서 이용	딸기, 수박, 근채류
원예적 성숙상태에서 이용	죽순, 오이, 애호박, 가지
생리적 성숙과 원예적 성숙이 일치	사과, 양파, 감자, 참외, 토마토

② **숙성** … 생리대사의 변화와 함께 조직감과 풍미가 발달하는 등 과일이 익어가는 과정을 말한다.

POINT

성숙 및 숙성 과정에서 발생하는 대사산물의 변화

과실	세포 수준	품질 변화
사과, 키위, 바나나	전분이 당으로 가수 분해	단맛의 증가
사과, 키위, 살구	유기산의 변화	신맛 감소
사과, 토마토, 단감	엽록소 분해·색소 합성	색의 변화
사과, 배, 감, 토마토	세포벽 붕괴	과육의 변화
감	타닌의 중합반응	떫은맛의 소실
사과, 유자	휘발성 에스테르의 합성	풍미 발생
포도	표면 왁스 물질의 합성 및 분비	과피의 외관 및 상품성

③ **노화** … 식물기관 발육의 마지막 단계에서 발생하는 비가역적 변화로써 노화를 거치는 동안 연화 및 증산에 의하여 상품성을 잃게 되고, 병균의 침입으로 인해 쉽게 부패한다.

(2) 성숙도 판정

① 판정기준
  ㉠ 성숙도 판단은 객관적이고 간편한 방법을 사용해야 한다.
  ㉡ 판단측정 기구는 저렴하며 실용성이 있어야 한다.
  ㉢ 기준은 지역 또는 해에 따라 변하지 않아야 한다.
  ㉣ 성숙여부는 기관의 발육도, 조직의 노숙도, 조직의 충실도, 함유성분의 양 등에 의해 결정지어진다.

② 성숙도 판정 기준
  ㉠ **색깔** : 성숙될수록 엽록소가 파괴되고 새로운 색소가 형성되며 작물 고유의 색깔이 나타난다.
  ㉡ **경도** : 성숙될수록 불용성 펙틴이 가용성으로 분해되어 조직의 경도가 감소한다.
  ㉢ **당·산** : 성숙될수록 전분은 당으로 분해되고 유기산이 감소하며 당과 산의 균형이 이루어진다. 수산화나트륨(NaOH)은 과일과 채소의 유기산 함량을 나타내는 적정산도를 측정할 때 사용된다.

$$적정산도(TA) = \frac{사용된\ NaOH의\ 양 \times NaOH의\ 노르말농도 \times 산밀리당량}{측정할\ 과즙의\ 양} \times 100$$

2 원예산물의 수확

(1) 수확시기의 판정

① 수확시기의 중요성

　㉠ 원예작물의 수확시기는 생산물의 외관은 물론 맛과 품질을 결정짓는다.

　㉡ 수확시기에 따라 변하는 생산물의 크기 및 중량은 생산량과 직결된다.

　㉢ 수확시기는 수확 후 저장기간과 유통기간에도 영향을 미친다.

② 수확시기 판정의 지표

　㉠ 감각에 의한 판정 : 시각 · 미각 · 촉감에 의해 성숙 정도를 판정하는 방법으로 다년간의 경험이 요구된다.

　　㉮ 크기 · 모양 : 지역의 품질기준 또는 시장의 기호성을 참고하여 크기와 모양이 적합한 시점에 수확한다.

　　㉯ 표면 형태 · 구조 : 적포도 표면의 흰 과분이나 머스크멜론의 넷팅 발현도와 같이 생산물 표면의 생김새도 수확기 판정의 지표가 된다.

　　㉰ 색깔 : 가장 일반적이며 중요한 원예산물의 품질판정 기준이다.

　　㉱ 촉감 : 손으로 눌러 보아 느껴지는 단단함의 정도나 속이 차 있는 정도를 말한다.

　　㉲ 조직감 · 미각 : 먹었을 때 느끼는 과육의 조직감, 향기, 맛을 종합적으로 이용하며 가장 신뢰도가 높은 지표이다.

　㉡ 물리적 특성에 의한 판정

　　㉮ 경도 : 과실의 단단한 정도를 측정하여 수치화한 것으로 과일의 성숙도 또는 수확시기 판정의 지표로 가장 많이 이용된다.

　　㉯ 채과저항력 : 복숭아, 배, 사과 등의 과일을 딸 때 손에 느껴지는 저항력으로 이를 통해서 수확시기를 판정할 수 있다.

　㉢ 생리 대사의 변화

　　㉮ 호흡 속도 : 사과의 경우 저장 기간에 따른 수확시기 결정은 성숙, 숙성 중 호흡의 변화량에 따라 결정할 수 있다. 호흡 속도에 의한 수확시기의 판정은 다년간에 걸친 자료에 비추어 판단해야 한다.

　　㉯ 에틸렌 대사 : 급등형 과일의 경우 과일로부터 발생되는 에틸렌의 양이나 과일 내부의 에틸렌 농도 측정을 통해 수확시기를 결정할 수 있다.

　㉣ 화학 성분의 변화에 따른 판정

　　㉮ 전분 테스트 : 요오드 반응 검사라고도 하며 전분 함량의 변화를 조사하여 수확시기를 결정한다.

㉯ 당함량 : 과실이 최소 당함량에 도달한 시기를 최소 성숙 지수라 하며, 굴절 당도계 등을 이용하여 측정한다.

      ㉰ 산함량 : 유기산 함량은 성숙기까지 증가하다가 숙성이 진행되면서 호흡 기질로 급격히 감소한다.

    ㉺ 생육 일수 및 일력에 의한 판정

      ㉮ 날짜 : 가장 손쉬운 수확시기 결정 방법으로 일력상의 날짜를 기준으로 수확기를 정한다.

      ㉯ 만개 후 일수 : 꽃이 80% 이상 개화된 만개 일시를 기준으로 수확시기를 판단한다.

수확기 판정의 지표	
구분	내용
감각 지표	크기, 모양, 표면형태, 색깔, 촉감, 조직감
물리적 지표	경도, 채광 저항력
화학적 지표	전분함량 테스트, 당함량, 산함량
생리대사 변화 지표	호흡속도, 에틸렌 발생량 변화
생육일수 · 일력 지표	날짜, 만개 후 일수

(2) 수확의 실제

① 수확 방법

    ㉠ 인력수확 : 생식용 또는 저장용 과실은 손상을 방지하기 위하여 하나하나 손으로 따서 수확한다.

    ㉡ 기계수확 : 과실에 다소 손상이 있더라도 큰 지장이 없는 가공용은 일반적으로 기계로 수확한다. 수확기계에는 양앵두, 호두, 아몬드 등과 같은 작은 과실을 수확할 때 사용하는 진동식과 포도, 나무딸기 등과 같이 크기가 고르지 않고 줄로 심어진 과일을 수확할 때 사용하는 오버로우식이 있다.

② 수확 시 유의사항

    ㉠ 기온이 낮은 이른 아침부터 오전 10시경에 수확하여 과실의 온도가 높아지지 않도록 한다.

    ㉡ 손바닥 전체로 가볍게 잡고, 과실을 가지 끝으로 향해 들어서 손가락 눌림 자국이 생기지 않도록 수확한다.

    ㉢ 병충해의 피해를 입은 과실은 먼저 수확하도록 한다.

    ㉣ 한 나무에서도 숙도가 다르므로 몇 차례 나누어 성숙된 것부터 수확한다.

    ㉤ 수확 적기 결정 요인들인 가공용, 생식용, 직판용, 시판용 및 생산지에서 소비지까지의 수송 및 유통기간을 고려해서 적기에 수확하여야 한다.

    ㉥ 비가 내린 후 수확한 과실은 수분을 많이 흡수하여 당도가 낮아지므로 2~3일 경과 후 수확한다.

기출예상문제

CHECK | 기출예상문제에서는 그동안 출제되었던 문제들을 수록하여 자신의 실력을 점검할 수 있도록 하였다. 또한 기출문제뿐만 아니라 예상문제도 함께 수록하여 앞으로의 시험에 철저히 대비할 수 있도록 하였다.

〈농산물품질관리사 제13회〉

1 원예작물의 수확적기에 관한 설명으로 옳은 것은?

① 저장용 마늘은 추대가 되기 전에 수확한다.
② 포도는 당도를 높이기 위해 비가 온 후 수확한다.
③ 만생종 사과는 낙과를 방지하기 위해 추석 전에 수확한다.
④ 감자는 잎과 줄기의 색이 누렇게 될 때부터 완전히 마르기 직전까지 수확한다.

     ☀ ① 저장용 마늘은 추대가 된 후에 수확한다.
       ② 비가 온 후 수확한 포도는 당도가 떨어진다.
       ③ 만생종 사과는 10월 하순 이후가 수확기이다.

〈농산물품질관리사 제13회〉

2 딸기와 포도의 주요 유기산을 순서대로 나열한 것은?

① 구연산, 주석산   ② 사과산, 옥살산
③ 주석산, 구연산   ④ 옥살산, 사과산

     ☀ ① 딸기의 주요 유기산은 구연산이고 포도의 주요 유기산은 주석산이다.

〈농산물품질관리사 제13회〉

3 생리적 성숙 완료기에 수확하여 이용하는 작물은?

① 오이, 가지   ② 가지, 딸기
③ 딸기, 단감   ④ 단감, 오이

     ☀ ③ 딸기, 단감 등은 생리적 성숙 완료기에 수확하여 이용한다.

〈농산물품질관리사 제13회〉

4 원예산물의 성숙기 판단 지표가 아닌 것은?

① 적산온도   ② 개화 후 일수

③ 성분의 변화   ④ 대기조성비

> 💡 원예산물의 성숙 및 수확기 판단 지표
> ㉠ 감각적 지표 : 크기와 모양, 표면 형태 및 구조, 색깔, 촉감, 조직감 · 맛 등의 미각
> ㉡ 화학적 지표 : 전분테스트, 당 함량, 산 함량
> ㉢ 물리적 지표 : 경도, 채과 저항력
> ㉣ 생리 대사적 지표 : 호흡속도, 에틸렌
> ㉤ 생장 일수와 기상 자료 : 날짜, 만개 후 일수

〈농산물품질관리사 제13회〉

5 사과의 수확기 판정을 위한 요오드 반응 검사에 관한 설명으로 옳은 것은?

① 100% 요오드 용액을 과육부위에 반응시켜 착색되는 정도를 기준으로 한다.

② 성숙 중 유기산과 환원당이 감소하는 원리를 이용한다.

③ 성숙될수록 요오드반응 착색면적이 넓어진다.

④ 적숙기의 요오드반응 착색면적은 '쓰가루'가 '후지'에 비해 넓다.

> 💡 ① 전분반응 시약은 증류수 100㎖에 5g의 요오드칼륨을 녹여서 약 5%의 요오드칼륨 용액을 만든
> 다음 여기에 1g의 요오드를 녹여서 만든다.
> ②③ 고실 내 전분이 염색되는 성질을 이용한 것으로 과육 내의 전분 소실 정도를 조사하여 성숙정
> 도를 예측한다.

6 다음 중 수확기 판정의 지표의 구분 및 내용의 연결이 바르지 않은 것은?

① 감각 지표 – 모양, 크기, 촉감, 색깔

② 물리적 지표 – 채광 저항력, 경도

③ 생리대사 변화 지표 – 에틸렌 발생량의 변화, 호흡의 속도

④ 화학적 지표 – 날짜, 만개 후 일수

> 💡 **화학적 지표** … 당함량, 전분함량 테스트, 산함량 등이다.

7 다음 중 원예 산물의 성숙도 판정의 기준에 관한 설명으로 바르지 않은 것은?

① 판단측정 기구는 저렴하면서도 실용성이 있어야 한다.
② 기준은 지역이나 또는 해에 의해 변화하지 않아야 한다.
③ 성숙도 판단은 주관적이면서 간편한 방법을 활용해야 한다.
④ 성숙 여부의 경우 기관의 발육도, 조직의 충실도, 조직의 노숙도, 함유성분의 양 등에 의해 결정되어진다.

💡 성숙도 판단은 객관적이면서 간편한 방법을 활용해야 한다.

8 다음 원예 산물의 수확에 관한 내용 중 수확시기의 중요성으로 바르지 않은 것은?

① 원예 작물에 대한 수확 시기는 생산물의 외관은 물론이거니와 품질과 맛을 결정짓는다.
② 수확 시기는 수확 후의 유통기간 및 저장기간에도 영향을 끼친다.
③ 수확 시기에 의해 변화하게 되는 생산물의 크기는 생산량과 직결되지 않는다.
④ 수확 시기에 의해 변화하게 되는 생산물의 중량은 생산량과 직결되어진다.

💡 ③ 수확 시기에 의해 변화하게 되는 생산물의 크기는 생산량과 직결되어진다.

〈농산물품질관리사 제1회〉

9 다음 중 과실의 기계적 수확에 대한 설명으로 틀린 것은?

① 균일한 성숙 상태의 과실을 수확할 수 있다.
② 단기간에 많은 면적의 수확이 가능하다.
③ 생식용보다는 가공용 과실의 수확에 많이 이용된다.
④ 생력화(省力化) 수확이 가능하다.

💡 ① 기계적인 수확과 과실의 성숙 상태와는 관련이 없다.

〈농산물품질관리사 제3회〉

10 사과의 수확시기를 예측하기 위한 인자로 가장 적합한 것은?

① 중량　　　　　　　　　　② 전분지수
③ 호흡량　　　　　　　　　④ 에틸렌 발생량

💡 ② 수확시기의 예측은 요오드 반응에 의한 전분지수로 판정할 수 있다.

〈농산물품질관리사 제2회〉

11 원예작물의 수확적기를 판정할 때 고려해야 할 사항으로 거리가 먼 것은?

① 각 품종에 맞는 고유의 색택이 발현될 때 수확한다.
② 만개 후 일수는 해마다 기상이 다르기 때문에 고려하지 않는 것이 옳다.
③ 과실의 성숙기 때 호흡량의 변화를 관찰한다.
④ 외관만으로 성숙을 판단하기 어려운 품종이 있다.

> 과실의 수확적기 판정방법
> ㉠ 호흡량 측정
> ㉡ 만개 후 일수
> ㉢ 과색, 맛, 경도
> ㉣ 상품으로서의 품질요소의 내·외적 요인

〈농산물품질관리사 제3회〉

12 호흡급등형 과실을 장기간 저장하고자 할 때 적당한 수확시기는?

① 완숙되었을 때 수확한다.
② 하루 중 가장 온도가 높을 때 수확한다.
③ 완숙시기보다 조금 일찍 수확한다.
④ 과실의 호흡양이 많을 때 수확한다.

> ① 호흡급등형 과실의 경우 숙성과 일치하여 호흡이 급상승하므로 완숙되었을 때 수확한다면 장기간
>   저장이 어렵다.
> ② 온도가 높을 때 수확하면 과실의 온도가 높아져 호흡속도가 상승하며 과실의 무게가 감소하여 수
>   송에 견디지 못한다.
> ④ 과실이 호흡양이 많아질 때 저장력은 매우 약해진다.

〈농산물품질관리사 제6회〉

13 과일과 채소의 유기산 함량을 나타내는 적정산도를 측정할 때 사용하는 화합물은?

① 황산구리($CuSO_4$) ② 오오드화칼륨(KI)
③ 과망간산칼륨($KMnO_4$) ④ 수산화나트륨($NaOH$)

> 용액이 산성인지 염기성인지는 용액 속에 녹아 있는 수소이온의 양과 수산화이온에 의해서 결정되
> 기 때문에 산도의 측정에 수산화나트륨이 사용된다.

14 다음은 과실의 적정산도(TA)를 측정할 때 사용하는 공식이다. 괄호 안에 알맞은 것은?

$$TA = \frac{\text{사용된 NaOH의 양} \times \text{NaOH의 노르말농도} \times (\quad) \times 100}{\text{측정할 과즙의 양}}$$

① 전기전도도(Electric conductivity)

② 산밀리당량(Acid miliequivalent factor)

③ 수소이온농도(PH)

④ 산화환원계수

💡 과실의 성숙은 중량과 크기가 최고에 달하고 바로 수확할 수 있는 단계에 이른 것으로 적정한 산도를 유지해야 한다.

$$\text{적정산도(TA)} = \frac{\text{사용된 NaOH의 양} \times \text{NaOH의 노르말농도} \times \text{산밀리당량}}{\text{측정할 과즙의 양}} \times 100$$

15 다음 중 익으면서 호흡이 급등하는 클라이맥터릭(climacteric)형 과실이 아닌 것은?

① 사과

② 포도

③ 바나나

④ 토마토

💡 ② 포도는 성숙과 노화 중 호흡이 완만히 감소하거나 별로 변하지 않는 비 클라이매터릭(non-climacteric)형 과실이다.

16 과실이 성숙하면서 진행되는 변화로 옳지 않은 것은?

① 과실 고유의 색상 발현

② 당도의 발생

③ 에틸렌의 생성 감소

④ 조직의 연화

💡 ③ 에틸렌 가스는 과실의 숙성이나 잎이나 꽃의 노화를 촉진시킨다. 일반적으로 과실이 익으면서 에틸렌의 발생이 급증한다.

17 다음 중 원예적 성숙과 생리적 성숙이 일치하는 작물은?

① 사과   ② 오이
③ 호두   ④ 애호박

💡 원예적 성숙과 생리적 성숙이 일치하는 작물로는 사과, 양파, 감자, 수박 등이 있다.

18 딸기와 토마토, 가지, 애호박을 노지에서 재배할 때, 개화 후 가장 빨리 수확할 수 있는 순서대로 적은 것은?

① 딸기 – 토마토 – 가지 – 애호박
② 애호박 – 딸기 – 가지 – 토마토
③ 애호박 – 가지 – 딸기 – 토마토
④ 가지 – 애호박 – 토마토 – 딸기

💡 노지재배 시 개화 후 애호박은 7~10일, 가지는 20~30일, 딸기는 30~35일, 토마토는 40~50일 정도 지나면 수확할 수 있다.

19 원예산물의 숙성현상에 대한 설명으로 옳은 것은?

① 숙성은 비 호흡상승과에서 현저하게 나타난다.
② 에틸렌은 원예산물의 숙성현상을 늦춰 준다.
③ 숙성 시 생산물 조직의 경도가 증가한다.
④ 숙성 시 산도가 떨어져서 신맛이 감소한다.

💡 ① 숙성은 호흡상승과에서 뚜렷하게 나타난다.
② 원예산물의 숙성현상을 가속화하는 것이 에틸렌이다.
③ 숙성 시 생산물 조직의 경도가 감소한다.

CHAPTER

02

원예산물의 수확 후 생리

원예산물은 수확 후에 쉽게 변질된다. 그러므로 수확 후 원예산물이 어떤 작용을 하는 지 알아두는 것이 좋다. 화학적, 물리적 작용 뿐 아니라 주변 환경에 의해서는 어떻게 변화하는지 알아보자.

1 호흡작용

(1) 호흡

① 개념

㉠ 과실은 수확 후에도 호흡작용이 계속되므로 산소를 흡수하고 탄산가스를 배출한다.

㉡ 호흡은 저장된 유기물(탄수화물, 단백질, 지방)이 에너지를 방출하면서 간단한 물질로 분해되는 과정이다.

$$C_6H_{12}O_6 + 6O_2 \xrightarrow{\text{호흡과정}} 6CO_2 + 6H_2O + \text{에너지}$$
포도당   산소   탄산가스   물

② 호흡 영향 요인

㉠ 온도 : 호흡작용은 다른 환경요인에도 영향을 받으나 특히 온도에 많은 영향을 받는다.

㉮ 일반적으로 온도가 10℃ 상승함에 따라 생물학적 반응속도는 2~3배 상승한다.

㉯ 식물은 수확 후 0℃ 이상의 범위에서는 저장온도가 낮을수록 호흡률이 떨어진다.

㉰ 온도가 생리적인 범위를 넘으면 식물의 호흡상승률은 떨어진다.

POINT

온도 상수(Q_{10})

㉠ 온도 10℃ 간격에 대한 온도 상수(temperature quotient)를 Q_{10}이라 부른다.

㉡ Q_{10}은 높은 온도에서의 호흡을 10℃ 낮은 온도에서의 호흡률로 나눈 값으로 $Q_{10} = R_2/R_1$이라 한다.

㉢ 일반적으로 높은 온도일수록 낮은 온도에서보다 Q_{10} 값은 적게 나타난다.

㉣ 열대나 아열대 원산 식물의 경우 0℃ 이상에서 10~12℃ 이하의 온도에서 저온스 트레스를 받는데 이때 호흡률이 Q_{10}의 공식을 따르지 않고 높아진다.

ⓛ 대기조성 : 호흡은 호기성 호흡과 혐기성 호흡으로 분류할 수 있으며, 식물은 충분한 산소조 건에서 호기성 호흡을 한다.

㉮ 호기성 호흡과 혐기성 호흡

ⓐ 호기성 호흡(aerobic respiration) : 포도당에서 탄산가스와 물로 완전한 산화가 일어 난다.

ⓑ 혐기성 호흡(anaerobic respiration) : 에탄올을 생성하며 호흡열이 발생한다.

㉯ 대부분의 작물에서 산소농도가 21%에서 2~3%까지 떨어질 때 호흡률과 대사과정은 감 소한다.

㉰ 1% 이하의 산소농도는 저장온도가 최적일 때 저장 수명을 연장하지만 저장온도가 높을 때는 ATP에 의한 산소 소모가 있기 때문에 혐기성 호흡으로 변하게 된다.

㉱ 왁스처리, 표면코팅처리, 필름피막처리, 포장 등 여러 수확 후 취급 과정을 선택하는데 충분한 산소농도가 필요하다.

㉲ 저장산물 주변 CO_2 농도가 증가하게 되면 호흡을 감소시키고, 노화를 지연시키면서 균 생장을 지연시킨다.

ⓒ 물리적 스트레스

㉮ 미비한 물리적 스트레스에도 호흡반응은 영향을 받으며, 심할 경우에는 에틸렌 발생증 가와 함께 급격한 호흡증가를 보인다.

㉯ 상처에 의해 유기된 호흡은 일시적으로 지속되지만 일부 조직에서의 상처는 발달과정의 변화를 촉진하여 지속적인 호흡증가를 유기하게 된다.

ⓔ 발달단계

㉮ 채소류와 미성숙과와 같이 생장 중 수확된 산물의 호흡률은 높게 나타난다.

㉯ 성숙한 과일, 휴면 중인 눈 그리고 저장기관의 호흡률은 상대적으로 낮다.

🌲 어린 잎 채소

• 성숙채소에 비해 미생물 증식이 빠르다.

• 조직이 연해 가공, 포장, 유통 시에 물리적인 상해를 받기 쉽다.

• 다채(비타민), 청경채, 치커리, 상추가 주로 이용된다.

• 성숙된 채소에 비해서 어린 잎 채소의 호흡률이 더 높다.

③ 호흡속도

    ㉠ 호흡은 저장양분을 소모시키는 대사작용이므로 호흡속도는 원예작물의 저장력 지표로 사용된다.

    ㉡ 호흡속도가 빠른 식물은 저장력이 약하며, 호흡속도가 느린 식물은 저장력이 강하다.

    ㉢ 생리적으로 미숙한 식물 또는 엽채류는 호흡속도가 빠르며 감자, 양파와 같이 저장기관이 성숙한 식물은 호흡속도가 느리다.

    ㉣ 원예산물이 물리적·생리적 장해를 받았을 경우 호흡속도가 상승한다.

④ 원예 산물의 수확 후 호흡에 영향을 미치는 요인

    ㉠ 내적요인

        ㉮ 수확 전 요인

        ㉯ 기관 종류

        ㉰ 원예산물 유전형

        ㉱ 호흡기질

        ㉲ 발달단계

    ㉡ 외적요인

        ㉮ 물리적인 스트레스

        ㉯ 공기 조성

        ㉰ 온도

원예산물의 호흡속도	
구분	호흡속도
과일	딸기 > 복숭아 > 배 > 감 > 사과 > 포도 > 키위 순으로 빠르다.
채소	아스파라거스 > 완두 > 시금치 > 당근 > 오이 > 토마토 > 무 > 수박 > 양파 순으로 빠르다.

(2) 급등형 과실과 비급등형 과실

① 개념 … 과실은 발육과정에서 호흡의 변화양상에 따라 급등형(climacteric type)과 비급등형(non – climacteric type)으로 구분된다.

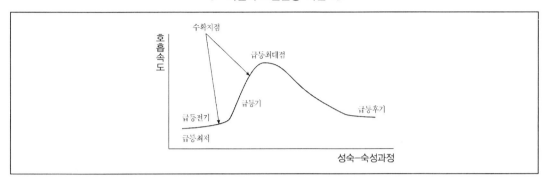

과실의 호흡급등 곡선

② 특징

   ㉠ **급등형 과실**(climacteric fruits) : 과실의 숙성과정에서 일시적으로 호흡량이 현저히 증가하는 현상을 보이는 과실류이다.

     ㉮ 급등형 과실의 발육단계는 호흡의 변화양상에 따라 급등전기, 급등기, 급등후기로 구분된다.

        ⓐ **급등전기** : 호흡량은 최소점이며, 과실의 성숙이 완료되는 시점으로 과실의 수확시기이다.

        ⓑ **급등기** : 호흡량이 최고점에 이르는 시기로 수확 후 저장 또는 유통기간에 해당한다. 이 시기의 과실은 후숙이 완료되어 식용에 가장 적합한 상태가 된다.

        ⓒ **급등후기** : 호흡이 감소하기 시작하며 과실의 노화가 진행되는 시기이다.

     ㉯ 숙성과정에서 에틸렌 발생률의 증가가 나타난다.

   ㉡ **비급등형 과실**(non – climacteric fruits) : 과실의 숙성 과정에서 호흡상승을 나타내지 않는 과실류이다.

     ㉮ 급등형 과실류에 비해서 느린 숙성과정을 보인다.

     ㉯ 수확 후 비급등형 과실류의 호흡률은 천천히 낮아진다.

     ㉰ 에틸렌 발생이 적다.

급등형 과실과 비급등형 과실	
구분	**예**
급등형 과실	배, 감, 사과, 바나나, 복숭아, 키위, 망고 등
비급등형 과실	오이, 포도, 감귤, 오렌지, 레몬, 호박, 가지, 고추, 딸기 등

2 에틸렌 생성과 작용

(1) 에틸렌

① 개념

    ㉠ 에틸렌은 기체상태의 천연식물 호르몬으로 많은 식물대사에 관여한다.

    ㉡ 에틸렌 가스는 과실의 숙성, 잎이나 꽃의 노화를 촉진시키므로 ripening 호르몬 또는 노화 호르몬이라고 한다.

② 에틸렌 생리작용

    ㉠ 급등형 과실이 익는 동안 에틸렌의 발생이 급증한다.

    ㉡ 작물을 수확하거나 잎을 절단하면 절단면에서 에틸렌이 발생한다.

    ㉢ 에틸렌은 클로로필(엽록소)을 분해하며 이층형성을 촉진한다.

    ㉣ 에틸렌의 자가촉매적 성질(feedback regulation)은 식물조직 스스로의 합성을 촉진시킨다.

(2) 에틸렌 효과 및 조절

① 에틸렌의 효과

부정적인 효과	예	바람직한 효과	예
노화 및 탈색	오이, 시금치	수확 촉진	과실류
익음 촉진	가지	발아 촉진	감 자
쓴맛 형성	당근	과실 성숙 촉진	과실류
낙엽 촉진	양배추	착색 촉진	토마토
조직 경화	아스파라거스	암꽃 발생	호박
반점 형성	결구상추		
맹아 촉진	감자		

② 에틸렌의 조절

　㉠ 에세폰은 에틸렌을 발생시키는 생장조절제로 상업적으로 널리 이용되고 있다.

　㉡ 6% 이하의 저농도 산소는 에틸렌 합성의 차단효과가 있다.

　㉢ Silver thiosulfate(STS), 1-MCP, ethanol, 2·5-norbonadiene(NBD)는 에틸렌의 작용을 억제한다.

　㉣ Aminooxyacetic acid(AOA)와 Aminoethoxyvinyl glycine(AVG)는 ACC 합성효소의 활성을 방해하여 에틸렌의 합성을 억제한다.

　㉤ 과망간산칼륨($KMnO_4$), 목탄, 활성탄, zeolite와 같은 흡착제는 공기 중의 에틸렌을 흡착하여 농도를 낮게 해준다.

　㉥ 오존(O_3)과 자외선(UV light) 또한 에틸렌 제거에 이용된다.

3　조직·색상·향미의 변화

(1) 조직의 변화

① 조직의 연화

　㉠ 세포와 세포 사이를 연결하는 중층물질인 펙틴이 분해되면서 과실의 연화가 일어난다.

　㉡ 과실의 연화는 수송성, 질감, 저장기간에 영향을 준다.

② 연화의 지연 및 억제 … 조직의 연화는 세포벽 구성성분의 조성과 형태, 세포벽 분해효소의 종류, 칼슘의 함량 및 pH에 영향을 받는다.

　㉠ 에틸렌의 생성을 억제하면 조직의 연화도 지연된다.

　㉡ 칼슘은 세포벽의 펙틴 결합을 견고하게 만들어 과육의 연화를 억제하고, 노화를 지연시켜 과실의 저장력을 향상시킨다.

(2) 색상 및 향미의 변화

① 색상의 변화

　㉠ 숙성기간 중 과피 색상의 변화는 숙성도의 지표로 이용된다.

　㉡ 과실의 색상 변화는 클로필 손실 및 카로티노이드(당근, 토마토, 고추)와 안토시아닌(사과, 복숭아)과 같은 색소의 합성이 관여한다.

ⓒ 플라보노이드는 식물 및 생물에 함유되어 있는 색소의 일종으로 항산화합성을 갖는다.

ⓔ 자색광은 사과의 안토시아닌 생성을 촉진한다.

② 향미의 변화

　ⓐ 과실의 향미는 당류, 산류, 휘발성 성분들의 영향을 받는다.

　ⓑ 유기산이 감소하여 신맛이나 떫은맛이 줄어들고 단맛이 증가하며, 향기가 발산된다.

4 증산작용

(1) 증산

① 개념

　ⓐ 식물체에서 수분이 빠져나가는 현상을 증산(transpiration)작용이라고 한다.

　ⓑ 온도와 상대습도에 따른 증기압의 차이에 의해 증산이 일어난다.

　ⓒ 식물체의 종류, 저장온도, 공기 중의 습도에 따라 증산속도가 달라진다.

② 증산의 특징

　ⓐ 온도가 높아지고 상대습도가 낮은 환경에서 증산이 많아진다.

　ⓑ 표피조직이 제대로 발달되지 않은 미숙과가 성숙과에 비하여 증산작용이 많이 일어난다.

　ⓒ 표피에 왁스층이 발달한 사과나 가지와 같은 작물은 수분 손실이 적으나, 표피조직이 부드러운 상추, 복숭아 등은 수분손실이 심하다.

　ⓓ 큰 과실은 부피에 피해 표면적의 비율이 낮아 수분증산에 의한 위조현상이 상대적으로 늦게 나타난다.

> 🌲 원예 산물의 수분손실
> • 표피가 치밀한 작물일수록 적다.
> • 저장상대습도가 높을수록 적다.
> • 저장온도가 낮을수록 적다.

 POINT

위조(shrivelling)현상 … 저장 중 과실의 수분이 과도하게 증산되어 과피가 쭈글쭈글하게 되는 현상으로 낮은 습도에서 장기간 저장하는 경우, 저장고내에서 찬 공기가 집적 닿은 부위에서 많이 발생한다.

(2) 증산의 억제

① 수확 및 출하 과정에서의 주의

　㉠ 생산물의 표피 손상은 수분손실을 촉진하므로 주의 깊게 취급한다.

　㉡ 생산물이 대기 중의 수증기압차에 오래 노출되면 수분손실이 가속화되므로 신속하게 작업한다.

　㉢ 포장용기에 구멍을 뚫어 적정 수준의 산소나 탄산가스, 수분을 유지한다.

② 피막제 처리 … 수분손실로 인한 감모율을 줄이기 위하여 생산물의 표면에 카나우바 왁스, 키토산 등을 처리하기도 한다.

③ 저장고 내의 상대습도 증가

　㉠ 미스트(mist)와 같은 기구로 물을 뿌려준다.

　㉡ 스팀 또는 저장고의 코일 온도를 올려주어 공기의 상대습도를 높인다.

④ 원예 산물에 피막제를 처리하는 목적

　㉠ 경도의 유지 및 감모 방지

　㉡ 증산을 억제해 시들음을 방지

　㉢ 과실 표면에 광택을 주어 상품성을 향상

 수확 후 장해

(1) 생리적 장해

① 개념 … 생리적 장해는 원예산물의 생리적 특성 및 저장 환경조건에 큰 영향을 받는다.

② 분류

　㉠ 온도에 의한 장해

　　㉮ 동해 : 0℃ 이하의 저온에 의해서 조직 내에 결빙이 생겨 받는 피해로 엽채류 및 사과의 수침현상이 그 예이다.

　　㉯ 저온장해 : 저온에 민감한 과실이 0℃ 이상의 온도에서도 한계온도 이하의 저온에 노출되었을 때 조직이 물러지거나 표피색상이 변하는 증상을 보이는 것을 말한다.

　　㉰ 고온장해 : 생육적온보다 높은 고온의 조건에서 받는 피해로 과실의 표면이 갈라지는 증상이 있다.

ⓛ 가스에 의한 장해

    ㉮ 이산화탄소 장해 : 작물에 따라 고농도의 CO_2에 민감하여 생리적 장해를 나타낸다. 일반적으로 5~10%의 높은 CO_2 농도에서 표피에 갈색의 함몰 부분이 생기는데 주로 저장 초기에 나타난다.

    ㉯ 저산소 장해 : 정상 범위를 벗어난 낮은 농도의 산소에서 발생하는 장해로 무기호흡에 의한 알코올 발효의 진행으로 독특한 냄새와 맛이 나기도 한다.

    ㉰ 에틸렌 장해 : 저장고내 고농도 에틸렌의 축적으로 과실의 연화, 잎 또는 과립의 탈립, 아스파라거스의 조직 경화 등이 일어난다.

ⓒ 영양 장해 : 토마토의 배꼽 썩음병이나 사과의 고두병 등은 칼슘 결핍의 결과이다.

ⓔ 저장 장해 : 사과의 껍질덴병, 배의 심부병이나 과피흑변 등이 나타난다.

(2) 물리적(기계적) 장해

① 개념 … 물리적 장해는 원예산물의 표피에 상처를 입거나 찢기고 눌려 멍이 드는 등 물리적인 힘으로부터 받는 모든 장해를 말한다.

② 원인 및 대책

  ㉠ 원인

    ㉮ 마찰 및 충격

      ⓐ 선별과정이나 운송 시 표면 마찰 또는 충격에 의해서 장해가 발생한다.

      ⓑ 상처 부위의 페놀물질 작용을 통해 조직의 변형, 갈변, 큐티클 층의 손상 등을 야기한다.

      ⓒ 에틸렌의 발생량은 호흡이 급등하는 시점에서 증가한다.

    ㉯ 압축 : 주로 수송 또는 저장 과정에서 상자로 인해서 발생한다. 이를 해결하기 위해서는 산물을 포장할 때 알맞은 용적이 되도록 조절해야 한다.

    ㉰ 진동 : 운반 시 포장내의 산물들이 움직여서 충돌함으로써 표면의 상처가 발생하며, 이는 상품성을 저하시킨다.

  ㉡ 대책 : 물리적 장해는 유통과정 전역에 걸쳐 일어나므로 튼튼한 상자에 골판지 격자를 넣거나 과실을 스티로폼 그물망으로 포장하여 유통시키면 피해를 줄일 수 있다.

(3) 병리적 장해

① 개념 … 일반적으로 원예산물은 양수분의 함량이 높아서 미생물의 생장 및 번식에 유리한 조건을 갖추고 있다.

② 병원의 감염

　㉠ **수확 전 감염** : 병원성 세균 또는 곰팡이 등이 작물의 기공 또는 표피의 균열을 통해 수확 전의 작물에 침입한 후 잠복해 있다가 병해를 유발한다.

　㉡ **수확 후 감염** : 작물의 수확 시 생긴 절단면이나 수확, 운반, 선별과정에서 생긴 멍, 찰과상, 절상 등의 상처로 인해 병원성 미생물의 침입을 받는 것을 말한다.

③ 발병 영향 요인

　㉠ **과실의 성숙도** : 성숙 또는 노화가 진행될수록 생리적으로 병원균에 대한 감수성이 증가하여 발병하기 쉬워진다.

　㉡ **온도** : 저온에 민감한 식물의 경우 저온저장은 병해를 증가시킬 수 있으며, 고온 역시 부패의 발생을 증가시킨다.

　㉢ **습도** : 90% 이상의 상대습도에서는 작물 표면의 상처 부위가 다습해져 병원의 감염에 따른 저장 병해의 발생이 증가할 수 있다.

④ 병해의 방제

　㉠ **감염 방지**

　　㉮ 염소, SOPP 등을 첨가한 세척수를 사용한다.

　　㉯ 저장고는 1% formaldehyde 또는 5% sodium hypocolorite 수용액을 분무하거나, SO2 가스로 훈증하여 소독한다.

　㉡ **감염 진행의 차단** : 원예산물의 상처로 침투한 곰팡이 포자나 박테리아는 즉시 생장을 개시하므로 빠른 시간 안에 살균제를 처리해야 한다.

　㉢ **병원의 박멸** : 일반적으로 기주 식물의 세포는 병원 세포보다 열에 대한 저항성이 크므로 잠복성 또는 휴지성 감염의 퇴치에 열처리 방법 등을 이용할 수 있다.

> 🌱 사과의 밀 (Water Core) 증상
> • 일교차가 심하거나 또는 수확시기 등이 늦었을 때 나타난다.
> • 유관속 주변 조직이 투명해지는 현상이다.
> • 장기저장 할 경우에 밀 증상 부위가 갈변되고 심하게 되면 스펀지화 된다.
> • 밀 증상은 과육의 특정부위에 솔비톨이 비정상적으로 축적되어 나타나는 증상으로 타 부분에 비해 단 맛이 높지 않으며, 밀 증상이 심화될 경우에는 내부갈변의 원인이 된다.

기출예상문제

CHECK | 기출예상문제에서는 그동안 출제되었던 문제들을 수록하여 자신의 실력을 점검할 수 있도록 하였다. 또한 기출문제뿐만 아니라 예상문제도 함께 수록하여 앞으로의 시험에 철저히 대비할 수 있도록 하였다.

〈농산물품질관리사 제13회〉

1 다음 중 호흡급등형 작물을 고른 것은?

㉠ 감	㉡ 오렌지
㉢ 포도	㉣ 사과

① ㉠, ㉡
② ㉠, ㉣
③ ㉡, ㉢
④ ㉢, ㉣

💡 성숙 또는 숙성 과정에서 호흡 양식에 따른 작물 분류
㉠ 호흡급등형 : 토마토, 사과, 배, 감, 복숭아, 살구, 키위 등
㉡ 호흡비급등형 : 딸기, 오이, 오렌지, 포도, 밀감, 파인애플 등

〈농산물품질관리사 제13회〉

2 원예산물의 장해에 관한 설명으로 옳지 않은 것은?

① 장미는 수확 직후 물에 꽂아 꽃목굽음을 방지한다.
② 포도는 저온저장 중 유관속 조직 주변이 투명해지는 밀증상이 나타난다.
③ 가지, 호박, 오이는 저온저장 중 과실의 표면이 함몰되는 수침현상이 나타난다.
④ 금어초는 줄기를 수직으로 세워 물올림하여 줄기굽음을 방지한다.

💡 ② 밀증상은 과육의 일부가 생육기 고온으로 정상적으로 자라지 못하고 투명하게 변하거나 과육조직 내 반투명한 수침상 조직이 발달해 상품성이 떨어지는 것을 말한다.

〈농산물품질관리사 제13회〉

3 다음 원예산물에서 에틸렌에 의해 나타나는 증상이 아닌 것은?

① 결구상추의 중륵반점
② 브로콜리의 황화
③ 카네이션의 꽃잎말림
④ 복숭아의 과육섬유질화

※ ④ 복숭아의 과육섬유질화는 저온장해이다.

〈농산물품질관리사 제13회〉

4 원예산물의 에틸렌 발생 촉진 물질은?

① AVG   ② ACC
③ STS   ④ AOA

※ 원예산물의 에틸렌 발생 촉진 물질은 ACC(1-aminocyclopropane-1-carboxylic acid)로, 메티오닌
에서 생합성되는 에틸렌의 직접적인 전구물질이다.

〈농산물품질관리사 제13회〉

5 에틸렌에 관한 설명으로 옳지 않은 것은?

① 수용체는 세포벽에 존재한다.
② 코발트 이온에 의해 생성이 억제 된다.
③ 무색이며 상온에서 공기보다 가볍다.
④ 식물의 방어기작과 관련이 있다.

※ ① 수용체는 세포벽이 존재하지 않는다.

>> ANSWER

1.② 2.② 3.④ 4.② 5.②

〈농산물품질관리사 제13회〉

6 원예산물의 온도장해에 관한 설명으로 옳지 않은 것은?

① 배에서 환원당은 빙점을 높일 수 있다.
② 사과에서 칼슘이온은 세포내 결빙을 억제시킬 수 있다.
③ 토마토에서 열처리는 냉해발생을 억제시킬 수 있다.
④ 고추에서 CA저장은 냉해발생을 억제시킬 수 있다.

💡 ① 환원당은 빙점을 저하시킨다.

7 다음 중 증산에 관련한 내용으로 바르지 않은 것은?

① 큰 과실의 경우 부피에 피해 표면적의 비율이 낮아 수분증산에 의한 위조현상이 상대적으로 늦게 나타난다.
② 표피조직이 제대로 발달되지 않은 미숙과가 성숙과에 비하여 증산작용이 많이 일어난다.
③ 온도가 높아지고 상대습도가 낮은 환경에서 증산이 적어진다.
④ 온도와 상대습도에 따른 증기압의 차이에 의해 증산이 일어난다.

💡 온도가 높아지고 상대습도가 낮은 환경에서 증산이 많아진다.

8 다음 중 원예 산물의 호흡에 관련한 설명으로 가장 바르지 않은 것은?

① 호기성 호흡은 포도당에서 탄산가스와 물로 완전한 산화가 발생한다.
② 성숙한 과일, 휴면 중인 눈 그리고 저장기관의 호흡률은 상대적으로 높다.
③ 혐기성 호흡은 에탄올을 생성하며 호흡열이 발생하게 된다.
④ 채소류와 미성숙과와 같이 생장 중 수확된 산물의 호흡률은 높게 나타난다.

💡 성숙한 과일, 휴면 중인 눈 그리고 저장기관의 호흡률은 상대적으로 낮다.

9 다음 원예 산물의 수확 후 호흡에 영향을 끼치는 내적 요인이 아닌 것은?

① 기관 종류   ② 호흡 기질
③ 공기 조성   ④ 발달 단계

💡 ③ 수확 후 호흡에 영향을 끼치는 외적 요인에 해당하는 요소이다.

10 다음의 내용을 읽고 괄호 안에 들어갈 말로 가장 적절한 것을 고르면?

> 저온장해는 저온에 민감한 과실이 (   ) 이상의 온도에서도 한계온도 이하의 저온에 노출되었을 때 조직이 물러지거나 표피색상이 변하는 증상을 보이는 것을 말한다.

① 0℃
② −5℃
③ −10℃
④ −15℃

💡 저온에 민감한 과실이 0℃ 이상의 온도에서도 한계온도 이하의 저온에 노출되었을때 조직이 물러지거나 표피색상이 변하는 증상을 보이는 것을 말한다.

11 다음 중 급등형 과실에 속하지 않는 것은?

① 배
② 감
③ 사과
④ 오렌지

💡 ④ 오렌지는 비급등형 과실에 속한다.

12 다음 과실 중 성격이 다른 하나는?

① 키위
② 딸기
③ 고추
④ 호박

💡 ① 급등형 과실에 속하며, ②③④ 비급등형 과실에 속한다.

13 (   ) 이하의 저농도 산소는 에틸렌 합성의 차단효과가 있는가?

① 10%
② 6%
③ 4%
④ 2%

💡 통상적으로 6% 이하의 저농도 산소는 에틸렌 합성의 차단효과가 있다.

14 (　　) 이상의 상대습도에서는 원예 작물 표면의 상처 부위가 다습해져 병원의 감염에 의한 저장 병해의 발생이 증가할 수 있다.

① 80%

② 85%

③ 90%

④ 95%

💡 90% 이상의 상대습도에서는 원예 작물 표면의 상처 부위가 다습해져 병원의 감염에 의한 저장 병해의 발생이 증가할 수 있다.

〈농산물품질관리사 제1회〉

15 그림에서 ⓐ형의 호흡특성과 연관하여 올바르게 설명한 것은?

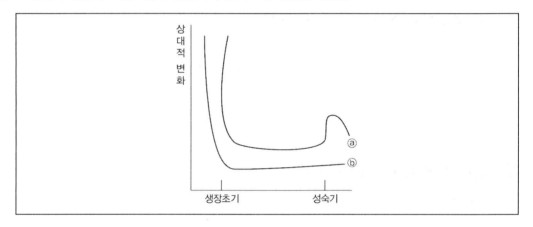

① 포도, 오렌지가 속하며, 호흡급등 현상이 미미하다.

② 사과, 밀감이 속하며 호흡급등 시 과실 크기가 증가한다.

③ 딸기, 오이가 속하며 호흡급등 시 색변화가 많이 일어난다.

④ 사과, 복숭아가 속하며 수확 후 이용목적에 따른 수확기 판정의 근거가 된다.

💡 ⓐ형의 그래프모형은 성숙기 이후 과실이 익어가는 과정에서 호흡의 속도가 급등하는 것을 나타내는 것이다. 또한 이것은 사과, 복숭아 등의 호흡상승과의 호흡특성에 해당된다.
① 포도와 오렌지는 비호흡상승과에 속한다.
② 밀감은 비호흡상승과에 속한다.
③ 딸기와 오이는 비호흡상승과에 속한다.

〈농산물품질관리사 제1회〉

16 원예산물 수확 후 호흡작용을 가장 올바르게 설명한 것은?

① 호흡속도는 온도와 밀접한 관련이 있다.
② 수확 후 호흡작용으로 신선도가 더 좋아진다.
③ 호흡속도가 빠를수록 저장성이 증대된다.
④ 호흡률이 높은 작물은 저장성이 높다.

> ② 수확 후 호흡작용은 신선도를 저하시킨다.
> ③ 호흡속도가 빠를수록 저장성은 나빠진다.
> ④ 호흡률이 높은 작물은 저장성이 낮다.

〈농산물품질관리사 제1회〉

17 저장장해에 대한 설명이 올바르지 못한 것은?

① 생리장해는 저장 중 병원균 감염이 원인이다.
② 저장장해는 크게 생리장해와 병리장해로 나눌 수 있다.
③ 저장장해 감소를 위해 작목의 특성에 맞게 저장한다.
④ 사과 내부갈변, 배 과피흑변 등은 저장장해의 일종이다.

> ① 병원균 감염에 의한 장해는 병리장해에 해당한다.

〈농산물품질관리사 제1회〉

18 원예산물 저장 중 생리장해의 원인이 아닌 것은?

① 이산화탄소
② 온도
③ 에틸렌
④ 미생물

> 생리장해의 원인
> ㉠ 온도
> ㉡ 이산화탄소
> ㉢ 칼슘, 무기태 질소, 에틸렌 등

>> ANSWER

14.③ 15.④ 16.① 17.① 18.④

〈농산물품질관리사 제2회〉

19 수확한 작물의 호흡작용과 연관하여 올바르게 설명한 것은?

① 수확 후에 호흡을 억제시키면 대부분 상품성이 저하된다.
② 호흡속도는 작물의 유전적 특성과 무관하다.
③ 호흡 시 발생되는 호흡열은 작물을 부패시키는 원인이 된다.
④ 작물의 호흡은 대기의 산소와 이산화탄소의 농도에 영향을 받지 않는다.

　　🔅 ① 수확 후 호흡을 억제시켜야 작물의 상품성이 유지된다.
　　　 ② 호흡의 속도는 작물의 유전적인 특성과 밀접한 관련이 있다.
　　　 ④ 작물은 이산화탄소의 농도가 높아지거나 산소의 농도가 감소할수록 호흡이 감소한다.

〈농산물품질관리사 제2회〉

20 수확 후 손실에 관한 설명으로 올바르지 못한 것은?

① 사과 저장 중 발생되는 내부갈변은 생리장해의 대표적인 예이다.
② 배 저장 말기에 발생되는 과심갈변은 노화의 일종이라고 볼 수 있다.
③ 포도 저장 중 발생되는 부패과는 저장전 유황훈증 처리로 감소시킬 수 있다.
④ 저온장해는 빙점 이하의 온도에서 발생되는 현상으로 복숭아에서 많이 발생한다.

　　🔅 ④ 저온장해는 온도에 의한 장해의 하나로서 빙점 이하의 온도가 아닌 한계 이상의 저온에 노출될
　　　 때 발생하는 현상이다.

〈농산물품질관리사 제2회〉

21 과육의 특정부위에 솔비톨(sorbitol)이 비정상적으로 축적되어 나타나는 과실의 증상은?

① 밀증상(water core)　　　　　　② 내부갈변(fresh browning)
③ 과피흑변(skin blackening)　　　④ 일소병(sun scald)

　　🔅 ② 밀증상이 심화될 경우 내부갈변의 원인이 된다.
　　　 ③ 과피에 함유된 탄닌성 물질이 산화효소의 작용을 받아 산화물질이 생성될 경우 발생된다.
　　　 ④ 강한 햇빛이 원인이 된다.

〈농산물품질관리사 제3회〉

22 에틸렌 발생이 촉진되는 원인과 관계가 먼 것은?

① 진동, 충격, 압상 ② 병해 또는 장해
③ 수분 스트레스 ④ 저농도의 산소

  ④ 에틸렌은 원예산물의 취급과정에서 진동, 충격 또는 병해, 상처 등의 불리한 조건에 처할 시 발
  생하게 된다.
  ※ 에틸렌의 피해를 줄일 수 있는 방법
    ㉠ 과숙과 및 상처과 제거
    ㉡ 적절한 온도관리
    ㉢ 단일품종 또는 단일과종만 저장

〈농산물품질관리사 제3회〉

23 원예작물의 증산작용에 대한 설명이 아닌 것은?

① 저장고 내의 온도와 과실 자체의 품온의 차이가 클수록 증산이 많아진다.
② 같은 작목에서 표면적이 작을수록 증산이 많아진다.
③ 저장고 내의 풍속이 빠를수록 증산이 많아진다.
④ 저장고 내의 습도가 낮을수록 증산이 많아진다.

  증산작용
    ㉠ 식물체에서 수분이 빠져나가 신선도가 떨어지게 된다.
    ㉡ 주위의 습도가 높고 온도가 낮을수록 증산속도는 감소한다.
    ㉢ 같은 작목에서 표면적이 클수록 증산이 많아진다.
    ㉣ 질감 등의 품질에 영향을 준다.

〈농산물품질관리사 제3회〉

24 원예산물 수확 후 활발한 호흡이 품질에 미치는 영향을 틀리게 설명한 것은?

① 저장물질의 소모에 의해서 노화가 빨라진다.
② 식품으로서의 영양가가 저하된다.
③ 단맛, 신맛 등 품질성분이 향상된다.
④ 호흡열에 의한 품질열화가 촉진된다.

  ③ 수확한 후 호흡과 관련하여 단맛, 신맛 등의 품질성분은 관련이 없다.

>> ANSWER

19.③ 20.④ 21.① 22.④ 23.② 24.③

〈농산물품질관리사 제4회〉

25 원예산물의 성숙과정 중 에틸렌 작용을 바르게 설명한 것은?

① 당도 감소　　　　　　　　　② 조직 강화

③ 저장성의 증가　　　　　　　④ 클로로필의 분해

　　　　　💡 ① 에틸렌은 원예산물의 착색과 성숙을 촉진시킨다.
　　　　　　　② 에틸렌은 조직의 연화와 노화를 촉진시킨다.
　　　　　　　③ 에틸렌은 저장성을 감소시킨다.

〈농산물품질관리사 제4회〉

26 원예산물의 호흡속도에 대한 설명으로 맞는 것은?

① 호흡속도는 주위 온도가 높아지면 느려진다.

② 호흡속도는 내부성분의 변화에 영향을 주지 않는다.

③ 호흡속도는 저장 가능기간에 영향을 준다.

④ 호흡속도는 물리적인 장해를 받았을 때 감소한다.

　　　　　💡 ① 호흡속도는 주위 온도가 상승하면 빨라진다.
　　　　　　　② 호흡은 저장양분을 소모시키는 대사작용으로 호흡속도를 알면 소모되는 기질의 양을 파악할 수 있다.
　　　　　　　④ 호흡속도는 물리적인 장해 발생시 증가한다.

〈농산물품질관리사 제4회〉

27 호흡급등 현상에 대해 바르게 설명한 것은?

① 완숙에서 노화의 단계로 갈 때 점점 호흡이 증가하는 현상이다.

② 에틸렌 생성과는 관련이 없고 조절이 불가능하다.

③ 모든 원예산물은 호흡급등 현상을 나타낸다.

④ 사과, 토마토에서 명확하게 나타난다.

　　　　　💡 ① 숙성에서 노화의 단계로 갈 때 호흡량이 점점 감소하다가 어느 시점에서 급등하여 최고치를 보
　　　　　　　　인 후 다시 감소하는 현상이다.
　　　　　　　② 호흡이 급등하는 시점에 이르면 에틸렌 발생량도 크게 증가한다.
　　　　　　　③ 호흡상승과 작물에서만 나타난다.

기출예상문제

〈농산물품질관리사 제4회〉

28 원예산물의 수확 후 품질저하 현상을 틀리게 설명한 것은?

① 취급 부주의에 의한 상해는 에틸렌 생성의 원인이 된다.

② 유기산 함량은 저장하면 증가한다.

③ 비타민 C는 불안정하여 저장 중에 감소한다.

④ 절단면의 갈변현상은 페놀성 물질 때문이다.

🔆 ② 유기산은 당질의 대사와 위장의 작용을 활발하게 하고 식욕을 돋우며 변비·설사 예방에 도움이 된다. 따라서 유기산의 함량 증가는 품질저하 현상과 거리가 멀다.

〈농산물품질관리사 제5회〉

29 저장고 내 에틸렌 축적으로 인한 원예산물의 품질변화로 옳은 것은?

① 참다래의 과피 건조

② 당근의 쓴 맛

③ 무의 바람들이

④ 카네이션의 일소(日燒)

🔆 에틸렌에 의한 저장작물의 피해 유형

작물명	피해유형	대표적인 증상
시금치, 브로콜리, 파슬리, 애호박	엽록소 분해	황화
과실류	성숙 및 노화 촉진	연화
양치	잎의 장해	반점 형성
당근	맛 변질	쓴맛 증가
감자, 양파	휴면 타파	발아촉진, 건조
관상식물	낙엽, 낙화	이층형성 촉진
카네이션	비정상 개화	개화 정지
아스파라거스	육질 경화	조직이 질겨짐
동양배	과피 장해	박피, 얼룩

>> ANSWER

25.④ 26.③ 27.④ 28.② 29.②

〈농산물품질관리사 제6회〉

30 과일을 저장할 때 발생될 수 있는 생리적 장해가 아닌 것은?

① 사과의 껍질덴병　　　　　　　② 사과의 적성병
③ 배의 심부병　　　　　　　　　④ 배의 과피흑변

> 🔅 과일을 저장할 때 발생할 수 있는 생리적 장해로는 사과의 고두병과 껍질덴병, 배의 심부병과 과피흑변, 토마토의 배꼽썩음병 등이 있다.

〈농산물품질관리사 제6회〉

31 원예산물의 호흡현상에 대한 설명으로 옳지 않은 것은?

① 호흡의 생성물로 이산화탄소와 에틸렌이 생성된다.
② 호흡기질의 소모로 중량이 감소한다.
③ 유기산이 기질로 사용되면 호흡계수(RQ)는 1보다 크다.
④ 호흡의 결과로 발생하는 열은 저장고 온도를 상승시킨다.

> 🔅 호흡이란 광합성의 결과로 만들어진 탄수화물을 산소를 이용하여 물과 이산화탄소로 분해한다.

〈농산물품질관리사 제6회〉

32 에틸렌이 원예작물의 생리에 미치는 영향으로 옳지 않은 것은?

① 토마토의 착색을 촉진한다.
② 아스파라거스의 줄기연화를 촉진한다.
③ 호박의 암꽃 발생을 유도한다.
④ 감자의 맹아를 촉진한다.

> 🔅 에틸렌의 생리적 효과로는 과실의 성숙을 촉진하고 줄기와 뿌리의 생장을 억제한다. 아스파라거스는 발아 직전에 배토를 해서 줄기를 연화시킨 것이다.

33 원예산물의 성분 중 황산화합성을 갖는 물질은?

① 갈락토오스　　　　　　　　　② 에스테르화합물

③ 아밀로오스　　　　　　　　　④ 플라보노이드

　　　💡 플라보노이드란 식물 및 생물에 함유되어 있는 색소의 일종으로 황산화합성을 갖는 물질이다.

34 원예산물의 색깔과 발현성분이 옳게 연결된 것은?

	색깔	발현성분
①	당근의 주황색	안토시아닌
②	고추의 빨간색	안토시아닌
③	단감의 주황색	카로티노이드
④	사과의 빨간색	카로티노이드

　　　💡 당근, 토마토, 고추, 호박, 단감 등의 야채나 과일의 노란색, 주황색, 빨간색은 카로티노이드의 색소에 의해서 나타나는 색이다. 안토시아닌은 수용성 색소로 사과, 복숭아의 발현 성분이다.

35 사과의 안토시아닌 생성을 가장 촉진시키는 빛은?

① 자색광　　　　　　　　　　② 녹색광

③ 황색광　　　　　　　　　　④ 적색광

　　　💡 사과껍질에 함유되어 있는 안토시아닌은 사과의 빨간색을 띄는 성분으로 자색광에 의하여 촉진된다.

〈농산물품질관리사 제7회〉

36 에틸렌에 관한 설명으로 옳지 않은 것은?

① 식물에서 에틸렌은 발생원인에 따라 ACC(1 - Aminocyclopropane - 1 - carboxylic acid) 생성 이후 생합성 경로가 달라진다.

② 1 - MCP(1 - Methylcyclopropene)는 세포막에 존재하는 에틸렌 수용체와의 결합을 방해하여 에틸렌 작용을 억제한다.

③ 공기중의 에틸렌 흡착을 위해 활성탄이나 제올라이트를 사용한다.

④ 에틸렌은 작물내에서 일단 생성되면 스스로 생합성을 촉진시키는 자가촉매적 성질이 있다.

💡 에틸렌에서 생성되는 ACC는 산소와 친화력이 높고 저산소 조건하에서 에틸렌의 생성을 억제하기 때문에 생합성 경로가 달라지는 것은 아니다.

〈농산물품질관리사 제7회〉

37 원예산물의 기계적(물리적) 장해에 의해 나타나는 현상이 아닌 것은?

① 펙틴 증가　　　　　　　　② 활성산소 증가
③ 부패율 증가　　　　　　　　④ 저장성 감소

💡 기계적 장해는 표피에 상처를 입거나 멍이 드는 등 물리적인 힘에 의하여 발생하는 모든 종류의 장해로 펙틴의 증가가 이에 해당한다. 온도 · 가스 · 영양에 의한 생리적 장해로는 활성산소의 증가, 부패율의 증가, 저장성의 감소 등이 있다.

38 원예산물의 떫은맛을 결정하는 주요 성분은?

① 전분　　　　　　　　② 알칼로이드
③ 가용성 탄닌　　　　　　　　④ 가용성 유기산

💡 ③ 탄닌(tannin) 용액은 산성을 띠며 떫은맛이 난다.

39 감자의 덩이줄기가 빛에 노출되면 축적되는 독성 물질은?

① 솔라닌　　　　　　　　② 락투시린
③ 쿠쿠비타신　　　　　　　　④ 플라보노이드

💡 솔라닌(solanine) … 감자의 싹눈, 토마토 따위에 들어 있는 자극성 있는 알칼로이드의 하나로 고농도일 경우 인체에 치명적일 수 있다.

40 저온장해에 대한 설명으로 옳은 것은?

① 빙점 이하의 온도에서 발생하는 장해이다.
② 물리적 힘에 의하여 발생하는 장해이다.
③ 저장 중 병원균 감염이 원인이다.
④ 한계 이하의 저온에 노출될 때 나타나는 생리적 장해이다.

　　　① 동해에 대한 설명이다.
　　　② 저온장해는 생리적 장해에 해당한다.
　　　③ 병리적 장해에 대한 설명이다.

41 다음 중 과채류의 증산작용에 대한 설명으로 옳지 않은 것은?

① 품온이 높을 경우 증산이 증가한다.
② 온도와 상대습도가 낮을수록 증기압은 커진다.
③ 큰 과실은 수분증산에 의한 위조현상이 늦다.
④ 엽채류가 과실에 비해 증산작용이 많다.

　　　② 온도와 상대습도가 높을수록 증기압은 커진다.

42 사과와 복숭아의 성숙과정에서 붉은 색 색깔 발현에 관여하는 색소는?

① 안토시아닌　　　　　　　　② 카로티노이드
③ 엽록소　　　　　　　　　　④ 멜라노이딘

　　　① 사과와 복숭아는 성숙과정에서 안토시아닌 색소의 합성이 일어나면서 붉은 색이 표출된다.

43 양파나 감자와 같이 일정 기간의 휴면이 지나면 싹이 자라서 상품가치가 급속히 저하되는 현상을 억제하기 위한 방법으로 적절하지 않은 것은?

① MH처리　　　　　　　　　② CIPC
③ 방사선처리　　　　　　　　④ 에틸렌처리

　　　저장 중의 고온, 에틸렌 생성, 생장억제제의 과다처리, 저온처리 등으로 인하여 화아(花芽)가 형성되는 맹아(萌芽)억제법에는 MH처리, CIPC, 방사선처리 등이 있다.

44 다음은 과실의 성숙에 따른 호흡강도의 변화를 나타낸 그래프이다. 이와 같은 과실들의 특징으로 옳지 않은 것은?

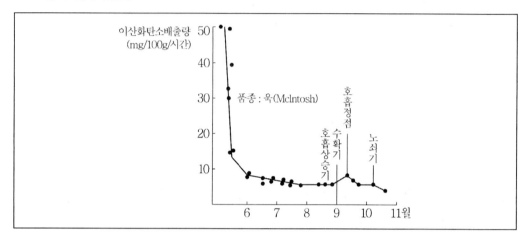

① 성숙 직전 호흡이 다시 높아진다.
② 수확후에도 숙성 현상이 지속된다.
③ 숙성과정에서 에틸렌 발생률이 감소한다.
④ 에틸렌처리에 의해 호흡급등 현상이 가속화된다.

🔅 성숙기에 접어들면서 호흡이 증가하는 호흡급등형 과실에 대한 그래프이다. 이러한 과실은 숙성과정에서 에틸렌 발생률이 증가한다.

45 다음 중 과채류와 에틸렌 축적에 의해 발생하는 이상 현상이 바르게 연결되지 않은 것은?

① 포도 – 과립 탈리
② 당근 – 쓴맛 증가
③ 오이 – 황화
④ 아스파라거스 – 연화현상

🔅 ④ 아스파라거스는 순의 조직이 질겨지는 경화현상이 일어난다.

46 다음 중 증산작용으로 인한 수분손실이 가장 큰 원예작물은?

① 딸기
② 마늘
③ 당근
④ 옥수수

🔅 증산작용으로 인한 수분손실이 큰 원예작물로는 파, 딸기, 시금치 등이 있다.

47 에틸렌에 대한 감수성이 높은 원예작물끼리 짝지어진 것은?

① 배추, 상추　　　　　　　　② 감자, 가지

③ 당근, 고추　　　　　　　　④ 양파, 무

　　　🔅 낮은 농도에서도 장해가 잘 나타나는 에틸렌에 대한 감수성이 높은 작물로는 오이, 배추, 상추, 시금치 등이 있다.

48 원예산물의 결점 중 기계적 요인에 의한 것은?

① 병ㆍ충해에 의한 손상　　　　② 영양소의 과잉

③ 농약 잔류물 오염　　　　　　④ 압상이나 찰과상

　　　🔅 ①② 생물학적 원인
　　　　③ 화학적 원인
　　　　④ 기계적 원인

49 다음 중 에틸렌을 흡착할 수 있는 물질에 해당하지 않는 것은?

① 목탄　　　　　　　　　　　② 활성탄

③ 과산화수소　　　　　　　　④ 과망간산칼륨

　　　🔅 ③ 에틸렌의 흡착제로는 과망간산칼륨($KMnO_4$), 목탄, 활성탄, 오존, 자외선 등이 있다.

50 원예산물의 수확기 판정에 이용되는 지표가 바르게 연결된 것은?

① 감각적 지표 – 모양, 색깔

② 물리적 지표 – 색깔, 촉감

③ 생리 대사적 지표 – 에틸렌, 당 함량

④ 화학적 지표 – 경도

　　　🔅 원예산물의 수확기 판정 지표
　　　　㉠ 감각적 지표 : 크기, 모양, 색깔, 촉감, 조직감
　　　　㉡ 화학적 지표 : 전분테스트, 당 함량, 산 함량
　　　　㉢ 물리적 지표 : 경도, 채광 저항력
　　　　㉣ 생리 대사적 지표 : 호흡속도, 에틸렌

CHAPTER

03

원예산물의 품질 구성 요소 및 평가

원예산물은 여러 기준에 의해서 품질이 결정된다. 크기, 모양, 색상, 맛 등 다양한 기준별로 품질이 어떻게 구분되는지 알아보도록 하자.

1 품질의 개념 및 구성요소

(1) 품질(品質)

① 품질의 개념

　㉠ 품질은 상품적으로 얼마나 좋은가를 결정하는 기준으로 우수성의 정도를 의미한다.

　㉡ 모양, 크기, 색깔, 균일도, 영양가치, 맛 등 소비자가 상품을 고를 때 기준이 되는 모든 요인을 품질요소라고 한다.

　㉢ 농산물은 공산품과 달리 개체 간 품질의 균일성을 가지기 어려우며, 여러 가지 환경요인과 산물 자체의 특성에 따라 다양한 상품성을 지닌다.

　㉣ 품질을 구별하는 기본 기준은 그 시대를 대표하는 소비 집단의 성향과 가치판단에 따라 조정될 필요가 있다.

② 품질의 분류

　㉠ 평가 주체에 따른 분류

　　㉮ 주관적 품질 : 개인의 취향 및 선호도와 같이 사람이 평가 주체가 되는 관능평가 대상 품질

　　㉯ 객관적 품질 : 중량, 크기, 성분함량 등 기기 분석 자료에 의해 정량적으로 표현되는 품질

　㉡ 평가 항목에 따른 분류

　　㉮ 외형적 품질 : 브랜드, 포장 디자인 등 관념적 품질

　　㉯ 기능적 품질 : 기능에 초점을 맞춘 품질

ⓒ 평가 기준에 따른 품질

   ⑦ 절대적 품질 : 정해진 기준을 근거로 평가하는 품질

   ④ 상대적 품질 : 수요, 공급 쌍방 간의 이익이 최적화되는 품질

  ⓔ 상품 특성에 따른 품질

   ⑦ 기본적 품질 : 모양, 크기, 색깔 등 상품 자체의 기본적 품질 특성

   ④ 부가적 품질 : 이미지, 포장 디자인 등을 종합적으로 고려하는 차별화 품질

(2) 품질구성요소

① 품질구성의 외적 요소

  ㉠ 양적요인(quantitative quality) : 크기, 길이, 무게, 둘레, 직경, 부피 등으로 물리 화학적 측정과 분석에 대한 수치화가 가능하다.

   ⑦ 크기

    ⓐ 소비자의 기호, 작업, 저장 및 유통을 위한 선별에 크게 영향을 미친다.

    ⓑ 각 작물의 실제적인 크기와 한 포장 용기 안에 포장된 다른 작물들과의 균일성이 동시에 만족되어야 한다.

   ④ 비중 : 비파괴적 방법으로 측정이 가능하며, 내부성분 뿐만 아니라 내부붕괴와 같은 생리장해가 발생했을 경우 이를 선별하는데 이용할 수 있다.

  ㉡ 모양 및 형태 : 동일한 종 또는 품종은 유사한 형태를 지니므로 여기서 벗어난 작물은 품질이 나쁜 것으로 평가된다.

  ㉢ 색상 : 소비자의 초기 구매 욕구를 충동하는 매우 중요한 품질 결정 요인 중 하나이다.

   ⑦ 원예산물의 색 자체가 내적 품질과 반드시 상관관계를 갖는 것은 아니다.

   ④ 원예산물의 기본색을 조절하는 식물색소에는 플라보노이드, 클로로필, 카로티노이드 등이 있다.

   ⓒ 색의 객관적 판정지표에는 Munshell, CIE, Hunter색도 등이 있다.

  ㉣ 풍미

   ⑦ 품질요인 중 가장 중요한 특성으로 조직의 모든 요인이 종합적으로 작용하여 판단된다.

   ④ 일반적으로 맛은 단맛, 신맛, 쓴맛, 짠맛, 떫은맛으로 구분하며, 여러 가지 요인이 복합적으로 작용하기도 한다.

ⓒ 풍미는 조직의 요소인 전분함량, 유기산함량, 당함량 등을 평가해서 판단한다.

맛 구성요인	
구분	특징
단맛	단맛은 주로 자당, 과당, 포도당의 함량에 의해 결정되며 주로 굴절당도계를 이용하여 당도를 표시한다.
신맛	원예산물에 축적된 유기산에 의하여 결정되며 당도보다 중요한 지표로 작용하기도 한다.
쓴맛	특정 조건 또는 생리적 장해로 인해 나타나기도 한다. 예를 들어 당근이 에틸렌에 노출됐을 시 쓴맛을 내기도 한다.
짠맛	신선 작물에서는 소금이 축적되지 않으므로 품질결정요인으로 중요하게 간주되지 않는다.
떫은맛	가용성 타닌과 관련이 있으며, 미성숙한 작물에서 종종 나타난다.

ⓜ 조직감(texture) : 원예산물에 대하여 입으로 느끼는 감각의 중요한 품질 평가 요인이며, 종류에 따라 조직감에 차이가 있다.

  ㉮ 원예산물의 조직감은 경도, 아삭거림, 부드러움, 다즙성 등 여러 요인에 의하여 결정된다.

  ㉯ 질감은 촉감에 의해 느껴지는 물리적 특성으로 힘, 시간, 거리의 작용을 고려하여 객관적으로 측정 가능하다.

  ㉰ 일반적으로 원예산물의 조직감 평가는 경도로서 표시한다.

  ㉱ 과일의 조직감은 수분함량, 세포벽, 구성물질, 과육경도 등에 영향을 미친다.

ⓗ 결점 : 재배과정 및 유통과정에서 생물학적, 환경적, 생리적, 기계적, 유전적, 생태적, 화학적 원인 등에 의하여 발생하는 하자를 의미한다. 이와 같은 결점은 원예생산물을 완전하지 못하게 만드는 원인이 된다.

결점의 종류	
원인	내용
생물학적 원인	작물 재배과정 또는 수확 후 병충해에 손상을 입은 경우
생리적 원인	영양소 결핍 및 내부조직의 갈변과 같이 다양한 생리적 장해를 입은 경우
유전적 원인	품종 고유의 특성에 따라 특정 결점에 약한 경우
환경적 원인	기후, 날씨, 토양, 관수 등의 환경적 요인에 의해 결점이 발생한 경우
생태적 원인	생산 작물을 저장과정 또는 유통기간이 길어져 품질이 낮아지는 경우
기계적 원인	작물을 수확, 포장, 수송, 판매하는 과정에서 여러 가지 원인에 의해 기계적 손상을 입는 경우
화학적 원인	부적절한 농약의 사용 및 농약 잔류물로 인한 오염으로 발생하는 경우

② **품질구성의 내적 요소** … 품질의 내적 구성요인으로는 영양적 가치 및 안정성 등으로 외견상 나타나는 특징이 아니고, 실험실에서 기자재를 이용한 분석적인 방법으로 검지가 가능하다. 최근 소비자들은 영양 가치와 식품안정성에 대해 높은 관심을 보이고 있으므로 그 중요도가 높아지고 있다.

　ㄱ **영양적 가치** : 최근에는 인체의 생리활성을 강화시키는 물질에 대한 관심이 급증하고 있으므로 생리활성물질을 찾아내고 소비자에게 널리 알리는 홍보 활동이 요구된다.

　　㉮ 원예산물은 인간에게 필요한 무기원소, 탄수화물, 지방, 단백질, 비타민 등의 주요 공급원이다.

　　㉯ 영양적 가치는 비타민, 무기성분, 섬유소 함량 등의 기준으로 판단된다.

　　㉰ 원예산물의 영양가를 임의로 조절하는 것은 어렵지만 저장 · 수송과정에서 영양소의 손실을 방지할 수는 있다.

　ㄴ **안전성** : 아무리 품질이 우수한 농산물이라도 안전하지 못하면 소비자로부터 외면을 당하며 결국 우리 농산물의 경쟁력을 저하시킨다. 최근에는 천연독성 물질 및 잔류농약이 안정성의 주 평가 대상이 되고 있다.

　　㉮ **천연독성물질** : 식물성 자연독과 함께 곰팡이에 의해 생성하는 마이코톡신(mycotosxin), 박테리아에서 분비되는 독소(toxin) 등에 주의해야 한다.

식물성 자연독	
• 감자 : 솔라닌(solanin)	• 목화씨 : 고시폴(gossypol)
• 상추 : 락투시린(lactucirin)	• 피자마 : 리신(ricin)
• 오이 : 쿠쿠비타신(cucurbitacin)	• 청매 : 아미그달린(amygdalin)
• 고구마 : 이포메아마론(ipomeamarone)	• 대두 : 사포닌(saponin)
• 맥각 : 에르고톡신(ergotoxin)	• 수수 : 두린(duhurrin)
• 오디 : 아코니틴(aconitine)	• 오색콩 : 파세오루나틴(phaseolunatin)
• 독미나리 : 시큐톡신(cicutoxin)	• 독버섯 : 무스카린(muskarin)

　　㉯ **미생물 오염** : 미생물에 대한 안정성은 비위생적인 조건 또는 적정 온도보다 높은 온도에서 최소 가공된 원예산물에서 발생할 가능성이 높다. 유기질 비료는 이용 전 소독하여 살모넬라(salmonella) 또는 리스테리아(listeria) 등의 병균에 오염되지 않도록 해야 한다.

　　㉰ **잔류 농약** : 대부분의 국가들은 신선채소에 잔류 농약 정도를 안전성에 있어서 가장 중요한 요인으로 여기고 있다. 각 작물마다의 잔류 농약 허용 기준을 숙지함과 동시에 국가 간 무역이 증대되고 있으므로 각국의 농약 잔류 허용기준도 함께 알아둘 필요가 있다.

2 품질평가

(1) 개념

① **평가 방향** … 품질평가 방법은 파괴적이고 분석시간이 많이 소요되던 방식에서 비파괴적이며 신속한 객관적인 방법으로 변화되고 있다.

② **평가 방법** … 품질평가 방법은 파괴적이거나 비파괴적 방법이 있다. 또한 평가 방법은 기기의 측정값을 기준으로 하는 객관적 측정방법과 사람의 심리적인 판단을 바탕으로 하는 주관적인 방법으로 나누어진다.

(2) 분류

① 관능검사법(Sensory Analysis)

  ㉠ 관능검사는 식품의 특성을 시각, 후각, 미각, 촉각 및 청각으로 감지하여 측정·분석하고 해석하는 방법이다.

  ㉡ 물리적, 화학적인 분석검사가 객관적 방법이라면, 관능검사는 주관적인 방법이다. 따라서 검사자의 기호도, 평가능력, 평가방법, 편견, 평가 당시의 기분에 따라 평가 정도가 다를 수 있으며 상대적 수치로 비교하여 나타낼 수밖에 없다는 단점이 있다.

  ㉢ 맛, 질감 등은 씹을 때 느낌에 의하여 판단하므로 파괴적 평가방법에 해당된다.

② 비파괴 품질평가법

  ㉠ X-ray 이용방법 : X-ray 투과 영상을 이용하여 내부조직의 변화 및 구성조직의 결함 등을 평가하는 방법이다.

  ㉡ MRI 이용방법 : 내부의 모양 및 구성을 평가하거나 내부의 생리장해를 판단하는데 이용된다.

  ㉢ Impact force response 이용방법 : 과실의 단단한 정도를 평가하는 기술로 impact force의 변화를 이용한다.

㉣ Acoustic or ultrasonic 이용방법 : 음향 또는 초음파 기술로 원예산물을 통과하는 주파수와 진폭을 파악하여 품질을 평가하는 방법이다.

🌿 X–ray · MRI 검사법 🌿

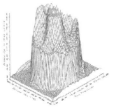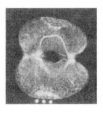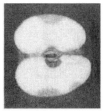

🌲🌲 원예 산물의 품질평가 방법

• 경도는 경도계를 활용하며, Newton(N)으로 표기한다.
• 당도는 굴절당도계를 활용하며, °Brix로 표기한다.
• 과피색은 색차계를 활용하며, Hunter 'L', 'a', 'b'로 표기한다.
• 산도는 산도계를 활용하게 되며, %로 표기하게 된다.

기출예상문제

CHECK | 기출예상문제에서는 그동안 출제되었던 문제들을 수록하여 자신의 실력을 점검할 수 있도록 하였다. 또한 기출문제뿐만 아니라 예상문제도 함께 수록하여 앞으로의 시험에 철저히 대비할 수 있도록 하였다.

〈농산물품질관리사 제13회〉

1 원예산물의 품질을 측정하는 기기가 아닌 것은?

① 경도계
② 조도계
③ 산도계
④ 색차계

💡 ② 조도계는 어떤 면이 받는 빛의 밝기를 측정하는 기구로 원예산물의 품질을 측정하는 기기가 아니다.

〈농산물품질관리사 제13회〉

2 굴절당도계에 관한 설명으로 옳은 것을 모두 고른 것은?

┌───┐
│ ㉠ 증류수로 영점 보정한 후 측정한다. │
│ ㉡ 측정치는 과즙의 온도에 영향을 받는다. │
│ ㉢ 측정된 당도값은 °Brix 또는 %로 표시한다. │
│ ㉣ 가용성 고형물에 의해 통과하는 빛의 속도가 빨라진다. │
└───┘

① ㉠, ㉢
② ㉡, ㉢
③ ㉠, ㉡, ㉢
④ ㉠, ㉡, ㉢, ㉣

💡 ㉣ 가용성 고형물에 의해 통과하는 빛의 속도가 느려진다.

〈농산물품질관리사 제13회〉

3 다음 중 원예작물의 비파괴적 품질평가에 이용되지 않은 것은?

① NIR
② MRI
③ HPLC
④ X-ray

💡 ③ HPLC(High Performance Liquid Chromatography)는 고성능 액체 크로마토그래피로, 파괴적 품질평가에 해당한다.

〈농산물품질관리사 제13회〉

4 Hunter 'a' 값이 −20일 때 측정된 부위의 과색은?

① 적색 ② 황색
③ 녹색 ④ 흑색

💡 Hunter 색도계의 'a'는 녹색−적색지표, 'b'는 파랑−노랑 색도지표, 'L'은 명도지표를 나타낸다.
③ 'a' 값이 −20일 때 측정된 부위는 녹색이다.

5 다음 중 비파괴 품질평가방법에 대한 설명으로 옳지 않은 것은?

① MRI 이용방법은 외부의 모양 및 구성을 평가하거나 외부의 생리장해를 판단하는데 활용된다.
② X-ray 이용방법은 X-ray 투과 영상을 활용해 내부조직의 변화 및 구성조직의 결함 등을 평가하는 방법을 말한다.
③ Acoustic or ultrasonic 이용방법은 음향 또는 초음파 기술로 원예산물을 통과하는 주파수 및 진폭 등을 파악해 품질을 평가하는 방법을 말한다.
④ Impact force response 이용방법은 과실의 단단한 정도를 평가하는 기술로 impact force 의 변화를 활용하는 방법이다.

💡 MRI 이용방법은 내부의 모양이나 구성 등을 평가하거나 내부의 생리장해를 판단하는데 이용된다.

6 다음 상품의 특성에 따른 품질 중 그 성격이 다른 하나는?

① 색상 ② 크기
③ 이미지 ④ 모양

💡 ①②④ 상품 특성에 따른 품질 중 기본적 품질에 속하며, ③ 부가적 품질에 속한다.

≫ ANSWER

1.② 2.③ 3.③ 4.③ 5.① 6.③

7 다음 중 원예 산물의 외관 품질결정 지표에 해당하지 않는 것은?

① 색상
② 모양
③ 독성의 유무
④ 결함

💡 원예 산물의 품질결정 요인
　　㉠ 외관 품질결정 지표 : 색상, 크기, 결함, 광택, 모양, 질감, 향기 및 맛
　　㉡ 내관 품질결정 지표 : 영양소 및 독성의 유무, 잔류 농약에 의한 안전성 등

8 다음 중 천연독성물질의 연결이 바르지 않은 것은?

① 오디 – 아코니틴
② 대두 – 사포닌
③ 독버섯 – 시큐톡신
④ 오이 – 쿠쿠비타신

💡 ③ 독버섯 – 무스카린이다.

〈농산물품질관리사 제1회〉

9 원예작물의 과실 품질을 평가하는 방법 중 성격이 다른 하나는?

① 과피색을 구분하기 위하여 영상처리를 이용한다.
② 과실의 내부 충실도를 알기 위해서 X-Ray를 이용한다.
③ 굴절당도계를 이용하여 과실의 당도를 측정한다.
④ 과실의 생리장해를 판별하기 위하여 MRI를 이용한다.

💡 ①②④ 비파괴적 품질평가방법에 속한다.
　　③ 파괴적 품질평가방법에 속한다.

〈농산물품질관리사 제1회〉

10 농산물의 품질을 구성하는 요소와 관계가 가장 먼 것은?

① 수입농산물
② 안전성
③ 조직감
④ 풍미

💡 농산물의 품질구성요소
　　㉠ 외적요인 : 양, 모양, 형태, 색상, 조직감, 결점, 풍미
　　㉡ 내적요인 : 독성물질 및 미생물에 의한 오염의 정도를 평가하는 안전성

〈농산물품질관리사 제1회〉

11 농산물에 함유되어 있는 성분 중 인체에 유해한 성분은?

① 플라보노이드(flavonoid) ② 솔비톨(sorbitol)
③ 솔라닌(solanine) ④ 타닌(tannin)

💡 감자의 덩이줄기가 태양에 노출되면 솔라닌이라는 독성물질이 축적되며, 고농도로 될수록 인체에 치명적인 위험을 초래한다.

〈농산물품질관리사 제1회〉

12 원예산물의 품질은 다양한 요인에 의하여 결정된다. 다음 중 외관 품질결정 지표로 널리 이용되는 항목으로 짝지어진 것은?

① 크기, 함수율 ② 색상, 크기
③ 색상, 에틸렌 발생량 ④ 경도, 증산속도

💡 원예산물의 품질결정요인
  ㉠ 외관 품질결정 지표 : 색상, 크기, 광택, 모양, 질감, 향기 및 맛
  ㉡ 내관 품질결정 지표 : 영양소 및 독성의 유무, 잔류 농약에 의한 안전성 등

〈농산물품질관리사 제2회〉

13 과실의 품질구성 요소 중 조직감과 가장 관련이 깊은 성분은?

① 단백질 ② 지질
③ 무기성분 ④ 펙틴

💡 과실의 조직감 영향요인
  ㉠ 세포벽 구성성분 : 펙틴, 효소, 전분
  ㉡ 다당류 및 리그닌

〈농산물품질관리사 제2회〉

14 사과의 품질요인 평가에 사용하는 기기와 관계가 먼 것은?

① 굴절당도계 ② 산도측정기
③ 경도계 ④ 염도계

💡 ④ 염도계는 염분을 측정하는 기기로 사과의 품질평가의 측정과는 관계가 없다.

>> ANSWER

7.③ 8.③ 9.③ 10.① 11.③ 12.② 13.④ 14.④

15 품질평가 방법과 관련하여 올바르지 못한 것은?

① 과실의 내부결함을 판정하기 위하여 비파괴측정기를 이용하여 측정한다.

② 과실의 단단한 정도를 알아내기 위하여 경도계로 측정한다.

③ 과실의 당도를 측정하기 위하여 요오드반응을 실시한다.

④ 과실의 객관적인 맛을 평가하기 위하여 관능평가를 실시한다.

🔅 ③ 요오드반응은 수확적기를 판정하는 방법이다.

  ※ 품질평가 방법

  ㉠ 관능검사법 : 맛, 질감, 상품성 등을 종합적으로 판단한다.

  ㉡ 비파괴 품질평가방법 : 색, 모양, 크기 등의 평가요인을 X-Ray, MRI, 영상처리 등의 방법을 이용하여 판단한다.

16 원예작물 품질구성 요인과 관련된 설명으로 잘못된 것은?

① 품질은 내적요인과 외적요인으로 나눌 수 있다.

② 크기와 모양은 선별 및 포장에 있어 중요한 요인이 된다.

③ 품질의 외적요인에는 영양적 가치, 질감, 색깔, 풍미 등이 있다.

④ 색깔을 기준으로 선별하는 시스템은 맛과 항상 일치하지 않는다.

🔅 ③ 영양적인 가치는 외적요인이 아닌 내적요인에 속한다.

  ※ 품질 구성 요인

  ㉠ 내적요인 : 영양적 가치, 독성, 안전성

  ㉡ 외적요인 : 시각적 요인, 촉각적 요인, 후각적 요인, 미각적 요인

17 원예산물의 맛을 결정하는 주요 성분이 틀리게 연결되어 있는 것은?

① 단맛 – 전분 　　　　　 ② 신맛 – 가용성 유기산

③ 쓴맛 – 알칼로이드 　　 ④ 떫은맛 – 가용성 타닌

🔅 ① 단맛을 결정하는 요소는 전분이 아닌 당도이다.

〈농산물품질관리사 제4회〉

18 토마토 과실에 함유된 색소가 아닌 것은?

① 카로티노이드　　　　　　　② 엽록소

③ 라이코펜　　　　　　　　　④ 안토시아닌

💡 ④ 안토시아닌(anthocyanin)은 플라비노이드계의 수용성 색소로 원래 꽃이나 과일, 곡류의 적색, 청색, 자색을 나타낸다. 따라서 블랙푸드라고 불리는 식품에 많이 함유되어 있다.

〈농산물품질관리사 제4회〉

19 원예산물의 품질과 가장 거리가 먼 것은?

① 영양학적 가치　　　　　　　② 안정성

③ 외관　　　　　　　　　　　④ 포장규격

💡 원예생산물의 품질결정 요인 … 외관, 풍미, 기능성, 안전성

〈농산물품질관리사 제4회〉

20 과실의 품질구성 요소 중 조직감과 관련이 가장 적은 것은?

① 전분　　　　　　　　　　　② 효소

③ 지질　　　　　　　　　　　④ 펙틴

💡 세포벽의 구성성분인 전분, 효소, 펙틴은 과실의 조직감에 영향을 미친다.

〈농산물품질관리사 제4회〉

21 종자의 품질을 결정하는 외적조건으로 적절한 것은?

① 종자의 병충해　　　　　　　② 종자의 수분함량

③ 종자의 발아력　　　　　　　④ 종자의 유전성

💡 ①③④ 종자품질의 내적조건에 해당한다.
　※ 종자품질의 외적조건 … 종자의 크기와 중량, 종자의 수분함량, 종자의 색깔과 냄새

≫ ANSWER

15.③　16.③　17.①　18.④　19.④　20.③　21.②

22 굴절 당도계에 대한 설명으로 틀린 것은?

① 빛이 통과할 때 과즙 속에 녹아 있는 고형물에 의해 굴절되는 원리를 이용한다.

② 과즙의 pH를 7.0으로 조정한 후 측정한다.

③ 온도에 따라 과즙의 당도가 달라진다.

④ 측정 결과 단위는 % Brix로 표현할 수 있다.

💡 ② 설탕물 10% 용액의 당도는 10Brix로 표준화하거나, 물의 당도를 0으로 당도계의 수치를 보정 후 측정한다.

23 과일의 조직감에 영향을 미치는 이화학적 요인이 아닌 것은?

① 단백질함량   ② 수분함량

③ 세포벽 구성물질   ④ 과육경도

💡 과일을 먹을 때 입안에서의 감각을 나타내는 과일의 조직감은 과육의 경도, 수분함량, 세포벽의 구성물질의 영향을 받는다.

24 원예산물의 품질평가 요소인 풍미와 가장 관련이 있는 것은?

① 전분함량, 지방산함량   ② 유기산함량, 당함량

③ 수분함량, 단백질함량   ④ 칼슘함량, 비타민함량

💡 원예산물의 품질평가 요소인 풍미는 조직의 모든 요소인 전분함량, 유기산함량, 당함량 등을 종합적으로 평가해서 판단하여야 한다.

25 농산물의 등급화에 대한 설명으로 옳지 않은 것은?

① 시장 정보를 세분화시킨다.
② 합리적인 수송과 저장을 가능하게 한다.
③ 등급 간에는 동질적이어야 한다.
④ 등급구간이 작을수록 좋다.

🔆 ③ 등급 간에는 구입자가 가격 차이를 인정할 수 있도록 이질적이어야 한다.

26 당도에 대한 설명으로 옳지 않은 것은?

① 당도의 기준단위는 Brix %를 사용한다.
② 당도는 측정 시 과실의 온도에 영향을 받는다.
③ 물 100g에 설탕 10g이 들어 있으면 당도 1브릭스로 표시된다.
④ 당도는 흔히 굴절당도계 또는 자당계를 사용하여 측정한다.

🔆 설탕물 10% 용액을 당도 10으로 삼는다.

27 다음 중 비파괴적 품질평가 방법에 해당하지 않는 것은?

① 초음파   ② MRI
③ X-ray   ④ 관능검사법

🔆 ④ 관능검사법은 파괴적 품질평가 방법에 해당한다.

28 과채류의 색깔을 나타내는 객관적 지표로써 명도를 R 또는 L로, 색상은 a, 색도는 b로 표시하는 것은?

① Munsell 색도계   ② Hunter 색도계
③ XYZ 색도계   ④ ICE 색도계

🔆 Hunter 색도계의 'a'는 녹색 - 적색지표, 'b'는 파랑 - 노랑 색도지표, 'L'은 명도지표를 나타낸다.

원예산물의 수확 후 전처리

원예산물의 수확 후 전처리는 신선함을 유지하고, 상품성을 보존하기 위해서 매우 중요한 과정이다.
선별과 세척, 예냉을 비롯한 전처리 과정을 숙지해두어야 한다.

 1 선별 및 등급화

(1) 선별

① 개념 ··· 원예산물을 출하하기 전 크기, 모양, 색체 등 정해진 규격에 따라 고르는 과정을 선별
이라고 한다.

② 기능

ㄱ 농산물 품질의 균일성을 높여 상품가치를 향상시킨다.

ㄴ 유통 상거래 질서를 공정하게 유지시키는 기능을 한다.

ㄷ 선별 후의 가공조작을 원활하게 하여 농산물의 저장성 향상에 기여한다.

③ 선별작업환경 ··· 수작업 선별의 경우 선별라인은 선별작업이 용이하게 구성되어야 한다.

ㄱ 작업자의 위치와 동작이 용이한 작업환경이 조성되어야 한다.

ㄴ 500~1000lux 정도의 조도가 갖추어져야 한다.

ㄷ 선별의 효율을 높이기 위해 작업자에 대한 충분한 교육이 필요하다.

선별의 흐름

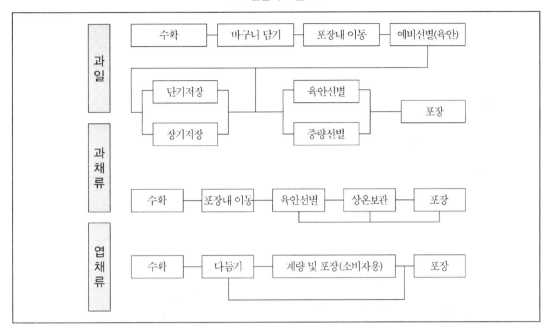

④ **선별 방법** … 선별은 크게 인력선별과 기계선별로 나누어지며 기계선별의 종류는 다음과 같다.

  ㉠ **중량 선별기**: 원예산물의 개체 중량에 따라 분류하는 선별기로 배, 사과, 복숭아, 감자 등의 선별에 이용되고 있다.

    ㉮ 스프링식 중량 선별기: 국내에 많이 보급되어 있으며 이동성 및 보관성은 좋으나 내구성이 떨어지는 단점이 있다.

    ㉯ 전자 중량 선별기: 대형 선별장에서 주로 사용되며, 정밀하며 중량의 설정이 용이하다.

  ㉡ **형상 선별기**: 과실을 크기에 따라 분류하는 방식으로 구조가 간단하여 고장이 적지만 정밀도가 떨어진다는 단점이 있다.

    ㉮ 드럼형, 벨트형 등이 있다.

    ㉯ 드럼식 형상 선별기: 국내에서 가장 많이 이용되고 있는 형상 선별기로 감귤, 토마토, 매실 등의 크기 선별에 사용되고 있다.

  ㉢ **색채 선별기**

    ㉮ 원예산물의 숙성도 차이를 빛에 대한 반사 또는 투과 성질을 이용해서 분별하는 방법이다.

    ㉯ 색채 선별기는 대개 카메라식으로 카메라, 조명장치, 반사거울로 구성되는 계측처리부, 중앙처리장치, 제어처리장치, 모니터 TV로 구성되어 있다.

  ② 비파괴 선별

    ㉮ 광학적 방법은 외부 표면 평가에서 내부 성분의 정량까지 다양하게 이용되고 있다.

    ㉯ 광의 투사, 반사, 흡수특성을 이용 구성성분과의 calibration을 통해 정성, 정량, 판별 분석까지 수행되고 있다.

    ㉰ 과일에 상처를 주지 않고 당도 값을 비파괴로 측정하는 장치로 근적외선이 이용된다.

  ⑩ 원예 산물의 비파괴 측정 선별법

    ㉮ 설치 및 운용비용이 높다.

    ㉯ 선별속도가 빠르다.

    ㉰ 당도 등의 내부품질의 측정이 가능하다.

    ㉱ 전수조사가 가능하다.

✿ 선별기 ✿

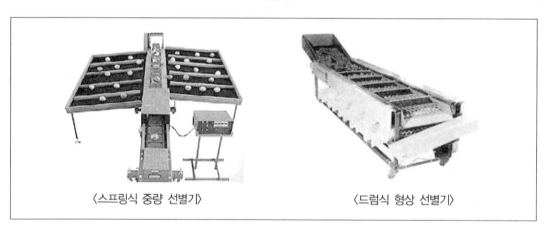

〈스프링식 중량 선별기〉   〈드럼식 형상 선별기〉

(2) 등급

① 개념 ⋯ 수확한 산물은 일정한 기준에 의해서 선별하는데 이 기준을 등급이라 하며, 유통능률을 향상시키며, 신용도와 상품성의 향상으로 농가의 소득을 증대시키기 위해서 필요하다.

② 등급규격

  ㉠ 고르기, 색택, 모양, 당도 등의 다양한 품질요소와 크기, 무게에 의해 특, 상, 보통의 3단계로 구분한다.

  ㉡ 크기는 무게, 직경, 길이를 계량 기준으로 하여 특대, 대, 중, 소(특소)의 4~5단계로 구분한다.

③ 등급분류 방법
  ㉠ 무게와 크기를 기준으로 1차 선별 후, 외관에 나타난 모양, 신선도, 결점 유무 등으로 2차 선발하여 등급을 판정한다.
  ㉡ 등급을 3단계로 나누고 있으나, 특·상을 제외한 보통은 상품으로서 거래가 가능한 최소한의 품질이다.

세척

(1) 세척의 개념

① 세척의 목적 … 원예산물을 수확해 그대로 저장하게 되면 표면에 묻어 있는 흙이나 이물질, 미생물 등에 의해 병원균에 오염될 가능성이 높아진다. 이를 예방하기 위해 세척을 실시한다.

세척

② 세척의 종류
  ㉠ 방법에 따른 분류
    ㉮ 건식세척
      ⓐ 체를 이용한 방법 : 체를 이용하여 이물질을 크기에 따라 분리하고 제거하는 방법이다.
      ⓑ 송풍에 의한 방법 : 비중차를 이용하여 이물질을 분리하고 제거하는 방법이다.
      ⓒ 자석에 의한 방법 : 자성을 통해서 쇠붙이 등을 제거하는 방법이다.
      ⓓ X선에 의한 방법 : X선을 조사하여 이물질을 분리하는 방법이다.

ⓝ 습식세척

　　ⓐ **담금세척**：수확물을 물에 담가 흙 또는 이물질을 제거하는 방법이다.

　　ⓑ **분무세척**：spray washer를 이용하여 이물질을 제거하는 방법이다.

　　ⓒ **부유에 의한 세척**：수확물과 이물질의 비중 또는 부력의 차를 이용하여 세척하는 방법이다.

　　ⓓ **초음파 세척**：용기에 물을 채우고 그 밑바닥에 초음파를 발생시켜 이물질을 제거하는 방법이다.

　　ⓔ **열수세척**：원예산물을 회전하는 브러시 위에 올려놓고 문지르면서 온수를 가하여 세척하는 방법으로 토양과 먼지 제거뿐 아니라 원예산물 표면의 곰팡이 포자도 제거시킨다.

　ⓓ **자외선 살균**：세척 후 UV를 조사하여 세균, 곰팡이, 효모와 같은 미생물을 멸균함으로써 살균의 효과를 높인다.

　ⓛ 세척수 종류에 따른 분류

　　㉮ **물세척**：1차적인 세척에 주로 이용되며 깨끗하고 낮은 온도의 냉각수를 이용하는 것이 바람직하다. 지하수 이용 시 각종 이물질 제거에 주의를 기울이는 것이 필요하다.

　　㉯ **염소수 세척**：가장 널리 사용되고 있는 살균 소독 방법으로 보통 물에 차아염소산나트륨(NaOCl)을 첨가해 사용한다.

　　㉰ **오존수 세척**：선진국에서 실용화되고 있는 방법으로 장점은 위해한 잔류물이 남지 않고, 강한 살균효과를 나타내며, 처리과정 중에 pH를 조절할 필요가 없다는 점이다. 그러나 시설이 알맞게 갖추어 있지 않으면 작업자에게 유해할 수 있으며, 시설 설비에 드는 초기의 경제적인 부담이 크다.

③ 세척 효과의 유지

　ⓝ 세척 후 남아있는 수분을 모두 제거해주고 위생적인 포장작업이 이루어져야 한다.

　ⓛ 세척은 등급선별이 끝난 과실을 대상으로 하는 것이 식품 안정성 유지에 좋다.

> 🌲 원예 산물의 세척
> - 오존수의 사용 시 작업실에는 환기시설을 갖추어야 한다.
> - 세척수는 음용수 기준 이상의 수질이어야 한다.
> - 건식세척에는 체, 송풍, 자석, X선 등이 활용된다.
> - 분무세척법은 침지세척법에 비해서 이물질 제거 효과가 높은 방식이다.

(2) 품종별 세척법

① **과채류** … 과실을 닦는 것은 이물질을 제거하고 광택을 내서 상품성을 높일 수 있다. 하지만 세척 과정 중 손상을 입으면 에틸렌 발생이 증가해 숙성을 촉진하므로 주의하도록 한다. 또한 과일 표면의 수분은 저장고 입고 전 반드시 제거해야 한다.

② **근채류** … 당근, 감자, 무 등에서는 세척시점과 소비시점의 기간이 길지 않도록 해야 하며 수분 손실에 유의해야 한다.

③ **엽채류** … 세척 시 수확물을 미생물이 증식될 정도로 오랜 시간 물에 방치하지 않도록 해야 하며, 곰팡이 억제제에는 클로린이 있다.

3 예냉

(1) 예냉(precooling)의 개념

① **정의** … 여름이나 햇볕이 강한 낮에 수확한 원예산물을 유통 혹은 저장고에 입고시키기 전에 별도의 시설에서 짧은 시간 내에 품온을 낮추는 작업을 예냉이라 한다.

 POINT

예냉효율
㉠ 생산물의 온도 저하 속도를 의미한다.
㉡ 반감기(half time)개념을 이용하여 표시한다. 이때 반감기란 원예산물의 온도를 처음 온도에서 목표온도까지 반감될 때 소요되는 시간을 의미한다.
㉢ 반감기가 짧을수록 예냉이 빠르게 이루어진다.
㉣ 예냉효율은 생산물과 냉각매체와의 접촉면적, 생산물의 품온과 냉각매체와의 온도차이, 냉각매체의 이동속도, 냉각매체의 물리적 상태, 생산물 표면의 기하학적 구조 등의 요인에 의해 결정된다.

② **예냉이 필요한 품목**
㉠ 여름철, 고온기에 수확되는 품목
㉡ 호흡작용이 활발한 품목
㉢ 에틸렌 발생을 많이 하는 품목
㉣ 산도저하가 빠르면서 부피에 비해 가격이 비싼 품목

③ **예냉의 효과** … 예냉은 생산물의 외관, 육질, 맛, 영양 등의 모든 요인에 영향을 미친다.
㉠ 수확 직후 산물의 품온을 낮추어 준다.
㉡ 작물의 호흡률 및 에틸렌 생성을 낮추어 준다.
㉢ 작물에 존재하는 부패 미생물의 생육을 억제한다.
㉣ 작물의 수분손실과 시들음을 방지한다.

④ 예냉의 효과를 높이기 위한 방법

　　㉠ 작물 유형에 적합한 냉각방식을 택한다.

　　㉡ 예냉시기를 놓치지 않는다.

　　㉢ 예냉속도와 목표온도가 정확해야 한다.

　　㉣ 예냉 후 처리가 적절해야 한다.

(2) 예냉 방식

① **냉풍 냉각(room cooling)** … 일반 저온 저장고에 원예산물을 적재하여 냉장기를 가동시켜 냉각하는 방식으로 수확 후 온도에 따른 품질변화가 적은 작물이나 장기저장을 하는 작물 등에 주로 이용된다.

　　㉠ 장점

　　　　㉮ 일반 저온 저장고를 이용하므로 특별한 예냉시설이 필요 없다.

　　　　㉯ 예냉과 저장을 같은 장소에서 실시하므로 냉각 후 저장산물을 이동시킬 필요가 없다.

　　　　㉰ 냉동기의 최대부하를 작게 할 수 있다.

　　㉡ 단점

　　　　㉮ 냉각속도가 매우 느리다.

　　　　㉯ 포장용기와 냉기 사이의 접촉이 좋도록 적재할 경우 용기 사이에 공간을 두어야 한다.

　　　　㉰ 적재 위치에 따라 온도가 불균일하기 쉽다.

② **강제통풍제식 냉각(forced air cooling)** … 예냉고 내의 공기를 송풍기로 강제적으로 교반시키거나 예냉산물에 직접 냉기를 불어넣어 냉각속도를 빠르게 하는 방법이다.

　　㉠ 장점

　　　　㉮ 냉풍냉각에 비해 냉각속도가 빠르다(12〜24시간).

　　　　㉯ 예냉실 위치별 온도가 비교적 균일하게 유지된다.

　　　　㉰ 시설비가 저렴하다.

　　　　㉱ 예냉고를 저장고로 사용할 수 있다.

　　㉡ 단점

　　　　㉮ 냉기의 흐름 방향에 따라 온도가 불균일해질 가능성이 있다.

　　　　㉯ 냉각기의 냉기 토출구 쪽에 있는 산물이 저온장해를 받기 쉽다.

　　　　㉰ 차압통풍식 예냉에 비해 냉각속도가 느리다.

③ **차압통풍식 예냉(static pressure air cooling)** … 냉각산물을 넣을 상자를 서로 마주보게 쌓고 중앙에 공간을 만들고 압력을 낮춰 압력차에 의하여 냉기가 흐르도록 만들어 찬공기와 작물이 잘 접촉할 수 있도록 하는 방식이다.

㉠ 장점

        ㉮ 공기가 항상 저온의 상류 측으로부터 고온의 하류 측으로 흐르므로 결로현상이 없다.

        ㉯ 냉각 중 변질이 적다.

        ㉰ 거의 모든 산물의 예냉에 이용할 수 있다.

        ㉱ 냉각속도가 빨라(2~5시간) 예냉 비용을 줄일 수 있다.

      ㉡ 단점

        ㉮ 상자의 적재에 시간이 걸린다.

        ㉯ 용기에 통기공을 설치해야 하므로 골판지 상자에서는 상자 강도를 고려해야 한다.

        ㉰ 예냉고 내의 공기 통로가 필요하므로 적재효율이 나쁘다.

        ㉱ 풍속을 크게 하면 중량감모가 많아진다.

④ 진공 냉각(vacuum cooling) … 산물 주위의 압력을 낮춰서 수분증발을 촉진하고 그 증발잠열을 이용하여 예냉하는 방법이다.

      ㉠ 장점

        ㉮ 냉각속도가 빠르고(20~40분) 냉각이 고르게 된다.

        ㉯ 출하용기에 포장된 상태로 냉각이 가능하다.

      ㉡ 단점

        ㉮ 시설비, 운전 경비가 높다.

        ㉯ 냉각이 잘 되지 않는 품목이 있다.

        ㉰ 수분의 증발에 따라 중량감모가 일어나며 조작에 따라 산물에 기계적 장해가 생긴다.

        ㉱ 예냉 전문장치로서 비수기 이용이 어렵다.

⑤ 냉수 냉각(hydro cooling) … 냉각기나 얼음으로 냉각된 물을 매체로 사용하여 냉각하는 방법으로 과채류나 근채류, 과실류의 냉각에 효율적으로 이용된다.

      ㉠ 장점

        ㉮ 냉각속도가 빠르며(30분~1시간) 온도편차가 적다.

        ㉯ 세척작업이 동시에 이뤄지며 단시간에 대규모의 물량을 처리가능하다.

        ㉰ 냉각장치의 시설비, 운전경비가 다른 냉각법에 비해서 적다.

      ㉡ 단점

        ㉮ 수분이 남아있을 경우 부패가 발생할 우려가 있다.

        ㉯ 예냉 후 고온에 유통시키면 결로가 발생할 가능성이 있다.

        ㉰ 탈수시설 및 저온보관시설이 필요하다.

⑥ 빙냉식(쇄빙식) 예냉(packing icing) … 얼음을 포장용기에 채움으로써 예냉하는 방식으로 수송 중 냉각이 이루어지도록 한다.

      ㉠ 채소류와 얼음 사이의 직접적인 접촉은 신속한 예냉이 이루어진다.

      ㉡ 비용이 많이 들고 물에 견디는 컨테이너를 사용해야 한다.

© 브로콜리, 저온장해에 강한 엽채류, 파, 완두, 단옥수수 등에 이용한다.

원예산물에 따른 예냉 방식	
예냉 방식	원예산물
냉풍냉각 강제통풍식 차압통풍식	사과, 배, 복숭아, 감귤류, 포도, 키위, 딸기, 양배추, 브로콜리, 오이, 참외, 수박, 토마토, 고추, 피망, 감자 등
수냉식	사과, 배, 브로콜리, 셀러리, 아스파라거스, 파, 근채류, 고구마, 멜론, 오이 등
진공식	엽채류(결구상추, 배추, 양배추, 시금치), 셀러리, 버섯 등
빙냉식	브로콜리, 파, 완두, 단옥수수 등

4 기타 저장 전 처리

(1) 예건

① 개념 … 수확 후 그늘지고 통풍이 잘 되는 곳에서 과실표면의 작은 상처 등이 아물도록 과실 표면을 건조시키는 것을 말한다.

② 목적 … 원예산물의 수확 직후 과습으로 인한 생물의 번식, 과피 얼룩과의 발생, 부패 등을 방지하기 위함이다.

③ 방법 … 수확 직후 통풍이 잘 이뤄지고 직사광선이 닿지 않는 곳을 택하여 야적하였다가 습기가 제거되면 기온이 낮은 아침에 저장고에 입고시킨다.

④ 대상 … 배, 단감, 마늘, 양배추 등에서 실시한다. 특히 엽채류는 수분함량이 많고 증산속도도 빠르므로 입고 전에 수분을 어느 정도 증산시키는 것이 좋다.

(2) 큐어링(curing)

① 개념 … 수확 후 상처를 입은 작물을 건조시켜 아물게 하거나 코르크층을 형성시켜 수분을 증발시킨다.

② 목적 … 미생물의 침입 및 수분 발산을 방지해 자연감량을 적게 한다. 또한 당화를 촉진시켜 단맛이 많아지고 저장력이 강해진다.

③ 방법

　　㉠ 큐어링이 끝난 작물은 단시간 안에 열을 방열시키도록 한다. 방열이 이루어지지 않은 채
　　　저장하게 되면 다시 호흡작용이 시작되어 부패가 일어나기 쉽다.

　　㉡ 산물에 따라 적정 온도, 습도, 시간을 설정한다.

　　㉢ 손상부위의 표면조직을 단단하게 한다.

④ 대상 … 감자, 고구마, 양파, 마 등이 있다.

> 🌲 원예 산물의 부패
> - 수분활성도가 높으면 높을수록 부패가 쉽다.
> - 물리적인 상처는 부패균의 감염 통로가 된다.
> - 저온장해의 발생 시 부패가 쉽다.
> - 상대습도가 높으면 높을수록 곰팡이의 증식이 용이하다.

(3) 맹아억제

① 개념 … 감자, 양파, 당근, 생강 등과 같은 작물들은 저장 말기 싹이 날 경우 조직이 물러지고,
상품성이 떨어지므로 이를 방지해야 한다.

② 맹아억제 방법

　　㉠ MH 처리 : 수확 2주 전 경 0.2~0.25%의 MH를 엽면살포할 경우 생장점의 세포분열이 억제
　　　되면서 맹아의 성장이 억제된다.

　　㉡ 방사선 처리 : 맹아억제 및 부패감소를 목적으로 감마(γ)선을 처리하는 방법이다. 맹아방지
　　　에 필요한 최저선량은 양파는 2,000γ, 감자는 7,000~12,000γ 정도이다.

기출예상문제

CHECK | 기출예상문제에서는 그동안 출제되었던 문제들을 수록하여 자신의 실력을 점검할 수 있도록 하였다. 또한 기출문제뿐만 아니라 예상문제도 함께 수록하여 앞으로의 시험에 철저히 대비할 수 있도록 하였다.

〈농산물품질관리사 제13회〉

1 원예산물의 수확 후 전처리에 관한 설명으로 옳은 것은?

① 양파는 큐어링 할 때 햇빛에 노출되면 흑변이 발생한다.
② 마늘은 열풍건조할 때 온도를 60~70℃로 유지하여 내부성분이 변하지 않도록 한다.
③ 감자는 온도 15℃, 습도 90~95%에서 큐어링 한다.
④ 고구마는 큐어링 한 후 품온을 0~5℃로 낮추어야 한다.

　💡 ① 흑변은 습도가 높아 발생한다.
　　 ② 고온 건조 시 마늘이 쪄지거나 발아가 안 될 수 있기 때문에 38℃의 열풍으로 건조시킨다.
　　 ④ 큐어링이 끝난 고구마는 13℃의 저온상태에 두고 열을 발산시킨 뒤 본 저장에 들어가는 것이 좋다.

〈농산물품질관리사 제13회〉

2 원예산물의 수확 후 처리기술인 예냉의 목적이 아닌 것은?

① 호흡 감소
② 과실의 조기후숙
③ 포장열 제거
④ 엽록소분해 억제

　💡 예냉의 목적
　　 ㉠ 수확 직후 산물의 품온을 낮추어 준다.
　　 ㉡ 작물의 호흡률 및 에틸렌 생성을 낮추어 준다.
　　 ㉢ 작물에 존재하는 부패 미생물의 생육을 억제한다.
　　 ㉣ 작물의 수분손실과 시들음을 방지한다.

〈농산물품질관리사 제13회〉

3 다음 중 수확 후 관리기술에 관한 설명으로 옳지 않은 것은?

① 과실류는 엽채류에 비해 표면적 비율이 높아 진공예냉한다.

② 배는 예건을 통해 과피흑변을 억제할 수 있다.

③ 저장온도가 낮을수록 미생물 증식이 낮다.

④ 배는 사과에 비해 왁스층 발달이 적어 수분손실에 유의해야 한다.

💡 ① 진공예냉은 엽채류, 일부 줄기 채소 및 꽃양배추에 적용한다.

4 다음 세척에 관한 내용 중 습식세척에 대해 잘못 설명한 것을 고르면?

① 분무세척은 spray washer를 활용해 이물질을 제거하는 방식이다.

② 부유에 의한 세척은 수확물과 이물질의 비중 또는 부력의 차를 활용해 세척하는 방식이다.

③ 담금 세척은 수확물을 물에 담가서 흙이나 또는 이물질 등을 제거하는 방식이다.

④ 초음파 세척은 용기에 물을 비우고 그 밑바닥에 초음파를 발생시켜 이물질을 제거하는 방법이다.

💡 초음파 세척은 용기에 물을 채우고 그 밑바닥에 초음파를 발생시켜 이물질을 제거하는 방법이다.

5 다음 중 예냉이 필요한 품목으로 적절하지 않은 것은?

① 호흡 작용이 활발한 품목

② 여름철, 고온기에 수확되어지는 품목

③ 산도 저하를 빠르면서 부피에 비해 가격이 비싼 품목

④ 에틸렌 발생을 적게 하는 품목

💡 ④ 에틸렌 발생을 많이 하는 품목이다.

6 다음 중 예냉의 효과를 잘못 설명한 것은?

① 작물의 호흡률 및 에틸렌 생성을 낮추어 준다.
② 작물의 수분손실과 시들음을 방지한다.
③ 수확 직전 산물의 품온을 낮추어 준다.
④ 작물에 존재하는 부패 미생물의 생육을 억제한다.

💡 ③ 수확 직후 산물의 품온을 낮추어 준다.

7 다음 중 예냉의 효과를 높이기 위한 방법으로 옳지 않은 것은?

① 예냉 속도와 목표온도가 정확해야 한다.
② 예냉 시기를 놓치지 않는다.
③ 예냉 전 처리가 적절해야 한다.
④ 작물 유형에 적합한 냉각방식을 택한다.

💡 ③ 예냉 후 처리가 적절해야 한다.

8 다음 중 예냉 효율에 관한 내용으로 부적절한 것을 고르면?

① 생산물에 대한 온도 저하 속도를 나타낸다.
② 반감기가 짧을수록 예냉이 더디게 이루어진다.
③ 반감기의 개념을 활용해서 표시한다.
④ 예냉 효율의 경우 생산물의 품온 및 냉각매체와의 온도차이, 생산물 표면의 기하학적 구조, 냉각매체의 물리적인 상태 등의 요인들에 의해 결정된다.

💡 반감기가 짧을수록 예냉이 빠르게 이루어진다.

9 다음 중 큐어링에 관한 내용으로 바르지 않은 것은?

① 미생물들의 침입이나 또는 수분 등의 발산을 방지해서 자연감량을 적게 한다.
② 당화를 촉진시켜서 단맛을 늘게 하고 저장력 또한 강해진다.
③ 산물에 따라 적정 온도, 습도, 시간 등을 설정한다.
④ 손상된 부위의 표면조직을 연하게 한다.

💡 큐어링은 손상된 부위의 표면조직을 단단하게 한다.

10 다음 중 강제통풍제식 냉각 (Forced Air Cooling)에 대한 내용으로 가장 거리가 먼 것은?

① 냉풍냉각에 비해서 냉각속도가 빠르다.
② 예냉고를 저장고로 활용할 수 없다.
③ 차압통풍식 예냉에 비해서 냉각속도가 느리다.
④ 시설비가 저렴하다.

☀ 강제통풍제식 냉각은 예냉고를 저장고로 활용할 수 있다.

11 다음 중 차압통풍식 예냉 (Static Pressure Air Cooling)에 관련한 설명 중 가장 바르지 않은 것은?

① 냉각 중에 변질이 적다.
② 상자의 적재에 있어 다소 시간이 걸린다.
③ 예냉고 내의 공기 통로를 필요로 하기 때문에 적재효율이 나쁘다.
④ 풍속을 크게 하게 될 시에 중량감모는 적어진다.

☀ 차압통풍식 예냉은 풍속을 크게 하게 될 시에 중량감모는 많아진다.

12 다음 중 진공 냉각 (Vacuum Cooling)에 대한 특성을 잘못 설명한 것은?

① 운전경비 및 시설비 등이 높다.
② 출하용기에 포장되어진 상태로 냉각이 불가능하다.
③ 냉각 속도가 빠르며, 냉각이 고르게 된다는 이점이 있다.
④ 예냉 전문장치로 비수기에서의 활용이 어렵다.

☀ 진공 냉각은 원예 산물 주변의 압력을 낮춰서 수분증발을 촉진하고 해당 증발잠열을 활용해 예냉하는 방식으로 출하용기에 포장되어진 상태로 냉각이 가능하다.

13 다음 중 냉수 냉각 (Hydro Cooling)에 관한 사항으로 옳지 않은 것을 고르면?

① 운전경비, 냉각장치의 시설비 등이 타 냉각법에 비해 적은 편이다.
② 예냉 후 고온에 유통시키게 될 시에 결로가 발생할 가능성이 있다.
③ 이 방식은 저온보관시설 및 탈수시설 등이 필요하지 않다.
④ 수분이 남아 있을 시에 부패가 발생할 수 있는 우려가 있다.

💡 냉수 냉각은 냉각기나 또는 얼음으로 냉각되어진 물을 매개체로 활용해 냉각하는 방식으로 저온보관시설 및 탈수시설 등을 필요로 한다.

14 다음 중 빙냉식 (쇄빙식) 예냉 (Packing Icing)에 관련한 내용으로 바르지 않은 것은?

① 저온장해에 강한 엽채류, 브로콜리, 완두, 파 등에 활용한다.
② 채소류 및 얼음 사이의 직접적인 접촉은 신속한 예냉이 이루어진다.
③ 물에 견디는 컨테이너를 활용해야 한다.
④ 비용이 적게 든다.

💡 빙냉식 예냉은 얼음을 포장용기에 채움으로써 예냉하는 방식으로 운송 중에 냉각이 이루어지도록 하기 때문에 비용이 많이 든다.

15 다음의 내용을 읽고 괄호 안에 들어갈 말을 순서대로 바르게 나타낸 것은?

> 맹아억제 방법 중 하나인 방사선 처리는 맹아억제 및 부패감소를 목적으로 감마(γ)선을 처리하는 방식이다. 맹아방지에 필요한 최저선량은 양파는 (㉠), 감자는 (㉡) 정도이다.

① ㉠ $2,000\gamma$ ㉡ $7,000 \sim 12,000\gamma$
② ㉠ $3,000\gamma$ ㉡ $10,000 \sim 15,000\gamma$
③ ㉠ $4,000\gamma$ ㉡ $12,000 \sim 17,000\gamma$
④ ㉠ $5,000\gamma$ ㉡ $14,000 \sim 19,000\gamma$

💡 맹아억제 방법 중 하나인 방사선 처리는 맹아억제 및 부패감소를 목적으로 감마(γ)선을 처리하는 방식이다. 이 때에 맹아방지에 필요한 최저선량은 양파는 $2,000\gamma$, 감자는 $7,000 \sim 12,000\gamma$ 정도이다.

16 다음의 내용을 읽고 괄호 안에 들어갈 말로 가장 적절한 것을 고르면?

> 맹아억제 방법 중 MH 처리는 수확 2주 전 (　　　　　)의 MH를 엽면살포할 경우 생장점
> 의 세포분열이 억제되면서 맹아의 성장이 억제된다.

① 0.1~0.19%
② 0.2~0.25%
③ 0.3~0.37%
④ 0.4~0.42%

🔆 맹아억제 방법 중 MH 처리는 수확 2주 전 0.2~0.25%의 MH를 엽면살포할 경우 생장점의 세포분열
이 억제되면서 맹아의 성장이 억제된다.

〈농산물품질관리사 제1회〉

17 큐어링(Curing ; 치유)을 해야 하는 작목으로 바른 것은?

① 마늘, 셀러리
② 양파, 고추
③ 감자, 양파
④ 고구마, 토마토

🔆 큐어링을 해야 하는 작물의 종류 … 감자, 고구마, 양파, 마늘 등

〈농산물품질관리사 제1회〉

18 다음 예냉방식 중 냉각속도가 가장 빠른 것은?

① 저온실 냉각
② 강제통풍식 냉각
③ 실외 냉각
④ 냉수 냉각

🔆 예냉방법
　　㉠ 강제통풍식 : 12~20시간
　　㉡ 차압통풍식 : 2~6시간
　　㉢ 진공예냉식 : 20~40분
　　㉣ 냉수냉각식 : 30~60분

>> ANSWER

13.③ 14.④ 15.① 16.② 17.③ 18.④

19 후지 사과의 선별기 도입 시 고려될 수 없는 방식은?

① 전자식 중량 선별기
② 드럼식 형상 선별기
③ 색채 선별기
④ X선 선별기

💡 ② 드럼식 형상 선별기는 주로 토마토, 방울토마토, 매실 등의 크기선별에 사용된다.

20 차압식 예냉방법의 설명으로 거리가 먼 것은?

① 작물의 증발잠열을 이용하여 예냉하는 방법이다.
② 예냉의 효과를 높이기 위하여 작물에 알맞은 예냉상자를 사용하는 것이 바람직하다.
③ 예냉 시 냉기 유속을 조절하기 위한 차압시트가 필요하다.
④ 강제통풍 예냉과 비교하여 예냉시간을 단축시키는 장점이 있다.

💡 ① 진공식 예냉법에 대한 설명이다.
※ 진공식 예냉법
ㄱ 원예산물의 증발잠열을 빼앗는 원리를 이용한다.
ㄴ 빠른 속도로 냉각되며 높은 선도유지로 당일 원예산물의 출하가 가능하다.
ㄷ 온도의 편차가 적다.
ㄹ 설치비가 많이 들며 시설의 대형화가 요구된다.

21 원예산물의 저장성을 증진시키기 위한 전처리로서 거리가 먼 것은?

① 예냉
② 치유(curing)
③ 왁스 처리
④ 에틸렌 처리

💡 에틸렌
ㄱ 과실의 성숙과 촉진 등 식물생장의 조절에 이용한다
ㄴ 2·4·5-T 10~100ppm액을 성숙 1~2개월 전에 살포하면 성숙이 촉진된다.

〈농산물품질관리사 제3회〉

22 포도의 저장이나 유통 중 부패억제를 위하여 수확 후에 처리하는 일반적인 방법은?

① 이산화황(SO_2)처리

② 질소(N_2)처리

③ 에틸렌(C_2H_4)처리

④ 염화칼슘($CaCl_2$)처리

💡 ① 이산화황은 포도의 저장이나 유통과정에서 생길 수 있는 여러 세균의 번식을 억제해 포도의 맛과 향을 보존하는 데 도움을 주므로 이산화황에 의한 처리를 하는 것이 일반적이다.

〈농산물품질관리사 제3회〉

23 다음 원예산물 중 예냉효과가 가장 적은 품목은?

① 에틸렌 발생을 많이 하는 품목

② 호흡활성이 높은 품목

③ 한낮 또는 여름철에 수확한 품목

④ 수분증산이 비교적 적은 품목

💡 ④ 예냉을 하는 이유는 수분의 손실 및 호흡과 에틸렌의 발생을 억제시켜 유통과정에서의 손실을 방지하는데 있다. 따라서 수분의 증산이 비교적 적어 장기간의 저장이 가능한 품목의 경우 상대적으로 예냉의 효과가 적다.

〈농산물품질관리사 제4회〉

24 예냉효과가 가장 낮은 품목은?

① 호흡속도가 낮아 장기간 저장이 가능한 품목

② 호흡작용이 활발한 품목

③ 고온기에 수확되는 품목

④ 선도저하가 빠르면서 부피에 비해 가격이 비싼 품목

💡 ① 예냉은 수확 직후 과실의 품질유지를 위하여 포장열을 제거하고 품온을 낮추는 것이다. 이를 통해 원예산물의 호흡량이 줄어 저장력이 증가된다. 따라서 호흡의 속도가 낮아 장기간 저장이 가능한 품목에 대한 예냉효과는 미미하다.

>> ANSWER

19.② 20.① 21.④ 22.① 23.④ 24.①

25 큐어링(curing)이 필요한 원예작물로 옳게 짝지어진 것은?

① 고구마 – 감자　　　　　　　② 마늘 – 수박
③ 당근 – 양파　　　　　　　　④ 오이 – 무

> 💡 ① 고구마와 감자의 표피는 목질·코르크질로 된 몇 층의 조직으로 되어 있어 캐거나 운반할 때 상처가 나기 쉽다. 따라서 상처로 병원균이 침입하여 부패가 생기는 것을 방지하기 위해 큐어링을 실시한다.

26 여름철에 수확한 복숭아를 예냉과정을 거쳐 유통시키고자 한다. 0℃ 저온실에서 차압통풍식으로 예냉할 때 온도반감기가 1시간이라면 품온이 32℃인 과일을 4℃까지 낮추기 위한 이론적인 예냉 소요시간은?

① 2시간　　　　　　　　　　② 3시간
③ 4시간　　　　　　　　　　④ 8시간

> 💡 온도반감기가 1시간이기 때문에 품온이 32℃인 과일을 16℃로 낮추고(1시간), 또 16℃를 8℃로 낮추고, 또다시 8℃를 4℃로 낮추는데 예냉 소요시간은 3시간이다.

27 사과의 비파괴 당도선별에 가장 많이 이용되는 것은?

① 로드 셀(Load cell)　　　　　② 음파센서
③ 근적외선　　　　　　　　　④ CCD(Charged coupled device)센서

> 💡 비파괴 당도선별기는 과일에 상처를 주지 않고 당도값을 비파괴로 측정하는 장치로 근적외선이 이용된다.

28 원예산물의 큐어링(Curing)에 대한 설명으로 옳지 않은 것은?

① 고구마, 감자, 생강에 사용된다.
② 산물에 따라 적정 온도, 습도, 시간을 설정한다.
③ 손상부위의 표면조직을 단단하게 한다.
④ 빙결점 부근으로 품온을 낮게 한다.

> 💡 큐어링이란 수확 시 원예산물이 받은 상처를 치료하는 처리과정으로, 수확 후 감자는 15~20℃, 고구마는 30~33℃로 유지해야 한다.

29 과실의 수확 직후 저장 · 수송 중의 부패방지를 위하여 필요한 작업은?

① 건조   ② 방열

③ 후숙   ④ 예냉

💡 온도와 습도를 조절하는 예냉(豫冷)시설에 보관함으로써 소비자 손에 들어갈 때까지 저온상태에서 신선도를 유지할 수 있다.

30 다음 중 예냉방식을 냉각속도가 빠른 순서대로 바르게 나열한 것은?

① 냉수냉각식 – 진공예냉식 – 강제통풍식 – 차압통풍식

② 냉수냉각식 – 차압통풍식 – 진공예냉식 – 강제통풍식

③ 진공예냉식 – 냉수냉각식 – 차압통풍식 – 강제통풍식

④ 차압통풍식 – 강제통풍식 – 냉수냉각식 – 진공예냉식

💡 예냉방식에 따른 소요시간
    ㉠ **진공예냉식** : 20~40분의 빠른 속도로 냉각되며, 엽채류에서 효과가 크다.
    ㉡ **냉수냉각식** : 30~1시간의 냉각속도로 세척 효과도 있으며, 근채류에 적합한 방식이다.
    ㉢ **차압통풍식** : 2~6시간 정도 소요되며, 냉각편차가 발생하기 쉽다.
    ㉣ **강제통풍식** : 12~20시간 정도로 냉각속도는 느리나 예냉 후 저온 저장고로 이용 가능하다.

31 과채류의 품질유지를 위해 수확 후 아황산가스 처리를 하는 것은?

① 감자   ② 포도

③ 단감   ④ 마늘

💡 아황산가스의 처리는 포도의 부패방지를 위해 사용한다.

32 큐어링의 목적으로 알맞은 것은?

① 화아분화   ② 맹아억제

③ 휴면타파   ④ 저장 중 부패방지

💡 수확 시 원예산물이 받은 상처는 저장 시 부패의 원인이 되므로 이를 해결하기 위해 큐어링(curing)을 실시한다.

CHAPTER

05

원예산물의 저장

원예산물의 저장법은 기간, 온도에 따라 달라진다. 각 저장법의 장·단점을 파악하여 알아두어야
한다.

1 저장의 개념 및 방법

(1) 저장의 개념

① **정의** ··· 원예산물을 수확하여 소비자에게 공급하기 전까지 유통·수급상의 문제로 보관하여 두
는 과정을 말한다.

② **목적** ··· 수확 후 원예산물을 신선하고 고품질의 상태로 유지하는데 목적이 있다.

③ **저장의 필요성**

　㉠ 계절성이 높은 산물의 생산을 소비시기에 일치시켜 가격을 안정시킬 수 있다.

　㉡ 저장기술을 이용해 장거리 수송이 가능해졌으며, 수확·포장·출하의 노력이 분산되어 경
영규모가 확대되었다.

　㉢ 소비자에게 고품질의 산물을 지속적으로 공급하여 연중 소비를 가능하게 한다.

④ **저장 시 유의점** ··· 원예작물은 수확 후에도 살아있는 유기체로써 물질대사가 계속 이루어지므로
생리작용을 잘 파악하고 그에 걸맞은 환경조건을 제공하거나 적절한 처리가 필요하다.

(2) 저장의 방법

① **기간에 따른 분류**

　㉠ 일시저장 : 주로 변질되기 쉬운 작물을 일시 보관한다.

　㉡ 단기저장 : 시장의 과잉공급 및 가격조절에 이용된다.

ⓒ 장기저장 : 작물을 대량 출하 후 저장했다가 높은 수익을 얻을 수 있는 시기에 출하하는데 이용된다.

② 저장온도에 따른 분류

ⓐ **상온저장** :온도와 습도는 자연 상태에 맡기고 다만 비를 막을 수 있는 지붕만 있는 간단한 구조물을 이용한다.

㉮ 작물을 헛간에 보관하거나 비닐하우스를 개조하여 저장고로 이용하기도 한다.

㉯ 통기가 잘 되는 상자에 담아 쌓아 두거나 파, 마늘 등을 엮어서 처마 밑에 매달아 두는 방법 등도 상온저장에 해당한다.

ⓑ **보온저장** : 동해를 입지 않도록 보온하여 저장하는 방법을 말한다.

㉮ **도랑저장** : 기온이 내려감에 따라 도랑을 파고 작물을 넣어 얼지 않도록 흙을 덮는 방법으로 호냉성 채소의 저장에 이용된다.

㉯ **움저장** : 동해를 피하기 위하여 짚과 같은 엄폐물로 움 입구를 덮는 방식이다.

㉰ **지하(동굴)저장** : 더운 여름에는 낮은 온도를 추운 겨울에는 영상기온을 유지할 수 있다.

ⓒ **저온저장** : 동결점 이상의 저온 범위를 이용하는 저장방식으로 소규모의 경우 얼음과 같은 냉매를 사용하고, 규모가 클 경우 절연이 잘 된 구조물에 냉각장치를 설치한 저장고를 이용한다.

㉮ 냉각장치의 냉매로는 이산화탄소 · 암모니아가스 · 산화메틸 · 프레온가스 등이 있다.

㉯ 냉장고의 모양과 크기는 단위면적에 대한 저장물의 수용능력과 냉각능률을 관련시켜 결정하는데 입방체가 합리적이다.

㉰ 저온저장고의 냉장설비로는 응축기, 압축기, 팽창밸브 등이 있다.

 POINT

저온저장고 관리

ⓐ 저장고 내 증발기 코일 주위의 공기온도는 쉽게 영하로 내려가므로 주의해야 한다.

ⓑ 저장고 내 입고 시 팔레트를 적절히 배치하고 공기를 순화시켜 온도 분포가 고르게 한다.

ⓒ 원활한 통풍을 위하여 팔레트와 팔레트 사이와 팔레트와 벽면에 30㎝ 그리고 천장과는 최소한 50㎝ 이상의 공간을 두며, 총 입고량의 70% 이상을 입고시키지 않도록 한다.

ⓓ 과실상자는 통풍이 좋은 플라스틱 상자를 이용한다.

ⓔ 대부분의 신선작물은 85~95%의 상대습도를 요구하므로 가습기를 설치하여 주기적으로 가동한다.

ⓕ 저장고 내의 습도를 유지하기 위하여 바닥에 물을 뿌려주거나, 폴리에틸렌 필름을 상자에 씌워준다.

ⓖ 저장실 벽면을 단열 및 방습 처리한다.

ⓗ 저온저장고의 냉장용량은 저장고의 크기, 장비열, 산물의 호흡열 등에 의해서 결정한다.

주요 과실의 저온저장 조건					
품명	온도(℃)	습도(%)	품명	온도(℃)	습도(%)
사과	−1.1~0	85~90	앵두	−0.6~0	85~90
배	−1~0	90~95	여름밀감	10	85~90
살구	−0.6~0	85~90	수박	2.2~4.4	85~90
복숭아	−0.6~0	90	오렌지	0~1.1	85~90
바나나	13~15	85~95	자두	−0.6~0	85~90

 2 CA저장과 MA저장

(1) CA저장(Controlled Atmosphere Storage)

① 개념 … 저장고 내의 공기조성을 인위적으로 조절하여 저장된 산물의 호흡을 최소한으로 억제하고 신선도를 유지하는 저장법이다.

　㉠ CA저장의 원리 및 특징

　　㉮ 저온저장 방식에 가스 농도 조절 방식을 병행하는 저장방법으로 저장고 내 산소 농도는 낮게, 이산화탄소 농도는 높게 유지한다.

　　㉯ 높은 농도의 이산화탄소와 낮은 농도의 산소조건에서 생리대사율이 저하되므로 품질변화가 지연된다.

　　㉰ CA저장에 적합한 산물은 호흡급등형 과실들이다.

　㉡ CA저장의 장치 및 구조

　　㉮ CA저장고는 기밀유지를 위해 틈새를 최소화하며 밀봉에 주의를 기울여야 한다.

　　㉯ 완충작용을 할 수 있는 호흡기 및 압력조절장치가 설치되어 있어야 한다.

　　㉰ 저장고내의 CO_2농도는 2~3%를 유지하는 것이 적합하므로 CO_2흡수기는 필수적인 장비이다.

　　㉱ 과실에서 발생하는 에틸렌은 과실의 성숙을 촉진시켜 저장에 손상을 입히므로 에틸렌 제거 설비가 필요하다.

　　㉲ 저장고 내의 CO_2, O_2농도를 측정·제어하기 위해서 컴퓨터 분석기가 필요하다.

② CA저장의 효과

   ㉠ 호흡작용을 감소시킨다.

   ㉡ 에틸렌 작용에 대한 작물의 민감도를 감소시킨다.

   ㉢ 저장기간(품질 유지기간)을 증대시킨다.

   ㉣ 미생물의 번식을 억제시킨다.

   ㉤ 과육의 연화가 억제된다.

   ㉥ 엽록소의 제한적 분해로 색소의 안정성을 갖는다.

   ㉦ 산도, 당도와 비타민 C의 손실이 적다.

③ CA저장의 문제점

   ㉠ 시설비와 유지비의 부담이 높다.

   ㉡ 공기조절이 제대로 이루어지지 않을 경우 장해를 일으킨다.

   ㉢ 저장고를 수시로 개폐할 수 없으므로 산물의 상태 파악이 힘들다.

(2) MA저장(Modified Atmosphere Storage)

① 개념 … 각종 플라스틱 필름의 기체투과성과 원예산물로부터 발생한 기체의 양과 종류에 의하여 포장내부의 대기조성이 달라지는 것을 이용한 저장방법이다.

   ㉠ MA저장의 원리 및 특징

      ㉮ '부유' 단감을 PE 필름 백에 넣어 저장하는 것이 대표적이다.

      ㉯ MA저장은 극도로 압축된 CA저장이라 할 수 있다.

      ㉰ 포장재의 개발과 함께 유통기간 연장의 수단으로 많이 이용된다.

      ㉱ CA저장에 비해 초기투자 부담이 적고, 비교적 간편하게 CA저장 효과를 얻을 수 있다.

      ㉲ 작물의 종류, 성숙도에 따른 호흡률, 에틸렌 발생정도와 에틸렌 감응도 및 필름의 두께와 종류별 가스투과성, 피막제의 특성을 고려하여야 한다.

   ㉡ 필름 종류별 가스 투과성

필름의 종류	가스 투과성(ml/m², 0.025mm, 1일)		이산화탄소 : 산소비율
	이산화탄소	산소	
저밀도폴리에틸렌(LDPE)	7,700~77,000	3,900~13,000	2.0~5.9
폴리비닐클로라이드(PVC)	4,263~8,138	620~2,248	3.6~6.9
폴리프로필렌(PP)	7,700~21,000	1,300~6,400	3.3~5.9
폴리스티렌(PS)	10,000~26,000	2,600~2,700	3.4~5.8
폴리에스터(PET)	180~390	52~130	3.0~3.5

② MA저장의 효과

　㉠ 증산을 억제하여 과채류의 표면 위축현상을 지연시킨다.

　㉡ 저온장해와 고온장해 발생 감소에 효과적이다.

　㉢ 과육연화 등 노화현상을 지연시킨다.

③ MA저장의 문제점

　㉠ 포장 내 과습으로 인해 산물이 부패될 가능성이 있다.

　㉡ 부적합한 가스조성에 따라 갈변, 조직붕괴, 이취현상과 같은 생리장해가 유발될 수 있다.

　　　🌲🌲 MA 포장재 선정 시의 고려사항
　　　　• 필름의 기체 투과도
　　　　• 원예 산물의 호흡속도
　　　　• 저장온도

기출예상문제

〈농산물품질관리사 제13회〉

1 원예산물 저장고 관리에 관한 설명으로 옳지 않은 것은?

① 저장고 내의 고습을 유지하기 위해 과망간산칼륨 또는 활성탄을 처리한다.

② 저장고 내부를 5% 차아염소산나트륨 수용액을 이용하여 소독한다.

③ CA저장고는 저장고 내부로 외부공기가 들어가지 않도록 밀폐한다.

④ CA저장고는 냉각장치, 압력조절장치, 질소발생기를 구비한다.

🔅 ① 과망간산칼륨($KMnO_4$), 목탄, 활성탄, zeolite와 같은 흡착제는 공기 중의 에틸렌을 흡착하여 농도를 낮게 해준다.

〈농산물품질관리사 제13회〉

2 원예산물의 저장 중 수분손실에 관한 설명으로 옳은 것은?

① 과실은 화훼류와 혼합 저장하면 수분손실이 적다.

② 저온 및 MA 저장하면 수분손실이 적다.

③ 냉기의 대류속도가 빠르면 수분손실이 적다.

④ 부피에 비하여 표면적이 넓은 작물일수록 수분손실이 적다.

🔅 ① 과실은 화훼류와 혼합 저장하면 수분손실이 크다.
③ 냉기의 대류속도가 빠르면 수분손실이 크다.
④ 부피에 비하여 표면적이 넓은 작물일수록 수분손실이 크다.
※ 원예산물의 수분손실
• 표피가 치밀한 작물일수록 적다.
• 저장상대습도가 높을수록 적다.
• 저장온도가 낮을수록 적다.

>> ANSWER

1.① 2.②

3 원예산물의 저장에 관한 설명으로 옳은 것은?

① 선박에 의한 장거리 수송 시 CA저장은 불가능하다.
② MA포장 시 필름의 이산화탄소 투과도는 산소 투과도 보다 낮아야 한다.
③ 소석회는 주로 저장고 내 산소를 제거하는데 이용된다.
④ CA저장 시 드라이아이스를 이용하여 이산화탄소 농도를 증가시킬 수 있다.

💡 ① CA(Controlled Atmosphere Storage)저장은 저장고 내의 공기조성을 인위적으로 조절하여 저장된 산물의 호흡을 최소한으로 억제하고 신선도를 유지하는 저장법으로 선박에 의한 장거리 수송 시 CA저장이 가능하다.
② MA(Modified Atmosphere Storage)포장은 각종 플라스틱 필름의 기체투과성과 원예산물로부터 발생한 기체의 양과 종류에 의하여 포장내부의 대기조성이 달라지는 것을 이용한 저장방법으로 이산화탄소 투과도는 산소 투과도보다 높아야 한다.
③ 소석회는 이산화탄소를 제거하는 데 이용된다.

4 저장고 습도관리에 관한 설명으로 옳지 않은 것은?

① 과실 저장 시 상대습도는 85~95%로 유지하는 것이 좋다.
② 저장고 내 상대습도의 상승은 원예산물의 증산을 촉진시킨다.
③ 저장고의 습도를 유지하기 위해 바닥에 물을 뿌리거나 가습기를 이용한다.
④ 상대습도가 100%가 되면 수분응결 등에 의해 곰팡이 번식이 일어나기 쉽다.

💡 ② 저장고 내 상대습도의 상승은 원예산물의 증산을 억제한다.

5 다음 중 CA 저장의 효과로 옳지 않은 것은?

① 호흡작용을 증가시킨다.
② 과육에 대한 연화가 억제된다.
③ 미생물에 대한 번식을 억제시킨다.
④ 에틸렌 작용에 따른 작물의 민감도를 감소시킨다.

💡 CA 저장으로 인해 호흡작용을 감소시킨다.

6 다음 중 MA 저장 (Modified Atmosphere Storage)에 대한 내용으로 가장 바르지 않은 것은?

① 포장재의 개발과 더불어 유통기간 연장의 수단으로 많이 활용된다.
② 작물의 종류, 성숙도에 따른 호흡률, 에틸렌 발생정도와 에틸렌 감응도 및 필름의 두께와 종류별 가스투과성, 피막제의 특성 등을 고려해야 한다.
③ CA 저장에 비해 초기투자 부담이 많고, CA 저장 효과를 얻을 수 없다.
④ MA 저장은 극도로 압축된 CA저장이라 할 수 있다.

💡 CA저장에 비해 초기투자 부담이 적고, 비교적 간편하게 CA 저장 효과를 얻을 수 있다.

7 다음의 내용을 읽고 괄호 안에 들어갈 말을 순서대로 바르게 나열한 것을 고르면?

> (㉠)은/는 변질되기 쉬운 작물을 일시적으로 보관하는 것이며, (㉡)은/는 시장의 과잉공급 및 가격조절 등에 활용되고, (㉢)은/는 작물을 대량으로 출하한 후에 저장했다가 높은 수익을 얻을 수 있는 시기에 출하하는 데 활용된다.

① ㉠ 일시저장, ㉡ 단기저장, ㉢ 장기저장
② ㉠ 일시저장, ㉡ 장기저장, ㉢ 단기저장
③ ㉠ 단기저장, ㉡ 일시저장, ㉢ 장기저장
④ ㉠ 장기저장, ㉡ 단기저장, ㉢ 일시저장

💡 일시저장은 변질되기 쉬운 작물을 일시적으로 보관하는 것이며, 단기저장은 시장의 과잉공급 및 가격조절 등에 활용되고, 장기저장은 작물을 대량으로 출하한 후에 저장했다가 높은 수익을 얻을 수 있는 시기에 출하하는 데 활용된다.

〈농산물품질관리사 제1회〉

8 저장고 내에서 발생된 에틸렌을 제거하는 올바른 방법이 아닌 것은?

① 과망간산칼륨($KMnO_4$) 이용
② 생석회(CaO) 이용
③ 오존(O_3) 이용
④ 자외선(UV light) 이용

💡 ② 에틸렌 제거방식에는 흡착식, 촉매분해식, 자외선 파괴식 등이 있으며 촉매제로는 과망간산칼륨, 오존, 자외선, 목탄 등이 이용된다.

9 저온저장고에서 증발기(유니트쿨러) 냉각코일의 온도와 저장고 내 온도의 편차가 과도하게 커서 냉각코일에 성애가 많이 생길 때 예상되는 점은?

① 저장된 신선원예산물의 무게가 증가된다.
② 저장된 신선원예산물의 무게가 감소된다.
③ 저장된 신선원예산물의 무게의 변화가 없다.
④ 저장된 신선원예산물의 신선도가 증가된다.

> ② 냉각코일에 성애가 많이 생기면 저장고 내 상대습도는 감소하므로 원예산물의 신선도가 낮아진다. 또한 신선도가 낮아진 원예산물은 그 무게가 감소한다.

10 사과와 배를 같은 저장고에 저장하였을 때 예상되는 사항을 올바르게 설명한 것은?

① 사과와 배는 호흡속도가 같기 때문에 호흡열도 같다.
② 사과에서 발생되는 에틸렌 가스에 의해 배가 장해를 받을 가능성이 있다.
③ 배와 사과는 에틸렌 발생량이 비슷하기 때문에 저장해도 괜찮다.
④ 사과와 배는 동결온도가 차이가 많이 나기 때문에 저장고에서 적재 위치를 다르게 해야 한다.

> ② 사과와 배를 같이 저장하면 사과에서 나온 에틸렌 가스로 인해 배는 급속히 연화되어 신선도가 급속도로 떨어지게 된다. 따라서 사과와 배는 같은 저장고에 보관하지 않도록 해야 한다.

11 저온 저장고 내에서 습도를 유지시키거나 높여주기 위한 방법 중 가장 거리가 먼 것은?

① 가습기를 설치하여 주기적으로 가습기를 가동시킨다.
② 폴리에틸렌 필름을 이용하여 팔레트 단위로 상자를 덮어 씌어준다.
③ 천장에 냉기배관(덕트)을 설치하여 습도를 유지시킨다.
④ 저장고 바닥에 물을 뿌려주어 습도를 유지시켜 준다.

> 천장 냉기배관은 습도의 유지가 아닌 온도를 조절하는 장치이다.

〈농산물품질관리사 제2회〉

12 CA저장의 설명으로 틀린 것은?

① CA저장은 산소와 이산화탄소의 농도를 조절하여 저장하는 방식이다.

② CA저장고 건축 시 가스 밀폐도는 중요한 요소로 고려되어야 한다.

③ CA저장고는 가스 조성방식에 따라 순환식, 밀폐식 등이 있다.

④ CA저장고 내의 산소와 이산화탄소의 농도는 작물의 호흡으로 인해 자동적으로 맞추어진다.

☀ ④ CA저장고 내의 산소와 이산화탄소의 농도는 인위적인 조절이 있어야 한다.

※ CA저장(Controlled Atmosphere Storage) … 대기조성과 다른 공기조성을 갖는 조건에서 저장함
을 말한다. 원예산물의 엽록소의 분해억제 및 노화를 지연시키며 호흡작용을 감소시켜 저장기간
을 증대시켜 준다.

〈농산물품질관리사 제3회〉

13 사과의 저장 중에 보이는 고두병을 억제하기 위해서 사용하는 화학물질은?

① 붕소
② 염화칼슘
③ 이산화황
④ 2, 4-D

☀ ② 일반적으로 고두병을 억제하기 위해서는 염화칼슘을 가장 많이 사용한다.

※ 고두병 … 사과 과실의 표면에 반점 또는 변색이 나타나는 생리적 장해를 말한다. 반점이 나타난
부위는 쓴맛이 있으며 과실의 외관을 손상시켜 과실을 부패시키는 피해가 더 크다.

〈농산물품질관리사 제3회〉

14 저온 저장한 원예산물은 출고할 때 결로가 발생하여 자주 문제가 되는데 원예산물의 결로현
상과 관계가 없는 것은?

① 수분배출에 의한 중량 감소

② 미생물의 번식 촉진

③ 골판지상자의 강도저하

④ 원예산물 품온과 외기의 온도 및 상대습도

☀ ① 결로현상은 시설재배 시 작물체에 응결이 일어나는 현상으로 수분배출에 의한 중량감소는 증산
작용과 관계있는 내용이다.

» ANSWER

9.② 10.② 11.③ 12.④ 13.② 14.①

〈농산물품질관리사 제3회〉

15 마늘이나 양파를 장기간 저온 저장할 때 알맞은 상대습도 조건은?

① 90~95% ② 80~90%

③ 65~75% ④ 40~55%

💡 ③ 마늘과 양파의 장기저장 적정습도는 65~75%이다.

〈농산물품질관리사 제3회〉

16 다음 중 0℃ 부근의 저온에서 저장했을 때 저온장해를 입기 쉬운 작물은?

① 아스파라거스 ② 셀러리

③ 양상추 ④ 고구마

💡 ④ 고구마는 저온장해를 입기 쉽다. 일반적으로 영상 9℃ 이하에서 12시간이면 냉해를 입어 썩기 시작하므로 주의하도록 한다.

〈농산물품질관리사 제4회〉

17 CA저장의 장점을 틀리게 설명한 것은?

① 미생물 번식 억제 ② 노화 지연

③ 맹아촉진 ④ 호흡억제

💡 CA저장
　㉠ 장점 : 작물의 노화방지, 미생물 발생률 감소, 에틸렌 작용에 대한 작물의 민감도 감소
　㉡ 단점 : 이취를 유발, 고르지 못한 숙성 유발, 생리적 장해 유발

〈농산물품질관리사 제4회〉

18 MA저장 시 저장 효과를 최대로 하기 위해 고려할 사항으로 가장 거리가 먼 것은?

① 필름종류
② 원예산물의 호흡속도
③ 원예산물의 에틸렌 감응도
④ 저장고의 냉각방식

💡 ④ MA저장방식은 별도의 시설없이 적절한 포장재를 이용하여 CA저장의 효과를 얻는 방법이다.

〈농산물품질관리사 제5회〉

19 CA저장에 대한 설명으로 틀린 것은?

① 저장고를 자주 개방할 수 없어 저장산물의 상태 파악이 어렵다.
② 저장산물의 호흡에 의해 산소와 이산화탄소 농도가 변하는 원리를 이용한다.
③ 혐기적 호흡이 일어나 이취가 발생할 수 있다.
④ 저장고 내 에틸렌 가스를 제거하면 저장 효과를 높일 수 있다.

☀ ② CA저장은 저온을 바탕으로 하여 산소 농도는 대기보다 4~20배 낮추고, 이산화탄소 농도는 약 30~150배 증가시킨 조건에서 저장하는 방법으로 저장고 내 대기조성을 변화시켜 호흡을 억제하여 후숙과 노화를 억제시키는 원리이다.

〈농산물품질관리사 제6회〉

20 다음 농산물 포장재 중 동일조건에서 산소투과도가 가장 낮은 것은?

① 폴리스티렌(PS)
② 폴리에스터(PET)
③ 폴리비닐클로라이드(PVC)
④ 저밀도폴리에틸렌(LDPE)

☀ 농산물 포장재 중에서 재료의 밀도가 높을수록 산소 및 수분을 차단하는 효과가 크다.
① 폴리스티렌 : 5,500
② 폴리에스터 : 95~130
③ 폴리비닐클로라이드 : 80~320
④ 저밀도폴리에틸렌 : 7,900

〈농산물품질관리사 제6회〉

21 배를 저온저장할 때 증산에 의해 중량이 감소하는 것을 줄이기 위한 방법으로 옳지 않은 것은?

① 저장실 벽면의 단열 및 방습처리
② 유닛쿨러(unit cooler)의 표면적 축소
③ 실내 공기유동의 최소화
④ 증발기 코일(coil)과 저장고 내 온도 차이의 최소화

☀ 배는 건조피해를 막기 위해 봉지를 씌운 상태로 저장하는 것이 유리하다. 배를 저온저장할 때에는 저장실 벽면의 단열 및 방습처리, 실내 공기유동의 최소화, 증발기 코일과 저장고 내 온도 차이를 최소화할 때 증산에 의한 중량이 감소하는 것을 줄일 수 있다.

>> ANSWER

15.③ 16.④ 17.③ 18.④ 19.② 20.② 21.②

〈농산물품질관리사 제6회〉

22 저온저장고의 냉장설비에 해당되지 않는 것은?

① 응축기(condenser)

② 압축기(compressor)

③ 팽창밸브(expansion valve)

④ 질소발생기(N2 generator)

> 💡 저온저장고의 냉장설비로는 팽창밸브, 압축기, 응축기 등이 있다. 질소발생기는 무한한 공기를 원료로 질소가스를 저비용으로 생성하는 기기이다.

〈농산물품질관리사 제7회〉

23 원예산물 저온저장고의 냉장용량 결정과 가장 관련이 적은 것은?

① 저장고의 크기

② 산물의 호흡열

③ 저장고내 장비열

④ 포장재의 종류

> 💡 원예산물의 신선도를 유지하는 저온저장고는 산물의 호흡열, 저장고의 크기, 저장고 내 장비열 등에 의해서 냉장용량을 결정한다.

24 저온저장고 내에서 원예산물의 증산을 억제하는 방법으로 적절하지 않은 것은?

① 감압저장

② 저온유지

③ 고습도 유지

④ 플라스틱필름 포장

> 💡 ① 저온과 함께 대기압의 1/5 ~ 1/10 수준으로 압력을 낮춘 조건에서 저장하는 저장방법의 하나이다.

25 저온장해 증상이 아닌 것은?

① 바나나의 과피 변색
② 복숭아의 섬유질화
③ 참외의 수침현상
④ 토마토의 공동과

🔆 ④ 공동과는 과일의 표피는 비대하지만 속의 내용물이 부실하여 속에 공동이 생기는 것을 말한다. 공동과는 극저온 또는 고온으로 인해서 화분에 이상이 생길 경우 인공적인 호르몬제로 착과를 시킬 경우 발생한다.

26 사과종자를 노천매장할 경우 나타나는 현상은?

① 종자의 수명 연장
② 종자의 휴면기간 연장
③ 종자 내의 ABA 함량 증가
④ 종자 내의 지베렐린 함량 증가

🔆 노천매장 … 사과, 찔레, 밤 등 수목의 종자를 젖은 모래에 층층이 쌓아 겨울철 땅 속에 얼지 않게 묻어 두는 것을 말한다. 이렇게 하면 휴면유도물질인 ABA가 감소하고 대신 휴면타파물질인 지베렐린이 증가한다.

CHAPTER

06

원예산물의 포장 및 물류

원예산물의 포장은 보존성, 편리성, 검증성을 제공해야 한다. 이러한 포장의 특징과 배송에 관한
이론을 습득해야 한다.

1 포장

(1) 포장의 개념

① 목적 … 원예산물의 포장은 수송, 보관, 저장, 판매 과정에서 물리적인 충격이나 부적합한 외부
환경으로부터 보호하는 것을 목적으로 한다.

② 기능 … 원예산물의 포장은 보존성(protection), 편리성(convenience), 검증성(identification)의
기능을 가지고 있어야 하며, 최근에는 소비자의 기호에 맞는 디자인으로 상품가치를 증대시키
는 미학성의 가치가 높아지고 있다.

ㄱ 보존성 : 농산물이 생산지에서 소비자에게 도달하기 전까지 여러 환경으로부터 산물을 보호
해야 한다.

ㄴ 편리성 : 생산부터 수송, 보관, 사용까지 모든 단계에서 불편함이 없어야 한다.

ㄷ 검증성 : 제품의 이름, 품목, 등급, 무게, 규격, 생산자, 원산지와 같은 유용한 정보를 제공
해야 한다.

(2) 포장의 종류 및 포장재

① 포장의 종류

ㄱ 외포장 : 운반, 수송 및 취급을 목적으로 하는 포장이다.

ㄴ 내포장 : 각각의 상품을 몇 개씩 용기에 담아 유통단위 또는 소비단위로 만드는 포장이다.

POINT

MA포장(modified atmosphere packaging) ··· 포장 내 적정 산소와 이산화탄소 농도를 유지하기 위해 생산물의 생리활성도(호흡속도)에 따라 필름의 종류와 두께, 포장물량, 보관 및 유통온도 등을 고려해야 한다.

ⓐ 수동적 MA포장 : 원예산물의 호흡을 통한 산소 소비와 이산화탄소의 방출로 포장 내에 적절한 대기가 조성되도록 하는 방법이다.

ⓑ 능동적 MA포장 : 포장내의 기체 조성을 조절하기 위해 포장 내부의 공기를 적절한 농도의 가스로 채워주는 방법이다.

ⓒ 소포장 : 산물을 안전하게 보호시키고, 선도 및 저장성을 향상시켜 부가가치를 증대시킨다.

② 포장재

㉠ 목적에 따른 분류

㉮ 외포장재 : 외부의 물리적 힘에 견딜 수 있는 강도를 지니며 외부압력 또는 충격에 버티어 모양을 유지하는 압축강도가 중요하다. 주로 골판지 종이상자가 외장재로 많이 이용된다.

㉯ 내포장재 : 적절한 공간을 확보해주고 충격을 흡수하는 기능을 가져야 한다. 내장재료는 종이류, 염화비닐, 트레이, 플라스틱 필름 또는 스티로폼, 과실용 망 등 다양하다.

㉡ 재료에 따른 분류

㉮ 종이 : 열접착성이 없으며 물과 화학약품에는 취약하다.

ⓐ 골판지 : 안과 밖의 두 장의 판지 사이에 파형의 심지를 넣어 제조되며, 상품의 보호 및 외부의 충격을 완충시킬 수 있다. 대량생산과 수송·보관·인쇄가 용이하며 재활용이 가능하다.

ⓑ 글라신지(glassine paper) : 비교적 얇은 종이로 구조가 치밀하고 액체 차단성과 투명성이 우수하며 분해성이 좋다.

㉯ 플라스틱 필름 : 열가소성 수지와 열경화성 수지로 구분된다.

ⓐ PE(polyethylene) : 가스투과도가 높아 채소류와 과일의 포장재로 활용된다.

ⓑ PP(polypropylene) : 방습성, 내열성, 내한성, 내약품성, 광택 및 투명성 등이 우수하다.

ⓒ PVC(polyvinyl chloride) : 수증기 투과도 및 산소투과도는 상당히 낮고 투명성 및 가공성이 좋아 식품 포장재로 많이 이용되고 있다.

POINT

MA포장 필름의 조건

㉠ 산소보다 이산화탄소의 투과도가 3~5배 정도 되어야 한다.

㉡ 인장강도 및 내열강도가 높아야 한다.

㉢ 상업적 취급 및 인쇄가 용이해야 한다.

㉣ 유해물질을 방출하지 않아야 한다.

㉤ 알루미늄박 : 기체 차단성이 요구되는 산물의 포장에 주로 이용된다.

㉥ 포대 : 지대, 플라스틱 포대, 포백제 포대 등이 있다.

㉦ 기능성 포장재

필름의 종류	도포 물질	필름 포장의 효과
에틸렌 흡착 필름	지올라이트, 활성탄	에틸렌 가스를 흡착하여 에틸렌에 의한 노화현상 지연
방담 필름	식물성 유지	필름 표면에 계면활성제를 처리하여 결로현상을 방지
항균 필름	항균성 물질(키틴 등)	항균작용에 의해 과습으로 인한 부패 감소

© **포장재의 구비 조건**

㉮ **위생성** : 무미, 무취, 무독하며 식품성분과 반응하지 않고, 독성첨가제를 함유하지 않아야 한다.

㉯ **보호성** : 물리적 강도, 차단성, 안전성 등을 확보해야 한다.

ⓐ **물리적 강도** : 포장재료는 될 수 있는 대로 가벼우면서 물리적 강도가 큰 것이 적절하다.

ⓑ **차단성** : 수증기, 산소, 빛, 열, 물 등 산물의 품질을 저하시키는 요소에 대한 차단성이 필요하다.

ⓒ **안정성** : 내수성, 내광성, 내약품성, 내유기용매성, 내유성, 내한성, 내열성을 가지고 있어야 한다.

㉰ **작업성** : 포장 작업성 및 기계적응성이 우수해야 한다.

㉱ **간편성** : 개봉 및 휴대하기 쉽고 가벼워야 한다.

㉲ **상품성** : 광택, 투명, 백색도, 인쇄적성 등을 확보해야 한다.

㉳ **경제성** : 가격, 수송, 보관면에서 경제적이어야 한다.

③ **농산물 포장상자**

㉠ 다단적재 시에 하중을 견딜 수 있어야 한다.

㉡ 저온고습에 견딜 수 있어야 한다.

㉢ 팔레타이징 (Palletizing) 효율을 고려하여 크기를 결정한다.

㉣ 내용물에 맞는 통기구를 지니고 있어야 한다.

2 물류

(1) 원예산물의 물류

① **개념** ⋯ 원예산물은 생산, 선별, 포장, 판매, 소비에 이르는 전 과정이 유기적 시스템으로 관리되어야 하며, 물류효율은 단위적재를 기본으로 한다.

② **수송**

　㉠ 농산물의 수송은 장소효용의 증대로 시장개발 및 경쟁조성을 위해 중요한 역할을 한다.

　㉡ 신속하며 체계적인 수송은 저장비용 및 재고수준을 절감시키는 효과가 있다.

　㉢ 선진국의 경우 농산물의 운송수단으로 냉장 트레일러 또는 컨테이너를 주로 이용하고 있다.

③ **농산물 일관운송** ⋯ 포장, 운반, 하역, 보관, 가공, 유통정보 등이 각 단계별로 표준화되어 일관작업으로 연결됨으로써 물류의 효율화를 달성하게 된다.

　㉠ 단위화물 적재시스템(Unit Load System) : 표준 규격화된 팰릿을 기본으로 적재하는 농산물의 포장치수, 크기와 무게, 운송기기, 하역 및 보관기기 등을 일관화 함으로써 물류비 절감 효과를 기대할 수 있다.

　㉡ 국내에서 주로 사용되는 일관수송용 표준 팰릿의 규격은 가로, 세로 1100×1100(mm)이며, 국제적으로 사용 비중이 높아지는 규격은 1200×1000(mm)이다.

　㉢ 팰릿 풀 시스템(pallet pool system) : 팰릿의 규격을 표준화하여 상호 교환하여 사용함으로써 물류의 합리화를 달성하는데 목적이 있다.

(2) 저온유통시스템(Cold Chain System)

① **개념**

　㉠ 수확에서 소비자에게 도달하는 전 과정을 저온상태로 진행하는 유통시스템으로 예냉, 냉장수송, 냉장보관, 냉장진열이 포함된다.

　㉡ 산물을 생산 또는 수확 직후의 신선한 상태 그대로 소비자에게 공급하는 유통체계로 신선도유지, 출하조절, 안전성확보 등을 위해서 중요하다.

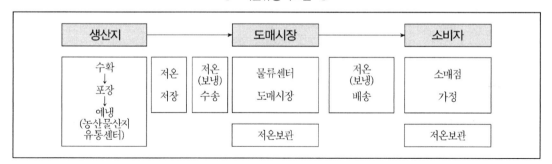

저온유통시스템

② 저온유통시스템 도입 효과

　㉠ **신선도 유지** : 호흡속도, 에틸렌 발생 속도, 증산작용 및 미생물의 생육 등을 억제시켜 품질을 수확 당시에 가깝게 유지시켜 주는 것이다.

　㉡ **유통의 안정화** : 장기간 신선도를 유지하여 농산물의 판매시기를 조절하여 안정된 유통체계를 가짐으로 산지체계를 강화시킬 수 있다.

> **식중독 유발 독성 물질**
> - 감자 – 솔라닌(Solanine)
> - 피마자 – 리시닌(Ricinine)
> - 면실유 – 고시폴(Gossypol)

③ 저온유통 관련 기술

　㉠ **예냉기술** : 강제통풍, 차압통풍, 진공예냉, 냉수예냉, 얼음예냉

　㉡ **저장보관** : 저온저장, 빙온저장, 냉동저장, CA저장, 감압저장, MAP

　㉢ **수송 · 배송** : 물류관련 표준화(팰릿화), 수송자재(포장골판지, 기능성포장재, 완충자재), 고도유통시스템(유통 · 배송센타), 고속대량수송기술(항공시스템, 철도수송시스템)

　㉣ **포장 · 보존** : 가스치환포장, 진공포장, 무균충전포장, 기능성포장재(항균, 흡수폴리머, 가스투과성, 단열성), 품질유지제 봉입(탈산소제, 에칠렌흡수 · 발생제)

　㉤ **집출하 · 선별 · 검사** : 비파괴검사(근적외법, 역학적, 방사선, 전자기학), 센서기술(바이오센서, 칩, 디바이스), 선도, 숙도판정

　㉥ **규격표시 · 정보처리** : 식품첨가물 · 원자재 표시, 정보, 멀티미디어

> **콜드 체인시스템의 관리방법**
> - 냉장 컨테이너 차량의 보급
> - 저온저장고의 구비
> - 판매진열대의 냉장시설
> - 압축강도가 큰 포장상자

(3) 신선편이(Fresh Cut) 농산물

① 개념 … 구입 후 간편한 과정을 통하여 바로 먹을 수 있거나, 조리에 사용할 수 있도록 수확 후 절단, 세척, 포장이라는 처리과정을 거친 농산물을 말한다.

② 특징

  ㉠ 요리시간을 절약할 수 있다.

  ㉡ 균질의 산물을 얻을 수 있다.

  ㉢ 건강식품의 섭취를 용이하게 한다.

  ㉣ 저장 공간과 낭비요소를 절감할 수 있으며 포장이 용이하다.

> 🌲 신선편이 농산물에서 이취발생의 원인 물질
> - 아세트알데히드
> - Alcohol
> - 에틸에스테르
> - 에틸아세테이트

③ 유의사항

  ㉠ 산물의 품질이 쉽게 변하므로 저온유통이 필요하다.

  ㉡ 절단, 물리적 상처, 화학적 변화 등으로 인해 유통기간이 짧다.

  ㉢ 산물의 향기와 영양가를 유지함과 동시에 안정성을 확보하는 것이 중요하다.

  ㉣ 갈변현상은 폴리페놀산화효소에 의해서 발생한다.

④ 신선편이(fresh-cut) 상품 형태

  ㉠ 채(Shredded) : 배추, 당근, 양상추, 양파, 파, 적채

  ㉡ 박피(peeled) : 양파, 감자, 마늘, 베이비 캐럿

  ㉢ 다짐(chopped) : 고추, 마늘, 샐러리

  ㉣ 세절(sliced) : 호박, 당근, 마늘, 양파, 파인애플

  ㉤ 주사위형(diced/cubed) : 감자, 멜론, 양파, 파인애플

⑤ 고품질 신선편이 농산물의 생산을 위해 중점관리 해야 하는 품질저하 요소

  ㉠ 조직의 연화

  ㉡ 미생물의 증식

  ㉢ 효소적 갈변

기출예상문제

CHECK | 기출예상문제에서는 그동안 출제되었던 문제들을 수록하여 자신의 실력을 점검할 수 있도록 하였다. 또한 기출문제뿐만 아니라 예상문제도 함께 수록하여 앞으로의 시험에 철저히 대비할 수 있도록 하였다.

〈농산물품질관리사 제13회〉

1 원예산물 포장상자에 관한 설명으로 옳지 않은 것은?

① 상품성 향상 및 정보제공의 기능이 있다.
② 충격으로부터 내용물을 보호하여야 한다.
③ 저온고습에 견딜 수 있어야 한다.
④ 모든 품목의 포장상자 규격은 동일하다.

💡 ④ 포장상자 규격은 품목에 따라 다르다.

〈농산물품질관리사 제13회〉

2 신선편이 농산물 가공에 관한 설명으로 옳지 않은 것은?

① 가공처리에 의해 호흡량이 증가하므로 가공 전 예냉처리가 선행되어야 한다.
② 화학제 살균을 대체하는 기술로 자외선 살균방법이 가능하다.
③ 오존수는 환원력과 잔류성이 높아 세척제로 부적합하다.
④ 원료 농산물의 품질에 따라 가공 후 유통기간이 영향을 받는다.

💡 ③ 오존수 세척은 선진국에서 실용화되고 있는 방법으로 위해한 잔류물이 남지 않고, 강한 살균효과를 나타내며, 처리과정 중에 pH를 조절할 필요가 없다는 점이 장점이다. 그러나 시설이 알맞게 갖추어 있지 않으면 작업자에게 유해할 수 있으며, 시설 설비에 드는 초기의 경제적인 부담이 크다는 단점이 있다.

〈농산물품질관리사 제13회〉

3 원예산물의 외부포장용 골판지의 품질기준이 아닌 것은?

① 인장강도
② 압축강도
③ 발수도
④ 파열강도

💡 골판지는 안과 밖의 두 장의 판지 사이에 파형의 심지를 넣어 제조된다. 상품의 보호 및 외부 충격을 완화시킬 수 있으며 대량생산과 수송, 보관이 용이하다. 외부포장용 골판지의 품질기준으로는 압축강도, 발수도, 파열강도 등이 있다.

4 다음의 내용을 읽고 괄호 안에 들어갈 말을 순서대로 바르게 배열한 것을 고르면?

> 국내에서 주로 활용되는 일관수송용 표준 팰릿의 규격은 가로, 세로 (㉠)이며, 국제적으로 활용 비중이 높아지고 있는 규격은 (㉡)이다.

① ㉠ $1,000 \times 1,000(mm)$ ㉡ $1,200 \times 1,200(mm)$
② ㉠ $1,100 \times 1,000(mm)$ ㉡ $1,000 \times 1,200(mm)$
③ ㉠ $1,100 \times 1,100(mm)$ ㉡ $1,200 \times 1,000(mm)$
④ ㉠ $1,000 \times 1,100(mm)$ ㉡ $1,200 \times 1,100(mm)$

💡 국내에서 주로 활용되는 일관수송용 표준 팰릿의 규격은 가로, 세로 $1,100 \times 1,100(mm)$이며, 국제적으로 활용 비중이 높아지고 있는 규격은 $1,200 \times 1,000(mm)$이다.

5 다음은 신선편이(Fresh Cut) 농산물의 유의사항에 관한 내용이다. 이 중 가장 옳지 않은 것은?

① 갈변현상은 단백질 분해효소에 의해 발생한다.
② 원예 산물의 품질이 쉽게 변화하기 때문에 저온유통이 필요하다.
③ 원예 산물의 영양가 및 향기를 유지함과 동시에 안정성을 확보하는 것이 중요하다.
④ 물리적인 상처, 절단, 화학적 변화로 인해 유통기간이 짧다.

💡 신선편이 농산물의 갈변현상은 폴리페놀산화효소에 의해 발생한다.

≫ ANSWER

1.④ 2.③ 3.① 4.③ 5.①

6 다음 중 신선편이(Fresh – Cut) 상품 형태의 연결이 바르지 않은 것은?

① 세절 (Sliced) – 당근, 호박, 양파 등
② 다짐 (Chopped) – 마늘, 고추, 샐러리 등
③ 박피 (Peeled) – 멜론, 파인애플 등
④ 채 (Shredded) – 적채, 배추, 양상추 등

💡 박피 (Peeled) – 양파, 감자, 마늘, 베이비 캐럿 등이다.

7 다음 중 PP(Polypropylene)의 특성으로 보기 어려운 것은?

① 외열성   ② 방습성
③ 투명성   ④ 내한성

💡 PP (polypropylene)는 방습성, 내열성, 내한성, 내약품성, 광택 및 투명성 등이 우수하다.

8 원예 산물의 포장은 수송, 보관, 저장, 판매 과정에서 물리적인 충격이나 부적합한 외부 환경으로부터 보호하는 것을 목적으로 하는데 다음 중 원예 산물 포장의 기능으로 바르지 않은 것을 고르면?

① 보존성   ② 편리성
③ 소비성   ④ 검증성

💡 원예 산물 포장의 기능
    ㉠ 보존성
    ㉡ 편리성
    ㉢ 검증성

9 다음 중 MA 포장 필름의 조건으로 바르지 않은 것은?

① 유해물질을 방출하지 않아야 한다.
② 상업적인 취급 및 인쇄 등이 용이해야 한다.
③ 산소보다 이산화탄소의 투과도가 3~5배 정도 되어야 한다.
④ 인장강도 및 내열강도 등이 낮아야 한다.

💡 MA 포장 필름은 인장강도 및 내열강도 등이 높아야 한다.

10 다음 중 무게에 따른 골판지의 종류가 잘못 연결된 것은?

① 2kg 이하 - 양면 골판지 1종
② 3~9kg - 단면 골판지 1종
③ 10~14kg - 이중 양면 골판지 1종
④ 15~20kg - 이중 양면 골판지 2종

💡 ② 3~9kg - 양면 골판지 2종이다.

〈농산물품질관리사 제1회〉

11 콜드체인시스템(Cold chain system)에 관한 가장 올바른 설명은?

① 저장적온에서 저장된 원예산물은 콜드체인시스템을 적용하지 않아도 된다.
② 예냉 후 곧바로 콜드체인시스템을 적용하면 작물이 부패된다.
③ 콜드체인시스템은 선진국에 적합한 방식으로 국내 실정에 맞지 않는다.
④ 저온 컨테이너 운송은 콜드체인시스템의 하나의 과정이다.

💡 ④ 저온 컨테이너 운송은 수송방법에 해당한다.
※ **콜드체인시스템** … 농산물의 품질을 최대한으로 유지하기 위하여 작물의 적정저온이 유지되도록 관리하는 체계를 말한다.

〈농산물품질관리사 제1회〉

12 저온저장한 작물을 상온상태에 출하할 때 결로(땀흘림)에 의한 품질저하가 우려된다. 이를 방지하기 위한 가장 효과적인 방법은?

① 밀폐포장   ② 저온유통
③ 고온처리   ④ 비닐포장

💡 작물의 저장·수송·판매에 걸친 모든 과정에 일관성 있게 적정저온을 유지하는 것을 저온유통이라 한다.

13 신선편이(fresh – cut) 농산물의 주요 생리특성이 아닌 것은?

① 펙틴량 증가　　　　　　　　② 호흡량 증가
③ 증산량 증가　　　　　　　　④ 에틸렌량 증가

　　　　　💡 ① 신선편이 농산물의 경우 가공작업이 이루어진 농산물로 펙틴량은 감소한다.

14 농산물의 MA포장재 중 가스투과도가 가장 높은 것은?

① 폴리에틸렌(polyenthylene)
② 염화비닐(PVC)
③ 폴리프로필렌(polypropylene)
④ 나일론(nylon)

　　　　　💡 ① MA포장재 중 폴리에틸렌필름이 가스의 투과도가 높아 많이 사용되고 있다.

15 수송 중 골판지 상자의 강도저하의 요인과 가장 관련이 적은 것은?

① 수분　　　　　　　　　　　② 적재하중
③ 통기공　　　　　　　　　　④ 온도

　　　　　💡 포장재의 구비요건 … 방수성과 방습성이 우수해야 하며 적재하중을 견딜 수 있는 지지력이 있어야
　　　　　　한다.

16 신선편이 농산물 가공공장에서 식중독균의 오염을 예방할 수 있는 방법이 아닌 것은?

① 세척수를 철저히 소독하여 사용한다.
② 원료 반입장과 세척 · 절단실을 분리하지 않고 하나로 설치하여 최대한 빨리 가공한다.
③ 공장 내의 작업자와 출입자의 위생관리를 철저히 한다.
④ 가공기계 및 공장 내부바닥 등을 매일 깨끗이 청소한다.

　　　　　💡 ② 원료반입장과 세척 · 절단실은 분리하는 것이 좋다.

〈농산물품질관리사 제4회〉

17 원예산물 포장용 골판지 상자의 시험방법과 거리가 먼 것은?

① 인장강도 ② 파열강도
③ 압축강도 ④ 수분함량

💡 골판지상자의 시험방법
  ㉠ 파열강도
  ㉡ 압축강도
  ㉢ 접착강도
  ㉣ 천공충격강도
  ㉤ 수분의 함량

〈농산물품질관리사 제4회〉

18 신선편이 채소의 취급온도를 높게 되면 이취가 발생한다. 그 원인이 되는 물질은?

① 에틸렌 ② 아세트알데히드
③ 유기산 ④ 암모니아

💡 지질이나 지방산의 산화, 호흡의 부산물로 생성되는 에탄올, 아세트알데히드와 같은 물질이 축적 또는 서로 반응하게 되어 이취를 발생시킨다.

〈농산물품질관리사 제4회〉

19 신선편이(fresh – cut) 농산물의 변색 억제 방법과 거리가 먼 것은?

① 효소를 불활성화 시킨다. ② 저온으로 유지한다.
③ 산소 농도를 높인다. ④ 항산화제를 사용한다.

💡 ③ 신선편이 농산물은 생리적 장해로 인한 변질을 막기 위해 산소억제제 처리를 한다.

〈농산물품질관리사 제5회〉

20 신선편이(fresh – cut) 원예산물의 유통기간이 짧아지는 원인으로 틀린 것은?

① 물리적 상처 ② 미생물 증식
③ 산물의 표면적 증가 ④ 소포장 유통

💡 ④ 소량단위 MA포장 방법의 등장은 수분, 오염원, 이취 등의 차단으로 유통기간을 늘려주고 있다.

≫ ANSWER

13.① 14.① 15.④ 16.② 17.① 18.② 19.③ 20.④

21 원예산물을 포장하는 목적이 아닌 것은?

① 물리적 충격 방지

② 해충, 미생물, 먼지에 의한 오염 방지

③ 적정 온·습도 관리

④ 홍수출하 방지

💡 ④ 저온저장고 또는 산지유통시설을 이용한 출하조절로 '홍수출하'를 방지할 수 있다.

22 원예산물의 저온유통시스템(cold chain system)의 장점은?

① 연화 촉진   ② 호흡 촉진

③ 착색 증진   ④ 미생물 번식 억제

💡 ④ 콜드체인시스템은 저온하에 농산물을 유통시킴으로서 호흡속도, 에틸렌 발생 속도, 갈변반응, 증산작용 및 각종 부패를 일으키는 미생물의 생육 등을 억제시켜 품질을 수확 당시에 가깝게 유지시켜준다.

23 저온 유통시스템에 대한 설명으로 옳지 않은 것은?

① 매장에서의 저온관리를 포함한다.

② 수확시기에 따라서 생산지 예냉이 필요하다.

③ 상온유통에 비해 압축강도가 낮은 포장상자를 사용한다.

④ 장기수송 시 농산물의 혼합적재 가능성을 고려한다.

💡 농산물을 수확 후 신선도 유지를 위해서 호흡속도, 에틸렌 발생속도, 증산작용 및 미생물의 생육 등을 억제시켜 품질을 수확 당시에 가깝게 유지하기 위해서는 압축강도가 높은 포장상자를 이용해서 저온 유통시킨다.

〈농산물품질관리사 제7회〉

24 신선편이(fresh – cut) 농산물에서 주로 발생하는 갈변현상과 가장 관계가 깊은 것은?

① 전분분해 효소

② 셀룰로오스분해 효소

③ 폴리페놀산화 효소

④ 펙틴분해 효소

💡 생리적 장해로 인한 변질을 막기 위해 산소억제제 처리를 해서 유통하는 신선편이 농산물의 갈변현상은 폴리페놀산화 효소의 작용으로 발생한다.

25 신선편이 농산물의 장점으로 옳지 않은 것은?

① 요리시간의 절약

② 균질의 산물

③ 긴 유통기간

④ 저장 공간의 절약

💡 ③ 신선편이(fresh – cut) 농산물은 절단에 의한 상처 때문에 유통기간이 2주 이내이다.

26 포장 시 무게에 따른 골판지의 종류가 바르게 연결되지 않은 것은?

① 1kg – 양면 골판지 1종

② 5kg – 양면 골판지 2종

③ 15kg – 이중 양면 골판지 1종

④ 17kg – 이중 양면 골판지 2종

💡 무게에 따른 골판지의 종류

㉠ 2kg 이하 : 양면 골판지 1종

㉡ 3~9kg : 양면 골판지 2종

㉢ 10~14kg : 이중 양면 골판지 1종

㉣ 15~20kg : 이중 양면 골판지 2종

27 다음 중 ( ) 안에 들어갈 것으로 알맞은 것은?

포장치수는 포장재 ( ), 너비, 높이를 말한다.

① 무게

② 두께

③ 안쪽의 길이

④ 바깥쪽의 길이

💡 포장치수는 포장재 바깥쪽의 길이, 너비, 높이를 말한다.

>> ANSWER

21.④ 22.④ 23.③ 24.③ 25.③ 26.③ 27.④

28 포장재료를 이용하여 포장내부 가스농도가 자연적으로 일정 수준에 이르도록 하는 포장 방식은?

① CA저장
② MA저장
③ 저온포장
④ 진공포장

💡 **MA저장**(Modified Atmosphere storage) … 별도의 시설없이 가스투과성을 지닌 폴리에틸렌이나 폴리프로필렌필름 등 적절한 포장재를 이용하여 CA저장의 효과를 얻는 방법으로 단감 저장시 실용화되어 있다.

29 농산물 표준규격에 대한 설명으로 옳지 않은 것은?

① 등급규격과 포장규격으로 나누어진다.
② 포장규격에는 거래단위, 포장치수, 포장재료 등을 포함한다.
③ 등급규격은 상·보통·하로 구분한다.
④ 농산물을 정해진 표준규격에 맞게 선별·포장하여 출하하는 것을 말한다.

💡 ③ 등급규격은 품목 또는 품종별로 그 특성에 따라 크기, 무게, 선별, 색택, 성분함량 등 품위구분에 필요한 항목을 설정하여 특·상·보통으로 구분하고 있다.

30 이슬이 맺히는 현상을 방지하는 기능성 포장재는?

① 방담 필름
② 항균 필름
③ 고차단성 필름
④ 키토산 필름

💡 **기능성 포장재**
㉠ **방담 필름**: 결로현상을 방지한다.
㉡ **고차단성 필름**: 수분, 산소, 질소와 유기화합물까지 포함하여 차단한다.
㉢ **키토산 필름**: 유해균에 대한 강력한 저해성을 발휘한다.

CHAPTER

07

원예산물의 수확 후 안전성

최근 식품과 관련한 안전성에 대한 소비자들의 불안이 확산되고 있다. 이에 따라 원예산물은 우수
농산물관리제도와 이력추적관리를 통해 식품의 안전성 확보를 위해 노력하고 있다. 각 제도의 특징
을 알고 있는 것이 중요하다.

1 우수농산물관리제도(GAP)와 이력추적관리(Traceability)

(1) 우수농산물관리제도(Good Agricultural Practices)

① 개념 ⋯ 환경에 대한 위해 요인을 최소화하고 소비자에게 안전한 식품을 제공하기 위하여 농산
물의 재배, 수확, 수확 후 처리, 저장중의 비료, 농약, 중금속, 미생물에 대한 관리사항을 소
비자에게 알리도록 하는 체계이다.

② 특징 ⋯ 우수농산물 인증품에는 농산물이력추적관리를 의무화하도록 하고 있다.

(2) 이력추적관리(Traceability)

① 개념 ⋯ 농산물의 생산단계부터 판매단계까지 각 단계별로 정보를 기록·관리하여 해당 농산물의
안전성 등에 문제가 발생할 경우 해당 농산물을 추적하여 원인규명 및 필요한 조치를 할 수
있도록 관리하는 것을 말한다.

② 효과
  ㉠ 농산물의 안전성 확보와 신뢰성 향상으로 우리 농산물의 국제경쟁력을 강화시킨다.
  ㉡ 유통 중인 농산물에 문제 발생 시 추적을 통한 신속한 원인의 규명과 및 해당 농산물의 회
  수가 가능하다.
  ㉢ 농산물에 대한 생산·유통·판매 단계의 정확한 정보를 제공함으로써 소비자의 알 권리를
  충족시켜준다.

우수관리인증농산물

이력추적관리 농산물

2 위해요소 중점관리제도(HACCP)

(1) HACCP(Hazard Analysis Critical Control Point)의 개념

① 정의

　㉠ 국제식품규격위원회(codex alimentarius commission)는 식품안전에 중요한 위해요소를 확인, 평가, 관리하는 시스템이라고 정의하고 있다.

　㉡ 식품의 원재료 생산에서부터 제조, 가공, 보존, 유통단계를 거쳐 소비자가 섭취하기 전까지의 단계에서 화학적, 생물학적, 물리적 위해가 발생할 수 있는 요소를 규명하고 이를 중점적으로 관리하기 위한 시스템이다.

　㉢ 자주적, 체계적, 효율적 관리로 식품의 안전성을 확보하기 위한 과학적인 예방적 위생관리 시스템이다.

② 구성

　㉠ HA(위해요소분석) : 원료 또는 공정에서 발생·혼입 가능한 생물학적·화학적·물리적 위해요소를 파악하고 분석하는 과정이다.

　　㉮ 생물학적 위해요소 : 0-157, 살모넬라, 리스테리아 등 병원성 미생물

　　㉯ 화학적 위해요소 : 동물약품, 농약, 다이옥신 등

　　㉰ 물리적 위해요소 : 털, 쇠붙이, 주사바늘 등 이물질

ⓛ CCP(중점관리점) : 위해요소를 예방·제거 또는 허용가능 수준 이하로 감소시켜 안전을 확보할 수 있는 단계·과정 또는 공정이다.

    ㉮ 제품 생산 시 온도관리 등을 통한 병원성 미생물의 증식을 억제·감소

    ㉯ 금속검출기 관리를 통한 금속이물 혼입을 제품에서 배제

(2) HACCP의 특징 및 효과

① 특징

  ㉠ 위생관리 방법 : 공정관리이다.

  ⓛ 위해요소 관리 : 분석에 의한 위해요소 관리이다.

  ⓒ 신속성 : 필요시 즉각적인 조치가 가능하다.

  ⓔ 소요비용 : 시스템 도입 이후에는 운영경비가 저렴하다.

  ⓜ 안전관리자 : 비숙련공도 가능하다.

② 효과

  ㉠ 업체 측면

    ㉮ 정부주도형 위생관리에서 벗어나 자율적으로 위생관리를 수행할 수 있는 체계적인 위생관리시스템의 확립이 가능하다.

    ㉯ 위해요인을 과학적으로 규명하고 이를 효과적으로 제어함으로써 위생적이고 안전성이 확보된 식품의 생산이 가능해진다.

    ㉰ 위해가 발생될 수 있는 단계를 사전에 집중적으로 관리함으로써 위생관리체계의 효율성을 극대화시킨다.

    ㉱ 장기적으로 관리인원의 감축, 관리요소의 감소 등이 기대되며 제품불량률, 소비자불만, 반품·폐기량 등의 감소로 경제적인 이익의 도모가 가능하다.

  ⓛ 소비자 측면

    ㉮ 안전성과 위생성이 보장된 식품을 제공받을 수 있다.

    ㉯ 제품에 표시된 HACCP 마크를 통하여 소비자 스스로 판단하여 안전한 식품을 선택할 수 있다.

HACCP 마크

기출예상문제

CHECK | 기출예상문제에서는 그동안 출제되었던 문제들을 수록하여 자신의 실력을 점검할 수 있도록 하였다. 또한 기출문제뿐만 아니라 예상문제도 함께 수록하여 앞으로의 시험에 철저히 대비할 수 있도록 하였다.

〈농산물품질관리사 제1회〉

1 농식품 위해요소 중점관리제도(HACCP)의 효과와 거리가 먼 것은?

① 미생물 오염 억제에 의한 부패 저하
② 농식품의 안전성 제고
③ 생산량 증대에 의한 가격 안정성 확보
④ 수확 후 신선도 유지 기간 증대

> 🔆 HACCP의 효과
> ㉠ 농식품의 안전성을 확보
> ㉡ 수확 후 신선도 유지 기간의 증대
> ㉢ 미생물 및 병원균의 혼입 차단

〈농산물품질관리사 제2회〉

2 다음 중 농산물 관리상 위해요소가 아닌 것은?

① 비소(As)
② 대장균 0157 : H7
③ 아스코르빈산(ascorbic acid)
④ 파라쿼트(paraquat)

> 🔆 ③ 아스코르빈산은 토마토, 딸기, 감귤류 등 많은 과실과 채소가 존재하는 수용성 비타민으로서 항산화효과와 피부노화방지 효과가 있다.

〈농산물품질관리사 제7회〉

3 원예작물의 안전성에 있어 생물학적 위해요소로 옳은 것은?

① 메틸브로마이드
② 살모넬라
③ 염소산나트륨
④ 다이옥신

💡 살모넬라는 식중독을 일으키는 원인균으로 생물학적 위해요소가 된다.

4 소비자에게 안전한 농산물을 공급하기 위하여 농산물의 생산 및 단순가공 과정에서 오염된 물 또는 토양, 농약, 중금속, 유해생물 등 식품안전성에 문제를 발생시킬 수 있는 요인을 종합적으로 관리하는 제도는?

① HACCP
② GMO
③ GAP
④ ISO 9001

💡 우수농산물관리제도(GAP;Good Agricultural Practices) … 토양, 수질 등 농업환경보호 및 농산물 안전성 확보를 위하여 농산물 생산에서 포장단계까지의 농약, 중금속, 유해생물 등 위해요소를 허용 기준 이하로 관리하는 것을 말한다.

농산물유통론

농산물 유통구조, 농산물 시장구조, 유통기능, 농산물 마
케팅 등에 대한 내용을 이해하고 각 특징을 익혀두어야
한다.

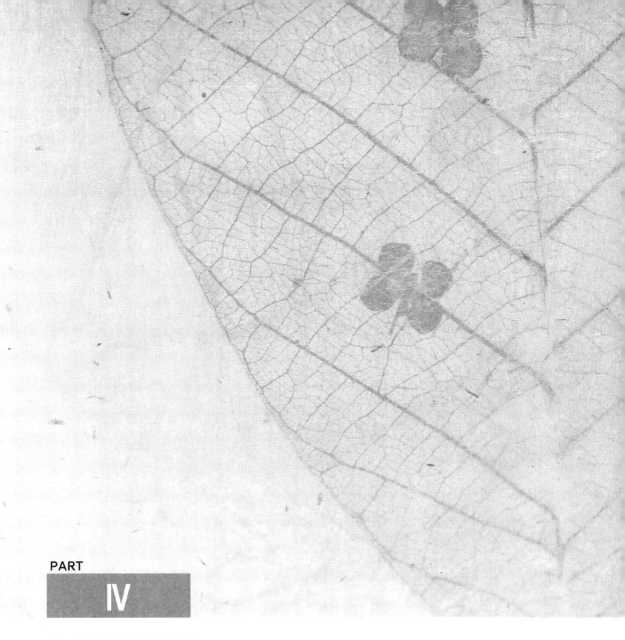

PART

IV

농산물유통론

CHAPTER
01

농산물유통의 이해

농산물의 유통에 관한 전반적인 내용을 이해하여야 한다. 또한 시장 내에서 생산, 소비, 정보환경을 파악하는 것이 중요하다.

1 농산물유통론의 개요

(1) 농산물유통의 개념

① 유통

　㉠ 정의 : 최초의 생산단계에서 이루어진 생산물이 최후의 소비자에 이르기까지 연결하는 영역을 유통이라 한다. 즉 생산자에 의해 생산된 재화가 판매되어 소비자(수요자)에 의하여 구매되기까지의 계속적인 여러 단계에서 수행되는 활동을 총칭한다.

　㉡ 분류

　　㉮ 상적 유통(상류) : 상품의 소유권이 생산자로부터 소비자로 이동하는 것을 뜻한다.

　　㉯ 물적 유통(물류) : 상품의 수송, 보관, 하역, 포장, 유통, 가공 등 물리적 이동에 관련된 것으로 물류 역시 생산자로부터 소비자에게로 소유권이 이동한다.

　　㉰ 정보 유통(정보류) : 소비자 정보는 소비자로부터 생산자에게로, 상품정보는 생산자로부터 소비자에게로 양방향으로 이동한다.

② 농산물유통

　㉠ 정의

　　㉮ 농산물이 생산자로부터 소비자에게 이르기까지의 모든 경제활동을 말한다.

　　㉯ 농업인이 소비자 또는 사용자가 원하는 농산물을 생산하기 위한 생산계획을 수립하여 생산을 하고, 그 농산물이 잘 팔릴 수 있도록 조직적인 경제활동을 수행하며, 판매 후에도 신용을 인정받기 위해 수행하는 모든 활동을 뜻한다.

○ 기능
        ㉮ 관측 관리기능 : 수요·공급의 예측
        ㉯ 교환기능 : 구매와 판매
        ㉰ 물리적 기능 : 수송, 저장, 보관, 가공
        ㉱ 거래촉진기능 : 광고, 브랜드, 등급화 등
        ㉲ 판매 후 관리기능 : A/S
    © 목적 : 생산자는 적정가격으로 생산비를 보상받고, 상인은 적정 이윤을 보장받으며, 소비자는 적정가격으로 상품을 구매할 수 있도록 하는 것이 목적이다.
    ② 역할
        ㉮ 생산과 소비의 시간적·장소적·품질면에서 불균형을 조정한다.
        ㉯ 생산과 소비를 연결시켜 줌으로써 농산물의 사회적 순환을 통해 농업발전에 기여한다.
    ⑩ 일반 유통과의 차이 : 농업은 토지가 질적·양적으로 제한되어 있고, 자연적 조건의 영향을 많이 받으며 타 산업에 비해 자본의 회전이 느리므로 일반 유통과는 차이가 있다.
    ⑪ 농산물유통 현황 : 농업기술의 발전과 함께 생산량이 증대됨에 따라 대량생산 – 대량소비 – 대량유통의 체계를 구축하고 있다.

(2) 농산물유통의 특수성

① 계절적 편재성
    ⊙ 특징 : 일반적으로 농산물은 수확시기가 일정하게 정해져 있으므로 시장 출하 시 계절성이 발생한다.
    ○ 대안 : 농업생산기술 및 가공·저장기술의 개발로 수확시기를 조절하고 이용가능 기간을 연장하도록 해야 한다.

② 부패성
    ⊙ 특징 : 농산물은 내구성이 약하고 수분을 많이 함유하고 있어서 부패 및 손상될 위험성이 높아 유통 중 손실이 많이 발생한다.
    ○ 대안 : 상품가치 및 신선도의 유지를 위해 수송·저장·보관·가공 기능의 개선이 필요하다.

 POINT

저온유통체계(cold chain system) … 농산물의 품질을 최대로 유지하기 위하여 작물에 알맞은 저온으로 냉각시킨 후 저장·수송·판매에 걸쳐 일관성 있게 적정온도로 관리하는 것을 말한다.

③ 부피와 중량성
    ⊙ 특징 : 농산물은 가치에 비해 부피가 크고 무거워 상품화에 어려움이 있다.
    ○ 대안 : 산지유통의 개선으로 수송의 어려움을 최소화하거나 규격제품으로 거래하도록 한다.

④ 양과 질의 불균일

　　㉠ 특징 : 품종과 품질이 다양하여 표준화·등급화에 어려움이 있다.

　　㉡ 대안 : 생산기술의 개발로 동질의 농산물을 생산하도록 노력하며 등급체계가 잘 정비되어야
　　　　한다.

⑤ 용도의 다양성

　　㉠ 특징 : 농산물은 주로 식품으로 이용되지만 그 대체이용 가능성이 높아 수요량과 거래량 및
　　　　시장가격을 예측하기 어렵다.

　　㉡ 대안 : 시기·장소·사용목적에 따라 대체용품의 개발을 활발히 해야 한다.

⑥ 비탄력성

　　㉠ 특징 : 농산물은 수요, 공급이 비탄력적이어서 가격 변동이 크다.

　　㉡ 대안 : 농산물의 수요 및 공급 시기를 적절히 예측하여 과잉공급 또는 공급부족이 되지 않
　　　　도록 조절해야 한다.

⑦ 영세성(국내 농업)

　　㉠ 특징 : 국내 농업은 국토 면적의 3/4이 산지인 척박한 자연 환경과 과밀한 인구에 따라 영
　　　　농규모가 영세하다.

　　㉡ 대안 : 고부가가치 신품종의 개발 및 농업과정의 기계화 시설화를 통해서 영세성을 극복해
　　　　나가야 한다.

 **2 농산물유통환경**

(1) 생산환경

① 생산구조(국내)

　　㉠ 쌀농사 중심의 경종농업의 비중이 높다.

　　㉡ 가족노동 중심의 소농경영이다.

　　㉢ 규모가 영세하며, 소규모 생산 위주이다.

　　㉣ 다른 산업에 비해 수확체감(한계생산물 체감)의 현상이 심하게 나타난다.

POINT

수확체감의 법칙(law of diminishing returns) … 생산량을 점점 늘려가는 과정에서 기술 수준이 일정할 때, 두 가지 대표적인 투입요소인 자본과 노동 중에 한 요소는 일정하게 두고 다른 요소의 투입을 증가시킨다면 그 요소의 투입을 한 단위 늘림으로써 증가되는 생산물의 양은 점점 감소한다는 법칙이다.

② 영향요인

　㉠ 생산수단인 토지가 질적·양적으로 제한되어 있다.

　㉡ 자연적인 조건에 지배적인 영향을 받는다.

　㉢ 일반 제조업에 비해 기계화·분업화가 어렵다.

　㉣ 노동생산성이 낮다.

　㉤ 자본회전이 느리다.

　　　🌲 최근 농산물의 소비 트렌드
　　　　• 소포장 농산물에 대한 소비가 늘어나고 있다.
　　　　• 신선편이농산물에 대한 소비가 늘어나고 있다.
　　　　• 식료품에 지출되어지는 소득의 비중(엥겔지수)이 줄어들고 있다.

(2) 소비환경

① 소비구조

　㉠ 생활수준의 향상으로 식품소비구조가 고급화·다양화되고 있다.

　　　　　 POINT

　　　소비구조의 고급화·다양화에 따른 농산물유통의 변화
　　　㉠ 고품질 농산물의 소포장화
　　　㉡ 친환경 농산물, 채소, 과일 등의 신선식품 소비 증가
　　　㉢ 가공식품·편의식품의 소비 증가

　㉡ 특정 품목의 가격 및 수요량이 대체 품목의 가격 및 수요량에 영향을 미친다.

　㉢ 가공식품과 외식의 수요 증대로 인해 소비구조가 변화하고 있다.

② 영향요인

　㉠ **자연적 요인** : 지리·풍토적·생물학적 요인

　㉡ **사회적 요인** : 인구구성 및 분포, 소비자의 관습과 습성 등

　㉢ **경제적 요인** : 소득과 분배, 경기변동, 시장구조 등

🍃 **농산물의 수요증가율(경제적 요인만 고려)** 🍃

$$D = p + e^I \cdot I$$
$$D : \text{농산물의 수요증가율} \quad e^I : \text{수요의 소득탄력성}$$
$$I : \text{1인당 소득증가율} \quad p : \text{인구증가율}$$

(3) 시장환경

① 시장의 개념

　㉠ 구매자와 판매자가 재화를 교환하기 위하여 서로 정보를 교환하고 협상하도록 하는 매개체이다.

　㉡ 제품이나 서비스의 실제 또는 잠재적 구매자들의 집합을 의미한다.

② 시장의 구조 … 시장의 구조 형태는 완전경쟁시장과 불완전경쟁시장으로 나뉘며, 불완전경쟁시장은 독점시장, 과점시장, 독점적경쟁시장으로 나누어진다.

시장형태	완전경쟁	불완전경쟁		
		독점	독점적경쟁	과점
시장 내 기업수	다수	하나	제한적 다수	소수
상품 동일성	동질적	단일제품	차별적	동질적 or 차별적
가격 통제력	가격순응	가격결정	타 기업 의존적 가격설정	임의의 가격설정
진입여건	진입자유	진입장벽 존재	완전경쟁시장보다 약함	독점시장보다 약함
비가격 경쟁	없음	PR광고에 한정	중요	중요
상호 의존성	없음	없음	약간	극대
예	농수산물, 주식, 선물시장	전력, 철도	의료, 의류소매업	철강, 자동차, 가전

③ 농산물시장의 특징

　㉠ 이중과정(물적유통과정, 매매과정)의 특징이 있다.

　㉡ 개개에 농산물에 따라 다양한 형태의 농산물 시장이 존재한다.

　㉢ 생산자 단체의 집하·가공 등으로의 진출이 빈번하다.

　㉣ 원료농산물이 가공되는 경우 가공단계까지가 농산물 시장이 된다.

　㉤ 농산물시장은 완전경쟁시장에 가까운 형태이다.

POINT

완전경쟁시장의 성립요건

㉠ 다수의 생산자와 수요자가 존재하고 있다.
㉡ 시장에서 거래되는 상품은 동질적이어서 완전대체가 가능해야 한다.
㉢ 산업에 대한 진입과 이탈의 자유가 보장되어야 한다.
㉣ 모든 생산자원이 제한 없이 자유롭게 이용될 수 있어야 한다.
㉤ 정부는 어떠한 간섭도 하지 말아야 한다.
㉥ 시장에 참여하고 있는 개별공급자·수요자는 시장의 현재조건과 미래조건에 대한 완전한 정보를 가지고 있어야 한다.

④ 영향요인

㉠ 농산물의 계절성·저장성

㉡ 상품의 질적 특성의 차이

㉢ 유통경로의 차이

㉣ 다양한 형태의 정부의 개입

(4) 정보환경

① 농산물유통정보의 개념 … 농산물유통정보란 생산자·유통업자·소비자 등 생산활동의 참가자들이 보다 유리한 거래조건을 확보하기 위해 요구되는 각종 자료와 지식 등을 말한다.

② 농산물유통정보의 종류

㉠ 통계정보 : 특정한 목적을 가지고 수량적 집단 현상을 조사·관찰하여 얻어지는 계량적 자료를 말한다.

㉡ 관측정보 : 과거와 현재의 농업 관계 자료를 수집·정리하여 과학적으로 분석·예측한 정보를 말한다.

㉢ 시장정보 : 일반적인 유통정보를 의미하며 현재의 가격 형성에 영향을 미치는 여러 요인과 관련된 정보를 말한다.

🌲🌲 주체 (생산, 수집, 분산 등)에 따른 유통정보의 분류

• 공식적인 유통정보 : 이는 공공 기관 등에 의해서 수집 및 분석, 전파되어지는 유통정보로 객관성, 정확성 및 공정성 등이 확보된 정보라 할 수 있다.

• 비공식적인 유통정보 : 이는 주로 시장의 상인들이 자신의 시장 활동을 위해서 여러 가지의 자료를 수집해 사용하는 것으로서 공정성 및 객관성이 낮다고 할 수 있다.

🌲🌲 시장정보 (유통정보)의 평가기준

• 신속성

• 형평성

• 활용상의 용이성

③ 농산물유통정보의 요건

　　㉠ **정확성** : 사실은 변경 없이 그대로 반영해야 한다.

　　㉡ **신속성 · 적시성** : 최근의 가장 빠른 정보를 적절한 시기에 이용해야 이용가치가 높다.

　　㉢ **유용성 · 간편성** : 정보는 이용자가 손쉽게 이용할 수 있어야 한다.

　　㉣ **계속성** : 정보의 조사는 일관성을 가지고 지속적으로 해야 한다.

　　㉤ **비교가능성** : 정보는 다른 시기와 장소의 상호 비교가 가능해야 한다.

　　㉥ **객관성** : 조사 · 분석 시 주관이 개입되지 않은 객관적인 정보여야 한다.

CHECK | 기출예상문제에서는 그동안 출제되었던 문제들을 수록하여 자신의 실력을 점검할 수 있도록 하였다. 또한 기출문제뿐만 아니라 예상문제도 함께 수록하여 앞으로의 시험에 철저히 대비할 수 있도록 하였다.

〈농산물품질관리사 제13회〉

1 농산물의 일반적인 특성으로 옳지 않은 것은?

① 단위가치에 비해 부피가 크고 무겁다.
② 가격 변동에 대한 공급 반응에 물리적 시차가 존재한다.
③ 가격은 계절적 특성을 지닌다.
④ 다품목 소량 생산으로 상품화가 유리하다.

💡 ④ 농산물은 단일품목 대량 생산의 특징이 있다.

〈농산물품질관리사 제13회〉

2 완전경쟁시장에 관한 설명으로 옳은 것은?

① 다수의 생산자와 소비자가 존재하며 가격 결정은 생산자가 한다.
② 다양한 품질의 상품이 서로 경쟁한다.
③ 시장에 대한 진입은 자유롭지만 탈퇴는 어렵다.
④ 시장참여자들이 완전한 정보를 획득할 수 있어야 한다.

💡 완전경쟁시장 … 가격이 완전경쟁에 의해 형성되는 시장이다. 시장참가자의 수가 많고 시장참여가 자유로우며, 각자가 완전한 시장정보와 상품지식을 가진다. 개개의 시장참가자가 시장 전체에 미치는 영향력이 미미한 상태에서 매매되는 재화가 동질일 경우 완전한 경쟁에 의해 가격이 형성되는 완전경쟁시장이 된다.

≫ ANSWER
1.④ 2.④

3 다음 농산물 유통환경 중 국내 생산구조의 영향요인에 관한 내용으로 가장 거리가 먼 것은?

① 자연적 조건 등에 지배적인 영향을 받는다.
② 일반 제조업에 비해서 기계화 및 분업화 등이 용이하다.
③ 자본의 회전이 느리다.
④ 노동생산성이 낮다.

💡 ② 일반 제조업에 비해서 기계화 및 분업화 등이 어렵다.

4 다음 농산물 유통에 대한 기능 중 관측 관리기능에 해당하는 것은?

① 수요 및 공급의 예측　　　　　② 수송 및 저장
③ 보관 및 가공　　　　　　　　④ 구매 및 판매

💡 ②③ 물리적 기능에 해당하며, ④ 교환기능에 해당한다.

5 다음 농산물 유통환경 중 국내 생산구조에 관한 설명으로 바르지 않은 것은?

① 규모가 영세하면서도 소규모 생산 위주이다.
② 쌀농사 중심의 경종농업의 비중이 높다.
③ 가족노동 중심의 소농경영이다.
④ 타 산업들에 비해 수확체감의 현상이 거의 나타나지 않는다.

💡 농산물 유통환경에서 국내 생산구조는 타 산업에 비해 수확체감의 현상이 심하게 나타난다.

6 다음 중 완전경쟁시장의 성립요건에 대한 내용으로 잘못 서술된 것은?

① 다수의 생산자 및 수요자가 존재하고 있다.
② 정부는 그 어떤 간섭도 하지 말아야 한다.
③ 시장에서 거래되어지는 상품은 이질적이어서 완전대체가 가능해야 한다.
④ 산업에 대한 진입 및 탈퇴의 자유가 보장되어야 한다.

💡 ③ 시장에서 거래되어지는 상품은 동질적이어서 완전대체가 가능해야 한다.

7 다음 중 농산물 유통에 있어서의 특성으로 가장 거리가 먼 것은?

① 영세성   ② 비탄력성

③ 비부패성   ④ 계절적인 편재성

    💡 농산물 유통의 특성
        ㉠ 부패성
        ㉡ 계절적인 편재성
        ㉢ 용도의 다양성
        ㉣ 부피 및 중량성
        ㉤ 질과 양의 불균일
        ㉥ 영세성
        ㉦ 비탄력성

〈농산물품질관리사 제1회〉

8 농산물물류에 콜드체인시스템이 필요하다는 것은 다음 중 농산물의 어떠한 특성과 관계가 깊은가?

① 지역적 특화·산지 분산

② 최종 소비단위가 개별적이고 규모가 적다.

③ 부패 손상하기 쉽다.

④ 품질차이에 의한 가격차가 크다.

    💡 ③ 농산물의 경우 부패나 손상이 쉬운 특성으로 농산물을 신선한 상태로 소비자에게 공급하기 위한
        시스템이 필요하다.
       ※ **콜드체인시스템**(cold chain system) … 냉동품을 저장, 수송하는 저온유통체계를 말한다. 유통의
         전 과정을 적합한 온도로 관리하고 농산물의 신선도를 유지하여 소비자에게 공급하는 유통체계로
         서 신선도유지, 출하조절, 안전성확보 등을 위한 시스템이다.

〈농산물품질관리사 제1회〉

9 농산물유통의 개념으로 가장 적절한 것은?

① 다양한 유통참여자들의 각종 사회, 문화 활동의 종합적인 개념

② 산지에서 도매시장까지의 실물흐름에 대한 개념

③ 생산자재의 조달물류와 농산물의 반품물류가 핵심개념

④ 생산자에서 소비자까지의 모든 경제활동의 종합적 개념

    💡 ① 유통참여자들의 사회, 문화적 활동은 유통의 개념에 포함되지 않는다.
       ② 실물흐름 뿐만이 아닌 농산물이 소비나 사용자에게 이르기까지의 모든 제반경제활동을 의미한다.
       ③ 농산물유통의 핵심개념은 농산물이 소비자에게 이르기까지의 모든 경제활동이라 할 수 있다.

>> ANSWER

3.② 4.① 5.④ 6.③ 7.③ 8.③ 9.④

10 소비자의 생활수준이 향상되고 식품소비 구조가 고급화·다양화되고 있는 추세이다. 이것이 농산물유통에 주는 의미 중 가장 알맞은 것은?

① 친환경 유기농산물의 수요가 증가함에 따라 새로운 유통문제가 발생할 수 있다.

② 대형소매업체는 고품질 농산물을 대포장으로 판매하는 경향이 커진다.

③ 농산물 소비패턴의 고급화·다양화는 농산물유통 대상품목을 곡류 중심으로 집중시킨다.

④ 수요 및 공급의 가격탄력성이 낮은 품목은 시장가격의 변동이 상대적으로 작다.

> ② 소비자의 식품소비 구조가 다양화되고 있는 추세이므로 대형소매업체는 농산물을 소포장하는 경향이 커진다.
> ③ 다양화와 고급화된 소비구조로 인해 유통의 대상품목도 분산되고 있다.
> ④ 수요 및 공급의 가격탄력성이 낮은 품목은 시장가격의 변동이 상대적으로 크다.

11 농산물유통의 사회적 역할을 가장 적절히 설명한 것은?

① 농산물유통은 생산기반을 구축하여 지역 내 자급자족을 가능하도록 한다.

② 농산물유통이 생산과 소비를 연결시켜 줌으로써 농산물의 사회적 순환을 통해 농업발전에 기여한다.

③ 농산물유통은 유통마진을 축소하고 생산자와 소비자 간의 직거래를 확대한다.

④ 농산물유통은 생산자의 역할과 이익을 도모한다.

> ① 농산물유통은 지역 내 자급자족이 아닌 농산물의 사회적 순환을 통해 소비자의 편익을 증진시키는데 그 목적이 있다.
> ③ 농산물유통의 사회적 역할은 생산과 소비를 연결시켜 줌으로써 농업발전에 기여하는 것이지 생산자와 소비자간의 직거래를 활성화하는 것이 아니다.
> ④ 농산물유통은 생산자뿐만 아니라 소비자의 편익도 증가시키는 역할을 한다.

12 유통조성 기능 중 시장정보에 관한 설명으로 틀린 것은?

① 생산자, 소비자, 상인이 모두 접근할 수 있어야 한다.

② 유통활동의 불확실성을 감소시켜 위험부담 비용을 줄인다.

③ 유통주체 간의 경쟁을 증가시켜 자원집중을 심화시킨다.

④ 상품의 등급화나 규격화와 연결지어 유통시간을 감소시킨다.

> ③ 시장정보기능은 소비자와 기업에게 서로에 대한 상품정보를 제공함으로써 유통을 촉진시키는 역할을 한다.
> ※ **시장정보기능** … 기업이 필요로 하는 소비자 정보와 소비자가 필요로 하는 상품정보를 수집·제공하여 양자를 가깝게 하여 거래촉진을 유도하는 기능이다.

〈농산물품질관리사 제6회〉

13 농산물유통과 관련된 설명으로 옳지 않은 것은?

① 농산물은 공산품에 비해 유통경로가 복잡하다.
② 농산물의 생산은 계절적 편재성이 있어 보관 및 저장의 중요성이 크다.
③ 농산물의 수요는 비탄력적이므로 가격변화에 따른 수요의 변화가 크다.
④ 농산물은 품질이나 크기가 균일하지 않아 표준화 및 등급화가 어려운 편이다.

💡 대부분의 농산물은 필수재에 속하므로 농산물에 대한 수요의 가격탄력성은 대체로 비탄력적이다. 농산물의 수요는 품목간 탄력성의 차이가 크기 때문에 가격 및 소득탄력성이 대단히 높은 품목과 낮은 품목이 공존한다.

〈농산물품질관리사 제7회〉

14 농산물의 일반적인 특성에 관한 설명으로 옳지 않은 것은?

① 단위가격에 비해 부피가 크고 무거워 운반과 보관에 비용이 많이 발생한다.
② 생산은 계절적이지만 소비는 연중 발생하여 보관의 중요성이 크다.
③ 품질이나 크기가 균일하지 않기 때문에 표준화 · 등급화가 용이하다.
④ 소득변화에 따른 수요의 변화가 작고, 경지면적의 고정성으로 공급조절이 어렵다.

💡 농산물은 단위가격에 비해서 부피가 크고 품질이나 크기가 균일하지 않기 때문에 표준화 · 등급화가 용이하지 않다.

15 다음 설명 중 농산물의 상품적 특성과 관계가 먼 것은?

① 가격에 비하여 부피가 큰 편이다.
② 부패성이 강하여 유통 중 손실이 많이 발생한다.
③ 품종과 품질이 다양하여 표준규격화가 어렵다.
④ 수요와 공급이 탄력적이다.

💡 ④ 농산물의 경우 가격변동에 따른 수요의 변동이 크지 않아 탄력성이 낮다고 할 수 있다.
※ 농산물의 특성
　　㉠ 부패와 손상이 쉽기 때문에 살균, 예냉 등 관리기술로 인하여 유통비용이 많이 발생한다.
　　㉡ 크기, 모양, 맛 등이 매우 다양하기 때문에 등급화, 표준화가 어렵다.
　　㉢ 동질성이 크고 편의품에 해당하므로 차별화 또는 차별화의 유지가 어렵다.

>> ANSWER

10.① 11.② 12.③ 13.③ 14.③ 15.④

16 과점시장의 특징에 대한 설명으로 옳지 않은 것은?

① 한 시장에 소수의 판매자로 구성되어 있기 때문에 가격정책은 상호 의존성이 없다.
② 한 시장에 소수의 판매자로 존재하는 경우로서 생산물이 동질적인 수도 있고 이질적인 수도 있다.
③ 한 기업은 시장 전체에 비해 상대적으로 그리 크지 않기 때문에 시장 전체의 판매량을 크게 변화시키지 못한다.
④ 과점시장의 수요곡선이 시장전체의 수요곡선이 된다.

💡 **과점시장** … 과점시장은 새로운 기업의 진입이 제한적이기 때문에 기업의 수는 적으며 기업이 생산하는 제품은 동질적이거나 이질적일 수 있으며 기업의 가격지배력은 상당히 큰편이다.

17 다음 중 농산물유통의 기능이 아닌 것은?

① 관측 기능
② 유도 기능
③ 교환 기능
④ 거래촉진 기능

💡 **농산물유통의 기능** … 관측 기능, 교환 기능, 물리적 기능, 거래촉진 기능, 판매 후 서비스 기능 등

18 다음 중 농산물 시장에 대한 설명으로 옳지 않은 것은?

① 농산물이 가격의 형성과 변동을 통하여 생산자에서부터 소비자에게까지 전달되는 과정을 말한다.
② 농산물이 가공될 경우 가공단계는 농산물 시장에 포함되지 않는다.
③ 농산물의 자연적 · 사회적 특수성으로 인하여 일반시장과는 구분된다.
④ 농산물 시장은 물적 유통과정과 매매과정이 혼합되어 이루어진다.

💡 ② 농산물이 가공되는 경우에는 가공단계까지 농산물 시장이 된다.

19 다음 중 농산물유통의 개념에 대한 설명으로 가장 적절한 것은?

① 상품과 용역이 생산자에서 소비자에 이르기까지 거치는 모든 경제활동을 말한다.
② 기업의 경영상 합리화 · 효율화를 추구하는 미시적 · 동태적 판매기법을 총칭하는 개념이다.
③ 상품을 구입하기 위하여 계약체결을 하고 상품을 인도받고 대금을 치루는 활동을 말한다.
④ 생산자에서 소비자까지의 모든 경제활동의 종합적 개념을 말한다

💡 **농산물유통의 개념** … 농산물이 생산자에서부터 소비자에 이르기까지의 모든 경제활동을 말한다.
① 상업 ② 마케팅 ③ 구매

20 유통은 상적 유통과 물적 유통으로 구별되며, 상적 유통은 재화의 이동을 수반하지 않는 형 태이고, 물적 유통은 재화의 이동을 수반하는 것이다. 다음 중 물적 유통끼리 짝지어진 것은?

① 수송기능, 창고기능
② 창고기능, 금융기능
③ 금융기능, 가공기능
④ 가공기능, 수송기능

💡 수송기능과 창고기능, 가공기능은 물적 유통에 해당하며, 금융기능은 상적 유통에 해당된다.

21 농산물유통에 대한 설명으로 옳지 않은 것은?

① 농산물이 생산자로부터 최종 소비자의 손에 이르기까지의 모든 경제활동을 의미한다.
② 소비자가 원하는 품종을 육종하는 과정에서부터 농산물유통은 시작된다고 볼 수 있다.
③ 농산물유통에서 상인과 농민은 서로 상호의존관계에 있으며 상인들은 농민의 생산활동을 보완하는 역할을 한다.
④ 농산물유통은 생산자, 소비자, 상인 모두의 이해가 동일하다.

💡 농산물유통에서 생산자인 농민은 보다 높은 가격을 받으려 하고 소비자는 보다 낮은 가격으로 구매 하길 원하며 상인들은 보다 높은 이윤을 얻으려고 하기 때문에 서로 다른 이해를 조정하여 적정 수 준을 유지하여야 한다.

22 다음 중 농산물유통의 특성으로 보기 어려운 것은?

① 수요와 공급의 탄력성
② 부패성
③ 양과 질의 불균일성
④ 영농규모의 영세성

💡 농산물유통의 특성
ㄱ 계절적 편재성
ㄴ 부패성
ㄷ 부피와 중량성
ㄹ 양과 질의 불균일성
ㅁ 용도의 다양성
ㅂ 수요와 공급의 비탄력성
ㅅ 영농규모의 영세성

23 농산물유통의 기능 중 물적 유통에 해당되는 것은?

① 구매
② 판매
③ 가공
④ 수집

💡 물적 유통기능 … 수송, 저장, 가공, 유통조성, 판매후 서비스

》 ANSWER

16.② 17.② 18.② 19.④ 20.① 21.④ 22.① 23.③

CHAPTER

02

농산물유통구조

농산물유통구조는 크게 수집기구, 중계기구, 분산기구로 나뉜다. 각각의 기구에서 더욱 세분화하여 특징적인 면을 파악해야 한다.

1 농산물유통기구

(1) 농산물유통기구의 이해

① 개념
  ㉠ 농산물유통기구란 실질적으로 유통기능을 담당하고 있는 여러 유통기관들이 상호 관련하여 활동하는 전체조직을 말한다.
  ㉡ 농산물유통기구는 유통기관과 유통경로로 구성된다.

② 특징
  ㉠ 농산물의 유통기구는 상품의 종류와 성격·생산방식 등에 따라 다양하며, 사회경제의 발달에 따라 변화하게 된다.
  ㉡ 농산물유통기구는 유통단계에 따라 수집단계, 중계단계, 분산단계로 나누어진다.

 POINT

직접 유통과 간접 유통
㉠ 직접 유통 : 생산자와 소비자 사이에 유통기관이 전혀 개입하지 않는 유통으로 농산물의 직거래가 그 예이다.
㉡ 간접 유통 : 생산자와 소비자 사이에 유통기관이 개입하는 유통이다.

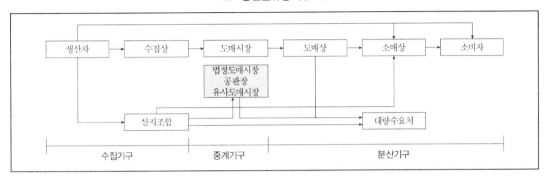

◈ 농산물유통기구 ◈

(2) 농산물유통기구의 분류

① 수집기구

    ㉠ 기능 : 소규모의 분산적인 농산물을 수집하여 대량화하는 기능을 수행한다.

    ㉡ 특징

        ㉮ 분산적인 소규모 생산이 이루어지는 경우에 발달하는 조직이다.

        ㉯ 농산물의 생산규모 및 출하규모가 커지고 집단화됨에 따라 산지 농업협동조합 또는 작
목반에 의해 계획적으로 수집되어 도매시장으로 수송되기도 한다.

    ㉢ 수집기구 : 지역농협, 산지수집상, 5일장

    ㉣ 수집시장 : 산지수집시장, 집산지 시장

② 중계기구

    ㉠ 기능

        ㉮ 농산물의 수집과 분산을 연결하는 중계기능을 하며 주로 도매단계에서 이루어진다.

        ㉯ 가격형성과 수급조절의 기능을 담당한다.

        ㉰ 분배 및 위험전가의 기능을 한다.

    ㉡ 특징

        ㉮ 도매시장, 중앙시장, 중앙도매시장, 종점시장이라고도 한다.

        ㉯ 현재 도매시장의 판매방식은 경매방법을 사용하며, 경매사가 이를 대행하고 있다.

    ㉢ 중계시장 : 법정도매시장, 농·수·축협의 소비지 공판장, 유사 도매시장

③ 분산기구

　㉠ 기능

　　㉮ 농산물을 최종 소비자에 전달해 주는 기능을 한다.

　　㉯ 주로 소매단계에서 이루어진다.

　㉡ 특징 : 소매기관의 대형화 · 체인화에 따라 농산물도 대형 소매기관과 직거래 또는 계약재배 방식 등을 이용하여 유통단계를 줄이는 방법이 확대되고 있다.

　㉢ 소매기관 : 일반 식품점, 슈퍼마켓, 백화점, 하이퍼마켓 등

　　🌲🌲 거점 농산물산지유통센터 (APC)
　　　• 이는 대형유통업체를 주요 출하처로 한다.
　　　• 이는 일반 APC와 비교해서 규모화된 센터이다.
　　　• 공동계산제를 통해서 농가의 조직화를 유도한다.

(3) 유통기관의 변화

① 전문화(specialization)

　㉠ 단일한 유통기관이 수행하던 여러 기능을 하나 또는 약간의 기능만을 한정하여 담당하는 것을 말한다.

　㉡ 상품특화, 기능특화, 기관특화 등이 해당한다.

　㉢ 효율성은 높아지지만 위험도는 높아진다.

② 다양화(diversification)

　㉠ 단일유통기관이 여러 종류의 유통기능을 담당하며 직접적으로 관련이 없는 분야까지 사업을 확장하는 것을 말한다.

　㉡ 기능다변화와 기관다변화가 있다.

　㉢ 전문품목의 취급에서 발생할 수 있는 위험을 분산시킨다.

③ 분산화(decentralization)

　㉠ 농산물이 생산자로부터 출발하여 중앙도매시장을 경유하지 않고 실수요자의 수중에 직접 들어가는 유통현상이다.

　㉡ 구매자와 판매자가 비교적 규모화 되므로 직접거래가 가능해진다.

④ 통합화(integration)

　㉠ 유사하거나 관련이 있는 유통활동을 단일 경영체 내로 결합하여 확장해 나가는 것을 말한다.

　㉡ 이윤의 증대와 운영의 효율성 제고, 재화 또는 원료의 안정적 조달을 목표로 한다.

 2 **농산물유통경로**

(1) 유통경로 및 최근 동향

① 유통경로 이해

　　㉠ 유통경로(distribution) : 생산자로부터 소비자에게로 농산물이 유통되는 흐름을 말한다.

　　㉡ 유통단계(channel level) : 제품 또는 그 소유권이 이전되는 것과 관련된 중간업자의 수를 말한다.

② 농산물유통의 최근 동향

　　㉠ 농산물 소비패턴이 고급화 및 다양화되고 있다.

　　㉡ 친환경농산물의 생산과 소비가 증가하고 있다.

　　㉢ 표준규격화와 브랜드의 중요성이 증가하고 있다.

(2) 농산물의 유통경로

① 품목에 따라 다르나 일반적으로 생산자 – 산지유통인 – 도매시장 – 중간도매상 – 소매상 – 소비자에 이르는 과정을 가진다.

② 농산물은 부패가 쉽고 저장과 표준화가 어렵기 때문에 공산품에 비해 유통경로가 길고 복잡하다.

③ 농산물의 유통은 상대적으로 비효율적이며 유통마진이 높은 편이다.

④ 유통경로 상 수직적 통합과 관련한 활동

　　㉠ 농협 및 조합원 간의 계약재배 실시

　　㉡ 과일 재배농가 및 과일 가공업체 간의 계열화

　　㉢ 대형 유통업체 및 생산자 조직과의 계속적인 납품관계의 형성

농산물유통경로	
구분	내용
상인 조직을 통한 경우	• 생산자→수집상→반출상→위탁상→도매상→소매상→소비자 • 생산자→도매시장→중도매상→소매상→소비자 • 생산자→수집상→가공업체
농업인 조직을 통한 경우	• 생산농가→산지조합→공판장→지정거래인→소매상→소비자 • 생산농가→산지조합→가공업자

기출예상문제

CHECK | 기출예상문제에서는 그동안 출제되었던 문제들을 수록하여 자신의 실력을 점검할 수 있도록 하였다. 또한 기출문제뿐만 아니라 예상문제도 함께 수록하여 앞으로의 시험에 철저히 대비할 수 있도록 하였다.

〈농산물품질관리사 제1회〉

1 도매시장의 필요성에 해당되지 않는 것은?

① 도매시장은 소규모 분산적인 생산과 소비 간 농산물의 질적·양적 모순을 조절한다.

② 대량거래에 의해 유통비용을 절감할 수 있다.

③ 도매시장 조직에 의해 사회적 유통비용이 절감될 수 있는 근거 중 하나는 거래총수 최대화의 원리이다.

④ 매매당사자가 받아들일 수 있는 적정가격을 형성하고 신속한 대금결제가 이루어질 수 있다.

🔦 ③ 도매시장의 사회적 유통비용 절감 근거는 거래총수 최소화의 원리와 대량준비의 원리에 있다.

〈농산물품질관리사 제1회〉

2 농산물 산지유통 기능을 설명한 것 중 적절한 것은?

① 산지에서 1차적 거래기능이 이루어지고 있으며, 거래방법은 획일화되고 있다.

② 생산된 물량은 즉시 출하되기 때문에 수급조절 기능이 없다.

③ 산지에서 다양한 물류기능으로 시간적·장소적·형태적 효용이 창출된다.

④ 산지유통 기능은 점차 위축되고 있으며, 특히 상품화 기능이 급격히 축소되고 있다.

🔦 ① 산지유통의 거래방법은 포전거래, 계약거래, 정전거래 등이 있다.
　 ② 판매시기, 판매지역 등 수급조절의 기능이 있다.
　 ④ 산지유통센터의 운영으로 농산물의 체계적인 관리를 통해 상품화 기능을 높이고 있다.

〈농산물품질관리사 제1회〉

3 농산물 산지유통의 생산측면 환경변화와 가장 관계가 깊은 것은?

① 산지유통시설은 표준규격화와 브랜드화를 촉진시키는 역할을 하고 있다.

② 생산의 전문화와 규모화는 생산성을 저하시켜 출하물량을 감소시키고 품질의 상대적 다양성을 촉진시킨다.

③ 친환경농산물의 수요는 증가하고 있으나, 생산량은 감소하고 있다.

④ WTO 규정 때문에 친환경농업에 대한 정부의 지원이 점차 감소되고 있다.

🔆 농산물 산지유통시설은 농산물의 체계적인 생산과 수집, 선별 등 철저한 품질관리를 통해 표준화, 규격화된 상품을 유통시킴으로 농산물의 가치를 높이고 유통의 효율성을 높이는 역할을 하고 있다.

〈농산물품질관리사 제1회〉

4 농산물 도매시장의 중요성에 대한 설명 중 가장 적절한 것은?

① 소량·분산적인 물량을 대량화하여 신속하게 분산시킨다.

② 대규모 물량과 특정품목 위주의 전문화로 언제든지 거래가 가능하다.

③ 다양한 소매상의 존재로 유통효율성을 제고시킨다.

④ 수급을 반영한 적정가격이 형성되나, 공정가격이 아니기 때문에 중심가격이 되지 못한다.

🔆 농산물 도매시장은 도매시장에 집하된 대량화된 농산물을 소비시장에 분산되도록 한다.

※ 도매시장의 기능

　㉠ 가격의 형성 : 공개경매제도에 의해 균형가격을 형성한다.

　㉡ 수급조절 : 대량집하·대량분산을 통해 원활한 수급조절을 할 수 있다.

　㉢ 분산기능 : 물량이 소비시장에 적절하게 분산되도록 한다.

　㉣ 유통경비의 감소 : 일괄대량출하로 운임 비용과 기타 경비를 절감할 수 있다.

>> ANSWER

1.③ 2.③ 3.① 4.①

5 농산물유통은 유통경로에 따라 시장유통과 시장 외 유통으로 구분될 수 있다. 적절하게 설명한 것은?

① 시장 외 유통이란 도매시장 밖에서 불법적으로 거래되는 것을 말한다.
② 시장유통이란 이윤을 목적으로 거래되는 것을 총칭하는 표현이다.
③ 시장유통이란 농협 하나로 클럽이나 대형유통업체 등과 직접 거래하는 것을 말한다.
④ 시장 외 유통이란 도매기구를 거치지 않고 산지에서 소비지로 직접 유통되는 것을 말한다.

💡 **농산물의 시장 외 유통** … 산지직거래 또는 계약생산거래 두 가지의 형태로 구분할 수 있으며 농산물이 도매시장 등의 시장을 거치지 않고 생산자와 소비자 또는 생산자단체와 소비자단체로 직접 유통되는 것을 말한다.

6 농산물유통경로의 길이를 결정하는 요인이 아닌 것은?

① 부패성
② 동질성
③ 무게와 크기
④ 수송거리

💡 ①②③ 모두 제품의 특성과 관계된 요인이다.
④ 수송거리는 물류비용과 관계된다.
※ **유통경로의 길이 결정요인** … 제품특성, 수요특성, 공급특성, 유통비용구조

7 농산물유통기구의 변화에 대한 설명으로 옳지 않은 것은?

① 전문화는 유통효율의 증진을 목적으로 하는 경제활동으로 하나의 기능만을 특화한 것이다.
② 다양화는 여러 가지 종류의 물품을 취급하는 것으로 전문품목의 취급에서 발생될 수 있는 위험을 분산시킬 수 있다.
③ 분산화는 생산자와 소비자가 직접 거래를 할 수 있어 투명한 거래의 가능성이 높아진다.
④ 통합화는 생산된 농산물이 먼저 넓은 시장에 집중된 후 도매상, 소매상이 구입하게 되는 것으로 시장에 형성된 경로를 통하는 유통현상을 말한다.

💡 **통합화** … 서로 연관되어 있는 유통기구들이 결합하는 형태를 말하며 유통경로의 단축, 원료의 안정적인 조달 및 이윤의 증대와 운영의 효율성을 재고할 수 있다.

8 수집시장에서 수집한 농산물을 대량으로 저장하고 가격안정을 도모하며, 수급불균형을 조절하는 시장을 의미하는 것은?

① 농산물산지유통센터
② 농수산물도매시장
③ 영농조합법인
④ 전국농어민후계자협의회

> 🔆 농수산물도매시장 … 농수산물의 거래를 생산자와 소비자가 직접 거래할 때의 거래 총수보다 생산자
> 와 소비자 사이에 도매시장이 개입하여 거래할 경우 거래하는 총수가 줄어드는 원리로 거래비용 절
> 감과 생산자는 생산에만, 상인은 유통에만 전념함으로써 분업을 위한 운영 효율성을 제고하는 기능
> 을 하는 시장으로 거래총수의 최소화 원리 및 대량준비의 원리에 근거하고 있다.

9 시장의 유통과정 중 농산물은 물적 위험과 시장 위험에 처하게 될 수 있다. 다음 중 물적 위험에 해당하는 것은?

① 소비자의 기호 변화
② 농산물의 가치 하락
③ 이동 중 파손
④ 시장 축소

> 🔆 ①②④ 시장 위험에 해당한다.

10 농산물유통기구 통합의 형태 중 수직적 통합에 대한 설명으로 옳은 것은?

① 동일한 유통활동을 수행하는 유통기관간의 결합을 의미한다.
② 상품 및 원료의 흐름선상 동일한 유통기관을 흡수 · 합병하는 형태로 이루어진다.
③ 원료를 공급하는 단체와 이를 이용하여 생산 · 판매하는 단체가 제휴 · 합병하는 것을 말한다.
④ 생산단체로부터의 판매위탁과 위탁업체로부터의 수집위탁을 함께 하는 것을 말한다.

> 🔆 수직적 통합 … 원료생산단체와 이를 이용하여 생산 또는 판매하는 단체가 제휴 또는 합병하는 것으
> 로 전방통합과 후방통합의 형태로 이루어진다.

≫ ANSWER

5.④ 6.④ 7.④ 8.② 9.③ 10.③

CHAPTER

03

농산물유통과정

유통과정은 크게 산지유통, 도매유통, 소매유통으로 나뉜다. 각 유통과정별 특성과 종류, 차이점을 알아 두어야 한다.

1 산지유통

(1) 산지유통의 이해

① 개념
　㉠ 농산물유통과정의 첫 시작점이다.
　㉡ 유통경로 상 생산자가 판매한 농산물이 도·소매단계로 이동되기 전 수집단계에서 수행되는 각종 유통기능을 포괄한다.

② 산지유통의 종류
　㉠ 정부 또는 농협에 판매하는 방식
　㉡ 산지 중간상에게 포전판매·정전판매하는 방식

POINT

포전매매와 정전판매

구분	내용
포전매매(밭떼기거래)	• 농작물이 완전히 성숙하기 이전에 밭에 식재된 상태에서 일괄하여 매도하는 거래의 유형이다. • 상품판매의 위험부담을 줄이고 일시에 판매대금을 회수할 수 있다.
정전판매(집 앞 거래)	생산자가 집 앞에서 창고단위, 상자단위로 산지수집상이나 소매상, 행상 등에게 판매하는 방법이다

　㉢ 5일장 또는 산지공판장에서 판매하는 방식

㉣ 소비지의 도매시장에 직접 출하하는 방식

③ **과거 산지유통의 한계**

      ㉠ 거래규모가 영세하다.

      ㉡ 선별 · 포장 · 저장 · 가공 등의 유통기능이 미흡하다.

④ **산지유통의 기능**

      ㉠ **수급조절 기능** : 농산물의 가격변동에 대응해 생산품목 및 생산량을 조절하는 기능을 수행한다.

      ㉡ **상품화 기능** : 농산물 생산 후 품질 · 지역 · 이미지를 차별화함으로써 농산물의 상품성을 높인다.

      ㉢ **시간적 효용창출 기능** : 농산물을 일반저장 또는 저온저장하여 성수기에는 출하를 억제하고 비수기에는 분산 · 출하함으로써 시간효용을 창출한다.

                농산물에 대한 상품화 전략의 수립 시 고려해야 하는 요소
                   • 디자인
                   • 서비스
                   • 상표

(2) 산지유통인

① **정의**

      ㉠ 산지유통인이란 생산자단체 이외의 자가 농수산물 도매시장 및 공판장에 출하할 목적으로 농산물을 모으는 영업을 하는 것을 말한다.

      ㉡ 지역적으로 분산되어 소량씩 생산되는 품목을 효율적으로 모아주는 기능을 하지만 매점매석 등으로 가격폭등을 일으킬 위험성이 있다.

      ㉢ 생산자조직의 공동출하가 확대됨에 따라 수집상의 취급비중이 저하되고 있으나 취급하는 품목과 기능면에서는 더욱 전문화되고 있다.

      ㉣ 생산자와 구매자 사이에 판매계약이 이루어진 경우에 농산물 생산에 따른 위험은 생산자가 부담한다.

② **산지유통인의 구분**

      ㉠ **밭떼기형** : 농산물을 파종 직후부터 수확 전까지 밭떼기로 매입하였다가 적당한 시기에 수확하여 도매시장에 출하한다.

      ㉡ **저장형** : 저장성이 높은 농수산물을 수집하여 저장하였다가 일정한 시기에 도매시장에 출하한다.

      ㉢ **순회수집형** : 비교적 소량 품목을 순회하며 수집해서 도매시장에 출하한다.

      ㉣ **월급제 or 수수료형** : 출하주와 특별한 계약관계를 맺고 수집하여 출하한다.

(3) 산지유통조직 및 시설

① 산지유통전문조직

    ⊙ 급변하는 소비 시장의 변화에 능동적으로 대응하기 위해 육성한 마케팅 중심의 산지 생산 자조직이다.

    ⓛ 산지농협, 연합판매단체, 영농조합법인, 작목반 등으로 구성되어 있다.

    ⓒ 유통의 전문화·규모화가 잘 이루어지고 있는 협동조합과 영농조합법인 등을 중심으로 육성된다.

    ⓔ 물류개선을 통해 유통비용을 절감하고 경쟁력 있는 상품개발을 통해 부가가치를 창출한다.

② 산지유통센터(APC ; Agricultural Product Processing Center) … 산지유통센터는 집하장, 세척실, 선별포장실, 예냉실, HACCP 시설을 갖춘 초대형 농산물 산지유통시설로 변화된 유통환경에 적극 대응하고 신선한 고품질의 농수축산물을 저렴한 가격에 공급하기 위해서 도입되었다.

2 도매유통

(1) 도매시장(중계시장)

① 도매시장의 개념

    ⊙ 농산물이 수집되어 분배되는 유통과정의 중간단계로서 수집된 농산물의 대량보관·가격안정 도모·수급불균형 조절 등을 통해서 농산물유통의 중심적인 역할을 한다.

    ⓛ 소량·분산적인 물량을 대량화하여 신속하게 분산시키며, 다양한 할인정책이 가능하다.

    ⓒ 도매시장은 거래총수 최소화의 원리와 대량준비의 원리를 통해서 사회적 유통경비를 절감시킨다.

POINT

거래총수 최소화의 원리와 대량준비의 원리

⊙ 거래총수 최소화의 원리 : 일정기간에 있어 특정농산물의 거래가 생산자와 소매업자가 직접 거래할 때의 거래총수보다 도매시장조직이 개재함에 따라 생산자와 도매조직, 도매조직과 소매업자의 거래총수가 적어진다는 원리이다.

ⓛ 대량준비(보유)의 원리 : 도매조직의 개재가 비연속적인 수급을 조절하기에 필요한 일정 보유총량을 도매시장이 보유함으로써 각 소매상이 보유하는 것보다 보유총량을 감소시킬 수 있다는 원리이다.

② 도매시장의 기능

   ⊙ **가격형성의 기능** : 공개경매제도를 통해 균형적인 적정가격을 형성한다.

   ⓛ **수급조절의 기능** : 대량집하·대량분산을 통해서 수급조절을 원활히 하고 신속한 거래를 촉진시킨다.

   ⓒ **배급의 기능** : 수집기구로부터 집하된 농산물을 소비시장에 적절하게 분배하는 기능을 한다.

   ⓔ **위험부담의 기능** : 도매상들은 소유권을 갖거나 도난·변질·파손 등의 비용을 부담함으로써 위험을 흡수한다.

   ⓜ **금융의 기능** : 도매상은 고객에게 신용판매, 금융 서비스 등을 제공한다.

   ⓗ **시장정보제공의 기능** : 도매상은 고객에게 경쟁사의 활동, 신제품, 가격변화 등에 관한 정보를 제공한다.

> 🌲🌲 도매상의 유형
> - 중개인
> - 대리인
> - 제조업자 도매상

③ 도매시장의 종류

   ⊙ **농수산물도매시장** : 특별시·광역시·시가 농업인이 생산한 농산물 및 단순가공한 물품의 전부 또는 일부를 도매하기 위하여 관할구역에 개설하는 시장이다.

      ㉮ **법정도매시장** : 농산물유통 및 가격안정법에 의해 개설된 도매시장이다.

         ⓐ **중앙도매시장** : 특별시 또는 광역시가 개설한 농수산물 도매시장 중 당해 관할지역 및 그 인접지역의 도매의 중심이 되는 농수산물도매시장이다.

         ⓑ **지방도매시장** : 중앙도매시장 외의 농수산물도매시장을 말한다.

      ㉯ **농·수산물 공판장** : 지역농업협동조합 및 대통령령이 정하는 법인이 농수산물을 도매하기 위하여 특별시장·광역시장·도지사 또는 특별자치도지사의 승인을 얻어 개설·운영하는 사업장이다.

      ㉰ **유사도매시장** : 소매시장 허가를 받아 개설한 시장이지만 도매시장 기능을 수행하고 있는 것을 말한다.

   ⓛ **민영농수산물도매시장** : 국가·지방자치단체 및 공판장을 개설할 수 있는 자 외의 민간인이 농수산물을 도매하기 위하여 시·도지사의 허가를 받아 특별시·광역시·시 지역에 개설하는 도매시장이다.

> 🌲🌲 도매상의 기능
> - **완전기능 도매상** : 이는 농산물에 대한 소유권이전의 기능을 실행하면서 수송, 저장, 금융, 등급화 등의 전체적인 금융 기능을 수행하게 되는 상인을 말한다.
> - **한정기능 도매상** : 이는 농산물에 대한 소유권의 이전 기능을 수행하지 못하고 자기계산으로 영업을 하되 수송, 저장, 금융, 등급화 등의 여러 가지의 기능 중 몇 가지를 실행하지 못할 때의 이들 상인을 말한다.

④ 도매시장의 구성

ㄱ **도매시장법인(공판장)** : 농수산물도매시장의 개설자로부터 지정을 받아 농수산물을 위탁받아 상장하여 도매하거나 이를 매수하여 도매하는 법인을 말한다.

ㄴ **시장도매인** : 농수산물도매시장 또는 민영농수산물도매시장의 개설자로부터 지정을 받고 농수산물을 매수 또는 위탁받아 도매하거나 매매를 중개하는 영업을 하는 법인을 말한다.

ㄷ **중도매인** : 농수산물도매시장·농수산물공판장 또는 민영농수산물도매시장의 개설자의 허가 또는 지정을 받아 상장된 농수산물을 매수하여 도매하거나 매매를 중개하는 영업을 하는 자를 말한다.

ㄹ **매매참가인(매참인)** : 농수산물도매시장·농수산물공판장 또는 민영농수산물도매시장의 개설자에게 신고를 하고, 농수산물도매시장, 농수산물공판장 또는 민영농수산물도매시장에 상장된 농수산물을 직접 매수하는 자로서 중도매인이 아닌 가공업자·소매업자·수출업자 및 소비단체 등 농수산물의 수요자를 말한다.

ㅁ **산지유통인** : 농수산물도매시장·농수산물공판장 또는 민영농수산물도매시장의 개설자에 등록하고 농수산물을 수집하여 농수산물도매시장·농수산물공판장 또는 민영농수산물도매시장에 출하하는 영업을 하는 자를 말한다.

ㅂ **경매사** : 도매시장법인의 임명을 받거나 농수산물공판장·민영농수산물도매시장 개설자의 임명을 받아 상장된 농수산물의 가격 평가 및 경락자 결정 등의 업무를 수행하는 자를 말한다.

🌲 **상장 농산물의 사전 평가의 요소**
- 질적인 특징
- 산지별 특성
- 포장의 상태
- 소비의 성향
- 출하자별 신뢰도

🌲 **경매제의 장점**
- 단 시간에 대량판매가 가능하다.
- 공급 및 수요를 반영해서 가격이 결정되어진다.
- 생산자가 시장가격의 추이를 지켜볼 수 있기 때문에 출하량의 조절이 가능하다.
- 대량판매를 통해서 수수료를 낮출 수 있는 관계로 경제적인 판매수단이라 할 수 있다.
- 전체 시장의 참여자들이 경쟁이 가능하므로 부패성의 농산물 생산자 또는 출하자들이 이에 맞춰서 생산계획을 할 수 있다.

▲▲ 경매제의 단점

- 등급제도 및 중량 거래 등이 제대로 정착되어 있지 않는 경우가 있다.
- 많은 사람들이 전문적인 경매 방식을 이해하지 못한다.
- 불안정한 가격이나 또는 낮은 가격 등이 형성될 수 있다.
- 상당히 많은 거래자, 취급자 등이 모여 시장을 투기장화하며 질서를 교란시킬 가능성이 있다.
- 수적으로 구매자가 제한되어 있기 때문에 충분한 경쟁조건을 제공하지 못할 수 있다.
- 구매자인 상인들 간 담합으로 인해 특정 출하자의 농산물을 지나치게 낮게 또는 높게 낙찰 받는 등의 불공정한 거래가 나타날 수 있는 가능성이 있다.
- 경매의 경우에는 일정한 공간에 제품을 정리한 후에 매매를 실행하게 되므로 시설의 미비로 인해 제품이 변질될 우려가 있고, 만약 유찰될 경우에 차기 매매 시까지의 기간 동안 제품성이 떨어져 가격이 급락할 수도 있다.

⑤ 도매시장에서 징수하는 수수료(비용)

  ㉠ 중도매인과 시장도매인은 중개수수료를 수취할 수 있다.

  ㉡ 표준 하역비제도는 출하자의 부담을 완화시키기 위해 도입되었다.

  ㉢ 위탁수수료는 도매시장법인 또는 시장도매인이 징수할 수 있다.

🌿 농수산물도매시장의 거래 🌿

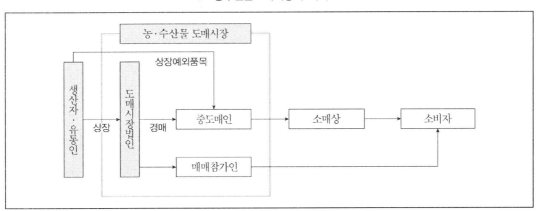

⑥ 농산물 도매시장의 유통주체

  ㉠ 시장도매인

  ㉡ 중도매인

  ㉢ 도매시장법인

(2) 농수산물종합유통센터

① 정의 … 농수산물의 출하경로를 다원화하고 물류비용을 절감하기 위해 농수산물의 수집·포장·가공·보관·수송·판매 및 그 정보처리 등 농수산물의 물류활동에 필요한 시설과 이와 관련된 업무시설을 갖춘 사업장을 말한다.

② 구분 … 공공유형, 생산자단체형, 컨소시엄형 등으로 구분할 수 있다.

③ 유통체계

  ㉠ 1단계 : 신청(주문)

  ㉡ 2단계 : 발주

  ㉢ 3단계 : 출하

  ㉣ 4단계 : 배송 및 현장판매

④ 효과

  ㉠ **물류효율화 및 물류비용 절감** : 산지와의 직거래를 통해 유통경로를 단축하며 포장출하, 팰릿화, 하역 개선 등으로 물류체계를 개선한다.

  ㉡ **신뢰성 제고** : 저온유통, 잔류농약검사의 강화, 리콜제의 실시로 소비자의 신뢰를 제고하고 값싸고 질 좋은 농축산물을 공급한다.

⑤ 과제

  ㉠ 도매물류사업의 활성화

  ㉡ 유통센터 간 통합·조정 기능 강화

  ㉢ 가격안정화 및 실질적 예약상대거래체제 구축

  ㉣ 산지형 종합유통센터의 운영 활성화

  ㉤ 유통정보화 및 전자상거래의 추진

  ㉥ 표준규격품의 출하유도와 물류체계의 개선 촉진

  ㉦ 생산자와 소비자의 이익증대

> **⚘ 농산물 종합유통센터의 운영 성과**
> • 표준 규격품의 출하 유도
> • 농산물 유통경로의 다원화
> • 유통의 물적 효율성 제고

⑥ 농산물 가격안정화를 위한 방법

  ㉠ 농가의 경우에는 자조금을 조성해서 수급에 대한 변화에 적극적으로 대응한다.

  ㉡ 정부에서는 작물에 대한 파종시기 이전에 재배의향면적에 대한 정보를 공지한다.

ⓒ 농가의 경우에 산지의 조직화를 노력 해서 유통명령제도의 효과를 높인다.

도매시장과 농산물종합유통센터의 비교		
구분	도매시장	농수산물종합유통센터
사업방식	상장경매	예약수의거래
취급품목	농·임·축·수산식품	농·임·축·수산식품, 가공식품 및 기타 생필품
가격결정	현물을 확인 후 가격결정 (비규격품 거래 가능)	• 생산자 및 소비자의 합의 결정 • 현물을 직접 보지 않고도 거래 (규격품 위주의 거래) • 가격 안정성 유지(홍수 출하 방지)
집하	생산자가 자유롭게 출하가능 (무조건 수탁조건으로 수집)	예약수의거래 물량을 기준으로 수집 (저장 및 판매능력에 따라 가변적)
분산	• 중도매인을 통하여 불특정 다수의 소매상에게 분산 • 매매 참가인을 통해 대량 수요자에게 분산	• 예약수의거래에 의거, 주문처에 분산(가맹점, 직영점, 유통업체, 소매점 및 등록회원) • 직판장을 통하여 일반 소비자에게 판매

🌲 농산물 종합유통센터의 기능 및 역할
- 농가에 대한 출하선택권을 확대해서 계획적인 생산을 유도한다.
- 수집 및 분산기능 뿐만 아니라 다양한 물적 및 상적기능 등을 수행한다.
- 도매 후의 잔품 등을 일반 소비자들에게 소매의 형태로 판매한다.

(3) 협동조합 및 공동계산제

① 협동조합

ㄱ 개념 : 협동조합은 농민들의 개별적인 경제활동을 하나의 협동조합으로 통합하여 규모의 경제를 실현하고 도매상·수집상·가공업자·소매업자들과 거래 교섭력을 높이는 데 그 목적이 있다.

ㄴ 농업협동조합이 조합원에게 줄 수 있는 이익

㉮ 개별 농가에서 할 수 없는 가공사업을 수행하여 부가가치를 높여 준다.

㉯ 농자재의 공동구매를 통해 농가 생산비 절감에 기여한다.

㉰ 규모화를 통해 거래교섭력을 증대시킨다.

🌲 협동조합의 유통사업
- 상인들의 초과이윤의 발생에 대해 억제가 가능하다.
- 공동계산제는 각 개별 농가의 개성이 상실될 가능성이 있다.
- 무임승차 문제를 유발할 수 있다.

② 공동계산제

　　㉠ 개념 : 다수의 개별농가가 생산한 농산물을 출하주별로 구분하는 것이 아니라 각 농가의 상
　　　　품을 혼합하여 등급별로 구분·판매하여 등급에 따라 비용과 대금을 평균하여 정산하는 방
　　　　법이다.

　　㉡ 장·단점

　　　㉮ 장점

　　　　ⓐ 생산자 측면 : 대량거래의 이점 실현, 개별 농가의 위험 부담 분산

　　　　ⓑ 수요처 측면 : 유통비용 및 구매위험의 감소, 소요물량에 대한 구매 안정화

　　　　ⓒ 유통효율성 측면 : 유통비용 감축, 농산물 품질저하 최소화

　　　㉯ 단점

　　　　ⓐ 농가지불금 지연

　　　　ⓑ 전문경영기술의 부족

　　　　ⓒ 유동성의 저하

　　　🌲 농산물 공동계산제
　　　　• 표준화된 공동선별로 인해 농산물에 대한 상품성이 높아지게 된다.
　　　　• 농산물의 대량거래를 통해 생산자 (단체)의 시장교섭력이 증가한다.
　　　　• 등급별 평균가격에 의한 정산과정을 통해 농가에 대한 소득이 안정된다.

　　　🌲 산지 농산물 공동판매
　　　　• 공동계산의 원칙
　　　　• 무조건 위탁의 원칙
　　　　• 평균판매의 원칙

3　소매유통

(1) 소매시장의 개념

① 정의

　　㉠ 상품이나 서비스를 개인적 또는 영리 목적으로 사용하려는 최종소비자를 대상으로 하여 거
　　　래가 이루어지는 시장을 말한다.

　　㉡ 소비자의 방문, 전화, 우편주문 등을 통하여 소량단위의 제품이 거래된다.

② 기능

　ㄱ **상품구색 제공** : 소비자가 원하는 상품구색을 제공하여 제품 선택에 소용되는 비용과 시간을 절감시키고, 선택의 폭을 넓혀 준다.

　ㄴ **정보제공** : 광고, 서비스, 디스플레이 등을 통하여 소비자에게 제품 관련 정보를 제공한다.

　ㄷ **금융기능** : 신용제공, 할부판매 등을 통하여 소비자의 구매비용을 덜어주는 금융기능을 수행한다.

　ㄹ **서비스 제공** : 애프터서비스, 배달, 설치 등의 다양한 고객서비스를 제공한다.

③ 소매시장의 특징

　ㄱ 소매상의 경우에는 대다수가 생계위주이기 때문에 영세하고, 그 수가 상당히 많아 경쟁관계에 놓여 있는 관계로 불안정한 상태가 지속되어진다.

　ㄴ 이들은 도매상에게 구매한 후 소비자들에게 판매하는 유통의 기능을 실행하므로 복합적인 기능을 지닌다.

　ㄷ 소매의 경우에는 농산물의 종류에 의해 각기 다른 주체가 수행하게 된다.

　ㄹ 또한 이들은 판매시장이기 때문에 포장, 저장, 시장정보, 표준화, 금융기능 등을 실행함으로서 판매가 원활해지게 된다.

　ㅁ 현재에는 소매상이 점차적으로 대형화 및 규모화 되어지고 있는 추세이다.

(2) 소매상의 형태

① 점포 소매상(store retailing)

　ㄱ 백화점(department store)

　　㉮ 다양한 제품계열을 취급하며 적당한 제품구색을 갖추고 있다.

　　㉯ 대규모이며, 다양한 부대시설과 서비스를 제공한다.

　ㄴ 슈퍼마켓(supermarket)

　　㉮ 소비자의 셀프서비스 방식에 의하여 판매하는 점포이다.

　　㉯ 규모가 작고, 저비용, 저마진, 대량판매의 특징을 갖는다.

　ㄷ 편의점(CVS ; convenience store)

　　㉮ 편리성을 추구한다.

　　㉯ 24시간 연중무휴 영업을 한다.

　ㄹ 전문점(specialty store)

　　㉮ 특정 제품계열에 대하여 매우 깊이 있는 구색을 갖추고 있다.

　　㉯ 완전 서비스를 제공한다.

ⓜ 할인점(discount store)

㉮ 소비재를 중심으로 한 중저가·고회전 상품을 취급한다.

㉯ 셀프서비스의 조건하에 저가격으로 대량판매한다.

ⓗ 양판점(GMS ; General Merchandise Store)

㉮ 다품종의 의류 및 생활용품을 대량으로 판매하는 대형소매점이다.

㉯ 다점포화를 통해서 중앙구매를 하여 원가를 절감시킨다.

ⓢ 슈퍼센터(supercenter)

㉮ 할인점에 슈퍼마켓을 결합한 형태이다.

㉯ 저가격의 폭넓은 상품구색을 갖추고 있다.

ⓞ 하이퍼마켓(hypermarket)

㉮ 초대형 슈퍼마켓과 할인점의 혼합 형태이다.

㉯ 5천~9천평 규모의 초대형 매장에서 모든 상품을 셀프서비스로 판매한다.

ⓩ 회원제 도매클럽(MWC ; Membership Wholesale Club)

㉮ 회원으로 가입한 고객만을 대상으로 판매하는 형태이다.

㉯ 창고형 매장으로 할인점보다 20~30% 더 저렴하게 판매한다.

ⓩ 카테고리 킬러(category killer)

㉮ '상품카테고리의 모든 것을 갖춤'이라는 의미의 업종별 전문할인점이다.

㉯ 한 가지 업종만 취급하며 다종대량으로 진열한다.

ⓚ 아웃렛(outlet)

㉮ 메이커 또는 유명백화점의 재고품 등을 저렴한 가격으로 판매한다.

㉯ 구색이 충분하지 않으나 할인율이 매우 높다.

ⓣ 파워센터(powercenter)

㉮ 할인업태를 종합해 놓은 대형점포이다.

㉯ 광대한 부지, 대형 주차장, 각 매장의 독립적인 점포 운영이 특징이다.

② 무점포 소매상

㉠ 통신(우편)판매(direct mail)

㉮ 공급업자가 광고매체를 통해 상품의 광고를 한 후 통신수단을 통해 주문을 받아 배송하는 형태이다.

㉯ 기존의 판매방식을 보완하는 수단으로 많이 이용하고 있다.

ⓛ 텔레마케팅(telemarketing)
  ㉮ 표적소비자층에게 전화를 통해 제품판매를 유도하거나 광고를 본 고객이 전화를 통해
    제품을 주문하는 형태이다.
  ㉯ 수동적으로 주문전화를 기다리는 DM방식과 달리 적극적으로 고객반응을 창출한다.
ⓒ 홈쇼핑(television marketing)
  ㉮ TV광고를 통해 제품구매를 유도하는 방식이다.
  ㉯ 직접반응광고를 이용한 주문방식과 홈쇼핑채널을 이용한 주문방식으로 나누어진다.
ⓔ 인터넷마케팅(internet marketing)
  ㉮ 고객과의 쌍방향 커뮤니케이션을 바탕으로 다양한 정보를 제공한다.
  ㉯ 제품정보를 전 세계의 고객들에게 저렴한 비용으로 전달할 수 있다.
ⓜ 방문판매(direct selling)
  ㉮ 판매원이 소비자를 방문하여 구매를 권유하거나 구매의욕을 자극하여 판매하는 방법이다.
  ㉯ 가장 오래된 형태의 무점포형 소매업이다.
ⓗ 자동판매기(automatic vending machine)
  ㉮ 판매원이 아닌 기계장치를 통해 상품을 판매하는 방식이다.
  ㉯ 소비자의 편의성 추구, 점포임대료 상승 등으로 수요가 급증하고 있다.

기출예상문제

〈농산물품질관리사 제13회〉

1 농업협동조합 유통의 기대효과로 옳지 않은 것은?

① 거래교섭력 강화

② 규모의 경제 실현

③ 농산물 단위당 거래비용 증가

④ 유통 및 가공업체에 대한 견제 강화

💡 ③ 농업협동조합 유통을 통해 농산물 단위당 거래비용 감소를 기대할 수 있다.

〈농산물품질관리사 제13회〉

2 소매상이 이전 유통단계의 주체를 위해 수행하는 기능을 모두 고른 것은?

> ㉠ 상품구색 제공
> ㉡ 시장정보 제공
> ㉢ 판매 대행

① ㉠, ㉡   ② ㉠, ㉢

③ ㉡, ㉢   ④ ㉠, ㉡, ㉢

💡 ㉠은 소매상이 소비자를 위해 수행하는 기능이다.

]〈농산물품질관리사 제13회〉

3 농산물 소매유통에 관한 설명으로 옳지 않은 것은?

① 농산물의 수집 기능을 담당한다.
② 카테고리 킬러(category killer)가 포함된다.
③ 대형유통업체의 비중이 높아지고 있다.
④ 점포 없이 농산물을 거래하는 경우도 있다.

　　　　　💡 ① 도매유통의 기능이다.

〈농산물품질관리사 제13회〉

4 농산물 종합유통센터의 기능을 모두 고른 것은?

㉠ 수집 · 분산	㉡ 보관 · 저장
㉢ 상장경매	㉣ 정보처리

① ㉠　　　　　　　　　　② ㉡, ㉢
③ ㉢, ㉣　　　　　　　　④ ㉠, ㉡, ㉣

　　　　　💡 ㉢ 상장경매는 도매시장의 사업방식이다.
　　　　　　※ 농산물 종합유통센터의 기능
　　　　　　　　㉠ 수집 · 분산
　　　　　　　　㉡ 보관 · 저장
　　　　　　　　㉢ 정보처리

〈농산물품질관리사 제13회〉

5 밭떼기 거래에 관한 설명으로 옳지 않은 것은?

① 선도거래에 해당된다.
② 정전매매라고도 불린다.
③ 무, 배추 등에서 많이 이루어진다.
④ 농가의 수확 전 필요 자금 확보에 도움을 준다.

　　　　　💡 ② 정전매매(정전인도)는 상품의 인도조건의 하나로 생산자의 뜰(마당)에서 인도하는 것을 말한다.
　　　　　　　농산물의 매매에서 성행하는 것으로 뜰에서 인도 이후의 운임, 위험부담 등은 사는 쪽에서 부담한다.

>> **ANSWER**
1.③ 2.③ 3.① 4.④ 5.②

6 대형유통업체의 농산물 직거래 확대에 대한 산지유통전문조직의 대응방안으로 옳지 않은 것은?

① 농가를 조직화, 규모화 한다.
② 고품질 농산물의 연중공급체계를 구축한다.
③ 대형유통업체 간의 경쟁을 유도하기 위해 도매시장 출하를 확대한다.
④ 농산물산지유통센터(APC)를 활용하여 상품화 기능을 강화한다.

💡 ③ 대형유통업체의 농산물 직거래 확대에 대응하기 위해서는 도매시장 출하를 확대하기보다는 협동 생산과 공동출하를 통해 농가소득증대를 꾀하는 것이 좋다.

7 다음의 특성을 지니는 소매유통업체는?

> • 1976년 미국 샌디에이고에서 문을 연 프라이스클럽이 시초이다
> • 일정액의 연회비를 받는 회원제여서 정기적이고 안정적인 고객의 확보가 가능하다.
> • 대량매입, 대량판매의 형식을 취하며, 박스 및 묶음 단위로 판매하는 것을 원칙으로 하고 있다.

① 백화점(Department Store)
② 편의점(Convenience store)
③ 할인점(Discount Store)
④ 회원제 창고형 도소매업(Membership Warehouse Club ; MWC)

💡 회원제 창고형 도소매업은 회원제로 운영되어지는 창고형의 할인매장으로 이는 통상적인 할인점들에 비해 저렴한 가격으로 대량 판매하는 소매유통업체를 말한다.

8 다음 박스 안의 내용이 설명하는 것으로 가장 적절한 것은?

> 이것은 이전의 농산물 유통의 구조에서 도매법인 및 중도매인이 수행하고 있는 기능을 단일로 수행하고 출하자로부터 매수 및 수탁 받아 판매하는 법인을 말한다.

① 도매물류센터 　　　　　　② 중도매인
③ 도매시장법인 　　　　　　④ 시장도매인

💡 시장도매인은 농수산물도매시장 또는 민영농수산물도매시장의 개설자로부터 지정을 받고 농수산물을 매수 또는 위탁받아 도매하거나 매매를 중개하는 영업을 하는 법인을 의미한다.

9 다음의 설명 중에서 생산자 측면에서의 공동계산제의 장점을 모두 고르면?

> ㉠ 유통비용의 감축   ㉡ 농산물 품질저하의 최소화
> ㉢ 개별 농가의 위험부담 분산   ㉣ 소요물량에 따른 구매 안정화
> ㉤ 대량거래의 이점 실형   ㉥ 유통비용 및 구매위험의 감소

① ㉠, ㉥   ② ㉢, ㉤
③ ㉣, ㉤   ④ ㉤, ㉥

💡 공동계산제의 장점
　㉠ 생산자 측면 : 대량거래의 이점 실현, 개별 농가의 위험 부담 분산
　㉡ 수요처 측면 : 유통비용 및 구매위험의 감소, 소요물량에 대한 구매 안정화
　㉢ 유통효율성 측면 : 유통비용 감축, 농산물 품질저하 최소화

10 다음 아래의 내용과 가장 연관성이 높은 것은?

> 이들은 농수산물 도매시장 및 농수산물 공판장에 상장된 경매를 통해 소매상에 중개하는 사람이다.

① 산지유통인   ② 유사도매시장
③ 중도매인   ④ 경매사

💡 중도매인은 농수산물도매시장·농수산물공판장 또는 민영농수산물도매시장의 개설자의 허가 또는 지정을 받아 상장된 농수산물을 매수하여 도매하거나 매매를 중개하는 영업을 하는 자를 말한다.

11 다음 중 카테고리 킬러의 특성으로 가장 바르지 않은 것은?

① 체인화를 통한 현금매입 및 소량 매입
② 체계적인 고객관리
③ 목표로 하는 소비자를 통한 차별화된 서비스의 제공
④ 저렴한 가격과 셀프 서비스

💡 ① 체인화를 통한 현금매입 및 대량매입이다.

12 다음의 내용을 읽고 괄호 안에 들어갈 말로 옳은 것을 순서대로 나열한 것은?

> • 기업이 지니고 있는 제품계열의 수 – (㉠)
> • 각 제품계열 내에 있는 품목의 수 – (㉡)
> • 제품믹스 내 모든 제품품목의 수 – (㉢)

① ㉠ 폭, ㉡ 길이, ㉢ 깊이 ② ㉠ 길이, ㉡ 폭, ㉢ 깊이
③ ㉠ 폭, ㉡ 깊이, ㉢ 길이 ④ ㉠ 깊이, ㉡ 길이, ㉢ 폭

💡 제품믹스의 폭은 기업이 가지고 있는 제품계열의 수를 말하며, 제품믹스의 깊이는 각 제품계열 내에 있는 품목의 수를 말하고, 제품믹스의 길이는 제품믹스 내 모든 제품품목의 수를 말한다.

<농산물품질관리사 제1회>

13 농산물 공동계산제의 설명 중 가장 적합한 것은?

① 규모화로 수확 후 처리비용의 단위당 비용을 절감할 수 있다.
② 농산물 출하 시 개별농가의 위험을 분산하고, 철저한 품질관리로 개별농가의 브랜드가 증가한다.
③ 공동계산제는 판매대금과 비용을 공동으로 계산하여 생산자의 개별성을 부각시킨다.
④ 공동계산제가 확대되면 판매독점 구조로 전환되어 구매자의 입장에서 안정적 구매가 어렵다.

💡 ②③ 공동계산제는 개별농가의 위험을 분산할 수 있지만 개별농가의 개성이 상실되는 단점이 있다.
④ 구매자 입장에서는 소요물량에 대하여 구매안정화가 이루어진다.

<농산물품질관리사 제1회>

14 유통과정 중 발생할 수 있는 위험은 물리적 위험과 시장 위험이 있다. 다음 중 시장 위험의 원인에 해당되는 것은?

① 홍수피해 ② 시장 하역작업 과정에서의 손실
③ 소비자 기호의 변화 ④ 과다 적재에 의한 파손

💡 ①②④ 물리적인 위험에 속한다.
※ 물적 위험과 경제적 위험
㉠ 물적 위험 : 농산물이 홍수피해, 지진, 화재, 파손, 부패 등의 요인에 의해 직접적으로 받는 손해를 말한다.
㉡ 경제적 위험 : 농산물이 농산물의 가치하락, 소비자 기호의 변화, 시장환경의 변동 등의 가치변동 요인에 의해 발생하는 손실을 말한다.

〈농산물품질관리사 제1회〉

15 대형할인업체 등장의 영향에 대한 다음 설명 중 맞지 않는 것은?

① 업체 간의 치열한 경쟁으로 소비자는 저가격 구입이 가능하여 졌다.
② 제조업자의 영향력이 이전보다 커졌다.
③ 농산물의 경우 대형할인업체의 산지 직구입비율이 높아졌다.
④ 상품차별화에 대한 관심이 높아져 비가격경쟁도 중요하게 되었다.

💡 ② 대형할인업체의 등장으로 오히려 제조업자의 영향력은 감소하였다.

〈농산물품질관리사 제2회〉

16 공동계산제의 장점과 거리가 가장 먼 것은?

① 개별농가의 위험분산
② 시장교섭력 제고
③ 판매대금 지불의 신속성
④ 규모의 경제

💡 ③ 농가지불금 지연은 공동계산제의 단점이다.
※ 공동계산제의 장점… 상품성제고 및 브랜드 구축, 시장교섭력 증대, 농가소득 안정, 유통비용 및 구매위험의 감소, 농산물의 품질저하 및 감모의 최소화 등이 있다.

〈농산물품질관리사 제2회〉

17 공동판매 조직을 통한 공동출하의 이점이 아닌 것은?

① 대규모 거래에 의해 생산비를 절감할 수 있다.
② 노동력을 절감할 수 있다.
③ 시장교섭력을 높일 수 있다.
④ 수송비를 절감할 수 있다.

💡 ① 공동의 판매조직을 형성하여 공동출하하는 경우 유통비를 절감할 수 있다.

>> ANSWER

12.③ 13.① 14.③ 15.② 16.③ 17.①

〈농산물품질관리사 제2회〉

18 다음 중에서 농산물 소매 방법에 해당되지 않은 것은?

① 카탈로그 판매　　　　　　　　② 중도매인 판매
③ TV홈쇼핑 판매　　　　　　　　④ 자동판매기 판매

💡 ② 중도매인은 생산자와 소규모의 도매상 사이에서 상품을 공급하고 매매하는 사람이다.
　※ 농산물의 소매방법
　　㉠ 소매점 판매
　　㉡ 방문 판매
　　㉢ 자동판매기 판매
　　㉣ **통신매체 판매** : 컴퓨터, 홈쇼핑, 우편 등

〈농산물품질관리사 제2회〉

19 농산물 도매시장에 관한 설명 중에서 가장 적절한 것은?

① 농산물 물류센터나 대형 슈퍼마켓의 등장으로 농산물 도매시장이 사라질 전망이다.
② 농산물 도매시장은 거래수 최소화원리 및 소량준비의 원리에 의해서 소규모 분산적 생산과 소비를 연결하여 사회적 존재 가치를 인정하고 있다.
③ 농산물 도매시장은 생산과 소비가 일반적으로 영세 분산적이므로 생산자와 소비자의 중간에서 수급의 조절, 상품의 집배, 판매 대금의 결제 등 필수적인 기관이다.
④ 신선 식료품은 선도의 변화가 심하고 표준화가 곤란한 상품적 특성을 갖고 있기 때문에 도매시장과 같은 특정장소에서 집중 거래하기 곤란하다.

💡 ① 농산물 물류센터와 대형마켓의 등장은 도매시장의 생존과 관련이 없다.
　② 도매시장은 거래총수 최소화의 원리 및 대량준비의 원리에 근거한다.
　④ 도매시장을 통해 공동선별 및 표준규격화가 수행된다.

〈농산물품질관리사 제2회〉

20 산지유통이 활성화되어 있는 국가에서, 농산물 도매시장의 기능 중 그 중요성이 크지 않은 것은 무엇인가?

① 배급 기능　　　　　　　　　　② 표준규격화 기능
③ 가격형성 기능　　　　　　　　④ 수급조절 기능

💡 ② 산지의 유통이 활성화되어 있다면 공동선별 및 포장에 의한 표준규격화가 산지의 유통센터에서 수행되기 때문에 그 중요성이 크지 않다.

〈농산물품질관리사 제2회〉

21 산지 청과물의 포전매매가 필요한 적절한 이유가 아닌 것은?

① 농사의 입장에서 장래 가격에 대한 예상을 하기 어렵기 때문에

② 상품판매의 위험부담을 줄이고 일시에 판매대금을 회수할 수 있기 때문에

③ 농가가 수확, 선별, 포장 등에 따르는 노동력이 부족하기 때문에

④ 모든 농산물을 조기에 판매해야 높은 가격을 받을 수 있기 때문에

> ④ 포전매매는 파종 직후부터 수확 전까지 매입한 후 적당한 시기에 이를 수확하여 판매하는 것이다.
> ※ 포전매매의 필요성
>   ㉠ 저장시설과 노동력의 부족
>   ㉡ 생산량 및 가격에 대한 예측이 어려움
>   ㉢ 상품판매의 위험부담 감소

〈농산물품질관리사 제3회〉

22 소매상이 소비자에게 제공하는 주요 기능으로 볼 수 없는 것은?

① 상품선택에 필요한 소비자의 비용과 시간을 절감할 수 있게 해준다.

② 상품사용에 대해서 소비자에게 기술적 지원과 조언을 해준다.

③ 상품관련정보를 제공하여 소비자들의 상품구매를 돕는다.

④ 자체의 신용정책을 통하여 소비자의 금융 부담을 덜어준다.

> ② 기술적인 지원과 조언은 소매상의 주요 기능과 관계가 없다.
> ※ 소매시장의 기능
>   ㉠ 소비자가 원하는 상품구색을 제공하여 비용과 시간을 절감하게 해준다.
>   ㉡ 소비자에게 제품관련 정보의 제공으로 상품구매를 도와준다.
>   ㉢ 자체의 신용정책으로 소비자의 금융 부담을 덜어준다.

〈농산물품질관리사 제3회〉

23 협동조합이 유통 사업에 참여함으로서 얻게 되는 장점을 잘못 설명한 것은?

① 공동판매를 통하여 위험을 분산할 수 있다.

② 공동선별을 함으로써 조합원들의 단위 노동력 당 비용을 절감할 수 있다.

③ 농산물 시장이 불완전경쟁일 경우 협동조합사업은 상인들의 초과이윤을 견제하게 된다.

④ 도매, 가공, 소매 등 상위단계와의 수평적 조정을 통해 시장력을 높일 수 있다.

> ④ 상위단계와의 수직적인 조정을 통해 시장력을 높일 수 있다.

>> ANSWER

18.② 19.③ 20.② 21.④ 22.② 23.④

24 시장도매인제에 대한 설명 중 관계가 먼 것은?

① 농수산물도매시장 또는 민영농수산물도매시장의 개설자로부터 지정을 받고 농수산물을 매수 또는 위탁받아 도매하거나 매매를 중개하는 영업을 하는 법인이다.

② 지방도매시장은 2000년 6월 1일부터 도입되었고, 중앙도매시장은 2006년 1월 1일부터 2년의 범위 내에서 대통령령이 정하는 날부터 도입이 가능해졌다.

③ 우리나라에 최초로 도입된 시장은 서울 강서농산물도매시장으로 52개 법인이 입주하였다.

④ 위탁수수료의 최고한도는 청과부류는 거래금액의 1천분의 70, 수산부류는 거래금액의 1천분의 60, 양곡부류는 거래금액의 1천분의 20이다.

💡 ② 중앙도매시장의 도입은 2005년 7월 1일부터 가능해졌다.

25 지역농협이나 작목반 및 영농조합법인 등 생산자조직을 통한 공동출하 확대방법으로 적절한 것은?

① 공동수송을 한다고 해도 비용절감 효과는 크지 않으므로 굳이 추진할 필요는 없다.

② 선별은 공동으로 하고 상품검사는 개별적으로 하는 것이 효과적이다.

③ 공동선별을 위해서는 품종의 공동선택과 재배기술의 평준화가 전제되어야 한다.

④ 공동계산이 공동수송이나 공동선별보다 우선적으로 추진되어야 한다.

💡 공동출하 확대방법
　　㉠ 공동조직과 구성원 간의 절대적 신뢰를 전제로 해야 한다.
　　㉡ 품종의 공동선택과 재배기술의 평준화가 전제되어야 한다.

26 농산물 도매시장의 운영상 문제점에 대한 설명으로 틀린 것은?

① 도매시장의 하역 기계화가 진전되지 못해 하역효율이 낮다.

② 산지의 표준규격 상품의 출하물량이 증가하면서 도매시장 거래물량이 크게 늘어나고 있다.

③ 중도매인의 취급규모가 영세하여 규모의 경제에 따른 이득을 실현하지 못하고 있다.

④ 제도개혁과 운영혁신에도 불구하고 중도매인 등 상인의 불공정 행위가 잔존하고 있다.

☀ 도매시장 운영제도의 문제점
　　㉠ 시장도매인제도 : 도입여건이 충족되지 않은 상태에서는 위탁제도하의 문제점 발생 우려, 한 시장에 체제 병행 문제 등
　　㉡ 표준하역비제도 : 도입목적별 추진방법의 차이, 규격출하품의 차이, 표준하역비 산정문제, 현행 하역주체의 문제점, 부담주체의 경영압박요인, 산지와 소비지의 하역기계화 여건 미흡
　　㉢ 비상장거래제도 : 유통주체간 갈등 증폭, 대량품목의 지정 문제, 거래내역 파악 애로, 거래가격 신뢰성 문제, 산지의 표준화와 공동출하 저해 등

〈농산물품질관리사 제5회〉

27 산지에서 생산자, 생산자단체, 수집상 간에 이루어지는 거래방식에 관한 설명으로 틀린 것은?

① 농가가 수확, 선별, 포장에 필요한 노동력이 부족할 경우 포전(圃田)거래를 선호하는 경향이 있다.

② 채소수급 안정사업은 대표적인 계약재배 방식이라 할 수 있다.

③ 정전(庭前)거래는 저장성이 없는 농산물을 중심으로 이루어지고 있다.

④ 농산물 성출하기에 주산단지에서 산지공판이 이루어지기도 한다.

☀ ③ 정전(庭前)거래는 농가에서 수확하여 거두어들인 농산물을 구입하는 것으로 저장성이 좋아 수확 후 저장 및 출하조절이 가능한 품목에서 이루어진다. 반대로 저장성이 없고 농산물의 수확 및 출하가 일정한 간격 또는 매일 이루어지는 품목은 작목반 조직의 활성화로 인해 산지에서의 거래접근이 거의 없는 편이다.

〈농산물품질관리사 제5회〉

28 생산자가 협동조합 유통에 참여함으로써 얻게 되는 이득이 아닌 것은?

① 민간 유통업자의 시장지배력 견제

② 유통마진의 절감

③ 안정적인 시장 확보와 가격 안정화

④ 거래교섭력 제고를 통한 완전경쟁체제 구축

☀ ④ 협동조합에 생산자가 참여함으로 달성할 수 있는 목적으로는 규모의 경제실현 및 도매상, 소매업자, 가공업자와의 거래교섭력의 제고에 있지만 거래교섭력의 향상으로 완전경쟁체제의 구축은 달성하기 어렵다.

>> ANSWER
24.② 25.③ 26.② 27.③ 28.④

29 농산물 공동계산제의 장점에 대한 설명으로 틀린 것은?

① 가격변동이나 개별출하에 따른 위험의 분산
② 농가의 단기적인 자금조달의 원활화
③ 출하시기와 출하시장의 적절한 조정
④ 공정하고 엄격한 품질관리

💡 ② 공동계산을 할 경우 단기적 자금조달의 원활화가 아닌 판매가격 및 농가수취가격이 높아짐으로
지속적인 경제적 이익을 창출할 수 있는 장점이 있다.
　※ 농산물 공동계산제의 장점
　　㉠ 유통비용의 감소
　　㉡ 구매자의 신뢰 증진
　　㉢ 농가수취가격의 증가
　　㉣ 농가의 시장교섭력 향상
　　㉤ 브랜드화·품질관리를 통한 상품성 향상

30 무점포 소매점의 종류가 아닌 것은?

① 아웃렛(Outlet)　　　　　② 전자상거래
③ TV홈쇼핑　　　　　　　④ 자동판매기

💡 ① 무점포 소매점은 무인판매방식의 소매점을 말하는 것으로 실제의 매장을 구성하고 있는 아웃렛
(Outlet)은 해당하지 않는다.
　※ 무점포 소매점의 종류
　　㉠ 통신판매점 : TV홈쇼핑, 카탈로그(Catalog)소매, 텔레마케팅, 전자상거래
　　㉡ 자동판매기 소매업 : 자동판매기를 통해 상품의 판매
　　㉢ 방문판매업 : 세일즈맨을 활용하는 상품판매방식

31 산지유통전문조직에 대한 설명으로 틀린 것은?

① 시·군 단위 이상의 농가를 조직화하고 공동브랜드를 사용한다.
② 경영에 관한 진단과 컨설팅을 받고 있다.
③ 대형유통업체 등의 시장지배력에 대응하기 위해 유통사업 규모를 대형화한다.
④ 규모화 되고 전문화된 협동조합과 영농조합법인 등을 중심으로 선정되고 있다.

💡 ① 산지농산물 공동마케팅 조직에 대한 설명이다. 정부는 산지유통조직을 매출규모 및 전문성 정도에 따라 단계별로 육성하고 있는데 공동마케팅 조직은 그 중에서 가장 상위의 규모화된 조직이다.

※ 2009 농산물 공동마케팅 조직 선정 현황
    ㉠ 충북원예농협 : 충주(사과)
    ㉡ 부여농협연합사업단 : 부여(수박, 멜론)
    ㉢ 남원원예농협 : 남원(복숭아, 딸기)
    ㉣ 풀빛영농조합법인 : 무안(양파)
    ㉤ 경북능금농협 : 경북(사과)
    ㉥ 상주원예농협 : 상주(곶감, 오이)
    ㉦ 태영영농조합법인 : 칠곡(마늘, 양파)
    ㉧ 제주농협연합사업단 : 제주(감귤, 당근)
    ㉨ 경주농협연합사업단 : 경주(토마토, 당근)

〈농산물품질관리사 제5회〉

32 농산물 종합유통센터의 운영에 대한 설명으로 틀린 것은?

① 농산물유통경로를 다원화하고 있다.
② 취급 농산물은 산지 직구매로 조달하고 있으나, 일부 품목은 대형유통업체에서 조달하고 있다.
③ 표준규격품 출하 유도 및 물류체계 개선 촉진 등 산지유통 개선에 기여하고 있다.
④ 유통경로 단축과 물류개선으로 유통비용을 절감하고 있다.

💡 ② 종합유통센터는 수요자의 주문이 들어오면 출하자와의 협의를 통해 상품을 조달하는 예약거래의 방식을 채택하고 있다. 따라서 대형유통업체를 비롯한 중간업체를 통하지 않고 생산자와 소비자를 바로 연결하는 방식을 택한다.

〈농산물품질관리사 제6회〉

33 상품의 다양성(variety) 측면에서는 가장 좁고, 상품의 구색(assortment) 측면에서는 가장 깊은 소매업 형태는?

① 할인점(discount store)
② 백화점(department store)
③ 카테고리 킬러(category killer)
④ 기업형 슈퍼마켓(super supermarket)

💡 카테고리 킬러는 '상품 카테고리의 모든 것을 갖춤'이라는 의미의 업종별 전문할인점이다. 이것은 한 가지 업종만 취급하며 다종대량으로 진열한다.

>> ANSWER

29.② 30.① 31.① 32.② 33.③

〈농산물품질관리사 제6회〉

34 도매시장에서 징수하는 수수료 또는 비용에 대한 설명으로 옳지 않은 것은?

① 일정률의 위탁수수료는 대량 출하자에게 유리하다.
② 중도매인과 시장도매인은 중개수수료를 수취할 수 있다.
③ 표준 하역비제도는 출하자의 부담을 완화시키기 위해 도입된 것이다.
④ 위탁수수료는 도매시장법인 또는 시장도매인이 징수할 수 있다.

💡 도매시장에서 징수하는 일정률의 위탁수수료는 소량 출하자에게 유리한 면이 있다.

〈농산물품질관리사 제6회〉

35 산지유통의 기능과 효용이 옳게 연결된 것은?

① 저장기능 – 장소효용
② 수송기능 – 시간효용
③ 가공기능 – 형태효용
④ 선별기능 – 소유효용

💡 산지유통은 농산물유통과정의 첫 시작점이다. 산지에서 생산한 농산물을 가공할 경우에는 형태적 효
용이 창출된다.

〈농산물품질관리사 제6회〉

36 농업협동조합이 조합원에게 줄 수 있는 이익이 아닌 것은?

① 규모화를 통해 거래교섭력을 증대시킨다.
② 수요를 통제하여 농가수취가를 높여 준다.
③ 농자재 공동구매를 통해 농가 생산비 절감에 기여한다.
④ 개별 농가에서 할 수 없는 가공 사업을 수행하여 부가가치를 높여준다.

💡 농업협동조합은 조합원에게 이익을 주기 위해서 농산물에 대한 수요를 자유롭게 하여 농가수취가를
낮추어 준다.

〈농산물품질관리사 제7회〉

37 농산물 공동계산제에 대한 설명으로 옳지 않은 것은?

① 수확한 농산물을 등급별로 공동선발한 후 개별 농가의 명의로 출하한다.
② 공동판매를 통하여 개별 농가의 위험을 분산할 수 있다.
③ 엄격한 품질관리로 상품성을 제고하여 시장의 신뢰를 얻을 수 있다.
④ 출하물량의 규모화로 시장에서 거래교섭력이 증대된다.

> 농산물 공동계산제는 수확한 농산물을 등급별로 공동선별한 후 각 농가의 상품을 혼합하여 등급별로 구분하여 관리하기 때문에 개별 농가의 위험을 분산할 수 있다.

〈농산물품질관리사 제7회〉

38 농산물 도매시장의 기능과 가장 거리가 먼 것은?

① 출하된 농산물에 대한 가격형성
② 농산물의 표준 및 등급기준 설정
③ 대량집하 및 분산을 통한 수급조절
④ 대금정산 및 유통정보 제공

> 농산물 도매시장은 가격형성, 대량집하 및 분산을 통한 수급조절, 대금정산 및 유통정보의 제공 등을 통해 생산과 소비간 농산물의 질적·양적 모순을 조절한다.

〈농산물품질관리사 제7회〉

39 도매시장 개설자에게 등록하고 경매에 참여하여 상장된 농수산물을 직접 매수하는 가공업자, 소매업자, 소비자단체 등의 유통주체는?

① 중도매인   ② 소매상
③ 도매시장법인   ④ 매매참가인

> 매매참가인이란 농수산물도매시장·농수산물공판장 또는 민영농수산물도매시장에 상장된 농수산물을 직접 매수하는 자로서 중도매인이 아닌 가공업자, 소매업자, 수출업자 및 소비자단체 등 농수산물의 수요자를 말한다.

≫ ANSWER

34.① 35.③ 36.② 37.① 38.② 39.④

40 산지유통전문조직에 대한 설명으로 옳지 않은 것은?

① 유통의 전문화 · 규모화가 잘 이루어지고 있는 협동조합과 영농조합법인 등을 중심으로 육성된다.

② 생산농가, 작목반, 영농회 등 생산주체를 계열화하고 조직화한다.

③ 대형유통업체와의 직거래를 활성화하고 품목별, 지역별로 개별출하를 확대한다.

④ 물류개선을 통해 유통비용을 절감하고 경쟁력 있는 상품개발을 통해 부가가치를 창출한다.

💡 산지유통전문조직은 급변하는 소비시장의 변화에 능동적으로 대응하기 위해 육성한 마케팅 중심의 생산자조직으로, 동일 작물 재배농가들이 모여 개별경영을 그대로 유지하면서 협동생산과 공동출하를 통한 농가소득증대를 목적으로 한다.

〈농산물품질관리사 제7회〉

41 농수산물 종합유통센터의 운영과 성과에 대한 설명으로 옳지 않은 것은?

① 소비자 정보의 신속한 수집과 다양한 행사를 통해 도농교류 활성화에 기여하고 있다.

② 표준규격품 출하유도와 물류체계 개선촉진으로 산지유통개선에 기여하고 있다.

③ 유통경로 단축과 물적 효율성 제고로 유통비용을 절감하여 생산자와 소비자 이익이 증대된다.

④ 농수산물 도매시장과는 다른 유통체계를 구축하여 유통경로를 다원화하기 위해 전국에 10개소를 건설 · 운영중이다.

💡 농수산물 종합유통센터는 산지와의 직거래를 통해 유통경로를 단축하고 포장출하, 하역개선 등으로 물류체계를 개선하는 효과가 있다.

〈농산물품질관리사 제7회〉

42 농산물 산지유통에 관한 설명으로 옳지 않은 것은?

① 산지에서 다양한 물류기능으로 시간적 · 장소적 · 형태적 효용을 창출한다.

② 판매계약(Marketing contract)의 경우 농산물 생산에 따른 위험을 생산자와 구매자가 분담한다.

③ 정전거래는 저장, 보관이 가능한 고추, 마늘 등 채소와 사과, 배 등 과일에서 주로 이루어진다.

④ 최근 대형유통업체들이 생산농가나 생산자 조직과 계약재배를 하는 경우가 증가하고 있다.

💡 농산물 산지유통에서 생산자와 구매자 사이에 판매계약이 이루어진 경우에 농산물 생산에 따른 위험은 생산자가 부담한다.

43 다음 중 대형 소매기관에 해당하지 않는 것은?

① 슈퍼마켓   ② 백화점

③ 편의점   ④ 대형할인마트

      💡 대형 소매기관의 종류 ··· 슈퍼마켓, 백화점, 하이퍼마켓, 대형할인마트 등

44 농산물 산지거래에 대한 설명으로 옳지 않은 것은?

① 산지에서 수송, 저장, 가공 등의 기능을 수행함으로써 시간, 장소, 형태 효용을 창출하여 부가가치를 높일 수 있다.

② 농산물의 산지에서 생산자가 판매하므로 유통경로의 단축 및 유통비용이 절감된다.

③ 산지에서 1차적 거래기능이 이루어지며 거래의 방법은 획일화되고 있다.

④ 생산된 물량을 출하하기 위한 수급조절이 필요하다.

      💡 ④ 산지거래는 생산된 물량을 바로 출하하기 때문에 수급조절은 필요하지 않다.

45 다음에서 설명하고 있는 농산물의 수집형태는?

> 농산물을 파종 직후부터 수확 전까지 미리 밭떼기로 매입하였다가 적정 시기에 이를 수확하여 도매시장에 출하시키는 것을 말한다.

① 저장형   ② 순회수집형

③ 밭떼기형   ④ 수수료형

      💡 ① 저장가능성이 높은 농산물을 대상으로 수집하여 저장해두었다가 적정시기에 도매시장에 출하하는 형태
        ② 소량의 농산물을 지역을 돌면서 수집하였다가 도매시장에 출하하는 형태
        ④ 출하주와 계약체계를 형성한 후 농산물을 수집하여 출하하는 형태

46 다음 중 포전매매가 나타나는 원인으로 볼 수 없는 것은?

① 농가의 입장에서 생산량 예측이 어렵기 때문에
② 농가의 저장시설이 미흡하기 때문에
③ 농가의 노동력이 풍부하기 때문에
④ 농가의 입장에서 미래의 가격에 대한 예측이 어렵기 때문에

🔅 포전매매는 밭떼기의 형태로 이루어지는 거래형태로 생산량 및 가격 예측의 어려움, 저장시설 및 노동력의 부족으로 인하여 농가에서 할 수 없이 행해지고 있다.

47 생산자가 다양한 유통경로를 동시에 활용할 경우 나타나는 특징은?

① 물류비의 증가
② 영업범위의 축소
③ 구매편의성의 감소
④ 경로갈등의 증가

🔅 복수 유통경로
ⓐ 개념 : 생산자가 각기 다른 유통경로를 사용하여 세분화된 개별시장에 효과적으로 접근하기 위하여 2개 이상의 유통경로를 동시에 활용하는 유통경로를 말한다.
ⓑ 특징 : 판매범위가 넓어 판매량이 증가하는 장점이 있는 반면 유통경로간 갈등이 심화되고 경로간 특성에 따라 이중가격이 형성될 수 있는 단점이 있다.

48 다음 중 공동판매조직을 통한 공동출하의 장점으로 옳지 않은 것은?

① 수송비의 절감
② 노동력의 증가
③ 농가 수취가격 상승
④ 농산물 출하 조절용이

🔅 ② 공동출하는 노동력을 절감할 수 있다.

49 농수산물도매시장 또는 민영농수산물도매시장의 개설자로부터 지정을 받고 농수산물을 매수 또는 위탁받아 도매하거나 매매를 중개하는 영업을 하는 유통기구는?

① 도매시장법인
② 시장도매인
③ 중도매인
④ 경매사

🔅 ① 도매시장 개설자로부터 지정을 받고 농수산물을 위탁받아 상장하여 도매하거나 이를 매수하여 도매하는 유통기구
③ 도매시장, 공판장 또는 민영도매시장 개설자의 허가 또는 지정을 받아 상장된 농수산물을 매수하여 도매하거나 매매를 중개하는 영업을 하는 사람
④ 도매시장법인에 소속된 자로 도매시장에서 출하한 물품을 평가하여 중도매인 또는 매매참가인에게 공정한 판매를 위한 일을 하는 경매집행자

50 미국의 소매업 경영기술을 도입하여 여기에 독자적인 경영노하우를 개발, 적용시켜 주로 유럽에서 발전하고 있는 대형 소매점은?

① 월부백화점　　　　　　　　　　② 할인점
③ 버라이어티 스토어　　　　　　　④ 하이퍼마켓

> ✦ 하이퍼마켓
> ㉠ 식품 또는 비식품을 풍부하게 취급하여 대규모의 주차장 등과 같은 특징이 있는 매장면적 $2,500m^2$ 이상의 소매점포이다.
> ㉡ 미국의 소매경영기술을 도입하여 독자적인 경영노하우를 개발·적용시켜 주로 유럽에서 발전하고 있는 형태의 대형 소매점이다.

51 다음 중 재래시장의 특징이 아닌 것은?

① 영세상인집단
② 시장의 획일적 관리통제 용이
③ 전문적 마케팅활동 수행 곤란
④ 대부분 상설시장

> ✦ 재래시장의 특징
> ㉠ 일부 시장을 제외한 대부분의 시장이 조잡한 시설 속에 통일성 없는 영세점포와 좌판이 난립하고 노점·행상이 즐비하여 환경이 불결하다.
> ㉡ 불량식품·불량도량형기·부당사격 등 불공정거래의 온상이 되고 있다.
> ㉢ 시장개설자나 관리자는 임대료를 징수하고 시장을 유지하는 외에는 시장 전체를 획일적으로 관리·통제할 수 있는 능력이 없다.
> ㉣ 상호간의 협업화가 부진하여 시장 전체가 하나의 단일조직으로서의 기능을 갖기 어렵다.

52 다음 중 소매시장에 대한 설명으로 옳지 않은 것은?

① 최종소비자를 대상으로 하여 거래가 이루어지는 시장을 소매시장이라 한다.
② 거래 단위는 비교적 작으며, 인구밀집지역에 많이 분포되어 있다.
③ 소매상은 소비자들에게 상품에 대한 관련 지식과 기술적 지원 등의 도움을 준다.
④ 소매시장의 상인들은 상품의 구매·보관·판매의 기능을 가지고 있다.

> ✦ ③ 소매시장의 소매상은 소비자들에게 상품관련정보를 제공하여 상품구매를 도울 수는 있으나 기술적 지원은 하지 않는다.

53 농산물 공동계산제에 대한 설명으로 볼 수 없는 것은?

① 각 농가가 내놓은 상품을 혼합하여 등급별로 분류한 후 관리·판매하여 그 등급에 따라 비용과 대금을 평균하여 농가에 정산해주는 공동판매방법이다.
② 유통비용을 절감할 수 있으며 농산물의 품질이 저하되는 것을 최소화할 수 있다.
③ 전문경영기술이 발달되어 있으며, 유동성이 상승한다.
④ 개별농가의 위험부담이 분산되어 안정된 농가소득을 올릴 수 있다.

💡 ③ 공동계산제은 농가지불금 지연 및 개성의 상실, 유동성의 저하, 전문경영기술의 부족 등의 단점을 안고 있다.

54 도매시장의 기능에 대한 설명으로 옳지 않은 것은?

① 수급조절 기능
② 집하 기능
③ 분배 기능
④ 유통경로 기능

💡 도매시장의 기능
　㉠ 유통참가자들은 도매시장의 상황변동을 고려하여 출하량과 구입량을 조절함으로써 수급조절이 가능하게 된다.
　㉡ 타 소매시장 및 산지 시장가격을 결정하는 가격형성의 기능을 한다.
　㉢ 농산물의 상품적 특성 및 거래상의 특성으로 도매시장은 많은 품종과 종류를 집하하는 기능을 한다.
　㉣ 도매시장에 집하된 농산물은 신속하게 거래되어 소비자에게 전달되므로 분배기능을 한다.
　㉤ 도매시장은 출하자에 대한 출하대금결제기능, 생산자 및 수집상에 대한 선도자금의 대여 등 유통금융기능을 수행한다.
　㉥ 도매시장은 판매자와 구매자가 한 번에 대량으로 농산물을 팔거나 살 수 있으므로 시간과 비용을 절약하는 기능을 한다.
　㉦ 도매시장에는 많은 상품이 집중되어 공개된 상태에서 가격이 형성되기 때문에 도매시장에서 발생된 각종 유통정보는 각종 유통참가자들에게 있어 의사결정에 필요한 가장 중요한 자료가 되는 유통정보의 수집 및 전달기능을 한다.

55 다음 중 소매업태에 대한 연결이 잘못된 것은?

① 편의점 – 소규모매장, 인구밀집지역에 위치, 24시간영업
② 할인점 – 하이퍼마켓, 슈퍼센터, 회원제창고형 도소매점, 아웃렛 등
③ 전문점 – 상품계열이 한정되나 해당 상품계열 내에서 다양한 품목을 취급
④ 백화점 – 주택가 입지, 생활필수품 중점 취급

💡 ④ 백화점은 각종 상품들을 부문별로 구성하고 있으며 일괄구매가 가능한 특징을 가지고 있다.

56 도매시장 운영상의 문제점을 지적한 내용으로 옳지 않은 것은?

① 과다하게 건설된 공영도매시장의 운영 비활성화
② 하역기계의 미비 및 비효율적 구조
③ 일부 상인들의 불공정행위
④ 중도매인의 규모의 경제 실현

💡 도매시장 운영의 문제점
　　㉠ 도매시장개설자의 전문성 결여
　　㉡ 도매시장의 관리·감독 소홀
　　㉢ 과다한 공영도매시장의 건설 및 운영의 비활성화
　　㉣ 일부 상인들이 불공정 행위
　　㉤ 영세한 중도매인으로 인한 물류개선 저해 및 규모의 경제에 따른 이득의 비실현
　　㉥ 하역기계의 미비 및 비효율, 고비용 구조

57 다음 중 도매시장의 운영주체로 보기 어려운 것은?

① 도매시장법인　　　　　　② 시장도매인
③ 중도매인　　　　　　　　④ 경매사

💡 도매시장의 운영주체 … 도매시장법인, 시장도매인, 중도매인

CHAPTER

04

농산물유통의 기능

농산물유통은 여러 가지 기능을 하게 되는데, 소유권 이전기능, 물적 유통기능, 유통의 조성 기능은 농산물유통의 대표적인 기능이다. 이를 중심으로 각 기능별 특징을 익혀 두어야 한다.

 **1 농산물유통기능**

(1) 유통기능의 이해

① 유통기능(marketing function) … 생산물이 생산자로부터 최종 소비자에게 이동하는 과정에서 이루어지는 주된 활동을 유통기능이라 하며, 유통과정에는 많은 유통기능들이 유기적으로 관련되어 있다.

② 유통기능의 흐름
  ㉠ 상류 : 매매와 관련된 흐름으로 실제 소유권이 이전되는 것이다.
  ㉡ 물류 : 수송·배송·보관과 관련된 흐름으로 실제 상품이 이동되는 것이다.
  ㉢ 정보류 : 가치 있는 정보가 상품이 되어 다양한 유통경로로 이동하는 것이다.

(2) 농산물유통기능

① 소유권 이전기능 … 유통경로가 수행하는 가장 본질적인 기능으로 판매와 구매기능을 말한다.

② 물적 유통기능 … 생산과 소비 사이의 장소적·시간적 격리를 조절하는 기능이다.

③ 유통조성기능 … 소유권 이전기능과 물적유통기능이 원활히 수행될 수 있도록 지원해 주는 기능이다.

(3) 농산물 등급화의 특징

① 가격정보의 유용성을 높여줌으로서 유통업자 및 농업인들의 의사결정에 있어 도움을 주게 된다.

② 통일된 거래 단위를 활용해서 품질 속성의 차이를 용이하게 식별할 수 있도록 한다.

③ 농산물에 대한 등급별 구성비 변화는 등급별 수요탄력성에 의해 생산자의 총소득을 변화시킨다.

 2 주요 기능의 이해

(1) 소유권 이전(교환)기능

① 개념
　㉠ 상품이 교환을 통하여 생산자로부터 소비자에게로 넘어가는 과정에서 소유권이 바뀌는 것과 관련된 경제활동을 뜻한다.
　㉡ 경영적 유통기능, 교환기능, 상거래기능이라고도 한다.

② 분류 … 대금을 주고 농산물을 구매하는 구매기능과 농산물을 사고 싶은 욕구를 만족시킬 수 있는 판매기능으로 나누어진다.
　㉠ 구매(수집)기능
　　㉮ 농산물을 사기 위하여 계약체결 후 농산물을 인도 받고 대금을 지불하는 과정을 말한다.
　　㉯ 최종소비자가 소비를 목적으로 구매하는 경우와 재판매를 목적으로 구매하는 경우가 있다.
　　㉰ 생산자로부터 원료를 수집하거나 다른 상인 소유의 최종생산물을 수집하는 활동이 포함되므로 수집기능이라고도 한다.
　㉡ 절차
　　㉮ 구매 필요 여부의 결정
　　㉯ 구매 상품의 품목 결정
　　㉰ 구매 상품의 품질 및 수량 결정
　　㉱ 가격 및 인도시기, 지불조건의 상담
　　㉲ 구매 상품의 인도
　　㉳ 상품의 소유권 이전

③ 판매(분배)기능

    ㉠ 잠재고객에게 상품 및 서비스에 대한 구매욕구를 자극시켜 구매로 연결시키는 활동을 말한다.

    ㉡ 판매기능을 분배기능이라고도 한다.

    ㉢ 판매활동의 포함 사항

        ㉮ 상품의 진열

        ㉯ 적당한 판매장소 및 판매시기의 결정

        ㉰ 상품의 적정 크기 및 포장단위·규격의 결정

        ㉱ 적절한 유통경로의 선택

        ㉲ 구매충동을 자극하는 광고와 선전활동

(2) 물적 유통기능

① **개념** ⋯ 농산물의 수송·저장·가공과 같이 실제 우리 눈으로 볼 수 있는 기능을 말한다.

② **분류** ⋯ 장소적 효용을 창출하는 수송기능, 시간적 효용을 창출하는 저장기능, 형태적 효용을 창출하는 가공기능으로 나누어진다.

    ㉠ **수송기능** : 분산되어 있는 농산물을 생산지로부터 가공지 또는 소비지로 이동시키는 기능을 말한다.

        ㉮ 수급은 농산물 수급의 장소적 조정을 맡아하며, 장소적 효용을 창출한다.

        ㉯ 시장영역의 크기는 농산물의 수송여부에 따라 결정되므로 수송비용을 감소시키면 유통효율이 증대된다.

        ㉰ 농산물 수송에는 철도, 자동차, 선박, 비행기 등이 이용된다.

POINT

운송수단별 특징

운송수단	특징
철도	• 안정성·신속성·정확성이 있다. • 융통성이 적어 제한된 경로로만 운송이 가능하다. • 중장거리 운송에 이용하는 것이 경제적이다.
자동차	• 기동성이 좋고 도로망이 발달해 융통성이 있다. • 소량운송이 가능하며, 농산물 수송수단으로 큰 비중을 차지한다. • 단거리 수송에 이용하는 것이 경제적이다.
선박	• 운송비가 저렴하며 대량 수송이 가능하다. • 융통성이 작으며 제한된 통로로만 수송이 가능하다. • 장거리 수송에 이용하는 것이 경제적이다.
비행기	• 신속·정확하며 일부 수출농산물 수송에 이용되고 있다. • 비용이 많이 들고 항로와 공항의 제한성에 구애 받는다.

㉔ **수송비용** : 상품의 움직임에 따라 발생하는 모든 비용의 합을 수송비용이라 한다.

   ⓐ 수송거리와 직접 관련이 있는 가변수송비와 수송거리와는 직접 관련 없이 고정적으로 발생하는 고정비용으로 구성된다.

   ⓑ **수송비용의 영향 요인**

    • 지형이나 도로, 철도 등의 사회 간접 자본 형성 정도

    • 수송수단

    • 생산물의 형태

    • 제도적인 조치

   ⓒ **수송비용 절감법**

    • 수송기술의 혁신 : 냉동 수송 자동차 및 대량으로 수송 할 수 있는 화차 개발, 고속도로의 개설, 컨테이너 방법 또는 팰릿 방법으로 수송을 하면 수송비용이 감소한다.

    • 수송수단 간의 경쟁 촉진 : 철도와 화물, 자동차 간의 경쟁은 수송료를 감소시킬 가능성이 있으며, 새로운 수송 서비스를 제공할 수 있다.

    • 수송시설 가동률을 증대·효율적 이용 : 수송시설의 중복 투자를 제거하고, 수송노선을 보다 개선하여 수집과 분배 능력을 제고시킨다.

    • 수송 중 부패와 감모 방지 : 적재방법을 개선하고 적당한 수송 용기를 사용하면 감모를 절감시켜 수송비를 감소시킬 수 있다.

    • 생산물 변화 : 육종 기술의 개발로 고급 품질의 농산물을 부패성이 적은 품종으로 개발한다.

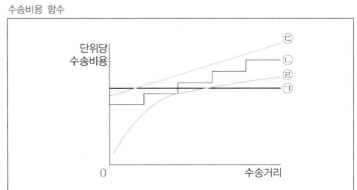

POINT

수송비용 함수

㉠ 균일수송비용함수 : 단위당 수송비용이 수송거리와 관계없이 일정한 수준에 고정되어 있는 경우로 국내 우편요금제도가 이에 해당한다.

㉡ 지대별 요금제 : 단위당 수송비용이 거리가 길어짐에 따라 불연속 단계적으로 증가하는 경우로 철도의 화물수송요율을 책정할 때 주로 이용된다.

㉢ 선형수송비용함수 : 수송거리가 증가함에 따라 단위당 수송비용이 증가하나 거리에 비례해서 증가하는 형태로 주로 단거리 수송에 적용된다.

㉣ 비선형수송비용함수 : 수송거리가 증가함에 따라 단위당 수송비용이 체감하는 율로 증가하는 형태이며 주로 장거리 수송에 적용된다.

ⓛ 저장기능 : 생산품을 생산시기로부터 판매시기까지 보유하여 시간적 효용의 창조로 수요와 공급을 조절한다.

    ㉮ 계절성 상품인 농산물의 연중 안정적인 공급과 상품 공급의 과부족의 조절을 위해 저장이 필요하다.

    ㉯ 저장의 종류

        ⓐ 운영재고 유지저장 : 효율적인 유통 과정을 위해 필요한 운영 재고를 유지하기 위한 저장방법이다.

        ⓑ 계절적 저장 : 공급이 많은 수확기에 하는 저장방법이다.

        ⓒ 투기목적 저장 : 저장기간 중 가격차로 이윤을 추구하려는 저장방법이다.

        ⓓ 비축재고 저장 : 주로 국가에 의해 수행되며 가격 안정과 유사시를 대비한 저장방법이다.

ⓒ 가공기능 : 원료 상태의 농산물에 인위적인 힘을 가하여 그 형태를 변화시키고 형태효용을 창출하는 것을 말한다.

    ㉮ 가공기능을 통해서 생산의 계절성 및 저장성의 취약 등을 극복하고 시기적절하게 소비자에게 제공할 수 있다.

    ㉯ 가공기능은 수송기능 및 저장기능 등 다른 물적 기능과 밀접히 연관되어 있다.

    ㉰ 농산물은 부패·손상의 위험성이 높으므로 통조림·냉동·건조 등의 가공이 필요하다.

    ㉱ 부피가 큰 농산물의 경우 가능한 수송에 편리한 형태로 가공하는 것이 좋다.

    ㉲ 해당 농산물의 부가가치가 증가한다.

    ㉳ 농가소득 증대에 기여할 수 있다.

    ㉴ 해당 농산물의 총수요가 증가된다.

    ㉵ 가공관련 비용

        ⓐ 가공 공장까지의 원료, 농산물의 수집 비용

        ⓑ 가공 공장의 가공비용

        ⓒ 최종 생산물을 공장으로부터 소비 시장까지 운송하는 비용

(3) 유통의 조성기능

① 개념 … 농산물의 원활한 유통을 도와주는 기능으로 표준·등급화, 위험부담, 유통금융, 시장정보기능 등이 있다.

② 표준·등급화

    ㉠ 표준화 : 농산물을 상품화시키기 위한 기본적인 척도 또는 기준을 정하는 것으로 농산물의 표준화는 무게와 형태의 특성에 대한 표준과 품질에 대한 표준으로 구분된다.

        ㉮ 표준화의 이점

            ⓐ 시장정보의 교환을 신속 정확하게 하여 농산물유통의 운영 효율을 증진시킨다.

ⓑ 수송비용과 저장 비용을 절감시켜 시장의 경쟁을 제고시키고, 가격 효율을 증진시킨다.

ⓒ 상품을 유통시키는 과정에서 금융을 용이하게 하고, 위험 부담을 감소시킬 수 있다.

ⓓ 품질에 따른 가격형성의 정확성 제고로 공정거래를 촉진한다.

ⓔ 상품성 및 상품에 대한 신뢰도를 제고시켜준다.

ⓕ 선별·포장출하로 소비지에서의 쓰레기 발생을 억제한다.

㉯ 농산물 물류 표준화 대상

분야	표준화 대상
포장	포장치수, 재질, 강도, 포장방법, 외부 표시 사항
등급	크기, 품질 등
운송	수송단위, 적재함의 높이·크기 등
보관·저장	저장시설 설치 기준, 하역시설 등
하역	팰릿, 지게차, 컨베이어, 전동차 등
정보	상품코드, 전표, 장표, EDI, POS 등

ⓛ 등급화…설정된 기준에 따라 상품을 구분·분류하는 과정을 말한다.

㉮ 등급화의 기준 : 품목 또는 품종별로 그 특성에 따라 수량·크기·형태·색깔·신선도·건조도·성분함량 또는 선별상태 등을 등급화의 기준으로 삼는다.

㉯ 등급의 요건

ⓐ 동일 등급 내의 상품은 동질성을 갖추고 있어야 한다.

ⓑ 다른 등급 사이는 쉽게 구별할 수 있도록 이질적인 특성을 갖추어야 한다.

㉰ 농산물 등급제도의 문제점

ⓐ 등급화 기준은 감각적·물리적·화학적·생물학적·경제학적 기준에 의해서 이루어지므로 객관화하는데 어려움이 따른다.

ⓑ 생산자·소비자·상인들의 이해관계가 다르므로 공통적인 욕구를 충족시킬 기준의 설정이 어렵다.

ⓒ 농산물의 특성상 출하시기와 소비자들의 구매 시기에 품질의 차이가 발생할 수 있다.

ⓓ 생산자·상인·소비자의 입장에 따라 등급 수의 상이한 적용이 나타날 수 있다.

• 생산자·소비자 : 등급 수를 세분화하려고 한다.

• 상인 : 등급 수를 줄이려는 경향이 있다.

• 각 등급에 속하는 상품의 충분한 거래량이 없을 경우 지나치게 세분화된 등급은 가격 변별력을 가질 수 없다.

ⓒ 등급화 출하 및 산물출하의 차이 비교

	장점	단점
등급화 출하	• 시장정보의 정확성 및 세분화 • 소비자들의 선호도 충족 및 수요의 창출 • 생산자의 상품성 향상 • 도매시장 상장경매 실시의 용이 및 공정거래 질서의 확립 • 등급 간의 공정가격 형성으로 인한 가격형성 효율성의 제고 • 견본거래 및 신용거래의 가능으로 인해 거래시간 단축 및 유통비용의 절감	• 추가비용의 회수에 따른 리스크의 존재 • 산지 단계에서의 유통비용의 증가 • 출하자 간 등급화의 차이로 인한 전국적 통명거래 및 신용거래에 있어서의 어려움
산물 출하	• 출하인력 및 출하작업시간의 절감으로 인한 산지단계에서의 유통비용 절감 • 포장에서부터 수확과 출하작업 연계성의 용이	• 유통단계에서의 재선별 및 포장작업으로 인한 각종 유통비용의 증가요인 • 용량 및 품질의 규격화 파악이 곤란 • 품질의 불균일성으로 인한 공정가격 형성의 곤란 및 공정거래의 저해

③ **유통금융기능** … 농산물을 유통시키는데 필요로 하는 자금을 융통하는 것을 말한다.

ⓐ 농산물유통금융은 교환기능과 물적 유통기능을 원활히 수행할 수 있게 한다.

ⓑ 물적 유통 시설자금과 유통업자들의 운영자금을 지원해서 생산자와 소비자 간에 장소 및 시간의 격차를 원만하게 연결시켜야 한다.

ⓒ **유통금융기능의 행위**

㉮ 농민들이 농산물을 수확하기 위하여 부족한 자금을 빌리는 행위

㉯ 농산물을 저장하는 창고업자가 저온 창고를 건축하는 데에 소요되는 시설 자금을 정부나 농협으로부터 융자받는 행위

㉰ 농산물 가공업자가 농산물 수매 자금을 융통하는 행위

㉱ 농협 공판장에서 출하 농민들에게 농산물 판매 대금을 현금으로 지급하고, 경매에 참가하여 농산물을 구매한 지정 중도매인에게 외상으로 팔고, 미수금은 일정 기간 후에 받는 행위

ⓓ **농업금융의 특징**

㉮ 소액다수의 분산 융자가 불가피하다.

㉯ 자금수요에 따른 계절차가 심한 편이다.

㉰ 자본의 회전속도가 완만한 편이며, 상업 및 공업 자금 등에 비해서 장기적인 성격을 지니고 있다.

㉱ 상황에 따른 전망이 불확실한 관계로 위험부담이 높고, 이자율도 높다.

④ 위험부담기능

　　㉠ 개념 : 위험부담기능이란, 농산물의 유통과정에서 발생할 가능성이 있는 손실을 부담하는 것을 말한다.

　　㉡ 분류 : 위험은 물적 위험과 경제적 위험으로 구분할 수 있다.

　　　㉮ 물적 위험 : 농산물의 물적 유통기능 수행 과정에서 파손 · 부패 · 감모 · 화재 · 동해 · 풍수해 · 열해 · 지진 등의 요인으로 농산물이 직접적으로 받는 물리적 손해를 말한다.

　　　㉯ 경제적(시장) 위험 : 유통 과정 중 농산물의 가치 변화로 발생하는 손실을 말한다.

　　　　ⓐ 시장가격의 하락으로 인한 재고 농산물의 가치 하락

　　　　ⓑ 소비자의 기호 및 유행의 변천에 따른 수요 감소

　　　　ⓒ 경제 조건의 변화에 의한 시장 축소

　　　　ⓓ 법령의 개정 또는 제정

　　　　ⓔ 예측의 착오 및 수요의 변화

　　　　ⓕ 외상 대금의 미회수 또는 속임수

　　㉢ 대처방안

　　　ⓐ 물적 위험에 대한 대처방안

　　　　• 기업 스스로 기금을 적립해서 위험에 대비하기도 하고, 보험에 가입한다.

　　　　• 유통 장비의 개선과 유통활동의 합리화를 추구한다.

　　　ⓑ 경제적 위험에 대한 대처방안

　　　　• 유통정보의 적절한 이용 및 선물 거래 이용

　　　　• 정확한 유통정보의 입수와 분석

⑤ 시장정보기능

　　㉠ 개념 : 시장정보기능은 유통과정 중 유통활동을 원만하게 하기 위해 필요한 자료의 수집 · 분석 및 분배 활동을 말한다.

　　㉡ 시장정보의 필요성

　　　㉮ 유통에 관한 의사결정, 시장의 경쟁 유지 및 유통기능의 효율성을 제고시키기 위해 필요하다.

　　　㉯ 시장의 완전경쟁 상태를 유지시키는 데에 필요하다.

　　　㉰ 효율적인 시장운영과 합리적 시장 선택으로 유통비용을 절감시킨다.

　　㉢ 시장정보의 기준

　　　㉮ 완전하고 종합적인 것이어야 한다.

　　　㉯ 정확하고 신뢰성이 있어야 한다.

　　　㉰ 실용성이 있어야 한다.

　　　㉱ 개별 유통업자에 대해서는 비밀이 보장되어야 한다.

　　　㉲ 시사성이 있어야 한다.

ⓑ 생산자, 소비자, 상인 등이 똑같이 접할 수 있는 것이어야 한다.

🌿 농산물유통기능 🌿

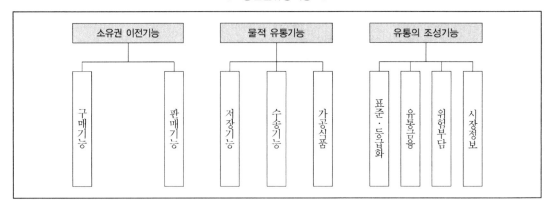

기출예상문제

CHECK | 기출예상문제에서는 그동안 출제되었던 문제들을 수록하여 자신의 실력을 점검할 수 있도록 하였다. 또한 기출문제뿐만 아니라 예상문제도 함께 수록하여 앞으로의 시험에 철저히 대비할 수 있도록 하였다.

〈농산물품질관리사 제13회〉

1 농산물 수송수단 중 선박의 특성으로 옳지 않은 것은?

① 문전연결성이 취약하다.
② 신속성이 상대적으로 떨어진다.
③ 단거리 수송에 유리하다.
④ 대량 운송에 적합하다.

💡 ③ 선박은 장거리 수송에 유리하다.

〈농산물품질관리사 제13회〉

2 농산물 물적 유통기능으로 옳은 것은?

① 포장(packing)
② 시장정보
③ 표준화 및 등급화
④ 위험부담

💡 농산물유통기능
　㉠ 소유권 이전기능 : 유통경로가 수행하는 가장 본질적인 기능으로 판매와 구매기능을 말한다.
　㉡ 물적 유통기능 : 생산과 소비 사이의 장소적 · 시간적 격리를 조절하는 기능이다.
　㉢ 유통조성기능 : 소유권 이전기능과 물적 유통기능이 원활히 수행될 수 있도록 지원해 주는 기능이다.

>> ANSWER
1.③ 2.①

〈농산물품질관리사 제13회〉

3 농산물 유통금융기능이 아닌 것은?

① 도매시장법인의 출하대금 정산

② 자동선별 시설 자금의 융자

③ 농작물 재해 보험 제공

④ 중도매인의 외상판매

> 💡 ③ 농작물 재해 보험 제공은 유통금융의 기능이 아니다.
>
> ※ 농산물 유통금융기능 … 농산물을 유통시키는 데 필요로 하는 자금을 융통하는 것을 말한다.
>   ㉠ 농산물유통금융은 교환기능과 물적 유통기능을 원활히 수행할 수 있게 한다.
>   ㉡ 물적 유통 시설자금과 유통업자들의 운영자금을 지원해서 생산자와 소비자 간에 장소 및 시간의 격차를 원만하게 연결시켜야 한다.

〈농산물품질관리사 제13회〉

4 단위화물적재시스템(ULS)에 관한 설명으로 옳은 것을 모두 고른 것은?

> ㉠ 수송 및 하역의 효율성 제고
> ㉡ 농산물의 파손, 분실 등 방지
> ㉢ 팰릿(pallet), 컨테이너 등 이용

① ㉠, ㉡   ② ㉠, ㉢

③ ㉡, ㉢   ④ ㉠, ㉡, ㉢

> 💡 모두 옳은 설명이다.
>
> ※ 단위화물적재시스템 … 수송, 보관, 하역 등의 물류활동을 합리적으로 하기 위하여 여러 개의 물품 또는 포장화물을 기계, 기구에 의한 취급에 적합하도록 하나의 단위로 정리한 화물을 말한다. 단위적재를 함으로써 하역을 기계화하고 수송, 보관 등을 일괄해서 합리화하는 체계가 단위화물적재시스템이다.

5 다음 농산물 산지유통과정에서 창출되는 효용 중 수송비용에 관련한 내용이 아닌 것은?

① 수송 과정 중 감모 부분

② 감모 등을 감안한 사회적인 비용

③ 운송거리와 관련되는 가변비

④ 상하차비와 같은 고정비

> 💡 ② 농산물 산지유통과정에서 창출되는 효용 중 저장비용에 해당하는 내용이다.

6 다음 중 유통에 있어 조성 기능에 해당하지 않는 것은?

① 시장금융 기능　　　　　② 위험부담 기능
③ 가격세일 기능　　　　　④ 표준화 기능

> 🔆 조성기능
> ㉠ 시장금융 기능
> ㉡ 시장정보 기능
> ㉢ 위험부담 기능
> ㉣ 표준화 기능

7 다음 농산물 수송 수단 중 철도에 대한 것으로 바르지 않은 것은?

① 신속성, 안정성, 정확성이 있다.
② 소량수송이 가능하며, 농산물 수송수단으로 큰 비중을 차지한다.
③ 융통성이 적은 관계로 제한된 경로로만 수송이 가능하다.
④ 중장거리 수송에 활용하는 것이 경제적이다.

> 🔆 ② 자동차 수송에 관한 설명이다.

8 다음 농산물 수송 수단에 관한 내용 중 선박에 대한 것으로 바르지 않은 것은?

① 신속성, 안정성, 정확성이 있다.
② 장거리 수송 등에 활용하는 것이 경제적이다.
③ 운송비가 저렴하고, 대량 수송이 가능한 수송방식이다.
④ 융통성이 적고 제한된 루트로만 수송이 가능한 방식이다.

> 🔆 ① 철도 수송에 관한 내용이다.

9 다음 중 수송비용의 영향 요인에 해당하지 않는 것은?

① 수송수단   ② 제도적 조치

③ 생산물 형태   ④ 가격의 정도

     💡 수송비용의 영향 요인
         ㉠ 수송수단
         ㉡ 제도적 조치
         ㉢ 생산물 형태
         ㉣ 사회간접자본 형성의 정도(지형, 도로, 철도 등)

10 다음 농산물 유통기능 중 성격이 다른 하나는?

① 수송기능   ② 가공기능

③ 구매기능   ④ 저장기능

     💡 ①②④ 물적 유통기능에 해당하며, ③ 소유권 이전기능에 해당한다.

11 다음 중 시장정보의 기준으로 바르지 않은 것은?

① 개개 유통업자에 대해서 비밀이 없어야 한다.

② 실용성이 있어야 한다.

③ 시사성이 있어야 한다.

④ 정확하면서도 신뢰성이 있어야 한다.

     💡 개개의 유통업자에 대해 비밀이 보장되어야 한다.
     ※ 시장정보의 기준
         ㉠ 실용성이 있어야 한다.
         ㉡ 시사성이 있어야 한다.
         ㉢ 정확하면서도 신뢰성이 있어야 한다.
         ㉣ 개개의 유통업자에 대해 비밀이 보장되어야 한다.
         ㉤ 완전하면서도 종합적인 것이어야 한다.
         ㉥ 생산자, 소비자, 상인 등이 모두 똑같이 접할 수 있는 것이어야 한다.

<농산물품질관리사 제1회>

12 농산물유통과정에서 일어나는 유통기능 중 물적 기능에 해당되는 것은?

① 구매　　　　　　　　　　　② 표준화
③ 유통금융　　　　　　　　　　④ 수송

> 💡 유통의 물적 기능 … 생산과 소비간의 시간적, 장소적 격리를 조절하는 기능으로 운송, 보관의 기능이 있다.

<농산물품질관리사 제1회>

13 유통의 조성 기능 중 시장정보에 대한 설명으로 적절한 것은?

① 시장정보는 완전성 · 정확성 · 객관성 · 적시성 · 유용성 등이 충족되어야 된다.
② 생산자의 판매계획 의사결정에는 유용하지만, 투자계획과는 무관하다.
③ 유통활동의 불확실성을 감소시키는 대신 유통비용을 대폭 증가시킨다.
④ 시장정보는 생산자, 상인에게는 매우 유용하지만, 소비자의 구매에는 영향을 미치지 못한다.

> 💡 ② 시장정보기능은 원활한 유통활동을 위해 필요한 정보를 수집하고 분석, 분배하는 활동이다. 따라서 시장정보를 통해 생산자는 판매계획 의사결정 및 투자계획 의사결정에도 유용한 정보를 얻을 수 있다.
> ③ 시장정보는 합리적인 시장선택과 시장운영의 효율을 높여주는 역할을 한다. 따라서 적절한 시장정보를 통해 유통비용을 절감할 수 있다.
> ④ 시장정보는 생산자 · 상인 · 소비자 모두 접근할 수 있는 정보이어야 하며 이를 통해 유통에 참여하는 모든 사람들이 합리적인 선택을 할 수 있게 된다.

<농산물품질관리사 제1회>

14 유통의 기능으로 소유효용과 관계가 있는 기능은?

① 거래　　　　　　　　　　　② 수송
③ 저장　　　　　　　　　　　④ 가공

> 💡 ① 농산물유통의 기능 중 소유권 이전기능은 구매기능과 판매기능으로 나눌 수 있으며 이러한 활동을 통해 소유권이 이전되는 기능을 말한다.

>> **ANSWER**

9.④　10.③　11.①　12.④　13.①　14.①

〈농산물품질관리사 제1회〉

15 표준규격화가 아직까지 큰 성과를 보이지 않는 이유 중 가장 알맞은 것은?

① 농가 출하규모의 규모화 · 집합화
② 생산자의 자기 농산물에 대한 강한 주관적 의식 작용
③ 산지에 과잉 노동력의 존재
④ 소비자의 표준규격화 규정 완전 숙지

💡 ② 농산물 표준규격화는 농산물 품질에 따른 정확한 가격을 형성하여 공정한 거래를 촉진한다. 이를 위해 제품을 선별 · 포장출하하게 되는데 이때 생산자의 경우 농산물에 대한 기준과 척도에 주관적 의식이 작용하기 때문에 표준규격화의 큰 성과가 나타나지 않고 있다.

〈농산물품질관리사 제1회〉

16 농산물 등급화의 내용을 설명한 것 중 가장 적절한 것은?

① 등급화는 통일된 기준에 의해 선별된 상품을 규격포장에 담는 것이다.
② 등급화의 등급측정 기준은 등급화 주체의 임의적 척도를 적용하여 차별화하는 것이 좋다.
③ 동일 등급 내의 상품은 가능한 이질적이며, 등급구간이 클수록 좋다.
④ 등급 간에는 구입자가 가격 차이를 인정할 수 있도록 이질적이어야 한다.

💡 ① 표준화에 대한 설명이다.
② 등급화는 생산자 · 소비자 · 상인의 공통의 욕구를 충족시킬 수 있는 기준이 설정되어야 한다.
③ 등급 내의 상품은 가능한 동질적이며, 구입자가 등급 간 가격차이를 인정할 수 있을 만큼 이질적이어야 한다.

〈농산물품질관리사 제3회〉

17 농산물 표준규격화의 필요성에 대한 설명 중 관계가 먼 것은?

① 품질에 따른 가격차별화로 공정거래 촉진
② 수송, 상하역 등 유통효율을 통한 유통비용의 절감
③ 신용도 및 상품성 향상으로 농가소득 증대
④ 다양한 품종, 재배지역 등의 일원화

💡 농산물 표준규격화의 필요성 … 농산물의 경우 다양한 재배지역, 품종으로 품질이 균일하지 않고 부패와 변질의 위험이 높다는 제약이 있다. 상품화를 향상시키며 신속하고 공정한 거래로 유통의 능률을 높이기 위해서는 농산물의 표준규격화가 필수적이다.

〈농산물품질관리사 제2회〉

18 유통의 조성 기능을 가장 적절히 설명한 것은?

① 유통의 조성 기능은 소유권 이전기능과 물적 유통기능이 원활히 수행되기 위한 표준화, 등급화, 위험부담 등이다.

② 유통의 조성 기능은 상품이 생산자로부터 소비자로 넘어가는 가격결정과정을 도와주는 기능이다.

③ 유통의 조성 기능은 고객의 구매 욕구를 일으킬 수 있도록 하는 진열, 포장 등의 기능이다.

④ 유통의 조성 기능은 대금을 주고 구입하는 일체의 활동이다.

> 🔆 유통의 조성 기능
> ㉠ 표준화 및 등급화 기능 : 수요와 공급의 품질 격리를 조절하여 가격, 거래단위, 지불조건 등을 표준화
> ㉡ 유통금융의 기능 : 마케팅활동에 대한 자금의 융통
> ㉢ 위험부담의 기능 : 마케팅활동에 대한 위험에 대처
> ㉣ 시장정보의 기능 : 필요정보의 수집, 분석, 분배

〈농산물품질관리사 제3회〉

19 물적 유통기능에 해당되지 않은 것은?

① 판촉　　　　　　　　　　② 수송
③ 보관　　　　　　　　　　④ 하역

> 🔆 물적 유통 … 고객 필요조건을 충족시키기 위하여 원자재, 최종제품 등을 원산지로부터 소비지로 이동시키는 과정을 말한다. 이러한 물적 유통기능으로는 주문처리, 보관, 재고관리, 수송이 있다.

〈농산물품질관리사 제4회〉

20 단위화물적재시스템(Unit Load System)의 장점에 대한 설명 중 관계가 먼 것은?

① 하역 작업 시 파손과 오손, 분실 등을 방지할 수 있다.

② 포장이 간소화되고 포장비용이 절감된다.

③ 저장 공간 및 운송의 효율성을 높일 수 있다.

④ 소액의 자본 투자로 최대의 효율을 달성할 수 있다.

> 🔆 단위적재 … 수송, 보관, 하역 등의 물류활동을 합리적으로 하기 위하여 여러 개의 물품 또는 포장화물을 기계, 기구에 의한 취급에 적합하도록 하나의 단위로 정리한 화물을 말한다. 단위적재를 함으로써 하역을 기계화하고 수송, 보관 등을 일괄해서 합리화하는 체계를 단위적재 시스템이라 하며, 단위적재 시스템에는 팰릿(pallet)을 이용하는 방법 및 컨테이너를 이용하는 방법이 있다.

21 우리나라가 표준으로 제정하여 사용하는 팰릿(pallet)규격은?

① 800mm × 1,200mm   ② 1,000mm × 1,100mm

③ 1,100mm × 1,100mm   ④ 1,200mm × 1,200mm

> 💡 물류표준설비인증제도에 따르면 우리나라 표준 팰릿은 1,100×1,100mm이다.

22 농산물 등급화의 경제적 영향에 대한 설명으로 틀린 것은?

① 소비자 만족 증대
② 시장경쟁력의 제고와 가격효율의 향상
③ 등급화에 따른 비용발생으로 생산자 수익 감소
④ 물류기능의 효율화로 유통비용 절감

> 💡 ③ 농산물 등급화는 표준규격에 맞도록 산지에서 등급과 포장을 표준적으로 구분하여 등급을 나누어 출하하는 것을 말한다. 농산물 등급화를 통해 시장에서 높은 상품성을 받을 수 있어 생산자의 수익을 향상하는 효익을 얻을 수 있다.

23 농산물 가공의 경제적 효과로 옳지 않은 것은?

① 해당 농산물의 부가가치가 증대된다.
② 농가소득 증대에 기여할 수 있다.
③ 가공비용은 증가하지만 유통마진은 감소한다.
④ 해당 농산물의 총수요가 증가된다.

> 💡 농산물은 가공기능을 통해서 생산의 계절성 및 저장성의 취약 등을 극복할 수 있지만, 가공비용과 유통마진이 증가할 수 있다.

〈농산물품질관리사 제6회〉

24 농산물유통에서 농산물의 시장가격 하락에 따른 재고농산물의 가치하락, 소비자의 기호 및 유행의 변천에 따른 수요 감소 등에 의한 위험은 어디에 해당되는가?

① 경제적 위험
② 물리적 위험
③ 대손위험
④ 자연적 위험

🔅 경제적 위험이란 농산물의 유통과정 중 농산물의 가치변화와 수요감소로 발생하는 손실을 말한다.

〈농산물품질관리사 제7회〉

25 농산물유통과 관련된 농업생산환경의 변화에 대한 설명으로 옳지 않은 것은?

① 생산시설의 현대화 및 재배기술의 발달로 공급과잉기조에 놓여 있다.
② 생산의 전문화는 농산물 가격변화에 따른 생산농가의 위험부담을 경감시킬 수 있다.
③ 농산물 생산기술과 더불어 수확 후 저장기술도 빠르게 발전하고 있다.
④ 산지 간 판매경쟁의 심화로 생산의 전문화·단지화가 이루어지고 있다.

🔅 농산물의 표준화는 신용도와 상품성을 향상시켜 농가소득을 증대시키고 농산물 가격변화에 따른 생산농가의 위험부담을 경감시킬 수 있다.

〈농산물품질관리사 제7회〉

26 물적 유통기능으로서 형태효용을 창출하는 것은?

① 거래
② 수송
③ 저장
④ 가공

🔅 농산물의 가공은 생산된 원료형태의 농산물에 인위적으로 힘을 가하여 그 형태를 변화시킴으로써 농산물의 형태효용을 창조하게 된다.

〈농산물품질관리사 제7회〉

27 농산물 시장정보에 대한 설명으로 옳지 않은 것은?

① 시장에서 공정한 거래가 이루어지는 한 다양한 시장정보는 의사결정에 혼란을 초래한다.
② 농산물의 물리적 유통량과 유통시간을 감소시킴으로써 유통비용을 절감한다.
③ 유통업자간 지속적인 경쟁관계를 유지함으로써 자원배분의 비효율성을 감소시킨다.
④ 구매자와 판매자간 정보의 비대칭성을 감소시킴으로써 불확실성에 따른 위험부담비용을 줄인다.

💡 농수산물 시장정보가 생산자·유통업자·소비자 사이에 공정하게 제공되는 한 다양한 시장정보는 신속하고 정확한 의사결정에 도움이 된다.

〈농산물품질관리사 제7회〉

28 농산물 등급화와 관련된 설명으로 옳지 않은 것은?

① 이미 정해진 표준에 따라 상품을 적절히 구분하여 분류하는 과정이다.
② 지나치게 세분화된 등급은 등급 간 가격차이가 미미하여 의미가 없게 된다.
③ 잠재적인 판매자나 구매자의 참여를 감소시켜 시장에서 경쟁수준을 저하시킨다.
④ 농산물의 공동출하를 용이하게 한다.

💡 농산물의 등급화는 설정된 기준에 따라서 상품을 분류하는 과정으로, 잠재적인 판매자나 구매자의 참여를 확대해서 시장에서 경쟁을 촉진하게 된다.

29 다음 중 농산물 등급화의 문제점으로 보기 어려운 것은?

① 등급수가 소비자, 생산자 및 상인에 의해 다르게 나타날 수 있어 정확한 등급화가 어렵다.
② 소비자의 품질선호에 따라 등급화를 시키므로 생산자의 수익을 증대시킬 수 있다.
③ 등급의 기준이 객관적이지 못하다.
④ 농산물은 출하시기와 소비자의 구매 시기 및 지역 간 품질이 항상 일치할 수 없으므로 유통과정에 따르는 부패성이 우려된다.

💡 농산물 등급화의 문제점
  ㉠ 지나치게 세분화된 등급화는 그 물품의 거래량이 부족할 때 가격차이가 나타나게 되므로 등급화의 한계성이 문제가 된다.
  ㉡ 등급화의 기준이 감각적, 물리적, 화학적, 생물학적 기준 및 경제적 기준에 따라 달라지게 되므로 등급설정의 기준이 문제가 된다.
  ㉢ 생산자, 소비자, 상인 모두의 욕구를 충족시킬 수 없어 등급설정의 주체가 문제가 된다.
  ㉣ 농산물의 출하시기 및 소비자의 구매 시기 및 지역 간 품질의 차이에 의해 달라지므로 유통과정에 따르는 부패성을 배제할 수 없다.
  ㉤ 생산자 및 소비자가 모두 알 수 있어야 하는 등급의 명칭이 문제가 된다.

30 유통의 기능 중 조성 기능이 아닌 것은?

① 전문화   ② 표준화

③ 시장정보   ④ 위험부담

    💡 조성 기능은 소유권 이전기능과 물적 유통기능이 원활히 수행될 수 있도록 지원해 주는 기능으로 표준화 기능, 시장금융 기능, 위험부담 기능, 시장정보 기능이 있다.

31 농산물 등급화에 대한 내용으로 볼 수 없는 것은?

① 공동화된 상품을 이용하면 수송 및 저장이 편리해지고 등급별 일괄거래를 통하여 유통비용을 절감할 수 있다.

② 실물을 보지 않고도 견본 및 전단지를 통한 거래가 가능해진다.

③ 소비자의 욕구를 보다 정확히 반영할 수 있다.

④ 시장의 경쟁구조를 개선하고 중간이윤을 높여 적정가격의 형성이 가능하다.

    💡 ④ 농산물 등급화를 하게 되면 시장경쟁구조가 개선되어 가격경쟁을 촉진하고 중간이윤을 감소시킴으로서 적정가격형성이 가능해진다.

CHAPTER

05

농산물의 거래

농산물의 거래는 시장 뿐 아니라 시장 외에서도 이루어지며, 다양한 형태로 이루어진다. 각종 거래의 특징과 차이점, 문제점을 중심으로 공부해야 한다.

1 시장 외 거래

(1) 시장 외 거래의 이해

① 개념

　㉠ 농산물이 도매시장을 거치지 않고 거래되는 형태를 말한다.

　㉡ 가격 결정과정에 생산자도 참여하며, 기준은 도매시장에서 형성된 가격이다.

② 형태

　㉠ 산지직거래

　　㉮ 도매시장을 거치지 않고 생산자와 소비자가 직결된다.

　　㉯ 시장기능을 수직적으로 통합한 형태로 유통비 절감을 목적으로 한다.

　　㉰ 주말농어민시장, 직판장, 우편주문판매 등이 해당된다.

　㉡ 계약생산거래 : 계약거래에 의한 계약재배형태이다.

　　🌲🌲 산지 직거래의 원칙

　　　• 생산의 방법에 명확해야 한다.

　　　• 생산지 및 생산자가 명확해야 한다.

　　　• 직거래 사업의 경우에는 계속성이 있어야 한다.

　　　• 철저한 상호교류가 이루어져야 한다.

　　　• 거래 상대의 경우에는 언제나 대등한 관계를 유지하도록 해야 한다.

- 정부에서의 소비자에 대한 행정의 강화
- 직거래 사업에 관한 장소, 투자, 시설 보조 등의 확대
- 직거래 사업의 촉진을 가능하게 하는 조성 기능의 강화
- 직거래에 따른 정부의 통제 기능을 강화해 거래관행의 통제 및 가격의 통제가 이루어져야 함
- 도매시장의 기능이 활성화되어 경락가격을 공개적으로 결정해 직거래 가격에 대한 기준을 제시해야 함

(2) 현황

① 정부의 지원

㉠ 정부는 정책적으로 산지와 소비지를 직결하는 새로운 형태의 소비지 유통시설로 대형 물류센터를 건설하고 물류센터를 통한 시장 외 유통을 강화하려고 하고 있다.

㉡ 물류센터를 통한 시장 외 유통은 농산물 수집과정에서 생산지유통시설을 통한 대형화, 소매과정에서 대형유통업체의 진출이라는 조건하에서 대량화·규격화된 농산물의 대량거래에 대응한 형태이다.

② 장·단점

㉠ 장점

㉮ 유통단계를 단축시킴으로써 유통비용을 절감시키고 생산자가격의 증대와 소비자가격의 저하에 기여할 수 있다.

㉯ 신선도를 유지하고 감모율을 낮추는 데 기여할 수 있다.

㉰ 생산자와 소비자가 직접 연결됨으로써 소비자의 선호가 생산에 보다 빠르게 반영될 수 있다.

㉡ 단점

㉮ 품질 인증에 어려움이 있다.

㉯ 거래상 번거로움이 있다.

㉰ 소량거래로 인해 유통비용이 상승된다.

🌲 농산물 거래
- 도매시장에서의 경매 및 입찰 등은 전자식을 원칙으로 한다.
- 중개라는 것은 유통기구가 미리 구매자로부터 주문을 받아서 구매를 대행하는 방법이다.
- 매수라는 것은 유통기구가 출하자로부터 농산물을 구매해서 자기의 책임으로 판매하는 방법이다.

2 선물거래의 이해

(1) 선물거래

① 개념

　㉠ 정의 : 미래의 일정시점에 수량, 규격, 품질 등이 표준화되어 있는 특정 대상물을 계약 체결 시 정한 가격(선물의 가격)으로 매매하기로 약속하는 거래를 말한다.

　㉡ 대상 : 선물거래는 실물자산을 대상으로 하는 상품선물과 금융자산을 대상으로 하는 금융선물로 구분할 수 있다.

　　㉮ 상품선물 : 농산물, 축산물, 귀금속, 에너지 원유 등

　　㉯ 금융선물 : 금리선물, 통화선물, 주가지수선물 등

　㉢ 특징

　　㉮ 계약이 표준화되어 있다.

　　㉯ 조직화된 거래소에서 매매가 이루어진다.

　　㉰ 계약이행을 보증하는 제도적 장치 및 결제기관이 있다.

　　㉱ 결제를 성실히 이행하겠다는 표시로 증거금을 납부한다.

　　㉲ 한 번 계약을 했다고 하여 만기일에 반드시 이행하는 것이 아니라, 반대매매를 통해 중간에 자신의 포지션을 청산할 수 있다.

　㉣ 현물 · 선물 · 선도거래

　　㉮ 현물거래 : 매매계약과 동시에 대상물의 인도 및 대금결제가 이루어지는 일반적인 거래를 말한다.

　　㉯ 선물거래 : 매매계약을 하는 시점과 대상물 및 대금을 인수 · 인도하는 시점이 다른 거래를 일컫는다.

　　㉰ 선도거래 : 선물거래와 유사한 것으로 계약자간에 임의로 행해지는 사적인 계약을 뜻한다.

POINT

선물거래와 선도거래의 차이

구분	선물거래	선도거래
거래장소	법에 의해 설립된 거래소	장외 시장
거래조건	거래단위·품질 등의 표준화	비표준화, 당사자 간 거래
시장참가자	불특정 다수	한정된 실수요자
규제	선물거래법으로 거래소가 규제	당사자 간 자율규제
시장성격	완전경쟁시장	불완전경쟁시장
양도	반대매매로 양도가능	불가능
계약의 보증	거래소(청산소)가 보증	당사자 간 신용거래
증거금	증거금 납부 의무화	증거금 없음
중도청산	반대매매로 쉽게 청산	불가능
결제일자	표준화된 일자	당사자 간 합의된 일자

선물거래와 선도거래

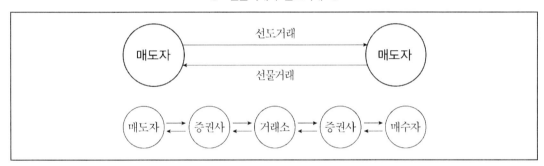

② 기능

　㉠ 위험전가기능 : 가격의 불확실성에서 오는 가격변동 위험을 기피하려는 경제주체가 더욱 높은 이익을 추구하려는 경제주체에게 위험을 전가하는 수단을 제공한다.

　㉡ 가격예시기능 : 현재의 선물가격이 미래의 현물가격에 대한 가격예시기능을 수행하여 현물가격의 변동을 안정화시키는 기능을 수행한다.

　㉢ 재고배분기능 : 저장 등 재고의 시차적 배분기능을 하고 있으며 장기적으로는 공급의 경제적 배분기능을 수행한다.

　㉣ 자본형성기능 : 부동자금이 선물시장으로 유입되어 생산자금으로 활용되며, 투기자들에게 투자기회를 제공해 준다.

③ 선물거래 용어

　　㉠ **롱포지션(Long Position)** : 선물계약을 매수하는 것, 또는 매수한 사람을 말한다.

　　㉡ **숏포지션(Short position)** : 선물계약을 매도한 상태를 말한다.

　　㉢ **헤지거래(Hedge Trade)** : 기존의 또는 예정된 현물포지션에 대해 선물시장에서 반대 포지션을 취함으로써 현물이 하락 하더라도 선물에서의 이익으로 손실을 상쇄하자는 의도의 거래이다.

　　　㉮ **매도헤지(Short Hedge)** : 선물을 매도해서 해당 현물에 대한 가격하락에 대비하는 거래이다.

　　　㉯ **매입헤지(Long Hedge)** : 미래의 현물을 불확실하게 살 경우 가격 상승을 대비해서 해당 선물을 매입하는 것이다.

　　㉣ **스프레드거래(Spread Trade)** : 선물시장에서 스프레드거래는 시장의 흐름과는 관계없이 거래대상 상품간의 가격 차이, 즉 스프레드를 이용하여 이득을 얻고자 하는 거래이다.

　　㉤ **프로그램 매매(Program Trade)** : 프로그램 매매란 현물과 선물의 일시적인 가격 차이를 이용하여 무위험 고수익을 노리는 차익거래이다.

　　㉥ **더블위칭데이(Double Witching day)** : 선물과 옵션 만기가 겹치는 날을 말한다.

　　㉦ **마진(Margin)** : 선물거래는 계약이행을 보장하기 위하여 부담금(증거금)제도를 운영하고 있는데 이 부담금을 마진(margin)이라 한다.

　　㉧ **베이시스(Basis)** : 선물가격과 현물가격의 차이를 뜻한다. 시장에서는 선물가격이 현물가격보다 높은 것이 일반적이며 이를 정상적 시장(Normal Market)이라 한다. 그러나 통화 선물시장에서는 선물가격이 현물가격보다 높은 경우도 있는데 이러한 시장을 전도시장(Inverted Market)이라고 한다.

　　　㉮ **콘탱고(Contango)** : 선물가격이 현물가격보다 높은 상태를 가리킨다.

　　　㉯ **백워데이션(backwardation)** : 현물가격이 선물가격보다 높은 상태를 가리킨다.

　　㉨ **서킷브레이커(Circuit Breaker)** : 선물가격이 전일 종가 5% 이상 급등 또는 급락하여 1분 이상 지속되고, 이론가 대비 3% 이상의 괴리율이 생길 때 5분간의 선물거래를 중단시키고 10분간 동시호가를 접수받아 거래를 재개시키는 제도이다.

　　㉩ **사이드카(Side Car)** : 선물가격이 전일 종가 5% 이상 급등 또는 급락하여 1분 이상 지속될 경우 프로그램 매매를 5분간 정지시키는 제도를 말한다(오후 2시 20분 이후에는 발동되지 않는다).

　　🌲🌲 농산물 시세변동에 관한 리스크를 회피하기 위한 방안
　　　• 선물거래
　　　• 보험의 가입
　　　• 품질보증제도의 도입

(2) 농산물의 선물거래

① 선물거래 농산물의 요건

　㉠ 시장규모

　　㉮ 연간 절대 거래량이 많아야 한다.

　　㉯ 생산 및 수요잠재력이 커야 한다.

　㉡ 저장성

　　㉮ 장기저장성이 있어야 한다.

　　㉯ 저장 중 품질의 동질성 유지가 가능해야 한다.

　㉢ 가격진폭

　　㉮ 연중 가격정보 제공이 가능해야 한다.

　　㉯ 계절 · 연도 · 지역별 가격 진폭이 커야 한다.

　㉣ 헤징의 수요

　　㉮ 대량 생산자가 많은 품목이어야 한다.

　　㉯ 대량 수요자와 전문 취급상이 많은 품목이어야 한다.

　　㉰ 선도거래가 선행되지 않은 품목이어야 한다.

　㉤ 표준규격

　　㉮ 표준규격화가 용이하고 등급이 단순해야 한다.

　　㉯ 품위 측정의 객관성이 높은 품목이어야 한다.

　㉥ 정부시책 : 생산 · 가격 · 유통에 대한 정부의 통제가 없는 품목이어야 한다.

② 농산물 선물거래의 활성화

　㉠ 농산물의 표준 · 등급화가 이루어져야 한다.

　㉡ 저장시설이 완비되어야 한다.

　㉢ 선물거래에 대한 교육 · 홍보 및 전문인력의 육성 및 정부의 지원이 선행되어야 한다.

　　　🌲 농산물 선물거래
　　　　• 거래소에서 표준화된 계약조건에 의해 거래가 이루어진다.
　　　　• 농산물 재고에 대한 시차적인 분배를 촉진한다.
　　　　• 위험전가 (헤징) 기능 및 미래 현물가격에 관한 예시의 기능을 수행한다.

3 농산물 전자상거래

(1) 전자상거래의 이해

① 개념
  ㉠ 전자상거래(Electronic Commerce)란 재화 또는 서비스를 인터넷이라는 가상공간을 통하여 일대 일, 또는 다수의 공급자와 소비자가 거래하는 것을 말한다.
  ㉡ 전자적 방식을 이용하여 사이버공간(Cyber space)에서 수행되는 거래행위이다.

② 특징
  ㉠ 시간의 제약이 없으며(24시간 인터넷 접속 가능), 거래 범위도 지역의 제한이 없다.
  ㉡ 고비용을 투자하여 시장조사를 실시하거나 다수의 영업사원을 고용할 필요가 없다.
  ㉢ 기존 상거래가 시장 또는 물리적인 공간을 기반으로 하는데 비해 네트워크를 통해서 다양한 상품 및 서비스의 전시와 판매가 가능하다.
  ㉣ 인터넷을 통해 소비자와 일대일 통신이 가능하여 소비자의 의견을 적극 반영할 수 있다.
  ㉤ 인터넷 서버의 구입 및 홈페이지 구축의 비용만 소요되므로 기존 상거래 방식에 비해 상대적으로 경제적이다.
  ㉥ 시장진입의 장벽이 낮다.
  ㉦ 고객정보에 관한 획득이 용이하다.
  ㉧ 유통경로가 오프라인(Off-line) 거래에 비해 짧다.

③ 유형(경제주체에 따른 분류)
  ㉠ B2B(Business to Business) : 기업 간의 거래
    ㉮ 주로 무역업 및 제조업에서 활용하고 있다.
    ㉯ 매출액 측면에서 가장 큰 비중을 차지한다.
  ㉡ B2C(Business to Consumer) : 기업과 개인 간의 거래
    ㉮ 일반적으로 가장 활성화되어 있는 거래이다.
    ㉯ 인터넷 쇼핑몰 등을 통한 거래형태이다.
  ㉢ B2G(Business to Government) : 기업과 정부 간의 거래
    ㉮ 행정기관의 경쟁력 강화를 위해 이용된다.
    ㉯ 주로 조달부문에 이용한다.
  ㉣ C2B(Consumer to Business) : 소비자와 기업 간 거래
    ㉮ 소비자가 상품에 대한 거래의 주도권을 행사한다.
    ㉯ 인터넷의 확산으로 새롭게 생겨난 거래형태이다.

◽ C2C(Consumer to Consumer) : 소비자와 소비자 간 거래
　　　　㉮ 소비자와 소비자 간의 일대일 거래이다.
　　　　㉯ 소비자가 상품의 소비 및 공급의 주체이다.
　　◽ C2G(Consumer to Government) : 소비자와 정부 간의 거래
　　　　㉮ 아직까지 활성화되지 않은 부문이다.
　　　　㉯ 국민들의 세금 납부 및 정부로부터 받는 연금의 이체 등에 사용될 수 있다.
　④ 전자상거래에 대한 기대효과
　　㉠ 경매가 정확하면서도 신속하게 이루어질 수가 있다.
　　㉡ 시·공간의 제약이 없는 관계로 풍부한 잠재 고객들에 대한 확보가 가능하다.
　　㉢ 산지에서의 공동출하 및 공동판매 등의 생산자단체의 시장지배력이 높아질 수 있다.
　　㉣ 농산물에 대한 표준화 등급화를 앞당길 수 있다.
　　㉤ 유통경로의 단축을 통해 경비의 절감 치 온·오프라인 점포 등으로의 시설비용을 줄일 수 있다.
　　㉥ 복잡하면서도 비효율적인 유통의 과정을 온라인 공간을 활용한 전자상거래로 변환시킴으로써 시·공간적인 효율성을 상승시킬 수 있다.
　　㉦ 유통경로의 단축을 이룰 수 있으며, 이로 인해 농산물의 훼손을 줄이고 생산자 수취가격을 상승시킬 수 있으며, 소비자들의 지출을 감소시킬 수 있다.

(2) 농산물 전자상거래

① 개념 … 농산물을 거래하기 위해 발생하는 주문·생산·배송·자금결제 등 일체의 거래활동이 사이버 공간에서 이루어지는 것을 말한다.
② 성장요인
　㉠ 유통단계의 축소 : 생산자에서 중간단계를 생략하고 소비자로 직결되는 거래가 증가하고 있다.
　㉡ 배송수단의 발전 : 배송수단과 완충제의 발전으로 배송시간이 단축되고 배송영역이 확장되었다.
　㉢ 소비자의 소비형태 다양 : 안정성과 편리성, 부가가치성이 높으며 이용이 편리한 상품에 대한 선호도가 높아지고 있다.
　㉣ 고객관리의 편리성 : 구매자와 판매자의 정보가 공개적이어서 관리가 편리하다.
③ 제약점
　㉠ 생산공급의 불안정 : 연중 지속적으로 판매할 물량의 확보가 어렵고, 유통기간이 짧으며, 저장비용이 과다하다.
　㉡ 과다한 물류비 : 상품가격에 비해 부피가 크고 무거우며, 소량주문 시 물류비가 과다하게 소요된다.

ⓒ 규격화·표준화의 어려움 : 소비자의 기대가치와 실제가치의 격차가 발생한다.

ⓔ 상품의 변질가능성 : 품질변화 가능성이 높으며 반품처리가 어렵다.

ⓜ 능력의 한계 : 일반 영세 농업인들은 마케팅·전자상거래 운영에 필요한 기술수준이 미약하다.

④ 해결방향

㉠ 거래단위 및 포장의 표준화 상품, 품질의 규격화를 철저히 실시한다.

㉡ 농촌지역의 정보기반시설을 확충하며, 농업인의 정보화 교육을 강화한다.

㉢ 전자상거래에 필요한 정보의 수집 또는 분산시스템을 구축하도록 한다.

🌲 국내 표준형 상품 바코드(Korean Article Number)

- KAN은 한국공통상품 코드로 국제적인 상황에 맞추어 1988년 EAN에 가입함과 동시에 KAN 코드를 제정하게 되었다.
- KAN은 표준형 13자리와 단축형 8자리의 2가지가 있는데 표준형 코드의 구성은 제조국 코드 3자리, 제조원, 개발원코드 4자리, 상품코드 5자리, 체크문자 1자리로 구성된다. 우리나라의 경우 EAN으로부터 국가번호 코드로 '880'을 부여받았다.
- 상품품목코드 5자리는 각 상품의 제조업체가 자유롭게 설정하여 관리하며, 체크문자 1자리는 스캐너에 의한 판독시의 잘못을 검사하기 위한 것으로 사용된다.
- KAN은 제품에 대한 어떠한 정보도 담고 있지 않으며 KAN을 구성하고 있는 개별 숫자들도 각각의 번호 자체에 어떤 의미도 담고 있지 않다. 다시 말해, KAN은 제품분류의 수단이 아니라 제품 식별의 수단으로 사용된다.

CHECK | 기출예상문제에서는 그동안 출제되었던 문제들을 수록하여 자신의 실력을 점검할 수 있도록 하였다. 또한 기출문제뿐만 아니라 예상문제도 함께 수록하여 앞으로의 시험에 철저히 대비할 수 있도록 하였다.

〈농산물품질관리사 제13회〉

1 농산물 선물거래에 관한 설명으로 옳은 것은?

① 대부분의 선물계약이 실물 인수 또는 인도를 통해 최종 결제된다.
② 매매당사자간의 직접적인 대면 계약으로 이루어진다.
③ 해당 품목의 가격변동성이 낮을수록 거래가 활성화된다.
④ 베이시스(basis)의 변동이 없을 경우 완전 헤지(perfect hedge)가 가능하다.

> ① 대부분의 선물계약이 미리 결정된 가격으로 미래의 일정시점에 인도·인수할 것을 약정으로 하여 거래된다.
> ② 매매당사자 간의 직접적인 대면 계약으로 이루어지지 않는다.
> ③ 해당 품목의 가격변동성이 높을수록 거래가 활성화된다.

2 다음 중 농산물 시세변동에 관한 리스크를 회피하기 위한 방안으로 부적절한 것은?

① 선물거래   ② 가격예시
③ 보험해지   ④ 계약생산

> 농산물 시세변동에 대한 위험을 회피하기 위한 방안
> ㉠ 보험의 가입
> ㉡ 선물거래
> ㉢ 계약생산
> ㉣ 가격예시
> ㉤ 품질보증제도의 도입
> ㉥ 비축사업

>> ANSWER
1.④ 2.③

3 다음 중 전자상거래의 특성으로 가장 옳지 않은 것을 고르면?

① 고객에 대한 정보의 획득이 용이하다.
② 인터넷 서버의 구입 및 홈페이지 구축의 비용만 소요되므로 기존 상거래 방식에 비해 상대적으로 경제적이다.
③ 인터넷을 통해 소비자와 일대일 통신이 가능하여 소비자의 의견을 적극 반영할 수 있다.
④ 시장진입에 대한 장벽이 높다.

🔆 전자상거래는 시장진입의 장벽이 낮다.

4 다음 중 선물거래 농산물의 조건으로 보기 가장 어려운 것은?

① 표준규격
② 저장성
③ 수송량
④ 시장의 규모

🔆 선물거래 농산물의 조건
  ㉠ 표준규격
  ㉡ 저장성
  ㉢ 시장의 규모
  ㉣ 가격진폭
  ㉤ 헤징의 수요
  ㉥ 정부의 시책

5 다음 선물거래에 대한 내용 중 성격이 다른 하나는?

① 축산물
② 농산물
③ 귀금속
④ 통화선물

🔆 ①②③ 상품선물에 속하며, ④ 금융선물에 속하는 내용이다.

6 다음 중 선도거래에 관한 설명으로 가장 옳지 않은 것은?

① 거래 장소는 법에 의해 설립된 거래소이다.
② 시장참가자는 한정된 실수요자들이다.
③ 시장은 불완전경쟁시장의 성격을 띠고 있다.
④ 양도가 불가능하다.

🔆 선도거래의 거래 장소는 장외 시장이다.

7 다음 중 선물거래에 관한 내용으로 부적절한 것을 고르면?

① 중도청산의 경우 반대매매로 쉽게 청산이 가능하다.
② 규제 면에서 보면 선물거래법으로 거래소가 규제하고 있다.
③ 증거금이 없다.
④ 결제일자는 표준화된 일자로 되어 있다.

💡 선물거래는 증거금 납부가 의무화되어 있다.

8 다음 중 선물거래의 기능으로 바르지 않은 것은?

① 가격예시기능　　　　　　　② 재고집중기능
③ 위험전가기능　　　　　　　④ 자본형성기능

💡 선물거래의 기능
　ⓐ 가격예시기능
　ⓑ 위험전가기능
　ⓒ 자본형성기능
　ⓓ 재고배분기능

〈농산물품질관리사 제1회〉

9 농산물 전자상거래에 대한 일반적인 설명으로 가장 적절한 것은?

① 상품 공급자의 판매비용은 일반 실물거래보다 높을 수 없다.
② 전자상거래 활성화는 정보통신 기술의 발전만으로 충분하다.
③ 시간과 공간의 제약이 없고 판매점포가 필요 없다.
④ 전자상거래는 항상 유통마진을 감소시킬 수 있다.

💡 ① 상품의 특성과 거래조건에 따라 실물거래보다 판매비용이 높을 수 있다.
② 단순한 정보통신 기술의 발전만으로는 부족하며 정부의 정책과 이해관계자들의 노력도 필요하다.
④ 전자상거래가 항상 유통마진을 감소시킬 수는 없다.

>> ANSWER

3.④　4.③　5.④　6.①　7.③　8.②　9.③

10 농산물 직거래에 대한 설명 중 옳은 것은?

① 생산자와 소비자간 정신적 유대관계를 바탕으로 한 직거래를 유통형태론적 직거래라고 한다.

② 거래규모가 최소효율규모(minimum efficient effect)일 경우, 시장유통에 비해 유통비용 이 더 든다.

③ 도매시장에서 형성된 가격은 직거래 가격에도 영향을 미친다.

④ 직거래는 생산자와 소비자, 유통업자의 기능을 수평적으로 통합하는 것을 의미한다.

> 💡 ① 유통형태론적 직거래는 유통단계를 줄임으로써 생산자와 소비자 모두 경제적 이익을 기대하는 것 을 말한다.
> ② 규모의 경제에서 평균비용이 가장 최소가 되는 점을 최소효율규모라고 부르며 평균비용곡선은 계속 아래로 떨어지는 모양을 갖게 된다. 따라서 유통비용은 감소하게 된다.
> ④ 직거래는 시장기능을 수직적으로 통합한 형태를 말한다.

11 선물시장에서 실물을 인도하거나 인수하지 않더라도 가격이 불리하게 움직일 가능성에 대비 하여 거래자가 반드시 예치해야 할 부담금을 무엇이라고 하는가?

① 순거래(net position)　　　　② 마진콜(margin calls)

③ 마진(margin)　　　　④ 베이시스(basis)

> 💡 마진(margin) … 선물시장에서 계약의 이행을 보장하기 위해 거래자가 반드시 예치해야 하는 부담금 제도이다.

12 농산물유통정보시스템에 대한 설명 중 적절하지 않은 것은?

① 바코드(Bar Code)와 관련된 기술은 주문 처리에 있어 주문정보의 정확성과 시스템의 안 정성에 도움이 되며, 정보시스템 개발을 위한 기반이 된다.

② 판매시점관리(POS ; Point of Sale)시스템은 소매상의 판매기록, 발주, 매입, 고객관련 자 료 등 소매업자의 경영활동에 관한 정보를 관리하는 것이다.

③ 자동발주시스템(EOS ; Electronic Ordering System)은 판매에 따라 재고량이 재 주문점 에 도달하게 되면 컴퓨터에 의해 자동발주가 이루어지는 시스템으로서, 도·소매업자 모 두에게 효과가 있다.

④ 전자문서교환(EDI ; Electronic Date Interchange)은 정보전달이 인간의 개입 없이 컴퓨 터 간에 이루어지는 것으로서, 기업 간 EDI 프로토콜이 달라도 실행이 가능하다.

💡 **전자문서교환**(EDI ; Electronic Date Interchange) … 전자상거래의 한 형태로서 기업 간 거래에 관한 데이터와 문서를 표준화하여 컴퓨터 통신망으로 직접 전송·수신하는 정보전달시스템을 말한다. 컴퓨터 통신망을 이용하여 무역에 필요한 각종 서류를 표준화된 상거래서식, 공공서식을 통해 서로 합의된 전자신호로 바꾸어 전송한다.

〈농산물품질관리사 제4회〉

13 농가의 농산물 판매형태에 대한 설명 중 관계가 먼 것은?

① 계약재배는 생산자가 농협, 도소매상 등 구매자와 파종에서 수확 전까지 구두로만 하는 거래계약이다.

② 포전거래는 밭떼기 또는 입도선매라고도 하며 무, 배추, 양배추, 당근. 대파, 양파 등 채소류가 많다.

③ 정전거래는 수확 후 저장이 가능한 고추, 마늘, 양파, 사과, 배 등에서 주로 이루어지고 있다.

④ 공동출하는 작목반, 영농조합법인, 농협 등 생산자 조직을 통하여 위탁이나 매취 판매하는 방식이다.

💡 **계약재배** … 생산한 농산물을 일정한 조건으로 인수하겠다는 계약을 맺고 농산물을 재배하는 것을 말한다. 농산물 가격폭락이나 과잉공급 시장에서도 계약이 보장되므로 생산자는 보다 안정적으로 생산에 전념할 수 있다. 대기업 또는 식품가공업체나 공급업체에서 많이 사용하고 있는 방법이다.

〈농산물품질관리사 제4회〉

14 산지 유통의 유형 가운데 흔히 '밭떼기 거래'로 불리는 포전매매(圃田賣買)가 많이 이루어지는 이유에 대한 설명으로 옳지 않은 것은?

① 농가가 생산량 및 가격을 예측하기 어렵기 때문에 미리 판매가격을 고정시키고자 한다.

② 계약체결 시 받은 계약보증금으로 영농자재 등의 구입에 필요한 현금수요를 충당할 수 있다.

③ 농가의 노동력 및 저장시설 부족으로 농작물 수확 및 저장에 대한 부담을 덜고자 한다.

④ 산지유통인에게 농산물을 직접 판매함으로써 계통출하보다 안정적으로 높은 가격을 받을 수 있다.

💡 **포전매매** … 생산량과 가격에 대한 예측의 어려움으로 저장시설과 노동력이 부족한 상황에서 불가피하게 이용된다.

〈농산물품질관리사 제4회〉

15 농산물 시장 외 유통에 대한 설명으로 옳은 것은?

① 농협공판장이나 중간위탁상을 거친다.

② 유통비용을 항상 절약할 수 있다.

③ 가격 결정과정에서 생산자가 배제된다.

④ 거래 규격을 간략화 할 수 있다.

> 💡 시장 외 거래의 형태에는 산지직거래와 계약생산거래 두 가지가 있다.
> ① 시장 외 유통이란 도매기구를 거치지 않고 산지에서 소비지로 직접 유통되는 것을 말한다.
> ② 시장 외 유통이 반드시 유통비용을 절감한다고 볼 수 없다.
> ③ 산지직거래의 경우 시장가격 연동제방식을 택할 수도 있으나 일반적으로 도매시장 경락가격을 기준으로 한다.

〈농산물품질관리사 제4회〉

16 농산물 전자상거래의 특성에 대한 설명으로 알맞지 않은 것은?

① 사이버공간을 활용함으로써 시간적, 공간적 제약을 극복할 수 있다.

② 전자 네트워크를 통해 생산자와 소비자가 직접 만나기 때문에 유통경로가 짧아지고 유통 비용이 절감된다.

③ 컴퓨터 및 전산장비를 두루 갖추어야 하기 때문에 대규모 자본의 투자가 필요하다.

④ 생산자와 소비자간 쌍방향 통신을 통해 1 대 1 마케팅이 가능하고 실시간 고객서비스가 가능해진다.

> 💡 농산물 전자상거래의 특징
> ㉠ 시간과 공간에 제약을 받지 않는다.
> ㉡ 유통경로가 짧아지고 유통비용이 절감된다.
> ㉢ 고객정보의 획득으로 효율적인 마케팅활동이 가능하다.
> ㉣ 농산물의 부패, 손상을 줄일 수 있다.
> ㉤ 생산자의 수취가격을 높일 수 있다.

〈농산물품질관리사 제5회〉

17 선물거래에 대한 설명으로 틀린 것은?

① 거래조건이 표준화되어 있다.
② 반대매매로 청산 가능하다.
③ 국내에서 쌀, 돼지고기 등이 거래되고 있다.
④ 1일 가격변동 폭에 제한이 있다.

🔅 ③ 선물거래는 표준화된 상품이 미리 결정된 가격으로 미래의 일정시점에 인도·인수할 것을 약정
한 거래로서 반드시 정해진 시장에서 거래된다. 국내에서 거래되는 쌀과 돼지고기의 경우 상품이 표
준화되어 있지 않고 거래하는 특정시장이 정해져 있지 않은 선도거래에 해당한다.

〈농산물품질관리사 제7회〉

18 농산물 선물거래에 대한 설명으로 옳지 않은 것은?

① 농산물 가격변동의 위험을 관리하는 수단을 제공한다.
② 가격발견기능을 통해 미래의 현물가격을 예시한다.
③ 거래당사자간 합의에 의하여 계약조건의 변경이 가능하다.
④ 조직화된 거래소에서 선물계약의 매매가 이루어진다.

🔅 농산물 선물거래는 계약이 표준화되어 있기 때문에 계약조건의 변경이 불가능하다.

19 다음 중 선물시장의 구성요소로 볼 수 없는 것은?

① 선물거래소　　　　　　　② 청산소
③ 선물거래상담소　　　　　④ 고객

🔅 선물시장의 구성요소 … 선물거래소, 청산소, 선물중개업자, 고객

>> ANSWER

15.④　16.③　17.③　18.③　19.③

20 농산물 전자상거래의 특성에 대한 설명으로 옳지 않은 것은?

① 기존의 전통적인 상거래와는 달리 인터넷을 이용하여 24시간 접속이 가능하며 구매자가 상점까지 직접 방문하지 않고 어느 곳에서나 구매가 가능하다.

② 구매자는 상품정보를 쉽게 얻을 수 있으며, 판매자는 고객의 정보와 의견을 쉽게 획득할 수 있다.

③ 유통과정에서는 도매상과 소매상을 거쳐 소비자에게 물품이 전달되는 방식으로 유통채널이 복잡하다.

④ 소요자본에 있어서 전자상거래는 인터넷 서버 구입, 홈페이지 구축 및 유지·관리 비용만 소요되기 때문에 토지나 건물 등의 거액의 자금이 필요한 기존의 상거래 방식에 비해 상대적으로 자본이 적게 든다.

    ✦ ③ 유통과정에 있어 도매상과 소매상을 거쳐 소비자에게 물품이 전달되는 기존의 상거래 시스템과 달리 도매상이나 소매상을 거치지 않고, 사이버 공간을 통한 거래를 통해 직접 소비자에게 전달되기 때문에 유통채널이 단순하다. 또한 소비자는 저렴한 가격으로 물품을 제공받을 수 있다.

21 다음 중 전자상거래의 기대효과에 대한 설명으로 옳지 않은 것은?

① 산지의 공동출하, 공동판매 등의 생산자단체의 시장지배력 상승

② 신속·정확한 경매의 진행

③ 농산물의 훼손 급감

④ 긴 유통경로

    ✦ 전자상거래의 기대효과
        ㉠ 신속·정확한 경매의 진행
        ㉡ 단축된 유통경로
        ㉢ 생산자의 수취가격 상승 및 소비자의 지출가격 하락
        ㉣ 보다 빠른 농산물의 표준화와 등급화
        ㉤ 산지에서의 공동출하 및 공동판매를 통한 생산자단체의 시장지배력 강화
        ㉥ 시간적·공간적 효율성 향상

22 다음 중 선물거래가 최초로 이루어진 것은?

① 원자재　　　　　　　　　　　　② 석유
③ 농산물　　　　　　　　　　　　④ 금

> 💡 선물거래(futures trading) … 수량 규격이 표준화된 상품이나 금융자산을 현재 정한 가격으로 미래 일정 시점에 사고파는 행위를 말하며 미래의 특정시점(만기일)에 특정상품(US$, CD, 국채, 금 등)을 특정가격에 인수 혹은 인도할 것을 약정하는 거래로 공인된 거래소에서 품질과 수량이 표준화된 상품을 향후 지정된 날짜와 인도장소에서 현시점에 합의된 가격(선물가격)으로 인수도 할 것을 약속하는 계약을 의미하며 농산물이 최초로 이루어졌다.

23 다음 중 농산물 직거래의 형태에 대한 설명으로 볼 수 없는 것은?

① 농산물 직판장은 생산자와 소비자 모두에게 경제적 이익을 제공한다.
② 농산물 물류센터는 도시의 소비자들이 쉽게 접할 수 있도록 광장 및 공터에서 농산물을 판매하는 것을 말한다.
③ 우편주문판매제도는 우편망을 통하여 주문한 각 지역의 농산물이 소비자에게 전달되는 것을 말한다.
④ 농협은 주문한 농산물을 조합원을 통해 수집한 후 도시의 농협에 전달하는 방식을 이용하여 산지직거래를 하고 있다.

> 💡 농산물 물류센터 … 집하된 농산물을 대도시 슈퍼마켓 또는 대량의 수요를 갖는 상점에 직접 공급해 주는 조직을 말한다. 유통단계를 축소하고 신선한 농산물의 공급이 가능하다는 장점을 가지고 있다.

24 다음 중 기업이 소비자를 상대로 거래하는 전자상거래를 나타내는 것은?

① Business to Business　　　　　② Business to Government
③ Business to Customer　　　　　④ Customer to Business

> 💡 ① 기업과 기업 간의 거래
> ② 기업이 정부를 상대로 거래
> ④ 소비자가 기업을 상대로 거래

25 다음 중 선물거래의 긍정적 기능으로 보기 어려운 것은?

① 금융시장의 구조 변화 촉진　　　　② 거래비용의 절감
③ 미래 가격에 대한 정보의 제공　　　④ 자금 조달과 운용의 획일화

> 💡 선물거래의 장점
> ㉠ 미래 가격에 대한 정보의 제공
> ㉡ 시장의 효율성 제고
> ㉢ 거래비용의 절감
> ㉣ 유동성의 확대
> ㉤ 자금 조달 및 운용의 다양화
> ㉥ 금융시장의 구조변화 촉진
> ㉦ 투기적 이익의 기회 제공

26 다음 중 기존 상거래에 비하여 전자상거래의 장점으로 옳지 않은 것은?

① 짧은 유통경로　　　　　　　　　　② 시간 및 공간의 제약 없음
③ 대면판매　　　　　　　　　　　　④ 판매점포의 부재

> 💡 ③ 전자상거래는 시간 및 공간, 판매장소의 제약이 없고, 유통경로가 짧으며 온라인상으로 거래되므로 소비자와 대면할 일은 없다.

27 거래당사자가 특정 상품을 미래의 일정한 시장에 미리 정해진 가격으로 인도, 인수할 것을 현재에 표준화된 계약조건에 따라 약정하는 계약을 의미하는 것은?

① 선물거래소　　　　　　　　　　　② 선물계약
③ 마진　　　　　　　　　　　　　　④ 베이시스

> 💡 ① 선물거래가 이루어지는 공인된 장소를 말한다.
> ③ 선물거래 시 계약이행을 보장하기 위한 부담을 지불하게 되는데 이를 마진이라 한다.
> ④ 현물가격과 선물가격의 차이를 말한다.

>> ANSWER

25.④ 26.③ 27.②

CHAPTER

06

농산물 수급 및 유통비용

농산물 수요와 공급의 특성에 대해 알아보고, 유통비용의 특징을 통해 유통비용의 절감 방법에 대해 알아본다.

1 농산물의 수요와 공급

(1) 농산물의 수요

① 개념 … 농산물의 수요란 일정기간 동안 소비자가 농산물을 구매하고자 하는 욕구를 의미한다.

　㉠ 수요량(Quantity Demanded) : 구매량을 가진 수요자가 일정기간 동안 구입하고자 하는 최대 수량을 의미한다.

　　가격효과
　　㉠ 대체효과 : 한 상품의 가격 상승은 다른 상품에 비해 상대적으로 가격이 비싸진 셈이므로 그 상품에 대한 수효는 감소한다.
　　㉡ 소득효과 : 가격이 상승하면 동일한 지출액으로 전보다 많은 수량을 구입할 수 없게 되는 소득의 감소효과 때문에 수요량이 일반적으로 감소한다.

　㉡ 수요의 법칙(Law of Demand) : 다른 조건이 일정하다는 전제 아래 가격이 상승하면 수요량이 감소하고, 가격이 하락하면 수요량이 증가한다는 법칙이다.

　㉢ 수요곡선(Demand Curve) : 가격에 따른 수요량의 변화를 나타내며, 우하향 곡선이 만들어진다.

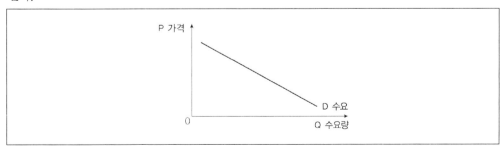

ⓔ 수요함수 : 수요량을 수요량에 영향을 미치는 여러 변수들의 함수로 표시한 것을 말한다.

$$D_x = \{(P_x(\text{해당재화의 가격}),\ I(\text{소득}),\ P_y(\text{연관상품의 가격}),\ T(\text{소비자의 기호})\}$$

② 농산물 수요의 특성

　　㉠ 농산물에 대한 수요는 파생적 수요(간접적 수요)이다.
　　　㉮ 최종 상품에 대한 원천적 수요의 변화에 따라서 발생하는 수요를 뜻한다.
　　　㉯ 소비지에서의 단위와 생산지에서의 단위가 상이한 경우가 많으며 상품의 품질도 변화될 수 있다.
　　　㉰ 소비지에서의 최종 수요가 둔화되면 생산지에서의 수요도 둔화된다.
　　㉡ 소득의 증가에 따라 농산물이 지닌 영양가치가 수요에 큰 영향을 준다.
　　㉢ 사회·경제적 변화에 따라 농산물의 수요도 큰 영향을 받는다.

③ 수요의 결정요인 … 수요의 결정요인으로는 인구의 변화, 해당상품의 가격, 소비자 소득의 변화, 대체상품 가격의 변화, 소비자 기호의 변화 등이 있다.

　　㉠ 인구의 변화 : 인구는 농산물수요를 결정하는 중요한 변수로 일반적으로 인구가 증가하면 농산물의 수요는 증가한다.
　　㉡ 농산물의 가격 : 가격이 상승하면 수요량은 줄어들고 가격이 하락하며, 그 반대의 현상이 발생하는데 수요의 반응 정도는 각 농산물의 한계효용에 따라 다르게 나타난다.
　　㉢ 소비자의 소득 변화 : 일반적으로 소득이 증가하면 소비자의 식료품에 대한 총 지출액도 증가한다. 따라서 증가되는 수요에 부응하기 위하여 농업생산의 효율화가 요구된다.
　　㉣ 대체상품 가격의 변화 : 한 상품의 수요는 그 상품과 대체관계에 있는 상품의 가격에 의해서도 영향을 받는다.
　　㉤ 소비자 기호의 변화 : 소비자의 상품에 대한 기호는 오랜 소비생활을 통하여 관습이나 환경에 의해 형성되는 것으로 기호에 따라 농산물의 수효가 변화한다.

④ 농산물 수요의 가격탄력성

　　㉠ 수요의 가격탄력성 : 가격의 변화율에 대한 수요량의 변화율을 나타내는 비율로 수요량의 변화율을 가격의 변화율로 나눈 것이다.

$$\text{수요의 가격탄력성} = \frac{\text{수요량의 변화율}(\%)}{\text{가격의 변화율}(\%)}$$

　　㉡ 특징
　　　㉮ 대부분의 농산물은 필수재에 속하므로 농산물에 대한 수요의 가격탄력성은 대체로 비탄력적이다.
　　　㉯ 농산물의 수요는 품목 간 탄력성 차이가 크다.
　　　　ⓐ 가격 및 소득탄력성이 대단히 높은 품목과 낮은 품목이 공존한다.

ⓑ 농산물의 등급별·종류별, 그리고 여러 가지 기준에 따라서 품목 상호간에 탄력성의 차이가 크다.

㉰ 농산물은 공산품에 비하여 비탄력적이다.

 POINT

수요의 탄력성

용어	가격변화에 대한 수요량의 반응형태	탄력성의 값
완전 비탄력적	가격이 변할 때 수요량이 전혀 변하지 않음	$E=0$
비탄력적	수요량의 변화율이 가격변화율보다 작음	$o<E<1$
단위 탄력적	수요량의 변화율이 가격변화율과 동일	$E=1$
탄력적	수요량의 변화율이 가격변화율보다 큼	$1<E<\infty$
완전 탄력적	가격이 어떤 일정 수준에 있으면 소비자들은 얼마든지 구매할 의사가 있음	$E=\infty$

ⓒ 수요의 가격탄력성 결정 요인

㉮ 대체재의 수 : 대체재가 많으면 탄력성이 높아지고 대체재가 적으면 탄력성이 낮아진다.

㉯ 시장세분화 : 용도 또는 규모별로 세분하면 세분할수록 탄력적이 된다.

㉰ 기간의 장단 : 일반적으로 수요는 짧은 기간보다는 긴 기간의 가격변화에 더 민감하다.

🌲 수요의 자체가격 탄력성
• 공식에서의 분모 및 분자 모두 변화율의 값을 활용한다.
• 탄력적인 경우에 판매가격의 인하가 총수익의 증가를 가져오게 된다.

(2) 농산물의 공급

① 개념 … 농산물 공급이란 생산자가 일정기간 농산물을 판매하고자 하는 욕구이며, 이것은 상품에 대한 판매자의 가치가 구체화된 것이다.

㉠ 공급량(Quantity Supplied) : 공급능력을 가진 공급자가 일정기간 동안 제공하고자 하는 최대수량을 뜻한다.

㉡ 공급곡선(Supply Curve) : 가격에 따른 공급량의 변화를 나타내며, 우상향 곡선이 만들어진다.

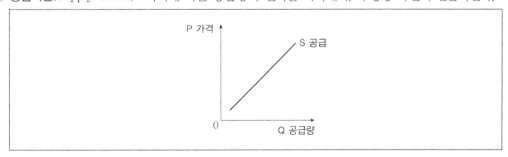

ⓒ **공급의 법칙**: 다른 조건들이 일정하다는 가정 아래 가격이 상승하면 상품의 공급량은 증가하고, 가격이 하락하면 공급량은 감소한다는 법칙이다.

ⓔ **공급함수(Supply Function)**: 공급량을 공급량에 영향을 미치는 여러 가지 변수들의 함수로 표시한 것을 말한다.

$$S_x = (P,\ P_y,\ P_f,\ T...)$$
$$P = \text{해당재화의 가격},\quad P_y = \text{연관상품의 가격}$$
$$P_f = \text{생산요소의 가격},\quad T = \text{기술수준}$$

② 농산물 공급의 특징

ⓖ 농산물 공급의 탄력성은 비탄력적인데 이는 시장가격의 변화에 따른 단시일 내의 공급반응이 불가능하기 때문이다.

ⓛ 농업은 일반적으로 농민 개개인의 판단과 의사결정에 따라 이루어지므로 농산물 공급에 대한 예측을 하기 어렵다.

ⓒ 농산물의 생산은 계절적이므로 어느 한 계절에 대량으로 시장에 공급되며, 다른 계절에는 거의 공급되지 않는 특징이 있다.

ⓔ 공급독점시장에서 공급곡선은 존재하지 않는다.

③ **농산물 공급의 결정요인** … 농산물 공급의 결정요인으로는 상품의 가격, 기술수준의 변화, 생산요소가격, 관련 상품의 가격 등을 들 수 있다.

ⓖ **상품의 가격**: 한 상품의 공급은 그 상품의 가격에 의존한다. 다른 조건이 일정할 때 한 상품의 가격이 상승하면 그 상품의 공급량은 늘어난다.

ⓛ **기술수준의 변화**: 공급은 어떤 상품의 생산기술이 진보하면 생산자로 하여금 종전과 같은 생산요소의 투입으로 더 큰 생산을 가능하게 하므로 공급의 증가를 유발한다.

ⓒ **생산요소가격**: 임금·임차료·이자 등 생산요소가격이 하락하면 생산비가 절감된다. 따라서 종전과 같은 생산비로 더 많은 상품을 생산할 수 있게 되어 각각의 상품가격수준에서 종전보다 더 많은 상품을 공급할 수 있게 된다.

ⓔ **관련 상품의 가격**: 한 상품은 다른 여러 상품과 대체관계나 보완관계에 있다. 한 상품의 공급은 그 상품과 생산 면에서 대체관계나 보완관계에 있는 다른 상품의 가격변화에 영향을 받는다.

④ 농산물 공급의 가격탄력성

ⓖ **공급의 가격탄력성**: 농산물 공급의 가격탄력성은 농산물의 가격변화율에 대한 공급량의 변화율을 나타낸 것이다.

$$\text{공급의 가격탄력성} = \frac{\text{공급량의 변화율}(\%)}{\text{가격의 변화율}(\%)}$$

ⓛ 특징

㉮ 농산물은 가격변화에 따른 공급이 즉각적으로 이루어지지 않고 시차가 존재하므로 일반 재화에 비해 비탄력적이다.

㉯ 생산량을 증가시키는 경우 생산비의 증가가 크지 않을 때 탄력적이다.

㉰ 농산물 공급은 단기보다 장기가 보다 탄력적이다.

㉱ 부패성이 작거나 저장가능성이 높을수록 탄력적이다.

 POINT

공급의 탄력성

용어	가격변화에 대한 수요량의 반응형태	탄력성의 값
완전 비탄력적	가격이 변화할 때 공급량은 전혀 변하지 않음	$E=0$
비탄력적	공급량의 변화율이 가격변화율보다 작음	$o<E<1$
단위 탄력적	공급량의 변화율이 가격변화율과 동일	$E=1$
탄력적	공급량의 변화율이 가격변화율보다 큼	$1<E<\infty$
완전 탄력적	가격변화가 거의 없어도 공급량의 변화는 무한대이다.	$E=\infty$

ⓒ 공급의 가격탄력성 결정 요인

㉮ 생산비의 변화정도

㉯ 기술수준의 정도

㉰ 상품의 가격

㉱ 상품의 가격변화에 적응하는 기간

㉲ 생산요소의 가격

ⓔ 농산물 공급이 비탄력적인 원인

㉮ 농업 생산에 있어서의 확대 및 개선 등을 위한 자금의 입수가 곤란

㉯ 고가격의 수준이 지속된다는 보장이 없음

㉰ 가격의 하락에 따른 소득의 감소를 생산으로 상쇄시키려는 경향

㉱ 농지의 한정성, 농업생산 자체의 유기적인 측면

㉲ 농업생산은 고정비용의 비중이 비교적 크기 때문에 생산의 중단이 어렵다.

(3) 농산물의 가격

① 농산물 가격

㉠ 농산물 가격은 농산물 시장에서 단위 농산물이 교환되는 화폐량을 말한다.

㉡ 농산물 가격은 생산자인 농민에게는 농업소득의 크기를 결정하는 조건이고, 소비자에게는 소비자 후생을 결정하는 조건이다.

ⓒ 농산물 가격은 수요·공급의 경제 원리에 의해 결정된다. 수요량은 장기적으로 인구 수와 1인당 실질 소득 수준 및 소비자의 기호에 의해 결정되고, 단기적으로는 당해 농산물의 가격 수준·대체 농산물의 가격 수준에 의해 결정된다. 공급량은 국내 생산량 및 수입량에 의존한다.

ⓔ 농산물 가격은 생산 및 출하조정, 농업관측 및 유통예고, 소비촉진프로그램에 의해서 유도할 수 있다.

> 🌲🌲 현재 정부가 시행하고 있는 농산물 수급 및 가격 안정 등을 위한 정책수단
> • 유통명령을 통해서 해당 품목을 산지에서 폐기한다.
> • 방출 및 수매 비축 등을 통해 적정가격을 유지한다.
> • 생산자 단체의 자조금 조성을 지원하게 한다.

② 농산물 가격의 형성

ⓐ 가격의 형성 : 수요와 공급이 만나서 가격이 형성되며, 이 가격을 통해서 거래가 이루어진다.

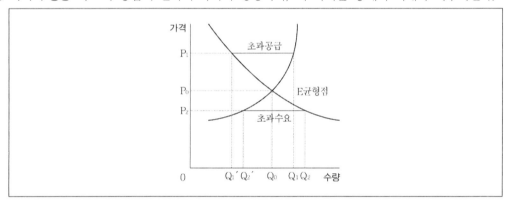

ⓑ 시장가격의 결정 : 일반적으로 공급량이 수요량을 초과하면 가격이 하락하며, 수요량이 공급량을 초과하면 가격이 상승한다.

ⓒ 균형가격 : 수요량과 공급량이 일치되어 정지 상태에 있는 가격을 균형가격이라 하며, 이때의 수요량과 공급량을 균형수급량이라 한다.

③ 농산물 가격의 기능

ⓐ 자원배분의 기능 : 농산물 가격은 농업과 비농업간의 자원배분과 농업 내부에 있어서 품목간 자원을 배분하는 기능을 한다.

ⓑ 소득분배의 기능 : 생산물의 판매에 대한 대가가 결정되고 생산요소의 가격을 통해서 공급자들에게 소득이 분배되게 한다.

ⓒ 자본형성의 기능 : 농산물가격이 비농산물 가격에 비하여 상대적으로 높다고 할 때, 농업분야에서는 자본축적이 이루어지고 이에 따라 농업에 대한 투자가 확대된다.

ⓓ 정보전달의 기능 : 농산물의 가격은 생산자와 소비자에게 소비적인 생산 및 소비의 지표가 되어준다.

④ 농산물 가격의 특징

    ㉠ 농산물은 동질 상품을 다수의 생산자가 공급하고 개별 생산자는 단순한 가격 수용자에 불과하므로 농산물 시장은 완전경쟁시장에 가까우며 경쟁가격의 형성 가능성이 크다.

    ㉡ 농산물 소비는 다수분산형의 영세소비이며, 농산물이 생활필수품적인 성격이 강하므로 그 수요가 가격 또는 소득의 변화에 민감하게 반응하지 않는다.

    ㉢ 농산물의 가격은 그 수요나 공급의 작은 변동에 의해서도 큰 폭으로 변화한다.

> **POINT**
>
> 킹(Gregory King)의 법칙 … 17세기 말 영국의 경제학자 그레고리 킹이 정립한 법칙으로 곡물의 수확량이 정상 수준 이하로 감소할 때 그 가격은 정상 수준 이상으로 오른다는 것이다.

    ㉣ 농산물 가격은 일정한 주기를 가지고 등락을 되풀이한다. 이는 농산물의 생산에 일정한 기간이 요구되므로 농산물의 공급량이 생산이 개시되는 시점에서의 가격 수준에 의존하기 때문이다.

> **POINT**
>
> 거미집이론(cobweb theorem)
> ㉠ 개념 : M. J. Ezkiekel의 이론으로 시장이 주기적으로 초과 수요와 초과 공급을 반복하면서 일정 시차를 두고 균형가격에 접근해가는 과정을 동태적으로 설명한 이론이다.
> ㉡ 모형
>   ⓐ 수렴형 : 수요의 탄력성 > 공급의 탄력성 → 균형수준에 가까워진다.
>   ⓑ 발산형 : 수요의 탄력성 < 공급의 탄력성 → 균형수준에서 멀어진다.
>   ⓒ 규칙형 : 수요의 탄력성 = 공급의 탄력성

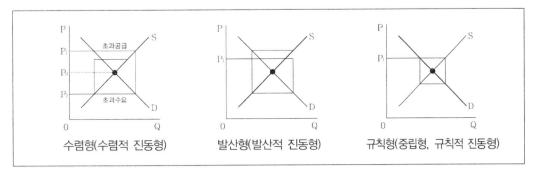

⑤ 농산물 가격 결정기구

    ㉠ 공식가격(formula pricing) : 일정한 가격수준을 산정하는 공식에 따라서 농산물거래 가격이 결정되는 것을 말한다.

        ㉮ 공시된 가격자료(중앙시장 또는 특정지역 생산자 수취가격) 등을 근거로 작성된다.

        ㉯ 소비자가 생산자에게서 직거래를 가능하게 하며, 가격 결정 과정에서 비용감소를 촉진한다.

ⓒ 생산자들 간에 불안정한 경쟁이 불필요하고 자동적으로 가격이 결정되어서 편리하다.

ⓓ 공식 자체가 시기에 부적절할 수 있으며, 공식에 사용된 기본가격 자체가 부적절할 수 있다는 문제점이 있다.

ⓛ **개별협상(individual negotoations)** : 공식적인 시장에 의해 가격이 결정되지 않고 농민과 소비자가 직접 협상하는 과정에서 가격이 자유롭게 결정되는 방식이다.

    ㉮ 협상가격은 소비자와 농민 모두 시장지배력을 가지지 못하고, 모든 분야에 정확한 정보를 이용할 수 있을 때 완전경쟁가격의 균형가격에 접근할 수 있다.

    ㉯ 동일한 재화라도 개인의 협상능력 차이에 따라 상이한 거래가격이 성립될 수 있다.

    ㉰ 농업생산규모가 대규모화·상업화됨에 따라 개별적 협상에 의한 농산물 가격결정방식은 점차 줄어들 것이다.

ⓒ **단체협상(collective bargaining)** : 생산자들이 협동조합과 같은 단체를 조직하고 이 조직을 이용하여 단체적으로 구매자들과 가격결정에 대해 협상하는 방식이다.

    ㉮ 총공급을 협동조합 내지 생산자단체가 얼마나 통제할 수 있느냐에 따라서 그 성공 여부가 달려 있다.

    ㉯ 수요독점 내지 수요과점인 농산물시장의 경우에 농민들이 연합하여 상쇄력을 형성할 수 있기 때문에 불공정한 독과점의 시장지배력을 완화시킬 수 있다.

ⓔ **정부의 가격결정(administrative decision)** : 정부에서 가격을 행정적으로 결정하는 방식이다.

    ㉮ 농산물을 생산하는 농민들을 보호하기 위한 공시가격을 결정하거나 육류의 소비자 가격이 그 예이다.

    ㉯ 정부가 농산물 가격결정에 적극적으로 개입하는 이유는 이를 통해 소득안정, 물가안정, 그리고 증산을 촉진하기 위해서이다.

ⓜ **조직적인 시장(organized market)** : 조직적으로 설립된 시장을 통해서 농산물의 매매가 성립되는 것을 말한다.

    ㉮ 중개인을 통한 경매 또는 컴퓨터를 통하여 거래가 이루어지므로 수요자나 공급자들이 직접 대면하여 협상을 하지 않아도 된다.

    ㉯ 조직적인 시장은 빗나간 예측이나 풍문에 따라서 수요·공급에 차질이 생겨서 불필요한 가격의 파동이 심화될 우려가 존재한다.

    ㉰ 조직된 시장에서 형성된 가격은 다음과 같은 전제조건 아래에서는 시장의 균형가격에 접근할 수도 있다.

        ⓐ 거래물량이 대규모일 것

        ⓑ 거래된 품목의 품질이 전체를 대표할 수 있을 것

        ⓒ 수요자와 공급자가 모두 다수일 것

        ⓓ 수요자와 공급자는 모두 수요·공급에 대한 완전한 정보를 가지고 있을 것

        ⓔ 정부의 지지가격 수준보다 높은 가격일 것

🌲🌲 농산물 공급 및 수요에 대한 가격 비탄력성
- 가격의 폭등 시 공급량을 용이하게 늘리기 어렵다.
- 가격의 변동률만큼 수요의 변동률이 크지 않다.
- 공급 및 수요의 불균형 현상이 지역별 또는 연중으로 발생할 수 있다.

🌲🌲 시장구조의 결정 요인
- 소비자들의 수 및 구매량
- 생산자의 수 및 크기
- 시장정보에 있어서의 완전성
- 제품의 동질성

 2 농산물의 유통비용

(1) 유통마진

① 개념

　㉠ 유통마진 : 상품에 대한 최종 소비자의 총 지출 중 유통 업자에게 지출되는 부분을 유통마진이라 한다.

　　㉮ 도매유통마진 : 도매가격과 생산지 판매 가격과의 차

　　㉯ 소매유통마진 : 소매가격과 도매가격과의 차

　㉡ 농수산물 유통마진 : 농산품에 대한 최종 소비자의 지불가격과 생산농가의 수취가격과의 차이를 말한다.

　㉢ 마케팅 빌(marketing bill) : 특정 기간(보통 1년)중 전체 농수산 식품에 대한 총소비지출액 중 농가수취액을 제외한 부분으로 유통마진을 국민경제적 입장에서 총체적으로 본 분석방법이다.

🌿 유통마진과 유통마진율 🌿

- 유통마진 = 소비자지불액 − 농가수취액 = 유통비용 + 상인이윤
- 유통마진율(%) = $\dfrac{소비자지불액 - 농가수취액}{소비자지불액} \times 100$

POINT

농산물의 유통마진율이 높은 이유
• 수집과 분산과정이 길고 복잡하여 중간상인의 개재가 많다.
• 가격에 비해 상대적으로 부피가 크고 부패 변질이 쉽다.
• 표준화, 등급화가 어려워 저장·수송 등 물류비가 많이 든다.

② 특징

　㉠ 유통마진은 유통효율성을 판단하는 지표이다.

　㉡ 유통마진은 유통단계별 상품단위 당 가격 차액으로 표시된다.

　㉢ 농산물은 소매단계에서 유통마진이 가장 높다.

　㉣ 부피가 크고, 저장과 수송이 어려울수록 유통마진이 높다.

　㉤ 일반적으로 경제가 발전할수록 유통마진이 증가한다.

　㉥ 유통마진은 유통기관이 수행한 효용증대활동에 대한 대가이다.

③ 유통기능별 유통마진 … 수송·저장·가공비용 등의 유통 비용은 유통되는 물량이 증가하면 유통 물량 단위당 평균 비용이 체감하는 현상을 보이나, 유통 물량을 지나치게 많이 증가시키면 오히려 단위당 평균 비용은 증가한다.

　㉠ 수송비용(장소효용 증대)

　　㉮ 상차, 하차비와 같은 고정비

　　㉯ 운송 거리와 관계되는 가변비

　　㉰ 수송 과정 중의 감모 부분

　㉡ 저장비용(시간효용 증대)

　　㉮ 창고에 입출고하는 고정비

　　㉯ 저장고를 이용하는 비용

　　㉰ 감모 등을 감안한 사회적 비용

　㉢ 가공비용(형태효용 증대) : 가공을 많이 할수록 비용은 많이 소요된다.

④ 유통마진이 높은 품목의 통상적인 특성

　㉠ 유통과정에서의 과도한 중간상의 개입으로 인해 유통단계가 많다.

　㉡ 통상적으로 제품의 부피가 크고 무거우며, 수집상의 개입이 많다.

　㉢ 산지 포장화가 미흡하고, 제품의 저장성이 낮다.

　㉣ 소비지에서의 소포장, 재선별하거나 또는 신선 유통 등을 요구한다.

　㉤ 작목반이 발달되어 있지 않으며, 분산 출하가 어렵다.

(2) 유통비용

① 개념

ⓐ 유통비용 : 상품이 생산자로부터 소비자에게 이르는 과정에서 교환 · 물리적 · 거래 촉진의 기능을 수행하도록 하는 모든 경제 활동에 따르는 비용이다
  ㉮ 광의의 유통비용 : 순수유통비용 + 상업이윤
  ㉯ 협의의 유통비용 : 순수유통비용(유통비용 − 상업이윤)

ⓑ 농산물유통비용 : 농산물이 생산자로부터 소비자에게 이르는 과정에서 모든 경제 활동에 따르는 비용

  🌲 농산물 유통비용의 특성
  • 상업적인 이윤이 높다.
  • 공산품에 비해 비교적 고정성을 지니고 있다.
  • 대량소비기관이 적은 관계로 소매단계에서의 비용이 높다.
  • 신선도가 높아질수록 유통비용도 높다.
  • 채소 등의 엽채류의 경우에는 가격변동이 심하며 유통마진도 크다.
  • 유통마진의 변동률은 소비자가격 변동률보다 작은 경향이 있다.
  • 농산물 유통마진의 변동폭은 소비자가격 변동폭보다 작은 경향이 있다.

② 유통비용의 구성

ⓐ 직접비용 : 수송비 · 포장비 · 하역비 · 저장비 · 가공비 등과 같이 유통하는데 직접적으로 지불되는 비용이다.

ⓑ 간접비용 : 점포임대료, 자본이자, 통신비, 제세공과금, 감가상각비 등과 같이 유통하는데 간접적으로 지불되는 비용이다.

③ 농산물유통비용의 절감방법

ⓐ 물류체계의 효율화 추진
  ㉮ 농산물의 포장 · 등급규격의 정비
  ㉯ 일관수송 및 하역기계화 체계 구축
  ㉰ 농산물 팰릿화 추진 및 팰릿 풀 시스템 구축
  ㉱ 단위화물적제시스템 체계에 알맞은 유통시설 건설

ⓑ 공동출하 및 산지생산자 조직 강화
  ㉮ 산지유통시설 운영의 효율화
  ㉯ 전략적 유통체계 구축
  ㉰ 농산물 전자상거래 활성화 촉진

ⓒ 도매시장의 경쟁력 제고
  ㉮ 도매시장 표준하역비 제도의 조기 정착
  ㉯ 도매시장 시설 현대화를 통한 팰릿 단위 물류흐름 유지
  ㉰ RFID(Radio Frequency Identification)도입

② 소비지 유통활성화 추진

㉮ 대형유통업체와 산지유통 조직간 직거래 활성화 지원

㉯ 영세소매상의 규모화, 대형화 유도

㉰ 수요자 중심의 종합적 유통정보 분산을 통한 공정거래 유도

🏔 유통과정 및 농가수취율과의 관계

① 부패율이 낮아질수록 농가수취율은 높다.

② 가공도가 높은 품목보다는 낮은 품목이 농가수취율이 높다.

③ 유통서비스가 많은 품목보다는 적은 품목이 농가수취율이 높다.

④ 가격에 비해서 중량이 가벼울수록 농가수취율은 높다.

⑤ 가격에 비해서 용적인 적을수록 농가수취율은 높다.

⑥ 출하시간이 짧을수록, 시장거리가 가까울수록 농가수취율은 높다.

기출예상문제

CHECK | 기출예상문제에서는 그동안 출제되었던 문제들을 수록하여 자신의 실력을 점검할 수 있도록 하였다. 또한 기출문제뿐만 아니라 예상문제도 함께 수록하여 앞으로의 시험에 철저히 대비할 수 있도록 하였다.

〈농산물품질관리사 제13회〉

1 다음 사례에서 창출되는 유통의 효용으로 모두 옳은 것은?

> A 원예농협은 가을에 수확한 사과를 저온 저장고에 입고하였다가 이듬해 봄에 판매하고, 남은 사과를 잼으로 가공하여 판매하였다.

① 시간효용, 형태효용 ② 시간효용, 소유효용
③ 장소효용, 형태효용 ④ 장소효용, 소유효용

💡 • 가을에 수확한 사과를 이듬해 봄에 판매→시간효용
• 사과를 사과잼으로 가공 판매→형태효용

〈농산물품질관리사 제13회〉

2 다음 설명에 해당하는 것은?

> • 국내에서 생산되는 모든 식품에 대한 총 소비자지출액과 총 농가수취액의 차이이다.
> • 전체 식품에 대한 유통마진의 내념이다.

① 농가 몫 ② 농가 교역조건
③ 한계 수입 ④ 식품 마케팅빌

💡 제시된 내용은 식품 마케팅빌에 대한 설명이다.

〈농산물품질관리사 제13회〉

3 농산물 가격전략의 일환으로 수요의 가격탄력성이 −0.25인 품목을 할인하여 판매한다면 총수익은 어떻게 변화하는가?

① 가격 하락에 비해 판매량이 더 증가하기 때문에 총수익은 늘어난다.
② 가격 하락에 비해 판매량이 덜 증가하기 때문에 총수익은 줄어든다.
③ 가격 하락과 판매량 증가분이 동일하여 총수익은 변화가 없다.
④ 수요가 비탄력적이기 때문에 총수익은 가격 하락과 무관하다.

💡 ② 수요의 가격탄력성이 마이너스이므로 가격 하락에 비해 판매량이 덜 증가하기 때문에 총수익은 줄어든다.

〈농산물품질관리사 제13회〉

4 농산물 가격이 폭등하는 경우 정부가 시행하는 정책수단으로 옳은 것을 모두 고른 것은?

㉠ 수매 확대	㉡ 비축물량 방출
㉢ 수입 확대	㉣ 직거래 장려

① ㉠, ㉡
② ㉠, ㉣
③ ㉡, ㉢, ㉣
④ ㉠, ㉡, ㉢, ㉣

💡 ㉠ 수매 확대는 농산물 가격이 하락했을 때 시행하는 정책수단이다.

5 다음 중 농산물 유통마진에 관한 설명으로 적절하지 않은 것은?

① 통상적으로 경제가 발전하면 할수록 유통마진이 증가하게 된다.
② 유통마진은 유통기관이 수행한 효용증대활동에 관한 대가이다.
③ 부피가 크며, 수송 및 저장 등이 힘들어질수록 유통마진이 높다.
④ 농산물의 경우에는 소매단계에서 유통마진이 가장 낮다.

💡 농산물은 소매단계에서 유통마진이 가장 높다.

6 다음 중 농산물 공급의 특징으로 잘못 설명한 것은?

① 공급독점시장에서의 공급곡선은 존재하지 않는다.

② 농산물 생산의 경우에는 계절적이기 때문에 어느 한 계절에 대량으로 시장에 공급되고, 타 계절에는 거의 공급되지 않는 특성이 있다.

③ 농산물 공급의 탄력성은 탄력적인데, 이것은 시장가격의 변화에 의해 단시일 내의 공급반응이 가능하기 때문이다.

④ 통상적으로 농업은 농민들 개개인의 판단 및 의사결정에 의해 이루어지기 때문에 농산물 공급에 관한 예측을 하기가 쉽지 않다.

> ⚙️ 농산물 공급의 탄력성은 비탄력적인데, 이는 시장가격의 변화에 의해 단시일 내의 공급반응이 불가능하기 때문이다.

7 다음 중 농산물 공급의 결정요인으로 가장 거리가 먼 것은?

① 상품가격　　　　　　　　　② 판촉계획

③ 기술수준 변화　　　　　　　④ 생산요소가격

> ⚙️ 농산물 공급의 결정요인
> ㉠ 상품의 가격
> ㉡ 기술수준의 변화
> ㉢ 생산요소가격
> ㉣ 관련된 상품의 가격

8 다음 중 농산물 유통마진에 관한 내용으로 가장 바르지 않은 것은?

① 유통마진이란 상품에 대한 최종 소비자의 총 지출 중에서 유통업자에게 지출되는 부분을 의미한다.

② 농산물의 경우 가공기능을 통해 저장성의 취약, 생산의 계절성 등의 극복은 가능하지만, 가공비용 및 유통마진이 증가할 수 있다.

③ 전자상거래는 언제나 유통마진을 감소시킬 수는 없다.

④ 상대적으로 농산물 유통은 효율적이며, 유통마진이 낮은 편이다.

> ⚙️ 농산물 유통은 상대적으로 비효율적이고, 유통마진이 높은 편이다.

9 농산물 생산자가 가격순응자라는 것은 농산물 특성상 어떠한 점과 관계가 깊은가?

① 지역적 특화

② 계절성

③ 수요ㆍ가격변동에 시차가 존재

④ 생산자의 영세 다수

💡 ④ 농산물의 경우 유사한 상품을 다수의 생산자가 공급하고 있어 시장의 가격을 형성하는데 개별생산자의 영향이 미미하다. 따라서 일반적으로 농산물 생산자는 단지 시장의 결정가격을 받아들이는 입장의 가격순응자로 간주한다.

10 농산물유통마진에 대한 인식 중 가장 적절한 것은?

① 일반적으로 경제가 발전하면 유통마진이 감소되는 경향이 있다.

② 유통마진이 작다고 해서 반드시 유통능률이 높다고 할 수 없다.

③ 중간상인을 배제시키면 반드시 유통마진이 감소하고 농가수취율이 높아진다.

④ 유통마진이 감소하면 생산자 수취가격은 높아지고 소비자지불가격도 높아진다.

💡 ② 소비자의 농산품에 대한 총 지출에서 유통업자에 지출되는 부분을 유통마진이라 하며 유통효율은 가격효율 뿐만 아니라 운영효율로 판단할 수 있으므로 유통마진이 작다고 하여 반드시 유통효율이 높다고 판단할 수는 없다.

※ 유통마진

ㄱ 도매유통마진 : 도매가격과 농가판매가격과의 차

ㄴ 소매유통마진 : 소매가격과 도매가격과의 차

11 어떤 농산물의 가격이 20% 하락하였는데 판매량은 15% 증가하였다. 다음 중 적절한 표현은?

① 수요와 공급이 비탄력적이다.

② 수요가 비탄력적이다.

③ 수요는 탄력적이나 공급은 비탄력적이다.

④ 공급이 비탄력적이다.

💡 ② 가격이 20% 하락했음에도 판매량은 15% 증가하였다면 이 농산물의 수요는 가격의 영향을 크게 받지 않는다는 것을 말한다. 따라서 이 농산물의 수요는 비탄력적이라고 할 수 있다.

〈농산물품질관리사 제1회〉

12 다음 중 농산물유통효율이 향상되는 경우는?

① 동일한 수준의 산출을 유지하면서 투입 수준을 증가시키면 유통효율이 향상된다.
② 시장구조를 불완전경쟁적으로 유도하면 유통효율이 향상된다.
③ 유통활동의 한계생산성이 1보다 클 때 유통효율이 향상된다.
④ 유통작업이 노동집약적으로 이루어질 때 유통효율이 향상된다.

> 💡 ① 유통효율이 향상되기 위해서는 단위당 산출에 대한 유통비용을 최소로 해야 한다.
> ② 불완전경쟁의 경우 유통비용이 상승하여 유통효율이 저해될 수 있다.
> ④ 노동집약적인 작업에서는 노동비의 상승으로 유통효율이 낮아질 수 있다.

〈농산물품질관리사 제3회〉

13 유통마진에 대한 설명 중 관계가 먼 것은?

① 상품의 유통과정에서 수행되는 경제활동에 수반되는 일체의 비용이다.
② 일반적으로 유통마진은 유통비용과 유통이윤으로 구성된다.
③ 유통비용에는 물류비, 인건비 등이 포함되나 감모비는 포함되지 않는다.
④ 상품의 유통마진은 소비자 지불가격과 생산자 수취가격의 차이이다.

> 💡 ③ 농산물유통비용은 물류비와 기타 유통비용으로 나눌 수 있는데 물류비는 운송비, 포장비, 보관
> 비, 하역비, 감모·청소비 등으로 구성되고 기타 유통비용은 상장수수료, 점포임차료, 일반관리비,
> 상인이윤 등으로 구성된다.

〈농산물품질관리사 제3회〉

14 농산물 가격이 10% 오를 때 수요량은 10% 이상 감소하지 않는다면 이에 알맞은 것은?

① 수요는 탄력적이다.
② 수요는 비탄력적이다.
③ 가격은 탄력적이다.
④ 가격은 비탄력적이다.

> 💡 가격이 10% 올랐음에도 그 수요는 10% 이상 감소하지 않는다면 수요는 가격에 크게 구애받지 않는
> 다는 것이다. 따라서 가격에 대해 비탄력적이라고 할 수 있다. 일반적으로 농산물의 경우 생활필수
> 품으로 분류하고 있으며 생활필수품의 경우 수요는 비탄력적이다.

>> ANSWER

9.④ 10.② 11.② 12.③ 13.③ 14.②

15 동일한 상품에 대해 서로 다른 소비자에게 각각 다른 가격수준을 부과하는 것을 가격차별 (price discrimination)이라고 한다. 이에 대한 설명 중 적절하지 않은 것은?

① 가격탄력성이 동일한 두 개 이상의 시장이 존재하여야 한다.

② 유통주체가 어떤 농산물에 대해 독점적 위치를 확보할 수 있는 여건이 구비될 때 실시한다.

③ 소비자의 선호, 소득, 장소 및 대체재의 유무 등에 따라 서로 다른 가격을 부과한다.

④ 서로 다른 시장에서 매매된 상품이 시장 간에 이동될 수 없어야 한다.

　　🔅 ① 동일한 상품에 대해 서로 다른 가격이 책정되기 위해서는 시장에서 수요의 가격탄력성의 크기가 서로 달라야 한다.

16 버즈(Buse, R. C)는 소고기의 수요탄력성은 돼지고기 및 닭고기의 수요탄력성과 연관지어 계측되어야 한다고 하였다. 즉 어떤 재화의 가격이 1% 변화할 때, 해당 재화와 관련된 재화들의 수요에 발생되는 동시적인 변화를 고려한 이후의 수요량의 변화율을 나타내는 탄력성은 무엇인가?

① 수요의 가격탄력성　　　　　　　② 대체탄력성

③ 총 탄력성　　　　　　　　　　　④ 수요의 교차탄력성

　　🔅 ① 가격의 변화에 따른 수요량의 변화를 나타낸 수치
　　　② 한계대체율의 변화에 따른 소비자가 가진 두 재화의 비율의 변화를 나타낸 수치
　　　④ 가격의 변화에 따른 다른 재화의 수요량이 얼마나 변하는지를 나타내는 지표

17 농산물 도매시장은 대량거래에 의한 규모의 경제를 실현하여 유통 비용을 절감하고자 하는데, 이는 어떤 원리에 근거하는가?

① 대량보유 및 수요 공급의 원리　　　② 대량보유 및 거래총수 최소화의 원리

③ 대량보유 및 가격결정의 원리　　　④ 대량보유 및 시장영역의 원리

　　🔅 ② 도매시장의 유통비용절감은 거래총수 최소화의 원리와 대량준비의 원리에 기인한다.

〈농산물품질관리사 제4회〉

18 다음 중 농산물 가격 특성에 대한 설명으로 옳지 않은 것은?

① 소득탄력성의 경우 곡물보다 소고기 품목이 더 높다.
② 일반적으로 농산물 수요는 소득에 대해 비탄력적이다.
③ 농산물 가격의 불안정성은 수요와 공급이 가격변화에 대해 탄력적이기 때문이다.
④ 농산물 품목 간 대체가 어려울 경우 수요의 가격 탄력성은 낮다.

> ③ 농산물은 일반적으로 수요와 공급의 가격탄력성이 낮다. 농산물가격의 불안정성은 출하량과 소비량 등의 요인으로 매일 시세의 변동이 있기 때문이다.
>
> ※ 농산물 가격의 특징
> ㉠ 가격변화에 대해 수요와 공급의 변화가 크지 않다.
> ㉡ 계절적인 영향에 의해 공급이 균등하지 않아 변동성이 크다.
> ㉢ 동질의 상품을 다수의 생산자가 공급하는 완전경쟁시장이다.

〈농산물품질관리사 제4회〉

19 농산물 시장의 가격효율을 증대시키기 위해서는 완전경쟁적 시장형성이 되도록 유도해야 한다. 그러나 완전경쟁적 시장형성이 미흡할 경우 가격효율을 증대시킬 수 있는 수단으로 볼 수 없는 것은?

① 이동, 저장, 분배 등 물적 유통비용 절감
② 소비지 도매시장 건설
③ 유통정보 기능 강화
④ 표준화와 등급화 실시

> 가격효율 증대방법
> ㉠ 완전경쟁적 시장 형성 유도
> ㉡ 표준화 및 등급화 실시
> ㉢ 소비지 도매시장의 건설
> ㉣ 생산농민의 공동출하 건설
> ㉤ 유통정보 기능의 강화
> ㉥ 공정거래의 강화

20 거미집이론에서 농산물 가격의 변동에 대한 설명으로 틀린 것은?

① 농산물 가격과 공급 간의 시차에 의한 가격변동을 설명한다.

② 공급이 수요보다 더 탄력적일 때 가격은 균형가격으로 점차 수렴한다.

③ 계획된 생산량과 실현된 생산량이 언제나 동일함을 가정한다.

④ 수요와 공급곡선의 기울기의 절대값이 같을 때 가격은 일정한 폭으로 진동하게 된다.

💡 ② 공급이 수요보다 비탄력적인 경우 수렴현상, 즉 안정조건이 나타나게 되며 공급이 수요보다 비탄력적임은 공급곡선의 기울기가 수요곡선의 기울기보다 크다는 것을 나타낸다.

※ **거미집이론** … 가격의 변동에 대해 일반적으로 수요는 즉각적 반응이 일어나는 반면 공급은 적응이 느려 반응에 일정시간을 요구한다. 완전경쟁시장에서 공급과 수요가 일치하는 점에서 균형가격이 결정되며, 공급의 반응이 지체됨으로 인해 수요가 많고 공급이 부족할 시에는 가격이 폭등하고 반대로 공급이 많아지는 경우 가격이 폭락한다. 일정 시간이 지나 공급과 수요의 일치로 균형가격이 정해지며 수요공급곡선상에 이런 현상을 나타내면 가격은 거미집과 같은 모양으로 균형가격에 수렴하게 되는데 이를 거미집이론이라 부른다.

21 공급독점시장(monopoly market)에 대한 설명으로 옳은 것은?

① 공급곡선이 존재하지 않는다.

② 한계수입(한계수익)곡선은 수요곡선 위에 위치한다.

③ 최적산출량은 한계비용곡선과 수요곡선이 만나는 점에서 결정된다.

④ 소수의 기업이 전략적 행위를 통해 이윤극대화를 추구한다.

💡 농산물의 공급독점시장은 생산자가 공급량을 자유롭게 조절할 수 있기 때문에 공급곡선이 존재하지 않는다.

22 농산물유통마진에 대한 설명으로 옳지 않은 것은?

① 소비자가 지불한 가격에서 농가가 수취한 가격을 뺀 금액이다.

② 유통비용과 유통이윤(상인이윤)의 합으로 구성된다.

③ 곡류보다 채소류의 유통마진이 상대적으로 더 높은 편이다.

④ 유통마진이 높다는 것은 곧 유통이 비효율적이라는 것을 의미한다.

💡 유통마진은 유통단계에 종사하고 있는 모든 유통기관에 의해서 수행된 효용증대와 기능에 대한 대가로, 유통마진이 높다는 것은 곧 유통이 효율적이라는 것을 의미한다.

23 다음 중 유통마진에 대한 설명으로 볼 수 없는 것은?

① 최종소비자의 농산물구입 지출금액에서 생산농가가 수취한 금액을 공제한 것을 말한다.

② 유통단계에 종사하고 있는 모든 유통기관에 의해서 수행된 효용증대활동과 기능에 대한 대가를 말한다.

③ 유통비용의 크기와 여러 가지 유통기능의 수행에 있어서의 효율성을 파악하는 하나의 지표이다.

④ 보관·수송이 용이하고 부패성이 적은 농산물은 유통마진이 높고, 부피가 크며 저장 및 수송이 어려운 농산물은 유통마진이 낮다.

> ④ 보관 및 수송이 용이하고 부패성이 낮은 농산물은 유통마진이 낮고, 부피가 크며 저장 및 수송이 어려운 농산물은 유통마진이 높다.

24 다음 중 재화의 수요량과 재화의 가격이 서로 반비례의 관계에 있는 것은?

① 공급의 법칙
② 수요의 법칙
③ 슈바베의 법칙
④ 엥겔의 법칙

> 가격이 올라가면 수요가 줄고 가격이 내려가면 수요가 늘어난다는 법칙을 수요의 법칙이라 한다.

25 홍수로 인한 피해로 인하여 농가의 생산량이 감소하였지만 오히려 수입이 증가하게 되는 경우가 종종 발생하게 된다. 다음 중 이 경우에 해당하는 것은?

① 수요와 공급탄력성이 항상 일정할 경우
② 수요가 비탄력적일 경우
③ 수요가 탄력적일 경우
④ 수요탄력성이 무한대일 경우

> 농가의 생산량이 감소하게 되면 출하량은 줄어들게 되고 이는 곧 공급이 줄어듦을 의미한다. 공급이 줄어들게 되면 가격이 상승하고 수요가 탄력적일 경우에는 수입은 감소하게 되나 수요가 비탄력적일 경우에는 가격에 상관없이 계속적인 수요가 발생하므로 수입은 증가할 수 있다.

26 다음 중 유통마진율을 구하는 공식으로 옳은 것은?

① $\dfrac{\text{소비자지불액} - \text{농가수취액}}{\text{소비자지불액}}$

② $\dfrac{\text{소비자지불액} - \text{농가수취액}}{\text{소비자지불액}} \times 100$

③ 소비자지불액 - 농가수취액

④ 유통비용 + 상인이윤

💡 유통마진율(%) = $\dfrac{\text{소비자지불액} - \text{농가수취액}}{\text{소비자지불액}} \times 100$

27 다음 중 농산물 가격특성에 대한 설명으로 옳지 않은 것은?

① 농산물은 가격변화에 대한 수요와 공급의 변화가 크지 않으므로 비탄력적이다.
② 농산물은 계절적 영향을 많이 받으므로 연중 지속적인 공급이 어려워 가격이 불안정하다.
③ 농산물시장은 완전경쟁시장에 보다 가깝고 형성가능성이 크다.
④ 농업생산의 특성으로 인하여 공급의 반응속도가 빠르고 탄력적이므로 가격의 등락폭이 적다.

💡 ④ 농산물은 농업생산의 유기성, 생산기간의 장기고정성 등 공급의 반응속도가 느리므로 비탄력적이며 장기간 지속되는 등락을 경험할 수 있다.

28 농산물의 수요탄력성 결정요인으로 볼 수 없는 것은?

① 소비자의 전체 소득이 차지하는 비중
② 상품의 성격
③ 대체재의 존부 여부
④ 상품의 저장비용

💡 농산물의 수요탄력성 결정요인
　㉠ 상품의 성격
　㉡ 대체재의 존부 여부
　㉢ 상품의 보급상태
　㉣ 소비자의 전체 소득
　㉤ 기간의 길이

29 다음 중 상품가격의 중요성에 대한 설명으로 볼 수 없는 것은?

① 상품을 출시하는 기업의 총수입에 결정적인 역할을 한다.
② 제품의 질과 가격은 소비자들에게 많은 영향을 미치므로 연관성을 잘 이해하여 가격을 책정하여야 한다.
③ 높은 가격의 상품은 항상 소비자들에게 상품의 질이 높다는 것을 의미하게 된다.
④ 상품의 원가, 목표이익률 등을 고려하여 가격을 책정하여야 한다.

💡 ③ 높은 가격의 상품 및 지나치게 낮은 가격의 상품은 수요량 및 수익성에 불리함을 초래하므로 기업은 총수입의 극대화를 위한 많은 전략을 세워 가격을 책정하여야 한다.

30 농산물유통비용에 대한 설명으로 옳지 않은 것은?

① 상품이 생산자로부터 최종소비자에 이르기까지의 모든 단계에서 발생하는 비용을 말한다.
② 유통마진에서 상업적 이윤을 제외한 비용을 협의의 유통비용이라 한다.
③ 유통비용에는 물류비, 인건비, 감모비 등이 포함된다.
④ 광의의 유통비용은 협의의 유통비용에서 유통이윤을 뺀 것이다.

💡 광의의 유통비용은 협의의 유통비용에 상업이윤을 더한 것이다.

31 수요의 가격탄력성이 1보다 클 경우 가격이 30% 하락하였을 때 수요량의 변화로 맞는 것은?

① 수요량은 30%만큼 증가한다.
② 수요량은 30%보다 많이 감소한다.
③ 수요량은 변화가 없다.
④ 수요량은 30%보다 많이 증가한다.

💡 가격탄력성이 1보다 크다는 것은 탄력적임을 의미하므로 수요는 가격의 하락 비율인 30%보다 많이 증가함을 알 수 있다.

32 다음 중 유통비용에 해당하지 않는 것은?

① 수송비 ② 보관비
③ 상인이윤 ④ 임차료

💡 유통비용의 종류 ⋯ 수송비, 보관비, 하역비, 저장비, 가공비, 금융비용, 임차료, 감모비 등

33 다음 중 매출액의 감소라는 상황이 주어졌을 때 이를 통해 진단할 수 있는 원인에 해당하지 않는 것은?

① 경쟁자의 가격인하 ② 내점객의 증가
③ 소비자의 기호 변화 ④ 소비자의 지역적 이동

💡 ② 매출액의 감소는 내점객이 감소하였음을 알 수 있다.

34 농산물유통금융에 대한 설명으로 옳지 않은 것은?

① 농산물유통과정에서 발생하는 필요한 자금을 조달하는 기능을 말한다.
② 생산자가 농산물의 수확·판매 전 필요한 자금의 마련을 위해 유통업체로부터 선도 자금을 받는 행위가 포함된다.
③ 생산자가 농산물 저장창고의 건설을 위해 정부로부터 자금을 융자받는 행위도 유통금융이라 할 수 있다.
④ 유통금융의 공급은 정부 및 농협에서만 이루어지고 있다.

💡 ④ 유통금융의 공급은 농협 및 정부, 일반 시중은행에서 수행하고 있다.

35 농산물유통비용은 크게 직접 비용과 간접비용으로 나눌 수 있다. 다음 중 간접비용에 해당하는 것은?

① 포장비   ② 하역비

③ 감가상각비   ④ 가공비

         유통비용의 종류
            ㉠ 직접비용 : 수송비, 하역비, 포장비, 가공비 등
            ㉡ 간접비용 : 임대료, 통신비, 제세공과금, 감가상각비 등

36 농산물유통비용 절감방법에 대한 설명으로 옳지 않은 것은?

① 유통시설의 개선   ② 거래 촉진 기능의 강화

③ 기술의 변화   ④ 유통업체의 규모 축소

         ④ 유통비용을 절감하기 위해서는 유통업체 규모의 확장, 작업능률의 향상, 합리적 경영 등의 내부
            경제가 이루어져야 한다.

CHAPTER

07

농산물마케팅

농산물마케팅은 농산물유통에 대한 가격, 판매, 촉진, 광고 등의 기능을 수행하는 것으로 기본적인 마케팅의 개념에서부터 상품관리, 가격관리, 촉진관리 등을 중심으로 각 용어의 개념 및 특징을 익혀두어야 한다.

1 마케팅의 개념

(1) 마케팅 환경

① 마케팅(marketing) … 마케팅이란 조직과 이해관계 당사자들에게 이익이 되는 방법으로 고객에게 가치를 창조하고, 알리고, 전달하며, 고객관계를 관리하기 위한 조직의 기능과 일련의 과정들을 말한다.

② 마케팅 환경(marketing environment)

  ㉠ 정의 : 마케팅 환경은 기업이 마케팅 활동을 하는데 직·간접적으로 영향을 줄 수 있는 내부 및 외부 요인들을 말한다.

  ㉡ 마케팅 환경 요인 : 일반적으로 거시적 환경과 미시적 환경으로 구분한다(P.Kotler).

   ㉮ 거시적 환경 : 인구통계적 · 경제적 · 자연적 · 기술적 · 정치법률적 · 사회문화적 환경 등

   ㉯ 미시적 환경 : 유통업자 스스로의 마케팅 노력에 의해 변경이나 개선이 가능하다.

    ⓐ 자원공급자

    ⓑ 유통매개업자 : 중간상, 물류회사, 금융기관

    ⓒ 고객시장 : 소비자, 산업, 정부

    ⓓ 경쟁업자 : 욕구 경쟁자, 포괄적 경쟁자, 제품 형태별 경쟁자

    ⓔ 공중 : 매체공중, 정부공중, 지역공중

    🌱 판매 및 마케팅의 차이점

     ① 판매의 경우에는 만들어진 것을 파는 행위인 반면에 마케팅은 팔릴 수 있는 것을 만든다는 내용을 기반으로 하고 있다.

② 판매는 단순히 무조건적으로 많이 파는 것에 중점을 두고 있지만, 마케팅의 경우 어떻게 하면 더 지속적으로 많이 팔 것인지에 대한 중점을 두게 된다.

③ 판매 및 마케팅은 이익의 기반이 서로 다른데, 판매의 경우에는 매출의 수량에 기반하지만, 마케팅은 소비자들의 만족에 기반한다.

④ 판매 및 마케팅은 서비스의 차원이 서로 다른데, 판매의 경우에는 A/S를 하지만, 마케팅의 경우에는 판매 이전부터 판매 중에도 서비스를 수행한다.

🌲🌲 농산물 마케팅의 특징

① 마케팅의 경우 유통과정과 연관되는데 유통은 운송, 가공 및 저장 등의 과정과 더불어 판매까지 관련 법령에 의해 통제되기 때문에 복합적인 활동이라 할 수 있다.

② 농산물의 경우에 최종 소비자들에게 전달되어지는 과정은 수집, 중계, 분산의 과정을 통하게 되므로 시장 활동은 지극히 복잡하면서도 유통비용 또한 많이 들어가게 된다.

③ 농업 생산은 지역적으로 전문화되고 도시화에 의해 인구의 이동, 소득 및 식품에 대한 소비구조 유형의 변화 등 사회 및 경제적인 변화에 의해 변화되어져 왔다.

④ 생산의 과정에서 나타나는 시간효용, 장소효용, 형태효용, 소유효용 등과 같은 것들이 마케팅의 과정에서도 동일한 효용을 나타내기 때문에 시장 활동을 생산적이라 할 수 있다.

🌲🌲 농산물 마케팅의 역할

① 대량생산의 촉진 : 이는 유통이 개선되어서 대량 유통을 통해 대량소비를 가능하게 하며 이를 위해서 대량생산을 하기 위한 집단생산 등이 촉진되어 농업생산비를 감소시킬 수 있으므로 생산구조를 개선시킬 수 있게 된다.

② 고용기회에 대한 증가 : 이는 유통의 과정인 수집, 도소매 등에 참가함으로 인해 고용에 관한 기회가 증가하며 운반, 보관, 가공, 수출입, 광고 등의 간접적 유통의 과정도 취업기회를 창출하게 된다.

③ 농업의 발전에 기여 : 유통은 사회에 있어 생산 및 소비를 연결시켜 줌으로써 이로 인해 농산물의 사회적인 순환을 이룰 수 있으며 이를 통해서 농업에 관한 발전을 촉진시키게 된다.

④ 농산물의 수급조절 : 이는 생산되어진 농산물을 수집, 분류 및 등급화를 하며 필요로 하는 시기에 필요한 양의 농산물을 필요로 하는 장소로 이동시켜 줌으로 인해 수급을 조절하는 것이 바로 마케팅의 역할이라 할 수 있다.

⑤ 문화적인 기능 : 이는 판매지향적 생산, 표준화 및 등급화 된 농산물을 구매함으로써 사회적인 계층 간의 차이를 해소하고, 구매활동 시간이 단축되어 생활의 합리화가 이루어지는 등의 생활문화의 변화를 가져다주게 된다.

⑥ 소비자들의 경제적인 복지의 증진 : 이는 필요로 하는 농산물이 필요한 시기에 필요로 하는 만큼의 형태로 소비자들에게 보내져서 소비자들의 만족스러운 소비생활이 계속되어진다면 이는 경제적인 복지에 기여하게 되는 것이다.

(2) 마케팅 조사

① 개념 … 마케팅 조사란 마케팅 문제와 관련된 정보를 체계적이고 객관적으로 수집·분석·보고하는 일련의 활동으로 마케팅 조사의 목적은 소비자나 경쟁자에 관한 정보를 수집·분석·해석하여 경영자의 불확실성을 줄여 주는데 있다.

② 마케팅 조사의 과정

　　㉠ 문제의 정의 : 마케팅 조사의 시작은 문제를 정확히 정의하여 조사 목적을 명확히 규정하는
　　　것이다.

　　㉡ 정보수집을 위한 조사설계 : 문제를 해결하기 위해 필요한 정보가 무엇인가 파악하고 또 그
　　　정보를 효율적으로 수집할 수 있는 방안을 세워야 한다. 구체적인 정보의 원천은 크게 1차
　　　자료와 2차 자료로 나눈다.

 POINT

1차 자료와 2차 자료
㉠ 1차 자료 : 조사자가 당면한 조사의 필요성에 맞추어 직접 수집하고 작성한 자료이다.
㉡ 2차 자료 : 이미 공개된 자료로 타 기관에서 그들의 필요성에 의해 수집되고 작성된
　　자료이다.

　　㉢ 조사실시(자료의 수집) : 자료를 수집·처리·분석하는 것이 조사 단계에서 할 일이다.

　　㉣ 조사결과의 해석(자료의 해석) : 수집된 자료는 편집·코딩·통계적 기법 등을 이용하여 분
　　　석 및 해석이 이뤄진다.

　　㉤ 보고서 작성 : 마케팅 조사의 초기에 제기되었던 문제점에 대한 해결방안 및 대체방안을 담
　　　고 있어야 한다.

③ 마케팅 조사의 성공 요건

　　㉠ 마케팅 조사는 전략적·전술적 계획 수립에 도움이 되어야 한다.

　　㉡ 마케팅 조사는 시의에 맞아야 한다.

　　㉢ 마케팅 조사는 능률적이어야 한다.

　　㉣ 마케팅 조사는 결과가 정확해야 한다.

(3) 소비자 행동분석

① 소비자의 개념

　　㉠ 정의 : 소비자란 실질적·잠재적 시장의 구성원으로서 제품의 구입의사를 지니게 되는 중요
　　　한 소비주체이다.

　　㉡ 소비자의 구분

　　　㉮ 가계소비자 : 자신 또는 가족 구성원을 위하여 소비할 목적으로 농산물 생산자나 소매상
　　　　으로부터 상품을 구입하는 소비자이다.

　　　㉯ 기관소비자 : 구매량이 많고, 규모가 큰 대량 소비기관으로 도매상 또는 산지에서 구입하
　　　　는 소비자이다.

　　　㉰ 산업소비자 : 농산품을 제조·가공하기 위하여 원료로서 구매하는 소비자이다.

② 소비자의 구매 행동

　㉠ 구매행동의 유형

　　㉮ 고관여 구매행동 : 소비자들이 제품 또는 서비스의 구매 의사결정을 중요하게 생각하거나 관심이 높은 경우이다.

　　㉯ 저관여 구매행동 : 소비자들이 제품 또는 서비스에 대해서 관심이 적거나 별로 중요한 구매의사결정이라고 생각하지 않는 경우이다.

POINT

소비자의 구매관습

유형	특징
충동구매	사전계획 없이 즉흥적인 선택에 의한 구매 행위이다.
회상구매	상품을 보는 순간 재고가 없거나 소량이라는 사실을 인식 후 일어나는 구매이다.
암시구매	상품을 보고 그에 대한 필요성이 구체화 되었을 경우 일어나는 구매이다.
일용구매	특정 상품의 구매에 있어서 최소의 노력으로 가장 편리한 지점에서 하는 구매이다.
선정구매	여러 점포에서 구입대상 상품을 비교·검토하여 가장 유리한 조건으로 구매하는 것이다.

　㉡ 구매의사결정과정

> 필요의 인식 → 정보의 탐색 → 대안의 평가 → 구매의사결정 → 구매 후 행동

　　㉮ 필요의 인식 : 구매의사결정의 첫 단계로 내부적 자극 또는 외부적 자극에 의해서 발생한다.

　　㉯ 정보의 탐색 : 필요를 인식한 소비자가 자신의 욕구를 만족시킬 수 있는 정보를 찾는 과정으로 소비자들은 다양한 정보원천으로부터 외부의 정보를 획득한다.

　　㉰ 대안의 평가 : 정보탐색과정을 거친 뒤 상품선택에 도달하기 위해 대안들에 관한 정보를 처리하는 단계이다.

　　㉱ 구매의사 결정 : 각 상품들에 대한 평가가 이루어진 후 가장 선호하는 상품을 구매하는 단계이다.

　　㉲ 구매 후 행동 : 제품을 구매한 후 제품에 대한 만족 또는 불만족 등의 반응과 후속 행동을 보이는 단계이다.

　㉢ 구매의사결정 영향 요인 : 구매의사 결정에 영향을 미치는 요인은 개인적·심리적·사회적·문화적 요인 등으로 나눌 수 있다.

　　㉮ 개인적 요인 : 연령, 생활주기, 직업, 인성 등

　　㉯ 심리적 요인 : 욕구, 동기, 태도, 개성, 학습 등

　　㉰ 사회적 요인 : 사회계층, 준거적 집단, 가족, 라이프스타일 등

　　㉱ 문화적 요인 : 국적, 종교, 인종, 지역 등

POINT

대형유통업체가 농산물을 구매할 때의 고려 요소
㉠ 경쟁력 확보를 위한 구매선의 다변화
㉡ 농산물의 안전성 확보
㉢ 품질과 가격의 조화 추구
㉣ 거래의 안정성 추구

③ 농산물 소비자의 변화

㉠ 안정성과 신뢰성을 중시하며 친환경 유기농산물과 건강식품의 소비가 늘어나고 있다.

㉡ 차별성을 중시하며 브랜드 상품의 구매를 선호한다.

㉢ 가격·품질 등의 기본적 속성 외에 이미지와 미적 측면을 중시하는 소비생활의 감성화·패션화가 진행되고 있다.

㉣ 구매가 편리한 소포장 농산물과 짧은 시간에 조리가 가능한 대체상품의 소비가 증가하고 있다.

㉤ 소비자 패널조사는 동일 표본의 응답자에게 일정기간 동안 반복적으로 자료를 수집하여 특정구매나 소비행동의 변화를 추적하는 것이다.

2 마케팅전략

(1) 마케팅전략

① **시장점유마케팅전략** … 시장점유마케팅이란 전통적인 마케팅전략이라고도 하며, STP전략과 4P MIX전략으로 구분된다.

② **고객점유마케팅(Customer Possession Marketing)** … 고객점유마케팅이란 소비자 입장에서 소비자의 의식구조, 생활양식, 소비행태, 소비자 심리 등을 고려하는 감성적 접근방법으로서 마케팅효과를 극대화하고자 하는 전략으로 AIDA 원리가 해당된다.

POINT

AIDA 원리
㉠ 개념 : AIDA 원리란 소비자가 어떤 상품을 구입하기까지의 심리적 발전단계를 표현한 것이다.
㉡ AIDA 단계
• 주의단계(Attention)
• 관심단계(Interest)
• 욕망단계(Desire)
• 행동단계(Action)

③ 관계마케팅(Connection Marketing) … 관계마케팅이란 생산자 중심 또는 소비자 중심의 한쪽의 편중된 관점에서 벗어나 생산자와 소비자의 지속적인 관계를 통하여 win – win할 수 있는 장기적인 관점의 마케팅 전략으로 브랜드마케팅이 해당된다.

(2) STP전략

① 시장세분화(Market Segmentation)

㉠ 정의

㉮ 하나의 시장을 비교적 유사하며, 동질적인 집단으로 구분하는 과정이다.

㉯ 제한된 자원으로 전체시장에 진출하기 보다 욕구와 선호가 비슷한 소비자 집단으로 나누어 진출하는 전략이다.

㉰ 마케팅 활동이나 제품 등을 목표시장의 요구에 적합하도록 조성할 수 있다.

㉱ 소비자들의 다양한 니즈를 파악해서 매출에 대한 증가를 이룰 수 있다.

㉡ 목적 : 소비자들의 다양한 특성은 구매행위에 차이를 주므로 소비자의 구매욕구·구매동기의 변화 등을 조사하여 마케팅 기회를 포착하기 위함이다.

㉢ 시장세분화의 기준변수

㉮ **지리적 변수** : 국가, 지역, 도시, 군

㉯ **인구통계학적 변수** : 연령, 성별, 가족 수, 직업, 결혼 유무, 학력, 종교

㉰ **심리적 변수** : 사회계층, 개성, 라이프스타일

㉱ **행동적 변수** : 태도, 사용량, 이용도, 구매준비

㉣ 효과적 세분화의 조건

㉮ 측정가능성(measurability)

㉯ 접근가능성(accessibility)

㉰ 시장의 규모(substantiality)

㉱ 실행가능성(actionability)

> 🌲 **마케팅 조사 기법**
>
> ① **델파이법(Delphi Method)**
> • 이는 자료가 부족하여 통계적 분석이 어려울 시에 관련되는 전문가들을 통해 종합적 방향을 모색하게 되는 마케팅 기법을 의미한다.
> • 또한, 중요한 문제에 대해서 설문지를 우송해 표본 개인들에게 일련의 집중적인 질문을 하게 되며, 매회 설문에 대한 반응을 수집 및 요약해, 이를 다시 표본 개인들에게 송환해 주게 되는데, 이로 인해 개인들은 자신의 견해나 또는 평정을 수정해나가는 방식이다.
>
> ② **패널조사법(Panel Survey)**
> • 이 조사방식은 동일한 조사대상 (표본)으로부터 자료를 반복적으로 수집하므로 통상적인 서베이 조사에 비해 시장점유율의 변화나 또는 소비자들의 구매행동의 추이 등에 대한 동적인 분석을 위한 조사에 적합한 방식이다.

③ 관찰법
- 이는 조사 대상의 행동, 상황 등을 관찰하거나 또는 기록해 자료를 수집하게 되는 방법을 의미한다.
- 또한, 주로 인간의 감각기관 등에 의존해 현상을 인지하는 방식이다.

② 표적시장 선택(Market Targeting)
- ㉠ 정의 : 여러 세분시장 중 소비자의 욕구를 충족시켜주고 최대의 이익을 가져다 줄 수 있는 시장을 선택한다.
- ㉡ 표적시장 선정 전략
  - ㉮ 무차별 마케팅 : 소매점이 시장세분의 차이를 무시하고 단일제품이나 서비스로 전체시장에 진출하려는 것이다.
    - ⓐ 원가면에서 경제적이다.
    - ⓑ 광고 · 마케팅조사 및 제품관리비가 절감된다.
    - ⓒ 소비자의 만족도는 낮은 편이다.
  - ㉯ 차별적 마케팅 : 여러 목표시장을 표적으로 하고 각각의 상이한 제품과 서비스를 설계한다.
    - ⓐ 무차별 마케팅에 비해 매출액은 크나 사업운영비가 높다.
    - ⓑ 연구개발비, 마케팅비용이 필요하다.
    - ⓒ 세분시장의 소비자 만족도가 높다.
  - ㉰ 집중적 마케팅 : 대규모 시장에서 낮은 점유율을 추구하는 대신 한 두 개의 세분시장에서 높은 점유율을 추구하는 전략이다.
    - ⓐ 소매점이 자원의 제약을 받을 때 유용하다.
    - ⓑ 목표시장을 잘 선정하면 고투자수익률을 얻을 수 있다.
- ㉢ 세분시장전략 선택의 고려요인
  - ㉮ 기업자원 : 기업자원이 한정되어 있으면 집중적 마케팅이 효과적이다.
  - ㉯ 제품의 다양성 : 제품목록 내에 상품 수가 적은 경우 무차별 마케팅이 적합하다.
  - ㉰ 제품 수명 주기상 단계 : 도입단계는 무차별 · 집중화 전략이, 성숙단계는 차별적 전략이 효과적이다.
  - ㉱ 시장의 가변성 : 동일한 취향과 수량을 구매한다면 무차별 전략이 효과적이다.

③ 포지셔닝(Positioning)
- ㉠ 정의 : 경쟁사의 상품 · 서비스와 차별화 될 수 있도록 소비자의 마음 속에 자사의 제품 또는 서비스의 정확한 위치를 심어주는 과정이다.
- ㉡ 포지셔닝전략
  - ㉮ 특수한 제품 속성 및 소매점 특성에 따라 포지셔닝할 수 있다.
  - ㉯ 제품이나 소매점이 제공하는 편익에 따라 포지셔닝할 수 있다.
  - ㉰ 특정 계층의 고객에 따라 포지셔닝할 수 있다.
  - ㉱ 경쟁제품이나 경쟁점과 직접 대비함으로써 포지셔닝할 수 있다.

ⓒ 포지셔닝전략의 선택

㉮ **경쟁우위** : 소매점이 선택한 목표시장에 대해 우수한 가치를 제공하여 포지셔닝함으로써 경쟁우위를 확보할 수 있다.

㉯ **적합한 경쟁우위 선정** : 어떤 차이를 몇 가지나 중점적으로 추진하는가의 결정이다.

㉰ **선택 위치를 효과적으로 시장에 전달** : 목표소비자들에게 원하는 위치를 알리고 전달하는 강력한 조치가 필요하다.

ⓔ 성공적인 포지셔닝을 위한 전략

㉮ 올바른 포지셔닝을 위해서는 양질의 자료가 확보되어야 한다.

㉯ 서비스 포지셔닝에 일관성이 있어야 한다.

㉰ 고객과의 접촉정도가 낮은 부분과 높은 부분을 나누어 관리한다.

㉱ 포지셔닝 전략은 소비자의 마음을 움직일 수 있으며, 변화환경에 융통적이어야 한다.

④ 친환경농산물의 STP전략

㉠ 가격을 낮출 수 있는 유통과정의 효율화 및 구매편의성 제고가 필요하다.

㉡ 소비확대를 위해 안전성에 대한 신뢰도를 높여야 한다.

㉢ 판매확대를 위해 대량소비처를 확보할 필요가 있다.

(3) 마케팅믹스(marketing mix)

① 정의

㉠ 마케팅믹스란 표적시장에서 마케팅 목표를 달성하기 위해 필요한 요소들의 조합을 말한다.

㉡ 표적시장 선정이 끝나고 포지셔닝 전략을 세운 후 이를 토대로 상품전략·가격전략·촉진전략·유통 등의 전략수립을 하는 것을 말한다.

② 구성요소

㉠ **상품**(Product) : 제품의 품질과 기능, 특징, 보증, A/S

㉡ **가격**(Price) : 권장소비자가격, 유통가격, 현금 할인, 대량 구매 할인, 신용 조건

㉢ **유통**(Place) : 마케팅 채널, 물리적 의미의 배달, 배송, 지역적 위치

㉣ **촉진**(Promotion) : 광고, 판촉, 홍보, 다이렉트 메일, 전시, 포장, 판매

 POINT

4P와 4C

4P(기업, 마케터 관점)	4C(고객관점)
• 상품(Product)	• 고객가치(Customer value)
• 가격(Price)	• 고객측 비용(Cost to the Customer)
• 유통(Place)	• 편리성(Convenience)
• 촉진(Promotion)	• 의사소통(Communication)

(4) 그린마케팅전략

① 그린마케팅(Green Marketing)

  ㉠ 그린마케팅이란 환경의 효율적 관리를 통해 인간의 삶의 질을 향상시키는 데 초점을 둔 마케팅 활동을 말한다.

  ㉡ 제품의 개발, 생산, 판매 등의 지구의 환경 문제에 대응토록 하는 환경보호 중심 마케팅이다.

  ㉢ '오염자 부담 원칙(polluter – pays principle)'과 '전과정 책임주의(Life Cycle Stewardship)'가 강조되고 있다.

② 그린마케팅전략의 기본요건

  ㉠ 고객지향적이어야 한다.

  ㉡ 상업적으로 실행 가능해야 한다.

  ㉢ 소비자 또는 이해관계자에게 신뢰를 주어야 한다.

  ㉣ 기업목표, 전략 및 능력에 부합되어야 한다.

  ㉤ 분명해야 한다.

③ 그린마케팅전략

  ㉠ 그린상품전략 : 좋은 환경상품을 어떻게 개발할 것인지 고려해야 한다.

  ㉡ 가격전략 : 소비자의 환경지향적 제품에 대한 가격 탄력성, 환경지향적 제품의 가격이 대체성이 있는 일반제품보다 낮은지 등의 사항을 고려해야 한다.

  ㉢ 그린유통전략 : 소비자로부터 생산자에게로 재활용 가능한 폐기물을 환원시키는 역유통 경로의 효율적 운영을 고려해야 한다.

  ㉣ 그린촉진전략 : 개발된 환경상품을 어떻게 소비자의 구매로 연결시킬지 고려해야 한다.

3 상품관리

(1) 상품과 상품수명주기

① 개념

  ㉠ 상품 : 교환의 목적으로 생산되며, 유통기관을 통하여 최종 소비자의 손에 들어갈 때까지의 과정에 있는 모든 유·무형의 재화를 말한다.

ⓒ 품질 : 품질이란 상품이 지니고 있는 기능을 발휘할 수 있는 능력으로, 내구성·신뢰성·정
        확성·작동 편의성 등 여러 속성들의 결합으로 결정된다.

   ⓒ 상품의 구성

     ㉮ 핵심상품(core product) : 소비자가 상품을 소비함으로써 얻을 수 있는 핵심적인 효용을
       말한다.

     ㉯ 유형상품(actual product) : 상품의 핵심적 편익이 눈으로 보고, 손으로 만져 볼 수 있도
       록 구체적으로 드러난 물리적 차원의 상품을 말한다.

     ㉰ 확장상품(augmented product) : 실제 상품의 효용가치를 증가시키는 부가 서비스 차원의
       상품을 말한다.

       🌲 소비재의 분류

        ① 편의품(Convenience Goods) : 구매빈도가 높은 저가의 제품을 말한다. 동시에 최소한의 노력과
          습관적으로 구매하는 경향이 있는 제품이다.
          🗎 비누, 치약, 세제, 신문, 껌, 잡지 등

        ② 선매품(Shopping Goods) : 소비자가 가격, 품질, 스타일이나 색상 면에서 경쟁제품을 비교한 후
          에 구매하는 제품이다.
          🗎 패션의류, 가구, 승용차 등

        ③ 전문품(Specialty Goods) : 소비자는 자신이 찾는 품목에 대해서 너무나 잘 알고 있으며, 그것을
          구입하기 위해서 특별한 노력을 기울이는 제품이다.
          🗎 최고급 시계, 보석 등

② 신제품 개발(New Product Development)

   ⓒ 신제품의 유형

     ㉮ 제품개선 : 기존의 제품을 개선하는 방식으로 기업과 소비자들이 참신성이 낮다고 느끼는
       경우이다.

     ㉯ 혁신제품 : 기업과 소비자들 모두에게 참신성이 높은 신제품을 말한다.

     ㉰ 제품계열의 추가·확장 : 소비자들에게는 이미 널리 알려진 상품이지만 기업에게는 신상품
       으로 분류되는 경우이다.

     ㉱ 재포지셔닝 : 기존 제품을 새로운 사용자 또는 용도에 이용되도록 하는 것으로 기업에게
       는 참신성이 낮지만 소비자에게는 참신성이 높다.

   ⓒ 신제품 개발과정

     ㉮ 아이디어의 창출

     ㉯ 아이디어 평가

     ㉰ 제품 개념의 개발과 테스트

     ㉱ 마케팅 전략의 개발과 사업성 분석

     ㉲ 제품개발

     ㉳ 시험 마케팅

     ㉴ 상업화

③ 상품수명주기(Product Life Cycle Management)

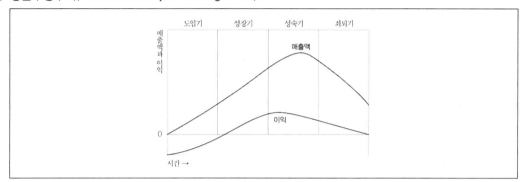

㉠ 하나의 상품이 시장에 나온 후 성장과 성숙과정을 거쳐 결국은 쇠퇴하여 시장에서 사라지는 과정을 말한다.

㉡ 상품수명주기는 도입기, 성장기, 성숙기, 쇠퇴기의 4단계로 나누어진다.

㉮ 도입기
ⓐ 도입기는 제품이 시장에 처음 소개된 시기, 즉 제품이 처음으로 출시되는 단계로서 제품에 대한 인지도나 수용도가 낮고, 판매성장률 또한 매우 낮다

ⓑ 이 단계에서는 이익이 전혀 없거나, 또는 "−" 이거나 , 있다 해도 이익수준이 극히 낮다.

ⓒ 제품수정이 이루어지지 않은 기본형 제품이 생산된다.

ⓓ 시장 진입 초기이므로, 과다한 유통, 촉진비용이 투입된다.

ⓔ 더불어서 경쟁자가 없거나 또는 소수에 불과하다.

ⓕ 기업은 구매가능성이 가장 높은 고객에게 판매의 초점을 맞추고, 일반적으로 가격은 높게 책정되는 경향이 있다.

㉯ 성장기
ⓐ 제품이 시장에 수용되어 정착되는 단계이다.

ⓑ 도입기에서 성장기에 들어서면 제품의 판매량은 빠르게 증가한다.

ⓒ 실질적인 이익이 창출되는 단계이다.

ⓓ 가격은 기존수준을 유지하거나 또는 수요가 급격히 증가함에 따라 약간 떨어지기도 한다.

ⓔ 특히, 이 단계에서는 이윤도 증가하지만 또한 유사품, 대체품을 생산하는 경쟁자도 늘어난다.

㉰ 성숙기
ⓐ 이 단계에는 경쟁심화를 유발시킨다.

ⓑ 기존과는 달리, 제품개선 및 주변제품개발을 위한 R&D 예산을 늘리게 된다.

ⓒ 그로 인해, 많은 경쟁자들을 이기기 위해서 제품에 대한 마진을 줄이고, 가격을 평균생산비 수준까지 인하하게 된다.

ⓓ 경쟁제품이 출현해서 시장에 정착되는 성숙기에는 대부분의 잠재소비자가 신제품을 사용하게 됨으로써 판매성장률은 둔화되기 시작한다.

㉺ 쇠퇴기
　　　　ⓐ 제품이 개량품에 의해 대체되거나 제품라인으로부터 삭제되는 시기이다.
　　　　ⓑ 거의 모든 제품들의 판매가 감소하면서, 이익의 잠식을 초래하게 된다.
　ⓒ 상품수명주기의 단계별 특성 및 마케팅전략

구분		도입기	성장기	성숙기	쇠퇴기
단계별 특성	매출	낮음	급속성장	최대매출	매출쇠퇴
	고객당 비용	높음	평균	낮음	낮음
	이익	적자	증대	최대	감소
	고객	혁신층	조기 수용층	중간 다수층	최후 수용층
	경쟁자	소수	점차 증대	점차 감소	매출 쇠퇴
마케팅 목표		제품의 인지 및 사용의 증대	시장 점유율 극대화	시장 점유율 방어 및 이익 극대화	비용의 절감 및 투자액 회수
마케팅 전략	제품전략	기본제품 제공	제품·서비스의 확대	모델의 다양화	경쟁력 없는 제품 철수
	가격전략	원가가산가격	시장침투가격	경쟁대응가격	가격인하
	경로전략	선택적 유통	집중적 유통	집중적 유통 전략의 강화	이익이 적은 경로를 폐쇄
	광고전략	조기수용층 및 유통업자들을 대상으로 제품 인지 확대	대중시장에서 인지의 구축	상표차이와 효익의 강조	핵심 충성고객들을 대상
	판매촉진 전략	강력한 판촉 시행	판촉의 감소	판촉을 통한 상표 전환 시도	최저 수준으로 줄임
	중점활동	품질관리	광고	가격	전략적 의사결정

(2) 브랜드 관리

① 상표(brand) … 특정 기업의 제품 또는 서비스를 소비자에게 식별시키고 타 상품과 차별화하기 위해 사용되는 독특한 이름과 상징물들의 결합체를 말한다.
　㉠ 상표의 구성
　　㉮ 상표명(brand name) : 상표의 구성 요소 중 말로 표현될 수 있는 부분(글자, 단어, 숫자 등)이다.

　　　　㉯ **상표마크**(brand mark) : 상표의 구성 요소 중 말로 표현되지 않고 눈으로 볼 수 있는 부
　　　　　분(로고, 디자인 등)이다.

　　㉡ **등록상표**(trade mark) : 특허청에 등록되어 법적 보호를 받는 상표 또는 그 일부를 말한다.

　　㉢ **상표의 기능**

　　　　㉮ 상징 기능
　　　　㉯ 출처표시 기능
　　　　㉰ 품질보증 기능
　　　　㉱ 광고 기능
　　　　㉲ 재산보호 기능

　　㉣ **상표 이름 짓기**(brand naming)

　　　　㉮ 상표명은 그 제품에 주는 이점을 표현할 수 있어야 한다.
　　　　㉯ 상표명은 제품 또는 기업의 이미지와 일치해야 한다.
　　　　㉰ 상표명은 법적 보호를 받을 수 있어야 한다.
　　　　㉱ 상표명은 분명하며, 기억하기 쉬워야 한다.

　　㉤ **상표충성도**(brand loyalty) : 소비자가 특정 상표에 대하여 일관성 있게 선호하는 성향을 뜻
　　　한다.

　　㉥ **상표력**(brand power) : 상표만의 가치 또는 자산을 의미하며 국제시장에서 차별성을 유지하
　　　고 경쟁우위를 유지해나가기 위해서는 상표력을 강화해야 한다.

　㉦ **농산물 상표화**

　　　㉮ 급격한 유통환경의 변화에 따라 상품의 차별화를 통한 마케팅 전략이 중요하게 떠오르
　　　　고 있다.
　　　㉯ 지방자치단체 또는 생산자 조직이 책임감을 가지고 차별화된 농산물을 제공한다.
　　　㉰ 품질관리가 제대로 이루어진 상품은 일반 농산물에 비해 높은 가격으로 판매된다.
　　　㉱ 농산물의 표준 규격화 및 유통 인프라가 먼저 조성되어야 한다.
　　　㉲ 시장에 정착시키는 과정에서 시간이 많이 소요된다.
　　　㉳ 다수의 다른 경쟁상품과 식별을 가능하게 하고 그 책임소재가 분명하다.
　　　㉴ 소비자에게 제공하는 가치를 증가시키거나 감소시킬 수 있다.

　　　　🌲🌲 **브랜드 충성도**
　　　　　　• 소비자들이 특정한 상표에 대해 일관되게 선호하게 되는 경향을 의미한다.
　　　　　　• 제조업자의 브랜드 파워가 강해질수록 브랜드의 대한 충성도가 높다.
　　　　　　• 브랜드 충성도의 경우 편견이 작용하게 된다.

　　　　🌲🌲 **농산물의 산지 브랜드**
　　　　　　• 상표등록을 하지 않았더라도 시장에서 사용이 가능하다.
　　　　　　• 조직화 및 규모화가 실현될수록 브랜드의 효과가 높다.
　　　　　　• 경쟁 상품과의 차별화를 이루기 위해 도입된다.

② 포장 … 물류의 첫 단계로서 유통과정(운송 · 보관 · 거래 등)에서 상품의 가치 및 상태를 보호 · 유지하기 위해 적합한 재료 또는 용기 등을 시공한 기술 및 상태이다.

  ㉠ 포장의 기능

    ㉮ 상품 기능

      ⓐ 상품을 담는 기능 : 상품이 액체 및 가루일 경우

      ⓑ 상품의 보호 기능 : 상품의 훼손 방지

      ⓒ 상품 사용 기능 : 음료수 캔과 같이 사용이 편리하게 하는 기능

    ㉯ 의사전달 기능

      ⓐ 상품의 식별 기능 : 포장의 형태 및 색상

      ⓑ 상품의 이미지 기능 : 상품의 이미지 형상화

      ⓒ 정보제공 기능 : 구매유도를 위한 정보 첨부

      ⓓ 태도변화 기능 : 소비자의 상품에 대한 태도 변화 유도

    ㉰ 가격기능

      ⓐ 대형 포장 구매 기능 : 대형 포장을 통한 가격의 인하

      ⓑ 다수량 구매 유도 기능 : 다수량 포장을 통한 대량 구매 유도

      ⓒ 가격표시 기능 : 가격표시를 쉽게 볼 수 있도록 표기

  ㉡ 포장의 종류

    ㉮ 단위포장(낱포장) : 물품 개개의 포장을 말하며, 물품의 상품 가치를 높이거나 보호하기 위하여 적합한 재료와 용기 등으로 포장하는 방법 및 포장한 상태를 말한다.

    ㉯ 내부포장(속포장) : 포장화물의 내부포장을 말하며 수분, 광열, 충격 등을 고려해서 적절한 재료 및 용기 등을 물품에 사용하는 기술 및 시행된 상태를 가리킨다.

    ㉰ 외부포장(겉포장) : 포장화물을 상자 · 자루 · 나무통 등의 용기에 넣거나 또는 그대로 결속하여 기호, 하인(何印)등을 실시하는 기술 및 시행된 상태를 가리킨다.

  ㉢ 포장디자인의 조건

    ㉮ 일반적 조건

      ⓐ 기업의 이미지와 부합시킨다.

      ⓑ 디자인 및 색체는 조형적으로 아름답고 조화로워야 한다.

      ⓒ 경쟁 상품과 구분되도록 한다.

      ⓓ 식료품의 경우 청결을 유지하도록 한다.

    ㉯ 소비자 측면

      ⓐ 개봉 또는 재포장이 용이해야 한다.

      ⓑ 포장 후 처리 및 재사용이 가능해야 한다.

      ⓒ 만족감이 들어야 한다.

ⓓ 판매업자 측면
　　　　　ⓐ 소비자의 구매 욕구가 부합되어야 한다.
　　　　　ⓑ POS의 효과가 있어야 한다.
　　　　　ⓒ 내용의 표시가 명료해야 한다.
　　　　　ⓓ 개봉 및 재포장이 용이해야 한다.

4 가격관리

(1) 가격결정

① 가격
　　㉠ 가격이란 시장에서 판매자 또는 소비자들에게 상품이나 서비스의 가치를 나타내는 기준을 뜻한다.
　　㉡ 가격은 기업 존립의 원천이 되는 이익을 결정하는 요소이다.

② 가격결정 영향요인
　　㉠ 소비자 : 소비자들의 가격에 대한 반응은 가격 결정에 있어서 중요한 요소이다.
　　㉡ 원가 : 원가는 가격의 하한선을 결정한다. 원가 이하의 상품가격으로는 기업이 생존할 수 없으므로 상품생산과 관련된 직·간접비용을 신중히 결정해야 한다.
　　㉢ 경쟁 : 경쟁사의 가격과 원가, 품질은 구체적인 가격책정에 영향을 미친다.
　　㉣ 유통경로 : 매출을 확대하거나 적정이윤을 확보하기 위한 유통업자들의 노력이 생산자의 상품가격 결정에 영향을 준다.
　　㉤ 정부의 규제 : 정부의 정책 또는 규제는 상품가격 책정에 영향을 준다.

 POINT

가격결정자와 가격순응자
㉠ 가격결정자(Price Setter) : 시장가격을 통제하고 임의의 수준으로 결정할 수 있는자를 말한다.
㉡ 가격순응자(Price Taker) : 시장가격에 영향을 미치지 못하고 그것을 수용할 수 밖에 없는 자로 영세한 농산물 생산자가 대표적인 예이다.

③ 가격결정 방법
　　㉠ 비용 중심의 가격결정(Cost Based Pricing) : 전통적 가격결정 방법이다.
　　　㉮ 비용 가산에 따른 가격결정 : 사전에 결정된 목표 이익을 총비용에 가산함으로써 가격을 결정하는 방법이다.

④ 가산이익률에 따른 가격결정 : 제품 단위 당 생산비용이나 구매비용을 계산한 후 판매비용의 충당과 적정 이익을 남길 수 있는 수준의 가산이익률을 결정하여 가격을 책정하는 방법이다.

        ⑤ 목표투자이익률에 따른 가격결정 : 기업이 목표로 하는 투자이익률을 달성할 수 있도록 가격을 설정하는 방법이다.

        ⑥ 손익분기점 분석에 의한 가격결정 : 주어진 가격 아래에서 총수익이 총비용과 같아지는 매출액이나 매출 수량을 산출해 이를 근거로 가격을 결정하는 방법이다.

    ⓛ 소비자 중심의 가격결정(Consumer Based Pricing) : 최근 많이 활용되는 방법이다.

        ② 제품을 생산하는데 드는 비용보다는 표적 시장에서 소비자들의 제품에 대한 평가 및 수요를 바탕으로 가격을 결정한다.

        ④ 소비자가 느끼는 가치를 토대로 가격이 결정된다.

    ⓒ 경쟁자 중심의 가격결정(Competition Based Pricing) : 경쟁사를 가격결정의 가장 중요한 기준으로 삼는 방법으로 일반적으로 가장 많이 활용된다.

        ② 시장가격에 따른 가격결정 : 경쟁자의 가격을 중요하게 생각하며, 주된 경쟁자의 제품 가격과 동일하거나 비슷한 수준에서 다소 높게 또는 낮게 책정하는 방법이다.

        ④ 경쟁입찰에 따른 가격결정 : 2개 이상의 기업들이 각각 독자적으로 특정 제품 또는 서비스 프로젝트 등에 대한 가격을 제시하는 방법이다.

    ⓔ 통합적 가격결정(Combination Pricing) : 비용중심적 · 소비자중심적 · 경쟁중심적 가격결정 방법을 모두 종합적으로 고려하여 결정하는 방법이다.

(2) 가격전략

① 신제품 가격결정전략

    ㉠ 초기고가전략 : 초기에 많은 단기 이익을 창출하기 위하여 가격 민감도가 낮은 고소득 혁신 소비자 층을 대상으로 고가격을 책정하는 전략이다.

    ㉡ 시장침투가격전략 : 신제품 도입 초기에 낮은 가격을 책정하는 것으로 빠른 시간안에 시장 점유율을 확대하는 것이 목표이다.

② 심리적 가격전략

    ㉠ 단수가격 : 제품의 가격을 1,000원, 10,000이 아닌 990원, 9,900원 등으로 조금 낮추어 소비자가 지각하는 가격이 실제 가격차보다 큰 차이가 있다는 느낌을 주는 방법이다.

    ㉡ 관습가격 : 소비자들이 오랜 기간 특정 금액으로 구매를 해 온 관습에 따라 실제 제품의 원가가 상승했음에도 동일한 가격을 유지하는 전략이다.

    ㉢ 유인가격 : 소비자에게 잘 알려진 제품의 가격을 매우 저렴하게 책정하여 고객을 유인하고 다른 제품에서 이윤을 얻는 전략이다.

    ㉣ 명성가격(권위가격) : 가격이 소비자 자신의 명성에 비례한다고 여기거나 품질이 높을수록 가격이 높다고 여길 경우 적용하는 전략이다.

③ 할인 가격전략

   ⊙ **현금할인** : 일반적으로 제조업자와 중간상 사이의 거래는 어음거래 또는 외상거래에 의해 이루어지는데 이는 제조업자에게 자금압박을 주므로 현금결제 시 판매금액의 일정률을 할인해 주는 방법이다.

   ⊙ **수량할인** : 중간상 또는 소비자가 일정량 이상을 구매할 시 일부분에 대한 할인을 해주는 방식이다.

   ⊙ **계절할인** : 계절성 제품의 경우 비수기에 구매하는 소비자에게 할인을 해주는 방법이다.

   ⊙ **세일행사** : 일정기간동안 취급품목의 대부분을 할인가격으로 판매하는 방법이다.

   ⊙ **보상판매** : 신제품 구매 시 기존에 사용하던 중고품을 가져오는 경우 판매가의 일부를 삭감해주는 방법이다.

④ **차별화전략**

   ⊙ **가격차별화** : 동일한 상품에 대한 생산비용이 동일함에도 불구하고 고객 또는 시장에 따라 상이한 가격을 매겨서 이윤극대화를 추구하는 것을 말한다.

   ⊙ **가격차별의 조건**

     ㉮ 가격 지배력을 판매자가 보유해야 한다.

     ㉯ 서로 다른 수요군으로 쉽게 구분되어야 한다.

     ㉰ 상이한 시장 사이에 상품의 재판매가 불가능해야 한다.

     ㉱ 상이한 시장 사이의 가격탄력도가 달라야 한다.

     ㉲ 가격차별화의 이익이 수요군 분리비용보다 커야 한다.

   ⊙ **가격차별의 유형**

     ㉮ **고객에 따른 차별화** : 소비자의 연령 또는 특성에 따라 할인율을 달리하는 방식이다.

     ㉯ **이미지에 따른 차별화** : 같은 상품이라도 포장 또는 용기에 따라서 가격을 달리 책정하는 방법이다.

     ㉰ **위치에 따른 차별화** : 공연 관람 시 무대와 객석의 위치에 따라 가격을 달리 책정하는 것이 대표적인 예이다.

     ㉱ **시간에 따른 차별화** : 이용시간대에 따라 할인율을 다르게 책정하는 방식이다.

 **촉진관리**

(1) 판매촉진

① **정의** … 판매촉진이란 생산자가 생산품의 판매를 확대하여 판매고를 높이기 위하여 소비자의 구매 욕구를 자극하는 것으로 바로 지금 시점에 구매할 이유를 제공하는 촉진방법이다.

② **판매촉진의 역할**

  ㉠ **인지** : 상품에 대해 알리고 구매 욕구를 일으킨다.

  ㉡ **관심** : 주의를 끄는 메시지를 제공하며 욕구를 해결시킨다.

  ㉢ **시용** : 실행 동기를 부여한다.

  ㉣ **재구매** : 구매 신호를 보내고 사용을 늘리도록 한다.

  ㉤ **충성도** : 브랜드나 이미지를 강화하고 특별 판촉활동을 보강한다.

③ **판매촉진의 유형**

  ㉠ **소비자 촉진**

   ㉮ **무료 샘플 증정** : 신제품을 시험 삼아 사용해 볼 수 있도록 적은 양을 따로 포장하여 소비자들에게 무료로 제공하는 방식이다.

   ㉯ **쿠폰(coupon) 제공** : 쿠폰의 소지자들이 특정 제품을 구입할 때 일정금액을 할인해주는 방식이다.

   ㉰ **리베이트(rebate)** : 소비자가 상품을 구매 후 우편으로 구매사에 증비서류를 보낼 경우 할인율만큼의 금액을 환급해 주는 방식이다.

   ㉱ **프리미엄(premium) 제공** : 소비자가 제품을 구매하는 것에 대해서 동일하거나 다른 제품을 제공해 주는 방식이다.

   ㉲ **판촉물 제공** : 기업의 상표명이 들어간 선물을 소비자에게 제공하는 방식이다.

   ㉳ **사은품 제공** : 정기적으로 특정 회사의 상품 또는 서비스를 이용하는 소비자들에게 일정 금액을 돌려주거나 다른 혜택을 제공하는 것을 말한다.

   ㉴ **콘테스트(contest)** : 소비자가 기업에서 주관하는 대회 또는 캠페인에 참가한 뒤 추첨 등의 방법을 통해 상금 또는 상품을 탈 기회를 갖게 되는 방법이다.

   ㉵ **대량전시** : 상품을 대량으로 진열해 놓아 그 상표가 매우 인기 있는 제품이라는 인식을 심어주는 방법이다.

  ㉡ **중간상 촉진** : 도매상 또는 소매상을 위한 촉진활동으로 자사 제품을 진열할 공간을 넓게 확보하기 위해 가격할인, 무료상품 등을 제공하는 방식을 이용한다.

🔺 소매업체에서 농산물을 판매할 시 경품이나 또는 할인쿠폰 제공 등의 촉진활동 효과
- 잠재고객의 확보 및 신상품에 관한 홍보가 가능하다.
- 단기적 매출이 증가하게 된다.
- 가격경쟁을 회피해서 차별화할 수 있다.

POINT

촉진전략
㉠ 푸시(Push) 전략 : 제조회사가 도매상 또는 소매상이 자사 제품을 취급하고 판매를 높여주도록 설득하기 위하여 인적판매, 거래처 판매촉진 등에 집중하는 방식이다.
㉡ 풀(Pull) 전략 : 소비자의 수요를 자극하여 제품 유통경로를 확보하는 방식이다.

(2) 광고

① 광고의 개념
  ㉠ 광고란 광고주의 의도에 따라 소비자의 상품 구입 의사결정을 도와주는 정보전달 및 설득 과정이다.
  ㉡ 농산물 광고는 새로운 수요를 창출하고 유통혁신을 자극한다.
  ㉢ 소비자들의 구입에 대한 의사결정을 도와준다.

② 광고의 목표
  ㉠ 장기적 목표 : 기업의 이미지 및 상표 위상을 개선하며, 사회적 이익을 위해 공공서비스를 제공한다.
  ㉡ 단기적 목표 : 소비자들의 즉각적인 반응과 구매결정을 유도한다.

③ 목표에 따른 광고
  ㉠ 정보전달적 광고 : 주로 신상품을 소개할 때 사용되며 기본적 수요를 구축하는데 목표가 있다.
  ㉡ 설득적 광고 : 선택적 수요를 구축하는데 목표가 있으며 특정 상표와 직·간접적으로 비교하는 비교광고의 형태를 띠기도 한다.
  ㉢ 상기광고 : 성숙기에 접어든 상품에 효과적인 광고전략으로 상품을 소비자의 기억 속에서 사라지지 않게 하기 위하여 사용된다.

④ 매체에 따른 광고
  ㉠ TV 광고
    ㉮ 불특정 다수에게 전달된다.
    ㉯ 시청각을 통해 전달되므로 자극이 강하다.
    ㉰ 광고비용이 많이 든다.
    ㉱ 반복소구에 따른 반복효과가 크다.

ⓛ 라디오광고

        ㉠ 광고비가 저렴한 편이며 융통성이 있다.

        ㉡ 시간적 제약이 있다.

        ㉢ 개인 소구력이 강하며, 전파 범위가 넓다.

    ⓒ 신문광고

        ㉠ 지역별 선택소구가 가능하다.

        ㉡ 유료구독이므로 전파가 안정적이다.

        ㉢ 기록성이 있다.

        ㉣ 매체의 신용도가 높다.

    ⓓ 잡지광고

        ㉠ 선택소구에 적합하다.

        ㉡ 광고수명이 길다.

        ㉢ TV에 비해 저렴한 가격으로 이미지 광고가 가능하다.

    ⓜ 직접우편(DM)

        ㉠ 높은 고객선별성을 지니고 있다.

        ㉡ 반응이 빨라 효과 측정이 쉽다.

        ㉢ 구매와 직결시킬 수 있다.

        ㉣ 경쟁업자에게 비밀유지가 가능하다.

    ⓑ 인터넷 광고

        ㉠ 시간과 공간의 제약이 거의 없다.

        ㉡ 저렴한 광고비로 높은 효과를 얻을 수 있다.

        ㉢ 멀티미디어의 활용이 가능하다.

        ㉣ 광고내용의 수정이 용이하다.

    ⓢ 특수 광고

        ㉠ 노벨티(novelty) : 개인 또는 가정에서 이용되는 실용적이며 장식적인 조그만 물건을 광고매체로 이용하는 것을 말한다.

        ㉡ 퍼블리시티(Publicity) : 기업 자체나 기업이 제공하는 제품과 서비스에 관하여 뉴스나 화제 거리로 다루게 함으로써 고객에게 홍보하는 활동을 말한다.

POINT

다이렉트 메일 마케팅(Direct mail marketing) … 다이렉트 메일 마케팅은 공급업자가 광고매체를 통해 상품의 광고를 한 후 통신수단을 통해 주문을 받아 배송하는 형태이다.

기출예상문제

CHECK | 기출예상문제에서는 그동안 출제되었던 문제들을 수록하여 자신의 실력을 점검할 수 있도록 하였다. 또한 기출문제뿐만 아니라 예상문제도 함께 수록하여 앞으로의 시험에 철저히 대비할 수 있도록 하였다.

〈농산물품질관리사 제13회〉

1 기업의 강점과 약점을 파악하고, 기회와 위기 요인을 감안하여 마케팅 환경을 분석하는 방법은?

① SWOT 분석
② BC 분석
③ 요인 분석
④ STP 분석

💡 SWOT 분석 … 기업 환경 분석을 통해 강점(strength)과 약점(weakness), 기회(opportunity)와 위협 (threat) 요인을 규정하고 이를 바탕으로 마케팅 전략을 수립하는 기법이다.

〈농산물품질관리사 제13회〉

2 다음 사례에서 ㉠과 ㉡에 대한 설명으로 옳지 않은 것은?

> A 친환경 생산자 단체는 유기농 주스를 출시하기 위해 ㉠통계기관의 음료시장 규모 자료를 확보하고, 소비자들의 유기가공 식품의 소비성향을 파악하기 위해 ㉡설문조사를 진행 하였다.

① ㉠은 1차 자료에 해당한다.
② ㉠은 문헌조사방법을 활용할 수 있다.
③ ㉡에서 리커트 척도를 적용할 수 있다.
④ ㉡의 경우 주관식보다 객관식 문항에 대한 응답률이 높다.

💡 ① 통계자료는 2차 자료에 해당한다.

〈농산물품질관리사 제13회〉

3 마케팅 믹스(4P)의 요소가 아닌 것은?

① 상품(product)
② 생산(production)
③ 장소(place)
④ 촉진(promotion)

☀️ 마케팅 믹스(4P)는 Product, Price, Place, Promotion이다.

〈농산물품질관리사 제13회〉

4 농산물 브랜드(brand)에 관한 설명으로 옳지 않은 것은?

① 브랜드 마크, 등록상표, 트레이드 마크 등이 해당된다.
② 성공적인 브랜드는 소비자의 브랜드 충성도가 높다.
③ 프라이빗 브랜드(PB)는 제조업자 브랜드이다.
④ 경쟁상품과의 차별화 등을 위해 사용한다.

☀️ ③ 프라이빗 브랜드는 소매업자가 독자적으로 기획해서 발주한 오리지널 제품에 붙인 스토어 브랜드이다.

〈농산물품질관리사 제13회〉

5 배추, 계란 등을 미끼상품으로 제공하여 고객의 점포 방문을 유인하는 가격전략은?

① 단수가격전략
② 리더가격전략
③ 개수가격전략
④ 관습가격전략

☀️ ② 배추, 계란 등을 미끼상품으로 제공하여 고객의 점포 방문을 유인하는 가격전략으로 이러한 가격 전략은 일단 고객을 모으면 다른 상품의 구매 가능성이 크다고 여겨질 때 주로 이용된다.

>> ANSWER
1.① 2.① 3.② 4.③ 5.②

6 다음 문구를 포괄하는 광고의 형태로 옳은 것은?

> • 면역력 강화를 위해 인삼을 많이 먹자!
> • 우리나라 감귤이 최고!
> • 아침 식사는 우리 쌀로!

① 기초광고(generic advertising)
② 대량광고(mass advertising)
③ 상표광고(brand advertising)
④ 간접광고(PPL)

💡 기초광고 … 기업별 자기 브랜드가 속한 제품군 전체에 대한 소비자의 니즈를 환기시키고, 해당 상품 군을 사용함으로써 많은 혜택을 얻을 수 있다는 것을 강조하는 광고

7 다음 박스 안의 내용이 설명하고자 하는 '이것'은 무엇인가?

> 이것은 데이터베이스를 기초로 고객을 세부적으로 분류하여 효과적이고 효율적인 마케팅 전략을 개발하는 경영전반에 걸친 관리체계이며, 또한 이것을 구현하기 위해서는 고객 통합 데이터베이스(DB)가 구축돼야 하고, 이렇게 구축된 DB로 고객 특성(구매패턴 및 취향 등)을 분석하고 고객 개개인의 행동을 예측해 다양한 마케팅 채널과 연계돼야 한다.

① SCM(Supply Chain Management)
② JIT(Just In Time)
③ POS(Point of Sales)
④ CRM(Customer Relationship Management)

💡 CRM(Customer Relationship Management ; 고객관계관리)은 기업이 고객과 관련된 내부 및 외부 자료를 분석, 통합해서 고객 중심의 자원을 극대화하고 이를 기반으로 고객특성에 맞는 마케팅 활동을 계획, 지원, 평가하는 과정이다. 고객데이터의 세분화를 실시해서 신규고객의 획득, 우수고객의 유지, 고객가치의 증진, 잠재고객의 활성화, 평생고객화 등과 같은 사이클을 통해 고객을 적극적으로 관리하고 유도한다.

8 다음 중 제품수명주기 상의 각 단계별 특징을 잘못 서술한 것은?

① 도입기 경쟁자가 없거나 또는 소수에 불과하다.
② 성장기에서는 이익이 최고조에 달하게 된다.
③ 성숙기에서는 경쟁이 포화상태가 된다.
④ 쇠퇴기에서는 개량품 등에 의해 대체 또는 제품라인으로부터 삭제된다.

💡 이익이 최고조에 달하게 되는 단계는 성숙기이다. 성장기에서는 실질적인 매출이 발생하여 시장에 안착하게 되는 단계이다.

9 다음 제품수명주기에 관한 내용 중 도입기에 대한 설명으로 바르지 않은 것은?

① 기업의 경우에는 구매가능성이 가장 낮은 소비자들에게 판매의 초점을 맞추게 되며, 가격의 경우에는 낮게 책정되는 경향이 있다.
② 경쟁자가 없거나 또는 있다 하더라도 소수에 불과하다.
③ 시장 진입의 초기이기 때문에 많은 판촉비용이 투입되게 된다.
④ 이익이 거의 없거나 또는 있다 하더라도 그 수준은 극히 낮다.

💡 도입기에서는 기업의 경우 구매의 가능성이 가장 높은 소비자들에게 판매의 초점을 맞추게 되며, 통상적으로 가격은 높게 책정되어지는 경향이 있다.

10 다음 중 농산물 상표화에 관한 내용으로 가장 적절하지 않은 것은?

① 농산물 표준 규격화 및 유통 인프라가 먼저 조성되어야 한다.
② 시장에서 정착시키는 과정에 있어 시간이 적게 소요된다.
③ 생산자 조직 또는 지방자치단체 등이 책임감을 지니고 차별화된 농산물을 제공한다.
④ 품질관리가 명확하게 이루어진 상품의 경우에는 일반적 농산물에 비해서 높은 가격으로 판매된다.

💡 농산물 상표화는 시장에서 정착시키는 과정에 있어 많은 시간이 소요된다.

>> ANSWER

6.① 7.④ 8.② 9.① 10.②

11 다음 중 '옷값이 10,000원이라 하기 보다는 9,900원이라고 해 놓았을 시에 실질적으로 100 원의 차이지만 소비자의 입장에서는 할인된 가격이라는 느낌을 받는 것'과 같이 시장에서 경쟁이 치열할 때 소비자들에게 심리적으로 값싸다는 느낌을 주어 판매량을 늘리려는 심리적 가격 결정의 방법에 해당하는 것은?

① 단수가격   ② 유인가격

③ 관습가격   ④ 명성가격

    💡 단수가격은 제품의 가격을 1,000원, 10,000이 아닌 990원, 9,900원 등으로 조금 낮추어 소비자가 지각하는 가격이 실제 가격차보다 큰 차이가 있다는 느낌을 주는 방법이다.

〈농산물품질관리사 제1회〉

12 기업의 입장에서는 마케팅 믹스의 4P이지만 고객의 입장에서는 4C가 된다. 다음 중 4P와 4C를 올바르게 대응한 것은?

마케터 관점(4P)	고객 관점(4C)
① 상품(Product)	편리성(Convenience)
② 가격(Price)	고객가치(Customer value)
③ 유통(Place)	고객측비용(Cost to the Customer)
④ 촉진(Promotion)	의사소통(Communication)

    💡 4P(마케팅믹스)와 4C(새로운 마케팅믹스)

        ㉠ 제품전략(Product) – 고객가치(Consumer value) : 소비자 조사, 상품기획, 제품개발, 디자인, 포장결정, 애프터서비스 결정 등

        ㉡ 가격전략(Price) – 고객측의 비용(Cost to the consumer) : 가격설정, 가격할인과 인하

        ㉢ 유통전략(Place) – 편리성(Convenience) : 판매경로 결정, 물류업자 결정

        ㉣ 판매촉진전략(Promotion) – 의사소통(Communication) : 광고기획의 책정, 광고매체의 선정, 홍보 방법의 결정, 판매원 관리

〈농산물품질관리사 제1회〉

13 농산물 광고의 역할에 대해 가장 잘 설명하고 있는 것은?

① 농산물 광고는 소비자 가격을 상승시키므로 불필요하다는 것이 정론이다.

② 농산물 광고는 유통업체 간의 경쟁을 완화시켜 준다.

③ 농산물 광고는 인적판매 방식에 주로 의존한다.

④ 농산물 광고는 새로운 수요를 창출하고 유통혁신을 자극한다.

    💡 ④ 광고는 촉진전략의 하나로써 정보의 전달 및 설득과정을 통해 소비자의 의사결정을 도와주는 역할을 한다. 따라서 농산물 광고는 새로운 수요를 창출하거나 유통혁신을 자극할 수 있다.

〈농산물품질관리사 제1회〉

14 다음의 설명은 상품 수명주기 중 어디에 해당하는가?

> 대량생산이 본 궤도에 오르고, 원가가 크게 내림에 따라서 상품단위별 이익은 최고조에 달한다.

① 쇠퇴기   ② 성숙기

③ 도입기   ④ 성장기

> 💡 상품수명주기(PLC : Product Life Cycle)
> ㉠ 도입기 : 제품이 시장에 도입되는 단계로 초기도입비용으로 이익이 나지 않는 단계
> ㉡ 성장기 : 제품이 수요가 신장되는 단계로 매출액의 상승으로 이익률이 상승하는 단계
> ㉢ 성숙기 : 제품의 수요가 포화상태로 단위별이익은 최고조에 달하며 신제품개발이 요구되는 단계
> ㉣ 쇠퇴기 : 매출액이 급격히 감소하고 타산이 맞지 않을 경우 제품라인에서 제외되는 단계

〈농산물품질관리사 제1회〉

15 가격과 품질의 상관성에 의한 소비자 심리에 바탕을 둔 가격전략으로 적당한 것은?

① 단수가격전략   ② 미끼가격전략

③ 고가전략   ④ 특별염가전략

> 💡 ① 가격을 1,000원이 아닌 990원 등으로 설정하여 소비자들의 심리에 저렴하다는 인식을 심어주는 방식이다.
> ② 특정제품의 가격을 저렴하게 책정하고 다른 제품의 가격도 저렴하다는 인식을 심어주어 가격이 저렴한 상품을 바탕으로 다른 제품의 판매까지도 유도하는 방식이다.
> ④ 일정기간 동안 제품을 할인하여 판매함으로 단기적으로써 재고를 감소시키며 매출을 증대시키는 방식이다.

〈농산물품질관리사 제2회〉

16 농산물 포장의 목적이 주로 취급을 용이하게 하거나 상품을 보호하는 데에 있는 것은?

① 개별포장(primary package)   ② 외부포장(secondary package)

③ 내부포장(inner package)   ④ 환경친화적 포장(green package)

> 💡 포장의 종류
> ㉠ 개별포장 : 주로 농산물의 가치를 높이거나 물품을 보호하기 위하여 사용한다.
> ㉡ 외부포장 : 내부포장화물을 수송하기 위한 외부포장으로 취급의 용이 또는 농산물의 보호가 목적이다.
> ㉢ 내부포장 : 습기, 빛, 수분, 충격 등을 방지하기 위한 포장이다.

》 ANSWER

11.①   12.④   13.④   14.②   15.③   16.②

17 농산물 소매기구의 마케팅전략(소매믹스전략)에 대한 설명 중 가장 알맞은 것은?

① 일반적으로 높은 유통마진을 추구하는 소매점은 고객에 대한 서비스 수준을 높이고 평균 재고의 회전율을 낮춘다.

② 소매믹스전략 중 가장 중요한 요인은 표적고객의 욕구에 부응하는 상품화 계획인 머천다이징(merchandising)이다.

③ 상권은 1차, 2차, 3차로 구분되는데 1차 상권은 구매고객의 60% 내외, 2차 상권은 30% 내외가 거주하고 있는 지역을 말한다.

④ 소매점의 단기적 성과의 촉진수단으로서 광고와 PR이 흔히 사용된다.

🔆 ② 머천다이징은 적절한 상품의 개발이나 판매방법 등을 계획하는 것으로 소매믹스전략에 해당하지 않는다.
③ 마케팅전략 수립 시 상권은 고려대상이 되지만 상권 자체를 소매전략으로 취급하지는 않는다.
④ 단기적 성과의 촉진수단으로는 가격할인이나 할인쿠폰 등의 방법이 흔히 사용된다.

18 농산물시장을 분리하여 각각 서로 다른 판매가격으로 차등화하는 가격차별화전략 중 가장 적절한 것은?

① 농산물시장구조의 경쟁정도를 강화시켜 경제적 효율성을 증진시킨다.

② 수요의 가격탄력성이 비교적 탄력적인 시장에 대해서는 과감히 낮은 가격을 설정한다.

③ 각 농산물 시장의 수요의 가격탄력성 차이를 가급적 줄이도록 노력한다.

④ 새로운 판매주체를 유입시켜 서로 담합한다.

🔆 ② 수요의 가격탄력성이 큰 시장에서는 낮은 가격을 설정하여 구매를 유도하고 수요의 가격탄력성이 작은 시장에서는 높은 가격을 설정하는 것이 일반적이다.
※ **가격차별** … 생산비용이 같은 동일한 상품임에도 서로 다른 가격을 책정하여 이윤의 극대화를 추구하는 것이다.

19 시장세분화(market segmentation)전략을 가장 적절히 설명한 것은?

① 제한된 자원으로 전체 시장에 진출하기보다는 욕구와 선호가 비슷한 소비자 집단으로 나누어 진출하는 전략이다.

② 소비자의 개별적 욕구를 충족하기보다는 전체를 하나로 보아 비용을 절감하고 관리하는 전략이다.

③ 소비자들이 인식하고 있는 취향과 선호에 따라 부분적으로 취하는 소비 전략이다.

④ 모든 개인의 취향과 욕구를 충족하고 관리하여 이익의 극대화를 추구하는 전략이다.

💡 시장세분화는 소비자의 개별적인 수요와 욕구를 존중하여 소비자의 필요와 욕구를 충족시킴으로써
경쟁상의 우위를 획득·유지하려는 경쟁전략이다.

〈농산물품질관리사 제2회〉

20 소비자들이 특정 상품이나 상표를 선택할 때 영향을 미치는 요인에 대해 가장 잘 설명한 것은?

① 사회적 요인으로서 사회계층, 준거집단, 가족, 라이프스타일 등이 포함된다.

② 제도적 요인으로서 직업, 소득, 교육, 소비스타일 등이 포함된다.

③ 정치적 요인으로서 국내 및 국제적 정치 상황이 포함된다.

④ 법률적 요인으로서 법이 어떻게 바뀌는가에 따라 달라진다.

> 💡 소비자 구매행동 영향요인
> ㉠ **문화적 요인** : 문화환경 또는 사회적 계급에 영향을 받는 것으로 국적, 인종, 지역, 생활양식 등
> 이 포함된다.
> ㉡ **사회적 요인** : 가족이나 학교, 회사 등의 집단의 특성에 영향을 받으며 사회계층, 준거집단, 가족,
> 라이프스타일 등이 포함된다.
> ㉢ **개인적 요인** : 개인의 개성과 생활주기 등에 영향을 받으며 연령, 인성, 경제적 상황 등이 포함된다.
> ㉣ **심리적 요인** : 지각상태와 상황에 따른 심리상태에 영향을 받으며 학습, 태도, 동기, 욕구 등이
> 포함된다.

〈농산물품질관리사 제2회〉

21 마케팅믹스(marketing mix)전략을 적절히 설명한 것은?

① 마케팅믹스요소는 상품전략, 수송전략, 유통전략, 광고전략으로 나눈다.

② 기업이 표적시장을 선정한 다음에 여러 가지 자사 상품을 잘 섞어서 판매하는 전략이다.

③ 기업의 마케팅 노하우, 상표, 기업 이미지 등을 경쟁자가 쉽게 모방할 수 없도록 하는 종
합적인 전략이다.

④ 기업이 소비자의 욕구와 선호를 효과적으로 충족시키기 위하여 4P를 활용한 마케팅 전략
을 말한다.

> 💡 ① 광고는 촉진전략의 한 방법이다.
> ② 표적시장에 맞는 마케팅 구성요소를 조합하는 전략이다.
> ③ 마케팅믹스전략을 통해 종합적인 마케팅 전략을 수립하는 것이다.

22 시장규모가 너무 작거나 혹은 자신의 상표가 시장 내에서 지배상표이기 때문에 시장을 세분화하여 수익성이 적어질 경우, 어떤 마케팅 전략이 적절한가?

① 비차별적 마케팅전략   ② 집중화마케팅전략

③ 틈새마케팅전략   ④ 그린마케팅전략

💡 비차별적 마케팅 … 하나의 제품 또는 서비스로 시장에 진출하여 다수의 고객을 유치하는 전략으로 시장의 규모가 작거나 지배적인 위치에 있어 시장세분화의 필요성이 없는 경우에 적절하다.

23 상품 이름 짓기(brand – naming)에 있어 상표명이 가져야 할 특징 중 옳지 않은 것은?

① 상표명은 가급적 쉽고 흔한 명칭으로 하여야 한다.
② 상표명은 그 제품에 주는 이점을 표현할 수 있어야 한다.
③ 상표명은 제품이나 기업의 이미지와 일치하여야 한다.
④ 상표명은 법적 보호를 받을 수 있어야 한다.

💡 ① 쉽고 분명하며 기억하기 쉬운 상표명이 좋지만 흔한 명칭은 법적인 보호를 받는데 어려움이 있다.

24 인적판매의 접근방법을 이해하기 위한 AIDAS모델에 의하면 판매담당자의 고객에 대한 접근은 다음과 같은 단계로 이루어져야 한다. 잘못 설명된 것은?

① 고객의 주의(attention)를 모으고 관심(interest)를 유발하며
② 상품에 대한 욕망(desire)을 자극하고
③ 구매행동(action)을 일으키며
④ 거래의 지속성(sustainability)을 구축하는 단계를 거친다.

💡 AIDAS모델
    ㉠ Attention(주의집중) : 고객의 주의를 모으는 단계
    ㉡ Interest(흥미유발) : 고객의 관심을 유발하는 단계
    ㉢ Desire(욕구발현) : 상품에 대한 욕망을 자극하는 단계
    ㉣ Action(행동) : 고객의 구매행동을 일으키는 단계
    ㉤ Satisfaction(만족) : 구매 이후 만족하는 단계

<농산물품질관리사 제2회>

25 좁은 의미의 판매촉진에 관해 가장 잘 설명하고 있는 것은?

① 좁은 의미의 판매촉진에서는 광고와 홍보가 가장 중요한 수단이다.
② 광고, 홍보 및 인적판매와 같은 범주에 포함되지 않은 모든 촉진활동을 말한다.
③ 가격할인, 경품, 샘플제공 등을 사용하지 않는다.
④ 광고, 홍보 및 인적판매와 같은 모든 수단을 기업이미지개선과 매출증가를 위해 사용한다.

💡 판매촉진 … 광고, 인적판매, 홍보로 명확히 분류할 수 없는 촉진활동을 모두 지칭하는 말이다.
　　ⓐ 좁은 의미 : 접객판매와 광고를 종합한 활동 및 접객판매와 광고를 지원·보완하는 활동을 말한다.
　　ⓑ 넓은 의미
　　　• 대외적 활동 : 판매원훈련, 도매광고, 조언, 정보·자료제공, 광고지도, 카탈로그 제공, 광고자재
　　　　제공, DM, 컨설턴트서비스 등
　　　• 대내적 활동 : 판매자재 준비, 광고, PR, 상품계획, 조사 등

<농산물품질관리사 제2회>

26 상표의 기능이 아닌 것은?

① 상징 기능
② 광고 기능
③ 원산지 표시 기능
④ 품질보증 기능

💡 상표의 기능 … 상징 기능, 출처 표시 기능, 품질보증 기능, 광고 선전 기능

<농산물품질관리사 제3회>

27 상품을 구매한 후 구매영수증을 비롯한 증명서를 제조업자에게 보내면 제조업자가 판매가격의 일정비율에 해당하는 현금을 반환해 주는 가격할인전략은?

① 현금할인
② 거래할인
③ 리베이트
④ 특별할인

💡 리베이트 … 상품가격의 일부를 반환하여 주는 것으로 쿠폰과 비슷한 기능을 수행한다. 백화점이나
슈퍼체인점에서 자주 사용되며 일정기간의 구매액을 산출한 후 지불금액의 일부를 일정비율로 환불
해주는 것으로 지급방법에는 수량 리베이트와 누진 리베이트가 있다. 리베이트는 판매촉진 수단으로
서 직접적인 효과를 올리기 때문에 최근 많이 사용되고 있다.

28 마케팅 조사에 대한 설명 중 관계가 먼 것은?

① 시장의 사정이나 소비자의 요구 또는 동업자의 실태 등을 면밀히 파악한다.

② 상품의 공급 상황과 수요예측을 정확하게 파악하기 위한 시장조사이다.

③ 판매목표 설정을 위해 정확한 판매예측을 한 다음 마케팅 조사를 실시한다.

④ 수요예측은 유효수요뿐만 아니라 잠재수요도 파악해야 한다.

> 🔆 ③ 보다 정확한 판매예측을 위해 마케팅 조사를 실시한다.
> ※ 마케팅 조사의 과정
> ㉠ 문제의 정의
> ㉡ 마케팅 조사설계
> ㉢ 자료의 수집 : 2차 자료의 탐색 후 1차 자료의 수집
> ㉣ 자료의 분석 및 해석 : 편집, 코딩, 통계적 기법을 적용하여 분석 및 해석
> ㉤ 보고서의 작성 : 문제에 대한 대처방안, 해결방안, 선택이유 등을 포함

29 소비자의 상품구매 특성이 건강 및 환경문제에 민감하고 기업의 윤리적 측면을 고려함에 따라, 마케팅 과제를 삶의 질 향상과 인간지향 및 사회적 책임을 중시하는 데에 두는 마케팅 개념 유형은?

① 생산지향 개념   ② 제품지향 개념

③ 판매지향 개념   ④ 사회지향 개념

> 🔆 마케팅 이념의 발전단계
> ㉠ 생산지향 개념 : 기업은 초과적인 수요를 충족시키기 위해 생산력 향상에 초점을 기울였으며 기술과 생산설비의 열악한 수준으로 상품의 생산성을 향상시키고 비용을 낮추는 것이 기업의 목표였다.
> ㉡ 제품지향 개념 : 기업은 품질만 좋다면 소비자는 상품을 좋아할 것이라고 인식하였으며 마케팅의 중요성은 상대적으로 약하게 인식되었다.
> ㉢ 판매지향 개념 : 시장의 공급이 수요를 앞지른 시기로 기업은 계속해서 생산되는 제품의 소비를 촉진하는 것이 주요 관심사였다. 이 시기 마케팅 역할은 영업과 판매를 지원하고 활성화시키는데 있었으며 광고의 초기 기법과 철학이 탄생하였다.
> ㉣ 마케팅 개념 : 공급의 과잉이 심화되어 치열한 경쟁 속에서 소비자의 욕구와 만족을 효율적으로 전달하는 것의 중요성을 인식하여 받아들여졌다. 기업은 고객과 고객의 욕구를 바탕으로 전사적 통합마케팅을 활용하여 기업의 이익을 지향하게 된다.
> ㉤ 사회지향 개념 : 기업 활동 과정에서 마케팅 과제를 삶의 질 향상과 인간지향 및 사회적 책임을 중시하는 데에 기초한 마케팅 개념이다.

〈농산물품질관리사 제3회〉

30 포장의 원칙에 대한 설명 중 관계가 먼 것은?

① 소비자의 사용에 편리하도록 해야 한다.
② 포장비용에 구애되지 말고 포장은 화려하게 해야 한다.
③ 광고면에 나타낸 호소와 인상은 현물포장과 일치되도록 계획한다.
④ 소비자의 상품구매 관습, 지적수준, 환경 등을 고려하여야 한다.

💡 ② 포장은 제작비용과 포장에 드는 비용, 노동력 등 비용적 효율성을 고려해야 한다.

〈농산물품질관리사 제3회〉

31 다음은 포지셔닝의 개념을 설명한 내용들이다. 잘못 설명한 것은?

① 잠재고객의 머릿속에 자리매김을 하는 것을 의미한다.
② 상품의 물리적 기능을 인식시키는 것을 의미한다.
③ 자사 상품에 대한 경쟁사의 상품과 차별화된 위상을 구축하는 것을 의미한다.
④ 마케팅 믹스에 포함되는 여러 요소들을 효과적으로 결합하는 과정을 의미한다.

💡 **포지셔닝** … 자사의 제품이나 기업이 소비자의 마음속에 유리한 위치에 있을 수 있도록 하는 것을 말한다.

〈농산물품질관리사 제3회〉

32 소비자가 상품을 구매하는 의사결정 과정을 순서대로 연결한 것은?

① 정보탐색 – 문제인식 – 선택대안의 평가 – 구매
② 정보탐색 – 선택대안의 평가 – 문제인식 – 구매
③ 문제인식 – 선택대안의 평가 – 정보탐색 – 구매
④ 문제인식 – 정보탐색 – 선택대안의 평가 – 구매

💡 ④ 소비자는 구매에 앞서 문제를 인식한 후 정보를 탐색하여 대안을 평가한 다음 구매를 하는 구매 의사결정과정을 거친다.

>> ANSWER
28.③ 29.④ 30.② 31.② 32.④

〈농산물품질관리사 제3회〉

33 소비자가 특정 브랜드(상표)에 대해서 일관성 있게 선호하는 행동경향은 무엇인가?

① 브랜드파워　　　　　　　　② 브랜드로열티
③ 브랜드이미지　　　　　　　　④ 브랜드충성도

> 💡 **브랜드충성도(Brand loyalty)** … 상표충성도 또는 상표애호도라고도 한다. 특정 브랜드(상표)를 선호하여 제품 구매 시 브랜드에 대해서 일관성 있게 구매하는 행동경향을 말하며, 브랜드충성도는 곧 브랜드 자산의 핵심구성요소라 할 수 있다.
> ② 문제의 특성상 가장 적절한 것을 골라야 하므로 여기서 말하는 로열티는 특정 브랜드나 상표권, 저작권을 사용하고 지불하는 값이나 사용료 등으로 해석하는 것이 적절하다.

〈농산물품질관리사 제4회〉

34 간접마케팅에 대한 설명으로 옳지 않은 것은?

① 유통기능이 중간상에 의하여 수행된 경우이다.
② 마케팅 기능을 특화시켜 유통능률을 향상시킬 수 있다.
③ 생산자나 소비자의 위험이 분산될 수 있다.
④ 대형유통업체가 출현하면서부터 시작되었다.

> 💡 ④ 간접마케팅은 대형유통업체의 출현 이전부터 시작되었다.

〈농산물품질관리사 제4회〉

35 농산물 마케팅환경을 분석할 때 직접적으로 고려해야 할 요인에 해당되지 않는 것은?

① 소비자의 농산물 기호변화 등 소비구조의 변화
② 경쟁자의 생산량, 가격정책 등 경쟁 환경의 변화
③ 국내외 정치상황, 지역분쟁 등 정치적 요인의 변화
④ 농산물유통기구, 유통경로 등 시장 구조의 변화

> 💡 ③ 국내외 정치적 요인의 변화는 거시적 마케팅 환경요인으로 거시적 환경은 직접적 고려요인에 해당하지 않는다.
> ※ 마케팅환경
> ㉠ **거시적 환경** : 인구통계 환경, 사회적 환경, 경제적 환경, 법률적 환경, 기술적 환경, 정치적 환경
> ㉡ **미시적 환경** : 산업구조, 경쟁업체, 외부집단(유통기관, 언론기관, 시민단체 등), 기업내부 환경

〈농산물품질관리사 제4회〉

36 심리적 가격전략 중에서 상품의 가격을 높게 책정하여 품질의 고급화와 상품의 차별화를 나타내는 전략은?

① 개수가격전략

② 명성가격전략

③ 관습가격전략

④ 단수가격전략

💡 **명성가격**…고급제품의 경우 주로 사용되며 가격이 높을수록 품질이 좋다고 판단하는 경향이 있기 때문에 가격을 높게 책정한다.

〈농산물품질관리사 제4회〉

37 소비자의 농산물 구매행동에 대한 설명으로 옳지 않은 것은?

① 과일, 채소 등을 구입할 때 소비자는 경험이나 습관에 의해 쉽게 구매결정을 내리는 저관여 구매행동을 한다.

② 친환경농산물과 같은 소비자의 관심이 큰 상품은 신중하게 의사결정을 내리는 고관여 구매행동을 한다.

③ 제품관여도가 낮은 농산물의 경우는 브랜드 간 차이가 크더라도 소비자가 브랜드 전환 (brand switching)을 시도하는 경우가 드물다.

④ 저관여 상품의 판매를 확대하려면 친숙도를 높여야 하고, 고관여 상품은 다양한 상품정보를 제공해야 한다.

💡 **관여도**…특정 상황의 자극에서 발생하는 개인적인 중요성 또는 관심도를 말한다. 즉, 소비자가 어떤 브랜드, 어떤 제품을 선택하는 것이 자신에게 얼마나 중요하고 관심이 있는가의 문제이다.
③ 관여도가 낮은 경우는 소비자의 구매의사결정과정이 신속하고 구매의사결정과정이 전체적으로 짧고 단순하다. 따라서 이러한 제품의 경우 습관적인 반복 구매가 일어나며 브랜드 전환(Brand Switching)이 쉽게 일어난다는 특징이 있다.

〈농산물품질관리사 제4회〉

38 직접 시장시험을 통해서 신제품 수요를 예측하는 마케팅 조사기법으로 적절한 것은?

① 델파이법

② 고객의견 조사법

③ 모의시장 시험법

④ 회귀분석법

💡 **모의시장 시험법**(Simulated Test Markets)…모의시장 환경에서 신제품을 테스트하여 제품의 수요를 예측하는 마케팅 조사기법으로 비용과 시간이 가장 적게 드는 장점이 있지만 추정결과에 대한 신뢰도는 가장 낮다는 단점이 있다.

>> **ANSWER**

33.④ 34.④ 35.③ 36.② 37.③ 38.③

39 상품은 소비자의 욕구 충족을 위한 효용의 집합체라고 할 수 있다. 이와 관련하여 상품 구성 차원과 상품 전략에 대한 설명으로 적절하지 않은 것은?

① 상품이 물리적 속성의 집합체라는 입장에서 상품기획을 해야 한다.

② 실체상품은 핵심 상품에 상표, 디자인, 포장, 라벨 등의 요소가 부가된 물리적 형태의 상품이다.

③ 실체상품에 보증, 반품, 배달, 설치, 애프터서비스 등의 서비스를 추가할 경우 경쟁상품과 차별화할 수 있다.

④ 실체상품에 별 다른 차이가 없는 경우에도 확장상품을 구성하는 요소들에 의해 소비자선호가 달라질 수 있다.

💡 ① 상품은 물리적 속성의 집합체의 입장이 아닌 소비자 관점에 입각하여 하나의 효용의 집합체(bundle of benefits)로 판단하여 상품을 기획해야 한다.

40 개별 마케팅보다는 더 적은 비용을 지출하면서도 동시에 대량 마케팅보다는 더 많은 고객을 확보할 수 있도록 하기 위하여 시장을 세분화하려고 한다. 이때 시장을 효과적으로 세분하기 위한 요건으로 볼 수 없는 것은?

① 세분시장 간에는 어느 정도 동질성이 확보되어야 한다.

② 세분시장의 크기와 구매력을 측정할 수 있어야 한다.

③ 세분시장의 잠재고객에게 쉽게 접근할 수 있어야 한다.

④ 세분시장은 상당한 이익이 실현될 수 있는 규모가 되어야 한다.

💡 ① 세분시장 간에는 동질성이 있지 않아야 하며 세분시장 내에서의 동질성을 바탕으로 표적시장을 선정한다.

〈농산물품질관리사 제4회〉

41 농산물 판매확대를 위한 촉진전략에 대한 설명으로 옳지 않은 것은?

① 소비자가 농산물의 구매결정을 내리기 이전단계에서는 홍보 및 광고가 판매촉진보다 효과가 높다.

② 지방자치단체가 여름휴양지에서 휴양객에게 지역 특산물을 나누어주는 무료행사는 풀(pull) 전략에 해당한다.

③ RPC(미곡종합처리장)가 대형할인점에 납품하는 쌀가격을 인하하여 판매를 확대하는 것은 푸쉬(push) 전략에 속한다.

④ 공산품과 달리 차별화하기 어려운 농산물의 경우는 일반 대중을 상대로 한 PR(공중관계) 전략의 효과가 미미하다.

> ④ PR은 이미지제고를 위한 쌍방향적 커뮤니케이션 활동이라 할 수 있다. 이러한 PR에는 광고 뿐만 아니라 신문기사 등 다양한 마케팅 아이디어가 포함되며 적절한 PR 전략은 새로운 수요를 창출하고 유통혁신을 자극하는 효과가 있다.

〈농산물품질관리사 제4회〉

42 제품수명주기(PLC)의 단계별 특성과 그에 대응한 농산물마케팅전략에 대한 설명으로 옳은 것은?

① 새로운 농산물이 개발·보급되는 도입기에는 홍보보다 판매촉진활동이 우선시 된다.

② 농산물의 매출액이 늘어나고 시장이 확대되는 성장기에는 공급을 확대하는 한편 상품 및 가격차별화를 도모한다.

③ 시장이 포화단계에 이르는 성숙기에는 가격탄력성이 크기 때문에 가격을 인하하면 총수익이 큰 폭으로 줄어든다.

④ 해당 농산물에 대한 시장수요가 줄어드는 쇠퇴기에는 광고를 비롯한 판매촉진활동을 과감하게 시행하여야 한다.

> ② 매출액은 최고에 이르고 규모의 경제로 비용이 낮아져 이윤이 최고조에 달하다 서서히 감소하는 성숙기에 대한 설명이다. 이 시기에는 포화상태에 이른 시장에서 경쟁은 치열해지고 제품의 품질은 비슷비슷해지기 때문에 가격, 촉진, 유통 등의 마케팅믹스에 변화를 주어 다양한 차별화를 추구한다.

≫ ANSWER

39.① 40.① 41.④ 42.②

43 제품수명주기(product life cycle)의 각 단계에 대한 설명으로 틀린 것은?

① 도입기 : 신제품의 인지도를 높이기 위해 상대적으로 높은 광고비와 판매촉진비가 투입되어야 한다.

② 성장기 : 혁신소비자 및 조기수용자의 호의적인 구전(口傳)이 시장 확대에 매우 중요한 역할을 한다.

③ 성숙기 : 높은 매출을 실현하게 되며, 제품의 스타일을 개선함으로써 매출을 확대할 수 있다.

④ 쇠퇴기 : 제품의 판매량이 증가하지만 판매증가율은 감소한다.

💡 ④ 쇠퇴기에는 판매량과 이익이 감소함에 따라 많은 기업들이 시장에서 철수하거나 제품의 수를 축소시킨다.

44 제품의 단위당 비용에 적정 이익률을 더하여 최종판매가격을 결정하는 방법은?

① 단수가격결정(odd pricing)

② 가산이익률에 따른 가격결정(mark-up pricing)

③ 목표투자이익률에 따른 가격결정(target return pricing)

④ 손익분기점 분석에 의한 가격결정(break-even analyse pricing)

💡 ① 소비자들에게 제품가격이 최하의 가능한 선에서 결정되었다는 인상을 주어 제품의 판매량을 증가시키는 방법이다.
③ 기업이 목표로 하는 투자이익률을 달성할 수 있도록 가격을 설정하는 방법이다.
④ 주어진 가격 하에서 총수익(가격 매출수량)이 총비용(고정비+변동비)과 같아지는 매출액이나 매출 수량을 산출해 이에 근거해 가격을 결정하는 방법이다.

45 제품수명주기(product life cycle)에서 성숙기에 나타나는 특징은?

① 광고활동의 축소   ② 시장수용도의 급증

③ 홍보비용의 과다 발생   ④ 신제품의 개발

💡 제품수명주기의 성숙기에는 판촉을 통한 상표전환을 시도하고 신제품을 개발해서 최대의 매출이 이루어지도록 한다.

〈농산물품질관리사 제6회〉

46 친환경농산물의 STP(Segmentation – Targeting – Positioning)전략이 아닌 것은?

① 친환경농산물의 가격을 낮출 수 있는 유통과정 효율화 및 구매편의성 제고가 필요하다.
② 친환경농산물의 소비확대를 위해 안전성에 대한 신뢰도를 높여야 한다.
③ 친환경농산물의 생산확대를 위해 생산기술개발이 필요하다.
④ 친환경농산물의 판매확대를 위해 학교급식과 연계하여 대량소비처를 확보할 필요가 있다.

　　💡 친환경농산물의 시장세분화 전략이란 소비자의 구매욕구, 구매동기 등을 조사하여 마케팅 기회를 포
　　　 착하기 위한 것이다. 이를 위해서는 유통과정의 효율화 및 구매편의성 제고, 판매확대를 위한 대량
　　　 소비처의 확보, 그리고 소비확대를 위해 안전성에 대한 신뢰를 높여야 한다.

〈농산물품질관리사 제6회〉

47 농산물브랜드에 대한 설명으로 옳지 않은 것은?

① 시장에 정착시키는 과정에서 시간이 많이 소요된다.
② 다수의 다른 경쟁상품과의 식별을 가능하게 하고 그 책임소재를 분명히 한다.
③ 소비자에게 제공하는 가치를 증가시키거나 감소시킬 수 있다.
④ 공동브랜드를 통해 다품종 소량생산이라는 맞춤식 경쟁력을 보유할 수 있다.

　　💡 농산물브랜드는 시장에 정착시키는 과정에서 시간이 많이 소요되지만, 생산자간에 공동브랜드를 실
　　　 시할 경우에 소품종 대량생산이라는 맞춤식 경쟁력을 보유할 수 있다.

〈농산물품질관리사 제6회〉

48 가격전략의 유형별 설명으로 옳지 않은 것은?

① 유인가격전략은 특정제품의 가격을 낮게 책정하여 자사의 다른 제품판매까지 유도하는 것
이다.
② 특별가격전략은 현금 또는 신용카드 등 결제수단에 따라 가격을 다르게 책정하는 것이다.
③ 저가전략은 단기간에 대량판매를 하기 위해 처음부터 가격을 낮게 책정하는 것이다.
④ 개수가격전략은 구매동기를 자극하기 위해 한 개당 가격을 설정하는 것이다.

　　💡 구매조건가격전략이란 현금 또는 신용카드 등 결제수단에 따라서 가격을 다르게 책정하는 경우를
　　　 말한다.

>> ANSWER

43.④ 44.② 45.④ 46.③ 47.④ 48.②

49 선별된 잠재 구매자에게 광고물을 발송하여 제품구매를 유도하는 판매방식은?

① 텔레마케팅(Telemarketing)

② 다이렉트 메일 마케팅(Direct mail marketing)

③ 다단계 마케팅(Multi – level marketing)

④ 인터넷 마케팅(Internet marketing)

💡 다이렉트 메일 마케팅은 공급업자가 광고매체를 통해 상품의 광고를 한 후 통신수단을 통해 주문을 받아 배송하는 형태이다.

50 대형유통업체가 농산물을 구매할 때 고려하는 요소가 아닌 것은?

① 경쟁력 확보를 위한 구매선의 단일화

② 농산물의 안전성 확보

③ 품질과 가격의 조화 추구

④ 거래의 안정성 추구

💡 대형유통업체가 농산물을 구매할 때에는 경쟁력 확보를 위해서 구매선을 다변화해야 한다.

51 소비자의 구매행위에 영향을 미치는 심리적 요인이 아닌 것은?

① 욕구   ② 동기

③ 성별   ④ 개성

💡 소비자의 구매행위에 영향을 미치는 심리적 요인으로는 욕구, 동기, 태도, 학습, 개성 등이 있다.

〈농산물품질관리사 제7회〉

52 표적시장의 선정과 마케팅 전략의 선택에 대한 설명으로 옳지 않은 것은?

① 집중적 마케팅 전략은 동일한 마케팅 믹스로 접근 가능한 1~2개의 세분시장을 표적으로 한다.
② 집중적 마케팅 전략은 제품을 생산하고 판매촉진을 하는데 필요한 자원이 제한적일 때 효율적이다.
③ 차별적 마케팅 전략은 다양한 마케팅 믹스를 바탕으로 다양한 세분시장을 표적으로 한다.
④ 차별적 마케팅 전략은 총 매출액이나 수익을 증대시킬 뿐만 아니라 마케팅 비용도 절감한다.

🔆 차별적 마케팅 전략은 다양한 마케팅 믹스를 바탕으로 다양한 세분시장을 표적으로 하지만, 연구개발비와 마케팅 비용이 필요하다.

〈농산물품질관리사 제7회〉

53 제조업자가 직접 소비자를 대상으로 실시하는 판매촉진수단만을 나열한 것은?

① 리베이트(Rebates), 보상판매(Trade – ins)
② 사은품(Premium), 구매공제(Buying allowances)
③ 판매원 훈련, 콘테스트(Contests)
④ 사은품(Premium), 진열공제(Display allowances)

🔆 리베이트는 소비자가 상품을 구매 후 우편으로 구매사에 증빙서류를 보낼 경우 할인율 만큼의 금액을 환급해 주는 방식이고, 보상판매는 신제품 구매 시 기존에 사용하던 중고품을 가져오는 경우 판매가의 일부를 삭감해 주는 방법이다. 리베이트와 보상판매는 판매촉진 수단으로서 직접적인 효과를 올리기 때문에 최근 많이 사용되고 있다.

〈농산물품질관리사 제7회〉

54 상품가격이 1,000원에 비해 990원이 매우 싸다고 느끼는 소비자 심리를 이용한 가격전략은?

① 단수가격전략　　　　　　　　② 유보가격전략
③ 관습가격전략　　　　　　　　④ 개수가격전략

🔆 단수가격이란 제품의 가격을 조금 낮추어 소비자가 지각하는 가격이 실제 가격차보다 큰 차이가 있다는 느낌을 주는 방법이다.

>> ANSWER

49.② 50.① 51.③ 52.④ 53.① 54.①

55 농산물 포장에 대한 설명으로 옳지 않은 것은?

① 농산물의 손상 및 파손으로부터 보호한다.
② 농산물의 수송, 저장, 전시 등을 용이하게 한다.
③ 유통비용 중 포장비용이 계속 줄어드는 추세이다.
④ 소비자의 안전 및 환경을 고려해야 한다.

     💡 포장은 농산물유통의 관점에서 보았을 때 점점 중요성이 커지고 있으며, 비용도 증가하고 있는 추세이다.

56 시장점유 마케팅전략에 대한 내용 중 차별화전략에 대한 내용으로 옳은 것은?

① 인구 및 경제성을 중심으로 시장을 세분화한 후 그 세분시장에서의 상품 판매지향점을 찾는 전략을 말한다.
② 신상품의 기획 시 표적시장의 선점을 위하여 세분시장을 조사한 후 상품들을 비교하는 것을 말한다.
③ 세분시장으로 선정한 표적시장에서 자사 상품의 포지션을 결정하는 전략을 말한다.
④ 세분화된 소비자들의 욕구를 보다 정확하게 충족시키는 상품을 공급하는 전략을 말한다.

     💡 **차별화전략**…두 개 혹은 그 이상의 세분시장을 표적시장으로 선정하고 각각의 세분시장에 적합한 상품과 마케팅 프로그램을 개발하여 공략하는 전략을 말한다.

57 마케팅 조사에 대한 설명으로 옳지 않은 것은?

① 상품과 서비스를 마케팅 하는 데에 관련된 문제에 대하여 정확하고 객관적이며 체계적인 방법으로 자료를 수집·분석·기록하는 일을 말한다.
② 의사결정자의 정보욕구를 진단하고 정보에 관련된 변수들을 선정한 후 유효하고 신뢰성있는 자료를 수집·기록·분석하는 일을 말한다.
③ 마케팅 조사 시 변수에 대한 자료를 수집할 경우 변수들은 마케팅이론, 선행연구, 탐색적 조사, 사전신념 등을 근거로 선정한다.
④ 기업과 시장 간의 관계에 관련된 의사결정자의 정보욕구를 강조하는 마케팅 조사에서 수집된 자료를 근거로 하는 마케팅 분석 및 평가는 포함되지 않는다.

     💡 ④ 마케팅 조사에는 수집된 자료를 근거로 하는 마케팅 분석 및 평가 또한 포함된다.

58 소비자의 구매행동에 대한 설명으로 옳지 않은 것은?

① 소비자는 본원적이거나 구체적인 욕구가 발생하면 이를 충족시켜줄 수 있는 수단에 대한 정보를 탐색하게 되며 이때 기억 속에 보유한 관련 정보를 자연스럽게 회상하게 된다.

② 소비자가 자신의 기억으로부터 회상한 정보로 충분한 의사결정이 가능하다면 상관없지만 그렇지 못할 경우에는 더 많은 정보를 외부로부터 찾게 된다.

③ 정보탐색 후 소비자들은 선택대안을 비교·평가한 후 가장 마음에 드는 대안을 선택하여 구매하게 된다.

④ 이렇게 선택된 상품은 소비자들에게 항상 만족의 경험을 가져온다.

💡 ④ 특정 대안을 선택한 후 상품을 구매하여도 소비 및 사용 후 불만 또는 만족이 나타날 수 있다.

59 다음 중 시장세분화전략에 대한 설명으로 옳지 않은 것은?

① 소비자의 다양한 욕구와 서로 다른 구매능력을 유사한 집단으로 세분화하여 세분화된 소비자의 욕구를 반영한 상품을 공급하는 것을 말한다.

② 소비자의 구매욕구, 구매동기 등을 조사하고 소비자들의 다양한 구매행위의 차이를 분석하여 보다 나은 마케팅 활동을 하기 위하여 시장세분화를 실시한다.

③ 세분화된 소비자의 욕구를 보다 정확하게 충족시키는 광고 및 마케팅전략을 전개하여 경쟁상 우위에 서려는 것이 시장세분화의 기본 접근방법이다.

④ 소주시장을 키가 큰 사람과 작은 사람의 집단으로 세분화하는 것은 가장 효과적인 세분화전략에 해당한다.

💡 ④ 키가 큰 사람과 작은 사람의 집단은 소주시장과 아무런 상관이 없다. 소주시장의 세분화에 적합한 집단으로는 기호, 소득별, 도시와 지방, 경제성, 직업별, 사회계층별로 집단을 세분화하는 것이 적합하다.

》ANSWER
55.③ 56.③ 57.④ 58.④ 59.④

60 다음 중 용어에 대한 설명이 올바르지 않은 것은?

① 상품의 중요속성을 놓고 경쟁자들의 상품과 비교하여 소비자들의 마음속에 특정상품이 정의되고 있는 방식을 포지션이라 한다.

② 소비자들이 느끼고 있는 상품에 대한 인식상의 위치를 위해 표적고객들의 마음속에 의미있고 독특하며, 경쟁적인 자리를 확보할 수 있도록 하기 위해 기업이 제시하는 상품이나 이미지를 디자인하는 행동을 포지셔닝이라 한다.

③ 자사제품의 포지션 분석을 통하여 기업이 소비자에게 매력적인 것으로 인식되는 자사의 상품의 특성을 강조하게 되는 것을 포지션이라고 한다.

④ 기업이 선택할 수 있는 포지셔닝 전략으로는 속성·효익에 의한 포지셔닝, 사용상황에 포지셔닝, 제품 사용자에 의한 포지셔닝, 경쟁에 의한 포지셔닝, 니치시장에 의한 포지셔닝, 제품군에 의한 포지셔닝 등이 있다.

💡 **포지셔닝전략** … 자사 상품의 포지션의 분석을 통하여 기업이 소비자에게 매력적인 것으로 인식되는 자사의 상품의 특성을 강조하게 되는 것을 말한다.

61 다음 중 포장의 원칙에 대한 설명으로 볼 수 없는 것은?

① 소비자의 사용이 편리하도록 하여야 한다.
② 상품을 소비자들이 쉽게 알아볼 수 있도록 하여야 한다.
③ 상품의 유효기일만을 표기하여 소비자들이 쉽게 선택할 수 있도록 해야 한다.
④ 제작비용 및 포장에 사용되는 노동비용의 효율성을 고려해야 한다.

💡 ③ 포장에는 폐기일, 판매유효일, 포장일 등을 기록하여 포장을 통하여 소비자들에게 많은 정보가 전달될 수 있도록 하여야 한다.

62 다음 중 마케팅 조사의 일반적인 과정에 해당하지 않는 것은?

① 마케팅 조사 문제의 정의
② 마케팅 조사의 설계
③ 자료의 분석 및 해석
④ 마케팅 환경의 조사

💡 **마케팅 조사의 과정** … 마케팅 조사 문제의 정의 → 마케팅 조사의 설계(조사형태, 자료의 확인 및 수집, 표본설계와 표본조사) → 자료의 분석 및 해석 → 보고서의 작성

63 농산물과 농산물유통기업에 대한 일반 소비자들의 오해를 파괴하고 그 중요성을 인식시키거나 농산물에 대한 지식을 제공하는 목적을 하는 광고를 무엇이라고 하는가?

① 기업광고　　　　　　　　　② 계몽광고
③ 신문광고　　　　　　　　　④ 교통광고

　　💡 ① 일반 소비자들에게 기업의 이미지를 좋은 쪽으로 부각시키고 기업의 이름을 기억시키게 하는 광고를 말한다.
　　　③ 신문지면의 광고란을 통해 하는 광고로 안내광고와 전시광고로 분류할 수 있다.
　　　④ 지하철, 버스 등의 차내 및 차외, 역 구내의 간판, 기업의 통근버스 등을 사용하여 알리는 광고를 말한다.

64 소비자가 자신의 욕망을 충족시키기 위해 특정 제품을 구매하게 되는 동기를 의미하는 것은?

① 제품동기　　　　　　　　　② 애고동기
③ 기업동기　　　　　　　　　④ 학습동기

　　💡 소비자의 구매동기
　　　㉠ 제품동기 : 소비자가 자신의 욕망을 충족시키기 위하여 특정 상품을 구매하는 동기를 말한다.
　　　㉡ 애고동기 : 소비자가 상품 구매 시 어떠한 기업의 상품을 선택하느냐 하는 동기를 말한다.

65 다음 중 시장세분화에서 가장 중요한 변수에 대한 설명으로 적합한 것은?

① 지리적 변수 – 도시와 지방, 해외의 각 시장지역, 사회계층별
② 심리적 욕구변수 – 기호, 성별, 연령
③ 사회경제적 변수 – 직업별, 자기현시욕, 가족수별
④ 행동적 변수 – 경제성, 품질, 안전성, 편리성

　　💡 시장세분화의 기본 변수
　　　㉠ 지리적 변수 : 국내 각 지역, 도시와 지방, 해외의 각 시장지역
　　　㉡ 사회경제적 변수 : 연령, 성별, 소득별, 가족수별, 가족의 라이프사이클별, 직업별, 사회계층별
　　　㉢ 심리적 욕구변수 : 자기현시욕, 기호
　　　㉣ 행동적 변수 : 경제성, 품질, 안전성, 편리성

66 다음 중 기업 입장에서의 마케팅믹스의 구성요소가 올바르게 나열된 것은?

① 유통경로, 상품전략, 가격전략, 의사소통
② 고객가치, 편리성, 고객측비용, 의사소통
③ 유통경로, 상품전략, 가격전략, 촉진전략
④ 편리성, 유통전략, 유통경로, 촉진전략

> ☀ 마케팅믹스의 구성요소
>   ㉠ 기업의 입장 : 유통경로, 상품전략, 가격전략, 촉진전략
>   ㉡ 고객의 입장 : 편리성, 고객가치, 고객측비용, 의사소통

67 다음 중 상표에 대한 설명으로 옳지 않은 것은?

① 한 기업의 상품을 다른 기업의 상품과 구별짓기 위하여 사용되는 것으로 도형, 문자, 기호 등이 결합되어 있는 것을 말한다.
② 상표를 통하여 기업이나 판매자는 소비자로부터 신뢰를 얻을 수 있으며 보다 많은 수요의 창출 또한 가능하다.
③ 법적으로 보호를 받을 수 있는 것을 상표라 한다.
④ 상표는 반드시 상품이 지닌 이미지와 동일하여야 한다.

> ☀ ④ 상표는 그 상품 또는 기업의 이미지와 동일하여야 한다.

68 소비자들의 심리를 이용하여 특정상품의 가격에 대해 천단위, 백단위로 끝나는 것보다 특정의 홀수로 끝나면 더 싸다고 느낀다는 전제하에 가격을 결정하는 방법은?

① 단수가격전략   ② 관습가격전략
③ 고가치가격전략   ④ 과부하가격전략

> ☀ ② 기업이 시장변화나 원료의 구입, 임금인상 등으로 특정상품의 원가상승요인이 발생하여도 추가적인 인상 없이 동일한 가격대를 지속적으로 유지하는 정책을 말한다.
>   ③ 높은 품질의 상품을 낮은 가격으로 판매하는 전략으로 다수 고객확보에 의한 대량생산을 통한 고품질의 상품을 낮은 가격으로 공급할 경우 구매자관계관리가 용이해진다.
>   ④ 상품이 품질이 낮은 데 반해 가격을 비싸게 책정하는 전략으로 시장상황이 독점적일 때 주로 이용된다.

69 다음 중 광고의 목적에 따른 분류에 해당하지 않는 것은?

① 기업광고
② 상품광고
③ 계몽광고
④ 신문광고

💡 광고의 분류
　　⊙ 목적에 따른 분류 : 기업광고, 상품광고, 계몽광고
　　ⓛ 매체에 따른 분류 : 신문광고, DM광고, 교통광고, 출판광고 등

70 표적시장 선택 시 선택할 수 있는 마케팅전략으로 보기 어려운 것은?

① 비차별적 마케팅
② 차별적 마케팅
③ 집중적 마케팅
④ 종합적 마케팅

💡 표적시장의 마케팅전략
　　⊙ 비차별적 마케팅
　　ⓛ 차별적 마케팅
　　ⓒ 집중 마케팅

71 시장세분화의 세분화조건에 대한 설명으로 옳지 않은 것은?

① 접근가능성 – 세분시장의 접근 및 그 시장에서의 활동가능 정도
② 신뢰성 – 일관성 있는 특징의 존재
③ 실질성 – 효과적인 영업활동의 정도
④ 측정가능성 – 규모 및 구매력의 측정 정도

💡 세분한 시장의 규모가 충분히 크고, 이익이 발생할 수 있는 가능성이 큰 정도를 의미한다.

72 다음 중 가격차별의 유형으로 알맞지 않은 것은?

① 개인별 가격차별

② 그룹별 가격차별

③ 지리별 가격차별

④ 시장별 가격차별

💡 가격차별의 유형
　㉠ **개인별 가격차별** : 정가표가 부착되어 있지 않은 상품을 소비자의 기분과 이미지에 따라 적정 가격으로 판매하는 경우가 해당된다.
　㉡ **시장별 가격차별** : 비수기와 성수기의 판매가격이 다른 것, 학생을 할인하는 요금 등이 해당된다.
　㉢ **그룹별 가격차별** : 단체손님의 수에 따라 20명은 10%, 40명은 30% 할인하는 경우가 해당된다.

73 다음 중 마케팅 조사에서 나타날 수 있는 오류에 해당되지 않는 것은?

① 마케팅 조사자 특정 입장을 지지하기 위한 자료의 선택적 수집 및 분석

② 잘못된 의사결정의 속죄양으로 이용하기 위한 사후적 마케팅 조사의 조작

③ 보고서 작성 시 난해한 용어 및 전문용어의 지나친 구사

④ 조사에 활용할 수 있는 마케팅 조사 기법의 미흡

💡 마케팅 조사에서 나타날 수 있는 오류
　㉠ 조사자의 선입견 및 사전신념에 의한 자료의 수집 및 분석을 통한 의도적인 오류
　㉡ 잘못된 의사결정의 속죄양으로 이용하기 위한 사후적 마케팅 조사의 조작
　㉢ 조사자의 의도적인 조작
　㉣ 보고서 작성 시 난해한 용어 및 전문용어의 남발
　㉤ 조사문제의 본질의 파악이 잘못되어 관련 변수를 잘못 선정하여 조사결과의 가치를 현저히 저하시키는 오류

74 소비자가 상품을 구매할 의도로 여러 상품들을 보면서 품질, 가격 등의 조건을 비교·검토한 후 가장 적합한 상품을 구매하는 것을 의미하는 것은?

① 충동구매

② 선정구매

③ 회상구매

④ 암시구매

💡 ① 소비자가 상품을 구입하려는 사전계획 및 준비 없이 상품을 구매하는 행위
　③ 소비자가 상점에 진열된 상품을 보는 순간 집에 없거나 다 떨어져 간다고 생각이 되어 구매하는 행위
　④ 소비자가 상점에 진열된 상품을 보고 이에 대한 필요성이 구체화되었을 때 구매하는 행위

75 다음 중 시장세분화전략을 통해 얻을 수 있는 이점으로 적합하지 않은 것은?

① 정확한 마케팅 기회의 포착 가능
② 표적시장에 적합한 상품 및 마케팅 활동 조정 가능
③ 효율적인 마케팅 자원의 분배 가능
④ 세분화된 소비자의 욕구불만족을 통한 매출액 증가 가능

    💡 시장세분화전략의 장점
      ㉠ 정확한 마케팅 기회 포착 가능
      ㉡ 표적시장에 적합한 상품 및 마케팅 활동 조정 가능
      ㉢ 효율적인 마케팅 자원의 분배 가능
      ㉣ 다양한 소비자층의 욕구만족을 통한 매출액 증대 가능

76 마케팅믹스의 구성요소 중 다음에서 설명하고 있는 것은?

> 전체적인 마케팅에서 광고, 홍보, 판촉, 인적판매 등으로 구분되며 상품에 대한 소비자의 인식 증가를 목표로 하는 광고는 소비자를 교육시키는 장기적인 효과가 있고, 판매촉진(이벤트, 시승회, 보상판매)은 단기적인 매출 증가를 목표로 하며, 인적 판매(개인 세일즈로 보험 및 자동차 세일즈로 1 : 1 마케팅)는 산업이 복잡해짐에 따라 그 중요성이 강조되고 있다. 또한, 홍보(보도자료, 기사 등)는 기업의 신뢰성 증가를 목표로 하며 가장 효과가 좋다.

① 유통경로　　　　　　　　　② 상품전략
③ 가격전략　　　　　　　　　④ 촉진전략

    💡 ① 상품이 생산되어 소비되는 과정에 관련된 생산자, 도매상, 소매상 및 소비자까지 포함된 조직이
       나 개인의 활동을 의미한다. 유통경로는 서비스에 대한 고객의 기대수준 분석, 경로의 목적설정,
       경로의 전략결정, 그리고 유통경로의 갈등관리의 순으로 설계된다.
     ② 소비자의 욕구를 충족시키는 상업적인 재화를 상품이라 하며 상품전략에서는 상품뿐 아니라 서
       비스, 사람, 장소, 조직, 아이디어 등이 모두 포함되도록 하여야 한다.
     ③ 기업의 마케팅 노력으로 생산되는 상품과 소비자의 필요와 욕구를 연결하여 교환을 실현시키는
       매개체 역할을 하며, 고가정책, 중용가정책, 할인가정책으로 나뉘며, 가격에 대한 시장의 특성으
       로 가격이 낮은 제품→프리미엄 제품→가격이 낮은 제품으로 순환되어 진다.

》 ANSWER

72.③　73.④　74.②　75.④　76.④

77 다음 중 상표의 기능이 아닌 것은?

① 상품식별기능　　　　　　　② 가치창조기능
③ 출처표시기능　　　　　　　④ 광고기능

💡 상표의 기능
　　㉠ 상품식별기능
　　㉡ 광고기능
　　㉢ 품질보증기능
　　㉣ 출처표시기능
　　㉤ 시장점유율 및 통제기능

78 다음에서 설명하고 있는 내용은 상품수명주기 중 어디에 해당하는가?

> 시장에서 급격히 수용되고 있는 단계로 매출액이 급속히 증가하여 이익도 증가하게 된다.

① 도입기　　　　　　　　　　② 성장기
③ 성숙기　　　　　　　　　　④ 쇠퇴기

💡 ① 상품이 시장에 도입되는 시기로 매출액의 성장이 느리고 과다한 도입비용의 지출로 이익이 나지
　　　않는다.
　　③ 대량생산이 본 궤도에 오르고, 원가가 크게 내림에 따라서 상품단위별 이익은 최고조에 달한다.
　　④ 매출액이 급격히 감소하여 비용통제·광고활동 등의 축소·상품폐기 등이 나타난다.

79 다음은 농산물 가격차별의 한 유형을 설명한 것이다. 이에 해당하는 것은?

> 판매자가 수요의 가격탄력성이 다른 각 시장에서의 가격과 판매량을 서로 다르게 결정하는
> 방식을 말한다.

① 개인별 가격차별　　　　　　② 집단별 가격차별
③ 시장별 가격차별　　　　　　④ 수요별 가격차별

💡 시장별 가격차별
　　㉠ 개념 : 판매자가 수요의 가격탄력성이 다른 각 시장에서의 가격과 판매량을 서로 다르게 결정하는
　　　방법을 말한다.
　　㉡ 유형별 실례
　　　• 극장의 조조할인요금과 일반요금의 차이
　　　• 전력요금의 심야와 주중 차이
　　　• 비성수기 때의 요금과 성수기 때의 요금 차이

80 농산물 광고에 대한 설명으로 옳지 않은 것은?

① 소비자의 농산물 구입의사결정을 도와주는 정보전달 및 설득과정을 말한다.
② 농산물 광고에는 항상 광고주가 명시된다.
③ 농산물 광고는 광고주의 의도에 따라 움직이게 된다.
④ 대부분 농산물 광고는 무료이다.

💡 ④ 대부분의 광고는 유료이다.

81 다음 중 농산물에 대한 소비자들의 구매행위 변화에 대한 설명으로 적합하지 않은 것은?

① 보다 높은 질의 농산물을 저렴한 가격으로 구매한다.
② 소포장단위의 농산물과 브랜드를 선호하여 구매한다.
③ 조리가 간편한 전처리 농산물을 선호한다.
④ 기능성 농산물, 건강식품 등은 선호하지 않는다.

💡 ④ 현대 소비자들은 농산물에 대한 신뢰성 및 차별성을 중시하게 되면서 친환경농산물, 기능성농산물, 건강식품 등을 선호하는 경향이 늘어나고 있다.

82 두 개 혹은 그 이상의 세분시장을 표적시장으로 선정하고 각각의 세분시장에 적합한 제품과 마케팅 프로그램을 개발하여 공략하는 전략은?

① 차별적 마케팅전략
② 그린마케팅전략
③ 집중마케팅전략
④ 카운터마케팅전략

💡 ② 자연환경과 생태계 보전을 중시하는 시장접근 전략을 말한다.
③ 기업의 자원이 제약되어 있을 때 한 개 혹은 소수의 세분시장에서 시장점유율을 확대하려는 전략을 말한다.
④ 사회적 병리현상을 유발할 수 있는 마약, 담배, 원조교제 등 불건전한 수요를 소멸시키기 위한 전략을 말한다.

» ANSWER
77.② 78.② 79.③ 80.④ 81.④ 82.①

83 다음 중 농산물을 포장하였을 때의 이점으로 옳지 않은 것은?

① 습도를 유지시켜 농산물을 좀 더 신선하게 보이도록 해준다.
② 여러 크기의 포장으로 인하여 더 많은 소비를 촉진시킨다.
③ 농산물의 광고 및 촉진의 수단으로 작용하기도 한다.
④ 농산물의 부패를 방지하여 항상 신선함을 유지하도록 한다.

> 💡 농산물 포장의 장점
> ㉠ 농산물의 가격을 한 눈에 전달
> ㉡ 농산물 외형의 개선
> ㉢ 크기에 따른 여러 형태의 포장은 소비 촉진
> ㉣ 상품의 광고 및 촉진 효과
> ㉤ 부패를 늦추거나 개선
> ㉥ 판매부서 노동력의 감소로 인한 비용 절감

84 소비자들이 특정상표에 일관하여 선호하는 경향을 의미하는 용어는?

① 브랜드 파워
② 브랜드 네임
③ 브랜드 이미지
④ 브랜드 충성도

> 💡 브랜드 충성도 … 소비자들이 특정상표를 일관되게 선호하는 경향을 의미한다.

85 농산물 광고에 대한 설명으로 옳지 않은 것은?

① 농산물 광고는 목적에 따라 기업광고, 특정상품광고, 계몽광고 등으로 분류할 수 있다.
② 소비자가 농산물을 구입하는 것을 도와주는 정보전달 및 설득과정을 광고라 한다.
③ 농산물 광고는 일반적으로 인적판매 형태로 이용된다.
④ 농산물 광고는 유통혁신을 자극하고 수요의 창출에 기여한다.

> 💡 ③ 농산물 광고는 주로 신문, 다이렉트메일, 출판물, 교통, 텔레비전 및 라디오, 인터넷, 포스터 등의 형태로 이용된다.

>> ANSWER

83.④ 84.④ 85.③

CHAPTER

08

우리나라의 농산물유통

우리나라의 농산물유통과 관련되는 안전성 관리제도, 우수농산물 관리제도 등 농산물 인증제도, 품질검사, 유통 관련 정책 및 무역 제도에 대해 이해하고 그 특성을 알아두어야 한다.

1 농산물유통 관련 제도

(1) 안전성 관리제도

① 안전성조사제도 … 안전성 조사는 농가의 생산포장에 재배되고 있거나 저장창고에 보관되어 있는 농산물을 시장 출하 전 조사하고, 그 결과 잔류허용기준을 초과한 부적합 농산물은 시장에 출하되지 않도록 폐기·용도전환·출하연기 등의 조치로 생산자와 소비자를 동시에 보호하기 위한 제도이다

　㉠ 목적

　　㉮ 국민건강 보호 : 부적합 농산물이 시중에 출하·유통되지 않도록 사전에 차단한다.

　　㉯ 경쟁력 향상 : 우리농산물에 대한 소비자 신뢰 확보 및 농가 소득 향상에 기여한다.

　　㉰ 수출 증대 : 수입농산물과의 품질경쟁 및 수출시장의 강화된 안전성 기준에 적합한 농산물 생산 유도한다.

　㉡ 조사단계 : 대상품목의 생산 및 출하특성에 따라 재배포장, 보관창고, 시장출하 등 4단계로 구별하여 조사한다.

　　㉮ 생산단계 : 재배포장·시설에서 생산과정 중의 농산물(출하예정 10일 전)

　　㉯ 저장단계 : 보관창고, 저장시설 등에 보관되어 있는 농산물

　　㉰ 출하단계 : 도매시장, 집하장 등에 출하된 농산물(시중 유통 전 단계)

ⓔ 유통단계 : 인증품 및 소비자단체 등이 요구하는 농산물

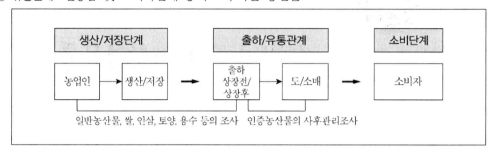

ⓒ 조사절차

    ㉮ 시료 수거 및 의뢰

    ㉯ 유해물질 분석

    ㉰ 부적합 농산물 처리

② Safe – Q(농식품안전안심서비스)

㉠ 정의 : 세잎큐는 농산물에 함유된 농약 · 중금속 · 미생물 등의 유해물질을 검정하여 국민들이 안심하고 먹을 수 있는 안전 농산물을 공급하는 농산물안전성 검정시스템이다.

㉡ 특징 : 인터넷과 택배를 이용 24시간 검정신청과 확인이 가능한 무방문 서비스를 실시하는 고객 중심의 농식품 안전 · 안심서비스 시스템이다.

(2) 농산물인증제도

① 친환경농산물인증제도
    ㉠ 정의 : 친환경농업의 육성 및 소비자 보호를 위해 전문 인증기관의 엄격한 기준에 따라 종합 점검하여 그 안정성 및 품질을 인증해 주는 제도이다.

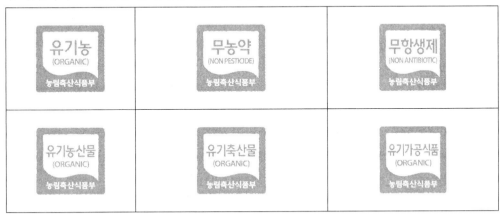

    ㉡ 목적
        ㉮ 농업의 환경보전 기능 증대와 농업으로 인한 환경오염 감소
        ㉯ 허위 친환경농산물에 대한 감시로 생산자와 소비자를 보호
        ㉰ 유통과정의 신뢰 구축으로 친환경 농산물 생산·공급체계 확립
    ㉢ 인증절차
        ㉮ 과정 : 인증신청 → 서류심사 → 현장심사 → 결과통보 → 사후관리
        ㉯ 인증방법 : 생산농가가 희망하는 경우 생산여건과 품질관리상태를 심사, 인증여부를 통보해 주고 생산·출하과정 조사를 거쳐 적격품에 한해 인증표지 표시 후 출하한다.
        ㉰ 사후관리 : 내용물과 표시사항의 일치여부 등 인증품에 대한 시판품 조사를 하며, 조사결과 인증 기준위반 등 이상품 발견 시에는 행정처분 및 고발조치한다.
    ㉣ 인증품 종류
        ㉮ 농산물 : 유기농산물, 무농약농산물
        ㉯ 축산물 : 유기축산물, 무항생제축산물
    ㉤ 인증기준
        ㉮ 농산물 : 경영관리, 재배포장, 용수, 종자, 재배방법, 생산물의 품질관리 등
        ㉯ 축산물 : 사육장 및 사육조건, 자급사료기반, 가축의 출처 및 입식, 사료 및 영양관리, 동물복지 및 질병관리, 품질관리 등

② 우수농산물관리제도(GAP인증)

　　㉠ 도입목적

　　　㉮ 생산단계에서 판매단계까지의 농산식품 안전관리체계를 구축하여 소비자에게 안전한 농산물을 공급

　　　㉯ 농산물의 안전성확보를 통한 국내 소비자 신뢰제고 및 국제시장에서 우리 농산물의 경쟁력 강화

　　　㉰ 저투입 지속가능한 농업을 통한 농업환경 보호

　　㉡ 도입배경

　　　㉮ 일부 채소·과일에서 농약이 과다검출 되었다는 언론보도 등으로 농산물 안전성에 대한 국민적 우려가 증대 특히, 김치에서의 기생충알 사건, 학교급식 사건 등으로 국내농산물에 대한 안전성 강화 필요성 대두

　　　㉯ 국제적으로도 안전농산물 공급 필요성을 인식하여 Codex('97), FAO('03) 등 국제기구에서 GAP기준을 마련 Codex(국제식품규격위원회), FAO(국제식량농업기구)에서는 지속가능한 농업 추진 및 안전성 강화를 위하여 GAP 기준 제시

　　　※ **식품체인접근법** … 식품의 생산에서 소비까지 전 단계를 체계적으로 관리·공개하는 식품안전 예방조치

　　　㉰ 유럽, 미국, 칠레, 일본, 중국 등 주요 국가가 GAP 제도를 현재 시행중

　　　　⇒ 이에 따라, 우리나라도 농산물 안전성 강화를 위하여 GAP제도를 '06년부터 본격 시행

　　㉢ 도입효과

　　　㉮ 농산물의 안전성에 대한 소비자 인식 제고

　　　　−소비자가 만족하는 투명한 우수관리인증농산물 생산체계 구축을 통하여 국산 농산물에 대한 소비자 인식제고 및 신뢰 향상으로 수익성 증대를 도모할 수 있음

　　　㉯ 농산물 품질관리제도 도입에 의한 생산농가의 경쟁력 확보

　　　　−국산 농산물의 수출 경쟁력 확보가 가능하며, 수입 농산물에 대하여도 동등한 수준의 GAP 적용을 요구할 수 있으며, 통명거래에 의한 품질관리도 용이해짐

우수농산물인증

　　㉣ 인증내용 및 절차

　　　㉮ 신청자격 : 개별생산농가 및 생산자집단 등

　　　㉯ 신청기관 : 농산물품질관리원장이 지정한 농산물우수관리인증기관에 신청

⑭ 신청시기

    ⓐ 우수관리인증을 받으려는 자는 신청대상 농산물이 인증기준에 따라 생육중인 농산물로써 최초 수확 예정일로부터 1개월 이전에 신청(동일한 재배포장에서 인증기준에 따라 생산계획중인 농림산물도 신청 가능)

    ⓑ 동일 작물을 연속하여 2회 이상 수확하는 경우에는 생육 기간의 2/3가 경과되지 않은 경우에 신청

    ⓒ 버섯류 및 새싹채소 등 연중 생산이 가능한 작물은 신청대상 농산물이 생육중인 시기에 신청

㉠ 인증유효기간 : 3년

    ※ 품목의 특성상 유효기간을 다르게 적용할 품목과 유효기간

    • 인삼류 및 약용을 목적을 생산·유통하는 작물로 동일 재배 포장에서 2년을 초과하여 계속 재배한 후 수확하는 품목 : 3년

    • 위 작물과 일반 작물을 동일한 인증으로 신청한 경우의 유효 기간 : 2년

㉢ 대상품목 : 식용(食用)을 목적으로 생산·관리하는 농산물(축산물은 제외)

㉣ 인증기준 : 농산물우수관리의 기준에 의해 적합하게 생산·관리된 것

㉤ 신청서 처리기한 : 신규 42일간, 갱신 1개월(공휴일 및 일요일 제외)

㉧ 인증절차

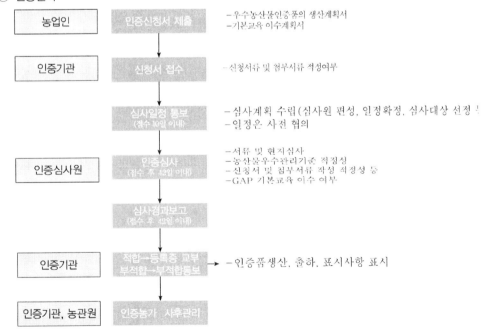

③ 농산물이력추적관리제도

㉠ 정의 : 농산물의 생산단계부터 판매단계까지의 각 단계별 정보를 기록·관리하여 해당 농산물의 안전성 등에 문제가 발생할 경우 이를 추적하여 원인규명 및 필요한 조치를 할 수 있도록 관리하는 것을 말한다.

㉡ 목적 : 농산물에 대한 추적과 역추적 체계를 확립함으로써 농산물의 안전성을 확보하고 문제 발생 시 신속한 원인규명 및 조치를 취하여 농산물에 대한 소비자의 신뢰성을 확보하는데 목적이 있다.

㉢ 기대효과

  ㉮ 체계적인 관리를 통한 농산물의 안전성 확보 및 신뢰성 향상으로 우리농산물의 국제경쟁력 강화

  ㉯ 유통 중인 농산물에 문제 발생 시 추적을 통한 신속한 원인의 규명과 해당 농산물의 회수 가능

  ㉰ 농산물에 대한 생산·유통·판매 단계의 정확한 정보를 제공함으로써 소비자의 알권리 충족

㉣ 등록절차

  ㉮ 등록신청(민원인 → 농관원)

  ㉯ 심사일정 통보(농관원 → 민원인)

  ㉰ 등록·신청일로부터 42일 이내 등록증 교부(농관원 → 민원인)

㉤ 관리대상 품목 : GAP(우수농산물관리제도) 대상품목과 동일

농산물이력추적관리 절차

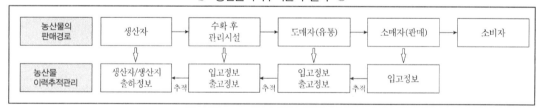

④ 지리적표시제도

㉠ 정의 : 지리적표시란 명성·품질 기타 특징이 본질적으로 특정지역의 지리적인 특성에 기인하는 경우 해당 농산물 또는 가공품을 표현하기 위하여 사용되는 지역, 특정장소(예외적인 경우 국가도 포함)의 명칭을 의미한다.

ⓛ 신청대상 : 지리적 특성을 가진 농산물과 그 가공품

ⓒ 지리적표시의 요건
　㉮ 해당 품목의 우수성이 국내나 국외에서 널리 알려져야 한다. - 유명성
　㉯ 해당 품목이 대상지역에서 생산된 역사가 깊어야 한다. - 역사성
　㉰ 해당 상품의 생산, 가공과정이 동시에 해당 지역에서 이루어져야 한다. - 지역성
　㉱ 해당 품목의 특성이 대상지역의 자연환경적(지리적, 인적) 요인에 기인하여야 한다. -
　　지리적 특성
　㉲ 해당 상품의 생산자들이 모여 하나의 법인을 구성해야 한다. - 생산자의 조직화
ⓔ 도입효과
　㉮ 시장차별화를 통한 농산물 및 가공품의 부가가치 향상 및 지역경제 발전
　㉯ 생산자단체가 품질향상에 노력함으로써 농산물의 품질향상을 촉진
　㉰ 생산자단체간의 상호협조체제가 원만히 구축될 경우 생산품목의 전문화와 농산물 수입
　　개방에 효율적으로 대처
　㉱ 소비자입장에서는 지리적표시제에 의해 보호됨으로써 믿을 수 있는 상품 구입(소비자
　　보호)
　㉲ 정부의 입장에서는 지역의 문화유산의 보존
　㉳ 장기적으로 지역특산물을 육성하는 효과적인 방안
ⓜ 등록절차

지리적표시 등록절차

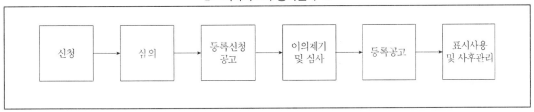

　㉮ 신청자격 : 특정지역에서 지리적 특성을 가진 농수산물 또는 농수산 가공품을 생산하거나
　　가공하는 자로 구성된 단체(법인만 해당한다)에 한정. 다만, 지리적 특성을 가진 농수산
　　물 또는 농수산 가공품의 생산자 또는 가공업자가 1인일 때는 개인도 가능함
　㉯ 신청대상품목 : 지리적 특성을 가진 농수산물 또는 농수산 가공품

ⓒ 실시경과
　　ⓐ 신청인은 등록신청서와 8가지 구비서류[정관, 생산계획서(법인의 경우 각 구성원별 생산계획을 포함), 대상품목·명칭 및 품질에 관한 설명서, 유명특산물임을 증명할 수 있는 자료, 품질의 특성과 지리적요인과 관계에 관한 설명서, 지리적표시 대상지역의 범위, 자체품질기준, 품질관리계획서]를 작성하여 지리적표시관리기관장(국립농산물품질관리원장, 산림청장, 국립수산물품질관리원장)에게 제출하고 지리적표시관리기관장은 지리적표시 등록심의 분과위원회에 심의 요청
　　ⓑ 심의기준
　　－해당 품목이 지리적표시 대상지역에서만 생산된 농산물인지, 또는 이를 주원료로 해당 지역에서 가공된 품목인지 여부
　　－해당 품목의 우수성이 국내나 국외에서 널리 알려져 있는지 여부
　　－해당 품목이 지리적표시 대상지역에서 생산된 역사가 깊은지 여부
　　－해당 품목의 명성·품질 또는 그 밖의 특성이 본질적으로 특정지역의 생산환경적 요인이나 인적 요인에 기인하는지 여부
ⓓ 심의결과의 처리
　　ⓐ 지리적표시관리기관장은 지리적표시 등록심의 분과위원회의 심의결과에 따라 처리
　　ⓑ 등록거절 결정
　　－지리적표시를 하기에 부적합하다고 결정된 때는 지체없이 그 사유를 명시하여 신청자에게 통지
　　－보완 통지 : 부적합 사항이 단기간에 보완될 수 있다고 판단되는 경우
　　－등록신청 공고 : 등록을 거절할 사유가 없을 때(특허청 의견조회를 거침)
　　－지리적 표시 등록 신청인의 성명·주소 및 전화번호
　　－지리적 표시 등록 대상품목 및 등록명칭
　　－품질의 특성과 지리적 요인과의 관계
　　－지리적 표시 대상지역의 범위
　　－신청자의 자체품질기준 및 품질관리계획서
ⓔ 이의신청 및 심사 : 누구든지 등록신청 공고일로부터 2개월 이내에 이의사유를 기재한 이의신청서와 필요한 증거를 첨부하여 지리적표시관리기관장에게 이의신청을 할 수 있으며 지리적표시관리기관장은 지리적표시 등록심의 분과위원회의 심의를 거쳐 처리, 이의신청이 등록을 거절할 정당한 사유에 해당될 경우 등록거절 결정
ⓕ 지리적 표시의 등록 및 등록공고
　　ⓐ 지리적표시관리기관장은 지리적표시의 등록을 한 때에는 지리적표시등록증을 교부
　　ⓑ 지리적표시등록증을 교부한 후 지리적표시의 등록을 공고
　　ⓒ 지리적 표시 등록 신청인의 성명·주소 및 전화번호

ⓓ 지리적 표시 등록 대상품목 및 등록명칭
　　　ⓔ 품질의 특성과 지리적 요인과의 관계
　　　ⓕ 지리적 표시 대상지역의 범위
　　　ⓖ 신청자의 자체품질기준 및 품질관리계획서
　⓼ 지리적표시품의 표시 : 지리적표시등록을 받은 자가 그 표시를 하려면 지리적표시품의 포장·용기의 표면 등에 등록명칭을 표시하고, 「농수산물 품질관리법 시행규칙」 별표 15의 표지 및 표시사항을 표시
　ⓞ 지리적표시등록의 변경 : 지리적표시로 등록한 사항 중 등록자, 대상지역의 범위, 자체품질기준을 변경하려는 자는 지리적표시등록(변경) 신청서를 작성하여 지리적표시관리기관에 제출
　　※ 등록자가 법인인 경우 법인명 변경, 법인합병의 경우에만 이전 및 승계가 가능, 지리적표시 등록심의 분과위원회의 심의를 거쳐 적합할 경우 승인 후 변경 승인한 내용을 공고
　ⓩ 지리적표시의 심판 : 지리적표시 등록거절, 등록취소, 무효·취소심판 등 지리적표시에 관한 심판 및 재심이 필요한 경우 농림축산식품부에 심판청구서를 제출

(3) 품질검사

① 양곡표시제도
　㉠ 정의 : 양곡표시제란 쌀·현미, 보리쌀, 콩, 잡곡 등의 양곡과 이를 원료로 한 가공품을 포장하여 판매하거나 산물로 판매할 때 해당 농산물의 포장재나 푯말에 생산년도·원산지·도정연월일·생산자·중량 등 판매양곡의 정보를 표시하는 것을 말한다.
　㉡ 목적 : 소비자에게는 정확한 품질정보를 제공하여 선택의 폭을 높여주고, 생산자에게는 품질향상을 유도하기 위해서이다.
　㉢ 표시의무자
　　㉮ 양곡가공업자
　　㉯ 양곡매매업자
　㉣ 표시방법
　　㉮ 포장화하여 판매되는 양곡
　　　ⓐ 품목, 중량, 원산지, 생산자 또는 판매자의 주소·상호명(또는 성명)·전화번호가 의무표시 사항이다.
　　　ⓑ 쌀과 현미의 경우 생산연도, 품종, 도정 년·월·일을 추가로 표시하여야 하고, 등급·단백질 함량·품종순도·완전립비율은 권장표시사항으로 추가로 표시해야 한다.

ⓐ 산물로 판매되는 양곡

  ⓐ 원산지만 표시

  ⓑ 쌀과 현미의 경우 생산연도, 품종, 도정 년·월·일을 추가 표시해야 하며, 객관적인 사실에 근거하지 않고 소비자의 현혹 우려가 있는 표시·광고 등을 하면 안 된다.

② 농산물 표준규격관리제도

 ㉠ 정의 : 농산물 표준규격화란 농산물을 전국적으로 통일된 기준, 즉 표준규격에 맞도록 품질, 크기, 쓰임새에 따라 등급을 매겨 분류하고 규격포장재에 담아 출하함으로써 내용물과 표시사항이 일치되도록 하는 것을 말한다.

 ㉡ 농산물 표준규격화의 문제점 : 농산물은 품종, 재배지역 등이 다양하여 생산물의 품질이 균일하지 않을 뿐만 아니라 부패, 변질 등으로 선도유지가 어려운 특성이 있어 시장거래의 효율성을 높일 수 없는 구조적인 제약이 있다.

 ㉢ 농산물 표준규격화의 필요성

  ㉮ 신용도와 상품성 향상으로 농가소득증대

  ㉯ 품질에 따른 가격차별화로 정확한 정보제공 및 공정거래 촉진

  ㉰ 수송, 적재 등 유통비용 절감으로 유통의 효율성 제고

  ㉱ 선별·포장출하로 소비지에서의 쓰레기 발생 억제

 ㉣ 표준규격의 구성

  ㉮ 등급규격

   ⓐ 고르기, 색택, 모양, 당도 등의 다양한 품질요소와 크기, 무게에 의하여 특, 상, 보통의 3단계로 구분한다.

   ⓑ 크기는 무게, 직경, 길이를 계량기준으로 해서 특대, 대, 중, 소(특소)의 4~5단계로 구분한다.

  ㉯ 포장규격

   ⓐ 포장규격은 보관·수송 등 유통과정의 편리성과 폐기물 처리문제를 고려하고 물류표준화 기준을 반영하여 규정한다.

   ⓑ 포장재질, 포장치수, 거래단량을 규정하고 겉포장을 기준으로 속포장 거래단량을 규정한다.

  ㉰ 표시사항 : 품목, 산지, 품종, 생산연도(곡류), 등급, 무게 또는 개수, 생산자 또는 생산자단체의 명칭 및 전화번호가 표시항목이다.

 ㉤ 농산물 표준규격화의 결과

  ㉮ 소비지의 쓰레기 발생이 억제되어 환경오염을 줄인다.

  ㉯ 유통 정보가 보다 더 신속하면서도 정확하게 전달되어진다.

  ㉰ 품질에 의해 공정한 가격이 형성되어 거래가 촉진된다.

유통 관련 정책 및 무역

(1) 농산물유통정책

① 농산물유통정책의 개념

   ⊙ 정의 : 농산물유통정책이란 정부 또는 공공단체가 농산물의 국내 유통 및 수출입 과정, 수급 관계에 직·간접적으로 개입하여 유통효율을 극대화하고 가격수준을 적정화하는 공공시책을 말한다.

   ⓛ 목적

      ㉮ 농산물 가격 변동 완화

      ㉯ 농산물 수요와 공급의 조절

      ㉰ 농산물유통효율화와 거래의 공정화 촉진

② 정부의 기능

   ⊙ 가격의 통제 : 시장에서 형성된 재화 또는 서비스의 가격이 지나치게 낮거나 높을 경우 정부가 시장에 직접 개입하여 가격안정을 시도하고 생산자와 소비자를 보호한다.

   ⓛ 유통조성 : 원활한 유통을 위하여 시장의 설치와 운영, 운수의 조정, 유통정보의 제공, 물류 표준화·개선 사업, 포장·가공 기술 개발, 유통에 관한 조사·연구 활동 등을 지원하는 기능을 한다.

   ⓒ 소비자 보호 : 영양소·성분표시, 소비자 등급, 가격결정 등 정확하고 충분한 정보를 소비자에게 제공하여 소비자를 보호한다.

   ⓔ 독과점의 규제 : 독점 또는 과점 기업을 통제하고 중소기업을 지원 육성하여 시장에서 공정한 경쟁이 이루어질 수 있도록 하는 기능을 한다.

③ 농산물유통개혁 기본방향

   ⊙ 농산물의 적정생산 및 적정 값 받기 실현

      ㉮ 농업관측을 강화하여 농산물 수급에 대한 사전 대응능력을 제고한다.

      ㉯ 주산지 중심으로 채소 계약재배 확대 및 하한가격 보장

      ㉰ '유통협약' 및 '유통명령제'를 도입한다.

         ⓐ 부패변질이 쉬운 주요 농산물 중 관리가 가능한 계약재배 품목이나 생산이 전문화되고 주산지화가 높은 품목부터 우선 실시한다.

         ⓑ 유통협약의 실효성을 높이기 위해 재배면적, 출하규격, 출하량, 출하시기 등을 강제적으로 조절하는 유통명령을 발령한다.

ⓛ 산지유통혁신

㉮ 농협의 산지유통기능 확대 및 생산자조직육성을 강화한다.

㉯ 농산물 산지유통센터를 확충하고 계약재배, 선별포장, 직거래 수출 등의 기능을 종합적으로 수행하는 산지유통의 핵심 거점으로 육성 품목별 생산자조직의 기능강화 및 운영 내실화를 추구한다.

ⓒ 공영도매시장 운영혁신

㉮ 공영도매시장 및 공판장 조기 확충 및 시설보완을 본격 추진한다.

㉯ 도매시장 거래 제도를 다양화하여 출하자의 선택의 폭을 확대한다.

ⓐ 공영도매시장에 도매상제를 도입하되, 검증 후 점진적으로 확대한다.

ⓑ 전자경매제 도입, 출하예약제 실시 등 공영도매시장 정보화를 추진한다.

🎄 전자식 경매 및 수지식 경매의 차이 비교

	전자식	수지식
장점	• 경매 참가자들의 저변을 확대 • 경매에 관한 불신의 해소 • 안목경매의 가능 • 업무에 따른 간소화 및 신속화 • 유통종사자 등에 관한 서비스의 향상	• 이전의 중도매인은 따로 적응과정이 필요 없다. • 별도의 비용이 필요하지 않다. • 경매에 있어 흥이 있다.
단점	• 유지 및 보수비용 등의 발생 • 설치비용 등 투자비용의 과다 • 노령화된 중도매인의 적응 불편	• 업무과정에서의 후진성 및 복합성 • 경매참가에 있어서의 애로 • 눈치 경매를 조장 • 경매 과정에 있어서의 담합 등의 불신이 상존함

ⓔ 농산물 직거래 확대 및 소매유통 개선 : 직거래장터 등 직거래사업을 유형별로 내실화한다.

㉮ 주요 대도시에 생산자(단체)가 운영하는 상설 직거래장터를 개설한다.

㉯ 중소도시지역에 농업인이 직접 참여하는 Farmer's Market을 건설, 직거래의 새로운 모델로 발전시킨다.

㉰ 직거래 참여 주체에 대한 자금지원으로 직거래 활성화를 유도한다.

㉱ 물류센터 조기 확충 및 운영 혁신으로 새로운 직거래망을 구축한다.

㉲ Cyber Market, 우편주문판매 등 무점포방식의 직거래를 활성화한다.

ⓜ 농산물 물류혁신 및 정보화 촉진 : 농산물 포장규격 정비 및 포장화율을 제고한다.

㉮ 농산물 포장규격을 단위화물적재시스템(ULS)에 맞게 정비한다.

㉯ 농산물 포장화 추진을 위해 포장재비 지원을 확대한다.

㉰ 비포장 농산물에 대해서는 공영도매시장 반입을 제한한다.

㉱ 물류장비 지원확대로 물류 표준화사업 활성화한다.

㉲ 농산물 브랜드화의 정착으로 견본 통명거래를 촉진한다.

㉳ 농산물 전자상거래 기반 확충 및 농촌정보화를 촉진한다.

ⓑ 농산물의 품질고급화와 안전한 농산물공급체계 구축

　㉮ 신선 농산물 공급을 위한 Cold Chain System을 구축한다.

　㉯ 생산단계 산지출하단계의 안전성조사에 중점을 둔다.

　㉰ 친환경농산물 표시제를 도입한다.

　㉱ 유전자변형 농산물(GMO) 표시제를 도입한다.

④ 농림수산식품부 미래전략 과제

　㉠ 1시·군 1유통회사 설립 : 시·군에 전문경영체제를 갖춘 매출액 1천억 원 이상(지역 농수산물 생산액의 1/3수준)의 유통회사를 설립하여 농수산물 마케팅을 주도하도록 한다.

　　㉮ 농어업인, 지자체, 농수협, 기업 등이 출자한다.

　　㉯ 유통회사가 시·군 행정주체와 파트너십을 형성하여 지역 농수산물 마케팅을 주도한다.

　㉡ 품목별 국가 대표조직 육성 : 국내외 시장조사 및 시장개척, 수급 조절, 연구개발 등 각 품목에서 발생하는 문제를 자율적으로 해결할 수 있도록 대표조직을 육성한다.

　　㉮ 생산액이 3,000억 원 이상인 쌀, 돼지, 감귤, 넙치 등을 시행하되 조직화 정도가 높은 감귤과 양돈, 넙치를 우선 실시한다.

　　㉯ 정부, 농수협, 연구기관 등에 품목 전담팀을 구성하여 지원한다.

　㉢ 대규모 농업회사 설립 : 자체 브랜드를 가지고 농수산물의 국내 유통 및 수출을 전담할 수 있는 대규모 농어업회사를 만들어 세계 시장에서 경쟁하도록 한다.

　　㉮ 생산, 가공, 유통 및 연구시설 등을 한 곳에 결집한다.

　　㉯ 농식품 기업과 농어업인의 공동 출자 방식으로 한다.

　　㉰ 간척지 등을 우선 활용(외해 양신산업도 추진)한다.

　㉣ 1시군 1농업 뉴타운 건설 : 도시의 젊은 인력을 농어촌에 유치하여 농어업의 핵심인력으로 성장할 수 있도록 지원한다.

　　㉮ 도시보다 쾌적한 주거환경을 조성한다.

　　㉯ 농어촌 자녀 교육 여건을 개선한다.

　　㉰ 개인별 영농계획에 맞는 맞춤형 교육 및 창업자금을 지원한다.

　㉤ 농식품 유통고속도로 구축 : 농장(생산), 공장(식품가공), 매장(판매, 소비) 등을 통합 경영시스템을 구축하여 농어업을 2·3차 산업으로 육성한다.

　　㉮ 농장에서 식탁(Farm-to-Table)까지 일원화된 경영으로 상품성(안전, 고품질)을 제고하고 유통비용을 획기적으로 절감한다.

　　㉯ 농산물을 식품산업으로 확대하여 25조원 농산물 부가가치를 60조원 부가가치로 제고하고 새로운 고용을 창출한다.

　　㉰ 식품행정을 일원화하고 과감한 규제 철폐 등을 통해 식품산업을 육성하여 한국 고유의 음식문화 세계화로 세계시장진출을 활성화한다.

(2) 농산물 무역

① 정의

    ㉠ 농산물 무역은 국내에서 생산된 농산물의 일부를 외국에 판매(수출)하거나 반대로 외국에서 생산된 농산물의 일부를 구입(수입)하는 현상을 말한다.

    ㉡ 농산물 무역은 서로 다른 국가 간에 일어나는 농산물의 교류로 각 국가의 특성이 다르기 때문에 일어나고 또 그 차이가 크면 클수록 교환을 통한 이익은 더욱 커진다.

② 농산물 수입

    ㉠ 우리나라의 농산물수입관리는 「대외무역법」에 의한 수출입 기별공고, 특별법 및 기타 고시에 의하여 추진되고 있다. 기별공고 이외에 「양곡관리법」, 「사료관리법」, 「약사법」, 「마약류관리에 관한 법률」, 「농산물품질관리법」 등에 의하여도 수입규제 품목을 추가 지정하고 있다.

    ㉡ 수입 감시품목과 수입다변화 품목에 관한 규정 등으로 수입이 규제된다. 수입이 자유화된 품목이라도 수입 감시품목이 되면 수입으로 인한 피해상황을 조사하여 별도의 조치를 할 수 있다. 수입다변화 품목을 지정하는 것은 특정 품목이 무역수지 적자가 큰 나라로부터 수입되는 것을 억제하기 위하여 수입선을 전환하도록 조치하기 위해서이다.

③ **농산물 수출** … 농산물 수입 개방자유화에 따른 한국농업의 위축과 농가소득 불안정의 해소를 위해서라도 보다 적극적인 수출정책이 필요하다.

    ㉠ 농산물 수출의 증대를 위해서 우선적으로 전략적인 상품을 선정하여 중심적으로 지원하는 것이 요구된다.

POINT

농산물 수출품 선정 기준
㉠ 수출의 파급효과가 큰 것
㉡ 외화가득률이 높은 것
㉢ 고용효과가 큰 것

    ㉡ 잠재적인 비교우위를 결정할 때에 우선적으로 고려해야 하는 문제는 노동비와 지대 등이다.

    ㉢ 수익성 및 공급가능성이 높고, 비교우위가 있어 수출의 전망이 좋은 품목은 대량생산체제로 전환시켜 규모의 경제에 따른 효과를 증대시킬 수 있도록 기반조성을 해야 한다.

    ㉣ 수출시장 면에서도 일본, 미국으로 편중되어 있는 수출시장구조를 홍콩, 대만, 중국, 태국 등의 아시아지역이나 영국, 독일과 같은 유럽지역으로 수출시장을 다변화시켜 나가야 한다.

④ 우리나라의 농산물 무역 전망

    ㉠ 글로벌 시장시대에 돌입하고 있어 국내산과 수입농산물과의 경쟁이 갈수록 심화될 전망이다.

    ㉡ WTO의 출범, FTA 협상 체결 등 일련의 협상 결과에 따른 관세인하·비관세 장벽 완화 등 시장 개방의 폭이 날로 확대되고 있다.

    ㉢ 지역적 제약 요인을 극복할 농산물 가공·유통기술이 개발되어 냉동, 냉장, 가공식품 형태의 농산물 교역이 확대되고 있다.

기출예상문제

CHECK | 기출예상문제에서는 그동안 출제되었던 문제들을 수록하여 자신의 실력을 점검할 수 있도록 하였다. 또한 기출문제뿐만 아니라 예상문제도 함께 수록하여 앞으로의 시험에 철저히 대비할 수 있도록 하였다.

〈농산물품질관리사 제13회〉

1 농산물 표준규격화에 관한 설명으로 옳지 않은 것은?

① 견본거래나 전자상거래가 활성화된다.
② 유통정보가 보다 신속하고 정확하게 전달된다.
③ 품질에 따른 공정한 가격이 형성되어 거래가 촉진된다.
④ 농산물 유통의 물류비용이 증가한다.

💡 ④ 농산물 유통의 물류비용이 감소한다.

〈농산물품질관리사 제13회〉

2 농산물 유통과정에서 부가가치 창출에 관련되는 일련의 활동, 기능 및 과정의 연계를 의미하는 것은?

① 물류체인(logistics chain)
② 밸류체인(value chain)
③ 공급체인(supply chain)
④ 콜드체인(cold chain)

💡 밸류체인 … 농산물 유통과정에서 부가가치 창출에 관련되는 일련의 활동, 기능 및 과정의 연계

≫ ANSWER
1.④ 2.②

3 농산물시장 및 유통시장의 개방 등 국제환경의 변화가 농산물유통 부문에 미치는 영향 중 가장 적절한 것은?

① 국내보조금이 감축됨으로써 해당 농산물의 가격변동이 완화된다.
② 수입대체 작목의 개발이 가속화되면 국내농산물 가격이 안정된다.
③ 외국의 대형 유통업체 및 청과 메이저의 국내 진출로 인해 국내 농업생산 및 유통부문의 확대가 더욱 촉진된다.
④ 국내시장 진입장벽 뿐만 아니라 외국의 농산물 수입규제도 완화되므로 국내산 농산물의 수출가능성이 확대된다.

💡 ① 보조금이 감축된다면 해당 농산물의 가격변동은 심해진다.
② 수입대체 작목의 개발과 국내 농산물의 가격변화와는 관계가 없다.
③ 외국의 대형 유통업체 및 청과 메이저업체의 진출과 국내 농업생산의 확대와는 관계가 없다.

4 생산자단체가 채택하려고 하는 유통명령제에 대한 설명으로 가장 적절하지 않은 것은?

① 광고를 하거나, 유통량을 통제할 수 있다.
② 농가수취가격을 안정시킬 수 있다.
③ 유통질서를 확립하는 정책이다.
④ 생산량은 증가하나 가격이 하락된다.

💡 ④ 유통명령제를 시행할 경우 출하량이 조절되므로 생산량은 감소하지만 엄격한 품질관리를 통해 상품의 적정한 가격을 받게 된다. 즉, 유통명령제는 유통물량 조절과 품질관리를 통해 상품의 적정한 가격을 받음으로 농가의 소득을 안정시키는 효과가 있다.

5 농산물유통 개선 방향에 대한 설명 중 관계가 먼 것은?

① 상품의 표준화 · 등급화는 가격효율성과 운영효율성을 동시에 증대시킬 수 있다.
② 산지의 유통시설을 확충하고 공동출하를 확대한다.
③ 유통통계의 광범위한 수집 · 분석과 분산을 확대한다.
④ 산지직거래 및 전자상거래를 활성화하여 생산자 선택 기회를 확대한다.

💡 ① 상품에 대한 의무적인 등급화는 가격효율성은 높일 수 있지만 산업의 비용이 높아져 운영효율은 낮아지게 된다.

〈농산물품질관리사 제4회〉

6 농식품의 안전성에 대한 소비자의 신뢰를 주기 위하여 농산물의 생산, 수확 및 저장과정에서 중금속, 미생물 등에 대한 관리사항을 도입하고 있는 제도는?

① 우수농산물관리제도

② 품질인증제도

③ 원산지표시제도

④ 유전자변형농산물표시제도

> ② 품질인증제는 농산물의 KS마크라 할 수 있다. 국가기관인 국립농산물검사소에서 농산물 중에서 고품질, 저공해 상품을 대상으로 승인해 주는 제도이다.
> ③ 소비자들의 상품선택에 대한 올바른 기준을 제공하여 소비자의 권익을 보호하기 위해 수입 및 국내산 농수산물 및 농수산물가공품의 대부분의 품목들에 대하여 반드시 원산지표시를 하도록 규정하고 있다.
> ④ 소비자들이 상품을 선택할 때 올바른 구매정보를 제공하기 위하여 농산물품질관리법에 근거하여 해당 품목의 유전자변형농산물을 판매하거나 수입하는 사람, 중간판매자는 농산물 여부를 표시해야 한다.

〈농산물품질관리사 제6회〉

7 농산물 표준규격화에 대한 설명으로 옳지 않은 것은?

① 농산물의 상품성 제고, 유통능률의 향상 및 공정한 거래실현에 기여할 수 있다.

② 표준규격의 거래단위는 각종 포장용기의 무게를 포함한 내용물의 무게 또는 개수를 말한다.

③ 유닛로드시스템 중 컨테이너화 방식은 국제복합운송에 적합하다.

④ 우리나라의 표준으로 제정하여 사용하는 팰릿(pallet)규격은 1,100mm×1,100mm이다.

> 농산물 표준화의 대상은 포장(포장치수, 재질, 강도, 포장방법), 등급, 운송, 보관·저장, 하역, 정보 등이다.

>> ANSWER
3.④ 4.④ 5.① 6.① 7.②

8 다음 중 농산물유통개혁의 기본 방향으로 보기 어려운 것은?

① 직거래의 확대 및 소매유통개선을 통한 유통마진의 절감
② 효율적인 농산물 물류체계의 구축으로 인한 물류비의 절감
③ 품질 좋고 안전한 농산물의 생산 공급으로 인한 국민식생활의 안전 도모
④ 민영도매시장의 확충 및 운영개선으로 인한 공정거래의 정착

💡 농산물유통개혁의 기본 방향
　㉠ 산지유통혁신으로 인한 농가수취가격의 제고
　㉡ 직거래 확대 및 소매유통개선을 통한 유통마진의 절감
　㉢ 공영도매시장 시설확충 및 운영개선으로 인한 공정거래의 정착
　㉣ 효율적인 농산물 물류체계의 구축으로 인한 물류비의 절감
　㉤ 품질 좋고 안전한 농산물의 생산 공급으로 인한 국민식생활의 안전 도모

9 농수산물 및 가공품의 명성·품질, 기타 특징이 본질적으로 특정지역의 지리적 특성에 기인하는 경우 그 특정지역에서 생산된 특산품임을 표시하는 제도는?

① 친환경인증제도　　　　　　　　② 표준규격화제도
③ 지리적표시제도　　　　　　　　④ 품질인증제도

💡 ① 농업의 환경보전 기능을 증대시키고, 농업으로 인한 환경오염을 줄이고 일반농산물을 친환경농산물로 허위 또는 둔갑 표시하는 것으로부터 생산자·소비자를 보호하기 위한 제도
　② 농산물을 표준규격에 맞도록 품질, 크기, 쓰임새에 따라 등급을 매겨 분류하고 규격포장재에 담아 출하함으로써 내용물과 표시사항이 일치되도록 하는 제도
　④ 농산물의 품질경쟁력 제고, 소비자의 신뢰 구축, 품질을 보증하는 농산물 공급체계의 확립을 위한 제도

10 다음 중 농산물유통정책의 목적으로 볼 수 없는 것은?

① 농산물 가격의 안정화　　　　　② 물적 유통의 효율화
③ 농산물 공급의 대량화　　　　　④ 거래의 공정화

💡 농산물유통정책의 목적
　㉠ 가격의 안정화
　㉡ 유통의 효율화
　㉢ 거래의 공정화
　㉣ 농산물 수요와 공급의 조절

11 다음 중 두 국가가 상호 자유무역협정을 체결할 경우에 발생할 수 있는 현상으로 옳지 않은 것은?

① 당사국 간의 무역규모가 증가한다.
② 당사국 간의 수입에 의해 대체되는 산업에는 실업자의 발생확률이 있다.
③ 전 세계의 경제적 후생을 증가시킨다.
④ 당사국의 소비자 물가를 하락시키는 경향이 있다.

💡 ③ 두 국가 사이에서 자유무역협정을 체결하면 무역창출효과와 무역전환효과가 동시에 발생하게 되는데 무역창출효과가 무역전환효과보다 큰 경우에는 세계 전체의 경제적 후생이 증가하지만 무역창출효과가 무역전환효과보다 작은 경우에는 경제적 후생이 감소하게 된다. 그러므로 전 세계의 경제적 후생을 증가시킨다는 것은 옳지 않다.

12 다음 중 정부가 시행하는 농산물 관련 사업이 아닌 것은?

① 농산물배급사업
② 농산물비축사업
③ 국영무역사업
④ 출하조절사업

💡 정부가 시행하는 농산물 관련 사업의 종류
㉠ 농산물비축사업
㉡ 국영무역사업
㉢ 출하조절사업

최신기출문제

최근 시행된 기출문제를 정확한 해설과 함께 수록하여 수
험생들이 보다 쉽게 최신출제경향을 파악할 수 있도록 하
였다.

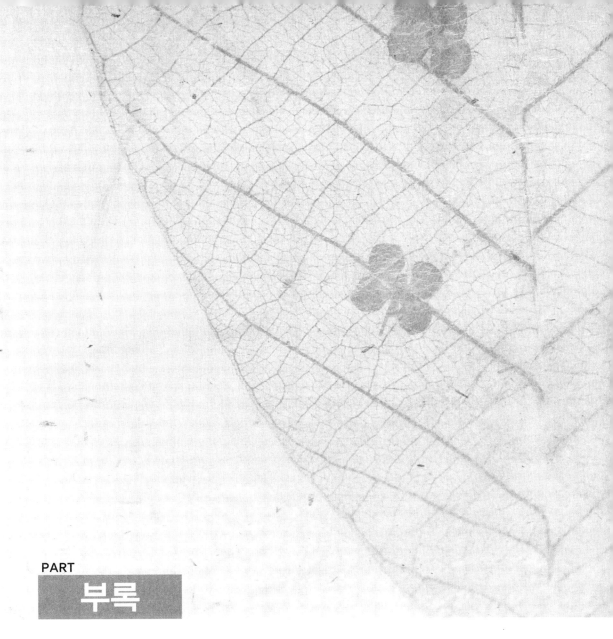

부록

최신기출문제

2018년 5월 12일 시행

CHAPTER

2018년 5월 12일 시행

제1과목 농산물 품질관리 관계법령

1 농수산물 품질관리법 제2조(정의)에 관한 내용이다. ( ) 안에 들어갈 내용을 순서대로 옳게 나열한 것은?

> 물류표준화란 농수산물의 운송·보관·하역·포장 등 물류의 각 단계에서 사용되는 기기·용기·설비·정보 등을 (   )하여 (   )과 연계성을 원활히 하는 것을 말한다.

① 규격화, 호환성
② 표준화, 신속성
③ 다양화, 호환성
④ 등급화, 다양성

💡 물류표준화란 농수산물의 운송·보관·하역·포장 등 물류의 각 단계에서 사용되는 기기·용기·설비·정보 등을 <u>규격화</u>하여 <u>호환성</u>과 연계성을 원활히 하는 것을 말한다〈농수산물 품질관리법 제2조(정의) 제3호〉.

2 농수산물 품질관리법령상 농수산물품질관리심의회의 위원을 구성할 경우, 그 위원을 지명할 수 있는 단체 및 기관의 장을 모두 고른 것은?

> ㉠ 한국보건산업진흥원의 장
> ㉡ 한국식품연구원의 장
> ㉢ 한국농촌경제연구원의 장
> ㉣ 한국소비자원의 장

① ㉠, ㉡
② ㉢, ㉣
③ ㉡, ㉢, ㉣
④ ㉠, ㉡, ㉢, ㉣

💡 농수산물품질관리심의회의 위원은 다음의 사람으로 한다〈농수산물 품질관리법 제3조 제4항〉.
　㉠ 교육부, 산업통상자원부, 보건복지부, 환경부, 식품의약품안전처, 농촌진흥청, 산림청, 특허청, 공정거래위원회 소속 공무원 중 소속 기관의 장이 지명한 사람과 농림축산식품부 소속 공무원 중 농림축산식품부장관이 지명한 사람 또는 해양수산부 소속 공무원 중 해양수산부장관이 지명한 사람
　㉡ 다음의 단체 및 기관의 장이 소속 임원·직원 중에서 지명한 사람
　　•「농업협동조합법」에 따른 농업협동조합중앙회
　　•「산림조합법」에 따른 산림조합중앙회
　　•「수산업협동조합법」에 따른 수산업협동조합중앙회
　　•「한국농수산식품유통공사법」에 따른 한국농수산식품유통공사
　　•「식품위생법」에 따른 한국식품산업협회
　　•「정부출연연구기관 등의 설립·운영 및 육성에 관한 법률」에 따른 한국농촌경제연구원
　　•「정부출연연구기관 등의 설립·운영 및 육성에 관한 법률」에 따른 한국해양수산개발원
　　•「과학기술분야 정부출연연구기관 등의 설립·운영 및 육성에 관한 법률」에 따른 한국식품연구원
　　•「한국보건산업진흥원법」에 따른 한국보건산업진흥원
　　•「소비자기본법」에 따른 한국소비자원
　㉢ 시민단체(「비영리민간단체 지원법」에 따른 비영리민간단체)에서 추천한 사람 중에서 농림축산식품부장관 또는 해양수산부장관이 위촉한 사람
　㉣ 농수산물의 생산·가공·유통 또는 소비 분야에 전문적인 지식이나 경험이 풍부한 사람 중에서 농림축산식품부장관 또는 해양수산부장관이 위촉한 사람

3 농수산물 품질관리법령상 농산물 검사 결과의 이의신청과 재검사에 관한 설명으로 옳지 않은 것은?

① 농산물 검사 결과에 이의가 있는 자는 검사현장에서 검사를 실시한 농산물검사관에게 재검사를 요구할 수 있다.
② 재검사 요구 시 농산물검사관은 7일 이내에 재검사 여부를 결정하여야 한다.
③ 재검사 결과에 이의가 있는 자는 재검사일로부터 7일 이내에 이의신청을 할 수 있다.
④ 재검사 결과에 이의신청을 받은 기관의 장은 그 신청을 받은 날부터 5일 이내에 다시 검사하여 그 결과를 이의신청자에게 알려야 한다.

💡 재검사 등〈농수산물 품질관리법 제85조〉
　㉠ 농산물의 검사 결과에 대하여 이의가 있는 자는 검사현장에서 검사를 실시한 농산물검사관에게 재검사를 요구할 수 있다. 이 경우 농산물검사관은 즉시 재검사를 하고 그 결과를 알려 주어야 한다.
　㉡ ㉠에 따른 재검사의 결과에 이의가 있는 자는 재검사일부터 7일 이내에 농산물검사관이 소속된 농산물검사기관의 장에게 이의신청을 할 수 있으며, 이의신청을 받은 기관의 장은 그 신청을 받은 날부터 5일 이내에 다시 검사하여 그 결과를 이의신청자에게 알려야 한다.
　㉢ ㉠ 또는 ㉡에 따른 재검사 결과가 농산물의 검사 결과와 다른 경우에는 해당 검사결과의 표시를 교체하거나 검사증명서를 새로 발급하여야 한다.

>> ANSWER

1.① 2.④ 3.②

4 농수산물 품질관리법령상 농산물품질관리사의 직무가 아닌 것은?

① 농산물의 등급 판정
② 농산물의 생산 및 수확 후 품질관리기술 지도
③ 농산물의 출하 시기 조절에 관한 조언
④ 농산물의 검사 및 물류비용 조사

> 🔆 **농산물품질관리사의 직무**〈농수산물 품질관리법 제106조 제1항〉
> ㉠ 농산물의 등급 판정
> ㉡ 농산물의 생산 및 수확 후 품질관리기술 지도
> ㉢ 농산물의 출하 시기 조절, 품질관리기술에 관한 조언
> ㉣ 그 밖에 농산물의 품질 향상과 유통 효율화에 필요한 업무로서 농림축산식품부령으로 정하는 업무

5 농수산물 품질관리법령상 우수관리인증농산물의 표지 및 표시사항에 관한 설명으로 옳은 것은?

① 표지형태 및 글자표기는 변형할 수 없다.
② 표지도형의 한글 글자는 명조체로 한다.
③ 표지도형의 색상은 파란색을 기본색상으로 한다.
④ 사과는 생산연도를 표시하여야 한다.

> 🔆 ② 표지도형의 한글 및 영문 글자는 고딕체로 하고, 글자 크기는 표지도형의 크기에 따라 조정한다.
> ③ 표지도형의 색상은 녹색을 기본색상으로 하고, 포장재의 색깔 등을 고려하여 파란색 또는 빨간색으로 할 수 있다.
> ④ 생산연도 표시는 쌀만 해당한다.

6 농수산물 품질관리법령상 농산물 유통자의 이력추적관리 등록사항에 해당하는 것만을 옳게 고른 것은?

> ㉠ 재배면적
> ㉡ 생산계획량
> ㉢ 이력추적관리 대상품목명
> ㉣ 유통업체명, 수확 후 관리시설명 및 그 각각의 주소

① ㉢ ② ㉣
③ ㉢, ㉣ ④ ㉠, ㉡, ㉢, ㉣

💡 이력추적관리의 등록사항〈농수산물 품질관리법 시행규칙 제46조 제2항〉
  ㉠ 생산자(단순가공을 하는 자 포함)
  • 생산자의 성명, 주소 및 전화번호
  • 이력추적관리 대상품목명
  • 재배면적
  • 생산계획량
  • 재배지의 주소
  ㉡ 유통자
  • 유통자의 성명, 주소 및 전화번호
  • 유통업체명, 수확 후 관리시설명 및 그 각각의 주소
  ㉢ 판매자
  • 판매자의 성명, 주소 및 전화번호
  • 판매업체명 및 그 주소

7 농수산물 품질관리법령상 지리적표시의 등록을 결정한 경우 공고하여야 할 사항이 아닌 것은?

① 지리적표시 대상지역의 범위
② 품질의 특성과 지리적 요인의 관계
③ 특산품의 유명성과 역사성을 증명할 수 있는 자료
④ 등록자의 자체품질기준 및 품질관리계획서

💡 지리적표시의 등록공고 등〈농수산물 품질관리법 시행규칙 제58조 제1항〉 … 국립농산물품질관리원장, 국립수산물품질관리원장 또는 산림청장은 법에 따라 지리적표시의 등록을 결정한 경우에는 다음의 사항을 공고하여야 한다.
  ㉠ 등록일 및 등록번호
  ㉡ 지리적표시 등록자의 성명, 주소(법인의 경우에는 그 명칭 및 영업소의 소재지를 말한다) 및 전화번호
  ㉢ 지리적표시 등록 대상품목 및 등록명칭
  ㉣ 지리적표시 대상지역의 범위
  ㉤ 품질의 특성과 지리적 요인의 관계
  ㉥ 등록자의 자체품질기준 및 품질관리계획서

8 농수산물 품질관리법령상 농산물우수관리의 인증 및 기관에 관한 설명으로 옳지 않은 것은?

① 우수관리기준에 따라 생산·관리된 농산물을 포장하여 유통하는 자도 우수관리인증을 받을 수 있다.
② 수입되는 농산물에 대해서는 외국의 기관도 우수관리인증기관으로 지정될 수 있다.
③ 우수관리인증기관 지정의 유효기간은 지정을 받은 날부터 5년으로 한다.
④ 우수관리인증기관의 장은 우수관리인증 신청을 받은 경우 현지심사를 필수적으로 하여야 한다.

🔆 ④ 우수관리인증기관은 우수관리인증 신청을 받은 경우에는 우수관리인증의 기준에 적합한지를 심사하여야 하며, 필요한 경우에는 현지심사를 할 수 있다〈농수산물 품질관리법 시행규칙 제11조(우수관리인증의 심사 등) 제1항〉.

9 농수산물 품질관리법령상 포장규격에 있어 한국산업표준과 다르게 정할 필요가 있다고 인정되는 경우 그 규격을 따로 정할 수 있는 항목이 아닌 것은?

① 포장등급
② 거래단위
③ 포장설계
④ 표시사항

🔆 포장규격은 「산업표준화법」에 따른 한국산업표준에 따른다. 다만, 한국산업표준이 제정되어 있지 아니하거나 한국산업표준과 다르게 정할 필요가 있다고 인정되는 경우에는 보관·수송 등 유통 과정의 편리성, 폐기물 처리문제를 고려하여 다음의 항목에 대하여 그 규격을 따로 정할 수 있다〈농수산물 품질관리법 시행규칙 제5조(표준규격의 제정) 제2항〉.
ㄱ 거래단위
ㄴ 포장치수
ㄷ 포장재료 및 포장재료의 시험방법
ㄹ 포장방법
ㅁ 포장설계
ㅂ 표시사항
ㅅ 그 밖에 품목의 특성에 따라 필요한 사항

10 농수산물의 원산지 표시에 관한 법령상 대통령령으로 정하는 집단급식소를 설치·운영하는 자가 농산물이나 그 가공품을 조리하여 판매·제공하는 경우 그 원료의 원산지 표시대상이 아닌 것은?

① 쇠고기

② 돼지고기

③ 가공두부

④ 죽에 사용하는 쌀

식품접객업 및 집단급식소 중 대통령령으로 정하는 영업소나 집단급식소를 설치·운영하는 자는 대통령령으로 정하는 농수산물이나 그 가공품을 조리하여 판매·제공하는 경우(조리하여 판매 또는 제공할 목적으로 보관·진열하는 경우를 포함)에 그 농수산물이나 그 가공품의 원료에 대하여 원산지(쇠고기는 식육의 종류를 포함)를 표시하여야 한다. 다만, 「식품산업진흥법」에 따른 원산지인증의 표시를 한 경우에는 원산지를 표시한 것으로 보며, 쇠고기의 경우에는 식육의 종류를 별도로 표시하여야 한다〈농수산물의 원산지 표시에 관한 법률 제5조 제3항〉. 여기서 "대통령령으로 정하는 농수산물이나 그 가공품을 조리하여 판매·제공하는 경우"란 다음의 것을 조리하여 판매·제공하는 경우를 말한다. 이 경우 조리에는 날 것의 상태로 조리하는 것을 포함하며, 판매·제공에는 배달을 통한 판매·제공을 포함한다〈농수산물의 원산지 표시에 관한 법률 시행령 제3조 제5항〉.

㉠ 쇠고기(식육·포장육·식육가공품을 포함)

㉡ 돼지고기(식육·포장육·식육가공품을 포함)

㉢ 닭고기(식육·포장육·식육가공품을 포함)

㉣ 오리고기(식육·포장육·식육가공품을 포함)

㉤ 양(염소 등 산양을 포함)고기(식육·포장육·식육가공품을 포함)

㉥ 밥, 죽, 누룽지에 사용하는 쌀(쌀가공품을 포함하며, 쌀에는 찹쌀, 현미 및 찐쌀을 포함)

㉦ 배추김치(배추김치가공품을 포함)의 원료인 배추(얼갈이배추와 봄동배추를 포함)와 고춧가루

㉧ 두부류(가공두부, 유바는 제외), 콩비지, 콩국수에 사용하는 콩(콩가공품을 포함)

㉨ 넙치, 조피볼락, 참돔, 미꾸라지, 뱀장어, 낙지, 명태(황태, 북어 등 건조한 것은 제외), 고등어, 갈치, 오징어, 꽃게 및 참조기(해당 수산물가공품을 포함)

㉩ 조리하여 판매·제공하기 위하여 수족관 등에 보관·진열하는 살아있는 수산물

11 농수산물의 원산지 표시에 관한 법령상 A 음식점은 배추김치의 고춧가루 원산지를 표시하지 않았으며, 매입일로부터 6개월 간 구입한 원산지 표시대상 농산물의 영수증 등 증빙서류를 비치·보관하지 않아서 적발되었다. 이 A 음식점에 부과할 과태료의 총 합산금액은? (단, 모두 1차 위반이며, 경감은 고려하지 않는다.)

① 30만 원 ② 50만 원
③ 60만 원 ④ 100만 원

☀ 과태료 부과의 개별기준〈농수산물의 원산지 표시에 관한 법률 시행령 별표 2〉

위반행위	과태료 금액		
	1차 위반	2차 위반	3차 위반
가. 법 제5조 제1항을 위반하여 원산지 표시를 하지 않은 경우	5만 원 이상 1,000만 원 이하		
나. 법 제5조 제3항을 위반하여 원산지 표시를 하지 않은 경우			
1) 삭제 〈2017. 5. 29.〉			
2) 쇠고기의 원산지를 표시하지 않은 경우	100만 원	200만 원	300만 원
3) 쇠고기 식육의 종류만 표시하지 않은 경우	30만 원	60만 원	100만 원
4) 돼지고기의 원산지를 표시하지 않은 경우	30만 원	60만 원	100만 원
5) 닭고기의 원산지를 표시하지 않은 경우	30만 원	60만 원	100만 원
6) 오리고기의 원산지를 표시하지 않은 경우	30만 원	60만 원	100만 원
7) 양고기의 원산지를 표시하지 않은 경우	30만 원	60만 원	100만 원
8) 쌀의 원산지를 표시하지 않은 경우	30만 원	60만 원	100만 원
9) 배추 또는 고춧가루의 원산지를 표시하지 않은 경우	30만 원	60만 원	100만 원
10) 콩의 원산지를 표시하지 않은 경우	30만 원	60만 원	100만 원
11) 넙치, 조피볼락, 참돔, 미꾸라지, 뱀장어, 낙지, 명태, 고등어, 갈치, 오징어, 꽃게 및 참조기의 원산지를 표시하지 않은 경우	품목별 30만 원	품목별 60만 원	품목별 100만 원
12) 살아있는 수산물의 원산지를 표시하지 않은 경우	5만 원 이상 1,000만 원 이하		
다. 법 제5조 제4항에 따른 원산지의 표시방법을 위반한 경우	5만 원 이상 1,000만 원 이하		
라. 법 제6조 제4항을 위반하여 임대점포의 임차인 등 운영자가 같은 조 제1항 각 호 또는 제2항 각 호의 어느 하나에 해당하는 행위를 하는 것을 알았거나 알 수 있었음에도 방치한 경우	100만 원	200만 원	400만 원
마. 법 제6조 제5항을 위반하여 해당 방송채널 등에 물건 판매중개를 의뢰한 자가 같은 조 제1항 각 호 또는 제2항 각 호의 어느 하나에 해당하는 행위를 하는 것을 알았거나 알 수 있었음에도 방치한 경우	100만 원	200만 원	400만 원
바. 법 제7조 제3항을 위반하여 수거·조사·열람을 거부·방해하거나 기피한 경우	100만 원	300만 원	500만 원
사. 법 제8조를 위반하여 영수증이나 거래명세서 등을 비치·보관하지 않은 경우	20만 원	40만 원	80만 원
아. 법 제9조의2 제1항에 따른 교육을 이수하지 않은 경우	30만 원	60만 원	100만 원

12 농수산물 품질관리법령상 지리적표시품의 표시방법 등에 관한 설명으로 옳은 것은?

① 포장재 주 표시면의 중앙에 표시하되, 포장재 구조상 중앙에 표시하기 어려울 경우에는 표시위치를 변경할 수 있다.

② 표시사항 중 표준규격 등 다른 규정·법률에 따라 표시하고 있는 사항은 모두 표시하여야 한다.

③ 표지도형 하단의 "농림축산식품부"와 "MAFRA KOREA"의 글자는 녹색으로 한다.

④ 포장재 15kg을 기준으로 글자의 크기 중 등록명칭(한글, 영문)은 가로 2.0cm(57pt.) × 세로 2.5cm(71pt.)이다.

🔆 ① 포장재 주 표시면의 옆면에 표시하되, 포장재 구조상 옆면에 표시하기 어려울 경우에는 표시위치를 변경할 수 있다.
② 표시사항 중 표준규격, 우수관리인증 등 다른 규정 또는 「양곡관리법」 등 다른 법률에 따라 표시하고 있는 사항은 그 표시를 생략할 수 있다.
③ 표지도형 내부의 "지리적표시", "(PGI)" 및 "PGI"의 글자 색상은 표지도형 색상과 동일하게 하고, 하단의 "농림축산식품부"와 "MAFRA KOREA"의 글자는 흰색으로 한다.

13 농수산물 품질관리법령상 축산물을 제외한 농산물의 품질 향상과 안전한 농산물의 생산·공급을 위한 안전관리계획을 매년 수립·시행하여야 하는 자는?

① 식품의약품안전처장
② 농촌진흥청장
③ 농림축산식품부장관
④ 시·도지사

🔆 식품의약품안전처장은 농수산물(축산물은 제외)의 품질 향상과 안전한 농수산물의 생산·공급을 위한 안전관리계획을 매년 수립·시행하여야 한다〈농수산물 품질관리법 제60조(안전관리계획) 제1항〉.

» ANSWER

11.② 12.④ 13.①

14 농수산물 품질관리법령상 안전성검사기관의 지정을 취소해야 하는 사유가 아닌 것은? (단, 경감은 고려하지 않는다.)

① 거짓으로 지정을 받은 경우

② 검사성적서를 거짓으로 내준 경우

③ 부정한 방법으로 지정을 받은 경우

④ 업무의 정지명령을 위반하여 계속 안전성조사 및 시험분석 업무를 한 경우

> 🔅 안전성검사기관의 지정 취소 등⟨농수산물 품질관리법 제65조 제1항⟩ ··· 식품의약품안전처장은 안전성 검사기관이 다음의 어느 하나에 해당하면 지정을 취소하거나 6개월 이내의 기간을 정하여 업무의 정지를 명할 수 있다. 다만, ㉠ 또는 ㉡에 해당하면 지정을 취소하여야 한다.
> ㉠ 거짓이나 그 밖의 부정한 방법으로 지정을 받은 경우
> ㉡ 업무의 정지명령을 위반하여 계속 안전성조사 및 시험분석 업무를 한 경우
> ㉢ 검사성적서를 거짓으로 내준 경우
> ㉣ 그 밖에 총리령으로 정하는 안전성검사에 관한 규정을 위반한 경우

15 농수산물 품질관리법령상 유전자변형농산물 표시의무자가 거짓표시 등의 금지를 위반하여 처분이 확정된 경우, 식품의약품안전처장이 지체 없이 식품의약품안전처의 인터넷 홈페이지에 게시해야 할 사항이 아닌 것은?

① 영업의 종류

② 위반 기간

③ 영업소의 명칭 및 주소

④ 처분권자, 처분일 및 처분내용

> 🔅 식품의약품안전처장은 법 제59조 제3항(식품의약품안전처장은 유전자변형농수산물 표시의무자가 제57조를 위반하여 처분이 확정된 경우 처분내용, 해당 영업소와 농수산물의 명칭 등 처분과 관련된 사항을 대통령령으로 정하는 바에 따라 인터넷 홈페이지에 공표하여야 한다)에 따라 지체 없이 다음의 사항을 식품의약품안전처의 인터넷 홈페이지에 게시하여야 한다⟨농수산물 품질관리법 시행령 제22조(공표명령의 기준·방법 등 제3항)⟩.
> ㉠ "「농수산물 품질관리법」 위반사실의 공표"라는 내용의 표제
> ㉡ 영업의 종류
> ㉢ 영업소의 명칭 및 주소
> ㉣ 농수산물의 명칭
> ㉤ 위반내용
> ㉥ 처분권자, 처분일 및 처분내용

16 농수산물 품질관리법령상 다음의 위반행위자 중 가장 무거운 처분기준(A)과 가장 가벼운 처분기준(B)에 해당하는 것은?

> ㉠ 지리적표시품에 지리적표시품이 아닌 농산물을 혼합하여 판매한 자
> ㉡ 유전자변형농산물의 표시를 한 농산물에 다른 농산물을 혼합하여 판매할 목적으로 보관 또는 진열한 유전자변형농산물 표시의무자
> ㉢ 표준규격품의 표시를 한 농산물에 표준규격품이 아닌 농산물을 혼합하여 판매한 자
> ㉣ 안전성조사 결과 생산단계 안전기준을 위반한 농산물에 대해 폐기처분 조치를 받고도 폐기조치를 이행하지 아니한 자

① A : ㉠, B : ㉡   ② A : ㉠, B : ㉢
③ A : ㉡, B : ㉣   ④ A : ㉢, B : ㉣

> ㉡ 7년 이하의 징역 또는 1억 원 이하의 벌금
> ㉠㉢ 3년 이하의 징역 또는 3천만 원 이하의 벌금
> ㉣ 1년 이하의 징역 또는 1천만 원 이하의 벌금

17 농수산물 유통 및 가격안정에 관한 법률에 따른 민영도매시장의 개설에 관한 사항이다. (　) 안에 들어갈 숫자를 순서대로 나열한 것은?

> 시·도지사는 민간인 등이 제반규정을 준수하여 제출한 민영도매시장 개설허가의 신청을 받은 경우 신청서를 받은 날부터 ( )일 이내에 허가 여부 또는 허가처리 지연 사유를 신청인에게 통보하여야 한다. 이때 허가처리 지연 사유를 통보하는 경우에는 허가처리 기간을 ( )일 범위에서 한 번만 연장할 수 있다.

① 30, 10   ② 45, 30
③ 60, 30   ④ 90, 45

> 민영도매시장의 개설〈농수산물 유통 및 가격안정에 관한 법률 제47조 제5항, 제6항〉
> ㉠ 시·도지사는 민영도매시장 개설허가의 신청을 받은 경우 신청서를 받은 날부터 <u>30일</u> 이내(허가처리기간)에 허가 여부 또는 허가처리 지연 사유를 신청인에게 통보하여야 한다. 이 경우 허가처리기간에 허가 여부 또는 허가처리 지연 사유를 통보하지 아니하면 허가 처리기간의 마지막 날의 다음 날에 허가를 한 것으로 본다.
> ㉡ 시·도지사는 제5항에 따라 허가처리 지연 사유를 통보하는 경우에는 허가 처리기간을 <u>10일</u> 범위에서 한 번만 연장할 수 있다.

18 농수산물 유통 및 가격안정에 관한 법령상 도매시장 개설자가 거래관계자의 편익과 소비자 보호를 위하여 이행하여야 하는 사항으로 옳지 않은 것은?

① 도매시장 시설의 정비·개선과 합리적인 관리
② 경쟁촉진과 공정한 거래질서의 확립 및 환경개선
③ 도매시장법인 간의 인수와 합병 명령
④ 상품성 향상을 위한 규격화, 포장개선 및 선도 유지의 촉진

💡 도매시장 개설자의 의무〈농수산물 유통 및 가격안정에 관한 법률 제20조〉
　　㉠ 도매시장 개설자는 거래 관계자의 편익과 소비자 보호를 위하여 다음의 사항을 이행하여야 한다.
　　　• 도매시장 시설의 정비·개선과 합리적인 관리
　　　• 경쟁 촉진과 공정한 거래질서의 확립 및 환경 개선
　　　• 상품성 향상을 위한 규격화, 포장 개선 및 선도(鮮度) 유지의 촉진
　　㉡ 도매시장 개설자는 ㉠의 사항을 효과적으로 이행하기 위하여 이에 대한 투자계획 및 거래제도 개선방안 등을 포함한 대책을 수립·시행하여야 한다.

19 농수산물 유통 및 가격안정에 관한 법령상 농림축산식품부장관이 하는 가격예시에 관한 설명으로 옳은 것은?

① 주요 농산물의 수급조절과 가격안정을 위하여 해당 농산물의 수확기 이전에 하한가격을 예시할 수 있다.
② 가격예시의 대상품목은 계약생산 또는 계약출하를 하는 농산물로서 농림축산식품부장관이 지정하는 품목으로 한다.
③ 예시가격을 결정할 때에는 미리 공정거래위원장과 협의하여야 한다.
④ 예시가격을 지지하기 위하여 농산물 도매시장을 통합하는 정책을 추진하여야 한다.

💡 가격 예시〈농수산물 유통 및 가격안정에 관한 법률 제8조〉
　　㉠ 농림축산식품부장관 또는 해양수산부장관은 농림축산식품부령 또는 해양수산부령으로 정하는 주요 농수산물의 수급조절과 가격안정을 위하여 필요하다고 인정할 때에는 해당 농산물의 파종기 또는 수산물의 종자입식 시기 이전에 생산자를 보호하기 위한 하한가격(예시가격)을 예시할 수 있다.
　　㉡ 농림축산식품부장관 또는 해양수산부장관은 ㉠에 따라 예시가격을 결정할 때에는 해당 농산물의 농림업관측, 주요 곡물의 국제곡물관측 또는 「수산물 유통의 관리 및 지원에 관한 법률」 제38조에 따른 수산업관측 결과, 예상 경영비, 지역별 예상 생산량 및 예상 수급상황 등을 고려하여야 한다.
　　㉢ 농림축산식품부장관 또는 해양수산부장관은 ㉠에 따라 예시가격을 결정할 때에는 미리 기획재정부장관과 협의하여야 한다.
　　㉣ 농림축산식품부장관 또는 해양수산부장관은 ㉠에 따라 가격을 예시한 경우에는 예시가격을 지지하기 위하여 다음의 사항 등을 연계하여 적절한 시책을 추진하여야 한다.
　　　• 농림업관측·국제곡물관측 또는 수산업관측의 지속적 실시
　　　• 계약생산 또는 계약출하의 장려
　　　• 수매 및 처분
　　　• 유통협약 및 유통조절명령
　　　• 비축사업

20 농수산물 유통 및 가격안정에 관한 법률상 공판장과 민영도매시장에 관한 설명으로 옳지 않은 것은?

① 농업협동조합중앙회가 개설한 공판장은 농협경제지주회사 및 그 자회사가 개설한 것으로 본다.
② 도매시장공판장은 농림수협 등의 유통자회사로 하여금 운영하게 할 수 있다.
③ 민영도매시장의 경매사는 민영도매시장의 개설자가 임면한다.
④ 공판장의 시장도매인은 공판장의 개설자가 지정한다.

💡 ④ 시장도매인은 도매시장 개설자가 부류별로 지정한다. 공판장에는 중도매인, 매매참가인, 산지유통인 및 경매사를 둘 수 있으며, 공판장의 중도매인은 공판장의 개설자가 지정한다.

21 농수산물 유통 및 가격안정에 관한 법령상 도매시장법인이 겸영사업(선별, 배송 등)을 할 수 있는 경우는? (단, 다른 사항은 고려하지 않는다.)

① 부채비율이 250퍼센트인 경우
② 유동부채비율이 150퍼센트인 경우
③ 유동비율이 50퍼센트인 경우
④ 당기순손실이 3개 회계연도 계속하여 발생한 경우

💡 도매시장법인의 겸영〈농수산물 유통 및 가격안정에 관한 법률 시행규칙 34조 제1항〉… 농수산물의 선별·포장·가공·제빙·보관·후숙·저장·수출입·배송 등의 사업을 겸영하려는 도매시장법인은 다음의 요건을 충족하여야 한다. 이 경우 ㈀부터 ㈐까지의 기준은 직전 회계연도의 대차대조표를 통하여 산정한다.
㈀ 부채비율(부채/자기자본×100)이 300퍼센트 이하일 것
㈁ 유동부채비율(유동부채/부채총액×100)이 100퍼센트 이하일 것
㈂ 유동비율(유동자산/유동부채×100)이 100퍼센트 이상일 것
㈃ 당기순손실이 2개 회계연도 이상 계속하여 발생하지 아니할 것

22 농수산물 유통 및 가격안정에 관한 법령상 산지유통인에 관한 설명으로 옳지 않은 것은?

① 산지유통인은 등록된 도매시장에서 농산물의 출하업무 외에 중개업무를 할 수 있다.
② 농수산물도매시장·농수산물공판장 또는 민영농수산물도매시장의 개설자에게 등록하여야 한다.
③ 주산지협의체의 위원이 될 수 있다.
④ 도매시장법인의 주주는 해당 도매시장에서 산지유통인의 업무를 하여서는 아니된다.

💡 ① 산지유통인은 등록된 도매시장에서 농수산물의 출하업무 외의 판매·매수 또는 중개업무를 하여
서는 아니된다〈농수산물 유통 및 가격안정에 관한 법률 제29조(산지유통인의 등록) 제4항〉.

23 농수산물 유통 및 가격안정에 관한 법령상 주산지의 지정 등에 관한 설명으로 옳지 않은 것은?

① 시·도지사는 주요 농산물을 생산하는 자에 대하여 기술지도 등 필요한 지원을 할 수 있다.
② 주요 농산물의 재배면적은 농림축산식품부장관이 고시하는 면적 이상이어야 한다.
③ 주요 농산물의 출하량은 농림축산식품부장관이 고시하는 수량 이상이어야 한다.
④ 주요 농산물의 생산지역의 지정은 시·군·구 단위로 한정된다.

💡 ④ 주요 농수산물의 생산지역이나 생산수면(이하 "주산지"라 한다)의 지정은 읍·면·동 또는 시·
군·구 단위로 한다〈농수산물 유통 및 가격안정에 관한 법률 시행령 제4조(주산지의 지정·변경 및
해제) 제1항〉.

24 농수산물 유통 및 가격안정에 관한 법령상 농산물의 유통조절명령에 관한 설명으로 옳은 것은?

① 농산물수급조절위원회와의 협의를 거쳐 농림축산식품부장관이 발한다.
② 생산자단체가 유통명령을 요청할 경우 해당 생산자단체 출석회원 과반수의 찬성을 얻어야 한다.
③ 기획재정부장관이 예상 수요량을 감안하여 유통명령의 발령 기준을 고시한다.
④ 유통명령을 하는 이유, 대상품목, 대상자, 유통조절방법 등 대통령령으로 정하는 사항이
포함되어야 한다.

💡 유통협약 및 유통조절명령〈농수산물 유통 및 가격안정에 관한 법률 제10조〉
　　㉠ 주요 농수산물의 생산자, 산지유통인, 저장업자, 도매업자·소매업자 및 소비자 등의 대표는 해
　　　당 농수산물의 자율적인 수급조절과 품질향상을 위하여 생산조정 또는 출하조절을 위한 협약을
　　　체결할 수 있다.
　　㉡ 농림축산식품부장관 또는 해양수산부장관은 부패하거나 변질되기 쉬운 농수산물로서 농림축산식
　　　품부령 또는 해양수산부령으로 정하는 농수산물에 대하여 현저한 수급 불안정을 해소하기 위하여
　　　특히 필요하다고 인정되고 농림축산식품부령 또는 해양수산부령으로 정하는 생산자 등 또는 생산
　　　자단체가 요청할 때에는 공정거래위원회와 협의를 거쳐 일정기간 동안 일정 지역의 해당 농수산
　　　물의 생산자 등에게 생산조정 또는 출하조절을 하도록 하는 유통조절명령을 할 수 있다.
　　㉢ 유통명령에는 유통명령을 하는 이유, 대상 품목, 대상자, 유통조절방법 등 대통령령으로 정하는
　　　사항이 포함되어야 한다.

② ⓛ에 따라 생산자 등 또는 생산자단체가 유통명령을 요청하려는 경우에는 ⓒ에 따른 내용이 포함된 요청서를 작성하여 이해관계인·유통전문가의 의견수렴 절차를 거치고 해당 농수산물의 생산자 등의 대표나 해당 생산자단체의 재적회원 3분의 2이상의 찬성을 받아야 한다.

⓪ ⓛ에 따른 유통명령을 하기 위한 기준과 구체적 절차, 유통명령을 요청할 수 있는 생산자 등의 조직과 구성 및 운영방법 등에 관하여 필요한 사항은 농림축산식품부령 또는 해양수산부령으로 정한다.

25 농수산물 유통 및 가격안정에 관한 법령상 대통령령으로 정하는 농산물의 유통구조 개선 및 가격안정과 종자산업의 진흥을 위하여 필요한 사업 중 농산물가격안정기금에서 지출할 수 있는 사업으로 옳지 않은 것은?

① 종자산업의 진흥과 관련된 우수 유전자원의 수집 및 조사·연구
② 농산물의 유통구조 개선 및 가격안정사업과 관련된 해외시장개척
③ 식량작물의 유통구조 개선을 위한 생산자의 공동이용시설에 대한 지원
④ 농산물 가격안정을 위한 안전성 강화와 관련된 검사·분석시설 지원

💡 **기금의 용도**〈농수산물 유통 및 가격안정에 관한 법률 제57조 제2항〉… 기금은 다음의 사업을 위하여 지출한다.
　㉠「농수산자조금의 조성 및 운용에 관한 법률」제5조 및 제12조에 따른 사업 지원
　㉡ 제9조, 제9조의2, 제13조 및 「종자산업법」제22조에 따른 사업 및 그 사업의 관리
　㉢ 기금이 관리하는 유통시설의 설치·취득 및 운영
　㉣ 도매시장 시설현대화 사업 지원
　㉤ 그 밖에 대통령령으로 정하는 농산물의 유통구조 개선 및 가격안정과 종자산업의 진흥을 위하여 필요한 사업〈농수산물 유통 및 가격안정에 관한 법률 시행령 제23조(기금의 지출 대상사업)〉
　• 농산물의 가공·포장 및 저장기술의 개발, 브랜드 육성, 저온유통, 유통정보화 및 물류 표준화의 촉진
　• 농산물의 유통구조 개선 및 가격안정사업과 관련된 조사·연구·홍보·지도·교육훈련 및 해외시장개척
　• 종자산업의 진흥과 관련된 우수 종자의 품종육성·개발, 우수 유전자원의 수집 및 조사·연구
　• 식량작물과 축산물을 제외한 농산물의 유통구조 개선을 위한 생산자의 공동이용시설에 대한 지원
　• 농산물 가격안정을 위한 안전성 강화와 관련된 조사·연구·홍보·지도·교육훈련 및 검사·분석시설 지원

26 원예작물이 속한 과(科, family)로 옳지 않은 것은?

① 아욱과 : 무궁화
② 국화과 : 상추
③ 장미과 : 블루베리
④ 가지과 : 파프리카

💡 ③ 블루베리는 진달래목 진달래과에 속한다.

27 원예작물과 주요 기능성 물질의 연결이 옳지 않은 것은?

① 토마토 – 엘라테린(elaterin)
② 수박 – 시트룰린(citrulline)
③ 우엉 – 이눌린(inulin)
④ 포도 – 레스베라트롤(resveratrol)

💡 ① 엘라테린은 오이에 들어있는 기능성 물질이다. 토마토에는 리코펜, 베타카로틴 등이 들어있다.

28 양지식물을 반음지에서 재배할 때 나타나는 현상으로 옳지 않은 것은?

① 잎이 넓어지고 두께가 얇아진다.
② 뿌리가 길게 신장하고, 뿌리털이 많아진다.
③ 줄기가 가늘어지고 마디 사이는 길어진다.
④ 꽃의 크기가 작아지고, 꽃수가 감소한다.

💡 ② 양지식물을 반음지에서 재배할 경우 잔뿌리와 뿌리털의 발생이 감소한다.

29 DIF에 관한 설명으로 옳지 않은 것은?

① 주야간 온도 차이를 의미하며 낮 온도에서 밤 온도를 뺀 값이다.
② DIF의 적용 범위는 식물체의 생육 적정온도 내에서 이루어져야 한다.
③ 분화용 포인세티아, 국화, 나팔나리의 초장조절에 이용된다.
④ 정(+)의 DIF는 식물의 GA 생합성을 감소시켜 절간신장을 억제한다.

💡 일반적으로 주간온도가 야간온도보다 높을 경우 정의 DIF(Difference)라고 하며 초장신장이 활발하게 이루어진다. 야간온도가 주간온도보다 높을 경우 부의 DIF라고 하며 초장신장이 잘 되지 않아 초장조절에 효과적이다.

30 구근 화훼류를 모두 고른 것은?

ㄱ 거베라	ㄴ 튤립
ㄷ 칼랑코에	ㄹ 다알리아
ㅁ 프리지아	ㅂ 안스리움

① ㄱ, ㄴ, ㅁ

② ㄱ, ㄷ, ㅂ

③ ㄴ, ㄹ, ㅁ

④ ㄷ, ㄹ, ㅂ

💡 구근이란 지하에 있는 식물체의 일부인 뿌리나 줄기 또는 잎 따위가 달걀 모양으로 비대하여 양분을 저장한 것으로 알뿌리라고도 한다. 대표적인 구근 화훼류로 튤립, 다알리아, 프리지아가 있다.

31 포인세티아 재배에서 자연 일장이 짧은 시기에 전조처리를 하는 목적은?

① 휴면 타파

② 휴면 유도

③ 개화 촉진

④ 개화 억제

💡 포인세티아는 단일식물로 자연 일장이 짧은 시기에 전조처리를 하면 개화를 억제시킬 수 있다.

32 종자번식과 비교할 때 영양번식의 장점이 아닌 것은?

① 모본의 유전적인 형질이 그대로 유지된다.

② 화목류의 경우 개화까지의 기간을 단축할 수 있다.

③ 번식재료의 원거리 수송과 장기저장이 용이하다.

④ 불임성이나 단위결과성 화훼류를 번식할 수 있다.

💡 ③ 종자번식의 장점이다.

33 난과식물의 생태 분류에서 온대성 난에 속하지 않은 것은?

① 춘란

② 한란

③ 호접란

④ 풍란

💡 ③ 호접란은 열대성 난으로 적정 생육온도는 21~25℃이다.

34 감자의 괴경이 햇빛에 노출될 경우 발생하는 독성 물질은?

① 캡사이신(capsaicin) ② 솔라닌(solanine)

③ 아미그달린(amygdalin) ④ 시니그린(sinigrin)

💡 감자에 함유된 독성물질인 솔라닌(solanine)은 햇빛에 노출될 때 감자가 녹색으로 변하면서 생긴다.

35 화훼작물에서 세균에 의해 발생하는 병과 그 원인균으로 옳은 것은?

① 풋마름병 – *Pseudomonas* ② 흰가루병 – *Sphaerotheca*

③ 줄기녹병 – *Puccinia* ④ 잘록병 – *Pythium*

💡 ②③④ 흰가루병, 줄기녹병, 잘록병은 곰팡이에 의해 발생하는 병이다.

36 관엽식물을 실내에서 키울 때 효과로 옳지 않은 것은?

① 유해물질 흡수에 의한 공기정화 ② 음이온 발생

③ 유해전자파 감소 ④ 실내습도 감소

💡 ④ 관엽식물을 실내에서 키우면 증산작용으로 인해 실내습도 증가 효과가 나타난다. 증산작용이란 식물 잎의 뒷면에 있는 기공을 통해 물이 기체상태로 식물체 밖으로 빠져나가는 작용을 말한다.

37 양액재배의 장점으로 옳지 않은 것은?

① 토양재배가 어려운 곳에서도 가능하다.

② 재배관리의 생력화와 자동화가 용이하다.

③ 양액의 완충능력이 토양에 비하여 크다.

④ 생육이 빠르고 균일하여 수량이 증대된다.

💡 양액재배란 작물의 생육에 필요한 양분을 수용액으로 만들어 재배하는 방법으로, 용액재배(solution culture)라고도 한다. 양액재배는 생육이 빠르고 균일하여 단기간에 많은 양의 작물을 수확할 수 있으나 많은 자본이 필요하고, 일단 병원균이 침투하면 토양에 비해 완충능력이 떨어져 단기간에 전염될 수 있다.

38 절화보존제의 주요 구성 성분으로 옳지 않은 것은?

① HQS
② 에테폰
③ AgNO₃
④ sucrose

- ② 에테폰은 식물의 노화를 촉진하는 식물호르몬의 일종인 에틸렌(ethylene)을 생성함으로 과채류 및 과실류의 착색을 촉진하고 숙기를 촉진하는 작용을 하므로, 에틸렌 생성을 억제해야 하는 절화보존제에는 사용하지 않는다.

- ※ **절화보존제** … 절화의 수명을 길게하기 위해 이용하는 약제이다. 대부분의 절화보존제에는 탄수화물, 살균제, 에틸렌억제제, 생장조절물질, 무기물 등이 주로 들어있다.
  - ㉠ **탄수화물** : 절화수명연장의 필수적인 에너지원으로서 주로 자당(sucrose)이 많이 사용되며 포도당(glucose)과 과당(fructose)이 사용되기도 한다.
  - ㉡ **살균제** : 당 성분들이 절화 줄기 내 수분통로인 도관을 막는 미생물의 생장도 돕게 되므로 살균제를 함께 사용한다. 주로 사용하는 살균제로는 하이드록시퀴놀린염, 염화은, 질산은, 치오황산은 등이 있다.
  - ㉢ **생장조절물질** : 식물호르몬과 합성생장조절물질이 모두 사용되는데 꽃의 노화과정을 지연하는 등의 역할을 통해 절화수명을 연장한다. 주로 사이토키닌이 에틸렌 생장억제를 위하여 많이 사용된다.
  - ㉣ **무기물** : 구연산, 아스콜빈산, 주석산, 안식향산 등과 같은 유기산과 칼슘, 알루미늄, 붕소, 구리, 니켈, 아연 등의 무기물 등도 미생물의 활성억제, 절화 대사조절에 영향을 미치는 절화보존제의 역할을 한다.

39 낙엽과수의 자발휴면 개시기의 체내 변화에 관한 설명으로 옳지 않은 것은?

① 호흡이 증가한다.
② 생장억제물질이 증가한다.
③ 체내 수분함량이 감소한다.
④ 효소의 활성이 감소한다.

- 종자, 겨울눈, 비늘줄기, 덩이줄기, 덩이뿌리 등은 외적 조건이 생물체에 적절하여도 내적원인에 의해서 자발적으로 휴면을 한다. 휴면 시기에는 호흡, 체내 수분함량, 효소의 활성이 감소하고 생장억제물질이 증가한다.

40 철사나 나무가지 등으로 틀을 만들고 식물을 심어 여러 가지 동물 모양으로 만든 화훼장식은?

① 토피어리(topiary) ② 포푸리(potpourri)
③ 테라리움(terrarium) ④ 디쉬가든(dish garden)

💡 **토피어리**··· 철사나 나무가지 등으로 틀을 만들고 식물을 심어 여러 가지 동물 모양으로 만든 화훼장식
② **포푸리** : 실내의 공기를 정화시키기 위한 방향제의 일종으로 주된 재료는 꽃이고 여기에 향이 좋은 식물, 잎, 과일 껍질, 향료 등을 함께 첨가한다.
③ **테라리움** : 밀폐된 유리그릇, 또는 입구가 작은 유리병 안에서 작은 식물을 재배하는 것을 말한다.
④ **디쉬가든** : 납작한 접시나 쟁반에 작은 식물들을 배치하여 축소된 정원을 만들어 즐기는 것을 말한다.

41 채소 재배에서 직파와 비교할 때 육묘의 목적으로 옳지 않은 것은?

① 수확량을 높일 수 있다.
② 본밭의 토지이용률을 증가시킬 수 있다.
③ 생육이 균일하고 종자 소요량이 증가한다.
④ 조기 수확이 가능하다.

💡 **육묘의 목적**
㉠ 조기수확과 수량증대
㉡ 집약관리와 효율관리
㉢ 토지이용률 확대
㉣ 발아율향상 종자절약
㉤ 접목 본포적응력향상
㉥ 환경조절 – 추대개화조절

42 마늘의 휴면 경과 후 인경 비대를 촉진하는 환경 조건은?

① 저온, 단일 ② 저온, 장일
③ 고온, 단일 ④ 고온, 장일

💡 ④ 마늘은 고온, 장일 조건에서 휴면 경과 후 인경 비대가 촉진된다.

43 과수에서 다음 설명에 공통으로 해당되는 병원체는?

> • 핵산과 단백질로 이루어져 있다.
> • 사과나무 고접병의 원인이다.
> • 과실을 작게 하거나 반점을 만든다.

① 박테리아

② 바이러스

③ 바이로이드

④ 파이토플라즈마

💡 제시된 내용은 바이러스에 대한 설명이다. 사과나무 고접병은 접붙이기를 할 때 접수(接穗)가 바이러스에 감염되어 있으면 발병하며, 감염 후 1~2년 내에 나무가 쇠약해지며 갈변현상 및 목질천공(木質穿孔)현상이 나타난다.

44 1년생 가지에 착과되는 과수를 모두 고른 것은?

> ㉠ 포도　　　　　　　　　　㉡ 감귤
> ㉢ 복숭아　　　　　　　　　㉣ 사과

① ㉠, ㉡

② ㉠, ㉣

③ ㉡, ㉢

④ ㉢, ㉣

💡 ㉢ 복숭아는 2년생 가지에 착과된다. 즉, 2017년 봄에 생장한 가지가 2018년 봄에 개화하여 복숭아가 결실하게 된다.
　㉣ 사과는 3년생 가지에 착과된다. 즉, 2016년 봄에 생장한 가지가 2017년 봄에 꽃눈이 만들어지고 2018년 봄에 개화하여 사과가 결실하게 된다.

45 뿌리의 양분 흡수기능이 상실되거나 식물체 생육이 불량하여 빠르게 영양공급을 해야 할 때 잎에 실시하는 보조 시비방법은?

① 조구시비

② 엽면시비

③ 윤구시비

④ 방사구시비

💡 뿌리의 양분 흡수기능이 상실되거나 식물체 생육이 불량하여 빠르게 영양공급을 해야 할 때는 비료를 용액의 상태로 잎에 살포하는 엽면시비를 실시한다.
　① 조구시비 : 이랑을 파고 시비하는 방법
　③ 윤구시비 : 지표로부터 20~30cm 깊이의 원형 구덩이를 파고 시비하는 방법
　④ 방사구시비 : 나무를 기준으로 방사상으로 도랑을 만들어 시비하는 방법

>> ANSWER

40.① 41.③ 42.④ 43.② 44.① 45.②

46 감나무의 생리적 낙과의 방지 대책이 아닌 것은?

① 수분수를 혼식한다.
② 적과로 과다 결실을 방지한다.
③ 영양분을 충분히 공급하여 영양생장을 지속시킨다.
④ 단위결실을 유도하는 식물생장조절제를 개화 직전 꽃에 살포한다.

> 감나무에 맺힌 꽃들은 주두에 꽃가루가 묻어 수분과 수정이 이루어져 종자가 되고 과실이 결실하게 된다. 이때 종자가 없거나 적은 과실은 종자가 많은 과실에 비해 훨씬 낙과되기 쉽기 때문에 숫꽃을 맺는 수분수를 반드시 혼식해야 하며 매개곤충을 이용해야 한다. 결실된 과실은 만개 후 10일경부터 낙과가 일어나며 이러한 현상은 나무자체의 자연스런 생리현상이지만, 낙과가 심하면 수량이 감소되고, 착과가 많으면 품질이 저하될 뿐만 아니라 나무가 쇠약하게 되어 해거리 현상이 나타난다. 해거리 현상을 방지하기 위해서는 꽃솎기, 과실솎기를 철저히 해 주어야 하며 수세가 안정될 수 있도록 강전정(줄기를 많이 잘라내어 새 눈이나 새 가지의 발생을 촉진시키는 전정법), 질소 과다시비 등을 피해야 한다.
> ③ 나무의 세력이 강하여 새 가지의 영양생장이 계속되면 조기낙과의 원인이 된다.

47 여러 개의 원줄기가 자라 지상부를 구성하는 관목성 과수에 해당하는 것은?

① 대추　　　　　　　　　　　② 사과
③ 블루베리　　　　　　　　　④ 포도

> 과실의 분류
> ㉠ 교목성 과수
> • 낙엽성 : 인과류(사과 · 배 · 모과 · 산사), 핵과류(복숭아 · 자두 · 앵두 · 살구 · 매실), 곡과류(호두 · 밤 · 피칸 · 아몬드 · 개암), 기타(감 · 대추 · 석류 · 무화과)
> • 상록성 : 감귤류(레몬 · 시트론 · 문단 · 귤 · 하등 · 잡감류 등)
> ㉡ 만성 과수 : 포도(유럽종 · 미국종)
> ㉢ 관목성 과수 : 나무딸기류, 블루베리, 구스베리, 커런트, 크란베리

48 과수의 환상박피(環狀剝皮) 효과로 옳지 않은 것은?

① 꽃눈분화 촉진　　　　　　② 과실발육 촉진
③ 과실성숙 촉진　　　　　　④ 뿌리생장 촉진

> 환상박피 … 과수 등에서 원줄기의 수피(樹皮)를 인피(靭皮) 부위에 달하는 깊이까지 너비 6mm 정도의 고리 모양으로 벗겨내는 것으로, 꽃눈분화가 촉진되며 낙과가 적어지고 과실의 크기가 증대되는 동시에 숙기를 빠르게 하는 효과가 있다.

49 과수와 실생 대목의 연결로 옳지 않은 것은?

① 배 – 야광나무
② 감 – 고욤나무
③ 복숭아 – 산복사나무
④ 사과 – 아그배나무

☀ ① 야광나무는 사과의 실생 대목이다.

50 과수의 가지 종류에 관한 설명으로 옳지 않은 것은?

① 원가지 : 원줄기에 발생한 큰 가지
② 열매가지 : 과실이 붙어 있는 가지
③ 새가지 : 그 해에 자란 잎이 붙어 있는 가지
④ 곁가지 : 새 가지의 곁눈이 그 해에 자라서 된 가지

☀ ④ 새 가지의 곁눈이 그 해에 자라서 된 가지는 덧가지이다. 곁가지는 곁눈이 싹터서 생장한 가지로서 끝눈(頂芽)으로부터 생장하는 원가지에 대응한 말이다.

51 원예산물의 수확에 관한 설명으로 옳지 않은 것은?

① 포도는 열과(裂果)의 발생을 방지하기 위하여 비가 온 후 바로 수확한다.
② 블루베리는 손으로 수확하는 것이 일반적이나 기계 수확기를 이용하기도 한다.
③ 복숭아는 압상을 받지 않도록 손바닥으로 감싸고 가볍게 밀어 올려 수확한다.
④ 파프리카는 과경을 매끈하게 절단하여 수확한다.

🔅 ① 열과현상이란 토양이 건조한 상태에서 갑작스런 강우나 관수로 수분공급이 증가할 경우 과립 표
피의 팽압이 상승해 포도알이 터지는 생리장애로, 비가 온 후 바로 수확하면 열과가 더 많이 발생하
게 된다.

52 과실의 수확시기에 관한 설명으로 옳은 것은?

① 포도는 산도가 가장 높을 때 수확한다.
② 바나나는 단맛이 가장 강할 때 수확한다.
③ 후지 사과는 만개 후 160~170일에 수확한다.
④ 감귤은 요오드반응으로 청색면적이 20~30%일 때 수확한다.

🔅 ① 포도는 품종 고유의 색깔로 착색되고 향기가 나며 산 함량은 낮아지고 당도가 높아져 맛이 최상
에 이르렀을 때 수확한다.
② 바나나, 키위 등 나무에 달려있는 상태에서는 잘 성숙하지 않고 저장 중의 후숙에 의해서 숙성되
는 과실은 미숙단계에서 수확하는 것이 좋다.
④ 감귤류는 수확후 숙성이 진행되지 않으므로 풍미가 제대로 발현될 때 수확하여 저장하여야 과실
특유의 풍미를 즐길 수 있다. 요오드반응은 과실 내 전분을 측정하기 위한 것으로 전분이 있는
부위는 청색으로 나타난다. 성숙 중 과실 내 전분의 함량이 줄어들면서 당으로 변하여 단맛을 내
므로 청색면적이 거의 없을 때 수확한다.

53 저장 중 원예산물의 증산작용에 관한 설명으로 옳지 않은 것은?

① 상대습도가 높으면 증가한다.   ② 온도가 높을수록 증가한다.
③ 광(光)이 있으면 증가한다.   ④ 공기 유속이 빠를수록 증가한다.

🔅 ① 증산작용은 상대습도가 높으면 감소한다.

54 호흡형이 같은 원예산물을 모두 고른 것은?

㉠ 참다래	㉡ 양앵두
㉢ 가지	㉣ 아보카도

① ㉠, ㉡

② ㉠, ㉢

③ ㉡, ㉢

④ ㉡, ㉢, ㉣

💡 숙성 시 호흡 양상에 따른 과일의 분류
　㉠ 호흡급등형
　　•숙성 기간 동안 호흡이 일시적으로 급격하게 증가하는 과일
　　•숙성 시 에틸렌에 대한 민감도가 높은 과일
　　•바나나, 복숭아, 사과, 토마토, 파파야, 아보카도, 멜론, 배, 참다래 등
　㉡ 호흡비급등형
　　•숙성 기간 동안 호흡의 변화가 미미하게 발생하는 과일
　　•숙성 시 에틸렌에 대한 민감도가 낮거나 없는 과일
　　•감귤류, 포도, 파인애플, 딸기, 무화과, 양앵두, 가지 등

55 원예산물의 에틸렌 제어에 관한 설명으로 옳은 것은?

① STS는 에틸렌을 흡착한다.

② KMnO₄는 에틸렌을 분해한다.

③ 1-MCP는 에틸렌을 산화시킨다.

④ AVG는 에틸렌 생합성을 억제한다.

💡 ④ AVG, AOA는 에틸렌 생합성을 억제하는 에틸렌 합성저해제이다.
　①③ STS(티오황산, silver thiosulfate)와 2,5-NDE(2,5-norbornadiene), 1-MCP(1-Methylcyclopropene),
　　에탄올 등은 에틸렌의 작용을 억제한다.
　② 에틸렌을 제거하기 위해서는 과망간산칼륨(KMnO₄)과 반응시켜 카르복시산과 이산화탄소로 변하
　　도록 한다.

>> ANSWER

51.① 52.③ 53.① 54.③ 55.④

56 토마토의 후숙 과정에서 조직의 연화 관련 성분과 효소의 연결이 옳은 것은?

① 펙틴 – 폴리갈락투로나제
② 펙틴 – 폴리페놀옥시다제
③ 폴리페놀 – 폴리갈락투로나제
④ 폴리페놀 – 폴리페놀옥시다제

💡 후숙 과정에서 토마토의 조직 연화가 발생하게 되는 이유는 폴리갈락투로나제(polygalacturonase)라는 효소가 생성되면서 토마토를 탱탱하게 유지시켜 주는 세포벽 성분인 펙틴(pectin)을 분해하기 때문이다.

57 원예산물의 성숙 과정에서 발현되는 색소 성분이 아닌 것은?

① 클로로필
② 라이코펜
③ 안토시아닌
④ 카로티노이드

💡 ① 클로로필, 즉 엽록소는 녹색식물의 잎 속에 들어 있는 화합물로 엽록체의 그라나(grana) 속에 함유되어 있다.

58 신선편이 농산물의 제조 시 살균소독제로 사용되는 것은?

① 안식향산
② 소르빈산
③ 염화나트륨
④ 차아염소산나트륨

💡 ④ 차아염소산나트륨은 식품의 부패균이나 병원균을 사멸하기 위하여 음료수, 채소 및 과일, 용기 · 기구 · 식기 등에 살균제로서 사용된다.
①② 안식향산, 소르빈산은 식품의 보존료로 쓰인다.
③ 염화나트륨은 조미, 보존제 등으로 쓰인다.

59 신선 농산물의 MA포장재료로 적합한 것은?

㉠ PP	㉡ PET
㉢ LDPE	㉣ PVDC

① ㉠, ㉢
② ㉠, ㉣
③ ㉡, ㉢
④ ㉡, ㉣

💡 MA(Modified Atmosphere) 포장기술은 농산물이 산소를 소모하고, 이산화탄소를 발생시키는 호흡을 통해 영양분과 수분을 소모하는 것에 착안, 산소와 이산화탄소 농도를 조절해 호흡을 억제하는 신 저장기술이다. MA포장재료로는 PP, PA, LDPE 등이 적합하다.

60 HACCP 7원칙에 해당하지 않는 것은?

① 위해요소 분석
② 중점관리점 결정
③ 제조공장현장 확인
④ 개선조치방법 수립

> 💡 HACCP 7원칙
> ㉠ 위해 요소 분석
> ㉡ 중요 관리점 결정
> ㉢ 한계 기준 설정
> ㉣ 모니터링 체계 확립
> ㉤ 개선 조치 방법 수립
> ㉥ 검증 절차 및 방법 수립
> ㉦ 문서화 및 기록 유지

61 CA저장고에 관한 설명으로 적합하지 않은 것은?

① 저장고의 밀폐도가 높아야 한다.
② 저장 대상 작물, 품종, 재배조건에 따라 CA조건을 적절하게 설정하여야 한다.
③ 장시간 작업 시 질식 우려가 있으므로 외부 대기자를 두어 내부를 주시하여야 한다.
④ 저장고내 산소 농도는 산소발생장치를 이용하여 조절한다.

> 💡 ④ 저장고 내 산소가 지나치게 낮으면 외기(外氣)를 넣고, 이산화탄소가 너무 높으면 이산화탄소만 제거한다.

62 원예산물의 저장중 동해에 관한 설명으로 옳지 않은 것은?

① 빙점 이하의 온도에서 조직의 결빙에 의해 나타난다.
② 동해 증상은 결빙 상태일 때보다 해동 후 잘 나타난다.
③ 세포내 결빙이 일어난 경우 서서히 해동시키면 동해 증상이 나타나지 않는다.
④ 동해 증상으로 수침현상, 과피함몰, 갈변이 나타난다.

> 💡 ③ 세포내 결빙이 생기면 원형질 구성에 필요한 수분이 동결하여 원형질구조가 파괴되어 서서히 해동시킨다고 해도 동해 증상이 나타난다.

63 원예산물의 풍미를 결정하는 요인을 모두 고른 것은?

㉠ 당도	㉡ 산도
㉢ 향기	㉣ 색도

① ㉠, ㉡
③ ㉠, ㉢, ㉣
② ㉠, ㉡, ㉢
④ ㉡, ㉢, ㉣

💡 풍미란 맛, 향기, 입안의 촉감 등에 의해 종합된 총체적인 맛을 말한다. 원예산물의 풍미를 결정하는 요인으로는 당도, 산도, 향기 등이 있다.

64 비파괴 품질평가 방법에 관한 설명으로 옳지 않은 것은?

① 동일한 시료를 반복해서 측정할 수 있다.
② 분석이 신속하다.
③ 당도선별에 사용할 수 있다.
④ 화학적인 분석법에 비해 정확도가 높다.

💡 ④ 비파괴 품질평가 방법은 화학적인 분석법에 비해 정확도가 낮다.

65 저장고 관리에 관한 설명으로 옳지 않은 것은?

① 저장고내 온도는 저장중인 원예산물의 품온을 기준으로 조절하는 것이 가장 정확하다.
② 입고시기에는 품온이 적정 수준에 도달한 안정기 때보다 더 큰 송풍량으로 공기를 순환시킨다.
③ 저장고내 산소를 제거하기 위해 소석회를 이용한다.
④ 저장고내 습도 유지를 위해 온도가 상승하지 않는 선에서 공기 유동을 억제하고 환기는 가능한한 극소화한다.

💡 ③ 저장고 내 이산화탄소를 제거하기 위해 소석회를 이용한다.

66 다음의 용어로 옳은 것은?

> ⊙ 수확한 생산물이 가지고 있는 열
> ⓒ 생산물의 생리대사에 의해 발생하는 열
> ⓒ 저장고 문을 여닫을 때 외부에서 유입되는 열

① ⊙ : 호흡열 ⓒ : 포장열 ⓒ : 대류열
② ⊙ : 포장열 ⓒ : 호흡열 ⓒ : 대류열
③ ⊙ : 대류열 ⓒ : 호흡열 ⓒ : 포장열
④ ⊙ : 포장열 ⓒ : 대류열 ⓒ : 호흡열

> 🔅 ⊙ 수확한 생산물이 가지고 있는 열→포장열
> ⓒ 생산물의 생리대사에 의해 발생하는 열→호흡열
> ⓒ 저장고 문을 여닫을 때 외부에서 유입되는 열→대류열

67 원예산물의 수확 후 전처리에 관한 설명으로 옳지 않은 것은?

① 양파는 적재 큐어링 시 햇빛에 노출되면 녹변이 발생할 수 있다.
② 감자는 상처보호 조직의 빠른 재생을 위하여 30℃에서 큐어링한다.
③ 감귤은 중량비의 3~5%가 감소될 때까지 예건하여 저장하면 부패를 줄일 수 있다.
④ 마늘은 인편 중앙의 줄기부위가 물기 없이 건조되었을 때 예건을 종료한다.

> 🔅 ② 감자의 큐어링 방법은 수확 후 바람이 통하고 직사광선이 없는 온도 12℃~18℃, 습도 80%~
> 85%의 창고나 하우스에서 감자를 10일~14일 정도 보관하면 된다.

68 다음 원예산물 중 5℃의 동일조건에서 측정한 호흡속도가 가장 높은 것은?

① 사과   ② 배
③ 감자   ④ 아스파라거스

> 🔅 ④ 아스파라거스의 수확한 어린순은 다른 원예작물에 비하여 호흡작용이나 호흡에 따른 발열이 커서
> 선도유지가 어렵다. 아스파라거스는 온도 0~2℃, 상대습도 90~100℃에서 2~3주간 저장이 가능하다.

69 원예산물의 적재 및 유통에 관한 설명으로 옳지 않은 것은?

① 유통과정 중 장시간의 진동으로 원예산물의 손상이 발생할 수 있다.
② 팰릿 적재화물의 안정성 확보를 위하여 상자를 3단 이상 적재 시에는 돌려쌓기 적재를 한다.
③ 골판지 상자의 적재방법에 따라 상자에 가해지는 압축강도는 달라진다.
④ 신선 채소류는 수확 후 수분증발이 일어나지 않아 골판지 상자의 강도가 달라지지 않는다.

💡 ④ 신선 채소류는 수확 후 수분증발이 일어나 골판지 상자의 강도가 달라진다.

70 농산물의 포장재료 중 겉포장재에 해당하지 않는 것은?

① 트레이
② 골판지 상자
③ 플라스틱 상자
④ PP대(직물제 포대)

💡 ① 트레이는 농산물 등을 담기 위한 납작한 접시 등으로 겉포장재에 해당하지 않는다.

71 원예산물에서 에틸렌에 의해 나타나는 증상으로 옳은 것은?

① 배의 과심갈변
② 브로콜리의 황화
③ 오이의 피팅
④ 사과의 밀증상

💡 ① 배의 과심갈변은 저장 및 유통과정에서 온도가 높을수록 발생이 증가한다.
③ 오이는 5℃ 이하에서 피팅(과피함몰), 저장 후 상온 유통시 부패가 발생한다.
④ 사과의 밀증상은 대부분 생육기 고온으로 인한 생리장애이다.

72 원예산물별 수확 후 손실경감 대책으로 옳지 않은 것은?

① 마늘을 예건하면 휴면에도 영향을 주어 맹아신장이 억제된다.
② 배는 수확 즉시 저온저장을 하여야 과피흑변을 막을 수 있다.
③ 딸기는 예냉 후 소포장으로 수송하면 감모를 줄일 수 있다.
④ 복숭아 유통 시 에틸렌 흡착제를 사용하면 연화 및 부패를 줄일 수 있다.

💡 ② 주로 수확기가 늦은 배를 저온 저장할 경우 발생이 증가하는 과피흑변 현상을 방지하기 위해서는 수확 후 일정기간(10~15일) 동안 야적(野積)처리한다.

73 0~4℃에서 저장할 경우 저온장해가 일어날 수 있는 원예산물을 모두 고른 것은?

ⓖ 파프리카   ⓛ 배추

ⓒ 고구마   ⓔ 브로콜리

ⓜ 호박

---

① ⓖ, ⓛ, ⓔ   ② ⓖ, ⓒ, ⓜ

③ ⓛ, ⓒ, ⓔ   ④ ⓒ, ⓔ, ⓜ

💡 적정 저장온습도 및 저장기간
- ⓖ **파프리카** : 저장온도 7~10℃, 상대습도 95~98%에서 저장기간은 15일 내외
- ⓛ **배추** : 저장온도 -0.5~0℃, 상대습도 90~95%에서 저장기간은 40~60일 내외(월동배추), 저장온도 0~2℃, 상대습도 90~95%에서 저장기간은 20~40일 내외(봄·여름배추)
- ⓒ **고구마** : 저장온도 13~15℃, 상대습도 85~95%에서 저장기간은 30~60일 내외
- ⓔ **브로콜리** : 저장온도 0℃, 상대습도 95~100%에서 저장기간은 30~50일 내외
- ⓜ **호박** : 저장온도 7~10℃, 상대습도 95%에서 저장기간은 10일 내외

74 원예산물의 화학적 위해 요인에 해당하지 않는 것은?

① 곰팡이 독소   ② 중금속

③ 다이옥신   ④ 병원성 대장균

💡 ④ 병원성 대장균은 생물학적 위해 요인에 해당한다.

75 GMO에 관한 설명으로 옳지 않은 것은?

① GMO는 유전자변형농산물을 말한다.

② GMO는 병충해 저항성, 바이러스 저항성, 제초제 저항성을 기본 형질로 하여 개발되었다.

③ GMO 표시 대상 품목에는 콩, 옥수수, 양파가 있다.

④ GMO 표시 대상 품목 중 유전자변형 원재료를 사용하지 않은 식품은 비유전자변형식품, Non-GMO로 표시할 수 있다.

💡 ③ 국내의 GMO 표시 대상은 콩, 옥수수, 카놀라, 사탕무, 면화, 알팔파, 감자 등 7가지이다.

76 다음 내용에 해당하는 농산물 유통의 효용(utility)은?

> 하우스에서 수확한 블루베리를 농산물 산지유통센터(APC)의 저온저장고로 이동하여 보관한다.

① 형태(form) 효용
② 장소(place) 효용
③ 시간(time) 효용
④ 소유(possession) 효용

💡 제시된 내용은 시간적 효용을 창출하는 저장기능에 대한 설명이다. 농산물 유통의 효용은 장소적 효용을 창출하는 수송기능, 시간적 효용을 창출하는 저장기능, 형태적 효용을 창출하는 가공기능으로 나누어진다.

77 우리나라 농업협동조합에 관한 설명으로 옳지 않은 것은?

① 규모의 경제 확대에 기여하고 있다.
② 완전경쟁시장에서 적합한 조직이다.
③ 거래비용을 절감하는 기능을 하고 있다.
④ 유통업체의 지나친 이윤 추구를 견제하고 있다.

💡 ② 농업협동조합은 농업인의 자주적인 협동조직을 통하여 농업생활력의 증진과 농민의 경제적·사회적 지위향상을 도모하기 위해 설립된 협동조합으로 완전경쟁시장에서는 부적합하다.

78 선물거래에 관한 설명으로 옳지 않은 것은?

① 표준화된 조건에 따라 거래를 진행한다.
② 공식 거래소를 통해서 거래가 성사된다.
③ 당사자끼리의 직접 거래에 의존한다.
④ 헤저(hedger)와 투기자(speculator)가 참여한다.

💡 ③ 선물거래란 장래 일정 시점에 미리 정한 가격으로 매매할 것을 현재 시점에서 약정하는 거래로, 중개업자를 통하는 간접 거래가 많다.

79 농산물의 산지 유통에 관한 설명으로 옳지 않은 것은?

① 농산물 중개기능이 가장 중요하게 작용한다.
② 조합공동사업법인이 설립되어 판매사업을 수행한다.
③ 농산물 산지유통센터(APC)가 선별 기능을 하고 있다.
④ 포전거래를 통해 농가의 시장 위험이 상인에게 전가된다.

　　🔅 ① 농산물의 산지 유통은 생산자와 소비자를 직접 연결하는 직거래 기능이 중요하게 작용한다.

80 농산물 유통정보의 평가 기준에 관한 설명으로 옳지 않은 것을 모두 고른 것은?

> ㉠ 정보의 신뢰성을 높이기 위해 주관성이 개입된다.
> ㉡ 알권리 차원에서 정보수집 대상에 대한 개인 정보를 공개한다.
> ㉢ 시의적절성을 위해 이용자가 원하는 시기에 유통정보가 제공되어야 한다.

① ㉠　　　　　　　　　　　　　　② ㉠, ㉡
③ ㉡, ㉢　　　　　　　　　　　　④ ㉠, ㉡, ㉢

　　🔅 ㉠ 정보의 신뢰성을 높이기 위해서는 주관성이 개입되어서는 안 된다.
　　　㉡ 정보수집 대상에 대한 개인 정보는 공개하지 않는다.

81 배추 가격이 10% 상승함에 따라 무의 수요량이 15% 증가하였다. 이 때 농산물가격 탄력성에 관한 설명으로 옳은 것은?

① 배추와 무의 수요량 계측 단위가 같아야만 한다.
② 배추와 무는 서로 대체재의 관계를 가진다.
③ 교차가격 탄력성이 비탄력적인 경우이다.
④ 가격 탄력성의 값이 음(−)으로 계측된다.

　　🔅 대체재란 재화 중에서 동일한 효용을 얻을 수 있는 재화로, 두 재화가 대체재 관계에 있을 때 한 재화의 가격 상승(하락)하면 다른 재화의 수요가 증가(감소)하게 된다. 다른 재화의 가격변동에 대한 해당 재화의 수요변동의 민감도를 뜻하는 교차탄력성이 양(+)이면 대체재, 음(−)이면 보완재이다.

82 마케팅 믹스(marketing mix)의 4P 전략에 관한 설명으로 옳지 않은 것은?

① 상품(product)전략 : 판매 상품의 특성을 설정한다.
② 가격(price)전략 : 상품 가격의 수준을 결정한다.
③ 장소(place)전략 : 상품의 유통경로를 결정한다.
④ 정책(policy)전략 : 상품에 대한 규제에 대응한다.

> 💡 4P
> ㉠ 상품(product)전략 – 제품특성
> ㉡ 장소(place)전략 – 유통경로
> ㉢ 가격(price)전략 – 판매가격
> ㉣ 촉진(promotion)전략 – 판매촉진

83 농산물 표준화에 관한 내용으로 옳지 않은 것은?

① 포장은 농산물 표준화의 대상이다.
② 농산물은 표준화를 통하여 품질이 균일하게 된다.
③ 농산물 표준화를 위한 공동선별은 개별농가에서 이루어진다.
④ 농산물 표준화는 유통의 효율성을 높일 수 있다.

> 💡 ③ 농산물 산지유통센터 등에서 농산물 품목 특성에 맞는 표준화 · 규격화된 농산물을 공동선별 · 출하함으로써 품질을 향상하고, 인건비 · 물류비 절감으로 유통경쟁력을 강화한다.

84 농산물 수요곡선이 공급곡선보다 더 탄력적일 때 거미집 모형에 의한 가격 변동에 관한 설명으로 옳은 것은?

① 가격이 발산한다.
② 가격이 균형가격으로 수렴한다.
③ 가격이 균형가격으로 수렴하다 다시 발산한다.
④ 가격이 일정한 폭으로 진동한다.

> 💡 거미집 모형 … 농산물과 같이 가격 변동에 대해 수요곡선이 공급곡선보다 더 탄력적인 경우, 가격 폭등과 폭락을 반복하며 거미집과 같은 모양으로 균형가격으로 수렴한다는 이론이다.

85 완전경쟁시장에 관한 설명으로 옳은 것은?

① 소비자가 가격을 결정한다.
② 다양한 품질의 상품이 거래된다.
③ 시장에 대한 진입과 탈퇴가 자유롭다.
④ 시장 참여자들은 서로 다른 정보를 갖는다.

💡 완전경쟁시장 … 다수의 거래자들이 시장에 참여하고 동질의 상품이 거래되며, 거래자들이 상품의 가격·품질 등에 대한 완전한 정보를 가지고 시장에 자유로이 진입하거나 탈퇴할 수 있는 시장을 말한다.

86 SWOT분석의 구성요소가 아닌 것은?

① 기회   ② 위협
③ 강점   ④ 가치

💡 SWOT분석 … 기업의 내부환경을 분석해 강점((strength)과 약점(weakness)을 발견하고, 외부환경을 분석해 기회(opportunity)와 위협(threat)을 찾아내 이를 토대로 강점은 살리고 약점은 보완, 기회는 활용하고 위협은 억제하는 마케팅 전략을 수립하는 것을 의미한다.

87 마케팅 분석을 위한 2차 자료의 특징으로 옳지 않은 것은?

① 1차 자료보다 객관성이 높다.
② 조사방식에는 관찰조사, 설문조사, 실험이 있다.
③ 1차 자료수집과 비교하여 시간이나 비용을 줄일 수 있다.
④ 공공기관에서 발표하는 자료도 포함된다.

💡 ② 관찰조사, 설문조사, 실험은 1차 자료 수집방법이다. 2차 자료는 일반적으로 문헌 연구를 통해 수집한다.

88 농산물 구매행동 결정에 영향을 미치는 인구학적 요인을 모두 고른 것은?

㉠ 성별	㉡ 소득	㉢ 직업

① ㉠, ㉡   ② ㉠, ㉢
③ ㉡, ㉢   ④ ㉠, ㉡, ㉢

💡 성별, 소득, 직업 모두 농산물 구매행동 결정에 영향을 미치는 인구학적 요인이다.

89 제품수명주기(PLC)의 단계가 아닌 것은?

① 도입기   ② 성장기
③ 성숙기   ④ 안정기

💡 제품수명주기

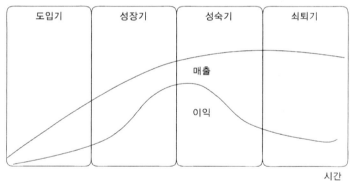

90 소비자를 대상으로 하는 심리적 가격전략이 아닌 것은?

① 단수가격전략   ② 교역가격전략
③ 명성가격전략   ④ 관습가격전략

💡 소비자를 대상으로 하는 심리적 가격전략이란 소비자의 심리적 반응과 소비행동에 착안해서 가격을 설정함으로써 상품에 대한 이미지를 바꾸거나 구입의욕을 높이는 것을 말한다.
  – 명성가격, 단수가격, 단계가격, 관습가격.
  ㉠ **명성가격전략** : 품질과 브랜드 이름, 높은 품격을 호소하는 가격설정법이다.
  ㉡ **단수가격전략** : 990원과 같이 일부러 단수를 매기는 방법으로 소비자가 가격표를 보는 순간에 싸다는 인상을 받게 하는 효과를 노리는 가격설정법이다.
  ㉢ **단계가격전략** : 소비자가 예산을 기준으로 구매하는 경우에 대응하는 가격설정법으로 명절 선물세트 가격이 1만 원, 2만 원, 3만 원 등 단계별로 설정되는 것이 그 예이다.
  ㉣ **관습가격전략** : 오래 전부터 설정된 제품의 가격이 변하지 않은 것이다.

91 농산물 판매 확대를 위한 촉진기능이 아닌 것은?

① 새로운 상품에 대한 정보 제공　　② 소비자 구매 행동의 변화 유도
③ 소비자 맞춤형 신제품 개발　　④ 브랜드 인지도 제고

> 💡 판매 확대를 위한 촉진기능이란 광고, 프로모션 등을 통해 브랜드 인지도를 제고하고, 상품에 대한 정보를 제공하여 소비자 구매 행동의 변화를 유도하는 것 등을 말한다.

92 유닛로드시스템(unit load system)에 관한 설명으로 옳지 않은 것은?

① 농산물의 파손과 분실을 유발한다.
② 유닛로드시스템은 팰릿화와 컨테이너화가 있다.
③ 팰릿을 이용하여 일정한 중량과 부피로 단위화 할 수 있다.
④ 초기 투자비용이 많이 소요된다.

> 💡 유닛로드시스템 … 화물의 유통활동에 있어서 하역 · 수송 · 보관의 전체적인 비용절감을 위하여, 출발지에서 도착지까지 중간 하역작업 없이 일정한 방법으로 수송 · 보관하는 시스템이다. ① 농산물의 파손과 분실을 방지한다.

93 농산물의 물적유통 기능이 아닌 것은?

① 가공　　② 표준화 및 등급화
③ 상 · 하역　　④ 포장

> 💡 물적유통이란 운송, 보관, 포장, 하역 등 생산자로부터 소비자에게 이르기까지 상품의 이동과정과 관련된 모든 활동을 말한다.

94 농산물 소매유통에 관한 설명으로 옳지 않은 것은?

① 무점포 거래가 가능하다.
② 대형 소매업체의 비중이 늘고 있다.
③ TV 홈쇼핑은 소매유통에 해당된다.
④ 농산물의 수집 기능을 주로 담당한다.

> 💡 ④ 농산물의 수집은 도매상의 주요 기능이다.

95 농산물 도매시장에 관한 설명으로 옳지 않은 것은?

① 농산물 도매시장의 시장도매인은 상장수수료를 부담한다.
② 농산물 도매시장은 수집과 분산 기능을 가지고 있다.
③ 농산물 도매시장은 출하자에 대한 대금정산 기능을 수행한다.
④ 농산물 도매시장의 가격은 경매와 정가·수의매매 등을 통하여 발견된다.

💡 ① 농산물 도매시장의 시장도매인은 상장수수료를 부담하지 않는다.
※ 수수료 등의 징수제한〈농수산물 유통 및 가격안정에 관한 법률 제42조 제1항〉… 도매시장 개설자, 도매시장법인, 시장도매인, 중도매인 또는 대금정산조직은 해당 업무와 관련하여 징수 대상자에게 다음의 금액 외에는 어떠한 명목으로도 금전을 징수하여서는 아니 된다.
  ㉠ 도매시장 개설자가 도매시장법인 또는 시장도매인으로부터 도매시장의 유지·관리에 필요한 최소한의 비용으로 징수하는 도매시장의 사용료
  ㉡ 도매시장 개설자가 도매시장의 시설 중 농림축산식품부령 또는 해양수산부령으로 정하는 시설에 대하여 사용자로부터 징수하는 시설 사용료
  ㉢ 도매시장법인이나 시장도매인이 농수산물의 판매를 위탁한 출하자로부터 징수하는 거래액의 일정 비율 또는 일정액에 해당하는 위탁수수료
  ㉣ 시장도매인 또는 중도매인이 농수산물의 매매를 중개한 경우에 이를 매매한 자로부터 징수하는 거래액의 일정 비율에 해당하는 중개수수료
  ㉤ 거래대금을 정산하는 경우에 도매시장법인·시장도매인·중도매인·매매참가인 등이 대금정산조직에 납부하는 정산수수료

96 농산물의 일반적인 특성이 아닌 것은?

① 농산물은 부패성이 강하여 특수저장시설이 요구된다.
② 농산물은 계절성이 없어 일정한 물량이 생산된다.
③ 농산물은 생산자의 기술수준에 따라 생산량에 차이가 발생된다.
④ 농산물은 단위가치에 비해 부피가 크다.

💡 ② 농산물은 계절성이 크다.

97 배추 1포기당 농가수취가격이 3천 원이고 소비자가 구매한 가격이 6천 원 일 때, 유통마진율은?

① 25% ② 50%
③ 75% ④ 100%

💡 소비자가 6,000원 중에서 농가수취가 3,000원을 제외한 3,000원이 유통마진이므로 유통마진율은 $\frac{3,000}{6,000} \times 100 = 50\%$ 이다.

98 농산물의 유통조성 기능에 해당하는 것은?

① 농산물을 구매한다.
② 농산물을 수송한다.
③ 농산물을 저장한다.
④ 농산물의 거래대금을 융통한다.

☀ ①②③은 물적유통 기능에 해당한다.

99 농산물 등급화에 관한 설명으로 옳은 것은?

① 농산물의 등급화는 소비자의 탐색비용을 증가시킨다.
② 농산물은 크기와 모양이 다양하여 등급화하기 쉽다.
③ 농산물 등급의 설정은 최종소비자의 인지능력을 고려한다.
④ 농산물 등급의 수가 많을수록 가격의 효율성은 낮아진다.

☀ ③① 농산물의 등급화는 소비자의 탐색비용을 감소시킨다.
　② 농산물은 크기와 모양이 다양하여 등급화하기 어렵다.
　④ 농산물 등급의 수가 많을수록 가격의 효율성은 높아진다.

100 농산물 수급안정을 위한 정책으로 옳지 않은 것은?

① 생산자 단체의 의무자조금 조성을 지원한다.
② 수매 비축 및 방출을 통해 농산물의 과부족을 대비한다.
③ 농업관측을 강화하여 시장변화에 선제적으로 대응한다.
④ 계약재배를 폐지하여 개별농가의 출하자율권을 확대한다.

☀ ④ 계약재배는 농산물 수급안정을 위한 방법이다.

공무원시험/자격시험/독학사/검정고시/취업대비 동영상강좌 전문 사이트

공무원	9급 공무원	서울시 기능직 일반직 전환	각 시·도 기능직 일반직 전환	교육청 기능직 일반직 전환
	관리운영직 일반직 전환	사회복지직 공무원	우정사업본부 계리직	서울시 기술계고 경력경쟁
기술직 공무원	물리	화학	생물	
	기술계 고졸자 물리/화학/생물			
경찰·소방공무원	소방특채 생활영어	소방학개론		
군 장교, 부사관	육군부사관	공군부사관	해군부사관	부사관 국사(근현대사)
	공군 학사사관후보생	공군 조종장학생	공군 예비장교후보생	공군 국사 및 핵심가치
NCS, 공기업, 기업체	공기업 NCS	공기업 고졸 NCS	코레일(한국철도공사)	한국수력원자력
	국민건강보험공단	국민연금공단	LH한국토지주택공사	한국전력공사
자격증	임상심리사 2급	건강운동관리사	사회조사분석사	한국사능력검정시험
	국어능력인증시험	청소년상담사 3급	관광통역안내사	국내여행안내사
	텔레마케팅관리사	사회복지사 1급	경비지도사	경호관리사
	신변보호사	전산회계	전산세무	
무료강의	국민건강보험공단	사회조사분석사 기출문제	독학사 1단계	대입수시적성검사
	사회복지직 기출문제	농협 인적성검사	지역농협 6급	기업체 취업 적성검사
	한국사능력검정시험 백발백중 실전 연습문제		한국사능력검정시험 실전 모의고사	

서원각 www.goseowon.co.kr
QR코드를 찍으면 동영상강의 홈페이지로 들어가실 수 있습니다.

서원각

자격시험 대비서

핵심이론 〉	출제예상문제 〉	온라인강의 제공

임상심리사 2급

건강운동관리사

사회조사분석사 종합본

사회조사분석사 기출문제집

교재구입 시 **무료**동영상강의 제공

국어능력인증시험

청소년상담사 3급

관광통역안내사 종합본